电网企业专业技能考核题库

高压线路带电检修工（配电）

国网宁夏电力有限公司 编

中国电力出版社
CHINA ELECTRIC POWER PRESS

内 容 提 要

本书编写依据国家职业技能鉴定、电力行业职业技能鉴定与国家电网有限公司技能等级评价（认定）相关制度、规范、标准，立足宁夏电网生产实际，融合新型电力系统构建及新时代技能人才发展目标要求。本书主要内容为电网企业技能人员技能等级认定与评价实操试题，包含技能笔答及技能操作两大部分，其中技能笔答主要以问答题形式命题，技能操作以任务书形式命题，均明确了各个环节的考核知识点、标准答案和评分标准。

本书为电网企业生产技能人员的培训教学用书，可供从事相应职业（工种）技能人员学习参考，也可作为电力职业院校教学参考书。

图书在版编目（CIP）数据

高压线路带电检修工：配电 / 国网宁夏电力有限公司编. —北京：中国电力出版社，2022.9
电网企业专业技能考核题库
ISBN 978-7-5198-7058-4

Ⅰ. ①高… Ⅱ. ①国… Ⅲ. ①高电压–输配电线路–带电作业–检修–职业技能–鉴定–习题集 Ⅳ. ①TM84-44 ②TM726.1-44

中国版本图书馆 CIP 数据核字（2022）第 175547 号

出版发行：中国电力出版社
地　　址：北京市东城区北京站西街 19 号（邮政编码 100005）
网　　址：http://www.cepp.sgcc.com.cn
责任编辑：马　丹（010-63412725）　贾丹丹
责任校对：黄　蓓　郝军燕　李　楠
装帧设计：郝晓燕
责任印制：钱兴根

印　　刷：望都天宇星书刊印刷有限公司
版　　次：2022 年 9 月第一版
印　　次：2022 年 9 月北京第一次印刷
开　　本：889 毫米×1194 毫米　16 开本
印　　张：29
字　　数：831 千字
定　　价：115.00 元

《电网企业专业技能考核题库 高压线路带电检修工（配电）》

编 委 会

《电网企业专业技能考核题库 高压线路带电检修工（配电）》
编 写 组

主　　编　张金鹏

副 主 编　张韶华　俞智浩　冯晓群

编写人员　秦　宇　杨　扬　赵晓通　孙　涛　杨宗贵

　　　　　王登擎　周　焱　马雪松　秦　力　张仁和

　　　　　岳文泰　唐　婷　杨安家　张少敏

审稿人员　冯晓群　雷　宁　扈　斐　黄志鹏　张子诚

　　　　　张鹏程　何玉鹏　朱　林　韩世军　李真娣

　　　　　朱宇辰　张春林　贺瑞斌　李互刚　张　源

前　言

　　国网宁夏电力有限公司以国家职业技能鉴定、电力行业职业技能鉴定与国家电网有限公司技能等级评价（认定）相关制度、规范、标准为依据，主要针对电网企业各类技能工种的初级工、中级工、高级工、技师、高级技师等人员，以专业操作技能为主线，立足宁夏电网生产实际，结合新型电力系统构建要求，编写了《电网企业专业技能考核题库》丛书。丛书在编写原则上，以职业能力建设为核心；在内容定位上，突出针对性和实用性，涵盖了国家电网有限公司相关政策、标准、规程、规定及现代电力系统新设备、新技术、新知识、新工艺等内容。

　　丛书的深度、广度遵循了"适应发展需求、立足实践应用"的工作思路，全面涵盖了国家电网有限公司技能等级评价（认定）内容，能够为国网宁夏电力有限公司实施技能等级评价（认定）专业技能考核命题提供依据，也可服务于同类电网企业技能人员能力水平的考核与认定。本套丛书可供电网企业技能人员学习参考，可作为电网企业生产技能人员的培训教学用书，也可作为电力职业院校教学参考用书。

　　由于时间和水平有限，难免存在疏漏之处，恳请各位专家和读者提出宝贵意见。

目 录

第一部分
初级工

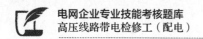

第一章　高压线路带电检修工（配电）初级工技能笔答

Jb0004531001　带电作业安全距离不足的补救措施有什么？（5分）

考核知识点： 带电作业基本原理

难易度： 易

标准答案：

绝缘隔离、绝缘遮蔽。

Jb0004531002　带电作业中常用的绝缘配合方法有哪些？（5分）

考核知识点： 带电作业基本原理

难易度： 易

标准答案：

惯用法、统计法、简化统计法。

Jb0004531003　哪种人对有触电危险、检修复杂、容易发生事故的工作，应增设专责监护人，并确定其监护的人员和工作范围？（5分）

考核知识点： 带电作业安全规定

难易度： 易

标准答案：

工作票签发人、工作负责人。

Jb0004531004　安全工器具使用前，应检查确认绝缘部分存在哪些现象？（5分）

考核知识点： 带电作业基本原理

难易度： 易

标准答案：

无裂纹、无老化、无绝缘层脱落、无严重伤痕。

Jb0004531005　带电线路在运行中，对机械强度有影响的气象条件有哪些？（5分）

考核知识点： 带电作业基本原理

难易度： 易

标准答案：

风速、覆冰厚度、气温。

Jb0004531006　带电作业风力不大于5级是指什么？（5分）

考核知识点： 带电作业基本原理

难易度： 易

标准答案：

10min 平均风速，风速不大于 10m/s，离地面高度 10m 处风速。

Jb0004531007　带电作业工具使用前应确认什么？（5分）

考核知识点：带电作业工器具

难易度：易

标准答案：

绝缘良好、连接牢固、转动灵活。

Jb0004531008　带电作业工具应做到哪几点管理要求？（5分）

考核知识点：带电作业工器具

难易度：易

标准答案：

统一编号，专人保管，登记造册，建立试验、检修、使用记录。

Jb0004531009　带电作业工器具在运输中的注意事项有哪些？（5分）

考核知识点：带电作业工器具

难易度：易

标准答案：

应装在专用工具袋、工具箱内；应存放在专用的工具车内。

Jb0004531010　单一的配电线路核相工作，必须进行哪些工作流程，确保作业安全？（5分）

考核知识点：带电作业方法

难易度：易

标准答案：

（1）填用配电第二种工作票。

（2）使用相应电压等级的核相器，并逐相进行。

（3）使用高压核相器，宜采用无线核相器。

Jb0004531011　登杆塔前，作业人员应做好哪些确保安全的准备工作？（5分）

考核知识点：带电作业方法

难易度：易

标准答案：

（1）核对线路名称和杆号；检查杆根、基础和拉线是否牢固。

（2）检查登高工具、设施是否完整牢靠；检查杆塔上是否有影响攀登的附属物。

Jb0004531012　对哪些要求的数条配电线路上的带电作业，可使用一张配电带电作业工作票？（5分）

考核知识点：带电作业方法

难易度：易

标准答案：

同一电压等级、依次进行、同类型、相同安全措施。

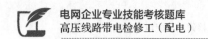

Jb0004531013 对无法直接验电的设备，应间接验电，即通过设备的哪些信号的变化来判断？（5分）

考核知识点：带电作业方法

难易度：易

标准答案：

机械位置指示、电气指示、带电显示装置、仪表。

Jb0004531014 高压触电可采用哪些方法，使触电者脱离电源？（5分）

考核知识点：带电作业安全规定

难易度：易

标准答案：

（1）立即通知有关供电单位或用户停电。

（2）戴上绝缘手套，穿上绝缘靴，用相应电压等级的绝缘工具按顺序拉开电源开关或熔断器。

（3）抛掷裸金属线使线路短路接地，迫使保护装置动作，断开电源。

Jb0004531015 根据《国家电网公司电力安全工作规程（配电部分）（试行）》，为保证作业安全，带电作业遮蔽用具应定期进行预防性试验，要求是什么？（5分）

考核知识点：带电作业试验

难易度：易

标准答案：

电气试验每半年一次，1min 工频耐压 20kV。

Jb0004531016 脚手架应经验收合格后方可使用，禁止作业人员沿脚手架什么部位攀爬？（5分）

考核知识点：带电作业安全规定

难易度：易

标准答案：

栏杆、脚手杆。

Jb0004531017 绝缘工具在保管、运输时不得与哪些影响绝缘性能的物品接触？（5分）

考核知识点：带电作业工器具

难易度：易

标准答案：

酸、碱、油类化学药品。

Jb0004531018 卡线器规格、材质应与线材的规格、材质相匹配，卡线器有哪些缺陷时应不得使用？（5分）

考核知识点：带电作业工器具

难易度：易

标准答案：

弯曲、转轴不灵活、裂纹、钳口斜纹磨平。

Jb0004531019　配电带电作业工作监护制度有哪些要求？（5分）

考核知识点： 带电作业方法

难易度： 易

标准答案：

（1）配电带电作业必须有专人监护，工作负责人（监护人）必须始终在工作现场行使监护职责。

（2）工作负责人（监护人）因故必须离开岗位时，可交给有资格担任监护的人员负责，但必须将现场情况、安全措施和工作任务交代清楚。

（3）工作负责人（监护人）因故必须离开岗位，未将工作交接给有资格担任监护的人员时，应当停止作业。

Jb0004531020　配电带电作业工作票中，哪几种人不得为同一人？（5分）

考核知识点： 带电作业方法

难易度： 易

标准答案：

工作票签发人、工作许可人、工作负责人。

Jb0004531021　配电线路带电作业，应采取哪些技术措施保证作业安全？（5分）

考核知识点： 带电作业方法

难易度： 易

标准答案：

（1）保持足够空气距离、停用重合闸。

（2）穿戴合格防护用具、使用合格作业工器具。

Jb0004531022　起吊物件应绑扎牢固，应在起吊物什么部位加以包垫？（5分）

考核知识点： 带电作业方法

难易度： 易

标准答案：

滑面与绳索接触处、棱角与绳索接触处。

Jb0004531023　现场工作人员都应学会哪些紧急救护法？（5分）

考核知识点： 带电作业安全规定

难易度： 易

标准答案：

（1）会正确解脱电源、心肺复苏法、会止血、会包扎。

（2）会固定，会转移搬运伤员，会处理急救外伤或中毒等。

Jb0004531024　在带电作业过程中如遇设备突然停电，为保证安全，应采取什么措施？（5分）

考核知识点： 带电作业方法

难易度： 易

标准答案：

工作负责人应尽快与调度联系，调度未与工作负责人取得联系前不得强送电，作业人员立即撤出带电作业区域。

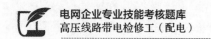

Jb0004531025 在高压回路上使用钳形电流表进行测量时，作业人员应采取哪些安全措施？（5分）

考核知识点：带电作业方法

难易度：易

标准答案：

（1）穿绝缘鞋（靴）或站在绝缘垫上、戴绝缘手套、不触及其他设备。

（2）观测钳形电流表数据时，应注意保持头部与带电部分的安全距离。

Jb0004531026 在起吊、牵引过程中，哪些地方严禁有人逗留和通过？（5分）

考核知识点：带电作业方法

难易度：易

标准答案：

物件的下方、受力钢丝绳周围、受力钢丝绳上下方、转向滑车内角侧、转向滑车外角侧。

Jb0004531027 导线线径的设计依据有哪些？（5分）

考核知识点：带电作业基本原理

难易度：易

标准答案：

导线材料、导线结构、导线载流截面积。

Jb0004531028 导线断线张力的大小与什么因素有关？（5分）

考核知识点：带电作业基本原理

难易度：易

标准答案：

断线后的剩余档数多少、断线后剩余各档的档距大小。

Jb0004531029 导线弧垂的大小与什么因素有关？（5分）

考核知识点：带电作业基本原理

难易度：易

标准答案：

导线的重量、空气温度、档距。

Jb0004531030 电杆顺线路方向荷载包括哪些？（5分）

考核知识点：带电作业基本原理

难易度：易

标准答案：

断线时所受张力及正常运行时所受到的：不平衡张力、斜向风力、顺向风力。

Jb0004531031 架空电力线路的导线要求有哪些性能？（5分）

考核知识点：带电作业基本原理

难易度：易

标准答案：

足够的机械强度、较高的导电率、抗腐蚀能力、质轻、价廉。

Jb0004531032 架空配电线路通常由哪些部件构成？（5分）
考核知识点：带电作业基本原理
难易度：易
标准答案：
拉线、基础和接地装置、杆塔、导线、绝缘子、金具。

Jb0004531033 金具按其作用分为哪几种？（5分）
考核知识点：带电作业基本原理
难易度：易
标准答案：
连接金具、接续金具、保护金具、拉线金具。

Jb0004531034 配电网按电压等级的不同分为哪些电压等级的配电网？（5分）
考核知识点：带电作业基本原理
难易度：易
标准答案：
低压、中压、高压。

Jb0004531035 配电网按线路敷设方式的不同分为哪些配电网？（5分）
考核知识点：带电作业基本原理
难易度：易
标准答案：
架空线路、电缆、架空线路－电缆混合。

Jb0004531036 配电线路杆塔按用途可分为哪些类型？（5分）
考核知识点：带电作业基本原理
难易度：易
标准答案：
直线杆、耐张杆、转角杆、终端杆、分支杆、跨越杆和其他特殊杆。

Jb0004531037 配电线路中【】XWP－7字符表示什么？（5分）
考核知识点：带电作业基本原理
难易度：易
标准答案：
X表示悬式绝缘子，W表示防污型，P表示机电破坏负荷，7表示机电破坏负荷70kN。

Jb0004531038 引起导线断线的原因有哪些？（5分）
考核知识点：带电作业基本原理
难易度：易

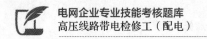
标准答案：

机械损伤、外力破坏、雷击、严重覆冰或大风。

Jb0004531039　10kV 负荷开关适用范围包括哪些？（5分）

考核知识点： 带电作业基本原理

难易度： 易

标准答案：

负荷开关柜、环网柜、箱式变电站、架空配电线路。

Jb0004531040　变压器按绕组数分为哪几种？（5分）

考核知识点： 带电作业基本原理

难易度： 易

标准答案：

双绕组变压器、三绕组变压器、多绕组变压器、自耦变压器。

Jb0004531041　变压器常用冷却方式有哪几种？（5分）

考核知识点： 带电作业基本原理

难易度： 易

标准答案：

油浸自冷式、油浸风冷式、强迫油循环冷却、强迫油循环导向冷却。

Jb0004531042　什么叫动力系统？什么叫电力系统？（5分）

考核知识点： 带电作业基本原理

难易度： 易

标准答案：

（1）通常将各类发电厂、电力网和用户组成一个整体，统称为动力系统。

（2）动力系统中除去动力部分外称为电力系统。

Jb0004531043　什么叫电路？电路一般由哪些元件组成？（5分）

考核知识点： 带电作业基本原理

难易度： 易

标准答案：

（1）电路就是电流流经的路。

（2）电路的构成元件有电源、导体、控制器和负载装置。

Jb0004531044　怎样解释电阻和电阻率？（5分）

考核知识点： 带电作业基本原理

难易度： 易

标准答案：

（1）导体对电流的阻力叫电阻，通常用字母 R 表示，单位为欧姆（Ω）。

（2）电阻率是指长度为 1m、截面积为 $1mm^2$ 的导体所具有的电阻值，电阻率常用字母 ρ 表示，单位为 $\Omega \cdot mm^2/m$。

Jb0004531045　什么是相电流？什么是线电流？它们之间有怎样的数学关系？（5分）

考核知识点： 带电作业基本原理

难易度： 易

标准答案：

（1）在三相电路中，流过端线的电流称为线电流，流过各相绕组或各相负载的电流称为相电流。

（2）在星形接线的绕组中，相电流 I_{ph} 和线电流 I_{li} 是同一电流，它们之间是相等的，即 $I_{li} = I_{ph}$。

（3）在三角形接线的绕组中它们之间的关系是：线电流是相电流的 $\sqrt{3}$ 倍，即 $I_{li} = \sqrt{3} I_{ph}$。

Jb0004531046　变电站的作用是什么？（5分）

考核知识点： 带电作业基本原理

难易度： 易

标准答案：

变换电压等级、汇集电能、分配电能、控制电能的流向、调整电压。

Jb0004531047　钢丝钳各部分的作用是什么？（5分）

考核知识点： 带电作业基本原理

难易度： 易

标准答案：

（1）钳口用来弯制或钳夹导线的线头。

（2）齿口用来紧固或起松螺母。

（3）刀口用来剪切导线或剖切软导线的绝缘层。

（4）铡口用来铡切电线线芯和钢丝、铁丝等金属。

Jb0004531048　万用表能进行哪些电气测量？（5分）

考核知识点： 带电作业基本原理

难易度： 易

标准答案：

（1）万用表可用来测量交、直流电压，交、直流电流和直流电阻。

（2）有的万用表还可用来测量电容、电感和音频电平输出等。

Jb0004531049　绝缘电阻表的作用是什么？主要用于哪些方面？（5分）

考核知识点： 带电作业基本原理

难易度： 易

标准答案：

绝缘电阻表俗称摇表，用于绝缘电阻的测量。主要用于电机、电器、线路方面的测量。

Jb0004531050　怎样正确选择绝缘电阻表？（5分）

考核知识点： 带电作业基本原理

难易度： 易

标准答案：

（1）绝缘电阻表的额定电压应根据被测设备的绝缘等级进行选择。

（2）100V 以下的电气设备或回路，采用 250V 绝缘电阻表。

（3）500V 以下至 100V 的电气设备或回路，采用 500V 绝缘电阻表。

（4）3000V 以下至 500V 的电气设备或回路，采用 1000V 绝缘电阻表。

（5）10 000V 以下至 3000V 的电气设备或回路，采用 2500V 绝缘电阻表。

（6）10 000V 及以上的电气设备或回路，采用 2500V 或 5000V 绝缘电阻表。

Jb0004531051　输配电线路上使用的金具按其作用可分为哪几类？（5分）

考核知识点：带电作业基本原理

难易度：易

标准答案：

线夹金具、连接金具、接续金具、保护金具、拉线金具。

Jb0004531052　在不对称三相四线制供电线路中，中性线的作用是什么？（5分）

考核知识点：带电作业基本原理

难易度：易

标准答案：

（1）消除中性点位移。

（2）使不对称负载上获得的电压基本对称。

Jb0004531053　在电力系统中提高功率因数有哪些作用？（5分）

考核知识点：带电作业基本原理

难易度：易

标准答案：

（1）减少线路电压损失和电能损失。

（2）提高设备的利用效率。

（3）提高电能的质量。

Jb0004531054　变压器并列运行的基本条件有哪些？（5分）

考核知识点：带电作业基本原理

难易度：易

标准答案：

（1）变压器一、二次侧额定电压应分别相等。

（2）阻抗电压相同。

（3）联结组别相同。

（4）容量比不能大于 3:1。

Jb0004531055　低压配电线路由哪些元件组成？（5分）

考核知识点：带电作业基本原理

难易度：易

标准答案：

电杆、横担、导线、绝缘子、金具、拉线。

Jb0004531056　配电线路重复接地的目的是什么？（5分）

考核知识点：带电作业基本原理

难易度：易

标准答案：

（1）当电气设备发生接地时，可降低零线的对地电压。

（2）当零线断线时，可继续保持接地状态，减轻触电的危害。

Jb0004531057　试述连接金具的作用。（5分）

考核知识点：带电作业基本原理

难易度：易

标准答案：

（1）连接金具可将一串或数串绝缘子连接起来。

（2）可将绝缘子串悬挂在杆塔横担上。

Jb0004531058　输配电线路中对导线有什么要求？（5分）

考核知识点：带电作业基本原理

难易度：易

标准答案：

足够的机械强度、较高的导电率、抗腐蚀能力强、质量轻、成本低。

Jb0004531059　金具在配电线路中的作用有哪些？（5分）

考核知识点：带电作业基本原理

难易度：易

标准答案：

（1）可以使横担在电杆上得以固定。

（2）可以使绝缘子与导线进行连接。

（3）可以使导线之间的连接更加可靠。

（4）可以使电杆在拉线的作用下得以平衡及固定。

（5）可以使线路在不同的情况下得以适当的保护。

Jb0004531060　按在线路中的位置和作用，电杆可分为哪几种？（5分）

考核知识点：带电作业基本原理

难易度：易

标准答案：

直线杆、耐张杆、转角杆、终端杆、分支杆、跨越杆。

Jb0004531061　直线杆的特点是什么？（5分）

考核知识点：带电作业基本原理

难易度：易

标准答案：

（1）直线杆设立在输配电线路的直线段上。

（2）在正常的工作条件下能够承受线路侧面的风荷重。

（3）能承受导线的垂直荷重。

（4）不能承受线路方向的导线荷重。

Jb0004531062 终端杆在线路中的位置及作用是什么？（5分）

考核知识点：带电作业基本原理

难易度：易

标准答案：

（1）终端杆设立于配电线路的首端及末端。

（2）在正常工作条件下能承受单侧导地线全部导线的荷重与张力。

（3）能够承受线路侧面的风荷重。

Jb0004531063 配电线路常用的裸导线结构有哪些？举例说明。（5分）

考核知识点：带电作业基本原理

难易度：易

标准答案：

架空配电线路使用的裸导线，按结构分为以下几种：

（1）单股线，如铜线、铝线等。

（2）单金属多股绞线，如铝绞线、铜绞线、钢绞线等。

（3）不同金属多股绞线，如钢芯铝绞线等。

Jb0004531064 配电线路上的绝缘子有什么作用？对其有什么要求？（5分）

考核知识点：带电作业基本原理

难易度：易

标准答案：

（1）绝缘子的作用是用来支持和悬挂导线，并使之与杆塔形成绝缘。

（2）对配电线路上绝缘子的要求如下：

1）具有足够的绝缘强度。

2）具有足够的机械强度。

3）对化学杂质的侵蚀有足够的抗御能力。

4）能适应周围大气的变化。

Jb0004531065 什么是导线的弧垂？其大小有什么影响？（5分）

考核知识点：带电作业基本原理

难易度：易

标准答案：

（1）导线的弧垂是一档架空线内导线与导线悬挂点所连直线间的最大垂直距离。

（2）导线的弧垂大小的影响如下：

1）弧垂过大容易造成相间短路及其对地安全距离不够。

2）弧垂过小，导线承受的拉力过大而可能被拉断，或致使横担扭曲变形。

Jb0004531066 隔离开关的特点有哪些？（5分）

考核知识点：带电作业基本原理

难易度：易

标准答案：

（1）在分位置时，触头间有符合规定要求的绝缘距离和明显的断开标志。

（2）在合位置时，能承载正常回路条件下的电流及在规定时间内异常条件（如短路）下的电流。

（3）当回路电流很小时，或者当隔离开关每极的两接线端间的电压在关合和开断前后无显著变化时，具有关合和开断回路的能力。

Jb0004531067　配电线路上使用的绝缘子有哪几种？（5分）

考核知识点： 带电作业基本原理

难易度： 易

标准答案：

悬式绝缘子、蝶式绝缘子、针式绝缘子、棒式绝缘子、瓷横担绝缘子、合成绝缘子。

Jb0004531068　负荷开关的特点有哪些？（5分）

考核知识点： 带电作业基本原理

难易度： 易

标准答案：

（1）能在正常的导电回路条件或规定的过载条件下关合、承载和开断电流。

（2）能在异常的导电回路条件（如短路）下按规定的时间承载电流。

（3）按照需要，可具有关合短路电流的能力。

Jb0004531069　高压熔断器可以对哪些设备进行过载及短路保护？（5分）

考核知识点： 带电作业基本原理

难易度： 易

标准答案：

输配电线路、电力变压器、电压互感器、电力电容器。

Jb0004531070　高压熔断器的特点是什么？（5分）

考核知识点： 带电作业基本原理

难易度： 易

标准答案：

结构简单、价格便宜、维护方便、体积小巧、使用可靠、有明显断开点。

Jb0004531071　钳压法压接导线时，相同导电截面的裸铝绞线和钢芯铝绞线有什么不同？（5分）

考核知识点： 带电作业基本原理

难易度： 易

标准答案：

（1）型号不同，例如 LJ20 的型号为 JT20L，LGJ20 的型号为 JT-120/7 或 JT-120/20。

（2）压口数不同，裸铝绞线压口数少，钢芯铝绞线压口数多。

（3）压口顺序不同，裸铝绞线的压口顺序为从其中一端的辅线侧开始依次压向另一端的辅线侧结束，钢芯铝绞线的压口为从中间开始向两边压。

（4）端头的压口数不同，裸铝绞线每个端头一个压口，钢芯铝绞线每个端头两个压口。

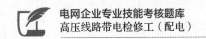

（5）压后尺寸的允许误差不同，裸铝绞线钳接管为±1.0mm，钢芯铝绞线钳接管为±0.5mm。

Jb0004531072　《电力设施保护条例》对架空电力线路保护区如何规定？（5分）

考核知识点： 带电作业基本原理

难易度： 易

标准答案：

《电力设施保护条例》规定架空电力线路保护区为导线边线向外侧水平延伸并垂直于地面所形成的两平行面内的区域，在一般地区各级电压导线的边线延伸距离如下：1～10kV为5m，35～110kV为10m，154～330kV为15m，500kV为20m。

Jb0004531073　什么叫运用中的电气设备？（5分）

考核知识点： 带电作业基本原理

难易度： 易

标准答案：

全部带有电压的电气设备，一部分带有电压的电气设备，一经操作即带有电压的电气设备。

Jb0004531074　当发现人身触电后，应如何让触电者脱离电源？（5分）

考核知识点： 带电作业基本原理

难易度： 易

标准答案：

（1）首先要使触电者迅速脱离电源，越快越好，因为电流作用的时间越长，伤害越重。

（2）脱离电源，就是要把触电者接触的那一部分带电设备的断路器、隔离开关或其他断路设备断开。

（3）或者设法将触电者与带电设备脱离开。

（4）在脱离电源过程中，救护人员也要注意保护自身的安全。

Jb0004531075　导线连接网套的使用应遵守哪些规定？（5分）

考核知识点： 带电作业基本原理

难易度： 易

标准答案：

（1）导线穿入网套必须到位。

（2）网套夹持导线的长度不得少于导线直径的30倍。

（3）网套末端应用铁丝绑扎，绑扎不得少于20圈。

Jb0004531076　双钩紧线器的使用应遵守哪些规定？（5分）

考核知识点： 带电作业基本原理

难易度： 易

标准答案：

（1）应经常润滑保养。

（2）出现换向爪失灵、螺杆无保险螺栓、表面裂纹或变形等现象时严禁使用。

（3）紧线器受力后应至少保留1/5有效丝杆长度。

Jb0004531077　人力绞磨由哪几部分组成？工作中如何正确使用？（5分）

考核知识点：带电作业基本原理

难易度：易

标准答案：

（1）人力绞磨主要由磨架、磨芯、磨杠三部分组成。

（2）使用时绞磨架必须固定，牵引绳应水平进入磨芯上，缠绕5圈以上，尾绳由两个人随时收紧，为防止倒转，轮轴上应装有棘轮。

Jb0004531078　登杆工具有哪些？如何正确使用保管？（5分）

考核知识点：带电作业基本原理

难易度：易

标准答案：

（1）登杆工具主要包括不可调式脚扣、可调式脚扣和脚踏板（踩板）。

（2）使用前应仔细进行外观检查，并进行人体冲击试验。

（3）登杆工具应指定专人管理，在使用期间，应定期进行试验。

Jb0004531079　常用的钢丝钳有哪些规格？如何正确使用？（5分）

考核知识点：带电作业基本原理

难易度：易

标准答案：

（1）电工常用的钢丝钳有150、175、200mm三种规格。

（2）使用方法如下：

1）使用前应检查钳柄套有耐电压500V以上的绝缘管套是否完好。

2）操作时刀口不应朝向自己的脸部。

Jb0004531080　如何正确使用验电器？（5分）

考核知识点：带电作业基本原理

难易度：易

标准答案：

（1）验电应使用相应电压等级、合格的接触式验电器。

（2）验电前，宜先在有电设备上进行试验，确认验电器良好，无法在有电设备上进行试验时，可用高压发生器等确认验电器良好。

（3）验电时，人体应与被验电设备保持规程规定的距离，并设专人监护。

（4）使用伸缩式验电器时，应保证绝缘的有效长度。

Jb0004531081　专责监护人的安全职责是什么？（5分）

考核知识点：带电作业基本原理

难易度：易

标准答案：

（1）明确被监护人员和监护范围。

（2）工作前向被监护人员交代安全措施、告知危险点和安全注意事项。

（3）监督被监护人员遵守安全规程和现场安全措施，及时纠止不安全行为。

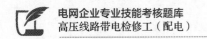

Jb0004531082　无间隙金属氧化物避雷器有何优点？（5分）

考核知识点： 带电作业基本原理

难易度： 易

标准答案：

结构简单、保护性能好、吸收能量大、保护效果好、运行检测方便。

Jb0004531083　在低温下进行高处作业应注意什么？（5分）

考核知识点： 带电作业基本原理

难易度： 易

标准答案：

（1）在气温低于零下 10℃时，不宜进行高处作业。

（2）确因工作需要进行作业时，作业人员应采取保暖措施，施工场所附近设置临时取暖休息所，并注意防火。

（3）高处连续工作时间不宜超过 1h。

（4）在冰雪、霜冻、雨雾天气进行高处作业，应采取防滑措施。

Jb0004531084　在进行事故巡视时，除常规要求外，还应注意什么？（5分）

考核知识点： 带电作业基本原理

难易度： 易

标准答案：

（1）巡视人员应穿绝缘鞋或绝缘靴。

（2）事故巡线应始终认为线路带电。

（3）即使明知该线路已停电，也应认为线路随时有恢复送电的可能。

Jb0004531085　电杆装配时，对螺栓的穿向有什么要求？（5分）

考核知识点： 带电作业基本原理

难易度： 易

标准答案：

（1）对立体结构：水平方向由内向外，垂直方向由下向上。

（2）对平面结构：

1）顺线路方向，双面构件由内向外，单面构件由送电侧穿入或按统一方向。

2）横线路方向，两侧由内向外，中间由左向右（面向受电侧）或按统一方向。

3）垂直方向，由下向上。

Jb0004531086　组装横担的工艺要求是什么？（5分）

考核知识点： 带电作业基本原理

难易度： 易

标准答案：

（1）横担安装应平正。

（2）横担端部上下歪斜不应大于 20mm。

（3）横担端部左右扭斜不应大于 20mm。

（4）双杆的横担，横担与电杆连接处的高差不应大于连接距离的 5/1000，左右扭斜不应大于横担总长度的 1/100。

Jb0004531087　10kV 配电线路上对绝缘子安装有什么要求？（5分）

考核知识点： 带电作业基本原理

难易度： 易

标准答案：

（1）安装应牢固，连接可靠，防止积水。

（2）安装时应清除表面灰垢、附着物及不应有的涂料。

（3）绝缘子裙边与带电部位的间隙不应小于 50mm。

Jb0004531088　铝导线在针式绝缘子上固定时如何缠绕铝包带？（5分）

考核知识点： 带电作业基本原理

难易度： 易

标准答案：

（1）铝包带的缠绕方向应与外层线股的绞制方向一致。

（2）铝包带的缠绕应无重叠、牢固、无间隙。

（3）缠绕长度应超出接触处长度的两侧各加 30mm。

Jb0004531089　用大锤打板桩地锚时应注意什么？（5分）

考核知识点： 带电作业基本原理

难易度： 易

标准答案：

（1）打锤应检查锤把连接是否牢固，木柄是否完好。

（2）扶桩人应站在打锤人的侧面，待桩锚基本稳定后，方可撒手。

（3）扶桩人应注意四周，并随时顾及是否有人接近。

（4）打锤人不准戴手套。

Jb0004531090　电杆底盘如何安装？（5分）

考核知识点： 带电作业基本原理

难易度： 易

标准答案：

（1）电杆底盘的安装应在基坑检验合格后进行。

（2）底盘安装后其圆槽面应与电杆轴线垂直。

（3）底盘找正后应填土夯实至底盘表面。

（4）底盘安装允许偏差，应使电杆组立后满足电杆允许偏差规定。

Jb0004531091　卡盘如何安装？（5分）

考核知识点： 带电作业基本原理

难易度： 易

标准答案：

（1）安装前将卡盘设置处以下的土壤分层回填夯实。

（2）安装位置、方向、深度应符合设计要求，深度允许偏差为±50mm，当设计无要求时，上平面

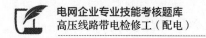

距地面不应小于 500mm。

（3）与电杆连接应紧密。

Jb0004531092　拉线盘如何埋设？（5分）

考核知识点： 带电作业基本原理

难易度： 易

标准答案：

（1）拉线盘的埋设深度和方向应符合设计要求。

（2）拉线棒与拉线盘应垂直，连接处应采用双螺母，其外露地面部分的长度应为 500～700mm。

（3）拉线坑应有斜坡，回填土时应将土块打碎后夯实。

（4）拉线坑宜设防沉层。

Jb0004531093　环形钢筋混凝土电杆安装前应进行哪些外观检查？（5分）

考核知识点： 带电作业基本原理

难易度： 易

标准答案：

（1）表面光洁平整，壁厚均匀，无露筋、跑浆等现象。

（2）放置地平面检查时，应无纵向裂缝，横向裂缝的宽度不应超过 0.1mm。

（3）杆身弯曲不应超过杆长的 1/1000。

Jb0004531094　绝缘电阻表上的各个接线端子如何连接？（5分）

考核知识点： 带电作业基本原理

难易度： 易

标准答案：

（1）接线端子"E"接被试品的接地端，常为正极性。

（2）接线端子"L"接被试品高压端，常为负极性。

（3）接线端子"G"接屏蔽端。

（4）接线端子"L"与被试品之间应采用相应绝缘强度的屏蔽线和绝缘棒作连接。

Jb0004531095　接地装置采用水平敷设的接地体，应符合哪些规定？（5分）

考核知识点： 带电作业基本原理

难易度： 易

标准答案：

（1）接地体应平直，埋深在 0.7m 及以下。

（2）地沟底面应平整，尽量减少石块或其他影响接地体与土壤紧密接触的杂物。

（3）倾斜地形沿地形等高线敷设。

Jb0004531096　设备验电时，哪些情况不能作为设备已停电的依据？（5分）

考核知识点： 带电作业基本原理

难易度： 易

标准答案：

（1）设备的分合闸指示牌的指示。

（2）母线电压表指示为零位。

（3）电源指示灯已熄灭。

（4）电动机不转动。

（5）电磁线圈无电磁声响。

（6）变压器无声响。

Jb0004531097　在电力线路上哪些工作允许按口头或电话命令执行？（5分）

考核知识点： 带电作业基本原理

难易度： 易

标准答案：

（1）测量接地电阻。

（2）修剪树枝。

（3）杆、塔底部和基础等地面检查、消缺工作。

（4）涂写杆塔号、安装标志牌等，工作地点在杆塔最下层导线以下，并能够保持1.0m安全距离的工作。

Jb0004531098　为使高压触电者加快脱离电源，可抛掷裸金属线来断开电源，此时应如何操作？（5分）

考核知识点： 带电作业基本原理

难易度： 易

标准答案：

（1）抛掷金属线之前，应先将金属线的一端固定可靠接地，然后另一端系上重物抛掷。

（2）抛掷的一端不可触及触电者和其他人。

（3）抛掷者抛出线后，要迅速离开接地的金属线8m以外或双腿并拢站立，防止跨步电压伤人。

（4）在抛掷短路线时，应注意防止电弧伤人或断线危及人员安全。

Jb0004531099　配电系统发生哪些情况时必须迅速查明原因并及时处理？（5分）

考核知识点： 带电作业基本原理

难易度： 易

标准答案：

（1）断路器跳闸（不论重合是否成功）或熔断器跌落（熔丝熔断）。

（2）发生永久性接地或频发性接地。

（3）变压器一次或二次熔丝熔断。

（4）线路倒杆、断线发生火灾、触电伤亡等意外事件。

（5）用户报告无电或电压异常。

Jb0004531100　同杆塔架设的多层电力线路应如何进行验电？（5分）

考核知识点： 带电作业基本原理

难易度： 易

标准答案：

先验低压、后验高压，先验下层、后验上层，先验近侧、后验远侧，禁止工作人员穿越未经验电、接地的线路对上层线路进行验电。

Jb0004531101　线路施工中，对开口销或闭口销安装有什么要求？（5分）

考核知识点： 带电作业基本原理

难易度： 易

标准答案：

（1）施工中采用的开口销或闭口销不应有折断、裂纹等现象。

（2）采用开口销安装时，应对称开口，开口角度应为30°～60°。

（3）严禁用线材或其他材料代替开口销、闭口销。

Jb0004531102　拉线采用绑扎固定时，应符合哪些规定？（5分）

考核知识点： 带电作业基本原理

难易度： 易

标准答案：

（1）拉线两端弯曲部分应设置心形环。

（2）钢绞线拉线应采用直径不大于3.2mm的镀锌铁线绑扎固定。

（3）绑扎应整齐、紧密，最小缠绑长度应符合有关规定。

Jb0004531103　当采用UT型线夹及楔形线夹固定安装拉线时，对UT型线夹及楔形线夹的安装有什么要求？（5分）

考核知识点： 带电作业基本原理

难易度： 易

标准答案：

（1）安装前丝扣上应涂润滑剂。

（2）线夹舌板与拉线接触应紧密，受力后无滑动现象，线夹凸肚在尾线侧，安装时不应损伤线股。

（3）拉线弯曲部分不应有明显松股，拉线断头处与拉线主线应固定可靠，线夹处露出的尾线长度为300～500mm，尾线回头后与本线应扎牢。

（4）当同一组拉线使用双线夹并采用连板时，其尾线端的方向应统一。

（5）UT型线夹的螺杆应露扣，并应有不小于1/2螺杆丝扣长度可供调紧，调整后，UT型线夹的双螺母应并紧。

Jb0004531104　线路金具在使用前应符合哪些要求？（5分）

考核知识点： 带电作业基本原理

难易度： 易

标准答案：

金具在使用前应做外观检查，并符合以下要求：

（1）表面光洁，无裂纹、毛刺、飞边、砂眼、气泡等缺陷。

（2）线夹转动灵活，与导线接触面符合要求。

（3）镀锌良好，无锌皮脱落、锈蚀现象。

Jb0004531105　绝缘子、瓷横担的外观检查有哪些规定？（5分）

考核知识点： 带电作业基本原理

难易度： 易

标准答案：

（1）瓷件与铁件的组合无歪斜现象，且结合紧密，铁件镀锌良好。

（2）瓷釉光滑，无裂纹、缺釉、斑点、烧痕、气泡或瓷釉烧坏等缺陷。

（3）弹簧销、弹簧垫的弹力适宜。

Jb0004531106　请列举五种配网带电作业中作业人员穿戴的绝缘防护用具。（5分）

考核知识点：带电作业工器具

难易度：易

标准答案：

绝缘服、绝缘手套、绝缘靴、绝缘安全帽、绝缘袖套、胸套、肩套、背套等。

Jb0004531107　请列举五种配网带电作业绝缘遮蔽用具。（5分）

考核知识点：带电作业工器具

难易度：易

标准答案：

导线遮蔽罩、绝缘子遮蔽罩、横担遮蔽罩、跌落熔断器遮蔽罩、跳线遮蔽罩、电杆遮蔽罩、绝缘毯、绝缘挡板等。

Jb0004531108　绝缘斗臂车根据工作臂的形式可分为哪几类？（5分）

考核知识点：带电作业工器具

难易度：易

标准答案：

绝缘斗臂车根据工作臂的形式可分为折叠臂式、直伸臂式、多关节臂式、垂直升降式和混合式。

Jb0004531109　绝缘工具如何分类？（5分）

考核知识点：带电作业工器具

难易度：易

标准答案：

带电作业绝缘工具可分为硬质绝缘工具、软质绝缘工具（绝缘绳、绝缘软梯、绝缘绳索类工具）、绝缘斗臂车等。

Jb0004531110　绝缘杆最小有效长度如何规定？（5分）

考核知识点：带电作业基本原理

难易度：易

标准答案：

绝缘杆的最小有效绝缘长度是按绝缘配合的要求规定的。DL 409—1991《电业安全工作规程（电力线路部分）》规定对 10kV 电压等级的操作杆的最小有效长度为 0.7m，支杆、吊（拉）杆的最小有效长度为 0.4m。

Jb0004531111　制造绝缘绳的材料有哪些？（5分）

考核知识点：带电作业基本原理

难易度：易

标准答案：

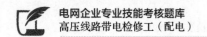

在带电作业中所使用的绝缘绳，主要可用作运载工具、攀登工具、吊拉绳、连接套和保险绳等。其制造材料主要有天然蚕丝和锦纶丝，聚乙烯、聚丙烯等合成纤维。

Jb0004531112　对绝缘杆的机械性能有何要求？（5分）

考核知识点： 带电作业基本原理

难易度： 易

标准答案：

绝缘杆应具有一定的机械抗弯、抗扭特性及耐挤压、耐机械老化性能。

Jb0004531113　对操作杆的外观检查要求是什么？（5分）

考核知识点： 带电作业基本原理

难易度： 易

标准答案：

用肉眼（手摸）从外观进行检查，检查操作杆应光滑，无气泡、皱纹或开裂，玻纤布与树脂间黏结完好，杆段间连接牢固等。

Jb0004531114　对配电线路带电作业新项目、新工具有何要求？（5分）

考核知识点： 带电作业基本原理

难易度： 易

标准答案：

配电带电作业的新项目、新工具必须经过技术鉴定合格，通过在模拟设备上实际操作，确认切实可行，并制订出相应的操作程序和安全技术措施。经本单位总工程师批准后方能在运行设备上进行作业。

第二章　高压线路带电检修工（配电）初级工技能操作

Jc0004541001　绝缘杆作业法带电断接一相熔断器上引线的操作。（100分）

考核知识点：带电作业方法

难易度：易

技能等级评价专业技能考核操作工作任务书

一、任务名称

绝缘杆作业法带电断接一相熔断器上引线的操作。

二、适用工种

高压线路带电检修工（配电）初级工。

三、具体任务

（1）开工准备工作（现场复勘、工作许可、召开现场站班会、布置工作现场、工器具、材料检测）等项目。

（2）安装、拆除绝缘遮蔽用具。

（3）使用绝缘杆作业法带电断接一相熔断器上引线的操作。

四、工作规范及要求

（1）带电作业应在良好天气下进行，作业前须进行风速和湿度测量。风力大于5级或湿度大于80%时，不宜带电作业。若遇雷电、雪、雹、雨、雾等不良天气，禁止带电作业。

（2）绝缘杆作业法。

（3）本作业项目工作人员共计4名，其中工作负责人（监护人）1名、杆上电工2名、地面电工1名。

（4）工作负责人（监护人）、杆上电工、地面电工必须严格遵守《国家电网公司电力安全工作规程（配电部分）（试行）》3.3.12工作票所列人员的安全责任。

（5）要求着装正确（安全帽、全棉长袖工作服、绝缘鞋）。

五、考核及时间要求

考核时间共50分钟，从获得工作许可开始至工作终结完毕，每超过2分钟扣1分，到60分钟终止考核。

技能等级评价专业技能考核操作评分标准

工种	高压线路带电检修工（配电）				评价等级	初级工
项目模块	带电作业方法—绝缘杆作业法带电断接一相熔断器上引线的操作			编号		Jc0004541001
单位			准考证号		姓名	
考试时限	50分钟	题型		单项操作	题分	100分
成绩		考评员		考评组长		日期	
试题正文	绝缘杆作业法带电断接一相熔断器上引线的操作					

续表

需要说明的问题和要求		（1）带电作业应在良好天气下进行，作业前须进行风速和湿度测量。风力大于5级或湿度大于80%时，不宜带电作业。若遇雷电、雪、雹、雨、雾等不良天气，禁止带电作业。 （2）本作业项目工作人员共计4名，其中工作负责人（监护人）1名、杆上电工2名、地面电工1名。 （3）工作负责人（监护人）：正确组织工作；检查工作票所列安全措施是否正确完备，是否符合现场实际条件，必要时予以补充完善；工作前，对工作班成员进行工作任务、安全措施交底和危险点告知，并确定每个工作班成员都已签名；组织执行工作票所列由其负责的安全措施；监督工作班成员遵守安全工作规程、正确使用劳动防护用品和安全工器具以及执行现场安全措施；关注工作班成员身体状况和精神状态是否出现异常迹象，人员变动是否合适。带电作业应有人监护。监护人不得直接操作，监护的范围不得超过一个作业点。 （4）工作班成员：熟悉工作内容、工作流程，掌握安全措施，明确工作中的危险点，并在工作票上履行交底签名确认手续；服从工作负责人（监护人）、专责监护人的指挥，严格遵守《国家电网公司电力安全工作规程（配电部分）（试行）》和劳动纪律，在指定的作业范围内工作，对自己在工作中的行为负责，互相关心工作安全；正确使用施工机具、安全工器具和劳动防护用品			

序号	项目名称	质量要求	满分	扣分标准	扣分原因	得分
1	开工准备					
1.1	现场复勘	（1）核对工作线路与设备双重名称。 （2）检查环境是否符合作业要求，电杆根部、基础和拉线是否牢固。 （3）检查线路装置是否具备不停电作业条件，熔断器确已断开，熔管已取下。 （4）检查气象条件（天气良好，无雷电、雪、雹、雨、雾等不良天气，风力不大于5级，湿度不大于80%）。 （5）检查工作票所列安全措施，必要时予以补充和完善	4	错、漏一项扣1分，扣完为止		
1.2	工作许可	工作负责人按配电带电作业工作票内容与值班调控人员联系，履行工作许可手续	1	未执行工作许可制度扣1分		
1.3	召开现场站班会	（1）工作负责人宣读工作票。 （2）工作负责人检查工作班组成员精神状态。 （3）工作负责人交代工作任务进行人员分工，交代安全措施、技术措施、危险点及控制措施。 （4）工作负责人检查工作班成员对工作内容、工作流程、安全措施以及工作中的危险点是否明确。 （5）工作班成员在工作票上履行交底签名确认手续	4	错、漏一项扣1分，扣完为止		
1.4	布置工作现场	工作现场设置安全护栏、作业标志和相关警示标志	1	不满足作业要求扣1分		
1.5	工器具、材料检测	（1）工器具、材料齐备，规格型号正确。 （2）绝缘工器具应放置在防潮苫布上，绝缘工器具应与金属工器具、材料分区放置。 （3）工器具在试验周期内。 （4）外观检查方法正确，绝缘工器具应无机械、绝缘缺陷，应戴干净清洁手套，用干燥、清洁毛巾清洁绝缘工器具。 （5）使用绝缘高阻表对绝缘工器具进行绝缘电阻检测，阻值不低于700MΩ	5	错、漏一项扣1分，扣完为止		
2	作业过程					
2.1	登杆	（1）杆上电工对安全带、脚扣做冲击试验。 （2）杆上电工穿戴好绝缘防护用具，携带绝缘传递绳，登杆至适当位置	5	错、漏一项扣1分； 踩空、打滑每次扣1分； 未正确使用安全带、脚扣扣1分； 上杆过程手上持有工器具扣1分； 以上扣分，扣完为止； 登杆动作生疏、跌落，终止工作		
2.2	验电	杆上电工使用验电器对导线、绝缘子、横担进行验电，确认无漏电现象	5	错、漏一项扣5分，扣完为止		

续表

序号	项目名称	质量要求	满分	扣分标准	扣分原因	得分
2.3	安装绝缘遮蔽用具	（1）带电作业过程中人体与带电体应保持足够的安全距离（不小于0.4m），如不满足安全距离要求，应进行绝缘遮蔽。 （2）按照"从近到远、从下到上、先带电体后接地体"的遮蔽原则对不能满足安全距离的带电体和接地体进行绝缘遮蔽，遮蔽的部位和顺序依次为导线、绝缘子。 （3）杆上电工在对带电体设置绝缘遮蔽隔离措施时，动作应轻缓，人体与带电体应保持足够的安全距离。 （4）绝缘遮蔽隔离措施应严密、牢固，绝缘遮蔽用具之间搭接不得小于150mm。 （5）需对相邻跌落式熔断器采取绝缘隔板等隔离措施限制作业范围	15	错、漏一项扣3分，扣完为止；遮蔽顺序错误终止工作		
2.4	断熔断器上引线	（1）杆上电工使用绝缘锁杆将待断开的熔断器上引线与主导线可靠固定。 （2）杆上电工使用绝缘棘轮大剪剪断上引线与主导线的连接。 （3）杆上电工使用绝缘锁杆使引线脱离主导线并将上引线缓缓放下，用绝缘棘轮大剪从熔断器上接线柱处剪断。 （4）如接引点为绝缘导线应使用绝缘护罩恢复导线的绝缘及密封	15	错、漏一项5分，扣完为止		
2.5	接熔断器上引线	（1）使用绝缘测量杆测量引线长度，制作引线。 （2）将新制作引线可靠固定后，在跌落熔断器上桩头侧紧固引线。 （3）使用绝缘线夹安装杆安装线夹至主导线。 （4）将引线使用绝缘锁杆锁紧，穿引线至线夹位置。 （5）两人配合使用绝缘线夹安装杆紧固，完成引线与主导线连接	10	错、漏一项扣2分，扣完为止		
2.6	拆除绝缘遮蔽用具	（1）经工作负责人的许可后，1、2号杆上电工按照"从远到近、从上到下、先接地体后带电体"的原则拆除绝缘遮蔽隔离措施。 （2）拆除的顺序依次为绝缘子、导线。 杆上电工在拆除带电体上的绝缘遮蔽隔离措施时，动作应轻缓，人体与带电体应保持足够的安全距离	6	错、漏一项扣2分，扣完为止；拆除绝缘遮蔽顺序错误终止工作		
2.7	撤离杆塔	杆上电工确认杆上无遗留物，逐次下杆	5	发生高空跌落终止工作，扣5分		
3	工作结束					
3.1	清理现场	工作负责人组织工作班成员整理工具、材料，将工器具分类摆放在苫布上，清理现场，做到工完、料尽、场地清	1	不符合要求扣1分		
3.2	质量验收	工作负责人对完成的工作进行全面检查，符合验收规范要求后，记录在册	1	不符合要求扣1分		
3.3	收工会	召开现场收工会，正确点评工作，补充现场标准化作业指导书验收栏等内容	1	不符合要求扣1分		
3.4	工作终结	汇报值班调控人员工作已经结束，在工作票填写终结时间并签字，工作班撤离现场	1	不符合要求扣1分		
3.5	安全文明生产	（1）杆上电工登杆作业应正确使用安全带、脚扣。 （2）上、下传递工具、材料均应使用绝缘绳传递，传递中不能与电杆、构件等碰撞，严禁抛掷。 （3）作业过程中禁止摘下绝缘防护用具，而且绝缘手套仅作辅助绝缘。 （4）转移作业相，关键步骤操作时应获得工作监护人的许可。 （5）作业过程中，不随意踩踏防潮苫布	10	错、漏一项扣2分，扣完为止		

续表

序号	项目名称	质量要求	满分	扣分标准	扣分原因	得分
3.6	关键点	（1）作业中，人体应保持对带电体0.4m以上的安全距离。 （2）作业中，绝缘操作杆有效绝缘长度应不小于0.7m。 （3）断引线时，作业人员应戴护目镜。 （4）在所断线路三相引线未全部拆除前，已拆除的引线应视为有电，不得直接接触，移动剪断后的上引线时应与带电导体保持0.4m以上安全距离。 （5）在使用绝缘断线剪剪断引线时，应有防止断开的引线摆动碰及带电设备的措施	10	错、漏一项扣2分，扣完为止		
	合计		100			

Jc0004541002　绝缘手套作业法带电更换一相避雷器的操作。（100分）

考核知识点：带电作业方法

难易度：易

<h2 style="text-align:center">技能等级评价专业技能考核操作工作任务书</h2>

一、任务名称

绝缘手套作业法带电更换一相避雷器的操作。

二、适用工种

高压线路带电检修工（配电）初级工。

三、具体任务

（1）开工准备工作（现场复勘、工作许可、召开现场站班会、布置工作现场、工器具、材料检测）等项目。

（2）安装、拆除绝缘遮蔽用具。

（3）使用绝缘手套作业法带电更换一相避雷器的操作。

四、工作规范及要求

（1）带电作业应在良好天气下进行，作业前须进行风速和湿度测量。风力大于5级或湿度大于80%时，不宜带电作业。若遇雷电、雪、雹、雨、雾等不良天气，禁止带电作业。

（2）绝缘手套作业法。

（3）本作业项目工作人员共计4名，其中工作负责人（监护人）1名、斗内电工2名、地面电工1名。

（4）工作负责人（监护人）、斗内电工、地面电工必须严格遵守《国家电网公司电力安全工作规程（配电部分）（试行）》3.3.12工作票所列人员的安全责任。

（5）要求着装正确（安全帽、全棉长袖工作服、绝缘鞋）。

五、考核及时间要求

考核时间共50分钟，从获得工作许可开始至工作终结完毕，每超过2分钟扣1分，到60分钟终止考核。

<h3 style="text-align:center">技能等级评价专业技能考核操作评分标准</h3>

工种	高压线路带电检修工（配电）		评价等级	初级工
项目模块	带电作业方法—绝缘手套作业法带电更换一相避雷器的操作		编号	Jc0004541002
单位		准考证号		姓名

续表

考试时限	50分钟		题型		单项操作		题分		100分
成绩		考评员			考评组长			日期	

试题正文	绝缘手套作业法带电更换一相避雷器的操作
需要说明的问题和要求	(1)带电作业应在良好天气下进行,作业前须进行风速和湿度测量。风力大于5级或湿度大于80%时,不宜带电作业。若遇雷电、雪、雹、雨、雾等不良天气,禁止带电作业。 (2)本作业项目工作人员共计4名,其中工作负责人(监护人)1名,斗内电工2名,地面电工1名。 (3)工作负责人(监护人):正确组织工作;检查工作票所列安全措施是否正确完备,是否符合现场实际条件,必要时予以补充完善;工作前,对工作班成员进行工作任务、安全措施交底和危险点告知,并确定每个工作班成员都已签名;组织执行工作票所列由其负责的安全措施;监督工作班成员遵守安全工作规程、正确使用劳动防护用品和安全工器具以及执行现场安全措施;关注工作班成员身体状况和精神状态是否出现异常迹象,人员变动是否合适。带电作业应有人监护。监护人不得直接操作,监护的范围不得超过一个作业点。 (4)工作班成员:熟悉工作内容、工作流程,掌握安全措施,明确工作中的危险点,并在工作票上履行交底签名确认手续;服从工作负责人(监护人)、专责监护人的指挥,严格遵守《国家电网公司电力安全工作规程(配电部分)(试行)》和劳动纪律,在指定的作业范围内工作,对自己在工作中的行为负责,互相关心工作安全;正确使用施工机具、安全工器具和劳动防护用品

序号	项目名称	质量要求	满分	扣分标准	扣分原因	得分
1	开工准备					
1.1	现场复勘	(1)核对工作线路与设备双重名称。 (2)确认避雷器接地装置应完整可靠,避雷器无明显损坏现象,检查作业装置、现场环境符合带电作业条件。 (3)检查气象条件(天气良好,无雷电、雪、雹、雨、雾等不良天气,风力不大于5级,湿度不大于80%)。 (4)检查工作票所列安全措施,必要时予以补充和完善	4	错、漏一项扣1分,扣完为止		
1.2	工作许可	工作负责人按配电带电作业工作票内容与值班调控人员联系,申请停用线路重合闸	1	未申请停用线路重合闸扣1分		
1.3	召开现场站班会	(1)工作负责人宣读工作票。 (2)工作负责人检查工作班组成员精神状态。 (3)工作负责人交代工作任务进行人员分工,交代安全措施、技术措施、危险点及控制措施。 (4)工作负责人检查工作班成员对工作内容、工作流程、安全措施以及工作中的危险点是否明确。 (5)工作班成员在工作票上履行交底签名确认手续	4	错、漏一项扣1分,扣完为止		
1.4	布置工作现场	根据道路情况设置安全围栏、警告标志或路障	1	不满足作业要求扣1分		
1.5	工器具、材料检测	(1)工器具、材料齐备,规格型号正确。 (2)绝缘工器具应放置在防潮苫布上,绝缘工器具应与金属工器具、材料分区放置。 (3)工器具在试验周期内。 (4)外观检查方法正确,绝缘工器具应无机械、绝缘缺陷,应戴干净清洁手套,用干燥、清洁毛巾清洁绝缘工器具。 (5)使用绝缘高阻表对绝缘工器具进行绝缘电阻检测,阻值不得低于700MΩ。 (6)查验新避雷器试验报告合格,使用绝缘测试仪确认绝缘性能完好	6	错、漏一项扣1分,扣完为止		
2	作业过程					
2.1	进入作业现场	(1)选择合适位置停放绝缘斗臂车,支撑稳固,并可靠接地。 (2)查看绝缘臂、绝缘斗良好,进行空斗试操作,确认液压传动、升降、伸缩,回转系统工作正常及操作灵活,制动装置可靠。 (3)斗内电工穿戴好绝缘防护用具,进入绝缘斗,挂好安全带保险钩	6	错、漏一项扣2分,扣完为止		

续表

序号	项目名称	质量要求	满分	扣分标准	扣分原因	得分
2.2	验电	斗内电工将绝缘斗调整至三相避雷器外侧适当位置，使用验电器对导线、绝缘子、避雷器、横担进行验电，确认无漏电现象	5	错、漏一处扣2分，扣完为止		
2.3	安装绝缘遮蔽用具	（1）经工作负责人许可后，斗内电工调整绝缘斗到达内边相合适工作位置，按照"从近到远、从下到上、先带电体后接地体"的遮蔽原则对作业范围内可能触及的带电体和接地体进行绝缘遮蔽隔离。 （2）遮蔽的部位和顺序依次为导线、避雷器、避雷器上下引线以及作业点临近的接地体。 （3）斗内电工在对带电体设置绝缘遮蔽隔离措施时，动作应轻缓，与横担等地电位构件间应保持足够的安全距离（不小于0.4m），与邻相导线之间应保持足够的安全距离（不小于0.6m）。 （4）绝缘遮蔽隔离措施应严密、牢固，绝缘遮蔽用具之间搭接不得小于150mm。 （5）经工作负责人的许可后，斗内电工调整绝缘斗到达外边相合适工作位置，按照与内边相相同的方法对作业范围内可能触及的带电体和接地体进行绝缘遮蔽和绝缘隔离。 （6）经工作负责人的许可后，斗内电工调整绝缘斗到达中间相合适工作位置，按照与两边相相同的方法对作业范围内可能触及的带电体和接地体进行绝缘遮蔽和绝缘隔离	15	绝缘遮蔽措施不牢固、不严密，组合绝缘重叠部分（爬电距离）少于15cm一处扣2分，共5分，扣完为止； 遮蔽顺序错误每一项扣2分，共5分，扣完为止； 相邻避雷器之间应安装绝缘隔板，限制作业人员活动范围，未安装绝缘挡板扣5分		
2.4	更换避雷器	（1）斗内电工将绝缘斗调整至避雷器横担下适当位置，使用断线剪将待更换相避雷器引线从避雷器侧（或其他搭接部位）拆除，妥善固定引线，拆除避雷器接地线。 （2）斗内电工更换新避雷器，在避雷器接线柱上安装好引线并妥善固定，恢复绝缘遮蔽隔离措施。 （3）斗内电工将绝缘斗调整至避雷器横担下适当位置，安装避雷器接地线	15	错、漏一项扣5分，扣完为止		
2.5	拆除绝缘遮蔽用具	（1）经工作负责人的许可后，斗内电工调整绝缘斗到达中间相合适工作位置，按照"从远到近、从上到下、先接地体后带电体"的原则拆除绝缘遮蔽隔离措施。 （2）拆除的顺序依次为作业点临近的接地体、避雷器上引线、避雷器、导线。 （3）斗内电工在拆除带电体上的绝缘遮蔽隔离措施时，动作应轻缓，与横担等地电位构件间应保持足够的安全距离，与邻相导线之间应保持足够的安全距离。 （4）经工作负责人的许可后，斗内电工调整绝缘斗到达外边相合适工作位置，按照与中间相相同的方法拆除绝缘遮蔽隔离。 （5）经工作负责人的许可后，斗内电工调整绝缘斗到达内边相合适工作位置，按照与中间相相同的方法拆除绝缘遮蔽隔离	20	错、漏一项扣5分，扣完为止； 拆除绝缘遮蔽用具顺序错误终止工作		
2.6	返回地面	检查杆上无遗留物，绝缘斗退出有电工作区域，作业人员返回地面	5	未按要求执行扣5分		
3	工作结束					
3.1	清理现场	工作负责人组织工作班成员整理工具、材料，将工器具分类摆放在苫布上，清理现场，做到工完、料尽、场地清	1	不符合要求扣1分		

续表

序号	项目名称	质量要求	满分	扣分标准	扣分原因	得分
3.2	质量验收	工作负责人对完成的工作进行全面检查，符合验收规范要求后，记录在册	2	不符合要求扣2分		
3.3	收工会	召开现场收工会，正确点评工作，补充现场标准化作业指导书验收栏等内容	1	不符合要求扣1分		
3.4	工作终结	汇报值班调控人员工作已经结束，恢复作业线路（双重名称）重合闸装置，在工作票填写终结时间并签字，工作班撤离现场	1	不符合要求扣1分		
3.5	安全文明生产	（1）作业过程中禁止摘下绝缘防护用具，而且绝缘手套仅作辅助绝缘。 （2）斗臂车绝缘斗在有电工作区域转移时，应缓慢移动，动作要平稳，严禁使用快速挡。 （3）绝缘斗臂车在作业时，发动机不能熄火（电能驱动型除外），以保证液压系统处于工作状态。 （4）作业线路下层有低压线路同杆架设时，如妨碍作业，应对作业范围内的相关低压线路采取绝缘遮蔽措施。 （5）在同杆架设线路上工作，与上层或相邻导线小于安全距离规定且无法采取安全措施时，不得进行该项工作。 （6）上、下传递工具、材料均应使用绝缘绳传递，传递中不能与电杆、构件等碰撞，严禁抛掷。 （7）作业过程中，不随意踩踏防潮苫布	7	错、漏一项扣1分，扣完为止		
3.6	关键点	（1）作业中，绝缘斗臂车绝缘臂的有效绝缘长度应不小于1.0m。 （2）在作业时，人体应保持对地不小于0.4m、对邻相导线不小于0.6m的安全距离。 （3）作业时，严禁人体同时接触两个不同的电位体，绝缘斗内双人工作时禁止两人接触不同的电位体。 （4）作业中及时恢复绝缘遮蔽隔离措施。 （5）作业人员在接触带电导线和换相工作前应得到工作监护人的许可。 （6）拆避雷器引线宜先从相间距离较大的一侧拆除，防止带电引线突然弹跳，引起相间或相地短路	6	错、漏一项扣1分，扣完为止		
	合计		100			

Jc0004541003 绝缘手套作业法带电断接一相熔断器上引线的操作。（100分）

考核知识点： 带电作业方法

难易度： 易

技能等级评价专业技能考核操作工作任务书

一、任务名称

绝缘手套作业法带电断接一相熔断器上引线的操作。

二、适用工种

高压线路带电检修工（配电）初级工。

三、具体任务

（1）开工准备工作（现场复勘、工作许可、召开现场站班会、布置工作现场、工器具、材料检测）等项目。

（2）安装、拆除绝缘遮蔽用具。

（3）使用绝缘手套作业法带电断接一相熔断器上引线的操作。

四、工作规范及要求

（1）带电作业应在良好天气下进行，作业前须进行风速和湿度测量。风力大于5级或湿度大于80%时，不宜带电作业。若遇雷电、雪、雹、雨、雾等不良天气，禁止带电作业。

（2）绝缘手套作业法。

（3）本作业项目工作人员共计4名，其中工作负责人（监护人）1名、斗内电工2名、地面电工1名。

（4）工作负责人（监护人）、斗内电工、地面电工必须严格遵守《国家电网公司电力安全工作规程（配电部分）（试行）》3.3.12工作票所列人员的安全责任。

（5）要求着装正确（安全帽、全棉长袖工作服、绝缘鞋）。

五、考核及时间要求

考核时间共50分钟，从获得工作许可开始至工作终结完毕，每超过2分钟扣1分，到60分钟终止考核。

技能等级评价专业技能考核操作评分标准

工种	高压线路带电检修工（配电）			评价等级	初级工
项目模块	带电作业方法—绝缘手套作业法带电断接一相熔断器上引线的操作		编号		Jc0004541003
单位		准考证号		姓名	
考试时限	50分钟	题型	单项操作	题分	100分
成绩		考评员	考评组长	日期	
试题正文	绝缘手套作业法带电断接一相熔断器上引线的操作				
需要说明的问题和要求	（1）带电作业应在良好天气下进行，作业前须进行风速和湿度测量。风力大于5级或湿度大于80%时，不宜带电作业。若遇雷电、雪、雹、雨、雾等不良天气，禁止带电作业。 （2）本作业项目工作人员共计4名，其中工作负责人（监护人）1名、斗内电工2名、地面电工1名。 （3）工作负责人（监护人）：正确组织工作；检查工作票所列安全措施是否正确完备，是否符合现场实际条件，必要时予以补充完善；工作前，对工作班成员进行工作任务、安全措施交底和危险点告知，并确定每个工作班成员都已签名；组织执行工作票所列由其负责的安全措施；监督工作班成员遵守安全工作规程、正确使用劳动防护用品和安全工器具以及执行现场安全措施；关注工作班成员身体状况和精神状态是否出现异常迹象，人员变动是否合适。带电作业应有人监护。监护人不得直接操作，监护的范围不得超过一个作业点。 （4）工作班成员：熟悉工作内容、工作流程，掌握安全措施，明确工作中的危险点，并在工作票上履行交底签名确认手续；服从工作负责人（监护人）、专责监护人的指挥，严格遵守《国家电网公司电力安全工作规程（配电部分）（试行）》和劳动纪律，在指定的作业范围内工作，对自己在工作中的行为负责，互相关心工作安全；正确使用施工机具、安全工器具和劳动防护用品				

序号	项目名称	质量要求	满分	扣分标准	扣分原因	得分
1	开工准备					
1.1	现场复勘	（1）核对工作线路与设备双重名称。 （2）检查作业装置和现场环境符合带电作业条件，待更换引线的熔断器确已断开，熔管已取下。 （3）检查气象条件（天气良好，无雷电、雪、雹、雨、雾等不良天气，风力不大于5级，湿度不大于80%）。 （4）检查工作票所列安全措施，必要时予以补充和完善	4	错、漏一项扣1分，扣完为止		
1.2	工作许可	工作负责人按配电带电作业工作票内容与值班调控人员联系，履行工作许可手续	1	未执行工作许可制度扣1分		

续表

序号	项目名称	质量要求	满分	扣分标准	扣分原因	得分
1.3	召开现场站班会	（1）工作负责人宣读工作票。 （2）工作负责人检查工作班组成员精神状态。 （3）工作负责人交代工作任务进行人员分工，交代安全措施、技术措施、危险点及控制措施。 （4）工作负责人检查工作班成员对工作内容、工作流程、安全措施以及工作中的危险点是否明确。 （5）工作班成员在工作票上履行交底签名确认手续	5	错、漏一项扣1分，扣完为止		
1.4	布置工作现场	根据道路情况设置安全围栏、警告标志或路障	1	不满足作业要求扣1分		
1.5	工器具、材料检测	（1）工器具、材料齐备，规格型号正确。 （2）绝缘工器具应放置在防潮苫布上，绝缘工器具应与金属工器具、材料分区放置。 （3）工器具在试验周期内。 （4）外观检查方法正确，绝缘工器具应无机械、绝缘缺陷，应戴干净清洁手套，用干燥、清洁毛巾清洁绝缘工器具。 （5）使用绝缘高阻表对绝缘工器具进行绝缘电阻检测，阻值不得低于700MΩ	5	错、漏一项扣1分，扣完为止		
2	作业过程					
2.1	进入作业现场	（1）选择合适位置停放绝缘斗臂车，支撑稳固，并可靠接地。 （2）查看绝缘臂、绝缘斗良好，进行空斗试操作，确认液压传动、升降、伸缩、回转系统工作正常及操作灵活，制动装置可靠。 （3）斗内电工穿戴好绝缘防护用具，进入绝缘斗，挂好安全带保险钩	6	错、漏一项扣2分，扣完为止		
2.2	验电	斗内电工将工作斗调整至适当位置，使用验电器对导线、绝缘子、横担进行验电，确认无漏电现象	5	错、漏一处扣2分，扣完为止		
2.3	安装绝缘遮蔽用具	（1）经工作负责人许可后，斗内电工调整绝缘斗到达内边相合适工作位置，按照"从近到远、从下到上、先带电体后接地体"的遮蔽原则对作业范围内可能触及的带电体和接地体进行绝缘遮蔽隔离。 （2）遮蔽的部位和顺序依次为导线、跌落熔断器以及作业点临近的接地体，对相邻跌落熔断器应用绝缘隔板绝缘隔离，限制作业人员活动范围。 （3）斗内电工在对带电体设置绝缘遮蔽隔离措施时，动作应轻缓，与横担等地电位构件间应保持足够的安全距离（不小于0.4m），与邻相导线之间应保持足够的安全距离（不小于0.6m）。 （4）绝缘遮蔽隔离措施应严密、牢固，绝缘遮蔽用具之间搭接不得小于150mm。 （5）经工作负责人的许可后，斗内电工调整绝缘斗到达外边相合适工作位置，按照与内边相相同的方法对作业范围内可能触及的带电体和接地体进行绝缘遮蔽隔离。 （6）经工作负责人的许可后，斗内电工调整绝缘斗到达中间相合适工作位置，按照与两边相相同的方法对作业范围内可能触及的带电体和接地体进行绝缘遮蔽隔离	12	错、漏一项扣2分，扣完为止；遮蔽顺序错误终止工作		

序号	项目名称	质量要求	满分	扣分标准	扣分原因	得分
2.4	断接熔断器上引线	（1）斗内电工将绝缘斗调整至主导线适当位置，使用断线剪将待更换相熔断器引线从主导线侧（或其他搭接部位）拆除（或拆除主导线侧线夹），绝缘遮蔽妥善固定引线，转移作业位置，拆除熔断器上桩头引线，对其绝缘遮蔽并可靠固定。 （2）测量引线长度，重新制作跌落熔断器上引线。 （3）安装上桩头引线，绝缘遮蔽并可靠固定。 （4）斗内电工将绝缘斗调整至主导线适当位置，安装主导线侧跌落式熔断器上引线	20	错、漏一项扣5分，扣完为止		
2.5	拆除绝缘遮蔽用具	（1）经工作负责人的许可后，斗内电工调整绝缘斗到达中间相合适工作位置，按照"从远到近、从上到下、先接地体后带电体"的原则拆除绝缘遮蔽隔离措施。 （2）拆除的顺序依次为绝缘隔板、作业点临近的接地体、跌落熔断器、导线。 （3）斗内电工在拆除带电体上的绝缘遮蔽隔离措施时，动作应轻缓，与横担等地电位构件间应保持足够的安全距离，与邻相导线之间应保持足够的安全距离。 （4）经工作负责人的许可后，斗内电工调整绝缘斗到达外边相合适工作位置，按照与中间相相同的方法拆除绝缘遮蔽隔离。 （5）经工作负责人的许可后，斗内电工调整绝缘斗到达内边相合适工作位置，按照与中间相相同的方法拆除绝缘遮蔽隔离	10	错、漏一项扣2分，扣完为止；拆除绝缘遮蔽用具顺序错误终止工作		
2.6	返回地面	检查杆上无遗留物，绝缘斗退出有电工作区域，作业人员返回地面	3	未按要求执行扣3分		
3	工作结束					
3.1	清理现场	工作负责人组织工作班成员整理工具、材料，将工器具分类摆放在苫布上，清理现场，做到工完、料尽、场地清	2	不符合要求扣2分		
3.2	质量验收	工作负责人对完成的工作进行全面检查，符合验收规范要求后，记录在册	2	不符合要求扣2分		
3.3	收工会	召开现场收工会，正确点评工作，补充现场标准化作业指导书验收栏等内容	2	不符合要求扣2分		
3.4	工作终结	汇报值班调控人员工作已经结束，在工作票填写终结时间并签字，工作班撤离现场	2	不符合要求扣2分		
3.5	安全文明生产	（1）作业过程中禁止摘下绝缘防护用具，而且绝缘手套仅作辅助绝缘。 （2）斗臂车绝缘斗在有电工作区域转移时，应缓慢移动，动作要平稳，严禁使用快速挡。 （3）绝缘斗臂车在作业时，发动机不能熄火（电能驱动型除外），以保证液压系统处于工作状态。 （4）作业线路下层有低压线路同杆架设时，如妨碍作业，应对作业范围内的相关低压线路采取绝缘遮蔽措施。 （5）在同杆架设线路上工作，与上层或相邻导线小于安全距离规定且无法采取安全措施时，不得进行该项工作。 （6）上、下传递工具、材料均应使用绝缘绳传递，传递中不能与电杆、构件等碰撞，严禁抛掷。 （7）作业过程中，不随意踩踏防潮苫布	10	错、漏一项扣2分，扣完为止		

续表

序号	项目名称	质量要求	满分	扣分标准	扣分原因	得分
3.6	关键点	（1）作业中，绝缘斗臂车绝缘臂的有效绝缘长度应不小于1.0m。 （2）在作业时，人体应保持对地不小于0.4m、对邻相导线不小于0.6m的安全距离。 （3）作业时，严禁人体同时接触两个不同的电位体，绝缘斗内双人工作时禁止两人接触不同的电位体。 （4）作业中及时恢复绝缘遮蔽隔离措施。 （5）作业人员在接触带电导线和换相工作前应得到工作监护人的许可。 （6）在所断线路引线未全部拆除前，已拆除的引线应视为有电。 （7）当三相导线三角排列时且横担较短，宜在近边相外侧拆除中间相引线；当三相导线水平排列时，作业人员宜位于中间相与遮蔽相导线之间。 （8）严禁带负荷断引线	10	错、漏一项扣2分，扣完为止		
	合计		100			

Jc0004541004 绝缘手套作业法带电断接一相避雷器引线的操作。（100分）

考核知识点： 带电作业方法

难易度： 易

技能等级评价专业技能考核操作工作任务书

一、任务名称

绝缘手套作业法带电断接一相避雷器引线的操作。

二、适用工种

高压线路带电检修工（配电）初级工。

三、具体任务

（1）开工准备工作（现场复勘、工作许可、召开现场站班会、布置工作现场、工器具、材料检测）等项目。

（2）安装、拆除绝缘遮蔽用具。

（3）使用绝缘手套作业法带电断接一相避雷器引线的操作。

四、工作规范及要求

（1）带电作业应在良好天气下进行，作业前须进行风速和湿度测量。风力大于5级或湿度大于80%时，不宜带电作业。若遇雷电、雪、雹、雨、雾等不良天气，禁止带电作业。

（2）绝缘手套作业法。

（3）本作业项目工作人员共计4名，其中工作负责人（监护人）1名、斗内电工2名、地面电工1名。

（4）工作负责人（监护人）、斗内电工、地面电工必须严格遵守《国家电网公司电力安全工作规程（配电部分）（试行）》3.3.12工作票所列人员的安全责任。

（5）要求着装正确（安全帽、全棉长袖工作服、绝缘鞋）。

五、考核及时间要求

考核时间共50分钟，从获得工作许可开始至工作终结完毕，每超过2分钟扣1分，到60分钟终止考核。

技能等级评价专业技能考核操作评分标准

工种	高压线路带电检修工（配电）			评价等级	初级工
项目模块	带电作业方法—绝缘手套作业法带电断接一相避雷器引线的操作		编号		Jc0004541004
单位		准考证号		姓名	
考试时限	50分钟	题型	单项操作	题分	100分
成绩		考评员	考评组长	日期	

试题正文	绝缘手套作业法带电断接一相避雷器引线的操作
需要说明的问题和要求	（1）带电作业应在良好天气下进行，作业前须进行风速和湿度测量。风力大于5级或湿度大于80%时，不宜带电作业。若遇雷电、雪、雹、雨、雾等不良天气，禁止带电作业。 （2）本作业项目工作人员共计4名，其中工作负责人（监护人）1名、斗内电工2名、地面电工1名。 （3）工作负责人（监护人）：正确组织工作；检查工作票所列安全措施是否正确完备，是否符合现场实际条件，必要时予以补充完善；工作前，对工作班成员进行工作任务、安全措施交底和危险点告知，并确定每个工作班成员都已签名；组织执行工作票所列由其负责的安全措施；监督工作班成员遵守安全工作规程、正确使用劳动防护用品和安全工器具以及执行现场安全措施；关注工作班成员身体状况和精神状态是否出现异常迹象，人员变动是否合适。带电作业应有人监护。监护人不得直接操作，监护的范围不得超过一个作业点。 （4）工作班成员：熟悉工作内容、工作流程，掌握安全措施，明确工作中的危险点，并在工作票上履行交底签名确认手续；服从工作负责人（监护人）、专责监护人的指挥，严格遵守《国家电网公司电力安全工作规程（配电部分）（试行）》和劳动纪律，在指定的作业范围内工作，对自己在工作中的行为负责，互相关心工作安全；正确使用施工机具、安全工器具和劳动防护用品

序号	项目名称	质量要求	满分	扣分标准	扣分原因	得分
1	开工准备					
1.1	现场复勘	（1）核对工作线路与设备双重名称。 （2）确认避雷器接地装置应完整可靠，避雷器无明显损坏现象，检查作业装置、现场环境符合带电作业条件。 （3）检查气象条件（天气良好，无雷电、雪、雹、雨、雾等不良天气，风力不大于5级，湿度不大于80%）。 （4）检查工作票所列安全措施，必要时予以补充和完善	4	错、漏一项扣1分，扣完为止		
1.2	工作许可	工作负责人按配电带电作业工作票内容与值班调控人员联系，申请停用线路重合闸	1	未申请停用线路重合闸扣1分		
1.3	召开现场站班会	（1）工作负责人宣读工作票。 （2）工作负责人检查工作班组成员精神状态。 （3）工作负责人交代工作任务进行人员分工，交代安全措施、技术措施、危险点及控制措施。 （4）工作负责人检查工作班成员对工作内容、工作流程、安全措施以及工作中的危险点是否明确。 （5）工作班成员在工作票上履行交底签名确认手续	4	错、漏一项扣1分，扣完为止		
1.4	布置工作现场	根据道路情况设置安全围栏、警告标志或路障	1	不满足作业要求扣1分		
1.5	工器具、材料检测	（1）工器具、材料齐备，规格型号正确。 （2）绝缘工器具应放置在防潮苫布上，绝缘工器具应与金属工器具、材料分区放置。 （3）工器具在试验周期内。 （4）外观检查方法正确，绝缘工器具应无机械、绝缘缺陷，应戴干净清洁手套，用干燥、清洁毛巾清洁绝缘工器具。 （5）使用绝缘高阻表对绝缘工器具进行绝缘电阻检测，阻值不得低于700MΩ。 （6）查验新避雷器试验报告合格，使用绝缘测试仪确认绝缘性能完好	5	错、漏一项扣1分，扣完为止		

续表

序号	项目名称	质量要求	满分	扣分标准	扣分原因	得分
2	作业过程					
2.1	进入作业现场	（1）选择合适位置停放绝缘斗臂车，支撑稳固，并可靠接地。 （2）查看绝缘臂、绝缘斗良好，进行空斗试操作，确认液压传动、升降、伸缩、回转系统工作正常及操作灵活，制动装置可靠。 （3）斗内电工穿戴好绝缘防护用具，进入绝缘斗，挂好安全带保险钩	5	错、漏一项扣2分，扣完为止		
2.2	验电	斗内电工将绝缘斗调整至三相避雷器外侧适当位置，使用验电器对导线、绝缘子、避雷器、横担进行验电，确认无漏电现象	5	错、漏一处扣2分，扣完为止		
2.3	安装绝缘遮蔽用具	（1）经工作负责人许可后，斗内电工调整绝缘斗到达内边相合适工作位置，按照"从近到远、从下到上、先带电体后接地体"的遮蔽原则对作业范围内可能触及的带电体和接地体进行绝缘遮蔽隔离。 （2）遮蔽的部位和顺序依次为导线、避雷器、避雷器上下引线以及作业点临近的接地体。 （3）斗内电工在对带电体设置绝缘遮蔽隔离措施时，动作应轻缓，与横担等地电位构件间应保持足够的安全距离（不小于0.4m），与邻相导线之间应保持足够的安全距离（不小于0.6m）。 （4）绝缘遮蔽隔离措施应严密、牢固，绝缘遮蔽用具之间搭接不得小于150mm。 （5）经工作负责人的许可后，斗内电工调整绝缘斗到达外边相合适工作位置，按照与内边相相同的方法对作业范围内可能触及的带电体和接地体进行绝缘遮蔽和绝缘隔离。 （6）经工作负责人的许可后，斗内电工调整绝缘斗到达中间相合适工作位置，按照与两边相相同的方法对作业范围内可能触及的带电体和接地体进行绝缘遮蔽和绝缘隔离	12	错、漏一项扣2分，扣完为止；遮蔽顺序错误终止工作		
2.4	断接一相避雷器引线	（1）斗内电工将绝缘斗调整至避雷器横担下适当位置，打开待更换引线的避雷器绝缘遮蔽，将待更换相避雷器引线从避雷器侧（或其他搭接部位）拆除，绝缘遮蔽并妥善锁定引线。 （2）斗内电工在避雷器另一侧设备处进行可靠相间相地绝缘隔离措施后，拆下避雷器引线。 （3）测量引线长度，重新制作新引线。 （4）对引线进行可靠锁定和绝缘遮蔽后，安装避雷器连接设备处引线。 （5）斗内电工将绝缘斗调整至避雷器横担下适当位置，安装避雷器侧引线，恢复避雷器绝缘遮蔽	10	错、漏一项扣2分，扣完为止		
2.5	拆除绝缘遮蔽用具	（1）经工作负责人的许可后，斗内电工调整绝缘斗到达中间相合适工作位置，按照"从远到近、从上到下、先接地体后带电体"的原则拆除绝缘遮蔽隔离措施。 （2）拆除的顺序依次为作业点临近的接地体、避雷器上引线、避雷器、导线。 （3）斗内电工在拆除带电体上的绝缘遮蔽隔离措施时，动作应轻缓，与横担等地电位构件间应保持足够的安全距离，与邻相导线之间应保持足够的安全距离。 （4）经工作负责人的许可后，斗内电工调整绝缘斗到达外边相合适工作位置，按照与中间相相同的方法拆除绝缘遮蔽隔离。 （5）经工作负责人的许可后，斗内电工调整绝缘斗到达内边相合适工作位置，按照与中间相相同的方法拆除绝缘遮蔽隔离	20	错、漏一项扣5分，扣完为止；拆除绝缘遮蔽用具顺序错误终止工作		

续表

序号	项目名称	质量要求	满分	扣分标准	扣分原因	得分
2.6	返回地面	检查杆上无遗留物，绝缘斗退出有电工作区域，作业人员返回地面	5	未按要求执行扣5分		
3	工作结束					
3.1	清理现场	工作负责人组织工作班成员整理工具、材料，将工器具分类摆放在苫布上，清理现场，做到工完、料尽、场地清	1	不符合要求扣1分		
3.2	质量验收	工作负责人对完成的工作进行全面检查，符合验收规范要求后，记录在册	2	不符合要求扣2分		
3.3	收工会	召开现场收工会，正确点评工作，补充现场标准化作业指导书验收栏等内容	2	不符合要求扣2分		
3.4	工作终结	汇报值班调控人员工作已经结束，恢复作业线路（双重名称）重合闸装置，在工作票填写终结时间并签字，工作班撤离现场	1	不符合要求扣1分		
3.5	安全文明生产	（1）作业过程中禁止摘下绝缘防护用具，而且绝缘手套仅作辅助绝缘。 （2）斗臂车绝缘斗在有电工作区域转移时，应缓慢移动，动作要平稳，严禁使用快速挡。 （3）绝缘斗臂车在作业时，发动机不能熄火（电能驱动型除外），以保证液压系统处于工作状态。 （4）作业线路下层有低压线路同杆架设时，如妨碍作业，应对作业范围内的相关低压线路采取绝缘遮蔽措施。 （5）在同杆架设线路上工作，与上层或相邻导线小于安全距离规定且无法采取安全措施时，不得进行该项工作。 （6）上、下传递工具、材料均应使用绝缘绳传递，传递中不能与电杆、构件等碰撞，严禁抛掷。 （7）作业过程中，不随意踩踏防潮苫布。	10	错、漏一项扣2分，扣完为止		
3.6	关键点	（1）作业中，绝缘斗臂车绝缘臂的有效绝缘长度应不小于1.0m。 （2）在作业时，人体应保持对地不小于0.4m，对邻相导线不小于0.6m的安全距离。 （3）作业时，严禁人体同时接触两个不同的电位体，绝缘斗内双人工作时禁止两人接触不同的电位体。 （4）作业中及时恢复绝缘遮蔽隔离措施。 （5）作业人员在接触带电导线和换相工作前应得到工作监护人的许可。 （6）拆避雷器引线宜先从相间距离较大的一侧拆除，防止带电引线突然弹跳，引起相间或对地短路	12	错、漏一项扣2分，扣完为止		
	合计		100			

Jc0004541005 绝缘手套作业法带电更换一相熔断器的操作。（100分）

考核知识点：带电作业方法

难易度：易

技能等级评价专业技能考核操作工作任务书

一、任务名称

绝缘手套作业法带电更换一相熔断器的操作。

二、适用工种

高压线路带电检修工（配电）初级工。

三、具体任务

（1）开工准备工作（现场复勘、工作许可、召开现场站班会、布置工作现场、工器具、材料检测）等项目。

（2）安装、拆除绝缘遮蔽用具。

（3）使用绝缘杆作业法带电断接一相熔断器上引线的操作。

四、工作规范及要求

（1）带电作业应在良好天气下进行，作业前须进行风速和湿度测量。风力大于5级或湿度大于80%时，不宜带电作业。若遇雷电、雪、雹、雨、雾等不良天气，禁止带电作业。

（2）绝缘手套作业法。

（3）本作业项目工作人员共计4名，其中工作负责人（监护人）1名、斗内电工2名、地面电工1名。

（4）工作负责人（监护人）、斗内电工、地面电工必须严格遵守《国家电网公司电力安全工作规程（配电部分）（试行）》3.3.12工作票所列人员的安全责任。

（5）要求着装正确（安全帽、全棉长袖工作服、绝缘鞋）。

五、考核及时间要求

考核时间共50分钟，从获得工作许可开始至工作终结完毕，每超过2分钟扣1分，到60分钟终止考核。

技能等级评价专业技能考核操作评分标准

工种	高压线路带电检修工（配电）		评价等级	初级工	
项目模块	带电作业方法—绝缘手套作业法带电更换一相熔断器的操作		编号	Jc0004541005	
单位		准考证号		姓名	
考试时限	50分钟	题型	单项操作	题分	100分
成绩		考评员		考评组长	日期
试题正文	绝缘手套作业法带电更换一相熔断器的操作				
需要说明的问题和要求	（1）带电作业应在良好天气下进行，作业前须进行风速和湿度测量。风力大于5级或湿度大于80%时，不宜带电作业。若遇雷电、雪、雹、雨、雾等不良天气，禁止带电作业。 （2）本作业项目工作人员共计4名，其中工作负责人（监护人）1名、斗内电工2名、地面电工1名。 （3）工作负责人（监护人）：正确组织工作；检查工作票所列安全措施是否正确完备，是否符合现场实际条件，必要时予以补充完善；工作前，对工作班成员进行工作任务、安全措施交底和危险点告知，并确定每个工作班成员都已签名；组织执行工作票所列由其负责的安全措施；监督工作班成员遵守安全工作规程、正确使用劳动防护用品和安全工器具以及执行现场安全措施；关注工作班成员身体状况和精神状态是否出现异常迹象，人员变动是否合适。带电作业应有人监护。监护人不得直接操作，监护的范围不得超过一个作业点。 （4）工作班成员：熟悉工作内容、工作流程，掌握安全措施，明确工作中的危险点，并在工作票上履行交底签名确认手续；服从工作负责人（监护人）、专责监护人的指挥，严格遵守《国家电网公司电力安全工作规程（配电部分）（试行）》和劳动纪律，在指定的作业范围内工作，对自己在工作中的行为负责，互相关心工作安全；正确使用施工机具、安全工器具和劳动防护用品				

序号	项目名称	质量要求	满分	扣分标准	扣分原因	得分
1	开工准备					
1.1	现场复勘	（1）核对工作线路与设备双重名称。 （2）检查作业装置和现场环境符合带电作业条件，待更换的熔断器确已断开，熔管已取下。 （3）检查气象条件（天气良好，无雷电、雪、雹、雨、雾等不良天气，风力不大于5级，湿度不大于80%）。 （4）检查工作票所列安全措施，必要时予以补充和完善	4	错、漏一项扣1分，扣完为止		

序号	项目名称	质量要求	满分	扣分标准	扣分原因	得分
1.2	工作许可	工作负责人按配电带电作业工作票内容与值班调控人员联系，履行工作许可手续	1	未执行工作许可制度扣1分		
1.3	召开现场站班会	（1）工作负责人宣读工作票。 （2）工作负责人检查工作班组成员精神状态。 （3）工作负责人交代工作任务进行人员分工，交代安全措施、技术措施、危险点及控制措施。 （4）工作负责人检查工作班成员对工作内容、工作流程、安全措施以及工作中的危险点是否明确。 （5）工作班成员在工作票上履行交底签名确认手续	4	错、漏一项扣1分，扣完为止		
1.4	布置工作现场	根据道路情况设置安全围栏、警告标志或路障	1	不满足作业要求扣1分		
1.5	工器具、材料检测	（1）工器具、材料齐备，规格型号正确。 （2）绝缘工器具应放置在防潮苫布上，绝缘工器具应与金属工器具、材料分区放置。 （3）工器具在试验周期内。 （4）外观检查方法正确，绝缘工器具应无机械、绝缘缺陷，应戴干净清洁手套，用干燥、清洁毛巾清洁绝缘工器具。 （5）使用绝缘高阻表对绝缘工器具进行绝缘电阻检测，阻值不得低于700MΩ	5	错、漏一项扣1分，扣完为止		
2	作业过程					
2.1	进入作业现场	（1）选择合适位置停放绝缘斗臂车，支撑稳固，并可靠接地。 （2）查看绝缘臂、绝缘斗良好，进行空斗试操作，确认液压传动、升降、伸缩、回转系统工作正常及操作灵活，制动装置可靠。 （3）斗内电工穿戴好绝缘防护用具，进入绝缘斗，挂好安全带保险钩	5	错、漏一项扣2分，扣完为止		
2.2	验电	斗内电工将工作斗调整至适当位置，使用验电器对导线、绝缘子、横担进行验电，确认无漏电现象	5	错、漏一处扣2分，扣完为止		
2.3	安装绝缘遮蔽用具	（1）经工作负责人许可后，斗内电工调整绝缘斗到达内边相合适工作位置，按照"从近到远、从下到上、先带电体后接地体"的遮蔽原则对作业范围内可能触及的带电体和接地体进行绝缘遮蔽隔离。 （2）遮蔽的部位和顺序依次为导线、跌落熔断器以及作业点临近的接地体，对相邻跌落熔断器应用绝缘隔板绝缘隔离，限制作业人员活动范围。 （3）斗内电工在对带电体设置绝缘遮蔽隔离措施时，动作应轻缓，与横担等地电位构件间应保持足够的安全距离（不小于0.4m），与邻相导线之间应保持足够的安全距离（不小于0.6m）。 （4）绝缘遮蔽隔离措施应严密、牢固，绝缘遮蔽用具之间搭接不得小于150mm。 （5）经工作负责人的许可后，斗内电工调整绝缘斗到达外边相合适工作位置，按照与内边相相同的方法对作业范围内可能触及的带电体和接地体进行绝缘遮蔽隔离。 （6）经工作负责人的许可后，斗内电工调整绝缘斗到达中间相合适工作位置，按照与两边相相同的方法对作业范围内可能触及的带电体和接地体进行绝缘遮蔽隔离	20	错、漏一项扣5分，扣完为止；遮蔽顺序错误终止工作		

续表

序号	项目名称	质量要求	满分	扣分标准	扣分原因	得分
2.4	更换熔断器	（1）斗内电工将绝缘斗调整至待更换跌落式熔断器横担下适当位置，打开跌落式熔断器绝缘遮蔽，拆除熔断器上桩头引线，绝缘遮蔽并可靠固定。 （2）拆除跌落下引线，绝缘遮蔽并可靠固定。 （3）更换跌落熔断器，安装下桩头引线，绝缘遮蔽并可靠固定。 （4）斗内电工将绝缘斗调整至适当位置，安装跌落式熔断器上引线，恢复跌落式熔断器绝缘遮蔽	20	错、漏一项扣5分，扣完为止		
2.5	拆除绝缘遮蔽用具	（1）经工作负责人的许可后，斗内电工调整绝缘斗到达中间相合适工作位置，按照"从远到近、从上到下、先接地体后带电体"的原则拆除绝缘遮蔽隔离措施。 （2）拆除的顺序依次为绝缘隔板、作业点临近的接地体、跌落熔断器、导线。 （3）斗内电工在拆除带电体上的绝缘遮蔽隔离措施时，动作应轻缓，与横担等地电位构件间应保持足够的安全距离，与邻相导线之间应保持足够的安全距离。 （4）经工作负责人的许可后，斗内电工调整绝缘斗到达外边相合适工作位置，按照与中间相相同的方法拆除绝缘遮蔽隔离。 （5）经工作负责人的许可后，斗内电工调整绝缘斗到达内边相合适工作位置，按照与中间相相同的方法拆除绝缘遮蔽隔离	10	错、漏一项扣2分，扣完为止；拆除绝缘遮蔽用具顺序错误终止工作		
2.6	返回地面	检查杆上无遗留物，绝缘斗退出有电工作区域，作业人员返回地面	5	未按要求执行扣5分		
3	工作结束					
3.1	清理现场	工作负责人组织工作班成员整理工具、材料，将工器具分类摆放在苫布上，清理现场，做到工完、料尽、场地清	1	不符合要求扣1分		
3.2	质量验收	工作负责人对完成的工作进行全面检查，符合验收规范要求后，记录在册	2	不符合要求扣2分		
3.3	收工会	召开现场收工会，正确点评工作，补充现场标准化作业指导书验栏等内容	1	不符合要求扣1分		
3.4	工作终结	汇报值班调控人员工作已经结束，在工作票填写终结时间并签字，工作班撤离现场	1	不符合要求扣1分		
3.5	安全文明生产	（1）作业过程中禁止摘下绝缘防护用具，而且绝缘手套仅作辅助绝缘。 （2）斗臂车绝缘斗在有电工作区域转移时，应缓慢移动，动作要平稳，严禁使用快速挡。 （3）绝缘斗臂车在作业时，发动机不能熄火（电能驱动型除外），以保证液压系统处于工作状态。 （4）作业线路下层有低压线路同杆架设时，如妨碍作业，应对作业范围内的相关低压线路采取绝缘遮蔽措施。 （5）在同杆架设线路上工作，与上层或相邻导线小于安全距离规定且无法采取安全措施时，不得进行该项工作。 （6）上、下传递工具、材料均应使用绝缘绳传递，传递中不能与电杆、构件等碰撞，严禁抛掷。 （7）作业过程中，不随意踩踏防潮苫布	7	错、漏一项扣1分，扣完为止		

续表

序号	项目名称	质量要求	满分	扣分标准	扣分原因	得分
3.6	关键点	（1）作业中，绝缘斗臂车绝缘臂的有效绝缘长度应不小于1.0m。 （2）在作业时，人体应保持对地不小于0.4m、对邻相导线不小于0.6m的安全距离。 （3）作业时，严禁人体同时接触两个不同的电位体，绝缘斗内双人工作时禁止两人接触不同的电位体。 （4）作业中及时恢复绝缘遮蔽隔离措施。 （5）作业人员在接触带电导线和换相工作前应得到工作监护人的许可。 （6）在所断线路引线未全部拆除前，已拆除的引线应视为有电。 （7）当三相导线三角排列时且横担较短，宜在近边相外侧拆除中间相引线；当三相导线水平排列时，作业人员宜位于中间相与遮蔽相导线之间。 （8）严禁带负荷断引线	8	错、漏一项扣1分，扣完为止		
	合计		100			

Jc0004541006　绝缘手套作业法带电断接一相分支线路引线的操作。（100分）

考核知识点： 带电作业方法

难易度： 易

技能等级评价专业技能考核操作工作任务书

一、任务名称

绝缘手套作业法带电断接一相分支线路引线的操作。

二、适用工种

高压线路带电检修工（配电）初级工。

三、具体任务

（1）开工准备工作（现场复勘、工作许可、召开现场站班会、布置工作现场、工器具、材料检测）等项目。

（2）安装、拆除绝缘遮蔽用具。

（3）使用绝缘手套作业法带电断接一相分支线路引线的操作。

四、工作规范及要求

（1）带电作业应在良好天气下进行，作业前须进行风速和湿度测量。风力大于5级或湿度大于80%时，不宜带电作业。若遇雷电、雪、雹、雨、雾等不良天气，禁止带电作业。

（2）绝缘手套作业法。

（3）本作业项目工作人员共计4名，其中工作负责人（监护人）1名、斗内电工2名、地面电工1名。

（4）工作负责人（监护人）、斗内电工、地面电工必须严格遵守《国家电网公司电力安全工作规程（配电部分）（试行）》3.3.12工作票所列人员的安全责任。

（5）要求着装正确（安全帽、全棉长袖工作服、绝缘鞋）。

五、考核及时间要求

考核时间共50分钟，从获得工作许可开始至工作终结完毕，每超过2分钟扣1分，到60分钟终止考核。

技能等级评价专业技能考核操作评分标准

工种	高压线路带电检修工（配电）			评价等级	初级工
项目模块	带电作业方法一 绝缘手套作业法带电断接一相分支线路引线的操作		编号		Jc0004541006
单位		准考证号		姓名	
考试时限	50分钟	题型	单项操作	题分	100分
成绩		考评员		考评组长		日期	

试题正文	绝缘手套作业法带电断接一相分支线路引线的操作
需要说明的问题和要求	（1）带电作业应在良好天气下进行，作业前须进行风速和湿度测量。风力大于5级或湿度大于80%时，不宜带电作业。若遇雷电、雪、雹、雨、雾等不良天气，禁止带电作业。 （2）本作业项目工作人员共计4名，其中工作负责人（监护人）1名，斗内电工2名，地面电工1名。 （3）工作负责人（监护人）：正确组织工作；检查工作票所列安全措施是否正确完备，是否符合现场实际条件，必要时予以补充完善；工作前，对工作班成员进行工作任务、安全措施交底和危险点告知，并确定每个工作班成员都已签名；组织执行工作票所列由其负责的安全措施；监督工作班成员遵守安全工作规程、正确使用劳动防护用品和安全工器具以及执行现场安全措施；关注工作班成员身体状况和精神状态是否出现异常迹象，人员变动是否合适。带电作业应有人监护。监护人不得直接操作，监护的范围不得超过一个作业点。 （4）工作班成员：熟悉工作内容、工作流程，掌握安全措施，明确工作中的危险点，并在工作票上履行交底签名确认手续；服从工作负责人（监护人）、专责监护人的指挥，严格遵守《国家电网公司电力安全工作规程（配电部分）（试行）》和劳动纪律，在指定的作业范围内工作，对自己在工作中的行为负责，互相关心工作安全；正确使用施工机具、安全工器具和劳动防护用品

序号	项目名称	质量要求	满分	扣分标准	扣分原因	得分
1	开工准备					
1.1	现场复勘	（1）核对工作线路与设备双重名称。 （2）检查作业装置和现场环境符合带电作业条件，待更换引线的熔断器确已断开，熔管已取下。 （3）检查气象条件（天气良好，无雷电、雪、雹、雨、雾等不良天气，风力不大于5级，湿度不大于80%）。 （4）检查工作票所列安全措施，必要时予以补充和完善	4	错、漏一项扣1分，扣完为止		
1.2	工作许可	工作负责人按配电带电作业工作票内容与值班调控人员联系，履行工作许可手续	1	未执行工作许可制度扣1分		
1.3	召开现场站班会	（1）工作负责人宣读工作票。 （2）工作负责人检查工作班组成员精神状态。 （3）工作负责人交代工作任务进行人员分工，交代安全措施、技术措施、危险点及控制措施。 （4）工作负责人检查工作班成员对工作内容、工作流程、安全措施以及工作中的危险点是否明确。 （5）工作班成员在工作票上履行交底签名确认手续	4	错、漏一项扣1分，扣完为止		
1.4	布置工作现场	根据道路情况设置安全围栏、警告标志或路障	1	不满足作业要求扣1分		
1.5	工器具、材料检测	（1）工器具、材料齐备，规格型号正确。 （2）绝缘工器具应放置在防潮苫布上，绝缘工器具应与金属工器具、材料分区放置。 （3）工器具在试验周期内。 （4）外观检查方法正确，绝缘工器具应无机械、绝缘缺陷，应戴干净清洁手套，用干燥、清洁毛巾清洁绝缘工器具。 （5）使用绝缘高阻表对绝缘工器具进行绝缘电阻检测，阻值不得低于700MΩ	5	错、漏一项扣1分，扣完为止		

续表

序号	项目名称	质量要求	满分	扣分标准	扣分原因	得分
2	作业过程					
2.1	进入作业现场	（1）选择合适位置停放绝缘斗臂车，支撑稳固，并可靠接地。 （2）查看绝缘臂、绝缘斗良好，进行空斗试操作，确认液压传动、升降、伸缩、回转系统工作正常及操作灵活，制动装置可靠。 （3）斗内电工穿戴好绝缘防护用具，进入绝缘斗，挂好安全带保险钩	5	错、漏一项扣2分，扣完为止		
2.2	验电	斗内电工将工作斗调整至适当位置，使用验电器对导线、绝缘子、横担进行验电，确认无漏电现象	5	错、漏一处扣2分，扣完为止		
2.3	安装绝缘遮蔽用具	（1）经工作负责人许可后，斗内电工调整绝缘斗到达内边相合适工作位置，按照"从近到远、从下到上、先带电体后接地体"的遮蔽原则对作业范围内可能触及的带电体和接地体进行绝缘遮蔽隔离。 （2）遮蔽的部位和顺序依次为导线、分支线路引线、悬式绝缘子以及作业点临近的接地体。 （3）斗内电工在对带电体设置绝缘遮蔽隔离措施时，动作应轻缓，与横担等地电位构件间应保持足够的安全距离（不小于0.4m），与邻相导线之间应保持足够的安全距离（不小于0.6m）。 （4）绝缘遮蔽隔离措施应严密、牢固，绝缘遮蔽用具之间搭接不得小于150mm。 （5）经工作负责人的许可后，斗内电工调整绝缘斗到达外边相合适工作位置，按照与内边相相同的方法对作业范围内可能触及的带电体和接地体进行绝缘遮蔽隔离。 （6）经工作负责人的许可后，斗内电工调整绝缘斗到达中间相合适工作位置，按照与两边相相同的方法对作业范围内可能触及的带电体和接地体进行绝缘遮蔽隔离	20	错、漏一项扣5分，扣完为止；遮蔽顺序错误终止工作		
2.4	断接一相分支线路引线	（1）斗内电工将绝缘斗调整至主导线适当位置，使用断线剪将待更换相分支线路引线从主导线侧（或其他搭接部位）拆除（或拆除主导线侧线夹），绝缘遮蔽妥善固定引线，转移作业位置，使用断线剪剪断或拆除分支线路侧引线线夹，取下引线，对断开点绝缘遮蔽并可靠固定。 （2）测量引线长度，重新制作分支线路引线。 （3）安装分支线路侧引线，绝缘遮蔽并可靠固定。 （4）斗内电工将绝缘斗调整至主导线适当位置，打开连接点绝缘遮蔽，安装主导线侧分支线路引线后恢复连接点遮蔽	20	错、漏一项扣5分，扣完为止		
2.6	拆除绝缘遮蔽用具	（1）经工作负责人的许可后，斗内电工调整绝缘斗到达中间相合适工作位置，按照"从远到近、从上到下、先接地体后带电体"的原则拆除绝缘遮蔽隔离措施。 （2）拆除的顺序依次为绝缘隔板、作业点临近的接地体、悬式绝缘子、分支线路引线、导线。 （3）斗内电工在拆除带电体上的绝缘遮蔽隔离措施时，动作应轻缓，与横担等地电位构件间应保持足够的安全距离，与邻相导线之间应保持足够的安全距离。 （4）经工作负责人的许可后，斗内电工调整绝缘斗到达外边相合适工作位置，按照与中间相相同的方法拆除绝缘遮蔽隔离。 （5）经工作负责人的许可后，斗内电工调整绝缘斗到达内边相合适工作位置，按照与中间相相同的方法拆除绝缘遮蔽隔离	10	错、漏一项扣2分，扣完为止；拆除绝缘遮蔽用具顺序错误终止工作		

序号	项目名称	质量要求	满分	扣分标准	扣分原因	得分
2.7	返回地面	检查杆上无遗留物，绝缘斗退出有电工作区域，作业人员返回地面	5	未按要求执行扣 5 分		
3	工作结束					
3.1	清理现场	工作负责人组织工作班成员整理工具、材料，将工器具分类摆放在苫布上，清理现场，做到工完、料尽、场地清	1	不符合要求扣 1 分		
3.2	质量验收	工作负责人对完成的工作进行全面检查，符合验收规范要求后，记录在册	2	不符合要求扣 2 分		
3.3	收工会	召开现场收工会，正确点评工作，补充现场标准化作业指导书验收栏等内容	1	不符合要求扣 1 分		
3.4	工作终结	汇报值班调控人员工作已经结束，在工作票填写终结时间并签字，工作班撤离现场	1	不符合要求扣 1 分		
3.5	安全文明生产	（1）作业过程中禁止摘下绝缘防护用具，而且绝缘手套仅作辅助绝缘。 （2）斗臂车绝缘斗在有电工作区域转移时，应缓慢移动，动作要平稳，严禁使用快速挡。 （3）绝缘斗臂车在作业时，发动机不能熄火（电能驱动型除外），以保证液压系统处于工作状态。 （4）作业线路下层有低压线路同杆架设时，如妨碍作业，应对作业范围内的相关低压线路采取绝缘遮蔽措施。 （5）在同杆架设线路上工作，与上层或相邻导线小于安全距离规定且无法采取安全措施时，不得进行该项工作。 （6）上、下传递工具、材料均应使用绝缘绳传递，传递中不能与电杆、构件等碰撞，严禁抛掷。 （7）作业过程中，不随意踩踏防潮苫布	7	错、漏一项扣 1 分，扣完为止		
3.6	关键点	（1）作业中，绝缘斗臂车绝缘臂的有效绝缘长度应不小于 1.0m。 （2）在作业时，人体应保持对地不小于 0.4m、对邻相导线不小于 0.6m 的安全距离。 （3）作业时，严禁人体同时接触两个不同的电位体，绝缘斗内双人工作时禁止两人接触不同的电位体。 （4）作业中及时恢复绝缘遮蔽隔离措施。 （5）作业人员在接触带电导线和换相工作前应得到工作监护人的许可。 （6）在所断线路引线未全部拆除前，已拆除的引线应视为有电。 （7）当三相导线三角排列时且横担较短，宜在近边相外侧拆除中间相引线；当三相导线水平排列时，作业人员宜位于中间相与遮蔽相导线之间。 （8）严禁带负荷断引线	8	错、漏一项扣 1 分，扣完为止		
	合计		100			

Jc0004541007 绝缘手套作业法带电更换直线杆边相绝缘子（绝缘小吊臂法）的操作。（100 分）

考核知识点： 带电作业方法

难易度： 易

技能等级评价专业技能考核操作工作任务书

一、任务名称

绝缘手套作业法带电更换直线杆边相绝缘子（绝缘小吊臂法）的操作。

二、适用工种

高压线路带电检修工（配电）初级工。

三、具体任务

（1）开工准备工作（现场复勘、工作许可、召开现场站班会、布置工作现场、工器具、材料检测）等项目。

（2）安装、拆除绝缘遮蔽用具。

（3）使用绝缘手套作业法带电更换直线杆边相绝缘子（绝缘小吊臂法）的操作。

四、工作规范及要求

（1）带电作业应在良好天气下进行，作业前须进行风速和湿度测量。风力大于5级或湿度大于80%时，不宜带电作业。若遇雷电、雪、雹、雨、雾等不良天气，禁止带电作业。

（2）绝缘手套作业法。

（3）本作业项目工作人员共计4名，其中工作负责人（监护人）1名、斗内电工2名、地面电工1名。

（4）工作负责人（监护人）、斗内电工、地面电工必须严格遵守《国家电网公司电力安全工作规程（配电部分）（试行）》3.3.12工作票所列人员的安全责任。

（5）要求着装正确（安全帽、全棉长袖工作服、绝缘鞋）。

五、考核及时间要求

考核时间共50分钟，从获得工作许可开始至工作终结完毕，每超过2分钟扣1分，到60分钟终止考核。

技能等级评价专业技能考核操作评分标准

工种	高压线路带电检修工（配电）			评价等级	初级工
项目模块	带电作业方法—绝缘手套作业法带电更换直线杆边相绝缘子（绝缘小吊臂法）的操作		编号		Jc0004541007
单位		准考证号		姓名	
考试时限	50分钟	题型	单项操作	题分	100分
成绩		考评员		考评组长		日期	
试题正文	绝缘手套作业法带电更换直线杆边相绝缘子（绝缘小吊臂法）的操作				
需要说明的问题和要求	（1）带电作业应在良好天气下进行，作业前须进行风速和湿度测量。风力大于5级或湿度大于80%时，不宜带电作业。若遇雷电、雪、雹、雨、雾等不良天气，禁止带电作业。 （2）本作业项目工作人员共计4名，其中工作负责人（监护人）1名、斗内电工2名、地面电工1名。 （3）工作负责人（监护人）：正确组织工作；检查工作票所列安全措施是否正确完备，是否符合现场实际条件，必要时予以补充完善；工作前，对工作班成员进行工作任务、安全措施交底和危险点告知，并确定每个工作班成员都已签名；组织执行工作票所列由其负责的安全措施；监督工作班成员遵守安全工作规程、正确使用劳动防护用品和安全工器具以及执行现场安全措施；关注工作班成员身体状况和精神状态是否出现异常迹象，人员变动是否合适。带电作业应有人监护。监护人不得直接操作，监护的范围不得超过一个作业点。 （4）工作班成员：熟悉工作内容、工作流程，掌握安全措施，明确工作中的危险点，并在工作票上履行交底签名确认手续；服从工作负责人（监护人）、专责监护人的指挥，严格遵守《国家电网公司电力安全工作规程（配电部分）（试行）》和劳动纪律，在指定的作业范围内工作，对自己在工作中的行为负责，互相关心工作安全；正确使用施工机具、安全工器具和劳动防护用品				

续表

序号	项目名称	质量要求	满分	扣分标准	扣分原因	得分
1	开工准备					
1.1	现场复勘	（1）核对工作线路与设备双重名称。 （2）检查作业点两侧的电杆根部、基础是否牢固，导线固定是否牢固，检查作业装置和现场环境符合带电作业条件。 （3）检查气象条件（天气良好，无雷电、雪、雹、雨、雾等不良天气，风力不大于 5级，湿度不大于 80%）。 （4）检查工作票所列安全措施，必要时予以补充和完善	4	错、漏一项扣 1 分，扣完为止		
1.2	工作许可	工作负责人按配电带电作业工作票内容与值班调控人员联系，履行工作许可手续	1	未执行工作许可制度扣 1 分		
1.3	召开现场站班会	（1）工作负责人宣读工作票。 （2）工作负责人检查工作班组成员精神状态。 （3）工作负责人交代工作任务进行人员分工，交代安全措施、技术措施、危险点及控制措施。 （4）工作负责人检查工作班成员对工作内容、工作流程、安全措施以及工作中的危险点是否明确。 （5）工作班成员在工作票上履行交底签名确认手续	4	错、漏一项扣 1 分，扣完为止		
1.4	布置工作现场	工作现场设置安全围栏、警告标志或路障	1	不满足作业要求扣 1 分		
1.5	工器具、材料检测	（1）工器具、材料齐备，规格型号正确。 （2）绝缘工器具应放置在防潮苫布上，绝缘工器具应与金属工器具、材料分区放置。 （3）工器具在试验周期内。 （4）外观检查方法正确，绝缘工器具应无机械、绝缘缺陷，应戴干净清洁手套，用干燥、清洁毛巾清洁绝缘工器具。 （5）使用绝缘高阻表对绝缘工器具进行绝缘电阻检测，阻值不得低于 700MΩ。 （6）检查新绝缘子的机电性能良好	5	错、漏一项扣 1 分，扣完为止		
2	作业过程					
2.1	进入作业现场	（1）选择合适位置停放绝缘斗臂车，支撑稳固，并可靠接地。 （2）查看绝缘臂、绝缘斗良好，进行空斗试操作，确认液压传动、升降、伸缩、回转系统工作正常及操作灵活，制动装置可靠。 （3）斗内电工穿戴好绝缘防护用具，进入绝缘斗，挂好安全带保险钩	5	错、漏一项扣 2 分，扣完为止		
2.2	验电	斗内电工将工作斗调整至适当位置，使用验电器对导线、绝缘子、横担进行验电，确认无漏电现象	4	错、漏一处扣 2 分，扣完为止		
2.3	安装绝缘遮蔽用具	（1）经工作负责人许可后，斗内电工调整绝缘斗到达内边相合适工作位置，按照"从近到远、从下到上、先带电体后接地体"的遮蔽原则对作业范围内可能触及的带电体和接地体进行绝缘遮蔽隔离。 （2）遮蔽的部位和顺序依次为导线、绝缘子以及作业点临近的接地体。 （3）斗内电工在对带电体设置绝缘遮蔽隔离措施时，动作应轻缓，与横担等地电位构件间应保持足够的安全距离（不小于0.4m），与邻相导线之间应保持足够的安全距离（不小于 0.6m）。	10	错、漏一项扣 2 分，扣完为止；遮蔽顺序错误终止工作		

续表

序号	项目名称	质量要求	满分	扣分标准	扣分原因	得分
2.3	安装绝缘遮蔽用具	（4）绝缘遮蔽隔离措施应严密、牢固，绝缘遮蔽用具之间搭接不得小于150mm。 （5）经工作负责人的许可后，斗内电工调整绝缘斗到达外边相合适工作位置，按照与内边相相同的方法对作业范围内可能触及的带电体和接地体进行绝缘遮蔽隔离。 （6）经工作负责人的许可后，斗内电工调整绝缘斗到达中间相合适工作位置，按照与两边相相同的方法对作业范围内可能触及的带电体和接地体进行绝缘遮蔽隔离	10	错、漏一项扣2分，扣完为止；遮蔽顺序错误终止工作		
2.4	拆扎线	（1）用绝缘绳扣绑牢导线遮蔽罩和导线，绑点导线遮蔽罩开口向上。 （2）斗内电工操作绝缘斗臂车自带的吊钩钩住绳扣，并使其略微受力，安装隔离挡板对支线绝缘子作隔离后，拆除扎线。 （3）提升和下降导线时，绝缘小吊绳应与导线垂直，避免导线横向受力	6	错、漏一项扣2分，扣完为止		
2.5	检修	斗内电工将导线吊离约40cm后，更换直线绝缘子	5	未按规定执行扣5分		
2.6	绑扎线	（1）斗内电工安装隔离挡板对直线绝缘子作隔离。 （2）缓慢放落导线，绑扎线	10	错、漏一项扣5分，扣完为止		
2.7	拆除绝缘遮蔽用具	（1）经工作负责人的许可后，斗内电工调整绝缘斗到达中间相合适工作位置，按照"从远到近、从上到下、先接地体后带电体"的原则拆除绝缘遮蔽隔离措施。 （2）拆除的顺序依次为作业点临近的接地体、绝缘子、导线。 （3）斗内电工在拆除带电体上的绝缘遮蔽隔离措施时，动作应轻缓，与横担等地电位构件间应保持足够的安全距离，与邻相导线之间应保持足够的安全距离。 （4）经工作负责人的许可后，斗内电工调整绝缘斗到达外边相合适工作位置，按照与中间相相同的方法拆除绝缘遮蔽隔离。 （5）经工作负责人的许可后，斗内电工调整绝缘斗到达内边相合适工作位置，按照与中间相相同的方法拆除绝缘遮蔽隔离	20	错、漏一项扣5分，扣完为止；拆除绝缘遮蔽用具顺序错误终止工作		
2.8	返回地面	检查杆上无遗留物，绝缘斗退出有电工作区域，作业人员返回地面	5	未按要求执行扣5分		
3	工作结束					
3.1	清理现场	工作负责人组织工作班成员整理工具、材料，将工器具分类摆放在苫布上，清理现场，做到工完、料尽、场地清	1	不符合要求扣1分		
3.2	质量验收	工作负责人对完成的工作进行全面检查，符合验收规范要求后，记录在册	2	不符合要求扣2分		
3.3	收工会	召开现场收工会，正确点评工作，补充现场标准化作业指导书验收栏等内容	2	不符合要求扣2分		
3.4	工作终结	汇报值班调控人员工作已经结束，在工作票填写终结时间并签字，工作班撤离现场	1	不符合要求扣1分		
3.5	安全文明生产	（1）作业过程中禁止摘下绝缘防护用具，而且绝缘手套仅作辅助绝缘。 （2）斗臂车绝缘斗在有电工作区域转移时，应缓慢移动，动作要平稳，严禁使用快速挡。	7	错、漏一项扣2分，扣完为止		

序号	项目名称	质量要求	满分	扣分标准	扣分原因	得分
3.5	安全文明生产	（3）绝缘斗臂车在作业时，发动机不能熄火（电能驱动型除外），以保证液压系统处于工作状态。 （4）作业线路下层有低压线路同杆架设时，如妨碍作业，应对作业范围内的相关低压线路采取绝缘遮蔽措施。 （5）在同杆架设线路上工作，与上层或相邻导线小于安全距离规定且无法采取安全措施时，不得进行该项工作。 （6）上、下传递工具、材料均应使用绝缘绳传递，传递中不能与电杆、构件等碰撞，严禁抛掷。 （7）作业过程中，不随意踩踏防潮苫布	7	错、漏一项扣2分，扣完为止		
3.6	关键点	（1）作业中，绝缘斗臂车绝缘臂的有效绝缘长度应不小于1.0m。 （2）在作业时，人体应保持对地不小于0.4m、对邻相导线不小于0.6m的安全距离。 （3）作业时，严禁人体同时接触两个不同的电位体，绝缘斗内双人工作时禁止两人接触不同的电位体。 （4）作业中及时恢复绝缘遮蔽隔离措施。 （5）作业人员在接触带电导线和换相工作前应得到工作监护人的许可。 （6）提升导线前及提升过程中，应检查两侧电杆上的绝缘子绑扎线是否牢靠，如有松动、脱线现象，必须重新绑扎加固后方可进行作业。 （7）提升和下降导线时，要缓缓进行，以防止导线晃动，避免造成相间短路	7	错、漏一项扣1分，扣完为止		
	合计		100			

Jc0004541008 绝缘手套作业法带电补装耐张绝缘子串M销的操作。（100分）

考核知识点： 带电作业方法

难易度： 易

技能等级评价专业技能考核操作工作任务书

一、任务名称

绝缘手套作业法带电补装耐张绝缘子串M销的操作。

二、适用工种

高压线路带电检修工（配电）初级工。

三、具体任务

（1）开工准备工作（现场复勘、工作许可、召开现场站班会、布置工作现场、工器具、材料检测）等项目。

（2）安装、拆除绝缘遮蔽用具。

（3）使用绝缘手套作业法带电补装耐张绝缘子串M销的操作。

四、工作规范及要求

（1）带电作业应在良好天气下进行，作业前须进行风速和湿度测量。风力大于5级或湿度大于80%时，不宜带电作业。若遇雷电、雪、雹、雨、雾等不良天气，禁止带电作业。

（2）绝缘手套作业法。

（3）本作业项目工作人员共计 4 名，其中工作负责人（监护人）1 名、斗内电工 2 名、地面电工 1 名。

（4）工作负责人（监护人）、斗内电工、地面电工必须严格遵守《国家电网公司电力安全工作规程（配电部分）（试行）》3.3.12 工作票所列人员的安全责任。

（5）要求着装正确（安全帽、全棉长袖工作服、绝缘鞋）。

五、考核及时间要求

考核时间共 50 分钟，从获得工作许可开始至工作终结完毕，每超过 2 分钟扣 1 分，到 60 分钟终止考核。

技能等级评价专业技能考核操作评分标准

工种	高压线路带电检修工（配电）			评价等级		初级工
项目模块	带电作业方法一绝缘手套作业法带电补装耐张绝缘子串 M 销的操作			编号		Jc0004541008
单位			准考证号		姓名	
考试时限	50 分钟		题型	单项操作	题分	100 分
成绩		考评员		考评组长	日期	
试题正文	绝缘手套作业法带电补装耐张绝缘子串 M 销的操作					
需要说明的问题和要求	（1）带电作业应在良好天气下进行，作业前须进行风速和湿度测量。风力大于 5 级或湿度大于 80%时，不宜带电作业。若遇雷电、雪、雹、雨、雾等不良天气，禁止带电作业。 （2）本作业项目工作人员共计 4 名，其中工作负责人（监护人）1 名、斗内电工 2 名、地面电工 1 名。 （3）工作负责人（监护人）：正确组织工作；检查工作票所列安全措施是否正确完备，是否符合现场实际条件，必要时予以补充完善；工作前，对工作班成员进行工作任务、安全措施交底和危险点告知，并确定每个工作班成员都已签名；组织执行工作票所列由其负责的安全措施；监督工作班成员遵守安全工作规程、正确使用劳动防护用品和安全工器具以及执行现场安全措施；关注工作班成员身体状况和精神状态是否出现异常迹象，人员变动是否合适。带电作业应有人监护。监护人不得直接操作，监护的范围不得超过一个作业点。 （4）工作班成员：熟悉工作内容、工作流程，掌握安全措施，明确工作中的危险点，并在工作票上履行交底签名确认手续；服从工作负责人（监护人）、专责监护人的指挥，严格遵守《国家电网公司电力安全工作规程（配电部分）（试行）》和劳动纪律，在指定的作业范围内工作，对自己在工作中的行为负责，互相关心工作安全；正确使用施工机具、安全工器具和劳动防护用品					

序号	项目名称	质量要求	满分	扣分标准	扣分原因	得分
1	开工准备					
1.1	现场复勘	（1）核对工作线路与设备双重名称。 （2）检查确认电杆根部、基础牢固，导线固定是否牢固，检查作业装置和现场环境符合带电作业条件。 （3）检查气象条件（天气良好，无雷电、雪、雹、雨、雾等不良天气，风力不大于 5 级，湿度不大于 80%）。 （4）检查工作票所列安全措施，必要时予以补充和完善	4	错、漏一项扣 1 分，扣完为止		
1.2	工作许可	按配电带电作业工作票内容与值班调控人员联系，履行工作许可手续	1	未执行工作许可制度扣 1 分		
1.3	召开现场站班会	（1）工作负责人宣读工作票。 （2）工作负责人检查工作班组成员精神状态。 （3）工作负责人交代工作任务进行人员分工，交代安全措施、技术措施、危险点及控制措施。 （4）工作负责人检查工作班成员对工作内容、工作流程、安全措施以及工作中的危险点是否明确。 （5）工作班成员在工作票上履行交底签名确认手续	4	错、漏一项扣 1 分，扣完为止		
1.4	布置工作现场	工作现场设置安全围栏、警告标志或路障	1	不满足作业要求扣 1 分		

续表

序号	项目名称	质量要求	满分	扣分标准	扣分原因	得分
1.5	工器具、材料检测	（1）工器具、材料齐备，规格型号正确。 （2）绝缘工器具应放置在防潮苦布上，绝缘工器具应与金属工器具、材料分区放置。 （3）工器具在试验周期内。 （4）外观检查方法正确，绝缘工器具应无机械、绝缘缺陷，应戴干净清洁手套，用干燥、清洁毛巾清洁绝缘工器具。 （5）使用绝缘高阻表对绝缘工器具进行绝缘电阻检测，阻值不得低于700MΩ。 （6）检查新绝缘子的机电性能良好	5	错、漏一项扣1分，扣完为止		
2	作业过程					
2.1	进入作业现场	（1）选择合适位置停放绝缘斗臂车，支撑稳固，并可靠接地。 （2）查看绝缘臂、绝缘斗良好，进行空斗试操作，确认液压传动、升降、伸缩、回转系统工作正常及操作灵活，制动装置可靠。 （3）斗内电工穿戴好绝缘防护用具，进入绝缘斗，挂好安全带保险钩	5	错、漏一项扣2分，扣完为止		
2.2	验电	斗内电工将工作斗调整至适当位置，使用验电器对导线、绝缘子、横担进行验电，确认无漏电现象	5	错、漏一处扣2分，扣完为止		
2.3	安装绝缘遮蔽用具	（1）经工作负责人许可后，斗内电工调整绝缘斗到达内边相合适工作位置，按照"从近到远、从下到上、先带电体后接地体"的遮蔽原则对作业范围内可能触及的带电体和接地体进行绝缘遮蔽隔离。 （2）遮蔽的部位和顺序依次为导线、耐张线夹、耐张绝缘子串以及作业点临近的接地体。 （3）斗内电工在对带电体设置绝缘遮蔽隔离措施时，动作应轻缓，与横担等地电位构件间应保持足够的安全距离（不小于0.4m），与邻相导线之间应保持足够的安全距离（不小于0.6m）。 （4）绝缘遮蔽隔离措施应严密、牢固，绝缘遮蔽用具之间搭接不得小于150mm。 （5）经工作负责人的许可后，斗内电工调整绝缘斗到达外边相合适工作位置，按照与内边相相同的方法对作业范围内可能触及的带电体和接地体进行绝缘遮蔽隔离。 （6）经工作负责人的许可后，斗内电工调整绝缘斗到达中间相合适工作位置，按照与两边相相同的方法对作业范围内可能触及的带电体和接地体进行绝缘遮蔽隔离	20	错、漏一项扣5分，扣完为止；遮蔽顺序错误终止工作		
2.4	补装耐张绝缘子串M销的操作	（1）斗内电工将绝缘斗调整到补装绝缘子M销的导线外侧适当位置，将补装处绝缘遮蔽打开，漏出待补装部位。 （2）斗内电工使用M销补装钳补装新M销，使M销开口向上。 （3）斗内电工恢复绝缘遮蔽	15	错、漏一项扣5分，扣完为止		
2.5	拆除绝缘遮蔽用具	（1）经工作负责人的许可后，斗内电工调整绝缘斗到达中间相合适工作位置，按照"从远到近、从上到下、先接地体后带电体"的原则拆除绝缘遮蔽隔离措施。 （2）拆除的顺序依次为作业点临近的接地体、耐张绝缘子串、耐张线夹、导线。 （3）斗内电工在拆除带电体上的绝缘遮蔽隔离措施时，动作应轻缓，与横担等地电位构件间应保持足够的安全距离，与邻相导线之间应保持足够的安全距离。	15	错、漏一项扣3分，扣完为止；拆除绝缘遮蔽用具顺序错误终止工作		

续表

序号	项目名称	质量要求	满分	扣分标准	扣分原因	得分
2.5	拆除绝缘遮蔽用具	（4）经工作负责人的许可后，斗内电工调整绝缘斗到达外边相合适工作位置，按照与中间相相同的方法拆除绝缘遮蔽隔离。 （5）经工作负责人的许可后，斗内电工调整绝缘斗到达内边相合适工作位置，按照与中间相相同的方法拆除绝缘遮蔽隔离	15	错、漏一项扣3分，扣完为止；拆除绝缘遮蔽用具顺序错误终止工作		
2.6	返回地面	检查杆上无遗留物，绝缘斗退出有电工作区域，作业人员返回地面	5	未按要求执行扣5分		
3	工作结束					
3.1	清理现场	工作负责人组织工作班成员整理工具、材料，将工器具分类摆放在苫布上，清理现场，做到工完、料尽、场地清	1	不符合要求扣1分		
3.2	质量验收	工作负责人对完成的工作进行全面检查，符合验收规范要求后，记录在册	2	不符合要求扣2分		
3.3	收工会	召开现场收工会，正确点评工作，补充现场标准化作业指导书验栏等内容	1	不符合要求扣1分		
3.4	工作终结	汇报值班调控人员工作已经结束，在工作票填写终结时间并签字，工作班撤离现场	1	不符合要求扣1分		
3.5	安全文明生产	（1）作业过程中禁止摘下绝缘防护用具，而且绝缘手套仅作辅助绝缘。 （2）斗臂车绝缘斗在有电工作区域转移时，应缓慢移动，动作要平稳，严禁使用快速挡。 （3）绝缘斗臂车在作业时，发动机不能熄火（电能驱动型除外），以保证液压系统处于工作状态。 （4）作业线路下层有低压线路同杆架设时，如妨碍作业，应对作业范围内的相关低压线路采取绝缘遮蔽措施。 （5）在同杆架设线路上工作，与上层或相邻导线小于安全距离规定且无法采取安全措施时，不得进行该项工作。 （6）上、下传递工具、材料均应使用绝缘绳传递，传递中不能与电杆、构件等碰撞，严禁抛掷。 （7）作业过程中，不随意踩踏防潮苫布	7	错、漏一项扣1分，扣完为止		
3.6	关键点	（1）作业中，绝缘斗臂车绝缘臂的有效绝缘长度应不小于1.0m。 （2）在作业时，人体应保持对地不小于0.4m，对邻相导线不小于0.6m的安全距离。 （3）作业时，严禁人体同时接触两个不同的电位体，绝缘斗内双人工作时禁止两人接触不同的电位体。 （4）作业中及时恢复绝缘遮蔽隔离措施。 （5）作业人员在接触带电导线和换相工作前应得到工作监护人的许可。 （6）M销补装后开口朝上。 （7）补装M销时，横担侧绝缘子及横担应有严密的绝缘遮蔽措施。 （8）验电发现横担有电，禁止继续实施本项作业	8	错、漏一项扣1分，扣完为止		
	合计		100			

Jc0004541009　绝缘杆作业法带电清除异物的操作。（100分）

考核知识点： 带电作业方法

难易度： 易

技能等级评价专业技能考核操作工作任务书

一、任务名称

绝缘杆作业法带电清除异物的操作。

二、适用工种

高压线路带电检修工（配电）初级工。

三、具体任务

（1）开工准备工作（现场复勘、工作许可、召开现场站班会、布置工作现场、工器具、材料检测）等项目。

（2）安装、拆除绝缘遮蔽用具。

（3）使用绝缘杆作业法带电清除异物的操作。

四、工作规范及要求

（1）带电作业应在良好天气下进行，作业前须进行风速和湿度测量。风力大于5级或湿度大于80%时，不宜带电作业。若遇雷电、雪、雹、雨、雾等不良天气，禁止带电作业。

（2）绝缘杆作业法。

（3）本作业项目工作人员共计4名，其中工作负责人（监护人）1名、杆上电工2名、地面电工1名。

（4）工作负责人（监护人）、杆上电工、地面电工必须严格遵守《国家电网公司电力安全工作规程（配电部分）（试行）》3.3.12工作票所列人员的安全责任。

（5）要求着装正确（安全帽、全棉长袖工作服、绝缘鞋）。

五、考核及时间要求

考核时间共50分钟，从获得工作许可开始至工作终结完毕，每超过2分钟扣1分，到60分钟终止考核。

技能等级评价专业技能考核操作评分标准

工种	高压线路带电检修工（配电）			评价等级	初级工
项目模块	带电作业方法—绝缘杆作业法带电清除异物的操作		编号		Jc0004541009
单位		准考证号		姓名	
考试时限	50分钟	题型	单项操作	题分	100分
成绩		考评员	考评组长	日期	
试题正文	绝缘杆作业法带电清除异物的操作				
需要说明的问题和要求	（1）带电作业应在良好天气下进行，作业前须进行风速和湿度测量。风力大于5级或湿度大于80%时，不宜带电作业。若遇雷电、雪、雹、雨、雾等不良天气，禁止带电作业。 （2）本作业项目工作人员共计4名，其中工作负责人（监护人）1名、杆上电工2名、地面电工1名。 （3）工作负责人（监护人）：正确组织工作；检查工作票所列安全措施是否正确完备，是否符合现场实际条件，必要时予以补充完善；工作前，对工作班成员进行工作任务、安全措施交底和危险点告知，并确定每个工作班成员都已签名；组织执行工作票所列由其负责的安全措施；监督工作班成员遵守安全工作规程、正确使用劳动防护用品和安全工器具以及执行现场安全措施；关注工作班成员身体状况和精神状态是否出现异常迹象，人员变动是否合适。带电作业应有人监护。监护人不得直接操作，监护的范围不得超过一个作业点。 （4）工作班成员：熟悉工作内容、工作流程，掌握安全措施，明确工作中的危险点，并在工作票上履行交底签名确认手续；服从工作负责人（监护人）、专责监护人的指挥，严格遵守《国家电网公司电力安全工作规程（配电部分）（试行）》和劳动纪律，在指定的作业范围内工作，对自己在工作中的行为负责，互相关心工作安全；正确使用施工机具、安全工器具和劳动防护用品				

续表

序号	项目名称	质量要求	满分	扣分标准	扣分原因	得分
1	开工准备					
1.1	现场复勘	（1）核对工作线路与设备双重名称。 （2）检查环境是否符合作业要求，电杆根部、基础和拉线是否牢固。 （3）检查线路装置是否具备不停电作业条件，熔断器确已断开，熔管已取下。 （4）检查气象条件天气良好，无雷电、雪、雹、雨、雾等不良天气，风力不大于 5 级，湿度不大于 80%。 （5）检查工作票所列安全措施，必要时予以补充和完善	4	错、漏一项扣 1 分，扣完为止		
1.2	工作许可	工作负责人按配电带电作业工作票内容与值班调控人员联系，履行工作许可手续	1	未执行工作许可制度扣 1 分		
1.3	召开现场站班会	（1）工作负责人宣读工作票。 （2）工作负责人检查工作班组成员精神状态。 （3）工作负责人交代工作任务进行人员分工，交代安全措施、技术措施、危险点及控制措施。 （4）工作负责人检查工作班成员对工作内容、工作流程、安全措施以及工作中的危险点是否明确。 （5）工作班成员在工作票上履行交底签名确认手续	4	错、漏一项扣 1 分，扣完为止		
1.4	布置工作现场	工作现场设置安全护栏、作业标志和相关警示标志	1	不满足作业要求扣 1 分		
1.5	工器具、材料检测	（1）工器具、材料齐备，规格型号正确。 （2）绝缘工器具应放置在防潮苫布上，绝缘工器具应与金属工器具、材料分区放置。 （3）工器具在试验周期内。 （4）外观检查方法正确，绝缘工器具应无机械、绝缘缺陷，应戴干净清洁手套，用干燥、清洁毛巾清洁绝缘工器具。 （5）使用绝缘高阻表对绝缘工器具进行绝缘电阻检测，阻值不低于 700MΩ	5	错、漏一项扣 1 分，扣完为止		
2	作业过程					
2.1	登杆	（1）杆上电工对安全带、脚扣做冲击试验。 （2）杆上电工穿戴好绝缘防护用具，携带绝缘传递绳，登杆至适当位置	5	错、漏一项扣 1 分； 踩空、打滑每次扣 1 分； 未正确使用安全带、脚扣扣 1 分； 上杆过程手上持有工器具扣 1 分； 以上扣分，扣完为止； 登杆动作生疏、跌落，终止工作		
2.2	验电	杆上电工使用验电器对导线、绝缘子、横担进行验电，确认无漏电现象	5	错、漏一项扣 5 分，扣完为止		
2.3	安装绝缘遮蔽用具	（1）带电作业过程中人体与带电体应保持足够的安全距离（不小于 0.4m），如不满足安全距离要求，应进行绝缘遮蔽。 （2）按照"从近到远、从下到上、先带电体后接地体"的遮蔽原则对不能满足安全距离的带电体和接地体进行绝缘遮蔽，遮蔽的部位和顺序依次为导线、绝缘子。 （3）杆上电工在对带电体设置绝缘遮蔽隔离措施时，动作应轻缓，人体与带电体应保持足够的安全距离。 （4）绝缘遮蔽隔离措施应严密、牢固，绝缘遮蔽用具之间搭接不得小于 150mm	15	错、漏一项扣 5 分，扣完为止； 遮蔽顺序错误终止工作		

续表

序号	项目名称	质量要求	满分	扣分标准	扣分原因	得分
2.4	清除异物	（1）1、2号杆上电工相互配合，使用专用工具拆除异物，作业时，应站在上风侧，并采取措施防止异物落下伤人等。 （2）地面电工配合将异物放至地面	20	错、漏一项扣10分，扣完为止		
2.5	拆除绝缘遮蔽用具	（1）经工作负责人的许可后，1、2号杆上电工按照"从远到近、从上到下、先接地体后带电体"的原则拆除绝缘遮蔽隔离措施。 （2）拆除的顺序依次为绝缘子、导线。 （3）杆上电工在拆除带电体上的绝缘遮蔽隔离措施时，动作应轻缓，人体与带电体应保持足够的安全距离	10	错、漏一项扣5分，扣完为止；拆除绝缘遮蔽顺序错误终止工作		
2.6	撤离杆塔	杆上电工确认杆上无遗留物，逐次下杆	5	不符合要求扣5分		
3	工作结束					
3.1	清理现场	工作负责人组织工作班成员整理工具、材料，将工器具分类摆放在苫布上，清理现场，做到工完、料尽、场地清	1	不符合要求扣1分		
3.2	质量验收	工作负责人对完成的工作进行全面检查，符合验收规范要求后，记录在册	2	不符合要求扣2分		
3.3	收工会	召开现场收工会，正确点评工作，补充现场标准化作业指导书验收栏等内容	1	不符合要求扣1分		
3.4	工作终结	汇报值班调控人员工作已经结束，在工作票填写终结时间并签字，工作班撤离现场	1	不符合要求扣1分		
3.5	安全文明生产	（1）杆上电工登杆作业应正确使用安全带、脚扣。 （2）上、下传递工具、材料均应使用绝缘绳传递，传递中不能与电杆、构件等碰撞，严禁抛掷。 （3）作业过程中禁止摘下绝缘防护用具，而且绝缘手套仅作辅助绝缘。 （4）转移作业相，关键步骤操作时应获得工作监护人的许可。 （5）作业过程中，不随意踩踏防潮苫布。	10	错、漏一项扣2分，扣完为止		
3.6	关键点	（1）作业中，人体应保持对带电体 0.4m 以上的安全距离。 （2）作业中，绝缘操作杆有效绝缘长度应不小于 0.7m。 （3）断引线时，作业人员应戴护目镜。 （4）在所断线路三相引线未全部拆除前，已拆除的引线应视为有电，不得直接接触，移动剪断后的上引线时应与带电导体保持 0.4m 以上安全距离。 （5）在使用绝缘断线剪断引线时，应有防止断开的引线摆动碰及带电设备的措施	10	错、漏一项扣2分，扣完为止		
	合计		100			

Jc0004541010　绝缘手套作业法带电补装一相接地环的操作。（100 分）

考核知识点：带电作业方法

难易度：易

技能等级评价专业技能考核操作工作任务书

一、任务名称

绝缘手套作业法带电补装一相接地环的操作。

二、适用工种

高压线路带电检修工（配电）初级工。

三、具体任务

（1）开工准备工作（现场复勘、工作许可、召开现场站班会、布置工作现场、工器具、材料检测）等项目。

（2）安装、拆除绝缘遮蔽用具。

（3）使用绝缘手套作业法带电补装一相接地环的操作。

四、工作规范及要求

（1）带电作业应在良好天气下进行，作业前须进行风速和湿度测量。风力大于 5 级或湿度大于 80%时，不宜带电作业。若遇雷电、雪、雹、雨、雾等不良天气，禁止带电作业。

（2）绝缘手套作业法。

（3）本作业项目工作人员共计 4 名，其中工作负责人（监护人）1 名、斗内电工 2 名、地面电工 1 名。

（4）工作负责人（监护人）、斗内电工、地面电工必须严格遵守《国家电网公司电力安全工作规程（配电部分）（试行）》3.3.12 工作票所列人员的安全责任。

（5）要求着装正确（安全帽、全棉长袖工作服、绝缘鞋）。

五、考核及时间要求

考核时间共 50 分钟，从获得工作许可开始至工作终结完毕，每超过 2 分钟扣 1 分，到 60 分钟终止考核。

技能等级评价专业技能考核操作评分标准

工种	高压线路带电检修工（配电）				评价等级	初级工
项目模块	带电作业方法—绝缘手套作业法带电补装一相接地环的操作			编号		Jc0004541010
单位			准考证号		姓名	
考试时限	50 分钟	题型		单项操作	题分	100 分
成绩		考评员		考评组长	日期	
试题正文	绝缘手套作业法带电补装一相接地环的操作					
需要说明的问题和要求	（1）带电作业应在良好天气下进行，作业前须进行风速和湿度测量。风力大于 5 级或湿度大于 80%时，不宜带电作业。若遇雷电、雪、雹、雨、雾等不良天气，禁止带电作业。 （2）本作业项目工作人员共计 4 名，其中工作负责人（监护人）1 名、斗内电工 2 名、地面电工 1 名。 （3）工作负责人（监护人）：正确组织工作；检查工作票所列安全措施是否正确完备，是否符合现场实际条件，必要时予以补充完善；工作前，对工作班成员进行工作任务、安全措施交底和危险点告知，并确定每个工作班成员都已签名；组织执行工作票所列由其负责的安全措施；监督工作班成员遵守安全工作规程，正确使用劳动防护用品和安全工器具以及执行现场安全措施；关注工作班成员身体状况和精神状态是否出现异常迹象，人员变动是否合适。带电作业应有人监护。监护人不得直接操作，监护的范围不得超过一个作业点。 （4）工作班成员：熟悉工作内容、工作流程，掌握安全措施，明确工作中的危险点，并在工作票上履行交底签名确认手续；服从工作负责人（监护人）、专责监护人的指挥，严格遵守《国家电网公司电力安全工作规程（配电部分）（试行）》和劳动纪律，在指定的作业范围内工作，对自己在工作中的行为负责，互相关心工作安全；正确使用施工机具、安全工器具和劳动防护用品					

序号	项目名称	质量要求	满分	扣分标准	扣分原因	得分
1	开工准备					
1.1	现场复勘	（1）核对工作线路与设备双重名称。 （2）确认待接引流线下方无负荷，负荷侧变压器、电压互感器确已退出，熔断器确已断开，熔管已取下，检查作业装置和现场环境符合带电作业条件。 （3）检查气象条件（天气良好，无雷电、雪、雹、雨、雾等不良天气，风力不大于 5 级，湿度不大于 80%）。 （4）检查工作票所列安全措施，必要时予以补充和完善	4	错、漏一项扣 1 分，扣完为止		

续表

序号	项目名称	质量要求	满分	扣分标准	扣分原因	得分
1.2	工作许可	工作负责人按配电带电作业工作票内容与值班调控人员联系，履行工作许可手续	1	未执行工作许可制度扣1分		
1.3	召开现场站班会	（1）工作负责人宣读工作票。 （2）工作负责人检查工作班组成员精神状态。 （3）工作负责人交代工作任务进行人员分工，交代安全措施、技术措施、危险点及控制措施。 （4）工作负责人检查工作班成员对工作内容、工作流程、安全措施以及工作中的危险点是否明确。 （5）工作班成员在工作票上履行交底签名确认手续	4	错、漏一项扣1分，扣完为止		
1.4	布置工作现场	根据道路情况设置安全围栏、警告标志或路障	1	不满足作业要求扣1分		
1.5	工器具、材料检测	（1）工器具、材料齐备，规格型号正确。 （2）绝缘工器具应放置在防潮苫布上，绝缘工器具应与金属工器具、材料分区放置。 （3）工器具在试验周期内。 （4）外观检查方法正确，绝缘工器具应无机械、绝缘缺陷，应戴干净清洁手套，用干燥、清洁毛巾清洁绝缘工器具。 （5）使用绝缘高阻表对绝缘工器具进行绝缘电阻检测，阻值不得低于700MΩ	5	错、漏一项扣1分，扣完为止		
2	作业过程					
2.1	进入作业现场	（1）选择合适位置停放绝缘斗臂车，支撑稳固，并可靠接地。 （2）查看绝缘臂、绝缘斗良好，进行空斗试操作，确认液压传动、升降、伸缩、回转系统工作正常及操作灵活，制动装置可靠。 （3）斗内电工穿戴好绝缘防护用具，进入绝缘斗，挂好安全带保险钩	5	错、漏一项扣2分，扣完为止		
2.2	验电	斗内电工将工作斗调整至适当位置，使用验电器对导线、绝缘子、横担进行验电，确认无漏电现象	5	错、漏一处扣2分，扣完为止		
2.3	安装绝缘遮蔽用具	（1）经工作负责人许可后，斗内电工调整绝缘斗到达内边相合适工作位置，按照"从近到远、从下到上、先带电体后接地体"的遮蔽原则对作业范围内可能触及的带电体和接地体进行绝缘遮蔽隔离。 （2）遮蔽的部位和顺序依次为导线、绝缘子以及作业点临近的接地体。 （3）斗内电工在对带电体设置绝缘遮蔽隔离措施时，动作应轻缓，与横担等地电位构件间应保持足够的安全距离（不小于0.4m），与邻相导线之间应保持足够的安全距离（不小于0.6m）。 （4）绝缘遮蔽隔离措施应严密、牢固，绝缘遮蔽用具之间搭接不得小于150mm。 （5）经工作负责人的许可后，斗内电工调整绝缘斗到达外边相合适工作位置，按照与内边相相同的方法对作业范围内可能触及的带电体和接地体进行绝缘遮蔽隔离。 （6）经工作负责人的许可后，斗内电工调整绝缘斗到达中间相合适工作位置，按照与两边相相同的方法对作业范围内可能触及的带电体和接地体进行绝缘遮蔽隔离	20	错、漏一项扣5分，扣完为止；遮蔽顺序错误终止工作		

续表

序号	项目名称	质量要求	满分	扣分标准	扣分原因	得分
2.4	安装接地环	斗内电工将绝缘斗调整到待安装相导线下侧，打开导线绝缘遮蔽，使用导线剥皮器剥除导线绝缘层，正确安装接地环，恢复绝缘遮蔽	20	剥皮损伤主导线、接地环方向安装错误一项扣20分		
2.5	拆除绝缘遮蔽用具	（1）经工作负责人的许可后，斗内电工调整绝缘斗到达中间相合适工作位置，按照"从远到近、从上到下、先接地体后带电体"的原则拆除绝缘遮蔽隔离措施。 （2）拆除的顺序依次为作业点临近的接地体、绝缘子、导线。 （3）斗内电工在拆除带电体上的绝缘遮蔽隔离措施时，动作应轻缓，与横担等地电位构件间应保持足够的安全距离，与邻相导线之间应保持足够的安全距离。 （4）经工作负责人的许可后，斗内电工调整绝缘斗到达外边相合适工作位置，按照与中间相相同的方法拆除绝缘遮蔽隔离。 （5）经工作负责人的许可后，斗内电工调整绝缘斗到达内边相合适工作位置，按照与中间相相同的方法拆除绝缘遮蔽隔离	10	错、漏一项扣2分，扣完为止；拆除绝缘遮蔽用具顺序错误终止工作		
2.6	返回地面	检查杆上无遗留物，绝缘斗退出有电工作区域，作业人员返回地面	5	未按要求执行扣5分		
3	工作结束					
3.1	清理现场	工作负责人组织工作班成员整理工具、材料，将工器具分类摆放在苫布上，清理现场，做到工完、料尽、场地清	2	不符合要求扣2分		
3.2	质量验收	工作负责人对完成的工作进行全面检查，符合验收规范要求后，记录在册	2	不符合要求扣2分		
3.3	收工会	召开现场收工会，正确点评工作，补充现场标准化作业指导书验收栏等内容	2	不符合要求扣2分		
3.4	工作终结	汇报值调控人员工作已经结束，在工作票填写终结时间并签字，工作班撤离现场	1	不符合要求扣1分		
3.5	安全文明生产	（1）作业过程中禁止摘下绝缘防护用具，而且绝缘手套仅作辅助绝缘。 （2）斗臂车绝缘斗在有电工作区域转移时，应缓慢移动，动作要平稳，严禁使用快速挡。 （3）绝缘斗臂车在作业时，发动机不能熄火（电能驱动型除外），以保证液压系统处于工作状态。 （4）作业线路下层有低压线路同杆架设时，如妨碍作业，应对作业范围内的相关低压线路采取绝缘遮蔽措施。 （5）在同杆架设线路上工作，与上层或相邻导线小于安全距离规定且无法采取安全措施时，不得进行该项工作。 （6）上、下传递工具、材料均应使用绝缘绳传递，传递中不能与电杆、构件等碰撞，严禁抛掷。 （7）作业过程中，不随意踩踏防潮苫布	7	错、漏一项扣1分，扣完为止		

续表

序号	项目名称	质量要求	满分	扣分标准	扣分原因	得分
3.6	关键点	（1）作业中，绝缘斗臂车绝缘臂的有效绝缘长度应不小于1.0m。 （2）在作业时，人体应保持对地不小于0.4m、对邻相导线不小于0.6m的安全距离。 （3）作业时，严禁人体同时接触两个不同的电位体，绝缘斗内双人工作时禁止两人接触不同的电位体。 （4）作业中及时恢复绝缘遮蔽隔离措施。 （5）作业人员在接触带电导线和换相工作前应得到工作监护人的许可。 （6）接地环安装方向应正确，导线剥除氧化层防止损伤金属层	6	错、漏一项扣1分，扣完为止		
	合计		100			

Jc0004541011 绝缘手套作业法带电修补导线绝缘层的操作。（100分）

考核知识点： 带电作业方法

难易度： 易

技能等级评价专业技能考核操作工作任务书

一、任务名称

绝缘手套作业法带电修补导线绝缘层的操作。

二、适用工种

高压线路带电检修工（配电）初级工。

三、具体任务

（1）开工准备工作（现场复勘、工作许可、召开现场站班会、布置工作现场、工器具、材料检测）等项目。

（2）安装、拆除绝缘遮蔽用具。

（3）使用绝缘手套作业法带电修补导线绝缘层的操作。

四、工作规范及要求

（1）带电作业应在良好天气下进行，作业前须进行风速和湿度测量。风力大于5级或湿度大于80%时，不宜带电作业。若遇雷电、雪、雹、雨、雾等不良天气，禁止带电作业。

（2）绝缘手套作业法。

（3）本作业项目工作人员共计4名，其中工作负责人（监护人）1名、斗内电工2名、地面电工1名。

（4）工作负责人（监护人）、斗内电工、地面电工必须严格遵守《国家电网公司电力安全工作规程（配电部分）（试行）》3.3.12工作票所列人员的安全责任。

（5）要求着装正确（安全帽、全棉长袖工作服、绝缘鞋）。

五、考核及时间要求

考核时间共50分钟，从获得工作许可开始至工作终结完毕，每超过2分钟扣1分，到60分钟终止考核。

技能等级评价专业技能考核操作评分标准

工种	高压线路带电检修工（配电）		评价等级	初级工
项目模块	带电作业方法—绝缘手套作业法带电修补导线绝缘层的操作	编号	Jc0004541011	
单位		准考证号	姓名	
考试时限	50分钟	题型	单项操作	题分	100分
成绩		考评员	考评组长	日期

试题正文	绝缘手套作业法带电修补导线绝缘层的操作
需要说明的问题和要求	（1）带电作业应在良好天气下进行，作业前须进行风速和湿度测量。风力大于5级或湿度大于80%时，不宜带电作业。若遇雷电、雪、雹、雨、雾等不良天气，禁止带电作业。 （2）本作业项目工作人员共计4名，其中工作负责人（监护人）1名、斗内电工2名、地面电工1名。 （3）工作负责人（监护人）：正确组织工作；检查工作票所列安全措施是否正确完备，是否符合现场实际条件，必要时予以补充完善；工作前，对工作班成员进行工作任务、安全措施交底和危险点告知，并确定每个工作班成员都已签名；组织执行工作票所列由其负责的安全措施；监督工作班成员遵守安全工作规程、正确使用劳动防护用品和安全工器具以及执行现场安全措施；关注工作班成员身体状况和精神状态是否出现异常迹象，人员变动是否合适。带电作业应有人监护。监护人不得直接操作，监护的范围不得超过一个作业点。 （4）工作班成员：熟悉工作内容、工作流程，掌握安全措施，明确工作中的危险点，并在工作票上履行交底签名确认手续；服从工作负责人（监护人）、专责监护人的指挥，严格遵守《国家电网公司电力安全工作规程（配电部分）（试行）》和劳动纪律，在指定的作业范围内工作，对自己在工作中的行为负责，互相关心工作安全；正确使用施工机具、安全工器具和劳动防护用品

序号	项目名称	质量要求	满分	扣分标准	扣分原因	得分
1	开工准备					
1.1	现场复勘	（1）核对工作线路与设备双重名称。 （2）确认待接引流线下方无负荷，负荷侧变压器、电压互感器确已退出，熔断器确已断开，熔管确已取下，检查作业装置和现场环境符合带电作业条件。 （3）检查气象条件（天气良好，无雷电、雪、雹、雨、雾等不良天气，风力不大于5级，湿度不大于80%）。 （4）检查工作票所列安全措施，必要时予以补充和完善	4	错、漏一项扣1分，扣完为止		
1.2	工作许可	工作负责人按配电带电作业工作票内容与值班调控人员联系，履行工作许可手续	1	未执行工作许可制度扣1分		
1.3	召开现场站班会	（1）工作负责人宣读工作票。 （2）工作负责人检查工作班组成员精神状态。 （3）工作负责人交代工作任务进行人员分工，交代安全措施、技术措施、危险点及控制措施。 （4）工作负责人检查工作班成员对工作内容、工作流程、安全措施以及工作中的危险点是否明确。 （5）工作班成员在工作票上履行交底签名确认手续	4	错、漏一项扣1分，扣完为止		
1.4	布置工作现场	根据道路情况设置安全围栏、警告标志或路障	1	不满足作业要求扣1分		
1.5	工器具、材料检测	（1）工器具、材料齐备，规格型号正确。 （2）绝缘工器具应放置在防潮苫布上，绝缘工器具应与金属工器具、材料分区放置。 （3）工器具在试验周期内。 （4）外观检查方法正确，绝缘工器具应无机械、绝缘缺陷，应戴干净清洁手套，用干燥、清洁毛巾清洁绝缘工器具。 （5）使用绝缘高阻表对绝缘工器具进行绝缘电阻检测，阻值不得低于700MΩ	5	错、漏一项扣1分，扣完为止		

续表

序号	项目名称	质量要求	满分	扣分标准	扣分原因	得分
2	作业过程					
2.1	进入作业现场	（1）选择合适位置停放绝缘斗臂车，支撑稳固，并可靠接地。 （2）查看绝缘臂、绝缘斗良好，进行空斗试操作，确认液压传动、升降、伸缩、回转系统工作正常及操作灵活，制动装置可靠。 （3）斗内电工穿戴好绝缘防护用具，进入绝缘斗，挂好安全带保险钩	3	错、漏一项扣1分，扣完为止		
2.2	验电	斗内电工将工作斗调整至适当位置，使用验电器对导线、绝缘子、横担进行验电，确认无漏电现象	5	错、漏一处扣2分，扣完为止		
2.3	安装绝缘遮蔽用具	（1）经工作负责人许可后，斗内电工调整绝缘斗到达内边相合适工作位置，按照"从近到远、从下到上、先带电体后接地体"的遮蔽原则对作业范围内可能触及的带电体和接地体进行绝缘遮蔽隔离。 （2）遮蔽的部位和顺序依次为导线、绝缘子以及作业点临近的接地体。 （3）斗内电工在对带电体设置绝缘遮蔽隔离措施时，动作应轻缓，与横担等地电位构件间应保持足够的安全距离（不小于0.4m），与邻相导线之间应保持足够的安全距离（不小于0.6m）。 （4）绝缘遮蔽隔离措施应严密、牢固，绝缘遮蔽用具之间搭接不得小于150mm。 （5）经工作负责人的许可后，斗内电工调整绝缘斗到达外边相合适工作位置，按照与内边相相同的方法对作业范围内可能触及的带电体和接地体进行绝缘遮蔽隔离。 （6）经工作负责人的许可后，斗内电工调整绝缘斗到达中间相合适工作位置，按照与两边相相同的方法对作业范围内可能触及的带电体和接地体进行绝缘遮蔽隔离	20	错、漏一项扣5分，扣完为止；遮蔽顺序错误终止工作		
2.4	手套作业法带电修补导线绝缘层	采用绝缘胶带修补： （1）打开损伤处的导线绝缘遮蔽。 （2）应将受损伤处的绝缘层打磨光滑，无毛刺。 （3）缠绕层应重叠1/2以上，不应有裸露未缠绕部分，缠绕外表面应平滑、严密。 （4）恢复导线绝缘遮蔽	20	错、漏一项扣5分，扣完为止		
2.5	拆除绝缘遮蔽用具	（1）经工作负责人的许可后，斗内电工调整绝缘斗到达中间相合适工作位置，按照"从远到近、从上到下、先接地体后带电体"的原则拆除绝缘遮蔽隔离措施。 （2）拆除的顺序依次为作业点临近的接地体、绝缘子、导线。 （3）斗内电工在拆除带电体上的绝缘遮蔽隔离措施时，动作应轻缓，与横担等地电位构件间应保持足够的安全距离，与邻相导线之间应保持足够的安全距离。 （4）经工作负责人的许可后，斗内电工调整绝缘斗到达外边相合适工作位置，按照与中间相相同的方法拆除绝缘遮蔽隔离。 （5）经工作负责人的许可后，斗内电工调整绝缘斗到达内边相合适工作位置，按照与中间相相同的方法拆除绝缘遮蔽隔离	10	错、漏一项扣2分，扣完为止；拆除绝缘遮蔽用具顺序错误终止工作		
2.6	返回地面	检查杆上无遗留物，绝缘斗退出有电工作区域，作业人员返回地面	5	未按要求执行扣5分		

续表

序号	项目名称	质量要求	满分	扣分标准	扣分原因	得分
3	工作结束					
3.1	清理现场	工作负责人组织工作班成员整理工具、材料，将工器具分类摆放在苫布上，清理现场，做到工完、料尽、场地清	1	不符合要求扣1分		
3.2	质量验收	工作负责人对完成的工作进行全面检查，符合验收规范要求后，记录在册	2	不符合要求扣2分		
3.3	收工会	召开现场收工会，正确点评工作，补充现场标准化作业指导书验收栏等内容	1	不符合要求扣1分		
3.4	工作终结	汇报值班调控人员工作已经结束，在工作票填写终结时间并签字，工作班撤离现场	1	不符合要求扣1分		
3.5	安全文明生产	（1）作业过程中禁止摘下绝缘防护用具，而且绝缘手套仅作辅助绝缘。（2）斗臂车绝缘斗在有电工作区域转移时，应缓慢移动，动作要平稳，严禁使用快速挡。（3）绝缘斗臂车在作业时，发动机不能熄火（电能驱动型除外），以保证液压系统处于工作状态。（4）作业线路下层有低压线路同杆架设时，如妨碍作业，应对作业范围内的相关低压线路采取绝缘遮蔽措施。（5）在同杆架设线路上工作，与上层或相邻导线小于安全距离规定且无法采取安全措施时，不得进行该项工作。（6）上、下传递工具、材料均应使用绝缘绳传递，传递中不能与电杆、构件等碰撞，严禁抛掷。（7）作业过程中，不随意踩踏防潮苫布	7	错、漏一项扣1分，扣完为止		
3.6	关键点	（1）作业中，绝缘斗臂车绝缘臂的有效绝缘长度应不小于1.0m。（2）在作业时，人体应保持对地不小于0.4m，对邻相导线不小于0.6m的安全距离。（3）作业时，严禁人体同时接触两个不同的电位体，绝缘斗内双人工作时禁止两人接触不同的电位体。（4）作业中及时恢复绝缘遮蔽隔离措施。（5）作业人员在接触带电导线和换相工作前应得到工作监护人的许可	10	错、漏一项扣2分，扣完为止		
	合计		100			

Jc0004541012　绝缘手套作业法带电调节导线弧垂的操作。（100分）

考核知识点： 带电作业方法

难易度： 易

技能等级评价专业技能考核操作工作任务书

一、任务名称

绝缘手套作业法带电调节导线弧垂的操作。

二、适用工种

高压线路带电检修工（配电）初级工。

三、具体任务

（1）开工准备工作（现场复勘、工作许可、召开现场站班会、布置工作现场、工器具、材料检测）

等项目。

（2）安装、拆除绝缘遮蔽用具。

（3）使用绝缘手套作业法带电调节导线弧垂的操作。

四、工作规范及要求

（1）带电作业应在良好天气下进行，作业前须进行风速和湿度测量。风力大于 5 级或湿度大于 80% 时，不宜带电作业。若遇雷电、雪、雹、雨、雾等不良天气，禁止带电作业。

（2）绝缘手套作业法。

（3）本作业项目工作人员共计 4 名，其中工作负责人（监护人）1 名、斗内电工 2 名、地面电工 1 名。

（4）工作负责人（监护人）、斗内电工、地面电工必须严格遵守《国家电网公司电力安全工作规程（配电部分）（试行）》3.3.12 工作票所列人员的安全责任。

（5）要求着装正确（安全帽、全棉长袖工作服、绝缘鞋）。

五、考核及时间要求

考核时间共 50 分钟，从获得工作许可开始至工作终结完毕，每超过 2 分钟扣 1 分，到 60 分钟终止考核。

技能等级评价专业技能考核操作评分标准

工种	高压线路带电检修工（配电）			评价等级	初级工
项目模块	带电作业方法—绝缘手套作业法带电调节导线弧垂的操作		编号		Jc0004541012
单位		准考证号		姓名	
考试时限	50 分钟	题型	单项操作	题分	100 分
成绩		考评员	考评组长	日期	
试题正文	绝缘手套作业法带电调节导线弧垂的操作				
需要说明的问题和要求	（1）带电作业应在良好天气下进行，作业前须进行风速和湿度测量。风力大于 5 级或湿度大于 80% 时，不宜带电作业。若遇雷电、雪、雹、雨、雾等不良天气，禁止带电作业。 （2）本作业项目工作人员共计 4 名，其中工作负责人（监护人）1 名、斗内电工 2 名、地面电工 1 名。 （3）工作负责人（监护人）：正确组织工作；检查工作票所列安全措施是否正确完备，是否符合现场实际条件，必要时予以补充完善；工作前，对工作班成员进行工作任务、安全措施交底和危险点告知，并确定每个工作班成员都已签名；组织执行工作票所列由其负责的安全措施；监督工作班成员遵守安全工作规程、正确使用劳动防护用品和安全工器具以及执行现场安全措施；关注工作班成员身体状况和精神状态是否出现异常迹象，人员变动是否合适。带电作业应有人监护。监护人不得直接操作，监护的范围不得超过一个作业点。 （4）工作班成员：熟悉工作内容、工作流程，掌握安全措施，明确工作中的危险点，并在工作票上履行交底签名确认手续；服从工作负责人（监护人）、专责监护人的指挥，严格遵守《国家电网公司电力安全工作规程（配电部分）（试行）》和劳动纪律，在指定的作业范围内工作，对自己在工作中的行为负责，互相关心工作安全；正确使用施工机具、安全工器具和劳动防护用品				

序号	项目名称	质量要求	满分	扣分标准	扣分原因	得分
1	开工准备					
1.1	现场复勘	（1）核对工作线路与设备双重名称。 （2）确认待接引流线下方无负荷，负荷侧变压器、电压互感器确已退出，熔断器确已断开，熔管已取下，检查作业装置和现场环境符合带电作业条件。 （3）检查气象条件（天气良好，无雷电、雪、雹、雨、雾等不良天气，风力不大于 5 级，湿度不大于 80%）。 （4）检查工作票所列安全措施，必要时予以补充和完善	4	错、漏一项扣 1 分，扣完为止		
1.2	工作许可	工作负责人按配电带电作业工作票内容与值班调控人员联系，履行工作许可手续	1	未执行工作许可制度扣 1 分		

序号	项目名称	质量要求	满分	扣分标准	扣分原因	得分
1.3	召开现场站班会	（1）工作负责人宣读工作票。 （2）工作负责人检查工作班组成员精神状态。 （3）工作负责人交代工作任务进行人员分工，交代安全措施、技术措施、危险点及控制措施。 （4）工作负责人检查工作班成员对工作内容、工作流程、安全措施以及工作中的危险点是否明确。 （5）工作班成员在工作票上履行交底签名确认手续	4	错、漏一项扣1分，扣完为止		
1.4	布置工作现场	根据道路情况设置安全围栏、警告标志或路障	1	不满足作业要求扣1分		
1.5	工器具、材料检测	（1）工器具、材料齐备，规格型号正确。 （2）绝缘工器具应放置在防潮苫布上，绝缘工器具应与金属工器具、材料分区放置。 （3）工器具在试验周期内。 （4）外观检查方法正确，绝缘工器具应无机械、绝缘缺陷，应戴干净清洁手套，用干燥、清洁毛巾清洁绝缘工器具。 （5）使用绝缘高阻表对绝缘工器具进行绝缘电阻检测，阻值不得低于700MΩ	5	错、漏一项扣1分，扣完为止		
2	作业过程					
2.1	进入作业现场	（1）选择合适位置停放绝缘斗臂车，支撑稳固，并可靠接地。 （2）查看绝缘臂、绝缘斗良好，进行空斗试操作，确认液压传动、升降、伸缩、回转系统工作正常及操作灵活，制动装置可靠。 （3）斗内电工穿戴好绝缘防护用具，进入绝缘斗，挂好安全带保险钩	5	错、漏一项扣2分，扣完为止		
2.2	验电	斗内电工将工作斗调整至适当位置，使用验电器对导线、绝缘子、横担进行验电，确认无漏电现象	5	错、漏一处扣2分，扣完为止		
2.3	安装绝缘遮蔽用具	（1）经工作负责人许可后，斗内电工调整绝缘斗到达内边相适合工作位置，按照"从近到远、从下到上、先带电体后接地体"的遮蔽原则对作业范围内可能触及的带电体和接地体进行绝缘遮蔽隔离。 （2）遮蔽的部位和顺序依次为导线、耐张线夹、耐张绝缘子串、引流线以及作业点临近的接地体。 （3）斗内电工在对带电体设置绝缘遮蔽隔离措施时，动作应轻缓，与横担等地电位构件间应保持足够的安全距离（不小于0.4m），与邻相导线之间应保持足够的安全距离（不小于0.6m）。 （4）绝缘遮蔽隔离措施应严密、牢固，绝缘遮蔽用具之间搭接不得小于150mm。 （5）经工作负责人的许可后，斗内电工调整绝缘斗到达外边相适合工作位置，按照与内边相相同的方法对作业范围内可能触及的带电体和接地体进行绝缘遮蔽隔离。 （6）经工作负责人的许可后，斗内电工调整绝缘斗到达中间相适合工作位置，按照与两边相相同的方法对作业范围内可能触及的带电体和接地体进行绝缘遮蔽隔离	20	错、漏一项扣5分，扣完为止；遮蔽顺序错误终止工作		

续表

序号	项目名称	质量要求	满分	扣分标准	扣分原因	得分
2.4	调整弧垂	（1）斗内电工将绝缘斗调整到近边相导线外侧适当位置，将绝缘绳套安装在耐张横担上，安装绝缘紧线器，并安装后备保护绳，收紧导线后，收紧后备保护绳。 （2）斗内电工视导线弧垂大小调整耐张线夹内的导线。 （3）其余两相调节导线弧垂工作按相同方法进行。 （4）工作完成拆除绝缘紧线器及后备保护绳	20	错、漏一项扣5分，扣完为止		
2.5	拆除绝缘遮蔽用具	（1）经工作负责人的许可后，斗内电工调整绝缘斗到达中间相合适工作位置，按照"从远到近、从上到下、先接地体后带电体"的原则拆除绝缘遮蔽隔离措施。 （2）拆除的顺序依次为作业点临近的接地体、引流线、耐张绝缘子串、耐张线夹、导线。 （3）斗内电工在拆除带电体上的绝缘遮蔽隔离措施时，动作应轻缓，与横担等地电位构件间应保持足够的安全距离，与邻相导线之间应保持足够的安全距离。 （4）经工作负责人的许可后，斗内电工调整绝缘斗到达外边相合适工作位置，按照与中间相相同的方法拆除绝缘遮蔽隔离。 （5）经工作负责人的许可后，斗内电工调整绝缘斗到达内边相合适工作位置，按照与中间相相同的方法拆除绝缘遮蔽隔离	10	错、漏一项扣2分，扣完为止；拆除绝缘遮蔽用具顺序错误终止工作		
2.6	返回地面	检查杆上无遗留物，绝缘斗退出有电工作区域，作业人员返回地面	5	未按要求执行扣5分		
3	工作结束					
3.1	清理现场	工作负责人组织工作班成员整理工具、材料，将工器具分类摆放在苫布上，清理现场，做到工完、料尽、场地清	2	不符合要求扣2分		
3.2	质量验收	工作负责人对完成的工作进行全面检查，符合验收规范要求后，记录在册	2	不符合要求扣2分		
3.3	收工会	召开现场收工会，正确点评工作，补充现场标准化作业指导书验收栏等内容	2	不符合要求扣2分		
3.4	工作终结	汇报值班调控人员工作已经结束，在工作票填写终结时间并签字，工作班撤离现场	1	不符合要求扣1分		
3.5	安全文明生产	（1）作业过程中禁止摘下绝缘防护用具，而且绝缘手套仅作辅助绝缘。 （2）斗臂车绝缘斗在有电工作区域转移时，应缓慢移动，动作要平稳，严禁使用快速挡。 （3）绝缘斗臂车在作业时，发动机不能熄火（电能驱动型除外），以保证液压系统处于工作状态。 （4）作业线路下层有低压线路同杆架设时，如妨碍作业，应对作业范围内的相关低压线路采取绝缘遮蔽措施。 （5）在同杆架设线路上工作，与上层或相邻导线小于安全距离规定且无法采取安全措施时，不得进行该项工作。 （6）上、下传递工具、材料均应使用绝缘绳传递，传递中不能与电杆、构件等碰撞，严禁抛掷。 （7）作业过程中，不随意踩踏防潮苫布	7	错、漏一项扣1分，扣完为止		

续表

序号	项目名称	质量要求	满分	扣分标准	扣分原因	得分
3.6	关键点	（1）作业中，绝缘斗臂车绝缘臂的有效绝缘长度应不小于 1.0m。 （2）在作业时，人体应保持对地不小于 0.4m、对邻相导线不小于 0.6m 的安全距离。 （3）作业时，严禁人体同时接触两个不同的电位体，绝缘斗内双人工作时禁止两人接触不同的电位体。 （4）作业中及时恢复绝缘遮蔽隔离措施。 （5）作业人员在接触带电导线和换相工作前应得到工作监护人的许可。 （6）耐张线夹尾线不得过短，应有弧度，防止导线受力滑脱	6	错、漏一项扣 1 分，扣完为止		
	合计		100			

Jc0004541013　绝缘手套作业法带电拆除拉线的操作。（100 分）

考核知识点：带电作业方法

难易度：易

技能等级评价专业技能考核操作工作任务书

一、任务名称

绝缘手套作业法带电拆除拉线的操作。

二、适用工种

高压线路带电检修工（配电）初级工。

三、具体任务

（1）开工准备工作（现场复勘、工作许可、召开现场站班会、布置工作现场、工器具、材料检测）等项目。

（2）安装、拆除绝缘遮蔽用具。

（3）使用绝缘手套作业法带电拆除拉线的操作。

四、工作规范及要求

（1）带电作业应在良好天气下进行，作业前须进行风速和湿度测量。风力大于 5 级或湿度大于 80% 时，不宜带电作业。若遇雷电、雪、雹、雨、雾等不良天气，禁止带电作业。

（2）绝缘手套作业法。

（3）本作业项目工作人员共计 4 名，其中工作负责人（监护人）1 名、斗内电工 2 名、地面电工 1 名。

（4）工作负责人（监护人）、斗内电工、地面电工必须严格遵守《国家电网公司电力安全工作规程（配电部分）（试行）》3.3.12 工作票所列人员的安全责任。

（5）要求着装正确（安全帽、全棉长袖工作服、绝缘鞋）。

五、考核及时间要求

考核时间共 50 分钟，从获得工作许可开始至工作终结完毕，每超过 2 分钟扣 1 分，到 60 分钟终止考核。

技能等级评价专业技能考核操作评分标准

工种	高压线路带电检修工（配电）			评价等级		初级工
项目模块	带电作业方法一绝缘手套作业法带电拆除拉线的操作		编号		Jc0004541013	
单位			准考证号		姓名	
考试时限	50分钟	题型		单项操作	题分	100分
成绩		考评员		考评组长	日期	

试题正文	绝缘手套作业法带电拆除拉线的操作
需要说明的问题和要求	（1）带电作业应在良好天气下进行，作业前须进行风速和湿度测量。风力大于5级或湿度大于80%时，不宜带电作业。若遇雷电、雪、雹、雨、雾等不良天气，禁止带电作业。 （2）本作业项目工作人员共计4名，其中工作负责人（监护人）1名、斗内电工2名、地面电工1名。 （3）工作负责人（监护人）：正确组织工作；检查工作票所列安全措施是否正确完备，是否符合现场实际条件，必要时予以补充完善；工作前，对工作班成员进行工作任务、安全措施交底和危险点告知，并确定每个工作班成员都已签名；组织执行工作票所列由其负责的安全措施；监督工作班成员遵守安全工作规程、正确使用劳动防护用品和安全工器具以及执行现场安全措施；关注工作班成员身体状况和精神状态是否出现异常迹象，人员变动是否合适。带电作业应有人监护。监护人不得直接操作，监护的范围不得超过一个作业点。 （4）工作班成员：熟悉工作内容、工作流程，掌握安全措施，明确工作中的危险点，并在工作票上履行交底签名确认手续；服从工作负责人（监护人）、专责监护人的指挥，严格遵守《国家电网公司电力安全工作规程（配电部分）（试行）》和劳动纪律，在指定的作业范围内工作，对自己在工作中的行为负责，互相关心工作安全；正确使用施工机具、安全工器具和劳动防护用品

序号	项目名称	质量要求	满分	扣分标准	扣分原因	得分
1	开工准备					
1.1	现场复勘	（1）核对工作线路与设备双重名称。 （2）确认待接引流线下方无负荷，负荷侧变压器、电压互感器确已退出，熔断器确已断开，熔管已取下，检查作业装置和现场环境符合带电作业条件。 （3）检查气象条件（天气良好，无雷电、雪、雹、雨、雾等不良天气，风力不大于5级，湿度不大于80%）。 （4）检查工作票所列安全措施，必要时予以补充和完善	4	错、漏一项扣1分，扣完为止		
1.2	工作许可	工作负责人按配电带电作业工作票内容与值班调控人员联系，履行工作许可手续	1	未执行工作许可制度扣1分		
1.3	召开现场站班会	（1）工作负责人宣读工作票。 （2）工作负责人检查工作班组成员精神状态。 （3）工作负责人交代工作任务进行人员分工，交代安全措施、技术措施、危险点及控制措施。 （4）工作负责人检查工作班成员对工作内容、工作流程、安全措施以及工作中的危险点是否明确。 （5）工作班成员在工作票上履行交底签名确认手续	4	错、漏一项扣1分，扣完为止		
1.4	布置工作现场	根据道路情况设置安全围栏、警告标志或路障	1	不满足作业要求扣1分		
1.5	工器具、材料检测	（1）工器具、材料齐备，规格型号正确。 （2）绝缘工器具应放置在防潮苫布上，绝缘工器具应与金属工器具、材料分区放置。 （3）工器具在试验周期内。 （4）外观检查方法正确，绝缘工器具应无机械、绝缘缺陷，应戴干净清洁手套，用干燥、清洁毛巾清洁绝缘工器具。 （5）使用绝缘高阻表对绝缘工器具进行绝缘电阻检测，阻值不得低于700MΩ	5	错、漏一项扣1分，扣完为止		

序号	项目名称	质量要求	满分	扣分标准	扣分原因	得分
2	作业过程					
2.1	进入作业现场	（1）选择合适位置停放绝缘斗臂车，支撑稳固，并可靠接地。 （2）查看绝缘臂、绝缘斗良好，进行空斗试操作，确认液压传动、升降、伸缩、回转系统工作正常及操作灵活，制动装置可靠。 （3）斗内电工穿戴好绝缘防护用具，进入绝缘斗，挂好安全带保险钩	5	错、漏一项扣2分，扣完为止		
2.2	验电	斗内电工将工作斗调整至适当位置，使用验电器对导线、绝缘子、横担进行验电，确认无漏电现象	5	错、漏一处扣2分，扣完为止		
2.3	安装绝缘遮蔽用具	（1）经工作负责人许可后，斗内电工调整绝缘斗到达内边相合适工作位置，按照"从近到远、从下到上、先带电体后接地体"的遮蔽原则对作业范围内可能触及的带电体和接地体进行绝缘遮蔽隔离。 （2）遮蔽的部位和顺序依次为导线、绝缘子以及作业点临近的接地体。 （3）斗内电工在对带电体设置绝缘遮蔽隔离措施时，动作应轻缓，与横担等地电位构件间应保持足够的安全距离（不小于0.4m），与邻相导线之间应保持足够的安全距离（不小于0.6m）。 （4）绝缘遮蔽隔离措施应严密、牢固，绝缘遮蔽用具之间搭接不得小于150mm。 （5）经工作负责人的许可后，斗内电工调整绝缘斗到达外边相合适工作位置，按照与内边相相同的方法对作业范围内可能触及的带电体和接地体进行绝缘遮蔽隔离。 （6）经工作负责人的许可后，斗内电工调整绝缘斗到达中间相合适工作位置，按照与两边相相同的方法对作业范围内可能触及的带电体和接地体进行绝缘遮蔽隔离	20	错、漏一项扣5分，扣完为止；遮蔽顺序错误终止工作		
2.4	拆除拉线	（1）斗内电工打开需要拆除拉线抱箍位置的绝缘遮蔽。 （2）确认拉线无受力。 （3）地面人员穿戴绝缘防护用具，固定拉线，防止拉线摆动。 （4）斗内电工使用绝缘绳绑紧拉线。 （5）拆除拉线抱箍，使用绝缘绳缓缓放下拉线。 （6）地面人员拆除拉线UT线夹及拉线棒	20	错、漏一项扣4分，扣完为止		
2.5	拆除绝缘遮蔽用具	（1）经工作负责人的许可后，斗内电工调整绝缘斗到达中间相合适工作位置，按照"从远到近、从上到下、先接地体后带电体"的原则拆除绝缘遮蔽隔离措施。 （2）拆除的顺序依次为作业点临近的接地体、绝缘子、导线。 （3）斗内电工在拆除带电体上的绝缘遮蔽隔离措施时，动作应轻缓，与横担等地电位构件间应保持足够的安全距离，与邻相导线之间应保持足够的安全距离。 （4）经工作负责人的许可后，斗内电工调整绝缘斗到达外边相合适工作位置，按照与中间相相同的方法拆除绝缘遮蔽隔离。 （5）经工作负责人的许可后，斗内电工调整绝缘斗到达内边相合适工作位置，按照与中间相相同的方法拆除绝缘遮蔽隔离	10	错、漏一项扣2分，扣完为止；拆除绝缘遮蔽用具顺序错误终止工作		
2.6	返回地面	检查杆上无遗留物，绝缘斗退出有电工作区域，作业人员返回地面	5	未按要求执行扣5分		

续表

序号	项目名称	质量要求	满分	扣分标准	扣分原因	得分
3	工作结束					
3.1	清理现场	工作负责人组织工作班成员整理工具、材料，将工器具分类摆放在苫布上，清理现场，做到工完、料尽、场地清	2	不符合要求扣2分		
3.2	质量验收	工作负责人对完成的工作进行全面检查，符合验收规范要求后，记录在册	2	不符合要求扣2分		
3.3	收工会	召开现场收工会，正确点评工作，补充现场标准化作业指导书验收栏等内容	2	不符合要求扣2分		
3.4	工作终结	汇报值班调控人员工作已经结束，在工作票填写终结时间并签字，工作班撤离现场	1	不符合要求扣1分		
3.5	安全文明生产	（1）作业过程中禁止摘下绝缘防护用具，而且绝缘手套仅作辅助绝缘。 （2）斗臂车绝缘斗在有电工作区域转移时，应缓慢移动，动作要平稳，严禁使用快速挡。 （3）绝缘斗臂车在作业时，发动机不能熄火（电能驱动型除外），以保证液压系统处于工作状态。 （4）作业线路下层有低压线路同杆架设时，如妨碍作业，应对作业范围内的相关低压线路采取绝缘遮蔽措施。 （5）在同杆架设线路上工作，与上层或相邻导线小于安全距离规定且无法采取安全措施时，不得进行该项工作。 （6）上、下传递工具、材料均应使用绝缘绳传递，传递中不能与电杆、构件等碰撞，严禁抛掷。 （7）作业过程中，不随意踩踏防潮苫布	7	错、漏一项扣1分，扣完为止		
3.6	关键点	（1）作业中，绝缘斗臂车绝缘臂的有效绝缘长度应不小于1.0m。 （2）在作业时，人体应保持对地不小于0.4m、对邻相导线不小于0.6m的安全距离。 （3）作业时，严禁人体同时接触两个不同的电位体，绝缘斗内双人工作时禁止两人接触不同的电位体。 （4）作业中及时恢复绝缘遮蔽隔离措施。 （5）作业人员在接触带电导线和换相工作前应得到工作监护人的许可。 （6）待接引流线如为绝缘线，剥皮长度应比接续线夹长2cm，且端头应有防止松散的措施	6	错、漏一项扣1分，扣完为止		
	合计		100			

Jc0004541014　绝缘手套作业法带电紧固单相绝缘子的操作。（100分）

考核知识点： 带电作业方法

难易度： 易

技能等级评价专业技能考核操作工作任务书

一、任务名称

绝缘手套作业法带电紧固单相绝缘子的操作。

二、适用工种

高压线路带电检修工（配电）初级工。

三、具体任务

（1）开工准备工作（现场复勘、工作许可、召开现场站班会、布置工作现场、工器具、材料检测）等项目。

（2）安装、拆除绝缘遮蔽用具。

（3）使用绝缘手套作业法带电紧固单相绝缘子的操作。

四、工作规范及要求

（1）带电作业应在良好天气下进行，作业前须进行风速和湿度测量。风力大于5级或湿度大于80%时，不宜带电作业。若遇雷电、雪、雹、雨、雾等不良天气，禁止带电作业。

（2）绝缘手套作业法。

（3）本作业项目工作人员共计4名，其中工作负责人（监护人）1名、斗内电工2名、地面电工1名。

（4）工作负责人（监护人）、斗内电工、地面电工必须严格遵守《国家电网公司电力安全工作规程（配电部分）（试行）》3.3.12工作票所列人员的安全责任。

（5）要求着装正确（安全帽、全棉长袖工作服、绝缘鞋）。

五、考核及时间要求

考核时间共50分钟，从获得工作许可开始至工作终结完毕，每超过2分钟扣1分，到60分钟终止考核。

技能等级评价专业技能考核操作评分标准

工种	高压线路带电检修工（配电）			评价等级	初级工
项目模块	带电作业方法—绝缘手套作业法带电紧固单相绝缘子的操作		编号		Jc0004541014
单位		准考证号		姓名	
考试时限	50分钟	题型	单项操作	题分	100分
成绩		考评员	考评组长	日期	
试题正文	绝缘手套作业法带电紧固单相绝缘子的操作				
需要说明的问题和要求	（1）带电作业应在良好天气下进行，作业前须进行风速和湿度测量。风力大于5级或湿度大于80%时，不宜带电作业。若遇雷电、雪、雹、雨、雾等不良天气，禁止带电作业。 （2）本作业项目工作人员共计4名，其中工作负责人（监护人）1名、斗内电工2名、地面电工1名。 （3）工作负责人（监护人）：正确组织工作；检查工作票所列安全措施是否正确完备，是否符合现场实际条件，必要时予以补充完善；工作前，对工作班成员进行工作任务、安全措施交底和危险点告知，并确定每个工作班成员都已签名；组织执行工作票所列由其负责的安全措施；监督工作班成员遵守安全工作规程、正确使用劳动防护用品和安全工器具以及执行现场安全措施；关注工作班成员身体状况和精神状态是否出现异常迹象，人员变动是否合适。带电作业应有人监护。监护人不得直接操作，监护的范围不得超过一个作业点。 （4）工作班成员：熟悉工作内容、工作流程，掌握安全措施，明确工作中的危险点，并在工作票上履行交底签名确认手续；服从工作负责人（监护人）、专责监护人的指挥，严格遵守《国家电网公司电力安全工作规程（配电部分）（试行）》和劳动纪律，在指定的作业范围内工作，对自己在工作中的行为负责，互相关心工作安全；正确使用施工机具、安全工器具和劳动防护用品				

序号	项目名称	质量要求	满分	扣分标准	扣分原因	得分
1	开工准备					
1.1	现场复勘	（1）核对工作线路与设备双重名称。 （2）确认待紧固绝缘子无碎裂、放电等现象，符合紧固绝缘子要求，检查作业装置和现场环境符合带电作业条件。 （3）检查气象条件（天气良好，无雷电、雪、雹、雨、雾等不良天气，风力不大于5级，湿度不大于80%）。 （4）检查工作票所列安全措施，必要时予以补充和完善	4	错、漏一项扣1分，扣完为止		

续表

序号	项目名称	质量要求	满分	扣分标准	扣分原因	得分
1.2	工作许可	工作负责人按配电带电作业工作票内容与值班调控人员联系，履行工作许可手续	1	未执行工作许可制度扣1分		
1.3	召开现场站班会	（1）工作负责人宣读工作票。 （2）工作负责人检查工作班组成员精神状态。 （3）工作负责人交代工作任务进行人员分工，交代安全措施、技术措施、危险点及控制措施。 （4）工作负责人检查工作班成员对工作内容、工作流程、安全措施以及工作中的危险点是否明确。 （5）工作班成员在工作票上履行交底签名确认手续	4	错、漏一项扣1分，扣完为止		
1.4	布置工作现场	根据道路情况设置安全围栏、警告标志或路障	1	不满足作业要求扣1分		
1.5	工器具、材料检测	（1）工器具、材料齐备，规格型号正确。 （2）绝缘工器具应放置在防潮苫布上，绝缘工器具应与金属工器具、材料分区放置。 （3）工器具在试验周期内。 （4）外观检查方法正确，绝缘工器具应无机械、绝缘缺陷，应戴干净清洁手套，用干燥、清洁毛巾清洁绝缘工器具。 （5）使用绝缘高阻表对绝缘工器具进行绝缘电阻检测，阻值不得低于700MΩ	5	错、漏一项扣1分，扣完为止		
2	作业过程					
2.1	进入作业现场	（1）选择合适位置停放绝缘斗臂车，支撑稳固，并可靠接地。 （2）查看绝缘臂、绝缘斗良好，进行空斗试操作，确认液压传动、升降、伸缩、回转系统工作正常及操作灵活，制动装置可靠。 （3）斗内电工穿戴好绝缘防护用具，进入绝缘斗，挂好安全带保险钩	5	错、漏一项扣2分，扣完为止		
2.2	验电	斗内电工将工作斗调整至适当位置，使用验电器对导线、绝缘子、横担进行验电，确认无漏电现象	5	错、漏一处扣2分，扣完为止		
2.3	安装绝缘遮蔽用具	（1）经工作负责人许可后，斗内电工调整绝缘斗到达内边相合适工作位置，按照"从近到远、从下到上、先带电体后接地体"的遮蔽原则对作业范围内可能触及的带电体和接地体进行绝缘遮蔽隔离。 （2）遮蔽的部位和顺序依次为导线、绝缘子以及作业点临近的接地体。 （3）斗内电工在对带电体设置绝缘遮蔽隔离措施时，动作应轻缓，与横担等地电位构件间应保持足够的安全距离（不小于0.4m），与邻相导线之间应保持足够的安全距离（不小于0.6m）。 （4）绝缘遮蔽隔离措施应严密、牢固，绝缘遮蔽用具之间搭接不得小于150mm。 （5）经工作负责人的许可后，斗内电工调整绝缘斗到达外边相合适工作位置，按照与内边相相同的方法对作业范围内可能触及的带电体和接地体进行绝缘遮蔽隔离。 （6）经工作负责人的许可后，斗内电工调整绝缘斗到达中间相合适工作位置，按照与两边相相同的方法对作业范围内可能触及的带电体和接地体进行绝缘遮蔽隔离	20	错、漏一项扣5分，扣完为止；遮蔽顺序错误终止工作		

序号	项目名称	质量要求	满分	扣分标准	扣分原因	得分
2.4	紧固单相绝缘子	（1）打开绝缘子螺帽处绝缘遮蔽，对绝缘子本体和顶部、横担不得拆去绝缘遮蔽，斗内电工查看绝缘子螺帽有无变形脱落。 （2）螺帽丢失或松动的，直接紧固螺帽；螺帽变形使用螺帽破碎机去除问题螺帽后紧固绝缘子螺栓。 （3）作业时，严禁人体同时接触两个不同的电位体。 （4）绝缘斗内双人工作时禁止两人接触不同的电位体	20	绝缘子遮蔽不正确一项扣10分，同时接触绝缘子附近不同电位终止工作，其他错、漏项，每处扣3分，扣完为止		
2.5	拆除绝缘遮蔽用具	（1）经工作负责人的许可后，斗内电工调整绝缘斗到达中间相合适工作位置，按照"从远到近、从上到下、先接地体后带电体"的原则拆除绝缘遮蔽隔离措施。 （2）拆除的顺序依次为作业点临近的接地体、绝缘子、导线。 （3）斗内电工在拆除带电体上的绝缘遮蔽隔离措施时，动作应轻缓，与横担等地电位构件间应保持足够的安全距离，与邻相导线之间应保持足够的安全距离。 （4）经工作负责人的许可后，斗内电工调整绝缘斗到达外边相合适工作位置，按照与中间相相同的方法拆除绝缘遮蔽隔离。 （5）经工作负责人的许可后，斗内电工调整绝缘斗到达内边相合适工作位置，按照与中间相相同的方法拆除绝缘遮蔽隔离	10	错、漏一项扣2分，扣完为止；拆除绝缘遮蔽用具顺序错误终止工作		
2.6	返回地面	检查杆上无遗留物，绝缘斗退出有电工作区域，作业人员返回地面	5	未按要求执行扣5分		
3	工作结束					
3.1	清理现场	工作负责人组织工作班成员整理工具、材料，将工器具分类摆放在苫布上，清理现场，做到工完、料尽、场地清	2	不符合要求扣2分		
3.2	质量验收	工作负责人对完成的工作进行全面检查，符合验收规范要求后，记录在册	2	不符合要求扣2分		
3.3	收工会	召开现场收工会，正确点评工作，补充现场标准化作业指导书验收栏等内容	2	不符合要求扣2分		
3.4	工作终结	汇报值班调控人员工作已经结束，在工作票填写终结时间并签字，工作班撤离现场	2	不符合要求扣2分		
3.5	安全文明生产	（1）作业过程中禁止摘下绝缘防护用具，而且绝缘手套仅作辅助绝缘。 （2）斗臂车绝缘斗在有电工作区域转移时，应缓慢移动，动作要平稳，严禁使用快速挡。 （3）绝缘斗臂车在作业时，发动机不能熄火（电能驱动型除外），以保证液压系统处于工作状态。 （4）作业线路下层有低压线路同杆架设时，如妨碍作业，应对作业范围内的相关低压线路采取绝缘遮蔽措施。 （5）在同杆架设线路上工作，与上层或相邻导线小于安全距离规定且无法采取安全措施时，不得进行该项工作。 （6）上、下传递工具、材料均应使用绝缘绳传递，传递中不能与电杆、构件等碰撞，严禁抛掷。 （7）作业过程中，不随意踩踏防潮苫布	7	错、漏一项扣1分，扣完为止		

续表

序号	项目名称	质量要求	满分	扣分标准	扣分原因	得分
3.6	关键点	（1）作业中，绝缘斗臂车绝缘臂的有效绝缘长度应不小于1.0m。 （2）在作业时，人体应保持对地不小于0.4m、对邻相导线不小于0.6m的安全距离。 （3）作业时，严禁人体同时接触两个不同的电位体，绝缘斗内双人工作时禁止两人接触不同的电位体。 （4）作业中及时恢复绝缘遮蔽隔离措施。 （5）作业人员在接触带电导线和换相工作前应得到工作监护人的许可	5	错、漏一项扣1分，扣完为止		
	合计		100			

Jc0004541015　绝缘手套作业法带电补装一相接触设备套管的操作。（100分）

考核知识点：带电作业方法

难易度：易

技能等级评价专业技能考核操作工作任务书

一、任务名称

绝缘手套作业法带电补装一相接触设备套管的操作。

二、适用工种

高压线路带电检修工（配电）初级工。

三、具体任务

（1）开工准备工作（现场复勘、工作许可、召开现场站班会、布置工作现场、工器具、材料检测）等项目。

（2）安装、拆除绝缘遮蔽用具。

（3）使用绝缘手套作业法带电补装一相接触设备套管的操作。

四、工作规范及要求

（1）带电作业应在良好天气下进行，作业前须进行风速和湿度测量。风力大于5级或湿度大于80%时，不宜带电作业。若遇雷电、雪、雹、雨、雾等不良天气，禁止带电作业。

（2）绝缘手套作业法。

（3）本作业项目工作人员共计4名，其中工作负责人（监护人）1名、斗内电工2名、地面电工1名。

（4）工作负责人（监护人）、斗内电工、地面电工必须严格遵守《国家电网公司电力安全工作规程（配电部分）（试行）》3.3.12工作票所列人员的安全责任。

（5）要求着装正确（安全帽、全棉长袖工作服、绝缘鞋）。

五、考核及时间要求

考核时间共50分钟，从获得工作许可开始至工作终结完毕，每超过2分钟扣1分，到60分钟终止考核。

技能等级评价专业技能考核操作评分标准

工种	高压线路带电检修工（配电）		评价等级	初级工
项目模块	带电作业方法—绝缘手套作业法带电补装一相接触设备套管的操作	编号		Jc0004541015
单位		准考证号		姓名

考试时限	50分钟		题型		单项操作		题分		100分
成绩		考评员			考评组长			日期	

试题正文	绝缘手套作业法带电补装一相接触设备套管的操作
需要说明的问题和要求	（1）带电作业应在良好天气下进行，作业前须进行风速和湿度测量。风力大于5级或湿度大于80%时，不宜带电作业。若遇雷电、雪、雹、雨、雾等不良天气，禁止带电作业。 （2）本作业项目工作人员共计4名，其中工作负责人（监护人）1名、斗内电工2名、地面电工1名。 （3）工作负责人（监护人）：正确组织工作；检查工作票所列安全措施是否正确完备，是否符合现场实际条件，必要时予以补充完善；工作前，对工作班成员进行工作任务、安全措施交底和危险点告知，并确定每个工作班成员都已签名；组织执行工作票所列由其负责的安全措施；监督工作班成员遵守安全工作规程、正确使用劳动防护用品和安全工器具以及执行现场安全措施；关注工作班成员身体状况和精神状态是否出现异常迹象，人员变动是否合适。带电作业应有人监护。监护人不得直接操作，监护的范围不得超过一个作业点。 （4）工作班成员：熟悉工作内容、工作流程，掌握安全措施，明确工作中的危险点，并在工作票上履行交底签名确认手续；服从工作负责人（监护人）、专责监护人的指挥，严格遵守《国家电网公司电力安全工作规程（配电部分）（试行）》和劳动纪律，在指定的作业范围内工作，对自己在工作中的行为负责，互相关心工作安全；正确使用施工机具、安全工器具和劳动防护用品

序号	项目名称	质量要求	满分	扣分标准	扣分原因	得分
1	开工准备					
1.1	现场复勘	（1）核对工作线路与设备双重名称。 （2）检查确认作业装置和现场环境符合带电作业条件。 （3）检查气象条件（天气良好，无雷电、雪、雹、雨、雾等不良天气，风力不大于5级，湿度不大于80%）。 （4）检查工作票所列安全措施，必要时予以补充和完善	4	错、漏一项扣1分，扣完为止		
1.2	工作许可	工作负责人按配电带电作业工作票内容与值班调控人员联系，履行工作许可手续	1	未执行工作许可制度扣1分		
1.3	召开现场站班会	（1）工作负责人宣读工作票。 （2）工作负责人检查工作班组成员精神状态。 （3）工作负责人交代工作任务进行人员分工，交代安全措施、技术措施、危险点及控制措施。 （4）工作负责人检查工作班成员对工作内容、工作流程、安全措施以及工作中的危险点是否明确。 （5）工作班成员在工作票上履行交底签名确认手续	4	错、漏一项扣1分，扣完为止		
1.4	布置工作现场	根据道路情况设置安全围栏、警告标志或路障	1	不满足作业要求扣1分		
1.5	工器具、材料检测	（1）工器具、材料齐备，规格型号正确。 （2）绝缘工器具应放置在防潮苫布上，绝缘工器具应与金属工器具、材料分区放置。 （3）工器具在试验周期内。 （4）外观检查方法正确，绝缘工器具应无机械、绝缘缺陷，应戴干净清洁手套，用干燥、清洁毛巾清洁绝缘工器具。 （5）使用绝缘高阻表对绝缘工器具进行绝缘电阻检测，阻值不得低于700MΩ	5	错、漏一项扣1分，扣完为止		
2	作业过程					
2.1	进入作业现场	（1）选择合适位置停放绝缘斗臂车，支撑稳固，并可靠接地。 （2）查看绝缘臂、绝缘斗良好，进行空斗试操作，确认液压传动、升降、伸缩、回转系统工作正常及操作灵活，制动装置可靠。 （3）斗内电工穿戴好绝缘防护具，进入绝缘斗，挂好安全带保险钩	5	错、漏一项扣2分，扣完为止		

序号	项目名称	质量要求	满分	扣分标准	扣分原因	得分
2.2	验电	斗内电工将工作斗调整至适当位置，使用验电器对导线、绝缘子、横担进行验电，确认无漏电现象	5	错、漏一处扣2分，扣完为止		
2.3	安装绝缘遮蔽用具	（1）经工作负责人许可后，斗内电工调整绝缘斗到达内边相合适工作位置，按照"从近到远、从下到上、先带电体后接地体"的遮蔽原则对作业范围内可能触及的带电体和接地体进行绝缘遮蔽隔离。（2）遮蔽的部位和顺序依次为导线、绝缘子以及作业点临近的接地体。（3）斗内电工在对带电体设置绝缘遮蔽隔离措施时，动作应轻缓，与横担等地电位构件间应保持足够的安全距离（不小于0.4m），与邻相导线之间应保持足够的安全距离（不小于0.6m）。（4）绝缘遮蔽隔离措施应严密、牢固，绝缘遮蔽用具之间搭接不得小于150mm。（5）经工作负责人的许可后，斗内电工调整绝缘斗到达外边相合适工作位置，按照与内边相相同的方法对作业范围内可能触及的带电体和接地体进行绝缘遮蔽隔离。（6）经工作负责人的许可后，斗内电工调整绝缘斗到达中间相合适工作位置，按照与两边相相同的方法对作业范围内可能触及的带电体和接地体进行绝缘遮蔽隔离	20	错、漏一项扣4分，扣完为止；遮蔽顺序错误终止工作		
2.4	补装一相设备套管	（1）打开补装相导线绝缘遮蔽。（2）斗内电工将绝缘护管安装工具安装到补装导线上。（3）将导线绝缘护管安装到绝缘护管安装工具的导入槽上，推动导线绝缘护管到补装导线上。（4）导线绝缘护管之间应紧密连接，安装后将导线绝缘护管开口向下并在护管两端采取紧固措施，防止导线绝缘护管左右移动。（5）恢复补装相导线绝缘遮蔽	20	错、漏一项扣4分，扣完为止		
2.5	拆除绝缘遮蔽用具	（1）经工作负责人的许可后，斗内电工调整绝缘斗到达中间相合适工作位置，按照"从远到近、从上到下、先接地体后带电体"的原则拆除绝缘遮蔽隔离措施。（2）拆除的顺序依次为作业点临近的接地体、绝缘子、导线。（3）斗内电工在拆除带电体上的绝缘遮蔽隔离措施时，动作应轻缓，与横担等地电位构件间应保持足够的安全距离，与邻相导线之间应保持足够的安全距离。（4）经工作负责人的许可后，斗内电工调整绝缘斗到达外边相合适工作位置，按照与中间相相同的方法拆除绝缘遮蔽隔离。（5）经工作负责人的许可后，斗内电工调整绝缘斗到达内边相合适工作位置，按照与中间相相同的方法拆除绝缘遮蔽隔离	10	错、漏一项扣2分，扣完为止；拆除绝缘遮蔽用具顺序错误终止工作		
2.6	返回地面	检查杆上无遗留物，绝缘斗退出有电工作区域，作业人员返回地面	5	未按要求执行扣5分		
3	工作结束					
3.1	清理现场	工作负责人组织工作班成员整理工具、材料，将工器具分类摆放在苫布上，清理现场，做到工完、料尽、场地清	2	不符合要求扣2分		

续表

序号	项目名称	质量要求	满分	扣分标准	扣分原因	得分
3.2	质量验收	工作负责人对完成的工作进行全面检查，符合验收规范要求后，记录在册	2	不符合要求扣2分		
3.3	收工会	召开现场收工会，正确点评工作，补充现场标准化作业指导书验收栏等内容	2	不符合要求扣2分		
3.4	工作终结	汇报值班调控人员工作已经结束，在工作票填写终结时间并签字，工作班撤离现场	1	不符合要求扣1分		
3.5	安全文明生产	（1）作业过程中禁止摘下绝缘防护用具，而且绝缘手套仅作辅助绝缘。 （2）斗臂车绝缘斗在有电工作区域转移时，应缓慢移动，动作要平稳，严禁使用快速挡。 （3）绝缘斗臂车在作业时，发动机不能熄火（电能驱动型除外），以保证液压系统处于工作状态。 （4）作业线路下层有低压线路同杆架设时，如妨碍作业，应对作业范围内的相关低压线路采取绝缘遮蔽措施。 （5）在同杆架设线路上工作，与上层或相邻导线小于安全距离规定且无法采取安全措施时，不得进行该项工作。 （6）上、下传递工具、材料均应使用绝缘绳传递，传递中不能与电杆、构件等碰撞，严禁抛掷。 （7）作业过程中，不随意踩踏防潮苫布	7	错、漏一项扣1分，扣完为止		
3.6	关键点	（1）作业中，绝缘斗臂车绝缘臂的有效绝缘长度应不小于1.0m。 （2）在作业时，人体应保持对地不小于0.4m、对邻相导线不小于0.6m的安全距离。 （3）作业时，严禁人体同时接触两个不同的电位体，绝缘斗内双人工作时禁止两人接触不同的电位体。 （4）作业中及时恢复绝缘遮蔽隔离措施。 （5）作业人员在接触带电导线和换相工作前应得到工作监护人的许可。 （6）套管安装应开口向下	6	错、漏一项扣1分，扣完为止		
	合计		100			

Jc0004541016　绝缘手套作业法带电拆除一相接触设备套管的操作。（100分）

考核知识点：带电作业方法

难易度：易

技能等级评价专业技能考核操作工作任务书

一、任务名称

绝缘手套作业法带电拆除一相接触设备套管的操作。

二、适用工种

高压线路带电检修工（配电）初级工。

三、具体任务

（1）开工准备工作（现场复勘、工作许可、召开现场站班会、布置工作现场、工器具、材料检测）等项目。

（2）安装、拆除绝缘遮蔽用具。

（3）使用绝缘手套作业法带电拆除一相接触设备套管的操作。针对此项工作，考生须在 50 分钟内完成操作。

四、工作规范及要求

（1）带电作业应在良好天气下进行，作业前须进行风速和湿度测量。风力大于 5 级或湿度大于 80% 时，不宜带电作业。若遇雷电、雪、雹、雨、雾等不良天气，禁止带电作业。

（2）绝缘手套作业法。

（3）本作业项目工作人员共计 4 名，其中工作负责人（监护人）1 名、斗内电工 2 名、地面电工 1 名。

（4）工作负责人（监护人）、斗内电工、地面电工必须严格遵守《国家电网公司电力安全工作规程（配电部分）（试行）》3.3.12 工作票所列人员的安全责任。

（5）要求着装正确（安全帽、全棉长袖工作服、绝缘鞋）。

五、考核及时间要求

考核时间共 50 分钟，从获得工作许可开始至工作终结完毕，每超过 2 分钟扣 1 分，到 60 分钟终止考核。

技能等级评价专业技能考核操作评分标准

工种	高压线路带电检修工（配电）			评价等级		初级工
项目模块	带电作业方法—绝缘手套作业法带电拆除一相接触设备套管的操作			编号		Jc0004541016
单位			准考证号		姓名	
考试时限	50 分钟	题型		单项操作	题分	100 分
成绩		考评员		考评组长	日期	
试题正文	绝缘手套作业法带电拆除一相接触设备套管的操作					
需要说明的问题和要求	（1）带电作业应在良好天气下进行，作业前须进行风速和湿度测量。风力大于 5 级或湿度大于 80% 时，不宜带电作业。若遇雷电、雪、雹、雨、雾等不良天气，禁止带电作业。 （2）本作业项目工作人员共计 4 名，其中工作负责人（监护人）1 名、斗内电工 2 名、地面电工 1 名。 （3）工作负责人（监护人）：正确组织工作；检查工作票所列安全措施是否正确完备，是否符合现场实际条件，必要时予以补充完善；工作前，对工作班成员进行工作任务、安全措施交底和危险点告知，并确定每个工作班成员都已签名；组织执行工作票所列由其负责的安全措施；监督工作班成员遵守安全工作规程、正确使用劳动防护用品和安全工器具以及执行现场安全措施；关注工作班成员身体状况和精神状态是否出现异常迹象，人员变动是否合适。带电作业应有人监护。监护人不得直接操作，监护的范围不得超过一个作业点。 （4）工作班成员：熟悉工作内容、工作流程，掌握安全措施，明确工作中的危险点，并在工作票上履行交底签名确认手续；服从工作负责人（监护人）、专责监护人的指挥，严格遵守《国家电网公司电力安全工作规程（配电部分）（试行）》和劳动纪律，在指定的作业范围内工作，对自己在工作中的行为负责，互相关心工作安全；正确使用施工机具、安全工器具和劳动防护用品					

序号	项目名称	质量要求	满分	扣分标准	扣分原因	得分
1	开工准备					
1.1	现场复勘	（1）核对工作线路与设备双重名称。 （2）检查作业装置和现场环境符合带电作业条件。 （3）检查气象条件（天气良好，无雷电、雪、雹、雨、雾等不良天气，风力不大于 5 级，湿度不大于 80%）。 （4）检查工作票所列安全措施，必要时予以补充和完善	4	错、漏一项扣 1 分，扣完为止		
1.2	工作许可	工作负责人按配电带电作业工作票内容与值班调控人员联系，履行工作许可手续	1	未执行工作许可制度扣 1 分		

续表

序号	项目名称	质量要求	满分	扣分标准	扣分原因	得分
1.3	召开现场站班会	（1）工作负责人宣读工作票。 （2）工作负责人检查工作班组成员精神状态。 （3）工作负责人交代工作任务进行人员分工，交代安全措施、技术措施、危险点及控制措施。 （4）工作负责人检查工作班成员对工作内容、工作流程、安全措施以及工作中的危险点是否明确。 （5）工作班成员在工作票上履行交底签名确认手续	4	错、漏一项扣1分，扣完为止		
1.4	布置工作现场	根据道路情况设置安全围栏、警告标志或路障	1	不满足作业要求扣1分		
1.5	工器具、材料检测	（1）工器具、材料齐备，规格型号正确。 （2）绝缘工器具应放置在防潮苫布上，绝缘工器具与金属工器具、材料分区放置。 （3）工器具在试验周期内。 （4）外观检查方法正确，绝缘工器具应无机械、绝缘缺陷，应戴干净清洁手套，用干燥、清洁毛巾清洁绝缘工器具。 （5）使用绝缘高阻表对绝缘工器具进行绝缘电阻检测，阻值不得低于700MΩ	5	错、漏一项扣1分，扣完为止		
2	作业过程					
2.1	进入作业现场	（1）选择合适位置停放绝缘斗臂车，支撑稳固，并可靠接地。 （2）查看绝缘臂、绝缘斗良好，进行空斗试操作，确认液压传动、升降、伸缩、回转系统工作正常及操作灵活，制动装置可靠。 （3）斗内电工穿戴好绝缘防护用具，进入绝缘斗，挂好安全带保险钩	5	错、漏一项扣2分，扣完为止		
2.2	验电	斗内电工将工作斗调整至适当位置，使用验电器对导线、绝缘子、横担进行验电，确认无漏电现象	5	错、漏一处扣2分，扣完为止		
2.3	安装绝缘遮蔽用具	（1）经工作负责人许可后，斗内电工调整绝缘斗到达内边相合适工作位置，按照"从近到远、从下到上、先带电体后接地体"的遮蔽原则对作业范围内可能触及的带电体和接地体进行绝缘遮蔽隔离。 （2）遮蔽的部位和顺序依次为导线、绝缘子以及作业点临近的接地体。 （3）斗内电工在对带电体设置绝缘遮蔽隔离措施时，动作应轻缓，与横担等地电位构件间应保持足够的安全距离（不小于0.4m），与邻相导线之间应保持足够的安全距离（不小于0.6m）。 （4）绝缘遮蔽隔离措施应严密、牢固，绝缘遮蔽用具之间搭接不得小于150mm。 （5）经工作负责人的许可后，斗内电工调整绝缘斗到达外边相合适工作位置，按照与内边相相同的方法对作业范围内可能触及的带电体和接地体进行绝缘遮蔽隔离。 （6）经工作负责人的许可后，斗内电工调整绝缘斗到达中间相合适工作位置，按照与两边相相同的方法对作业范围内可能触及的带电体和接地体进行绝缘遮蔽隔离	20	错、漏一项扣4分，扣完为止；遮蔽顺序错误终止工作		

序号	项目名称	质量要求	满分	扣分标准	扣分原因	得分
2.4	拆除一相设备套管	（1）打开拆除相导线的绝缘遮蔽。 （2）斗内电工将绝缘斗调整至中间相适当位置，安装导线绝缘护管拆除工具。 （3）将导线绝缘护管开口向上，拉到安装工具的导入槽上，继续拽动导线绝缘护管，将护管顺导入槽导出。 （4）恢复拆除相导线绝缘遮蔽	20	错、漏一项扣3分，扣完为止		
2.5	拆除绝缘遮蔽用具	（1）经工作负责人的许可后，斗内电工调整绝缘斗到达中间相合适工作位置，按照"从远到近、从上到下、先接地体后带电体"的原则拆除绝缘遮蔽隔离措施。 （2）拆除的顺序依次为作业点临近的接地体、绝缘子、导线。 （3）斗内电工在拆除带电体上的绝缘遮蔽隔离措施时，动作应轻缓，与横担等地电位构件间应保持足够的安全距离，与邻相导线之间应保持足够的安全距离。 （4）经工作负责人的许可后，斗内电工调整绝缘斗到达外边相合适工作位置，按照与中间相相同的方法拆除绝缘遮蔽隔离。 （5）经工作负责人的许可后，斗内电工调整绝缘斗到达内边相合适工作位置，按照与中间相相同的方法拆除绝缘遮蔽隔离	10	错、漏一项扣2分，扣完为止；拆除绝缘遮蔽用具顺序错误终止工作		
2.6	返回地面	检查杆上无遗留物，绝缘斗退出有电工作区域，作业人员返回地面	5	未按要求执行扣5分		
3	工作结束					
3.1	清理现场	工作负责人组织工作班成员整理工具、材料，将工器具分类摆放在苫布上，清理现场，做到工完、料尽、场地清	2	不符合要求扣2分		
3.2	质量验收	工作负责人对完成的工作进行全面检查，符合验收规范要求后，记录在册	2	不符合要求扣2分		
3.3	收工会	召开现场收工会，正确点评工作，补充现场标准化作业指导书验收栏等内容	2	不符合要求扣2分		
3.4	工作终结	汇报值班调控人员工作已经结束，在工作票填写终结时间并签字，工作班撤离现场	2	不符合要求扣2分		
3.5	安全文明生产	（1）作业过程中禁止摘下绝缘防护用具，而且绝缘手套仅作辅助绝缘。 （2）斗臂车绝缘斗在有电工作区域转移时，应缓慢移动，动作要平稳，严禁使用快速挡。 （3）绝缘斗臂车在作业时，发动机不能熄火（电能驱动型除外），以保证液压系统处于工作状态。 （4）作业线路下层有低压线路同杆架设时，如妨碍作业，应对作业范围内的相关低压线路采取绝缘遮蔽措施。 （5）在同杆架设线路上工作，与上层或相邻导线小于安全距离规定且无法采取安全措施时，不得进行该项工作。 （6）上、下传递工具、材料均应使用绝缘绳传递，传递中不能与电杆、构件等碰撞，严禁抛掷。 （7）作业过程中，不随意踩踏防潮苫布	7	错、漏一项扣1分，扣完为止		

续表

序号	项目名称	质量要求	满分	扣分标准	扣分原因	得分
3.6	关键点	（1）作业中，绝缘斗臂车绝缘臂的有效绝缘长度应不小于 1.0m。 （2）在作业时，人体应保持对地不小于0.4m、对邻相导线不小于 0.6m 的安全距离。 （3）作业时，严禁人体同时接触两个不同的电位体，绝缘斗内双人工作时禁止两人接触不同的电位体。 （4）作业中及时恢复绝缘遮蔽隔离措施。 （5）作业人员在接触带电导线和换相工作前应得到工作监护人的许可	5	错、漏一项扣 1 分，扣完为止		
	合计		100			

电网企业专业技能考核题库

高压线路带电检修工（配电）

第二部分
中级工

第三章　高压线路带电检修工（配电）中级工技能笔答

Jb0004432001　线路接续金具有哪些？（5分）

考核知识点： 带电作业方法

难易度： 中

标准答案：

线路接续金具有圆形接续管、椭圆形接续管、补修管、并沟线夹、跳线线夹等。

Jb0004432002　线路连接金具有哪些？（5分）

考核知识点： 带电作业方法

难易度： 中

标准答案：

线路连接金具有 U 形环、延长环、球头挂环、碗头挂板、直角挂板、联板和各种调整板。

Jb0004432003　什么是地电位作业？（5分）

考核知识点： 带电作业方法

难易度： 中

标准答案：

地电位作业是指人体处于地电位，使用绝缘工具间接接触设备的作业方法。

Jb0004432004　哪些工作填用第二种工作票？（5分）

考核知识点： 带电作业安全规定

难易度： 中

标准答案：

带电作业、带电线路杆塔上的作业、运行中的配电变压器台上或室内的工作。

Jb0004432005　什么叫带电作业安全距离？（5分）

考核知识点： 带电作业安全规定

难易度： 中

标准答案：

带电作业安全距离指在耐受系统最大过电压下，保证带电作业人员有足够安全裕度的空气距离。

Jb0004432006　何谓运用中的电气设备？（5分）

考核知识点： 带电作业方法

难易度： 中

标准答案：

所谓运用中的电气设备，是指全部带电压或一部分带有电压及一经操作即带有电压的电气设备。

Jb0004432007　架空线路的主要组成部分有哪些？（5分）

考核知识点：带电作业方法

难易度：中

标准答案：

架空线路的主要组成部分有导线、避雷线、金具、绝缘子、杆塔、杆塔基础及接地装置。

Jb0004432008　保证安全的组织措施是什么？（5分）

考核知识点：带电作业安全规定

难易度：中

标准答案：

保证安全的组织措施有工作票制度，工作许可制度，工作监护制度，工作间断、转移制度，工作终结制度。

Jb0004432009　保证安全的技术措施是什么？（5分）

考核知识点：带电作业安全规定

难易度：中

标准答案：

措施有停电、验电、装设接地线，悬挂标志牌和装设围栏、遮栏。

Jb0004432010　带电作业工具的定期试验有几种？试验周期是多长？（5分）

考核知识点：带电作业工器具

难易度：中

标准答案：

定期试验分电气试验、机械试验两种。电气试验周期为每6个月试验1次；机械试验周期为每年进行1次；金属工具的机械试验每两年进行1次。

Jb0004432011　带电作业监护应遵守哪些规定？（5分）

考核知识点：带电作业安全规定

难易度：中

标准答案：

（1）必须设有专责监护人。

（2）专责监护人必须有高度的责任心。

（3）如果在高杆塔或复杂的建筑构架上带电作业时，如地面能见度受到限制，则应在杆塔或就近的高层平台上增设近距离监护人，以传达工作负责人的指令，同时监护作业人员进行正确操作或督促保持安全距离，制止作业人员的错误行为和动作。

Jb0004432012　按人体与带电体作业方法有几种？试用示意图表示。（5分）

考核知识点：带电作业方法

难易度：中

标准答案：

分为零（地）电位法、中间电位法、等（或同）电位法。示意图如图 Jb0004432012 所示。

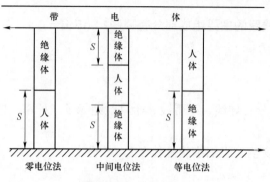

图 Jb0004432012

Jb0004432013　环氧玻璃钢的特点是什么？其主要成分是什么？（5分）

考核知识点： 带电作业工器具

难易度： 中

标准答案：

环氧玻璃钢的特点是电气绝缘性能好、机械强度高、吸湿性低等。其主要成分有玻璃纤维、环氧树脂和偶联剂。

Jb0004432014　带电作业应满足哪些技术条件？（5分）

考核知识点： 带电作业方法

难易度： 中

标准答案：

（1）流经人体的电流不超过人体的感知水平（1mA）。

（2）人体体表场强至少不超过人的感知水平（2.4kV/cm）或某个电场卫生标准。

（3）保证可能导致对人身放电的那段空气距离足够大。

Jb0004432015　制作带电作业工具的绝缘材料应满足哪些条件？（5分）

考核知识点： 带电作业工器具

难易度： 中

标准答案：

绝缘材料应具有电气性能优良、强度高、质量轻、吸水性低、耐老化、易于加工等特点（带电作业工具还要求材料的防水性好）。

Jb0004432016　绝缘工具在使用前应做好哪些检查工作？（5分）

考核知识点： 带电作业工器具

难易度： 中

标准答案：

应详细检查工具有无损伤、变形等异常现象，并用清洁、干燥的毛巾擦净，若怀疑其绝缘有可能下降时，应用 2500V 及以上绝缘电阻检测仪进行测量（用宽 2cm 的引电极，相间距离为 2cm），其绝缘电阻不得小于 700MΩ。

Jb0004432017 金属材料铝和铝合金各有什么特点？（5分）

考核知识点：带电作业工器具

难易度：中

标准答案：

铝的特点是导电性、导热性均好，塑性好，硬度低，强度低。铝合金的特点是强度好，硬度高，切削性好。

Jb0004432018 绝缘绳的结构有几种？何谓顺捻和反捻？（5分）

考核知识点：带电作业工器具

难易度：中

标准答案：

其结构有绞制圆绳、编织圆绳、编织扁带、环形绳、搭扣带。顺捻是指单纱中的纤维或股线中的单纱在绞制过程中，由下而上看是自右向左方向捻动的。反捻是指在绞制过程中自下而上看是自左向右捻动的。

Jb0004432019 悬式绝缘子使用前要做哪些准备工作？（5分）

考核知识点：带电作业方法

难易度：中

标准答案：

（1）安装前应将瓷绝缘子表面清擦干净，并进行外观检查。

（2）用不低于5000V的绝缘电阻表进行绝缘检测。

（3）干燥情况下单个绝缘子的电阻不小于500MΩ。

（4）安装时应检查碗头、球头与弹簧销子的间隙，安装好后，球头不得自碗头中脱出。

（5）验收前应清除瓷（玻璃）表面的污垢。

Jb0004432020 带电作业用传递绳的形式有哪几种？各是怎样安装的？并有什么作用？（5分）

考核知识点：带电作业工器具

难易度：中

标准答案：

有两种形式：一种是单滑车直挂式传递绳；另一种是双滑车无极式传递绳。两种形式均采取无头的形式，即将传递绳两个端头连在一起形成环状。作用：直挂式传递绳主要适用于配电线路，变电站的带电作业也适用于输电线路较简单的带电作业。无极式传递绳主要适用于输电线路空气间隙较小、传递通道较狭窄的杆塔的带电作业。

Jb0004432021 带电作业中对绝缘器具的存放有什么要求？（5分）

考核知识点：带电作业工器具

难易度：中

标准答案：

（1）带电作业的工具应置于通风良好，备有红外线灯泡或去湿设施的清洁干燥的专用房间存放。

（2）高架绝缘斗臂车的绝缘部分应用防潮保护罩罩好，并存放在通风、干燥的车库内。

（3）在运输过程中，带电绝缘工具应装在专用工具袋、工具箱或专用工具车内，防止受潮或损伤。

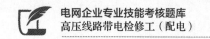

（4）带电作业工具应设专人保管，登记造册，并建立每件工具的试验记录。

Jb0004432022 带电作业工具为什么要定期进行试验？（5分）

考核知识点：带电作业工器具

难易度：中

标准答案：

带电作业工具经过一段时间的使用和储存后，无论在电气性能，还是在机械性能方面，都可能出现一定程度的损伤或劣化。为了及时发现和处理这些问题，要定期进行试验。

Jb0004432023 如何正确使用电气工具？（5分）

考核知识点：带电作业工器具

难易度：中

标准答案：

使用电气工具时，不准提着电气工具的导线或转动部分；在梯子上使用电气工具，应做好防止感电坠落的措施；在使用电气工具工作中，因故离开工作现场或暂时停止工作以及遇到临时停电时，需立即切断电源。

Jb0004432024 起重工器具有哪些？（5分）

考核知识点：带电作业工器具

难易度：中

标准答案：

有绞磨、滑车、滑车组、链式起重器（俗称葫芦）以及各种绳索。

Jb0004432025 杆上安装横担时，应注意哪些安全事项？（5分）

考核知识点：带电作业方法

难易度：中

标准答案：

（1）杆上作业时，安全带不应拴得太长，最好在电杆上缠两圈。

（2）当吊起的横担放在安全带上时，应将吊物绳整理顺当。

（3）不用的工具不能随手放在横担及杆顶上，应放入工具袋或工具夹内。

（4）地面工作人员戴安全帽远离杆下，以免高空掉物伤人。

Jb0004432026 如何能使变压器台架上高压引下线的三相线做得直而受力均匀？（5分）

考核知识点：带电作业方法

难易度：中

标准答案：

（1）先将高压引下线上端固定。

（2）下端固定处的针式绝缘子稍松些，不拧紧。

（3）将三相引线拉直，但不要太紧，划印。

（4）逐相在针式绝缘子上做终端。

（5）把针式绝缘子螺帽拧紧，利用它的反弹使三相线拉直而受力均匀。

Jb0004432027 对低压绝缘线连接后的绝缘恢复有什么要求？（5分）

考核知识点：带电作业方法

难易度：中

标准答案：

（1）导线连接后，均应用绝缘带包扎，常用胶皮布带和黑包布带来恢复绝缘。

（2）用于三相电源的导线用胶皮布带包一层后再用黑包布带包一层。

（3）用于单相电源的导线上可直接用黑包布带包缠两层即可。

Jb0004432028 心肺复苏法支持生命的三项基本措施是什么？（5分）

考核知识点：带电作业安全规定

难易度：中

标准答案：

畅通气道、口对口（口对鼻）人工呼吸、胸外心脏按压。

Jb0004432029 怎样使触电者脱离低压电源？（5分）

考核知识点：带电作业安全规定

难易度：中

标准答案：

（1）利用电源开关或电源插座切断电源。

（2）利用带绝缘的工具割断电源线。

（3）利用绝缘的物体挑开电源线。

（4）利用绝缘手段拉开触电者。

Jb0004432030 卸扣在使用时应注意哪些事项？（5分）

考核知识点：带电作业方法

难易度：中

标准答案：

（1）U形环变形或销子螺纹损坏不得使用。

（2）不得横向受力。

（3）销子不得扣在能活动的索具内。

（4）不得处于吊件的转角处。

（5）应按标记规定的负荷使用。

Jb0004432031 电气装置安装工程在分项工程施工质量检验时，什么情况不应进行验收、评定？（5分）

考核知识点：带电作业方法

难易度：中

标准答案：

（1）检验项目检验结果，没有全部达到质量标准。

（2）设计及制造厂对质量标准有数据要求，而检验结果栏中没填实测数据。

（3）质检人员签字不齐全。

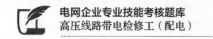

Jb0004432032 **10kV 配电线路与哪些交叉跨越时其直线跨越杆的导线应双固定？（5分）**

考核知识点：带电作业方法

难易度：中

标准答案：

铁路、高速公路和一级公路，电车道，通航河流，一、二级弱电线路，10kV 线路，特殊管道，一般管道，索道。

Jb0004432033 **麻绳、白棕绳在选用时有何要求？（5分）**

考核知识点：带电作业工器具

难易度：中

标准答案：

（1）棕绳（麻绳）作为辅助绳索使用，其允许拉力不得大于 $0.98kN/cm^2$。

（2）用于捆绑或在潮湿状态下使用时应按允许拉力减半计算。

（3）霉烂、腐蚀、断股或损伤者不得使用。

Jb0004432034 **什么叫居民区？什么叫非居民区？什么叫交通困难区？（5分）**

考核知识点：带电作业工器具

难易度：中

标准答案：

（1）居民区：城镇、工业企业地区、港口、码头、车站等人口密集区。

（2）非居民区：上述居民区以外的地区，虽然时常有人、有车辆或农业机械到达，但未建房屋或房屋稀少。

（3）交通困难地区：车辆、农业机械不能到达的地区。

Jb0004432035 **变压器有哪些类型？（5分）**

考核知识点：带电作业工器具

难易度：中

标准答案：

（1）按用途可分为升压变压器、降压变压器、配电变压器、联络变压器和厂用变压器。

（2）按绕组型式可分为双绕组变压器、三绕组变压器和自耦变压器。

（3）按相数可分为三相变压器和单相变压器。

（4）按调压方式可分为有载调压变压器和无励磁调压变压器。

（5）按冷却方式分为自冷变压器、风冷变压器、强迫油循环风冷变压器、强迫油循环水冷变压器。

Jb0004432036 **常用测量仪表的精确度等级应按什么要求选择？（5分）**

考核知识点：带电作业工器具

难易度：中

标准答案：

（1）除谐波测量仪表外，交流回路仪表的精确度等级不应低于 2.5 级。

（2）直流回路仪表的精确度等级不应低于 1.5 级。

（3）电量变送器输出侧仪表的精确度等级不应低于 1.0 级。

Jb0004432037　导线截面选择的依据是什么？（5分）

考核知识点：带电作业方法

难易度：中

标准答案：

经济电流密度、发热条件、允许电压损耗、机械强度。

Jb0004432038　电力系统中电气装置和设施的接地按用途分类有哪几种方式？（5分）

考核知识点：带电作业方法

难易度：中

标准答案：

工作（系统）接地、保护接地、雷电保护接地、防静电接地。

Jb0004432039　双杆立好后应正直，位置偏差应符合哪些规定？（5分）

考核知识点：带电作业方法

难易度：中

标准答案：

（1）直线杆结构中心与中心桩之间的横方向位移不应大于 50mm。

（2）转角杆结构中心与中心桩之间的横、顺方向位移不应大于 50mm。

（3）迈步不应大于 30mm。

（4）根开不应超过±30mm。

Jb0004432040　交接试验时，金属氧化物避雷器绝缘电阻测量有哪些规定？（5分）

考核知识点：带电作业方法

难易度：中

标准答案：

（1）35kV 以上电压用 5000V 绝缘电阻表，绝缘电阻不小于 2500MΩ。

（2）35kV 及以下电压：用 2500V 绝缘电阻表，绝缘电阻不小于 1000MΩ。

（3）低压（1kV 以下）：用 500V 绝缘电阻表，绝缘电阻不小于 2MΩ。

（4）基座绝缘电阻不低于 5MΩ。

Jb0004432041　线路电晕会产生什么影响？（5分）

考核知识点：带电作业方法

难易度：中

标准答案：

（1）增加线路功率损耗，称为电晕损耗。

（2）产生臭氧和可听噪声，破坏环境。

（3）电晕的放电脉冲，对无线电和高频通信造成干扰。

（4）电晕作用还会腐蚀导线，严重时烧伤导线和金具。

（5）电晕的产生有时还可能造成导线舞动，危及线路安全运行。

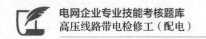

Jb0004432042　配电网电气主接线的基本要求是什么？（5分）

考核知识点：带电作业方法

难易度：中

标准答案：

（1）可靠性，对用户保证供电可靠和电能质量。

（2）灵活性，能适合各种运行方式，便于检修。

（3）操作方便，接线清晰，布置对称合理，运行方便。

（4）经济性，在满足上述三个基本要求的前提下，力求投资省，维护费用少。

Jb0004432043　采用钢筋混凝土结构有哪些主要优点？（5分）

考核知识点：带电作业方法

难易度：中

标准答案：

（1）造价低，水、石、砂等不仅价廉，还可就地取材。

（2）抗压强度高，近似天然石材，且在外力作用下变形较小。

（3）强度可根据原材料和配合比的变化灵活掌握。

（4）容易做成所需形状。

（5）稳固性和耐久性好。

Jb0004432044　现场工作人员要求掌握哪些紧急救护法？（5分）

考核知识点：带电作业安全规定

难易度：中

标准答案：

正确解脱电源，会心肺复苏法，会止血、包扎，会转移搬运伤员，会处理急救外伤或中毒等。

Jb0004432045　电杆装车运输时，重心应放在什么位置？如何确定电杆的重心？（5分）

考核知识点：带电作业方法

难易度：中

标准答案：

（1）电杆重心应放在车厢中心。

（2）等径水泥杆的重心在电杆的中间。

（3）拔稍杆的重心位置距小头长度约占电杆全长的56%。

Jb0004432046　什么叫接地极？什么叫自然接地极？什么叫接地线？什么叫接地装置？（5分）

考核知识点：带电作业方法

难易度：中

标准答案：

（1）埋入地中并直接与大地接触的金属导体叫接地极。

（2）兼作接地极用的直接与大地接触的各种金属构件、金属井管、钢筋混凝土建（构）筑物的基础、金属管道和设备等叫自然接地极。

（3）电气装置、设施的接地端子与接地极连接用的金属导电部分叫接地线。

（4）接地线和接地极的总和叫接地装置。

Jb0004432047　配电线路单横担安装有什么要求？（5分）

考核知识点：带电作业方法

难易度：中

标准答案：

（1）直线杆横担应装于受电侧。

（2）分支杆、90°转角杆及终端杆横担应装于拉线侧。

（3）横担安装应平整，横担端部上下歪斜和左右扭斜不应大于20mm。

Jb0004432048　架空配电线路防雷设施巡视时有哪些巡视内容？（5分）

考核知识点：带电作业方法

难易度：中

标准答案：

（1）避雷器瓷套有无裂纹、损伤、闪络痕迹，表面是否脏污。

（2）避雷器的固定是否牢固。

（3）引线连接是否良好，与邻相和杆塔构件的距离是否符合规定。

（4）各部附件是否锈蚀，接地端焊接处有无开裂、脱落。

（5）保护间隙有无烧损、锈蚀或被外物短接，间隙距离是否符合规定。

Jb0004432049　哪些工作应填用第一种工作票？（5分）

考核知识点：带电作业安全规定

难易度：中

标准答案：

（1）在停电的线路或同杆（塔）架设多回线路中的部分停电线路上的工作。

（2）在全部或部分停电的配电设备上的工作。所谓全部停电，是指供给该配电设备上的所有电源线路均已全部断开者。

（3）高压电力电缆停电的工作。

Jb0004432050　架空配电线路接地装置巡视时有哪些巡视内容？（5分）

考核知识点：带电作业方法

难易度：中

标准答案：

（1）接地引下线有无丢失、断股、损伤。

（2）接头接触是否良好，线夹螺栓有无松动、锈蚀。

（3）接地引下线的保护管有无破损、丢失，固定是否牢靠。

（4）接地体有无外露、严重腐蚀，在埋设范围内有无土方工程。

Jb0004432051　电杆上安装电气设备有哪些要求？（5分）

考核知识点：带电作业方法

难易度：中

标准答案：

（1）安装应牢固、可靠。

（2）电气连接应接触紧密，不同金属连接应有过渡措施。

（3）瓷件表面光洁，无裂缝、破损等现象。

Jb0004432052　杆上避雷器安装时有什么规定？（5分）

考核知识点： 带电作业方法

难易度： 中

标准答案：

（1）瓷套与抱箍之间应加垫层。

（2）排列整齐、高低一致，相间距离：1～10kV时不小于350mm；1kV以下时不小于150mm。

（3）引线短而直，连接紧密，采用绝缘线时，其截面积应符合规程规定。

（4）与电气部分连接，不应使避雷器产生外加应力。

（5）接地线接地可靠，接地电阻值符合规定。

Jb0004432053　杆上变压器及变压器台架安装有什么要求？（5分）

考核知识点： 带电作业方法

难易度： 中

标准答案：

（1）变压器台架水平倾斜不大于台架根开的1%。

（2）一、二次引线排列整齐、绑扎牢。

（3）油枕、油位正常，外壳干净。

（4）接地可靠，接地电阻值符合规定。

（5）套管、螺栓等部件齐全。

（6）呼吸孔道通畅。

Jb0004432054　钢丝绳套插接时，要保证哪些数据？（5分）

考核知识点： 带电作业方法

难易度： 中

标准答案：

（1）插接的环绳或绳套，其插接长度应不小于钢丝绳直径的15倍。

（2）插接长度不得小于300mm。

（3）新插接的钢丝绳套应做125%允许负荷的抽样试验。

Jb0004432055　导线受损后，怎样进行缠绕处理？（5分）

考核知识点： 带电作业方法

难易度： 中

标准答案：

（1）将导线受损处的线股处理平整。

（2）选用与导线同金属的单股线作缠绕材料，其直径不应小于2mm。

（3）缠绕中心应位于损伤最严重处。

（4）缠绕应紧密，受损伤部分应全部覆盖。

（5）缠绕长度应不小于100mm。

Jb0004432056　悬式绝缘子安装时有什么要求？（5分）

考核知识点： 带电作业方法

难易度： 中

标准答案：

（1）安装应牢固、连接可靠、防止积水。

（2）安装时应清除表面的污垢、附着物及不应有的涂料。

（3）与电杆、导线金具连接处无卡压现象。

（4）悬垂串上的弹簧销子、螺栓及穿钉应向受电侧穿入，两边线应由内向外，中线应由左向右（面向受电侧）或统一方向穿入。

（5）耐张串上的弹簧销子、螺栓及穿钉应由上向下穿，当有特殊困难时，可由内向外或由左向右（面向受电侧）或统一方向穿入。

Jb0004432057　接地体（线）焊接的搭接长度有什么要求？（5分）

考核知识点： 带电作业方法

难易度： 中

标准答案：

（1）扁钢为其宽度的2倍，且至少3个棱边焊接。

（2）圆钢为其直径的6倍。

（3）圆钢与扁钢连接时，其长度为圆钢直径的6倍。

（4）扁钢与钢管、扁钢与角钢焊接时，为了连接可靠，除应在其接触部位两侧进行焊接外，并应焊以由钢带弯成的弧形（或直角形）卡子或直接由钢带本身弯成弧形（或直角形）与钢管（或角钢）焊接。

Jb0004432058　导线受损伤，采用补修管补修时有什么要求？（5分）

考核知识点： 带电作业方法

难易度： 中

标准答案：

（1）损伤处铝（铝合金）股线应先恢复其原绞制状态。

（2）补修管的中心应位于损伤最严重处，需补修导线的范围位于管内各20mm处。

（3）当采用液压施工时，应符合国家现行标准的规定。

Jb0004432059　10kV及以下的配电线路安装时，对弧垂有什么要求？（5分）

考核知识点： 带电作业方法

难易度： 中

标准答案：

（1）弧垂的误差不应超过设计值的±5%。

（2）同档内各相导线弧垂宜一致。

（3）水平排列的导线弧垂相差不应大于50mm。

Jb0004432060　绝缘线在安装前，其质量应符合什么要求？（5分）

考核知识点：带电作业方法

难易度：中

标准答案：

（1）绝缘线表面应平整、光滑、色泽均匀。

（2）绝缘层厚度应符合规定。

（3）绝缘线的绝缘层挤包紧密。

（4）绝缘层易剥离。

（5）绝缘线端部应有密封措施。

Jb0004432061　电杆上安装瓷横担绝缘子有哪些工艺要求？（5分）

考核知识点：带电作业方法

难易度：中

标准答案：

（1）当直立安装时，顶端顺线路安装倾斜不应大于10mm。

（2）当水平安装时，顶端宜向上翘起5°～10°，顶端顺线路歪斜不应大于20mm。

（3）当安装于转角杆时，顶端竖直安装的瓷横担支架装在转角的内角侧（瓷横担应装在支架的外角侧）。

（4）全瓷式瓷横担绝缘子的固定处应加软垫。

Jb0004432062　电杆处于什么位置时需打护桩？护桩怎样设置？（5分）

考核知识点：带电作业方法

难易度：中

标准答案：

（1）在电杆可能遭到机动车辆碰撞处需设置护桩。

（2）护桩设置：

1）桩离电杆0.5m处设置。

2）护桩长2m，埋深1m。

3）护桩露出地面部分应涂以0.2m宽的红、白相间的油漆圈。

Jb0004432063　架空导线弧垂观测时观测档应如何选择？（5分）

考核知识点：带电作业方法

难易度：中

标准答案：

（1）当紧线段在5档及以下时，靠近中间选择1档。

（2）当紧线段在6～12档时，靠近两端各选择1档，但不宜选择在有耐张杆的地方。

（3）当紧线段在12档以上时，靠近两端及中间各选择1档，但不宜选择在有耐张杆的地方。

Jb0004432064　对于携带式接地线有哪些规定？（5分）

考核知识点：带电作业方法

难易度：中

标准答案：

（1）接地线应用有透明护套的多股软铜线组成。

（2）接地线截面积不得小于 25mm²，同时应满足装设地点短路电流的要求。

（3）禁止使用其他导线作接地线或短路线。

（4）接地线应使用专用的线夹固定在导体上，严禁用缠绕的方法进行接地或短路。

Jb0004432065　选择钢丝绳（套）使用前，有哪些情况存在则不允许使用？（5分）

考核知识点：带电作业方法

难易度：中

标准答案：

（1）钢丝绳在一个节距内的断丝数超过规定数值时。

（2）钢丝绳有锈蚀或磨损时，磨损量或锈蚀量经折减后超过规定数值时。

（3）绳芯损坏或绳股挤出、断裂。

（4）笼状畸形、严重扭结或弯折。

（5）压扁严重，断面缩小。

（6）受过火烧或电灼。

Jb0004432066　材料受力后的变形有哪些形式？（5分）

考核知识点：带电作业方法

难易度：中

标准答案：

（1）撤力后能消失的变形称为弹性变形。

（2）永久保留的变形称为塑性变形。

Jb0004432067　变压器运行电压有什么要求？过高有什么危害？（5分）

考核知识点：带电作业方法

难易度：中

标准答案：

（1）运行变压器中的电压不得超过分接头电压的5%。

（2）电压过高的危害：

1）电压过高会造成铁芯饱和、励磁电流增大。

2）电压过高铁损增加。

3）电压过高会使铁芯发热，使绝缘老化。

4）电压过高会影响变压器的正常运行和使用寿命。

Jb0004432068　架空配电线路避雷器有哪些试验项目？周期为多少？（5分）

考核知识点：带电作业方法

难易度：中

标准答案：

（1）避雷器绝缘电阻试验，周期为 1～3 年。

（2）避雷器工频放电试验，周期为 1～3 年。

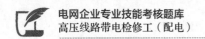

Jb0004432069 系统运行中出现于设备绝缘上的电压有哪些？（5分）

考核知识点：带电作业方法

难易度：中

标准答案：

正常运行时的工频电压、暂时过电压（工频过电压、谐振过电压）、操作过电压、雷电过电压。

Jb0004432070 整体起吊电杆时需进行受力计算的有哪些？（5分）

考核知识点：带电作业方法

难易度：中

标准答案：

电杆的重心、电杆吊绳的受力、抱杆的受力、总牵引力、临时拉线的受力、制动绳的受力。

Jb0004432071 为了正确选择重合器，应考虑哪些因素？（5分）

考核知识点：带电作业方法

难易度：中

标准答案：

（1）系统电压：重合器额定电压必须不小于系统电压。

（2）最大可能故障电流。

（3）最大负载电流。

（4）保护区内最小故障电流。

（5）重合器与其他保护装置的配合。

Jb0004432072 复合绝缘子安装时有哪些注意事项？（5分）

考核知识点：带电作业方法

难易度：中

标准答案：

（1）轻拿轻放，不应投掷，并避免与尖硬物碰撞、摩擦。

（2）起吊时绳结要打在金属附件上，禁止直接在伞套上绑扎，绳子触及伞套部分应用软布包裹保护。

（3）禁止踩踏绝缘子伞套。

（4）正确安装均压装置，注意安装到位，不得装反，并仔细调整环面与绝缘子轴线垂直。对于开口型均压装置，注意两端开口方向一致。

Jb0004432073 10kV及以下电力接户线的安装应符合哪些规定？（5分）

考核知识点：带电作业方法

难易度：中

标准答案：

（1）档距内不应有接头。

（2）两端应设绝缘子固定，绝缘子安装应防止瓷裙积水。

（3）采用绝缘线时，外露部位应进行绝缘处理。

（4）两端遇有铜铝连接时，应设有过渡措施。

（5）进户端支持物应牢固。

（6）在最大摆动时，不应有接触树木和其他建筑物现象。

（7）1kV 及以下的接户线不应从高压引线间穿过，不应跨越铁路。

Jb0004432074 什么是绝缘材料的击穿电压、击穿强度？（5分）

考核知识点：带电作业方法

难易度：中

标准答案：

（1）绝缘材料被击穿的瞬间所加的最高电压称为材料的击穿电压。

（2）绝缘材料所具有的抵抗电击穿的能力，称击穿强度。

Jb0004432075 系统中发生短路会产生什么后果？（5分）

考核知识点：带电作业方法

难易度：中

标准答案：

（1）短路时的电弧、短路电流和巨大的电动力都会缩短电气设备的使用寿命，甚至使电气设备遭到严重破坏。

（2）使系统中部分地区的电压降低，给用户造成经济损失。

（3）破坏系统运行的稳定性，甚至引起系统振荡，造成大面积停电或使系统瓦解。

Jb0004432076 杆上断路器和负荷开关的安装应符合哪些规定？（5分）

考核知识点：带电作业方法

难易度：中

标准答案：

（1）水平倾斜不大于托架长度的 1/100。

（2）引线连接紧密，当采用绑扎连接时，长度不小于 150mm。

（3）外壳干净，充油设备不应有漏油现象，充气设备气压不低于规定值。

（4）操作灵活，分、合位置指示正确可靠。

（5）外壳接地可靠，接地电阻值符合规定。

Jb0004432077 有哪些自然接地体可以用作交流电气设备的接地体？（5分）

考核知识点：带电作业方法

难易度：中

标准答案：

（1）埋设在地下的金属管道，但不包括有可燃或有爆炸物质的管道。

（2）金属井管。

（3）与大地有可靠连接的建筑物的金属结构。

（4）水工构筑物及其类似的构筑物的金属管、桩。

Jb0004432078 低压系统接地有哪几种型式？（5分）

考核知识点：带电作业方法

难易度：中

标准答案：

（1）TN 系统，系统有一点直接接地，装置的外露导电部分用保护线与该点连接。

（2）TT 系统，系统有一点直接接地，电气装置的外露导电部分接至电气上与低压系统的接地点无关的接地装置。

（3）IT 系统，系统的带电部分与大地间不直接连接，而电气装置的外露导电部分则是接地的。

Jb0004432079　配电线路带电作业中什么称为绝缘作业工具？包括哪些类型？（5分）

考核知识点： 带电作业方法

难易度： 中

标准答案：

（1）绝缘作业工具是用绝缘材料制成的作业工具。

（2）绝缘作业工具分为硬质绝缘工具和软质绝缘工具两类。

Jb0004432080　变压器在什么情况下应立即停运？（5分）

考核知识点： 带电作业方法

难易度： 中

标准答案：

（1）变压器声响明显增大，很不正常，内部有爆裂声。

（2）严重漏油或喷油，使油面下降到低于油位计的指示限度。

（3）套管有严重的破损和放电现象。

（4）变压器冒烟着火。

Jb0004432081　采用什么方法使高压触电者脱离电源？（5分）

考核知识点： 带电作业安全规定

难易度： 中

标准答案：

（1）立即通知有关供电单位或用户停电。

（2）戴上绝缘手套，穿上绝缘靴，用相应电压等级的绝缘工具按顺序拉开电源开关或熔断器。

（3）抛掷裸金属线使线路短路接地，迫使保护装置动作，断开电源。

Jb0004432082　电力生产作业现场的基本条件是什么？（5分）

考核知识点： 带电作业安全规定

难易度： 中

标准答案：

（1）作业现场的生产条件和安全设施等应符合有关标准、规范的要求，工作人员的劳动防护用品应合格、齐备。

（2）经常有人工作的场所及施工车辆上宜配备急救箱，存放急救用品，并应指定专人经常检查、补充或更换。

（3）现场使用的安全工器具应合格并符合有关要求。

（4）各类作业人员应被告知其作业现场和工作岗位存在的危险因素、防范措施及事故紧急处理措施。

Jb0004432083　电力生产作业人员的基本条件是什么？（5分）

考核知识点：带电作业安全规定

难易度：中

标准答案：

（1）经医师鉴定，无妨碍工作的病症（体格检查每两年至少一次）。

（2）具备必要的电气知识和业务技能，且按工作性质熟悉电力安全工作规程的相关部分，并经考试合格。

（3）具备必要的安全生产知识，学会紧急救护法，特别要学会触电急救。

Jb0004432084　电力生产作业人员的教育和培训有什么要求？（5分）

考核知识点：带电作业安全规定

难易度：中

标准答案：

（1）各类作业人员应接受相应的安全生产教育和岗位技能培训，经考试合格上岗。

（2）作业人员对电力安全工作规程应每年考试一次，因故间断电气工作连续3个月以上者，应重新学习电力安全工作规程，并经考试合格后方能恢复工作。

（3）新参加电气工作的人员、实习人员和临时参加劳动的人员（管理人员、临时工等）应经过安全知识教育后，方可下现场参加指定的工作，并且不得单独工作。

（4）外单位承担或外来人员参与公司系统电气工作的工作人员应熟悉电力安全工作规程并经考试合格，方可参加工作，工作前，设备运行管理单位应告知现场电气设备接线情况、危险点和安全注意事项。

Jb0004432085　按照电力安全工作规程规定，在电力线路上工作应按哪几种方式进行？（5分）

考核知识点：带电作业安全规定

难易度：中

标准答案：

在电力线路上工作，应按下列方式进行：填用电力线路第一种工作票、填用电力电缆第一种工作票、填用电力线路第二种工作票、填用电力电缆第二种工作票、填用电力线路带电作业票、填用电力线路事故应急抢修单、口头或电话命令。

Jb0004432086　线路工作终结的报告应包括哪些内容？（5分）

考核知识点：带电作业安全规定

难易度：中

标准答案：

线路工作终结的报告应简明、扼要，并包括下列内容：工作负责人姓名，某线路上某处（说明起止杆塔号、分支线名称等）工作已经完工，设备改动情况，工作地点所挂的接地线、个人保安线已全部拆除，线路上已无本班组工作人员和遗留物，可以送电。

Jb0004432087　安全工器具使用前的外观检查应包括哪些内容？（5分）

考核知识点：带电作业工器具

难易度：中

标准答案：

（1）绝缘部分有无裂纹、老化、绝缘层脱落、严重伤痕。

（2）固定连接部分有无松动、锈蚀、断裂等现象。

（3）对其绝缘部分的外观有疑问时应进行绝缘试验合格后方可使用。

Jb0004432088　在电力线路上工作，保证安全的组织措施有哪些？（5分）

考核知识点： 带电作业安全规定

难易度： 中

标准答案：

现场勘察制度、工作票制度、工作许可制度、工作监护制度、工作间断制度、工作结束和恢复送电制度。

Jb0004432089　什么是配电设备？（5分）

考核知识点： 带电作业方法

难易度： 中

标准答案：

配电设备是指20kV及以下配电网中的配电站、开闭所（开关站）、箱式变电站、柱上变压器、柱上开关（包括柱上断路器、柱上负荷开关）、环网单元、电缆分支箱、低压配电箱、电表计量箱、充电桩等。

Jb0004432090　同杆（塔）架设的多层电力线路装设接地线顺序是什么？（5分）

考核知识点： 带电作业方法

难易度： 中

标准答案：

装设同杆（塔）架设的多层电力线路接地线，应先装设低压、后装设高压，先装设下层、后装设上层，先装设近侧、后装设远侧。

Jb0004432091　若专责监护人要临时离开时，应如何办理？（5分）

考核知识点： 带电作业方法

难易度： 中

标准答案：

专责监护人临时离开时，应通知被监护人员停止工作或离开工作现场，待专责监护人回来后方可恢复工作。专责监护人若需长时间离开工作现场时，应由工作负责人变更专责监护人，履行变更手续，并告知全体被监护人员。

Jb0004432092　同杆（塔）架设的多层电力线路应如何验电？（5分）

考核知识点： 带电作业方法

难易度： 中

标准答案：

对同杆（塔）架设的多层电力线路验电，应先验低压、后验高压，先验下层、后验上层，先验近侧、后验远侧。禁止作业人员越过未经验电、接地的线路对上层、远侧线路验电。

Jb0004432093　配电线路施工中，定滑轮和动滑轮各起什么作用？（5分）

考核知识点：带电作业工器具

难易度：中

标准答案：

定滑轮起改变力的方向的作用，动滑轮起省力作用。

Jb0004432094　金具按其用途可分为几种？（5分）

考核知识点：带电作业工器具

难易度：中

标准答案：

按照金具的不同用途和性能，可分为支持金具、紧固金具、连接金具、接续金具、保护金具和拉线金具六大类。

Jb0004432095　连接金具的作用有哪些？（5分）

考核知识点：带电作业工器具

难易度：中

标准答案：

连接金具分专用、通用和拉线连接金具三种。专用连接金具的作用是配合球型绝缘子串连接，如球头挂环、球头挂板。通用连接金具用于绝缘子串间互相连接，以及绝缘子串与杆塔或其他金具间的连接，如U形挂板、U形挂环、直角挂板、平行挂板、二连板、延长环等。拉线连接金具主要是拉线二连板，适用于两根拉线的组合。

Jb0004432096　金具的使用安全系数取多少？（5分）

考核知识点：带电作业工器具

难易度：中

标准答案：

在配电线路中，金具的使用安全系数不应小于2.5。

Jb0004432097　螺栓连接为什么要顶紧？（5分）

考核知识点：带电作业方法

难易度：中

标准答案：

（1）防止连接件在工作中松动。

（2）保证连接件受到工作荷重后，仍能保持被连接件的接合工具有足够的紧密性。

（3）当连接件受到横向荷重时，保持被连接件间不产生相对滑动。

Jb0004432098　为什么金具连接螺栓要装弹簧垫圈？（5分）

考核知识点：带电作业方法

难易度：中

标准答案：

金具连接螺栓之所以要求必须装弹簧垫圈和平垫圈，是为了防止拧紧螺母时导线随着螺母滑动，以增加螺母压力，防止螺栓松动。同时也可以增加导线和螺栓的接触面积和散热面积，减小接触电阻，

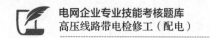
避免线夹在运行中通过负荷电流时过热而造成事故。

Jb0004432099　对螺栓的穿向有什么要求？（5分）

考核知识点：带电作业方法

难易度：中

标准答案：

（1）对立体结构：水平方向由内向外，垂直方向由下向上。

（2）对平面结构：

1）顺线路方向，双面构件由内向外，单面构件由送电侧穿入或按统一方向。

2）横线路方向，两侧由内向外，中间由左向右（面向受电侧）或按统一方向。

3）垂直方向，由下向上。

Jb0004432100　线路施工中，对开口销或闭口销安装有什么要求？（5分）

考核知识点：带电作业方法

难易度：中

标准答案：

（1）施工中采用的开口销或闭口销不应有折断、裂纹等现象。

（2）采用开口销安装时，应对称开口，开口角度应为30°～60°。

（3）严禁用线材或其他材料代替开口销、闭口销。

Jb0004432101　导线的作用是什么？10kV架空配电线路一般采用哪些导线？其型号含义是什么？（5分）

考核知识点：带电作业方法

难易度：中

标准答案：

导线的作用是传导电流输送电能，因此要求具有良好的导电性能及足够的机械强度，并有一定的抗腐蚀性能，10kV架空配电线路常用的导线种类和型号如下：

（1）铝绞线——LJ-×××。

（2）普通型钢芯铝绞线——LGJ-×××、轻型钢芯铝绞线——LGJQ-×××、加强型——LGJJ-×××。

（3）铜绞线——TJ-×××。

（4）铝芯绝缘导线——JKLYJ-×××。

（5）铜芯绝缘导线——JKYJ-×××。

Jb0004432102　导线连接有几种方法？（5分）

考核知识点：带电作业方法

难易度：中

标准答案：

导线连接有编绕法、钳压接法。

Jb0004432103　带电作业过程中，作业人员所处的电极结构有哪几种？（5分）

考核知识点：带电作业方法

难易度：中

标准答案：

带电作业过程中，作业人员所处的电极结构有导线人与横担、导线—人与构架、导线与人—横担、导线与人—导线等几种，它们形成的电场均为极不均匀电场。

Jb0004432104 采用地电位作业时应注意什么？（5分）

考核知识点： 带电作业方法

难易度： 中

标准答案：

地电位作业时，绝缘工具的性能直接关系到作业人员的安全，如果绝缘工具表面脏污，或者内外表面受潮，或者安全距离不足，泄漏电流将急剧增加。当增加到人体的感知电流以上时，就会出现麻电甚至触电事故。因此在使用时应特别保持工具表面干燥、清洁和足够的安全距离，并注意妥当保管防止受潮。

第四章 高压线路带电检修工（配电）中级工技能操作

Jc0004442001 绝缘手套作业法带电补装一相故障指示器的操作。（100 分）

考核知识点：带电作业方法

难易度：中

技能等级评价专业技能考核操作工作任务书

一、任务名称

绝缘手套作业法带电补装一相故障指示器的操作。

二、适用工种

高压线路带电检修工（配电）中级工。

三、具体任务

（1）开工准备工作（现场复勘、工作许可、召开现场站班会、布置工作现场、工器具、材料检测）等项目。

（2）安装、拆除绝缘遮蔽用具。

（3）使用绝缘手套作业法带电补装一相故障指示器的操作。

四、工作规范及要求

（1）带电作业应在良好天气下进行，作业前须进行风速和湿度测量。风力大于 5 级或湿度大于 80% 时，不宜带电作业。若遇雷电、雪、雹、雨、雾等不良天气，禁止带电作业。

（2）绝缘手套作业法。

（3）本作业项目工作人员共计 4 名，其中工作负责人（监护人）1 名、斗内电工 2 名、地面电工 1 名。

（4）工作负责人（监护人）、斗内电工、地面电工必须严格遵守《国家电网公司电力安全工作规程（配电部分）（试行）》3.3.12 工作票所列人员的安全责任。

（5）要求着装正确（安全帽、全棉长袖工作服、绝缘鞋）。

五、考核及时间要求

考核时间共 50 分钟，从获得工作许可开始至工作终结完毕，每超过 2 分钟扣 1 分，到 60 分钟终止考核。

技能等级评价专业技能考核操作评分标准

工种	高压线路带电检修工（配电）				评价等级	中级工
项目模块	带电作业方法—绝缘手套作业法带电补装一相故障指示器的操作			编号		Jc0004442001
单位			准考证号		姓名	
考试时限	50 分钟	题型		单项操作	题分	100 分
成绩		考评员		考评组长	日期	
试题正文	绝缘手套作业法带电补装一相故障指示器的操作					

续表

需要说明的问题和要求	（1）带电作业应在良好天气下进行，作业前须进行风速和湿度测量。风力大于5级或湿度大于80%时，不宜带电作业。若遇雷电、雪、雹、雨、雾等不良天气，禁止带电作业。 （2）本作业项目工作人员共计4名，其中工作负责人（监护人）1名、斗内电工2名、地面电工1名。 （3）工作负责人（监护人）：正确组织工作；检查工作票所列安全措施是否正确完备，是否符合现场实际条件，必要时予以补充完善；工作前，对工作班成员进行工作任务、安全措施交底和危险点告知，并确定每个工作班成员已签名；组织执行工作票所列由其负责的安全措施；监督工作班成员遵守安全工作规程、正确使用劳动防护用品和安全工器具以及执行现场安全措施；关注工作班成员身体状况和精神状态是否出现异常迹象，人员变动是否合适。带电作业应有人监护。监护人不得直接操作，监护的范围不得超过一个作业点。 （4）工作班成员：熟悉工作内容、工作流程，掌握安全措施，明确工作中的危险点，并在工作票上履行交底签名确认手续；服从工作负责人（监护人）、专责监护人的指挥，严格遵守《国家电网公司电力安全工作规程（配电部分）（试行）》和劳动纪律，在指定的作业范围内工作，对自己在工作中的行为负责，互相关心工作安全；正确使用施工机具、安全工器具和劳动防护用品					

序号	项目名称	质量要求	满分	扣分标准	扣分原因	得分
1	开工准备					
1.1	现场复勘	（1）核对工作线路与设备双重名称。 （2）检查确认作业装置和现场环境符合带电作业条件。 （3）检查气象条件（天气良好，无雷电、雪、雹、雨、雾等不良天气，风力不大于5级，湿度不大于80%）。 （4）检查工作票所列安全措施，必要时予以补充和完善	4	错、漏一项扣1分，扣完为止		
1.2	工作许可	工作负责人按配电带电作业工作票内容与值班调控人员联系，履行工作许可手续	1	未执行工作许可制度扣1分		
1.3	召开现场站班会	（1）工作负责人宣读工作票。 （2）工作负责人检查工作班组成员精神状态。 （3）工作负责人交代工作任务进行人员分工，交代安全措施、技术措施、危险点及控制措施。 （4）工作负责人检查工作班成员对工作内容、工作流程、安全措施以及工作中的危险点是否明确。 （5）工作班成员在工作票上履行交底签名确认手续	4	错、漏一项扣1分，扣完为止		
1.4	布置工作现场	根据道路情况设置安全围栏、警告标志或路障	1	不满足作业要求扣1分		
1.5	工器具、材料检测	（1）工器具、材料齐备，规格型号正确。 （2）绝缘工器具应放置在防潮苫布上，绝缘工器具应与金属工器具、材料分区放置。 （3）工器具在试验周期内。 （4）外观检查方法正确，绝缘工器具应无机械、绝缘缺陷，应戴干净清洁手套，用干燥、清洁毛巾清洁绝缘工器具。 （5）使用绝缘高阻表对绝缘工器具进行绝缘电阻检测，阻值不得低于700MΩ	5	错、漏一项扣1分，扣完为止		
2	作业过程					
2.1	进入作业现场	（1）选择合适位置停放绝缘斗臂车，支撑稳固，并可靠接地。 （2）查看绝缘臂、绝缘斗良好，进行空斗试操作，确认液压传动、升降、伸缩、回转系统工作正常及操作灵活，制动装置可靠。 （3）斗内电工穿戴好绝缘防护用具，进入绝缘斗，挂好安全带保险钩	5	错、漏一项扣2分，扣完为止		
2.2	验电	斗内电工将工作斗调整至适当位置，使用验电器对导线、绝缘子、横担进行验电，确认无漏电现象	5	错、漏一处扣2分，扣完为止		

序号	项目名称	质量要求	满分	扣分标准	扣分原因	得分
2.3	安装绝缘遮蔽用具	（1）经工作负责人许可后，斗内电工调整绝缘斗到达内边相合适工作位置，按照"从近到远、从下到上、先带电体后接地体"的遮蔽原则对作业范围内可能触及的带电体和接地体进行绝缘遮蔽隔离。 （2）遮蔽的部位和顺序依次为导线、绝缘子以及作业点临近的接地体。 （3）斗内电工在对带电体设置绝缘遮蔽隔离措施时，动作应轻缓，与横担等地电位构件间应保持足够的安全距离（不小于0.4m），与邻相导线之间应保持足够的安全距离（不小于0.6m）。 （4）绝缘遮蔽隔离措施应严密、牢固，绝缘遮蔽用具之间搭接不得小于150mm。 （5）经工作负责人的许可后，斗内电工调整绝缘斗到达外边相合适工作位置，按照与内边相相同的方法对作业范围内可能触及的带电体和接地体进行绝缘遮蔽隔离。 （6）经工作负责人的许可后，斗内电工调整绝缘斗到达中间相合适工作位置，按照与两边相相同的方法对作业范围内可能触及的带电体和接地体进行绝缘遮蔽隔离	20	错、漏一项扣4分，扣完为止；遮蔽顺序错误终止工作		
2.4	补装单相故障指示器	（1）斗内电工将绝缘斗调整到补装相导线下侧，打开导线绝缘遮蔽。 （2）将废旧故障指示器拆下。 （3）将新故障指示器安装在导线上，安装完毕后恢复补装相绝缘遮蔽措施	25	错、漏一项扣10分，扣完为止		
2.5	拆除绝缘遮蔽用具	（1）经工作负责人的许可后，斗内电工调整绝缘斗到达中间相合适工作位置，按照"从远到近、从上到下、先接地体后带电体"的原则拆除绝缘遮蔽隔离措施。 （2）拆除的顺序依次为作业点临近的接地体、绝缘子、导线。 （3）斗内电工在拆除带电体上的绝缘遮蔽隔离措施时，动作应轻缓，与横担等地电位构件间应保持足够的安全距离，与邻相导线之间应保持足够的安全距离。 （4）经工作负责人的许可后，斗内电工调整绝缘斗到达外边相合适工作位置，按照与中间相相同的方法拆除绝缘遮蔽隔离。 （5）经工作负责人的许可后，斗内电工调整绝缘斗到达内边相合适工作位置，按照与中间相相同的方法拆除绝缘遮蔽隔离	10	错、漏一项扣2分，扣完为止；拆除绝缘遮蔽用具顺序错误终止工作		
2.6	返回地面	检查杆上无遗留物，绝缘斗退出有电工作区域，作业人员返回地面	5	未按要求执行扣5分		
3	工作结束					
3.1	清理现场	工作负责人组织工作班成员整理工具、材料，将工器具分类摆放在苫布上，清理现场，做到工完、料尽、场地清	1	不符合要求扣1分		
3.2	质量验收	工作负责人对完成的工作进行全面检查，符合验收规范要求后，记录在册	2	不符合要求扣2分		
3.3	收工会	召开现场收工会，正确点评工作，补充现场标准化作业指导书验收栏等内容	1	不符合要求扣1分		
3.4	工作终结	汇报值班调控人员工作已经结束，在工作票填写终结时间并签字，工作班撤离现场	1	不符合要求扣1分		

续表

序号	项目名称	质量要求	满分	扣分标准	扣分原因	得分
3.5	安全文明生产	（1）作业过程中禁止摘下绝缘防护用具，而且绝缘手套仅作辅助绝缘。 （2）斗臂车绝缘斗在有电工作区域转移时，应缓慢移动，动作要平稳，严禁使用快速挡。 （3）绝缘斗臂车在作业时，发动机不能熄火（电能驱动型除外），以保证液压系统处于工作状态。 （4）作业线路下层有低压线路同杆架设时，如妨碍作业，应对作业范围内的相关低压线路采取绝缘遮蔽措施。 （5）在同杆架设线路上工作，与上层或相邻导线小于安全距离规定且无法采取安全措施时，不得进行该项工作。 （6）上、下传递工具、材料均应使用绝缘绳传递，传递中不能与电杆、构件等碰撞，严禁抛掷。 （7）作业过程中，不随意踩踏防潮苫布	5	错、漏一项扣2分，扣完为止		
3.6	关键点	（1）作业中，绝缘斗臂车绝缘臂的有效绝缘长度应不小于1.0m。 （2）在作业时，人体应保持对地不小于0.4m、对邻相导线不小于0.6m的安全距离。 （3）作业时，严禁人体同时接触两个不同的电位体，绝缘斗内双人工作时禁止两人接触不同的电位体。 （4）作业中及时恢复绝缘遮蔽隔离措施。 （5）作业人员在接触带电导线和换相工作前应得到工作监护人的许可	5	错、漏一项扣2分，扣完为止		
	合计		100			

Jc0004442002 绝缘手套作业法带电加装驱鸟器的操作。（100分）

考核知识点：带电作业方法

难易度：中

技能等级评价专业技能考核操作工作任务书

一、任务名称

绝缘手套作业法带电加装驱鸟器的操作。

二、适用工种

高压线路带电检修工（配电）中级工。

三、具体任务

（1）开工准备工作（现场复勘、工作许可、召开现场站班会、布置工作现场、工器具、材料检测）等项目。

（2）安装、拆除绝缘遮蔽用具。

（3）使用绝缘手套作业法带电加装驱鸟器的操作。

四、工作规范及要求

（1）带电作业应在良好天气下进行，作业前须进行风速和湿度测量。风力大于5级或湿度大于80%时，不宜带电作业。若遇雷电、雪、雹、雨、雾等不良天气，禁止带电作业。

（2）绝缘手套作业法。

（3）本作业项目工作人员共计 4 名，其中工作负责人（监护人）1 名、斗内电工 2 名、地面电工 1 名。

（4）工作负责人（监护人）、斗内电工、地面电工必须严格遵守《国家电网公司电力安全工作规程（配电部分）（试行）》3.3.12 工作票所列人员的安全责任。

（5）要求着装正确（安全帽、全棉长袖工作服、绝缘鞋）。

五、考核及时间要求

考核时间共 50 分钟，从获得工作许可开始至工作终结完毕，每超过 2 分钟扣 1 分，到 60 分钟终止考核。

技能等级评价专业技能考核操作评分标准

工种	高压线路带电检修工（配电）			评价等级	中级工
项目模块	带电作业方法—绝缘手套作业法带电加装驱鸟器的操作		编号		Jc0004442002
单位		准考证号		姓名	
考试时限	50 分钟	题型	单项操作	题分	100 分
成绩		考评员		考评组长	日期
试题正文	绝缘手套作业法带电加装驱鸟器的操作				
需要说明的问题和要求	（1）带电作业应在良好天气下进行，作业前须进行风速和湿度测量。风力大于 5 级或湿度大于 80%时，不宜带电作业。若遇雷电、雪、雹、雨、雾等不良天气，禁止带电作业。 （2）本作业项目工作人员共计 4 名，其中工作负责人（监护人）1 名、斗内电工 2 名、地面电工 1 名。 （3）工作负责人（监护人）：正确组织工作；检查工作票所列安全措施是否正确完备，是否符合现场实际条件，必要时予以补充完善；工作前，对工作班成员进行工作任务、安全措施交底和危险点告知，并确定每个工作班成员都已签名；组织执行工作票所列由其负责的安全措施；监督工作班成员遵守安全工作规程、正确使用劳动防护用品和安全工器具以及执行现场安全措施；关注工作班成员身体状况和精神状态是否出现异常迹象，人员变动是否合适。带电作业应有人监护。监护人不得直接操作，监护的范围不得超过一个作业点。 （4）工作班成员：熟悉工作内容、工作流程，掌握安全措施，明确工作中的危险点，并在工作票上履行交底签名确认手续；服从工作负责人（监护人）、专责监护人的指挥，严格遵守《国家电网公司电力安全工作规程（配电部分）（试行）》和劳动纪律，在指定的作业范围内工作，对自己在工作中的行为负责，互相关心工作安全；正确使用施工机具、安全工器具和劳动防护用品				

序号	项目名称	质量要求	满分	扣分标准	扣分原因	得分
1	开工准备					
1.1	现场复勘	（1）核对工作线路与设备双重名称。 （2）确认待接引流线下方无负荷，负荷侧变压器、电压互感器确已退出，熔断器确已断开，熔管已取下，检查作业装置和现场环境符合带电作业条件。 （3）检查气象条件（天气良好，无雷电、雪、雹、雨、雾等不良天气，风力不大于 5 级，湿度不大于 80%）。 （4）检查工作票所列安全措施，必要时予以补充和完善	4	错、漏一项扣 1 分，扣完为止		
1.2	工作许可	工作负责人按配电带电作业工作票内容与值班调控人员联系，履行工作许可手续	1	未执行工作许可制度扣 1 分		
1.3	召开现场站班会	（1）工作负责人宣读工作票。 （2）工作负责人检查工作班组成员精神状态。 （3）工作负责人交代工作任务进行人员分工，交代安全措施、技术措施、危险点及控制措施。 （4）工作负责人检查工作班成员对工作内容、工作流程、安全措施以及工作中的危险点是否明确。 （5）工作班成员在工作票上履行交底签名确认手续	4	错、漏一项扣 1 分，扣完为止		

续表

序号	项目名称	质量要求	满分	扣分标准	扣分原因	得分
1.4	布置工作现场	根据道路情况设置安全围栏、警告标志或路障	1	不满足作业要求扣1分		
1.5	工器具、材料检测	（1）工器具、材料齐备，规格型号正确。 （2）绝缘工器具应放置在防潮苫布上，绝缘工器具应与金属工器具、材料分区放置。 （3）工器具在试验周期内。 （4）外观检查方法正确，绝缘工器具应无机械、绝缘缺陷，应戴干净清洁手套，用干燥、清洁毛巾清洁绝缘工器具。 （5）使用绝缘高阻表对绝缘工器具进行绝缘电阻检测，阻值不得低于700MΩ	5	错、漏一项扣1分，扣完为止		
2	作业过程					
2.1	进入作业现场	（1）选择合适位置停放绝缘斗臂车，支撑稳固，并可靠接地。 （2）查看绝缘臂、绝缘斗良好，进行空斗试操作，确认液压传动、升降、伸缩、回转系统工作正常及操作灵活，制动装置可靠。 （3）斗内电工穿戴好绝缘防护用具，进入绝缘斗，挂好安全带保险钩	5	错、漏一项扣2分，扣完为止		
2.2	验电	斗内电工将工作斗调整至适当位置，使用验电器对导线、绝缘子、横担进行验电，确认无漏电现象	5	错、漏一处扣2分，扣完为止		
2.3	安装绝缘遮蔽用具	（1）经工作负责人许可后，斗内电工调整绝缘斗到达内边相合适工作位置，按照"从近到远、从下到上、先带电体后接地体"的遮蔽原则对作业范围内可能触及的带电体和接地体进行绝缘遮蔽隔离。 （2）遮蔽的部位和顺序依次为导线、绝缘子以及作业点临近的接地体。 （3）斗内电工在对带电体设置绝缘遮蔽隔离措施时，动作应轻缓，与横担等地电位构件间应保持足够的安全距离（不小于0.4m），与邻相导线之间应保持足够的安全距离（不小于0.6m）。 （4）绝缘遮蔽隔离措施应严密、牢固，绝缘遮蔽用具之间搭接不得小于150mm。 （5）经工作负责人的许可后，斗内电工调整绝缘斗到达外边相合适工作位置，按照与内边相相同的方法对作业范围内可能触及的带电体和接地体进行绝缘遮蔽隔离。 （6）经工作负责人的许可后，斗内电工调整绝缘斗到达中间相合适工作位置，按照与两边相相同的方法对作业范围内可能触及的带电体和接地体进行绝缘遮蔽隔离	20	错、漏一项扣4分，扣完为止；遮蔽顺序错误终止工作		
2.4	加装驱鸟器	（1）斗内电工将绝缘斗调整到需安装驱鸟器的横担处，最小范围打开绝缘遮蔽，将驱鸟器安装到横担上紧固螺栓并迅速恢复绝缘遮蔽。 （2）加装驱鸟器应按照先远后近的顺序，也可视现场实际情况由近到远依次进行	20	错、漏一项扣10分，扣完为止		
2.5	拆除绝缘遮蔽用具	（1）经工作负责人的许可后，斗内电工调整绝缘斗到达中间相合适工作位置，按照"从远到近、从上到下、先接地体后带电体"的原则拆除绝缘遮蔽隔离措施。 （2）拆除的顺序依次为作业点临近的接地体、绝缘子、导线。	15	错、漏一项扣3分，扣完为止；拆除绝缘遮蔽用具顺序错误终止工作		

续表

序号	项目名称	质量要求	满分	扣分标准	扣分原因	得分
2.5	拆除绝缘遮蔽用具	（3）斗内电工在拆除带电体上的绝缘遮蔽隔离措施时，动作应轻缓，与横担等地电位构件间应保持足够的安全距离，与邻相导线之间应保持足够的安全距离。 （4）经工作负责人的许可后，斗内电工调整绝缘斗到达外边相合适工作位置，按照与中间相相同的方法拆除绝缘遮蔽隔离。 （5）经工作负责人的许可后，斗内电工调整绝缘斗到达内边相合适工作位置，按照与中间相相同的方法拆除绝缘遮蔽隔离	15	错、漏一项扣3分，扣完为止；拆除绝缘遮蔽用具顺序错误终止工作		
2.6	返回地面	检查杆上无遗留物，绝缘斗退出有电工作区域，作业人员返回地面	5	未按要求执行扣5分		
3	工作结束					
3.1	清理现场	工作负责人组织工作班成员整理工具、材料，将工器具分类摆放在苫布上，清理现场，做到工完、料尽、场地清	1	不符合要求扣1分		
3.2	质量验收	工作负责人对完成的工作进行全面检查，符合验收规范要求后，记录在册	2	不符合要求扣2分		
3.3	收工会	召开现场收工会，正确点评工作，补充现场标准化作业指导书验收栏等内容	1	不符合要求扣1分		
3.4	工作终结	汇报值班调控人员工作已经结束，在工作票填写终结时间并签字，工作班撤离现场	1	不符合要求扣1分		
3.5	安全文明生产	（1）作业过程中禁止摘下绝缘防护用具，而且绝缘手套仅作辅助绝缘。 （2）斗臂车绝缘斗在有电工作区域转移时，应缓慢移动，动作要平稳，严禁使用快速挡。 （3）绝缘斗臂车在作业时，发动机不能熄火（电能驱动型除外），以保证液压系统处于工作状态。 （4）作业线路下层有低压线路同杆架设时，如妨碍作业，应对作业范围内的相关低压线路采取绝缘遮蔽措施。 （5）在同杆架设线路上工作，与上层或相邻导线小于安全距离规定且无法采取安全措施时，不得进行该项工作。 （6）上、下传递工具、材料均应使用绝缘绳传递，传递中不能与电杆、构件等碰撞，严禁抛掷。 （7）作业过程中，不随意踩踏防潮苫布	5	错、漏一项扣1分，扣完为止		
3.6	关键点	（1）作业中，绝缘斗臂车绝缘臂的有效绝缘长度应不小于1.0m。 （2）在作业时，人体应保持对地不小于0.4m，对邻相导线不小于0.6m的安全距离。 （3）作业时，严禁人体同时接触两个不同的电位体，绝缘斗内双人工作时禁止两人接触不同的电位体。 （4）作业中及时恢复绝缘遮蔽隔离措施。 （5）作业人员在接触带电导线和换相工作前应得到工作监护人的许可。 （6）待接引流线如为绝缘线，剥皮长度应比接续线夹长2cm，且端头应有防止松散的措施	5	错、漏一项扣1分，扣完为止		
	合计		100			

Jc0004442003　绝缘手套作业法带电拆除驱鸟器的操作。（100 分）

考核知识点：带电作业方法

难易度：中

技能等级评价专业技能考核操作工作任务书

一、任务名称

绝缘手套作业法带电拆除驱鸟器的操作。

二、适用工种

高压线路带电检修工（配电）中级工。

三、具体任务

（1）开工准备工作（现场复勘、工作许可、召开现场站班会、布置工作现场、工器具、材料检测）等项目。

（2）安装、拆除绝缘遮蔽用具。

（3）使用绝缘手套作业法带电拆除驱鸟器的操作。

四、工作规范及要求

（1）带电作业应在良好天气下进行，作业前须进行风速和湿度测量。风力大于 5 级或湿度大于80% 时，不宜带电作业。若遇雷电、雪、雹、雨、雾等不良天气，禁止带电作业。

（2）绝缘手套作业法。

（3）本作业项目工作人员共计 4 名，其中工作负责人（监护人）1 名、斗内电工 2 名、地面电工1 名。

（4）工作负责人（监护人）、斗内电工、地面电工必须严格遵守《国家电网公司电力安全工作规程（配电部分）（试行）》3.3.12 工作票所列人员的安全责任。

（5）要求着装正确（安全帽、全棉长袖工作服、绝缘鞋）。

五、考核及时间要求

考核时间共 50 分钟，从获得工作许可开始至工作终结完毕，每超过 2 分钟扣 1 分，到 60 分钟终止考核。

技能等级评价专业技能考核操作评分标准

工种	高压线路带电检修工（配电）			评价等级	中级工
项目模块	带电作业方法—绝缘手套作业法带电拆除驱鸟器的操作		编号		Jc0004442003
单位		准考证号		姓名	
考试时限	50 分钟	题型	单项操作	题分	100 分
成绩	考评员		考评组长	日期	
试题正文	绝缘手套作业法带电拆除驱鸟器的操作				
需要说明的问题和要求	（1）带电作业应在良好天气下进行，作业前须进行风速和湿度测量。风力大于 5 级或湿度大于 80% 时，不宜带电作业。若遇雷电、雪、雹、雨、雾等不良天气，禁止带电作业。 （2）本作业项目工作人员共计 4 名，其中工作负责人（监护人）1 名、斗内电工 2 名、地面电工 1 名。 （3）工作负责人（监护人）：正确组织工作；检查工作票所列安全措施是否正确完备，是否符合现场实际条件，必要时予以补充完善；工作前，对工作班成员进行工作任务、安全措施交底和危险点告知，并确定每个工作班成员都已签名；组织执行工作票所列由其负责的安全措施；监督工作班成员遵守安全工作规程、正确使用劳动防护用品和安全工器具以及执行现场安全措施；关注工作班成员身体状况和精神状态是否出现异常迹象，人员变动是否合适。带电作业应有人监护。监护人不得直接操作，监护的范围不得超过一个作业点。 （4）工作班成员：熟悉工作内容、工作流程，掌握安全措施，明确工作中的危险点，并在工作票上履行交底签名确认手续；服从工作负责人（监护人）、专责监护人的指挥，严格遵守《国家电网公司电力安全工作规程（配电部分）（试行）》和劳动纪律，在指定的作业范围内工作，对自己在工作中的行为负责，互相关心工作安全；正确使用施工机具、安全工器具和劳动防护用品

序号	项目名称	质量要求	满分	扣分标准	扣分原因	得分
1	开工准备					
1.1	现场复勘	（1）核对工作线路与设备双重名称。 （2）确认待接引流线下方无负荷，负荷侧变压器、电压互感器确已退出，熔断器确已断开，熔管已取下，检查作业装置和现场环境符合带电作业条件。 （3）检查气象条件（天气良好，无雷电、雪、雹、雨、雾等不良天气，风力不大于5级，湿度不大于80%）。 （4）检查工作票所列安全措施，必要时予以补充和完善	4	错、漏一项扣1分，扣完为止		
1.2	工作许可	工作负责人按配电带电作业工作票内容与值班调控人员联系，履行工作许可手续	1	未执行工作许可制度扣1分		
1.3	召开现场站班会	（1）工作负责人宣读工作票。 （2）工作负责人检查工作班组成员精神状态。 （3）工作负责人交代工作任务进行人员分工，交代安全措施、技术措施、危险点及控制措施。 （4）工作负责人检查工作班成员对工作内容、工作流程、安全措施以及工作中的危险点是否明确。 （5）工作班成员在工作票上履行交底签名确认手续	4	错、漏一项扣1分，扣完为止		
1.4	布置工作现场	根据道路情况设置安全围栏、警告标志或路障	1	不满足作业要求扣1分		
1.5	工器具、材料检测	（1）工器具、材料齐备，规格型号正确。 （2）绝缘工器具应放置在防潮苫布上，绝缘工器具应与金属工器具、材料分区放置。 （3）工器具在试验周期内。 （4）外观检查方法正确，绝缘工器具应无机械、绝缘缺陷，应戴干净清洁手套，用干燥、清洁毛巾清洁绝缘工器具。 （5）使用绝缘高阻表对绝缘工器具进行绝缘电阻检测，阻值不得低于700MΩ	5	错、漏一项扣1分，扣完为止		
2	作业过程					
2.1	进入作业现场	（1）选择合适位置停放绝缘斗臂车，支撑稳固，并可靠接地。 （2）查看绝缘臂、绝缘斗良好，进行空斗试操作，确认液压传动、升降、伸缩，回转系统工作正常及操作灵活，制动装置可靠。 （3）斗内电工穿戴好绝缘防护用具，进入绝缘斗，挂好安全带保险钩	5	错、漏一项扣2分，扣完为止		
2.2	验电	斗内电工将工作斗调整至适当位置，使用验电器对导线、绝缘子、横担进行验电，确认无漏电现象	5	错、漏一处扣2分，扣完为止		
2.3	安装绝缘遮蔽用具	（1）经工作负责人许可，斗内电工调整绝缘斗到达内边合适工作位置，按照"从近到远、从下到上、先带电体后接地体"的遮蔽原则对作业范围内可能触及的带电体和接地体进行绝缘遮蔽隔离。 （2）遮蔽的部位和顺序依次为导线、绝缘子以及作业临近的接地体。 （3）斗内电工在对带电体设置绝缘遮蔽隔离措施时，动作应轻缓，与横担等地电位构件间应保持足够的安全距离（不小于0.4m），与邻相导线之间应保持足够的安全距离（不小于0.6m）。	25	错、漏一项扣4分，扣完为止；遮蔽顺序错误终止工作		

续表

序号	项目名称	质量要求	满分	扣分标准	扣分原因	得分
2.3	安装绝缘遮蔽用具	（4）绝缘遮蔽隔离措施应严密、牢固，绝缘遮蔽用具之间搭接不得小于150mm。 （5）经工作负责人的许可后，斗内电工调整绝缘斗到达外边相合适工作位置，按照与内边相相同的方法对作业范围内可能触及的带电体和接地体进行绝缘遮蔽隔离。 （6）经工作负责人的许可后，斗内电工调整绝缘斗到达中间相合适工作位置，按照与两边相相同的方法对作业范围内可能触及的带电体和接地体进行绝缘遮蔽隔离	25	错、漏一项扣4分，扣完为止；遮蔽顺序错误终止工作		
2.4	拆除驱鸟器	（1）斗内电工将绝缘斗调整到需拆除驱鸟器的横担处，最小范围打开绝缘遮蔽，松开驱鸟器固定螺栓，将驱鸟器取下后，迅速恢复绝缘遮蔽。 （2）拆除驱鸟器应按照先远后近的顺序依次进行	20	错、漏一项扣10分，扣完为止		
2.5	拆除绝缘遮蔽用具	（1）经工作负责人的许可后，斗内电工调整绝缘斗到达中间相合适工作位置，按照"从远到近、从上到下、先接地体后带电体"的原则拆除绝缘遮蔽隔离措施。 （2）拆除的顺序依次为作业点临近的接地体、绝缘子、导线。 （3）斗内电工在拆除带电体上的绝缘遮蔽隔离措施时，动作应轻缓，与横担等地电位构件间应保持足够的安全距离，与邻相导线之间应保持足够的安全距离。 （4）经工作负责人的许可后，斗内电工调整绝缘斗到达外边相合适工作位置，按照与中间相相同的方法拆除绝缘遮蔽隔离。 （5）经工作负责人的许可后，斗内电工调整绝缘斗到达内边相合适工作位置，按照与中间相相同的方法拆除绝缘遮蔽隔离	10	错、漏一项扣2分，扣完为止；拆除绝缘遮蔽用具顺序错误终止工作		
2.6	返回地面	检查杆上无遗留物，绝缘斗退出有电工作区域，作业人员返回地面	5	未按要求执行扣5分		
3	工作结束					
3.1	清理现场	工作负责人组织工作班成员整理工具、材料，将工器具分类摆放在苫布上，清理现场，做到工完、料尽、场地清	1	不符合要求扣1分		
3.2	质量验收	工作负责人对完成的工作进行全面检查，符合验收规范要求后，记录在册	2	不符合要求扣2分		
3.3	收工会	召开现场收工会，正确点评工作，补充现场标准化作业指导书验栏等内容	1	不符合要求扣1分		
3.4	工作终结	汇报值班调控人员工作已经结束，在工作票填写终结时间并签字，工作班撤离现场	1	不符合要求扣1分		
3.5	安全文明生产	（1）作业过程中禁止摘下绝缘防护用具，而且绝缘手套仅作辅助绝缘。 （2）斗臂车绝缘斗在有电工作区域转移时，应缓慢移动，动作要平稳，严禁使用快速挡。 （3）绝缘斗臂车在作业时，发动机不能熄火（电能驱动型除外），以保证液压系统处于工作状态。 （4）作业线路下层有低压线路同杆架设时，如妨碍作业，应对作业范围内的相关低压线路采取绝缘遮蔽措施。 （5）在同杆架设线路上工作，与上层或相邻导线小于安全距离规定且无法采取安全措施时，不得进行该项工作。	5	错、漏一项扣1分，扣完为止		

续表

序号	项目名称	质量要求	满分	扣分标准	扣分原因	得分
3.5	安全文明生产	（6）上、下传递工具、材料均应使用绝缘绳传递，传递中不能与电杆、构件等碰撞，严禁抛掷。 （7）作业过程中，不随意踩踏防潮苫布	5	错、漏一项扣1分，扣完为止		
3.6	关键点	（1）作业中，绝缘斗臂车绝缘臂的有效绝缘长度应不小于1.0m。 （2）在作业时，人体应保持对地不小于0.4m、对邻相导线不小于0.6m的安全距离。 （3）作业时，严禁人体同时接触两个不同的电位体，绝缘斗内双人工作时禁止两人接触不同的电位体。 （4）作业中及时恢复绝缘遮蔽隔离措施。 （5）作业人员在接触带电导线和换相工作前应得到工作监护人的许可。 （6）待接引流线如为绝缘线，剥皮长度应比接续线夹长2cm，且端头应有防止松散的措施	5	错、漏一项扣1分，扣完为止		
	合计		100			

Jc0004442004　绝缘手套作业法带电断接一相耐张杆引流线的操作。（100分）

考核知识点：带电作业方法

难易度：中

技能等级评价专业技能考核操作工作任务书

一、任务名称

绝缘手套作业法带电断接一相耐张杆引流线的操作。

二、适用工种

高压线路带电检修工（配电）中级工。

三、具体任务

（1）开工准备工作（现场复勘、工作许可、召开现场站班会、布置工作现场、工器具、材料检测）等项目。

（2）安装、拆除绝缘遮蔽用具。

（3）使用绝缘手套作业法带电断接一相耐张杆引流线的操作。

四、工作规范及要求

（1）带电作业应在良好天气下进行，作业前须进行风速和湿度测量。风力大于5级或湿度大于80%时，不宜带电作业。若遇雷电、雪、雹、雨、雾等不良天气，禁止带电作业。

（2）绝缘手套作业法。

（3）本作业项目工作人员共计4名，其中工作负责人（监护人）1名、斗内电工2名、地面电工1名。

（4）工作负责人（监护人）、斗内电工、地面电工必须严格遵守《国家电网公司电力安全工作规程（配电部分）（试行）》3.3.12工作票所列人员的安全责任。

（5）要求着装正确（安全帽、全棉长袖工作服、绝缘鞋）。

五、考核及时间要求

考核时间共50分钟，从获得工作许可开始至工作终结完毕，每超过2分钟扣1分，到60分钟终止考核。

技能等级评价专业技能考核操作评分标准

工种	高压线路带电检修工（配电）				评价等级	中级工
项目模块	带电作业方法—绝缘手套作业法带电断接一相耐张杆引流线的操作			编号		Jc0004442004
单位			准考证号		姓名	
考试时限	50分钟	题型		单项操作	题分	100分
成绩		考评员		考评组长	日期	
试题正文	绝缘手套作业法带电断接一相耐张杆引流线的操作					
需要说明的问题和要求	（1）带电作业应在良好天气下进行，作业前须进行风速和湿度测量。风力大于5级或湿度大于80%时，不宜带电作业。若遇雷电、雪、雹、雨、雾等不良天气，禁止带电作业。 （2）本作业项目工作人员共计4名，其中工作负责人（监护人）1名，斗内电工2名，地面电工1名。 （3）工作负责人（监护人）：正确组织工作；检查工作票所列安全措施是否正确完备，是否符合现场实际条件，必要时予以补充完善；工作前，对工作班成员进行工作任务、安全措施交底和危险点告知，并确定每个工作班成员都已签名；组织执行工作票所列由其负责的安全措施；监督工作班成员遵守安全工作规程、正确使用劳动防护用品和安全工器具以及执行现场安全措施；关注工作班成员身体状况和精神状态是否出现异常迹象，人员变动是否合适。带电作业应有人监护。监护人不得直接操作，监护的范围不得超过一个作业点。 （4）工作班成员：熟悉工作内容、工作流程，掌握安全措施，明确工作中的危险点，并在工作票上履行交底签名确认手续；服从工作负责人（监护人）、专责监护人的指挥，严格遵守《国家电网公司电力安全工作规程（配电部分）（试行）》和劳动纪律，在指定的作业范围内工作，对自己在工作中的行为负责，互相关心工作安全；正确使用施工机具、安全工器具和劳动防护用品					

序号	项目名称	质量要求	满分	扣分标准	扣分原因	得分
1	开工准备					
1.1	现场复勘	（1）核对工作线路与设备双重名称。 （2）确认待接引流线下方无负荷，负荷侧变压器、电压互感器确已退出，熔断器确已断开，熔管已取下，检查作业装置和现场环境符合带电作业条件。 （3）检查气象条件（天气良好，无雷电、雪、雹、雨、雾等不良天气，风力不大于5级，湿度不大于80%）。 （4）检查工作票所列安全措施，必要时予以补充和完善	4	错、漏一项扣1分，扣完为止		
1.2	工作许可	工作负责人按配电带电作业工作票内容与值班调控人员联系，履行工作许可手续	1	未执行工作许可制度扣1分		
1.3	召开现场站班会	（1）工作负责人宣读工作票。 （2）工作负责人检查工作班组成员精神状态。 （3）工作负责人交代工作任务进行人员分工，交代安全措施、技术措施、危险点及控制措施。 （4）工作负责人检查工作班成员对工作内容、工作流程、安全措施以及工作中的危险点是否明确。 （5）工作班成员在工作票上履行交底签名确认手续	4	错、漏一项扣1分，扣完为止		
1.4	布置工作现场	根据道路情况设置安全围栏、警告标志或路障	1	不满足作业要求扣1分		
1.5	工器具、材料检测	（1）工器具、材料齐备，规格型号正确。 （2）绝缘工器具应放置在防潮苫布上，绝缘工器具应与金属工器具、材料分区放置。 （3）工器具在试验周期内。 （4）外观检查方法正确，绝缘工器具应无机械、绝缘缺陷，应戴干净清洁手套，用干燥、清洁毛巾清洁绝缘工器具。 （5）使用绝缘高阻表对绝缘工器具进行绝缘电阻检测，阻值不得低于700MΩ	5	错、漏一项扣1分，扣完为止		

序号	项目名称	质量要求	满分	扣分标准	扣分原因	得分
2	作业过程					
2.1	进入作业现场	（1）选择合适位置停放绝缘斗臂车，支撑稳固，并可靠接地。 （2）查看绝缘臂、绝缘斗良好，进行空斗试操作，确认液压传动、升降、伸缩，回转系统工作正常及操作灵活，制动装置可靠。 （3）斗内电工穿戴好绝缘防护用具，进入绝缘斗，挂好安全带保险钩	5	错、漏一项扣2分，扣完为止		
2.2	验电	斗内电工将工作斗调整至适当位置，使用验电器对导线、绝缘子、横担进行验电，确认无漏电现象	5	错、漏一处扣2分，扣完为止		
2.3	安装绝缘遮蔽用具	（1）经工作负责人许可后，斗内电工调整绝缘斗到达内边相合适工作位置，按照"从近到远、从下到上、先带电体后接地体"的遮蔽原则对作业范围内可能触及的带电体和接地体进行绝缘遮蔽隔离。 （2）遮蔽的部位和顺序依次为导线、耐张引线及线夹、耐张绝缘子串以及作业点临近的接地体。 （3）斗内电工在对带电体设置绝缘遮蔽隔离措施时，动作应轻缓，与横担等地电位构件间应保持足够的安全距离（不小于0.4m），与邻相导线之间应保持足够的安全距离（不小于0.6m）。 （4）绝缘遮蔽隔离措施应严密、牢固，绝缘遮蔽用具之间搭接不得小于150mm。 （5）经工作负责人的许可后，斗内电工调整绝缘斗到达外边相合适工作位置，按照与内边相相同的方法对作业范围内可能触及的带电体和接地体进行绝缘遮蔽隔离。 （6）经工作负责人的许可后，斗内电工调整绝缘斗到达中间相合适工作位置，按照与两边相相同的方法对作业范围内可能触及的带电体和接地体进行绝缘遮蔽隔离	20	错、漏一项扣4分，扣完为止；遮蔽顺序错误终止工作		
2.4	断接一相耐张杆引流线	（1）斗内电工将绝缘斗调整到近边相导线外侧适当位置，打开耐张引线绝缘遮蔽使用钳形电流表检查电容电流小于0.1A。 （2）电容电流大于0.1A的线路，使用绝缘消弧杆短接旁路待断耐张引线两端，合上消弧杆开关。 （3）拆除引流线接续线夹。 （4）斗内电工调整绝缘斗位置，将已断开的耐张杆引流线线头脱离电源侧带电导线，临时固定在同相负荷侧导线上。 （5）使用接续线夹调整更换耐张引线长度或新做耐张引线后用接续线夹连接引线。 （6）电容电流大于0.1A的线路，使用绝缘消弧杆短接旁路待断耐张引线两端，断开消弧杆开关。 （7）恢复耐张引线绝缘遮蔽	25	错、漏一项扣4分，扣完为止		
2.5	拆除绝缘遮蔽用具	（1）经工作负责人的许可后，斗内电工调整绝缘斗到达中间相合适工作位置，按照"从远到近、从上到下、先接地体后带电体"的原则拆除绝缘遮蔽隔离措施。 （2）拆除的顺序依次为作业点临近的接地体、耐张绝缘子串、耐张引线及线夹、导线。	10	错、漏一项扣2分，扣完为止；拆除绝缘遮蔽用具顺序错误终止工作		

续表

序号	项目名称	质量要求	满分	扣分标准	扣分原因	得分
2.5	拆除绝缘遮蔽用具	（3）斗内电工在拆除带电体上的绝缘遮蔽隔离措施时，动作应轻缓，与横担等地电位构件间应保持足够的安全距离，与邻相导线之间应保持足够的安全距离。 （4）经工作负责人的许可后，斗内电工调整绝缘斗到达外边相合适工作位置，按照与中间相相同的方法拆除绝缘遮蔽隔离。 （5）经工作负责人的许可后，斗内电工调整绝缘斗到达内边相合适工作位置，按照与中间相相同的方法拆除绝缘遮蔽隔离	10	错、漏一项扣 2 分，扣完为止；拆除绝缘遮蔽用具顺序错误终止工作		
2.6	返回地面	检查杆上无遗留物，绝缘斗退出有电工作区域，作业人员返回地面	5	未按要求执行扣 5 分		
3	工作结束					
3.1	清理现场	工作负责人组织工作班成员整理工具、材料，将工器具分类摆放在苫布上，清理现场，做到工完、料尽、场地清	1	不符合要求扣 1 分		
3.2	质量验收	工作负责人对完成的工作进行全面检查，符合验收规范要求后，记录在册	2	不符合要求扣 2 分		
3.3	收工会	召开现场收工会，正确点评工作，补充现场标准化作业指导书验收栏等内容	1	不符合要求扣 1 分		
3.4	工作终结	汇报值班调控人员工作已经结束，在工作票填写终结时间并签字，工作班撤离现场	1	不符合要求扣 1 分		
3.5	安全文明生产	（1）作业过程中禁止摘下绝缘防护用具，而且绝缘手套仅作辅助绝缘。 （2）斗臂车绝缘斗在有电工作区域转移时，应缓慢移动，动作要平稳，严禁使用快速挡。 （3）绝缘斗臂车在作业时，发动机不能熄火（电能驱动型除外），以保证液压系统处于工作状态。 （4）作业线路下层有低压线路同杆架设时，如妨碍作业，应对作业范围内的相关低压线路采取绝缘遮蔽措施。 （5）在同杆架设线路上工作，与上层或相邻导线小于安全距离规定且无法采取安全措施时，不得进行该项工作。 （6）上、下传递工具、材料均应使用绝缘绳传递，传递中不能与电杆、构件等碰撞，严禁抛掷。 （7）作业过程中，不随意踩踏防潮苫布	5	错、漏一项扣 1 分，扣完为止		
3.6	关键点	（1）作业中，绝缘斗臂车绝缘臂的有效绝缘长度应不小于 1.0m。 （2）在作业时，人体应保持对地不小于 0.4m、对邻相导线不小于 0.6m 的安全距离。 （3）作业时，严禁人体同时接触两个不同的电位体，绝缘斗内双人工作时禁止两人接触不同的电位体。 （4）作业中及时恢复绝缘遮蔽隔离措施。 （5）作业人员在接触带电导线和换相工作前应得到工作监护人的许可。 （6）待接引流线如为绝缘线，剥皮长度应比接续线夹长 2cm，且端头应有防止松散的措施	5	错、漏一项扣 1 分，扣完为止		
	合计		100			

Jc0004442005　绝缘手套作业法带电更换单相隔离开关的操作。（100分）

考核知识点：带电作业方法

难易度：中

技能等级评价专业技能考核操作工作任务书

一、任务名称

绝缘手套作业法带电更换单相隔离开关的操作。

二、适用工种

高压线路带电检修工（配电）中级工。

三、具体任务

（1）开工准备工作（现场复勘、工作许可、召开现场站班会、布置工作现场、工器具、材料检测）等项目。

（2）安装、拆除绝缘遮蔽用具。

（3）使用绝缘手套作业法带电更换单相隔离开关的操作。

四、工作规范及要求

（1）带电作业应在良好天气下进行，作业前须进行风速和湿度测量。风力大于5级或湿度大于80%时，不宜带电作业。若遇雷电、雪、雹、雨、雾等不良天气，禁止带电作业。

（2）绝缘手套作业法。

（3）本作业项目工作人员共计4名，其中工作负责人（监护人）1名、斗内电工2名、地面电工1名。

（4）工作负责人（监护人）、斗内电工、地面电工必须严格遵守《国家电网公司电力安全工作规程（配电部分）（试行）》3.3.12工作票所列人员的安全责任。

（5）要求着装正确（安全帽、全棉长袖工作服、绝缘鞋）。

五、考核及时间要求

考核时间共50分钟，从获得工作许可开始至工作终结完毕，每超过2分钟扣1分，到140分钟终止考核。

技能等级评价专业技能考核操作评分标准

工种	高压线路带电检修工（配电）			评价等级	中级工
项目模块	带电作业方法—绝缘手套作业法带电更换单相隔离开关的操作		编号		Jc0004442005
单位		准考证号		姓名	
考试时限	50分钟	题型	单项操作		题分	100分
成绩		考评员		考评组长		日期	
试题正文	绝缘手套作业法带电更换单相隔离开关的操作				
需要说明的问题和要求	（1）带电作业应在良好天气下进行，作业前须进行风速和湿度测量。风力大于5级或湿度大于80%时，不宜带电作业。若遇雷电、雪、雹、雨、雾等不良天气，禁止带电作业。 （2）本作业项目工作人员共计4名，其中工作负责人（监护人）1名、斗内电工2名、地面电工1名。 （3）工作负责人（监护人）：正确组织工作；检查工作票所列安全措施是否正确完备，是否符合现场实际条件，必要时予以补充完善；工作前，对工作班成员进行工作任务、安全措施交底和危险点告知，并确定每个工作班成员都已签名；组织执行工作票所列由其负责的安全措施；监督工作班成员遵守安全工作规程、正确使用劳动防护用品和安全工器具以及执行现场安全措施；关注工作班成员身体状况和精神状态是否出现异常迹象，人员变动是否合适。带电作业应有人监护。监护人不得直接进行操作。监护的范围不得超过一个作业点。 （4）工作班成员：熟悉工作内容、工作流程，掌握安全措施，明确工作中的危险点，并在工作票上履行交底签名确认手续；服从工作负责人（监护人）、专责监护人的指挥，严格遵守《国家电网公司电力安全工作规程（配电部分）（试行）》和劳动纪律，在指定的作业范围内工作，对自己在工作中的行为负责，互相关心工作安全；正确使用施工机具、安全工器具和劳动防护用品。				

续表

序号	项目名称	质量要求	满分	扣分标准	扣分原因	得分
1	开工准备					
1.1	现场复勘	（1）核对工作线路与设备双重名称。 （2）确认待接引流线下方无负荷，负荷侧变压器、电压互感器确已退出，熔断器确已断开，熔管已取下，检查作业装置和现场环境符合带电作业条件。 （3）检查气象条件（天气良好，无雷电、雪、雹、雨、雾等不良天气，风力不大于5级，湿度不大于80%）。 （4）检查工作票所列安全措施，必要时予以补充和完善	4	错、漏一项扣1分，扣完为止		
1.2	工作许可	工作负责人按配电带电作业工作票内容与值班调控人员联系，履行工作许可手续	1	未执行工作许可制度扣1分		
1.3	召开现场站班会	（1）工作负责人宣读工作票。 （2）工作负责人检查工作班组成员精神状态。 （3）工作负责人交代工作任务进行人员分工，交代安全措施、技术措施、危险点及控制措施。 （4）工作负责人检查工作班成员对工作内容、工作流程、安全措施以及工作中的危险点是否明确。 （5）工作班成员在工作票上履行交底签名确认手续	4	错、漏一项扣1分，扣完为止		
1.4	布置工作现场	根据道路情况设置安全围栏、警告标志或路障	1	不满足作业要求扣1分		
1.5	工器具、材料检测	（1）工器具、材料齐备，规格型号正确。 （2）绝缘工器具应放置在防潮苫布上，绝缘工器具应与金属工器具、材料分区放置。 （3）工器具在试验周期内。 （4）外观检查方法正确，绝缘工器具应无机械、绝缘缺陷，应戴干净清洁手套，用干燥、清洁毛巾清洁绝缘工器具。 （5）使用绝缘高阻表对绝缘工器具进行绝缘电阻检测，阻值不得低于700MΩ。 （6）检查柱上开关：清洁隔离开关，并做表面检查，瓷件表面应光滑，无麻点、裂痕等。用绝缘检测仪检测隔离开关绝缘电阻不应低于500MΩ；试拉合柱上开关，无卡涩，操作灵活，接触紧密	5	错、漏一项扣1分，扣完为止		
2	作业过程					
2.1	进入作业现场	（1）选择合适位置停放绝缘斗臂车，支撑稳固，并可靠接地。 （2）查看绝缘臂、绝缘斗良好，进行空斗试操作，确认液压传动、升降、伸缩、回转系统工作正常及操作灵活，制动装置可靠。 （3）斗内电工穿戴好绝缘防护用具，进入绝缘斗，挂好安全带保险钩	5	错、漏一项扣2分，扣完为止		
2.2	验电	斗内电工将工作斗调整至适当位置，使用验电器对导线、绝缘子、横担进行验电，确认无漏电现象	5	错、漏一处扣2分，扣完为止		
2.3	安装绝缘遮蔽用具	（1）经工作负责人许可后，斗内电工调整绝缘斗到达内边相合适工作位置，按照"从近到远、从下到上、先带电体后接地体"的遮蔽原则对作业范围内可能触及的带电体和接地体进行绝缘遮蔽隔离。	20	错、漏一项扣4分，扣完为止；遮蔽顺序错误终止工作		

续表

序号	项目名称	质量要求	满分	扣分标准	扣分原因	得分
2.3	安装绝缘遮蔽用具	（2）遮蔽的部位和顺序依次为导线、引线、隔离开关、耐张线夹、耐张绝缘子串以及作业点临近的接地体。 （3）斗内电工在对带电体设置绝缘遮蔽隔离措施时，动作应轻缓，与横担等地电位构件间应保持足够的安全距离（不小于0.4m），与邻相导线之间应保持足够的安全距离（不小于0.6m）。 （4）绝缘遮蔽隔离措施应严密、牢固，绝缘遮蔽用具之间搭接不得小于150mm。 （5）经工作负责人的许可后，斗内电工调整绝缘斗到达外边相合适工作位置，按照与内边相相同的方法对作业范围内可能触及的带电体和接地体进行绝缘遮蔽隔离。 （6）经工作负责人的许可后，斗内电工调整绝缘斗到达中间相合适工作位置，按照与两边相相同的方法对作业范围内可能触及的带电体和接地体进行绝缘遮蔽隔离	20	错、漏一项扣4分，扣完为止；遮蔽顺序错误终止工作		
2.4	更换单相隔离开关	带电更换单相柱上隔离开关（分相安装）： （1）斗内电工分别调整绝缘斗至待更换相合适位置处，最小范围打开绝缘遮蔽。 （2）将柱上隔离开关引线从接线端子上拆开并妥善固定后迅速恢复绝缘遮蔽。 （3）绑扎传递绳后拆下旧单相隔离开关。 （4）斗内电工使用绝缘传递绳或循环绳在地面电工的配合下将旧单相隔离开关传至地面。 （5）安装新的隔离开关，并进行分、合试操作调试，确认无误后，将两侧引线接至隔离开关的接线端子上。恢复新安装柱上隔离开关的绝缘遮蔽措施	20	错、漏一项扣5分，扣完为止		
2.5	拆除绝缘遮蔽用具	（1）经工作负责人的许可后，斗内电工调整绝缘斗到达中间相合适工作位置，按照"从远到近、从上到下、先接地体后带电体"的原则拆除绝缘遮蔽隔离措施。 （2）拆除的顺序依次为作业点临近的接地体、耐张绝缘子串、耐张线夹、隔离开关、引线、导线。 （3）斗内电工在拆除带电体上的绝缘遮蔽隔离措施时，动作应轻缓，与横担等地电位构件间应保持足够的安全距离，与邻相导线之间应保持足够的安全距离。 （4）经工作负责人的许可后，斗内电工调整绝缘斗到达外边相合适工作位置，按照与中间相相同的方法拆除绝缘遮蔽隔离。 （5）经工作负责人的许可后，斗内电工调整绝缘斗到达内边相合适工作位置，按照与中间相相同的方法拆除绝缘遮蔽隔离	15	错、漏一项扣3分，扣完为止；拆除绝缘遮蔽用具顺序错误终止工作		
2.6	返回地面	检查杆上无遗留物，绝缘斗退出有电工作区域，作业人员返回地面	5	未按要求执行扣5分		
3	工作结束					
3.1	清理现场	工作负责人组织工作班成员整理工具、材料，将工器具分类摆放在苫布上，清理现场，做到工完、料尽、场地清	1	不符合要求扣1分		
3.2	质量验收	工作负责人对完成的工作进行全面检查，符合验收规范要求后，记录在册	2	不符合要求扣2分		
3.3	收工会	召开现场收工会，正确点评工作，补充现场标准化作业指导书验收栏等内容	1	不符合要求扣1分		

续表

序号	项目名称	质量要求	满分	扣分标准	扣分原因	得分
3.4	工作终结	汇报值班调控人员工作已经结束，在工作票填写终结时间并签字，工作班撤离现场	1	不符合要求扣1分		
3.5	安全文明生产	（1）作业过程中禁止摘下绝缘防护用具，而且绝缘手套仅作辅助绝缘。 （2）斗臂车绝缘斗在有电工作区域转移时，应缓慢移动，动作要平稳，严禁使用快速挡。 （3）绝缘斗臂车在作业时，发动机不能熄火（电能驱动型除外），以保证液压系统处于工作状态。 （4）作业线路下层有低压线路同杆架设时，如妨碍作业，应对作业范围内的相关低压线路采取绝缘遮蔽措施。 （5）在同杆架设线路上工作，与上层或相邻导线小于安全距离规定且无法采取安全措施时，不得进行该项工作。 （6）上、下传递工具、材料均应使用绝缘绳传递，传递中不能与电杆、构件等碰撞，严禁抛掷。 （7）作业过程中，不随意踩踏防潮苫布	5	错、漏一项扣1分，扣完为止		
3.6	关键点	（1）作业中，绝缘斗臂车绝缘臂的有效绝缘长度应不小于1.0m。 （2）在作业时，人体应保持对地不小于0.4m、对邻相导线不小于0.6m的安全距离。 （3）作业时，严禁人体同时接触两个不同的电位体，绝缘斗内双人工作时禁止两人接触不同的电位体。 （4）作业中及时恢复绝缘遮蔽隔离措施。 （5）作业人员在接触带电导线和换相工作前应得到工作监护人的许可	5	错、漏一项扣1分，扣完为止		
	合计		100			

Jc0004442006 绝缘杆作业法带电紧固一相直线绝缘子的操作。（100分）

考核知识点：带电作业方法

难易度：中

技能等级评价专业技能考核操作工作任务书

一、任务名称

绝缘杆作业法带电紧固一相直线绝缘子的操作。

二、适用工种

高压线路带电检修工（配电）中级工。

三、具体任务

（1）开工准备工作（现场复勘、工作许可、召开现场站班会、布置工作现场、工器具、材料检测）等项目。

（2）安装、拆除绝缘遮蔽用具。

（3）使用绝缘杆作业法带电紧固一相直线绝缘子的操作。

四、工作规范及要求

（1）带电作业应在良好天气下进行，作业前须进行风速和湿度测量。风力大于5级或湿度大于80%时，不宜带电作业。若遇雷电、雪、雹、雨、雾等不良天气，禁止带电作业。

（2）绝缘杆作业法。

（3）本作业项目工作人员共计 4 名，其中工作负责人（监护人）1 名、杆上电工 2 名、地面电工 1 名。

（4）工作负责人（监护人）、杆上电工、地面电工必须严格遵守《国家电网公司电力安全工作规程（配电部分）（试行）》3.3.12 工作票所列人员的安全责任。

（5）要求着装正确（安全帽、全棉长袖工作服、绝缘鞋）。

五、考核及时间要求

考核时间共 50 分钟，从获得工作许可开始至工作终结完毕，每超过 2 分钟扣 1 分，到 60 分钟终止考核。

技能等级评价专业技能考核操作评分标准

工种	高压线路带电检修工（配电）			评价等级	中级工
项目模块	带电作业方法—绝缘杆作业法带电紧固一相直线绝缘子的操作		编号		Jc0004442006
单位		准考证号		姓名	
考试时限	50 分钟	题型	单项操作	题分	100 分
成绩		考评员	考评组长	日期	
试题正文	绝缘杆作业法带电紧固一相直线绝缘子的操作				
需要说明的问题和要求	（1）带电作业应在良好天气下进行，作业前须进行风速和湿度测量。风力大于 5 级或湿度大于 80%时，不宜带电作业。若遇雷电、雪、雹、雨、雾等不良天气，禁止带电作业。 （2）本作业项目工作人员共计 4 名，其中工作负责人（监护人）1 名、杆上电工 2 名、地面电工 1 名。 （3）工作负责人（监护人）：正确组织工作；检查工作票所列安全措施是否正确完备，是否符合现场实际条件，必要时予以补充完善；工作前，对工作班成员进行工作任务、安全措施交底和危险点告知，并确定每个工作班成员都已签名；组织执行工作票所列由其负责的安全措施；监督工作班成员遵守安全工作规程、正确使用劳动防护用品和安全工器具以及执行现场安全措施；关注工作班成员身体状况和精神状态是否出现异常迹象，人员变动是否合适。带电作业应有人监护。监护人不得直接操作，监护的范围不得超过一个作业点。 （4）工作班成员：熟悉工作内容、工作流程，掌握安全措施，明确工作中的危险点，并在工作票上履行交底签名确认手续；服从工作负责人（监护人）、专责监护人的指挥，严格遵守《国家电网公司电力安全工作规程（配电部分）（试行）》和劳动纪律，在指定的作业范围内工作，对自己在工作中的行为负责，互相关心工作安全；正确使用施工机具、安全工器具和劳动防护用品				

序号	项目名称	质量要求	满分	扣分标准	扣分原因	得分
1	开工准备					
1.1	现场复勘	（1）核对工作线路与设备双重名称。 （2）检查环境是否符合作业要求，绝缘子无碎裂、放电，电杆根部、基础和拉线是否牢固。 （3）检查线路装置是否具备不停电作业条件，熔断器确已断开，熔管已取下。 （4）检查气象条件（天气良好，无雷电、雪、雹、雨、雾等不良天气，风力不大于 5 级，湿度不大于 80%）。 （5）检查工作票所列安全措施，必要时予以补充和完善	4	错、漏一项扣 1 分，扣完为止		
1.2	工作许可	工作负责人按配电带电作业工作票内容与值班调控人员联系，履行工作许可手续	1	未执行工作许可制度扣 1 分		
1.3	召开现场站班会	（1）工作负责人宣读工作票。 （2）工作负责人检查工作班组成员精神状态。 （3）工作负责人交代工作任务进行人员分工，交代安全措施、技术措施、危险点及控制措施。	4	错、漏一项扣 1 分，扣完为止		

续表

序号	项目名称	质量要求	满分	扣分标准	扣分原因	得分
1.3	召开现场站班会	（4）工作负责人检查工作班成员对工作内容、工作流程、安全措施以及工作中的危险点是否明确。 （5）工作班成员在工作票上履行交底签名确认手续	4	错、漏一项扣1分，扣完为止		
1.4	布置工作现场	工作现场设置安全护栏、作业标志和相关警示标志	1	不满足作业要求扣1分		
1.5	工器具、材料检测	（1）工器具、材料齐备，规格型号正确。 （2）绝缘工器具应放置在防潮苦布上，绝缘工器具应与金属工器具、材料分区放置。 （3）工器具在试验周期内。 （4）外观检查方法正确，绝缘工器具应无机械、绝缘缺陷，应戴干净清洁手套，用干燥、清洁毛巾清洁绝缘工器具。 （5）使用绝缘高阻表对绝缘工器具进行绝缘电阻检测，阻值不低于700MΩ	5	错、漏一项扣1分，扣完为止		
2	作业过程					
2.1	登杆	（1）杆上电工对安全带、脚扣做冲击试验。 （2）杆上电工穿戴好绝缘防护用具，携带绝缘传递绳，登杆至适当位置	5	错、漏一项扣1分； 踩空、打滑每次扣1分； 未正确使用安全带、脚扣扣1分； 上杆过程手上持有工器具扣1分； 以上扣分，扣完为止； 登杆动作生疏、跌落，终止工作		
2.2	验电	杆上电工使用验电器对导线、绝缘子、横担进行验电，确认无漏电现象	5	错、漏一项扣5分，扣完为止		
2.3	安装绝缘遮蔽用具	（1）带电作业过程中人体与带电体应保持足够的安全距离（不小于0.4m），如不满足安全距离要求，应进行绝缘遮蔽。 （2）按照"从近到远、从下到上、先带电体后接地体"的遮蔽原则对不能满足安全距离的带电体和接地体进行绝缘遮蔽，遮蔽的部位和顺序依次为导线、绝缘子。 （3）杆上电工在对带电体设置绝缘遮蔽隔离措施时，动作应轻缓，人体与带电体应保持足够的安全距离。 （4）绝缘遮蔽隔离措施应严密、牢固，绝缘遮蔽用具之间搭接不得小于150mm	15	错、漏一项扣4分，扣完为止； 遮蔽顺序错误终止工作		
2.4	紧固一相直线绝缘子	（1）1、2号杆上电工相互配合，使用绝缘卡线钩固定待紧固直线绝缘子，再用绝缘套筒操作杆紧固绝缘子螺母。 （2）作业完成后取下绝缘套筒操作杆和绝缘卡线钩。 （3）紧固绝缘子（补装绝缘子螺帽）	30	错、漏一项扣10分，扣完为止		
2.5	拆除绝缘遮蔽用具	（1）经工作负责人的许可后，1、2号杆上电工按照"从远到近、从上到下、先接地体后带电体"的原则拆除绝缘遮蔽隔离措施。 （2）拆除的顺序依次为绝缘子、导线。 （3）杆上电工在拆除带电体上的绝缘遮蔽隔离措施时，动作应轻缓，人体与带电体应保持足够的安全距离	10	错、漏一项扣4分，扣完为止； 拆除绝缘遮蔽顺序错误终止工作		
2.6	撤离杆塔	杆上电工确认杆上无遗留物，逐次下杆	5	发生高空跌落终止工作，扣5分		

序号	项目名称	质量要求	满分	扣分标准	扣分原因	得分
3	工作结束					
3.1	清理现场	工作负责人组织工作班成员整理工具、材料，将工器具分类摆放在苫布上，清理现场，做到工完、料尽、场地清	1	不符合要求扣1分		
3.2	质量验收	工作负责人对完成的工作进行全面检查，符合验收规范要求后，记录在册	2	不符合要求扣2分		
3.3	收工会	召开现场收工会，正确点评工作，补充现场标准化作业指导书验收栏等内容	1	不符合要求扣1分		
3.4	工作终结	汇报值班调控人员工作已经结束，在工作票填写终结时间并签字，工作班撤离现场	1	不符合要求扣1分		
3.5	安全文明生产	（1）杆上电工登杆作业应正确使用安全带、脚扣。 （2）上、下传递工具、材料均应使用绝缘绳传递，传递中不能与电杆、构件等碰撞，严禁抛掷。 （3）作业过程中禁止摘下绝缘防护用具，而且绝缘手套仅作辅助绝缘。 （4）转移作业相，关键步骤操作时应获得工作监护人的许可。 （5）作业过程中，不随意踩踏防潮苫布	5	错、漏一项扣1分，扣完为止		
3.6	关键点	（1）作业中，人体应保持对带电体0.4m以上的安全距离。 （2）作业中，绝缘操作杆有效绝缘长度应不小于0.7m。 （3）断引线时，作业人员应戴护目镜。 （4）在所断线路三相引线未全部拆除前，已拆除的引线应视为有电，不得直接接触，移动剪断后的上引线时应与带电导体保持0.4m以上安全距离。 （5）在使用绝缘断引线剪断引线时，应有防止断开的引线摆动碰及带电设备的措施	5	错、漏一项扣1分，扣完为止		
	合计		100			

Jc0004442007　绝缘杆作业法带电加装一相接触设备套管的操作。（100分）

考核知识点：带电作业方法

难易度：中

技能等级评价专业技能考核操作工作任务书

一、任务名称

绝缘杆作业法带电加装一相接触设备套管的操作。

二、适用工种

高压线路带电检修工（配电）中级工。

三、具体任务

（1）开工准备工作（现场复勘、工作许可、召开现场站班会、布置工作现场、工器具、材料检测）等项目。

（2）安装、拆除绝缘遮蔽用具。

（3）使用绝缘杆作业法带电加装一相接触设备套管的操作。

四、工作规范及要求

（1）带电作业应在良好天气下进行，作业前须进行风速和湿度测量。风力大于 5 级或湿度大于80%时，不宜带电作业。若遇雷电、雪、雹、雨、雾等不良天气，禁止带电作业。

（2）绝缘杆作业法。

（3）本作业项目工作人员共计 4 名，其中工作负责人（监护人）1 名、杆上电工 2 名、地面电工1 名。

（4）工作负责人（监护人）、杆上电工、地面电工必须严格遵守《国家电网公司电力安全工作规程（配电部分）（试行）》3.3.12 工作票所列人员的安全责任。

（5）要求着装正确（安全帽、全棉长袖工作服、绝缘鞋）。

五、考核及时间要求

考核时间共 50 分钟，从获得工作许可开始至工作终结完毕，每超过 2 分钟扣 1 分，到 60 分钟终止考核。

技能等级评价专业技能考核操作评分标准

工种	高压线路带电检修工（配电）			评价等级		中级工
项目模块	带电作业方法—绝缘杆作业法带电加装一相接触设备套管的操作		编号		Jc0004442007	
单位		准考证号			姓名	
考试时限	50 分钟	题型		单项操作	题分	100 分
成绩		考评员		考评组长	日期	
试题正文	绝缘杆作业法带电加装一相接触设备套管的操作					
需要说明的问题和要求	（1）带电作业应在良好天气下进行，作业前须进行风速和湿度测量。风力大于 5 级或湿度大于 80%时，不宜带电作业。若遇雷电、雪、雹、雨、雾等不良天气，禁止带电作业。 （2）本作业项目工作人员共计 4 名，其中工作负责人（监护人）1 名、杆上电工 2 名、地面电工 1 名。 （3）工作负责人（监护人）：正确组织工作；检查工作票所列安全措施是否正确完备，是否符合现场实际条件，必要时予以补充完善；工作前，对工作班成员进行工作任务、安全措施交底和危险点告知，并确定每个工作班成员都已签名；组织执行工作票所列由其负责的安全措施；监督工作班成员遵守安全工作规程、正确使用劳动防护用品和安全工器具以及执行现场安全措施；关注工作班成员身体状况和精神状态是否出现异常迹象，人员变动是否合适。带电作业应有人监护。监护人不得直接操作，监护的范围不得超过一个作业点。 （4）工作班成员：熟悉工作内容、工作流程，掌握安全措施，明确工作中的危险点，并在工作票上履行交底签名确认手续；服从工作负责人（监护人）、专责监护人的指挥，严格遵守《国家电网公司电力安全工作规程（配电部分）（试行）》和劳动纪律，在指定的作业范围内工作，对自己在工作中的行为负责，互相关心工作安全；正确使用施工机具、安全工器具和劳动防护用品					

序号	项目名称	质量要求	满分	扣分标准	扣分原因	得分
1	开工准备					
1.1	现场复勘	（1）核对工作线路与设备双重名称。 （2）检查环境是否符合作业要求，电杆根部、基础和拉线是否牢固。 （3）检查线路装置是否具备不停电作业条件，熔断器确已断开，熔管已取下。 （4）检查气象条件（天气良好，无雷电、雪、雹、雨、雾等不良天气，风力不大于 5 级，湿度不大于 80%）。 （5）检查工作票所列安全措施，必要时予以补充和完善	4	错、漏一项扣 1 分，扣完为止		
1.2	工作许可	工作负责人按配电带电作业工作票内容与值班调控人员联系，履行工作许可手续	1	未执行工作许可制度扣 1 分		
1.3	召开现场站班会	（1）工作负责人宣读工作票。 （2）工作负责人检查工作班组成员精神状态。	4	错、漏一项扣 1 分，扣完为止		

续表

序号	项目名称	质量要求	满分	扣分标准	扣分原因	得分
1.3	召开现场站班会	（3）工作负责人交代工作任务进行人员分工，交代安全措施、技术措施、危险点及控制措施。 （4）工作负责人检查工作班成员对工作内容、工作流程、安全措施以及工作中的危险点是否明确。 （5）工作班成员在工作票上履行交底签名确认手续	4	错、漏一项扣1分，扣完为止		
1.4	布置工作现场	工作现场设置安全护栏、作业标志和相关警示标志	1	不满足作业要求扣1分		
1.5	工器具、材料检测	（1）工器具、材料齐备，规格型号正确。 （2）绝缘工器具应放置在防潮苫布上，绝缘工器具应与金属工器具、材料分区放置。 （3）工器具在试验周期内。 （4）外观检查方法正确，绝缘工器具应无机械、绝缘缺陷，应戴干净清洁手套，用干燥、清洁毛巾清洁绝缘工器具。 （5）使用绝缘高阻表对绝缘工器具进行绝缘电阻检测，阻值不低于700MΩ	5	错、漏一项扣1分，扣完为止		
2	作业过程					
2.1	登杆	（1）杆上电工对安全带、脚扣做冲击试验。 （2）杆上电工穿戴好绝缘防护用具，携带绝缘传递绳，登杆至适当位置	5	错、漏一项扣1分； 踩空、打滑每次扣1分； 未正确使用安全带、脚扣扣1分； 上杆过程手上持有工器具扣1分； 以上扣分，扣完为止； 登杆动作生疏、跌落，终止工作		
2.2	验电	杆上电工使用验电器对导线、绝缘子、横担进行验电，确认无漏电现象	5	错、漏一项扣5分，扣完为止		
2.3	安装绝缘遮蔽用具	（1）带电作业过程中人体与带电体应保持足够的安全距离（不小于0.4m），如不满足安全距离要求，应进行绝缘遮蔽。 （2）按照"从近到远、从下到上、先带电体后接地体"的遮蔽原则对不能满足安全距离的带电体和接地体进行绝缘遮蔽，遮蔽的部位和顺序依次为绝缘子、横担。 （3）杆上电工在对带电体设置绝缘遮蔽隔离措施时，动作应轻缓，人体与带电体应保持足够的安全距离。 （4）绝缘遮蔽隔离措施应严密、牢固，绝缘遮蔽用具之间搭接不得小于150mm	15	错、漏一项扣4分，扣完为止； 遮蔽顺序错终止工作		
2.4	加装一相接触设备套管	（1）使用绝缘操作杆将绝缘护管安装工具安装到待安装相导线上。 （2）1号电工使用绝缘夹钳将绝缘护管安装到工具的导入槽上。 （3）2号电工使用另一把绝缘夹钳推动绝缘护管到内边相导线上，绝缘护管之间应紧密连接。 （4）绝缘护管安装后，应使用绝缘夹钳使绝缘护管开口向下，并采取固定措施防止绝缘护管横向移动。 （5）绝缘护管安装完毕后，拆除绝缘护管安装工具	30	错、漏一项扣6分，扣完为止		
2.5	拆除绝缘遮蔽用具	（1）经工作负责人的许可后，1号、2号杆上电工按照"从远到近、从上到下、先接地体后带电体"的原则拆除绝缘遮蔽隔离措施。 （2）拆除的顺序依次为横担、绝缘子。 （3）杆上电工在拆除带电体上的绝缘遮蔽隔离措施时，动作应轻缓，人体与带电体应保持足够的安全距离	10	错、漏一项扣4分，扣完为止； 拆除绝缘遮蔽顺序错终止工作		

续表

序号	项目名称	质量要求	满分	扣分标准	扣分原因	得分
2.6	撤离杆塔	杆上电工确认杆上无遗留物，逐次下杆	5	发生高空跌落终止工作，扣5分		
3	工作结束					
3.1	清理现场	工作负责人组织工作班成员整理工具、材料，将工器具分类摆放在苫布上，清理现场，做到工完、料尽、场地清	1	不符合要求扣1分		
3.2	质量验收	工作负责人对完成的工作进行全面检查，符合验收规范要求后，记录在册	2	不符合要求扣2分		
3.3	收工会	召开现场收工会，正确点评工作，补充现场标准化作业指导书验收栏等内容	1	不符合要求扣1分		
3.4	工作终结	汇报值班调控人员工作已经结束，在工作票填写终结时间并签字，工作班撤离现场	1	不符合要求扣1分		
3.5	安全文明生产	（1）杆上电工登杆作业应正确使用安全带、脚扣。 （2）上、下传递工具、材料均应使用绝缘绳传递，传递中不能与电杆、构件等碰撞，严禁抛掷。 （3）作业过程中禁止摘下绝缘防护用具，而且绝缘手套仅作辅助绝缘。 （4）转移作业相，关键步骤操作时应获得工作监护人的许可。 （5）作业过程中，不随意踩踏防潮苫布	5	错、漏一项扣1分，扣完为止		
3.6	关键点	（1）作业中，人体应保持对带电体0.4m以上的安全距离。 （2）作业中，绝缘操作杆有效绝缘长度应不小于0.7m。 （3）断引线时，作业人员应戴护目镜。 （4）在所断线路三相引线未全部拆除前，已拆除的引线应视为有电，不得直接接触，移动剪断后的上引线时应与带电导体保持0.4m以上安全距离。 （5）在安装套管时，应防止主导线线摆动过大碰及带电设备的措施	5	错、漏一项扣1分，扣完为止		
	合计		100			

Jc0004442008 绝缘杆作业法带电拆除一相接触设备套管的操作。（100分）

考核知识点： 带电作业方法

难易度： 中

技能等级评价专业技能考核操作工作任务书

一、任务名称

绝缘杆作业法带电拆除一相接触设备套管的操作。

二、适用工种

高压线路带电检修工（配电）中级工。

三、具体任务

（1）开工准备工作（现场复勘、工作许可、召开现场站班会、布置工作现场、工器具、材料检测）等项目。

（2）安装、拆除绝缘遮蔽用具。

（3）使用绝缘杆作业法带电拆除一相接触设备套管的操作。

四、工作规范及要求

（1）带电作业应在良好天气下进行，作业前须进行风速和湿度测量。风力大于 5 级或湿度大于 80%时，不宜带电作业。若遇雷电、雪、雹、雨、雾等不良天气，禁止带电作业。

（2）绝缘杆作业法。

（3）本作业项目工作人员共计 4 名，其中工作负责人（监护人）1 名、杆上电工 2 名、地面电工 1 名。

（4）工作负责人（监护人）、杆上电工、地面电工必须严格遵守《国家电网公司电力安全工作规程（配电部分）（试行）》3.3.12 工作票所列人员的安全责任。

（5）要求着装正确（安全帽、全棉长袖工作服、绝缘鞋）。

五、考核及时间要求

考核时间共 50 分钟，从获得工作许可开始至工作终结完毕，每超过 2 分钟扣 1 分，到 60 分钟终止考核。

技能等级评价专业技能考核操作评分标准

工种	高压线路带电检修工（配电）			评价等级	中级工
项目模块	带电作业方法—绝缘杆作业法带电拆除一相接触设备套管的操作		编号		Jc0004442008
单位		准考证号		姓名	
考试时限	50 分钟	题型		单项操作	题分	100 分
成绩		考评员		考评组长		日期	
试题正文	绝缘杆作业法带电拆除一相接触设备套管的操作					
需要说明的问题和要求	（1）带电作业应在良好天气下进行，作业前须进行风速和湿度测量。风力大于 5 级或湿度大于 80%时，不宜带电作业。若遇雷电、雪、雹、雨、雾等不良天气，禁止带电作业。 （2）本作业项目工作人员共计 4 名，其中工作负责人（监护人）1 名、杆上电工 2 名、地面电工 1 名。 （3）工作负责人（监护人）：正确组织工作；检查工作票所列安全措施是否正确完备，是否符合现场实际条件，必要时予以补充完善；工作前，对工作班成员进行工作任务、安全措施交底和危险点告知，并确定每个工作班成员都已签名；组织执行工作票所列由其负责的安全措施；监督工作班成员遵守安全工作规程、正确使用劳动防护用品和安全工器具以及执行现场安全措施；关注工作班成员身体状况和精神状态是否出现异常迹象，人员变动是否合适。带电作业应有人监护。监护人不得直接操作，监护的范围不得超过一个作业点。 （4）工作班成员：熟悉工作内容、工作流程，掌握安全措施，明确工作中的危险点，并在工作票上履行交底签名确认手续；服从工作负责人（监护人）、专责监护人的指挥，严格遵守《国家电网公司电力安全工作规程（配电部分）（试行）》和劳动纪律，在指定的作业范围内工作，对自己在工作中的行为负责，互相关心工作安全；正确使用施工机具、安全工器具和劳动防护用品					

序号	项目名称	质量要求	满分	扣分标准	扣分原因	得分
1	开工准备					
1.1	现场复勘	（1）核对工作线路与设备双重名称。 （2）检查环境是否符合作业要求，电杆根部、基础和拉线是否牢固。 （3）检查线路装置是否具备不停电作业条件，熔断器确已断开，熔管已取下。 （4）检查气象条件（天气良好，无雷电、雪、雹、雨、雾等不良天气，风力不大于 5 级，湿度不大于 80%）。 （5）检查工作票所列安全措施，必要时予以补充和完善	4	错、漏一项扣 1 分，扣完为止		
1.2	工作许可	工作负责人按配电带电作业工作票内容与值班调控人员联系，履行工作许可手续	1	未执行工作许可制度扣 1 分		
1.3	召开现场站班会	（1）工作负责人宣读工作票。 （2）工作负责人检查工作班组成员精神状态。	4	错、漏一项扣 1 分，扣完为止		

序号	项目名称	质量要求	满分	扣分标准	扣分原因	得分
1.3	召开现场站班会	（3）工作负责人交代工作任务进行人员分工，交代安全措施、技术措施、危险点及控制措施。 （4）工作负责人检查工作班成员对工作内容、工作流程、安全措施以及工作中的危险点是否明确。 （5）工作班成员在工作票上履行交底签名确认手续	4	错、漏一项扣1分，扣完为止		
1.4	布置工作现场	工作现场设置安全护栏、作业标志和相关警示标志	1	不满足作业要求扣1分		
1.5	工器具、材料检测	（1）工器具、材料齐备，规格型号正确。 （2）绝缘工器具应放置在防潮苫布上，绝缘工器具应与金属工器具、材料分区放置。 （3）工器具在试验周期内。 （4）外观检查方法正确，绝缘工器具应无机械、绝缘缺陷，应戴干净清洁手套，用干燥、清洁毛巾清洁绝缘工器具。 （5）使用绝缘高阻表对绝缘工器具进行绝缘电阻检测，阻值不低于 700MΩ	5	错、漏一项扣1分，扣完为止		
2	作业过程					
2.1	登杆	（1）杆上电工对安全带、脚扣做冲击试验。 （2）杆上电工穿戴好绝缘防护用具，携带绝缘传递绳，登杆至适当位置	5	错、漏一项扣1分； 踩空、打滑每次扣1分； 未正确使用安全带、脚扣扣1分； 上杆过程手上持有工器具扣1分； 以上扣分，扣完为止； 登杆动作生疏、跌落，终止工作		
2.2	验电	杆上电工使用验电器对导线、绝缘子、横担进行验电，确认无漏电现象	5	错、漏一项扣5分，扣完为止		
2.3	安装绝缘遮蔽用具	（1）带电作业过程中人体与带电体应保持足够的安全距离（不小于 0.4m），如不满足安全距离要求，应进行绝缘遮蔽。 （2）按照"从近到远、从下到上、先带电体后接地体"的遮蔽原则对不能满足安全距离的带电体和接地体进行绝缘遮蔽，遮蔽的部位和顺序依次为绝缘子、横担。 （3）杆上电工在对带电体设置绝缘遮蔽隔离措施时，动作应轻缓，人体与带电体应保持足够的安全距离。 （4）绝缘遮蔽隔离措施应严密、牢固，绝缘遮蔽用具之间搭接不得小于 150mm	15	错、漏一项扣4分，扣完为止； 遮蔽顺序错误终止工作		
2.4	拆除一相接触设备套管	（1）使用绝缘操作杆将绝缘护管安装工具安装到待拆除套管的导线上。 （2）1号电工使用绝缘夹钳将绝缘护管开口向上，拉到工具的导入槽上。 （3）2号电工使用另一把绝缘夹钳拽动绝缘护管到导入槽上，使绝缘套管顺工具的导入槽导出。 （4）绝缘护管拆除完毕后，拆除绝缘护管安装工具	30	错、漏一项扣8分，扣完为止		
2.5	拆除绝缘遮蔽用具	（1）经工作负责人的许可后，1、2号杆上电工按照"从远到近、从上到下、先接地体后带电体"的原则拆除绝缘遮蔽隔离措施。 （2）拆除的顺序依次为横担、绝缘子。 （3）杆上电工在拆除带电体上的绝缘遮蔽隔离措施时，动作应轻缓，人体与带电体应保持足够的安全距离	10	错、漏一项扣4分，扣完为止； 拆除绝缘遮蔽顺序错误终止工作		

续表

序号	项目名称	质量要求	满分	扣分标准	扣分原因	得分
2.6	撤离杆塔	杆上电工确认杆上无遗留物，逐次下杆	5	发生高空跌落终止工作，扣5分		
3	工作结束					
3.1	清理现场	工作负责人组织工作班成员整理工具、材料，将工器具分类摆放在苦布上，清理现场，做到工完、料尽、场地清	1	不符合要求扣1分		
3.2	质量验收	工作负责人对完成的工作进行全面检查，符合验收规范要求后，记录在册	2	不符合要求扣2分		
3.3	收工会	召开现场收工会，正确点评工作，补充现场标准化作业指导书验收栏等内容	1	不符合要求扣1分		
3.4	工作终结	汇报值班调控人员工作已经结束，在工作票填写终结时间并签字，工作班撤离现场	1	不符合要求扣1分		
3.5	安全文明生产	（1）杆上电工登杆作业应正确使用安全带、脚扣。 （2）上、下传递工具、材料均应使用绝缘绳传递，传递中不能与电杆、构件等碰撞，严禁抛掷。 （3）作业过程中禁止摘下绝缘防护用具，而且绝缘手套仅作辅助绝缘。 （4）转移作业相，关键步骤操作时应获得工作监护人的许可。 （5）作业过程中，不随意踩踏防潮苦布	5	错、漏一项扣1分，扣完为止		
3.6	关键点	（1）作业中，人体应保持对带电体0.4m以上的安全距离。 （2）作业中，绝缘操作杆有效绝缘长度应不小于0.7m。 （3）断引线时，作业人员应戴护目镜。 （4）在所断线路三相引线未全部拆除前，已拆除的引线应视为有电，不得直接接触，移动剪断后的上引线时应与带电导体保持0.4m以上安全距离。 （5）在拆除套管时，应防止主导线摆动过大碰及带电设备的措施	5	错、漏一项扣1分，扣完为止		
	合计		100			

Jc0004442009 绝缘杆作业法带电补装一相故障指示器的操作。（100分）

考核知识点： 带电作业方法

难易度： 中

技能等级评价专业技能考核操作工作任务书

一、任务名称

绝缘杆作业法带电补装一相故障指示器的操作。

二、适用工种

高压线路带电检修工（配电）中级工。

三、具体任务

（1）开工准备工作（现场复勘、工作许可、召开现场站班会、布置工作现场、工器具、材料检测）等项目。

（2）安装、拆除绝缘遮蔽用具。

（3）使用绝缘杆作业法带电补装一相故障指示器的操作。

四、工作规范及要求

（1）带电作业应在良好天气下进行，作业前须进行风速和湿度测量。风力大于5级或湿度大于80%时，不宜带电作业。若遇雷电、雪、雹、雨、雾等不良天气，禁止带电作业。

（2）绝缘杆作业法。

（3）本作业项目工作人员共计4名，其中工作负责人（监护人）1名、杆上电工2名、地面电工1名。

（4）工作负责人（监护人）、杆上电工、地面电工必须严格遵守《国家电网公司电力安全工作规程（配电部分）（试行）》3.3.12工作票所列人员的安全责任。

（5）要求着装正确（安全帽、全棉长袖工作服、绝缘鞋）。

五、考核及时间要求

考核时间共50分钟，从获得工作许可开始至工作终结完毕，每超过2分钟扣1分，到60分钟终止考核。

技能等级评价专业技能考核操作评分标准

工种	高压线路带电检修工（配电）			评价等级	中级工
项目模块	带电作业方法—绝缘杆作业法带电补装一相故障指示器的操作		编号		Jc0004442009
单位		准考证号		姓名	
考试时限	50分钟	题型	单项操作	题分	100分
成绩		考评员		考评组长		日期	

试题正文	绝缘杆作业法带电补装一相故障指示器的操作
需要说明的问题和要求	（1）带电作业应在良好天气下进行，作业前须进行风速和湿度测量。风力大于5级或湿度大于80%时，不宜带电作业。若遇雷电、雪、雹、雨、雾等不良天气，禁止带电作业。 （2）本作业项目工作人员共计4名，其中工作负责人（监护人）1名、杆上电工2名、地面电工1名。 （3）工作负责人（监护人）：正确组织工作；检查工作票所列安全措施是否正确完备，是否符合现场实际条件，必要时予以补充完善；工作前，对工作班成员进行工作任务、安全措施交底和危险点告知，并确定每个工作班成员都已签名；组织执行工作票所列由其负责的安全措施；监督工作班成员遵守安全工作规程、正确使用劳动防护用品和安全工器具以及执行现场安全措施；关注工作班成员身体状况和精神状态是否出现异常迹象，人员变动是否合适。带电作业应有人监护。监护人不得直接操作，监护的范围不得超过一个作业点。 （4）工作班成员：熟悉工作内容、工作流程，掌握安全措施，明确工作中的危险点，并在工作票上履行交底签名确认手续；服从工作负责人（监护人）、专责监护人的指挥，严格遵守《国家电网公司电力安全工作规程（配电部分）（试行）》和劳动纪律，在指定的作业范围内工作，对自己在工作中的行为负责，互相关心工作安全；正确使用施工机具、安全工器具和劳动防护用品

序号	项目名称	质量要求	满分	扣分标准	扣分原因	得分
1	开工准备					
1.1	现场复勘	（1）核对工作线路与设备双重名称。 （2）检查环境是否符合作业要求，电杆根部、基础和拉线是否牢固。 （3）检查线路装置是否具备不停电作业条件，熔断器已断开，熔管已取下。 （4）检查气象条件（天气良好，无雷电、雪、雹、雨、雾等不良天气，风力不大于5级，湿度不大于80%）。 （5）检查工作票所列安全措施，必要时予以补充和完善	4	错、漏一项扣1分，扣完为止		
1.2	工作许可	工作负责人按配电带电作业工作票内容与值班调控人员联系，履行工作许可手续	1	未执行工作许可制度扣1分		

序号	项目名称	质量要求	满分	扣分标准	扣分原因	得分
1.3	召开现场站班会	（1）工作负责人宣读工作票。 （2）工作负责人检查工作班组成员精神状态。 （3）工作负责人交代工作任务进行人员分工，交代安全措施、技术措施、危险点及控制措施。 （4）工作负责人检查工作班成员对工作内容、工作流程、安全措施以及工作中的危险点是否明确。 （5）工作班成员在工作票上履行交底签名确认手续	4	错、漏一项扣1分，扣完为止		
1.4	布置工作现场	工作现场设置安全护栏、作业标志和相关警示标志	1	不满足作业要求扣1分		
1.5	工器具、材料检测	（1）工器具、材料齐备，规格型号正确。 （2）绝缘工器具应放置在防潮苫布上，绝缘工器具应与金属工器具、材料分区放置。 （3）工器具在试验周期内。 （4）外观检查方法正确，绝缘工器具应无机械、绝缘缺陷，应戴干净清洁手套，用干燥、清洁毛巾清洁绝缘工器具。 （5）使用绝缘高阻表对绝缘工器具进行绝缘电阻检测，阻值不低于700MΩ	5	错、漏一项扣1分，扣完为止		
2	作业过程					
2.1	登杆	（1）杆上电工对安全带、脚扣做冲击试验。 （2）杆上电工穿戴好绝缘防护用具，携带绝缘传递绳，登杆至适当位置	5	错、漏一项扣1分； 踩空、打滑每次扣1分； 未正确使用安全带、脚扣扣1分； 上杆过程手上持有工器具扣1分； 以上扣分，扣完为止； 登杆动作生疏、跌落，终止工作		
2.2	验电	杆上电工使用验电器对导线、绝缘子、横担进行验电，确认无漏电现象	5	错、漏一项扣5分，扣完为止		
2.3	安装绝缘遮蔽用具	（1）带电作业过程中人体与带电体应保持足够的安全距离（不小于0.4m），如不满足安全距离要求，应进行绝缘遮蔽。 （2）按照"从近到远、从下到上、先带电体后接地体"的遮蔽原则对不能满足安全距离的带电体和接地体进行绝缘遮蔽，遮蔽的部位和顺序依次为导线、绝缘子。 （3）杆上电工在对带电体设置绝缘遮蔽隔离措施时，动作应轻缓，人体与带电体应保持足够的安全距离。 （4）绝缘遮蔽隔离措施应严密、牢固，绝缘遮蔽用具之间搭接不得小于150mm	15	错、漏一项扣4分，扣完为止； 遮蔽顺序错误终止工作		
2.4	补装一相故障指示器	（1）1、2号杆上电工相互配合，将故障指示器固定在安装工具上，垂直于导线向上推动安装工具将故障指示器安装到待补装导线上。 （2）故障指示器安装完毕后，拆下故障指示器安装工具	30	错、漏一项扣5分，扣完为止		
2.5	拆除绝缘遮蔽用具	（1）经工作负责人的许可后，1、2号杆上电工按照"从远到近、从上到下、先接地体后带电体"的原则拆除绝缘遮蔽隔离措施。 （2）拆除的顺序依次为绝缘子、导线。 （3）杆上电工在拆除带电体上的绝缘遮蔽隔离措施时，动作应轻缓，人体与带电体应保持足够的安全距离	10	错、漏一项扣5分，扣完为止； 拆除绝缘遮蔽顺序错误终止工作		

续表

序号	项目名称	质量要求	满分	扣分标准	扣分原因	得分
2.6	撤离杆塔	杆上电工确认杆上无遗留物，逐次下杆	5	发生高空跌落终止工作，扣5分		
3	工作结束					
3.1	清理现场	工作负责人组织工作班成员整理工具、材料，将工器具分类摆放在苦布上，清理现场，做到工完、料尽、场地清	1	不符合要求扣1分		
3.2	质量验收	工作负责人对完成的工作进行全面检查，符合验收规范要求后，记录在册	2	不符合要求扣2分		
3.3	收工会	召开现场收工会，正确点评工作，补充现场标准化作业指导书验收栏等内容	1	不符合要求扣1分		
3.4	工作终结	汇报值班调控人员工作已经结束，在工作票填写终结时间并签字，工作班撤离现场	1	不符合要求扣1分		
3.5	安全文明生产	（1）杆上电工登杆作业应正确使用安全带、脚扣。 （2）上、下传递工具、材料均应使用绝缘绳传递，传递中不能与电杆、构件等碰撞，严禁抛掷。 （3）作业过程中禁止摘下绝缘防护用具，而且绝缘手套仅作辅助绝缘。 （4）转移作业相，关键步骤操作时应获得工作监护人的许可。 （5）作业过程中，不随意踩踏防潮苦布	5	错、漏一项扣1分，扣完为止		
3.6	关键点	（1）作业中，人体应保持对带电体0.4m以上的安全距离。 （2）作业中，绝缘操作杆有效绝缘长度应不小于0.7m。 （3）断引线时，作业人员应戴护目镜。 （4）在安装故障指示器时，应防止主导线摆动过大碰及带电设备	5	错、漏一项扣1分，扣完为止		
	合计		100			

Jc0004442010　绝缘杆作业法带电更换一相故障指示器的操作。（100分）

考核知识点： 带电作业方法

难易度： 中

技能等级评价专业技能考核操作工作任务书

一、任务名称

绝缘杆作业法带电更换一相故障指示器的操作。

二、适用工种

高压线路带电检修工（配电）中级工。

三、具体任务

（1）开工准备工作（现场复勘、工作许可、召开现场站班会、布置工作现场、工器具、材料检测）等项目。

（2）安装、拆除绝缘遮蔽用具。

（3）使用绝缘杆作业法带电更换一相故障指示器的操作。

四、工作规范及要求

（1）带电作业应在良好天气下进行，作业前须进行风速和湿度测量。风力大于5级或湿度大于

80%时，不宜带电作业。若遇雷电、雪、雹、雨、雾等不良天气，禁止带电作业。

（2）绝缘杆作业法。

（3）本作业项目工作人员共计4名，其中工作负责人（监护人）1名、杆上电工2名、地面电工1名。

（4）工作负责人（监护人）、杆上电工、地面电工必须严格遵守《国家电网公司电力安全工作规程（配电部分）（试行）》3.3.12工作票所列人员的安全责任。

（5）要求着装正确（安全帽、全棉长袖工作服、绝缘鞋）。

五、考核及时间要求

考核时间共50分钟，从获得工作许可开始至工作终结完毕，每超过2分钟扣1分，到60分钟终止考核。

技能等级评价专业技能考核操作评分标准

工种	高压线路带电检修工（配电）		评价等级	中级工
项目模块	带电作业方法—绝缘杆作业法带电更换一相故障指示器的操作	编号	Jc0004442010	
单位		准考证号		姓名
考试时限	50分钟	题型	单项操作	题分	100分
成绩		考评员	考评组长	日期
试题正文	绝缘杆作业法带电更换一相故障指示器的操作			
需要说明的问题和要求	（1）带电作业应在良好天气下进行，作业前须进行风速和湿度测量。风力大于5级或湿度大于80%时，不宜带电作业。若遇雷电、雪、雹、雨、雾等不良天气，禁止带电作业。 （2）本作业项目工作人员共计4名，其中工作负责人（监护人）1名、杆上电工2名、地面电工1名。 （3）工作负责人（监护人）：正确组织工作；检查工作票所列安全措施是否正确完备，是否符合现场实际条件，必要时予以补充完善；工作前，对工作班成员进行工作任务、安全措施交底和危险点告知，并确定每个工作班成员都已签名；组织执行工作票所列由其负责的安全措施；监督工作班成员遵守安全工作规程、正确使用劳动防护用品和安全工器具以及执行现场安全措施；关注工作班成员身体状况和精神状态是否出现异常迹象，人员变动是否合适。带电作业应有人监护。监护人不得直接操作，监护的范围不得超过一个作业点。 （4）工作班成员：熟悉工作内容、工作流程，掌握安全措施，明确工作中的危险点，并在工作票上履行交底签名确认手续；服从工作负责人（监护人）、专责监护人的指挥，严格遵守《国家电网公司电力安全工作规程（配电部分）（试行）》和劳动纪律，在指定的作业范围内工作，对自己在工作中的行为负责，互相关心工作安全；正确使用施工机具、安全工器具和劳动防护用品			

序号	项目名称	质量要求	满分	扣分标准	扣分原因	得分
1	开工准备					
1.1	现场复勘	（1）核对工作线路与设备双重名称。 （2）检查环境是否符合作业要求，电杆根部、基础和拉线是否牢固。 （3）检查线路装置是否具备不停电作业条件，熔断器确已断开，熔管已取下。 （4）检查气象条件（天气良好，无雷电、雪、雹、雨、雾等不良天气，风力不大于5级，湿度不大于80%）。 （5）检查工作票所列安全措施，必要时予以补充和完善	4	错、漏一项扣1分，扣完为止		
1.2	工作许可	工作负责人按配电带电作业工作票内容与值班调控人员联系，履行工作许可手续	1	未执行工作许可制度扣1分		
1.3	召开现场站班会	（1）工作负责人宣读工作票。 （2）工作负责人检查工作班组成员精神状态。 （3）工作负责人交代工作任务进行人员分工，交代安全措施、技术措施、危险点及控制措施。 （4）工作负责人检查工作班成员对工作内容、工作流程、安全措施以及工作中的危险点是否明确。 （5）工作班成员在工作票上履行交底签名确认手续	4	错、漏一项扣1分，扣完为止		

续表

序号	项目名称	质量要求	满分	扣分标准	扣分原因	得分
1.4	布置工作现场	工作现场设置安全护栏、作业标志和相关警示标志	1	不满足作业要求扣1分		
1.5	工器具、材料检测	（1）工器具、材料齐备，规格型号正确。 （2）绝缘工器具应放置在防潮苫布上，绝缘工器具应与金属工器具、材料分区放置。 （3）工器具在试验周期内。 （4）外观检查方法正确，绝缘工器具应无机械、绝缘缺陷，应戴干净清洁手套，用干燥、清洁毛巾清洁绝缘工器具。 （5）使用绝缘高阻表对绝缘工器具进行绝缘电阻检测，阻值不低于700MΩ	5	错、漏一项扣1分，扣完为止		
2	作业过程					
2.1	登杆	（1）杆上电工对安全带、脚扣做冲击试验。 （2）杆上电工穿戴好绝缘防护用具，携带绝缘传递绳，登杆至适当位置	5	错、漏一项扣1分； 踩空、打滑每次扣1分； 未正确使用安全带、脚扣扣1分； 上杆过程手上持有工器具扣1分； 以上扣分，扣完为止； 登杆动作生疏、跌落，终止工作		
2.2	验电	杆上电工使用验电器对导线、绝缘子、横担进行验电，确认无漏电现象	5	错、漏一项扣5分，扣完为止		
2.3	安装绝缘遮蔽用具	（1）带电作业过程中人体与带电体应保持足够的安全距离（不小于0.4m），如不满足安全距离要求，应进行绝缘遮蔽。 （2）按照"从近到远、从下到上、先带电体后接地体"的遮蔽原则对不能满足安全距离的带电体和接地体进行绝缘遮蔽，遮蔽的部位和顺序依次为导线、绝缘子。 （3）杆上电工在对带电体设置绝缘遮蔽隔离措施时，动作应轻缓，人体与带电体应保持足够的安全距离。 （4）绝缘遮蔽隔离措施应严密、牢固，绝缘遮蔽用具之间搭接不得小于150mm	15	错、漏一项扣4分，扣完为止； 遮蔽顺序错终止工作		
2.4	更换一相故障指示器	（1）1、2号杆上电工相互配合，将故障指示器安装工具垂直于导线向上推动安装工具，将其锁定到故障指示器上，并确认锁定牢固。 （2）垂直向下拉动安装工具，使故障指示器脱离导线拆下。 （3）1、2号杆上电工相互配合，将新故障指示器固定在安装工具上，垂直于导线向上推动安装工具将故障指示器安装到待更换导线上。 （4）故障指示器安装完毕后，拆下故障指示器安装工具	30	错、漏一项扣8分，扣完为止		
2.5	拆除绝缘遮蔽用具	（1）经工作负责人的许可后，1、2号杆上电工按照"从远到近、从上到下、先接地体后带电体"的原则拆除绝缘遮蔽隔离措施。 （2）拆除的顺序依次为绝缘子、导线。 （3）杆上电工在拆除带电体上的绝缘遮蔽隔离措施时，动作应轻缓，人体与带电体应保持足够的安全距离	10	错、漏一项扣5分，扣完为止； 拆除绝缘遮蔽顺序错终止工作		
2.6	撤离杆塔	杆上电工确认杆上无遗留物，逐次下杆	5	发生高空跌落终止工作，扣5分		
3	工作结束					
3.1	清理现场	工作负责人组织工作班成员整理工具、材料，将工器具分类摆放在苫布上，清理现场，做到工完、料尽、场地清	1	不符合要求扣1分		

序号	项目名称	质量要求	满分	扣分标准	扣分原因	得分
3.2	质量验收	工作负责人对完成的工作进行全面检查，符合验收规范要求后，记录在册	2	不符合要求扣 2 分		
3.3	收工会	召开现场收工会，正确点评工作，补充现场标准化作业指导书验收栏等内容	1	不符合要求扣 1 分		
3.4	工作终结	汇报值班调控人员工作已经结束，在工作票填写终结时间并签字，工作班撤离现场	1	不符合要求扣 1 分		
3.5	安全文明生产	（1）杆上电工登杆作业应正确使用安全带、脚扣。 （2）上、下传递工具、材料均应使用绝缘绳传递，传递中不能与电杆、构件等碰撞，严禁抛掷。 （3）作业过程中禁止摘下绝缘防护用具，而且绝缘手套仅作辅助绝缘。 （4）转移作业相，关键步骤操作时应获得工作监护人的许可。 （5）作业过程中，不随意踩踏防潮苫布	5	错、漏一项扣 1 分，扣完为止		
3.6	关键点	（1）作业中，人体应保持对带电体 0.4m 以上的安全距离。 （2）作业中，绝缘操作杆有效绝缘长度应不小于 0.7m。 （3）断引线时，作业人员应戴护目镜。 （4）在拆除和安装故障指示器时，应防止主导线摆动过大碰及带电设备	5	错、漏一项扣 1 分，扣完为止		
	合计		100			

Jc0004442011 绝缘杆作业法带电加装防鸟锥的操作。（100 分）

考核知识点：带电作业方法

难易度：中

技能等级评价专业技能考核操作工作任务书

一、任务名称

绝缘杆作业法带电加装防鸟锥的操作。

二、适用工种

高压线路带电检修工（配电）中级工。

三、具体任务

（1）开工准备工作（现场复勘、工作许可、召开现场站班会、布置工作现场、工器具、材料检测）等项目。

（2）安装、拆除绝缘遮蔽用具。

（3）使用绝缘杆作业法带电加装防鸟锥的操作。

四、工作规范及要求

（1）带电作业应在良好天气下进行，作业前须进行风速和湿度测量。风力大于 5 级或湿度大于 80%时，不宜带电作业。若遇雷电、雪、雹、雨、雾等不良天气，禁止带电作业。

（2）绝缘杆作业法。

（3）本作业项目工作人员共计 4 名，其中工作负责人（监护人）1 名、杆上电工 2 名、地面电工 1 名。

（4）工作负责人（监护人）、杆上电工、地面电工必须严格遵守《国家电网公司电力安全工作规程（配电部分）（试行）》3.3.12 工作票所列人员的安全责任。

（5）要求着装正确（安全帽、全棉长袖工作服、绝缘鞋）。

五、考核及时间要求

考核时间共 50 分钟，从获得工作许可开始至工作终结完毕，每超过 2 分钟扣 1 分，到 60 分钟终止考核。

技能等级评价专业技能考核操作评分标准

工种	高压线路带电检修工（配电）			评价等级	中级工
项目模块	带电作业方法—绝缘杆作业法带电加装防鸟锥的操作		编号		Jc0004442011
单位		准考证号		姓名	
考试时限	50 分钟	题型	单项操作	题分	100 分
成绩		考评员	考评组长	日期	
试题正文	绝缘杆作业法带电加装防鸟锥的操作				
需要说明的问题和要求	（1）带电作业应在良好天气下进行，作业前须进行风速和湿度测量。风力大于 5 级或湿度大于 80%时，不宜带电作业。若遇雷电、雪、雹、雨、雾等不良天气，禁止带电作业。 （2）本作业项目工作人员共计 4 名，其中工作负责人（监护人）1 名、杆上电工 2 名、地面电工 1 名。 （3）工作负责人（监护人）：正确组织工作；检查工作票所列安全措施是否正确完备，是否符合现场实际条件，必要时予以补充完善；工作前，对工作班成员进行工作任务、安全措施交底和危险点告知，并确定每个工作班成员都已签名；组织执行工作票所列由其负责的安全措施；监督工作班成员遵守安全工作规程、正确使用劳动防护用品和安全器具以及执行现场安全措施；关注工作班成员身体状况和精神状态是否出现异常迹象，人员变动是否合适。带电作业应有人监护。监护人不得直接操作，监护的范围不得超过一个作业点。 （4）工作班成员：熟悉工作内容、工作流程，掌握安全措施，明确工作中的危险点，并在工作票上履行交底签名确认手续；服从工作负责人（监护人）、专责监护人的指挥，严格遵守《国家电网公司电力安全工作规程（配电部分）（试行）》和劳动纪律，在指定的作业范围内工作，对自己在工作中的行为负责，互相关心工作安全；正确使用施工机具、安全器具和劳动防护用品				

序号	项目名称	质量要求	满分	扣分标准	扣分原因	得分
1	开工准备					
1.1	现场复勘	（1）核对工作线路与设备双重名称。 （2）检查环境是否符合作业要求，电杆根部、基础和拉线是否牢固。 （3）检查线路装置是否具备不停电作业条件，熔断器确已断开，熔管已取下。 （4）检查气象条件（天气良好，无雷电、雪、雹、雨、雾等不良天气，风力不大于 5级，湿度不大于 80%）。 （5）检查工作票所列安全措施，必要时予以补充和完善	4	错、漏一项扣 1 分，扣完为止		
1.2	工作许可	工作负责人按配电带电作业工作票内容与值班调控人员联系，履行工作许可手续	1	未执行工作许可制度扣 1 分		
1.3	召开现场站班会	（1）工作负责人宣读工作票。 （2）工作负责人检查工作班组成员精神状态。 （3）工作负责人交代工作任务进行人员分工，交代安全措施、技术措施、危险点及控制措施。 （4）工作负责人检查工作班成员对工作内容、工作流程、安全措施以及工作中的危险点是否明确。 （5）工作班成员在工作票上履行交底签名确认手续	4	错、漏一项扣 1 分，扣完为止		
1.4	布置工作现场	工作现场设置安全护栏、作业标志和相关警示标志	1	不满足作业要求扣 1 分		

序号	项目名称	质量要求	满分	扣分标准	扣分原因	得分
1.5	工器具、材料检测	（1）工器具、材料齐备，规格型号正确。 （2）绝缘工器具应放置在防潮苫布上，绝缘工器具应与金属工器具、材料分区放置。 （3）工器具在试验周期内。 （4）外观检查方法正确，绝缘工器具应无机械、绝缘缺陷，应戴干净清洁手套，用干燥、清洁毛巾清洁绝缘工器具。 （5）使用绝缘高阻表对绝缘工器具进行绝缘电阻检测，阻值不低于 700MΩ	5	错、漏一项扣1分，扣完为止		
2	作业过程					
2.1	登杆	（1）杆上电工对安全带、脚扣做冲击试验。 （2）杆上电工穿戴好绝缘防护用具，携带绝缘传递绳，登杆至适当位置	5	错、漏一项扣1分； 踩空、打滑每次扣1分； 未正确使用安全带、脚扣扣1分； 上杆过程手上持有工器具扣1分； 以上扣分，扣完为止； 登杆动作生疏、跌落，终止工作		
2.2	验电	杆上电工使用验电器对导线、绝缘子、横担进行验电，确认无漏电现象	5	错、漏一项扣5分，扣完为止		
2.3	安装绝缘遮蔽用具	（1）带电作业过程中人体与带电体应保持足够的安全距离（不小于 0.4m），如不满足安全距离要求，应进行绝缘遮蔽。 （2）按照"从近到远、从下到上、先带电体后接地体"的遮蔽原则对不能满足安全距离的带电体和接地体进行绝缘遮蔽，遮蔽的部位和顺序依次为导线、绝缘子。 （3）杆上电工在对带电体设置绝缘遮蔽隔离措施时，动作应轻缓，人体与带电体应保持足够的安全距离。 （4）绝缘遮蔽隔离措施应严密、牢固，绝缘遮蔽用具之间搭接不得小于 150mm	15	错、漏一项扣4分，扣完为止； 遮蔽顺序错误终止工作		
2.4	安装防鸟锥	（1）1、2 号杆上电工相互配合，使用防鸟锥安装杆，将防鸟锥磁吸面安装到横担的预定位置上，撤下安装工具。 （2）按相同方法在合适安装位置连续安装防鸟锥	30	错、漏一项扣5分，扣完为止		
2.5	拆除绝缘遮蔽用具	（1）经工作负责人的许可后，1、2 号杆上电工按"从远到近、从上到下、先接地体后带电体"的原则拆除绝缘遮蔽隔离措施。 （2）拆除的顺序依次为绝缘子、导线。 （3）杆上电工在拆除带电体上的绝缘遮蔽隔离措施时，动作应轻缓，人体与带电体应保持足够的安全距离	10	错、漏一项扣4分，扣完为止； 拆除绝缘遮蔽顺序错误终止工作		
2.6	撤离杆塔	杆上电工确认杆上无遗留物，逐次下杆	5	发生高空跌落终止工作，扣5分		
3	工作结束					
3.1	清理现场	工作负责人组织工作班成员整理工具、材料，将工器具分类摆放在苫布上，清理现场，做到工完、料尽、场地清	1	不符合要求扣1分		
3.2	质量验收	工作负责人对完成的工作进行全面检查，符合验收规范要求后，记录在册	2	不符合要求扣2分		
3.3	收工会	召开现场收工会，正确点评工作，补充现场标准化作业指导书验收栏等内容	1	不符合要求扣1分		
3.4	工作终结	汇报值班调控人员工作已经结束，在工作票填写终结时间并签字，工作班撤离现场	1	不符合要求扣1分		

续表

序号	项目名称	质量要求	满分	扣分标准	扣分原因	得分
3.5	安全文明生产	（1）杆上电工登杆作业应正确使用安全带、脚扣。 （2）上、下传递工具、材料均应使用绝缘绳传递，传递中不能与电杆、构件等碰撞，严禁抛掷。 （3）作业过程中禁止摘下绝缘防护用具，而且绝缘手套仅作辅助绝缘。 （4）转移作业相，关键步骤操作时应获得工作监护人的许可。 （5）作业过程中，不随意踩踏防潮苫布	5	错、漏一项扣1分，扣完为止		
3.6	关键点	（1）作业中，人体应保持对带电体 0.4m 以上的安全距离。 （2）作业中，绝缘操作杆有效绝缘长度应不小于 0.7m。 （3）在安装防鸟锥时，应防止安装杆碰及带电设备	5	错、漏一项扣1分，扣完为止		
	合计		100			

Jc0004442012　绝缘杆作业法带电拆除防鸟锥的操作。（100分）

考核知识点：带电作业方法

难易度：中

技能等级评价专业技能考核操作工作任务书

一、任务名称

绝缘杆作业法带电拆除防鸟锥的操作。

二、适用工种

高压线路带电检修工（配电）中级工。

三、具体任务

（1）开工准备工作（现场复勘、工作许可、召开现场站班会、布置工作现场、工器具、材料检测）等项目。

（2）安装、拆除绝缘遮蔽用具。

（3）使用绝缘杆作业法带电拆除防鸟锥的操作。

四、工作规范及要求

（1）带电作业应在良好天气下进行，作业前须进行风速和湿度测量。风力大于5级或湿度大于80%时，不宜带电作业。若遇雷电、雪、雹、雨、雾等不良天气，禁止带电作业。

（2）绝缘杆作业法。

（3）本作业项目工作人员共计4名，其中工作负责人（监护人）1名、杆上电工2名、地面电工1名。

（4）工作负责人（监护人）、杆上电工、地面电工必须严格遵守《国家电网公司电力安全工作规程（配电部分）（试行）》3.3.12工作票所列人员的安全责任。

（5）要求着装正确（安全帽、全棉长袖工作服、绝缘鞋）。

五、考核及时间要求

考核时间共50分钟，从获得工作许可开始至工作终结完毕，每超过2分钟扣1分，到60分钟终止考核。

技能等级评价专业技能考核操作评分标准

工种	高压线路带电检修工（配电）		评价等级	中级工
项目模块	带电作业方法—绝缘杆作业法带电拆除防鸟锥的操作	编号	Jc0004442012	
单位		准考证号	姓名	
考试时限	50分钟	题型	单项操作	题分	100分
成绩		考评员	考评组长	日期	
试题正文	绝缘杆作业法带电拆除防鸟锥的操作				
需要说明的问题和要求	（1）带电作业应在良好天气下进行，作业前须进行风速和湿度测量。风力大于5级或湿度大于80%时，不宜带电作业。若遇雷电、雪、雹、雨、雾等不良天气，禁止带电作业。 （2）本作业项目工作人员共计4名，其中工作负责人（监护人）1名、杆上电工2名、地面电工1名。 （3）工作负责人（监护人）：正确组织工作；检查工作票所列安全措施是否正确完备，是否符合现场实际条件，必要时予以补充完善；工作前，对工作班成员进行工作任务、安全措施交底和危险点告知，并确定每个工作班成员都已签名；组织执行工作票所列由其负责的安全措施；监督工作班成员遵守安全工作规程、正确使用劳动防护用品和安全工器具以及执行现场安全措施；关注工作班成员身体状况和精神状态是否出现异常迹象，人员变动是否合适。带电作业应有人监护。监护人不得直接操作，监护的范围不得超过一个作业点。 （4）工作班成员：熟悉工作内容、工作流程，掌握安全措施，明确工作中的危险点，并在工作票上履行交底签名确认手续；服从工作负责人（监护人）、专责监护人的指挥，严格遵守《国家电网公司电力安全工作规程（配电部分）（试行）》和劳动纪律，在指定的作业范围内工作，对自己在工作中的行为负责，互相关心工作安全；正确使用施工机具、安全工器具和劳动防护用品				

序号	项目名称	质量要求	满分	扣分标准	扣分原因	得分
1	开工准备					
1.1	现场复勘	（1）核对工作线路与设备双重名称。 （2）检查环境是否符合作业要求，电杆根部、基础和拉线是否牢固。 （3）检查线路装置是否具备不停电作业条件，熔断器确已断开，熔管已取下。 （4）检查气象条件（天气良好，无雷电、雪、雹、雨、雾等不良天气，风力不大于5级，湿度不大于80%）。 （5）检查工作票所列安全措施，必要时予以补充和完善	4	错、漏一项扣1分，扣完为止		
1.2	工作许可	工作负责人按配电带电作业工作票内容与值班调控人员联系，履行工作许可手续	1	未执行工作许可制度扣1分		
1.3	召开现场站班会	（1）工作负责人宣读工作票。 （2）工作负责人检查工作班组成员精神状态。 （3）工作负责人交代工作任务进行人员分工，交代安全措施、技术措施、危险点及控制措施。 （4）工作负责人检查工作班成员对工作内容、工作流程、安全措施以及工作中的危险点是否明确。 （5）工作班成员在工作票上履行交底签名确认手续	4	错、漏一项扣1分，扣完为止		
1.4	布置工作现场	工作现场设置安全护栏、作业标志和相关警示标志	1	不满足作业要求扣1分		
1.5	工器具、材料检测	（1）工器具、材料齐备，规格型号正确。 （2）绝缘工器具应放置在防潮苫布上，绝缘工器具应与金属工器具、材料分区放置。 （3）工器具在试验周期内。 （4）外观检查方法正确，绝缘工器具应无机械、绝缘缺陷，应戴干净清洁手套，用干燥、清洁毛巾清洁绝缘工器具。 （5）使用绝缘高阻表对绝缘工器具进行绝缘电阻检测，阻值不低于700MΩ	5	错、漏一项扣1分，扣完为止		

续表

序号	项目名称	质量要求	满分	扣分标准	扣分原因	得分
2	作业过程					
2.1	登杆	（1）杆上电工对安全带、脚扣做冲击试验。 （2）杆上电工穿戴好绝缘防护用具，携带绝缘传递绳，登杆至适当位置	5	错、漏一项扣1分； 踩空、打滑每次扣1分； 未正确使用安全带、脚扣扣1分； 上杆过程手上持有工器具扣1分； 以上扣分，扣完为止； 登杆动作生疏、跌落，终止工作		
2.2	验电	杆上电工使用验电器对导线、绝缘子、横担进行验电，确认无漏电现象	5	错、漏一项扣5分，扣完为止		
2.3	安装绝缘遮蔽用具	（1）带电作业过程中人体与带电体应保持足够的安全距离（不小于0.4m），如不满足安全距离要求，应进行绝缘遮蔽。 （2）按照"从近到远、从下到上、先带电体后接地体"的遮蔽原则对不能满足安全距离的带电体和接地体进行绝缘遮蔽，遮蔽的部位和顺序依次为导线、绝缘子、横担。 （3）杆上电工在对带电体设置绝缘遮蔽隔离措施时，动作应轻缓，人体与带电体应保持足够的安全距离。 （4）绝缘遮蔽隔离措施应严密、牢固，绝缘遮蔽用具之间搭接不得小于150mm	15	错、漏一项扣4分，扣完为止； 遮蔽顺序错误终止工作		
2.4	拆除防鸟锥	（1）1、2号杆上电工相互配合，使用防鸟锥拆除杆铲入防鸟锥磁吸部位，推送至金具边缘。 （2）作业人员使用驱鸟器安装工具，锁定并拆除驱鸟器。 （3）按相同方法完成其余驱鸟器的拆除工作	30	错、漏一项扣10分，扣完为止		
2.5	拆除绝缘遮蔽用具	（1）经工作负责人的许可后，1、2号杆上电工按照"从远到近、从上到下、先接地体后带电体"的原则拆除绝缘遮蔽隔离措施。 （2）拆除的顺序依次为绝缘子、导线。 （3）杆上电工在拆除带电体上的绝缘遮蔽隔离措施时，动作应轻缓，人体与带电体应保持足够的安全距离	10	错、漏一项扣4分，扣完为止； 拆除绝缘遮蔽顺序错误终止工作		
2.6	撤离杆塔	杆上电工确认杆上无遗留物，逐次下杆	5	发生高空跌落终止工作，扣5分		
3	工作结束					
3.1	清理现场	工作负责人组织工作班成员整理工具、材料，将工器具分类摆放在苦布上，清理现场，做到工完、料尽、场地清	1	不符合要求扣1分		
3.2	质量验收	工作负责人对完成的工作进行全面检查，符合验收规范要求后，记录在册	2	不符合要求扣2分		
3.3	收工会	召开现场收工会，正确点评工作，补充现场标准化作业指导书验栏等内容	1	不符合要求扣1分		
3.4	工作终结	汇报值班调控人员工作已经结束，在工作票填写终结时间并签字，工作班撤离现场	1	不符合要求扣1分		
3.5	安全文明生产	（1）杆上电工登杆作业应正确使用安全带、脚扣。 （2）上、下传递工具、材料均应使用绝缘绳传递，传递中不能与电杆、构件等碰撞，严禁抛掷。 （3）作业过程中禁止摘下绝缘防护用具，而且绝缘手套仅作辅助绝缘。 （4）转移作业相，关键步骤操作时应获得工作监护人的许可。 （5）作业过程中，不随意踩踏防潮苦布	5	错、漏一项扣1分，扣完为止		

序号	项目名称	质量要求	满分	扣分标准	扣分原因	得分
3.6	关键点	（1）作业中，人体应保持对带电体0.4m以上的安全距离。 （2）作业中，绝缘操作杆有效绝缘长度应不小于0.7m。 （3）断引线时，作业人员应戴护目镜。 （4）在所断线路三相引线未全部拆除前，已拆除的引线应视为有电，不得直接接触，移动剪断后的上引线时应与带电导体保持0.4m以上安全距离。 （5）在使用绝缘断线剪断引线时，应有防止断开的引线摆动碰及带电设备的措施	5	错、漏一项扣1分，扣完为止		
	合计		100			

Jc0004442013　绝缘杆作业法带电更换一相避雷器的操作。（100分）

考核知识点：带电作业方法

难易度：中

技能等级评价专业技能考核操作工作任务书

一、任务名称

绝缘杆作业法带电更换一相避雷器的操作。

二、适用工种

高压线路带电检修工（配电）中级工。

三、具体任务

（1）开工准备工作（现场复勘、工作许可、召开现场站班会、布置工作现场、工器具、材料检测）等项目。

（2）安装、拆除绝缘遮蔽用具。

（3）使用绝缘杆作业法带电更换一相避雷器的操作。

四、工作规范及要求

（1）带电作业应在良好天气下进行，作业前须进行风速和湿度测量。风力大于5级或湿度大于80%时，不宜带电作业。若遇雷电、雪、雹、雨、雾等不良天气，禁止带电作业。

（2）绝缘杆作业法。

（3）本作业项目工作人员共计4名，其中工作负责人（监护人）1名、杆上电工2名、地面电工1名。

（4）工作负责人（监护人）、杆上电工、地面电工必须严格遵守《国家电网公司电力安全工作规程（配电部分）（试行）》3.3.12工作票所列人员的安全责任。

（5）要求着装正确（安全帽、全棉长袖工作服、绝缘鞋）。

五、考核及时间要求

考核时间共50分钟，从获得工作许可开始至工作终结完毕，每超过2分钟扣1分，到60分钟终止考核。

技能等级评价专业技能考核操作评分标准

工种	高压线路带电检修工（配电）		评价等级	中级工
项目模块	带电作业方法—绝缘杆作业法带电更换一相避雷器的操作	编号	Jc0004442013	
单位		准考证号	姓名	

续表

考试时限		50 分钟		题型		单项操作		题分		100 分
成绩			考评员			考评组长			日期	
试题正文		绝缘杆作业法带电更换一相避雷器的操作								
需要说明的问题和要求		（1）带电作业应在良好天气下进行，作业前须进行风速和湿度测量。风力大于 5 级或湿度大于 80%时，不宜带电作业。若遇雷电、雪、雹、雨、雾等不良天气，禁止带电作业。 （2）本作业项目工作人员共计 4 名，其中工作负责人（监护人）1 名、杆上电工 2 名、地面电工 1 名。 （3）工作负责人（监护人）：正确组织工作；检查工作票所列安全措施是否正确完备，是否符合现场实际条件，必要时予以补充完善；工作前，对工作班成员进行工作任务、安全措施交底和危险点告知，并确定每个工作班成员都已签名；组织执行工作票所列由其负责的安全措施；监督工作班成员遵守安全工作规程、正确使用劳动防护用品和安全工器具以及执行现场安全措施；关注工作班成员身体状况和精神状态是否出现异常迹象，人员变动是否合适。带电作业应有人监护。监护人不得直接操作，监护的范围不得超过一个作业点。 （4）工作班成员：熟悉工作内容、工作流程，掌握安全措施，明确工作中的危险点，并在工作票上履行交底签名确认手续；服从工作负责人（监护人）、专责监护人的指挥，严格遵守《国家电网公司电力安全工作规程（配电部分）（试行）》和劳动纪律，在指定的作业范围内工作，对自己在工作中的行为负责，互相关心工作安全；正确使用施工机具、安全工器具和劳动防护用品								

序号	项目名称	质量要求	满分	扣分标准	扣分原因	得分
1	开工准备					
1.1	现场复勘	（1）核对工作线路与设备双重名称。 （2）检查环境是否符合作业要求，电杆根部、基础和拉线是否牢固。 （3）检查线路装置是否具备不停电作业条件，熔断器确已断开，熔管已取下。 （4）检查气象条件（天气良好，无雷电、雪、雹、雨、雾等不良天气，风力不大于 5 级，湿度不大于 80%）。 （5）检查工作票所列安全措施，必要时予以补充和完善	4	错、漏一项扣 1 分，扣完为止		
1.2	工作许可	工作负责人按配电带电作业工作票内容与值班调控人员联系，履行工作许可手续	1	未执行工作许可制度扣 1 分		
1.3	召开现场站班会	（1）工作负责人宣读工作票。 （2）工作负责人检查工作班组成员精神状态。 （3）工作负责人交代工作任务进行人员分工，交代安全措施、技术措施、危险点及控制措施。 （4）工作负责人检查工作班成员对工作内容、工作流程、安全措施以及工作中的危险点是否明确。 （5）工作班成员在工作票上履行交底签名确认手续	4	错、漏一项扣 1 分，扣完为止		
1.4	布置工作现场	工作现场设置安全护栏、作业标志和相关警示标志	1	不满足作业要求扣 1 分		
1.5	工器具、材料检测	（1）工器具、材料齐备，规格型号正确。 （2）绝缘工器具应放置在防潮苫布上，绝缘工器具应与金属工器具、材料分区放置。 （3）工器具在试验周期内。 （4）外观检查方法正确，绝缘工器具应无机械、绝缘缺陷，应戴干净清洁手套，用干燥、清洁毛巾清洁绝缘工器具。 （5）使用绝缘高阻表对绝缘工器具进行绝缘电阻检测，阻值不低于 700MΩ。 （6）检测避雷器：清洁避雷器，并做表面检查，硅胶表面应光滑，无麻点、裂痕等。用绝缘检测仪检测避雷器绝缘电阻不应低于 500MΩ	5	错、漏一项扣 1 分，扣完为止		

续表

序号	项目名称	质量要求	满分	扣分标准	扣分原因	得分
2	作业过程					
2.1	登杆	（1）杆上电工对安全带、脚扣做冲击试验。 （2）杆上电工穿戴好绝缘防护用具，携带绝缘传递绳，登杆至适当位置	5	错、漏一项扣1分； 踩空、打滑每次扣1分； 未正确使用安全带、脚扣扣1分； 上杆过程手上持有工器具扣1分； 以上扣分，扣完为止； 登杆动作生疏、跌落，终止工作		
2.2	验电	杆上电工使用验电器对导线、绝缘子、横担进行验电，确认无漏电现象	5	错、漏一项扣5分，扣完为止		
2.3	安装绝缘遮蔽用具	（1）带电作业过程中人体与带电体应保持足够的安全距离（不小于0.4m），如不满足安全距离要求，应进行绝缘遮蔽。 （2）按照"从近到远、从下到上、先带电体后接地体"的遮蔽原则对不能满足安全距离的带电体和接地体进行绝缘遮蔽，遮蔽的部位和顺序依次为导线、绝缘子、避雷器上引线。 （3）杆上电工在对带电体设置绝缘遮蔽隔离措施时，动作应轻缓，人体与带电体应保持足够的安全距离。 （4）绝缘遮蔽隔离措施应严密、牢固，绝缘遮蔽用具之间搭接不得小于150mm	15	错、漏一项扣4分，扣完为止； 遮蔽顺序错误终止工作		
2.4	更换一相避雷器	（1）1、2号杆上电工使用断线剪将近边相避雷器引线从主导线（或其他搭接部位）拆除，妥善固定引线。 （2）其余两相避雷器退出运行按相同方法进行。三相避雷器接线器的拆除，可按由简单到复杂、先易后难的原则进行，先近（内侧）后远（外侧），或根据现场情况先两边相、后中间相。 （3）杆上电工更换新避雷器，在避雷器接线柱上安装好引线并妥善固定，恢复绝缘遮蔽隔离措施。 （4）安装避雷器应注意：避雷器间距不小于350mm；接地引下线应选用铜芯截面积不小于25mm²的绝缘线；避雷器安装应牢固，排列整齐，高低一致。 （5）杆上电工安装三相避雷器接地线，将中间相避雷器上引线使用线夹安装工具与主导线进行搭接。 （6）其余两相避雷器上引线与主导线的搭接按相同的方法进行。三相避雷器上引线与主导线的搭接，可按由复杂到简单、先难后易的原则进行，先远（外侧）后近（内侧），或根据现场情况先中间相、后两边相。 （7）引线安装要求：避雷器引线连接牢固，长度适当，不得受力	30	错、漏一项扣5分，扣完为止		
2.5	拆除绝缘遮蔽用具	（1）经工作负责人的许可后，1、2号杆上电工按照"从远到近、从上到下、先接地体后带电体"的原则拆除绝缘遮蔽隔离措施。 （2）拆除的顺序依次为避雷器上引线、绝缘子、导线。 （3）杆上电工在拆除带电体上的绝缘遮蔽隔离措施时，动作应轻缓，人体与带电体应保持足够的安全距离	10	错、漏一项扣4分，扣完为止； 拆除绝缘遮蔽顺序错误终止工作		
2.6	撤离杆塔	杆上电工确认杆上无遗留物，逐次下杆	5	发生高空跌落终止工作，扣5分		
3	工作结束					
3.1	清理现场	工作负责人组织工作班成员整理工具、材料，将工器具分类摆放在苫布上，清理现场，做到工完、料尽、场地清	1	不符合要求扣1分		

续表

序号	项目名称	质量要求	满分	扣分标准	扣分原因	得分
3.2	质量验收	工作负责人对完成的工作进行全面检查，符合验收规范要求后，记录在册	2	不符合要求扣2分		
3.3	收工会	召开现场收工会，正确点评工作，补充现场标准化作业指导书验收栏等内容	1	不符合要求扣1分		
3.4	工作终结	汇报值班调控人员工作已经结束，在工作票填写终结时间并签字，工作班撤离现场	1	不符合要求扣1分		
3.5	安全文明生产	（1）杆上电工登杆作业应正确使用安全带、脚扣。 （2）上、下传递工具、材料均应使用绝缘绳传递，传递中不能与电杆、构件等碰撞，严禁抛掷。 （3）作业过程中禁止摘下绝缘防护用具，而且绝缘手套仅作辅助绝缘。 （4）转移作业相，关键步骤操作时应获得工作监护人的许可。 （5）作业过程中，不随意踩踏防潮苫布。	5	错、漏一项扣1分，扣完为止		
3.6	关键点	（1）作业中，人体应保持对带电体0.4m以上的安全距离。 （2）作业中，绝缘操作杆有效绝缘长度应不小于0.7m。 （3）断引线时，作业人员应戴护目镜。 （4）在所断线路三相引线未全部拆除前，已拆除的引线应视为有电，不得直接接触，移动剪断后的上引线时应与带电导体保持0.4m以上安全距离。 （5）在使用绝缘断线剪剪断引线时，应有防止断开的引线摆动碰及带电设备的措施	5	错、漏一项扣1分，扣完为止		
合计			100			

Jc0004442014　绝缘杆作业法带电断接一相耐张杆引流线的操作。（100分）

考核知识点： 带电作业方法

难易度： 中

技能等级评价专业技能考核操作工作任务书

一、任务名称

绝缘杆作业法带电断接一相耐张杆引流线的操作。

二、适用工种

高压线路带电检修工（配电）中级工。

三、具体任务

（1）开工准备工作（现场复勘、工作许可、召开现场站班会、布置工作现场、工器具、材料检测）等项目。

（2）安装、拆除绝缘遮蔽用具。

（3）使用绝缘杆作业法带电断接一相耐张杆引流线的操作。

四、工作规范及要求

（1）带电作业应在良好天气下进行，作业前须进行风速和湿度测量。风力大于5级或湿度大于80%时，不宜带电作业。若遇雷电、雪、雹、雨、雾等不良天气，禁止带电作业。

（2）绝缘杆作业法。

（3）本作业项目工作人员共计4名，其中工作负责人（监护人）1名、杆上电工2名、地面电工1名。

（4）工作负责人（监护人）、杆上电工、地面电工必须严格遵守《国家电网公司电力安全工作规程（配电部分）（试行）》3.3.12 工作票所列人员的安全责任。

（5）要求着装正确（安全帽、全棉长袖工作服、绝缘鞋）。

五、考核及时间要求

考核时间共 50 分钟，从获得工作许可开始至工作终结完毕，每超过 2 分钟扣 1 分，到 60 分钟终止考核。

技能等级评价专业技能考核操作评分标准

工种	高压线路带电检修工（配电）		评价等级	中级工
项目模块	带电作业方法—绝缘杆作业法带电断接一相耐张杆引流线的操作	编号	Jc0004442014	
单位		准考证号	姓名	
考试时限	50 分钟	题型　单项操作	题分	100 分
成绩	考评员	考评组长	日期	

试题正文	绝缘杆作业法带电断接一相耐张杆引流线的操作
需要说明的问题和要求	（1）带电作业应在良好天气下进行，作业前须进行风速和湿度测量。风力大于 5 级或湿度大于 80%时，不宜带电作业。若遇雷电、雪、雹、雨、雾等不良天气，禁止带电作业。 （2）本作业项目工作人员共计 4 名，其中工作负责人（监护人）1 名、杆上电工 2 名、地面电工 1 名。 （3）工作负责人（监护人）：正确组织工作；检查工作票所列安全措施是否正确完备，是否符合现场实际条件，必要时予以补充完善；工作前，对工作班成员进行工作任务、安全措施交底和危险点告知，并确定每个工作班成员都已签名；组织执行工作票所列由其负责的安全措施；监督工作班成员遵守安全工作规程、正确使用劳动防护用品和安全工器具以及执行现场安全措施；关注工作班成员身体状况和精神状态是否出现异常迹象，人员变动是否合适。带电作业应有人监护。监护人不得直接操作，监护的范围不得超过一个作业点。 （4）工作班成员：熟悉工作内容、工作流程，掌握安全措施，明确工作中的危险点，并在工作票上履行交底签名确认手续；服从工作负责人（监护人）、专责监护人的指挥，严格遵守《国家电网公司电力安全工作规程（配电部分）（试行）》和劳动纪律，在指定的作业范围内工作，对自己在工作中的行为负责，互相关心工作安全；正确使用施工机具、安全工器具和劳动防护用品

序号	项目名称	质量要求	满分	扣分标准	扣分原因	得分
1	开工准备					
1.1	现场复勘	（1）核对工作线路与设备双重名称。 （2）检查环境是否符合作业要求，电杆根部、基础和拉线是否牢固。 （3）检查线路装置是否具备不停电作业条件，熔断器确已断开，熔管已取下。 （4）检查气象条件（天气良好，无雷电、雪、雹、雨、雾等不良天气，风力不大于 5 级，湿度不大于 80%）。 （5）检查工作票所列安全措施，必要时予以补充和完善	4	错、漏一项扣 1 分，扣完为止		
1.2	工作许可	工作负责人按配电带电作业工作票内容与值班调控人员联系，履行工作许可手续	1	未执行工作许可制度扣 1 分		
1.3	召开现场站班会	（1）工作负责人宣读工作票。 （2）工作负责人检查工作班组成员精神状态。 （3）工作负责人交代工作任务进行人员分工，交代安全措施、技术措施、危险点及控制措施。 （4）工作负责人检查工作班成员对工作内容、工作流程、安全措施以及工作中的危险点是否明确。 （5）工作班成员在工作票上履行交底签名确认手续	4	错、漏一项扣 1 分，扣完为止		

续表

序号	项目名称	质量要求	满分	扣分标准	扣分原因	得分
1.4	布置工作现场	工作现场设置安全护栏、作业标志和相关警示标志	1	不满足作业要求扣1分		
1.5	工器具、材料检测	（1）工器具、材料齐备，规格型号正确。 （2）绝缘工器具应放置在防潮苫布上，绝缘工器具应与金属工器具、材料分区放置。 （3）工器具在试验周期内。 （4）外观检查方法正确，绝缘工器具应无机械、绝缘缺陷，应戴干净清洁手套，用干燥、清洁毛巾清洁绝缘工器具。 （5）使用绝缘高阻表对绝缘工器具进行绝缘电阻检测，阻值不低于700MΩ	5	错、漏一项扣1分，扣完为止		
2	作业过程					
2.1	登杆	（1）杆上电工对安全带、脚扣做冲击试验。 （2）杆上电工穿戴好绝缘防护用具，携带绝缘传递绳，登杆至适当位置	5	错、漏一项扣1分； 踩空、打滑每次扣1分； 未正确使用安全带、脚扣扣1分； 上杆过程手上持有工器具扣1分； 以上扣分，扣完为止； 登杆动作生疏、跌落，终止工作		
2.2	验电	杆上电工使用验电器对导线、绝缘子、横担进行验电，确认无漏电现象	5	错、漏一项扣5分，扣完为止		
2.3	安装绝缘遮蔽用具	（1）带电作业过程中人体与带电体应保持足够的安全距离（不小于0.4m），如不满足安全距离要求，应进行绝缘遮蔽。 （2）按照"从近到远、从下到上、先带电体后接地体"的遮蔽原则对不能满足安全距离的带电体和接地体进行绝缘遮蔽，遮蔽的部位和顺序依次为导线、绝缘子。 （3）杆上电工在对带电体设置绝缘遮蔽隔离措施时，动作应轻缓，人体与带电体应保持足够的安全距离。 （4）绝缘遮蔽隔离措施应严密、牢固，绝缘遮蔽用具之间搭接不得小于150mm	15	错、漏一项扣4分，扣完为止； 遮蔽顺序错误终止工作		
2.4	断接一相耐张杆引流线	（1）杆上电工使用绝缘锁杆将待断线路引线固定。 （2）杆上电工使用绝缘棘轮大剪将耐张线路电源侧引线剪断。 （3）杆上电工使用绝缘锁杆将耐张处引线向下平稳地移带带电导线并剪断。 （4）杆上电工使用剥线器杆剥除跳线绝缘层，使用锁杆锁定新引线，用绝缘射枪杆安装耐张引线处。 （5）使用线夹安装杆安装J型线夹连接主导线侧。 （6）如为绝缘导线应使用绝缘护罩恢复导线端头的绝缘及密封。 （7）断开耐张杆引流线应注意：剪断引流线时，应在耐张线夹以下200mm处进行，并用绝缘工具将端头卷向耐张线夹，防止导线由耐张线夹抽出	30	错、漏一项扣5分，扣完为止		
2.5	拆除绝缘遮蔽用具	（1）经工作负责人的许可后，1、2号杆上电工按照"从远到近、从上到下、先接地体后带电体"的原则拆除绝缘遮蔽隔离措施。 （2）拆除的顺序依次为绝缘子、导线。 （3）杆上电工在拆除带电体上的绝缘遮蔽隔离措施时，动作应轻缓，人体与带电体应保持足够的安全距离	10	错、漏一项扣4分，扣完为止； 拆除绝缘遮蔽顺序错误终止工作		

续表

序号	项目名称	质量要求	满分	扣分标准	扣分原因	得分
2.6	撤离杆塔	杆上电工确认杆上无遗留物，逐次下杆	5	发生高空跌落终止工作，扣5分		
3	工作结束					
3.1	清理现场	工作负责人组织工作班成员整理工具、材料，将工器具分类摆放在苫布上，清理现场，做到工完、料尽、场地清	1	不符合要求扣1分		
3.2	质量验收	工作负责人对完成的工作进行全面检查，符合验收规范要求后，记录在册	2	不符合要求扣2分		
3.3	收工会	召开现场收工会，正确点评工作，补充现场标准化作业指导书验收栏等内容	1	不符合要求扣1分		
3.4	工作终结	汇报值班调控人员工作已经结束，在工作票填写终结时间并签字，工作班撤离现场	1	不符合要求扣1分		
3.5	安全文明生产	（1）杆上电工登杆作业应正确使用安全带、脚扣。 （2）上、下传递工具、材料均应使用绝缘绳传递，传递中不能与电杆、构件等碰撞，严禁抛掷。 （3）作业过程中禁止摘下绝缘防护用具，而且绝缘手套仅作辅助绝缘。 （4）转移作业相，关键步骤操作时应获得工作监护人的许可。 （5）作业过程中，不随意踩踏防潮苫布	5	错、漏一项扣1分，扣完为止		
3.6	关键点	（1）作业中，人体应保持对带电体0.4m以上的安全距离。 （2）作业中，绝缘操作杆有效绝缘长度应不小于0.7m。 （3）断引线时，作业人员应戴护目镜。 （4）在所断线路三相引线未全部拆除前，已拆除的引线应视为有电，不得直接接触，移动剪断后的上引线时应与带电导体保持0.4m以上安全距离。 （5）在使用绝缘断线剪剪断引线时，应有防止断开的引线摆动碰及带电设备的措施	5	错、漏一项扣1分，扣完为止		
	合计		100			

Jc0004442015　绝缘杆作业法带电断接一相分支线路引流线的操作。（100分）

考核知识点：带电作业方法

难易度：中

技能等级评价专业技能考核操作工作任务书

一、任务名称

绝缘杆作业法带电断接一相分支线路引流线的操作。

二、适用工种

高压线路带电检修工（配电）中级工。

三、具体任务

（1）开工准备工作（现场复勘、工作许可、召开现场站班会、布置工作现场、工器具、材料检测）等项目。

（2）安装、拆除绝缘遮蔽用具。

（3）使用绝缘杆作业法带电断接一相分支线路引流线的操作。

四、工作规范及要求

（1）带电作业应在良好天气下进行，作业前须进行风速和湿度测量。风力大于 5 级或湿度大于 80% 时，不宜带电作业。若遇雷电、雪、雹、雨、雾等不良天气，禁止带电作业。

（2）绝缘杆作业法。

（3）本作业项目工作人员共计 4 名，其中工作负责人（监护人）1 名、杆上电工 2 名、地面电工 1 名。

（4）工作负责人（监护人）、杆上电工、地面电工必须严格遵守《国家电网公司电力安全工作规程（配电部分）（试行）》3.3.12 工作票所列人员的安全责任。

（5）要求着装正确（安全帽、全棉长袖工作服、绝缘鞋）。

五、考核及时间要求

考核时间共 50 分钟，从获得工作许可开始至工作终结完毕，每超过 2 分钟扣 1 分，到 60 分钟终止考核。

技能等级评价专业技能考核操作评分标准

工种	高压线路带电检修工（配电）				评价等级	中级工
项目模块	带电作业方法—绝缘杆作业法带电断接一相分支线路引流线的操作			编号	Jc0004442015	
单位			准考证号		姓名	
考试时限	50 分钟	题型		单项操作	题分	100 分
成绩		考评员		考评组长	日期	
试题正文	绝缘杆作业法带电断接一相分支线路引流线的操作					
需要说明的问题和要求	（1）带电作业应在良好天气下进行，作业前须进行风速和湿度测量。风力大于 5 级或湿度大于 80% 时，不宜带电作业。若遇雷电、雪、雹、雨、雾等不良天气，禁止带电作业。 （2）本作业项目工作人员共计 4 名，其中工作负责人（监护人）1 名、杆上电工 2 名、地面电工 1 名。 （3）工作负责人（监护人）：正确组织工作；检查工作票所列安全措施是否正确完备，是否符合现场实际条件，必要时予以补充完善；工作前，对工作班成员进行工作任务、安全措施交底和危险点告知，并确定每个工作班成员都已签名；组织执行工作票所列由其负责的安全措施；监督工作班成员遵守安全工作规程、正确使用劳动防护用品和安全工器具以及执行现场安全措施；关注工作班成员身体状况和精神状态是否出现异常迹象，人员变动是否合适。带电作业应有人监护。监护人不得直接操作，监护的范围不得超过一个作业点。 （4）工作班成员：熟悉工作内容、工作流程，掌握安全措施，明确工作中的危险点，并在工作票上履行交底签名确认手续；服从工作负责人（监护人）、专责监护人的指挥，严格遵守《国家电网公司电力安全工作规程（配电部分）（试行）》和劳动纪律，在指定的作业范围内工作，对自己在工作中的行为负责，互相关心工作安全；正确使用施工机具、安全工器具和劳动防护用品					

序号	项目名称	质量要求	满分	扣分标准	扣分原因	得分
1	开工准备					
1.1	现场复勘	（1）核对工作线路与设备双重名称。 （2）检查环境是否符合作业要求，电杆根部、基础和拉线是否牢固。 （3）检查线路装置是否具备不停电作业条件，熔断器确已断开，熔管已取下。 （4）检查气象条件（天气良好，无雷电、雪、雹、雨、雾等不良天气，风力不大于 5 级，湿度不大于 80%）。 （5）检查工作票所列安全措施，必要时予以补充和完善	4	错、漏一项扣 1 分，扣完为止		
1.2	工作许可	工作负责人按配电带电作业工作票内容与值班调控人员联系，履行工作许可手续	1	未执行工作许可制度扣 1 分		

续表

序号	项目名称	质量要求	满分	扣分标准	扣分原因	得分
1.3	召开现场站班会	（1）工作负责人宣读工作票。 （2）工作负责人检查工作班组成员精神状态。 （3）工作负责人交代工作任务进行人员分工，交代安全措施、技术措施、危险点及控制措施。 （4）工作负责人检查工作班成员对工作内容、工作流程、安全措施以及工作中的危险点是否明确。 （5）工作班成员在工作票上履行交底签名确认手续	4	错、漏一项扣1分，扣完为止		
1.4	布置工作现场	工作现场设置安全护栏、作业标志和相关警示标志	1	不满足作业要求扣1分		
1.5	工器具、材料检测	（1）工器具、材料齐备，规格型号正确。 （2）绝缘工器具应放置在防潮苫布上，绝缘工器具应与金属工器具、材料分区放置。 （3）工器具在试验周期内。 （4）外观检查方法正确，绝缘工器具应无机械、绝缘缺陷，应戴干净清洁手套，用干燥、清洁毛巾清洁绝缘工器具。 （5）使用绝缘高阻表对绝缘工器具进行绝缘电阻检测，阻值不低于700MΩ	5	错、漏一项扣1分，扣完为止		
2	作业过程					
2.1	登杆	（1）杆上电工对安全带、脚扣做冲击试验。 （2）杆上电工穿戴好绝缘防护用具，携带绝缘传递绳，登杆至适当位置	5	错、漏一项扣1分； 踩空、打滑每次扣1分； 未正确使用安全带、脚扣扣1分； 上杆过程手上持有工器具扣1分； 以上扣分，扣完为止； 登杆动作生疏、跌落，终止工作		
2.2	验电	杆上电工使用验电器对导线、绝缘子、横担进行验电，确认无漏电现象	5	错、漏一项扣5分，扣完为止		
2.3	安装绝缘遮蔽用具	（1）带电作业过程中人体与带电体应保持足够的安全距离（不小于0.4m），如不满足安全距离要求，应进行绝缘遮蔽。 （2）按照"从近到远、从下到上、先带电体后接地体"的遮蔽原则对不能满足安全距离的带电体和接地体进行绝缘遮蔽，遮蔽的部位和顺序依次为导线、绝缘子。 （3）杆上电工在对带电体设置绝缘遮蔽隔离措施时，动作应轻缓，人体与带电体应保持足够的安全距离。 （4）绝缘遮蔽隔离措施应严密、牢固，绝缘遮蔽用具之间搭接不得小于150mm	15	错、漏一项扣4分，扣完为止； 遮蔽顺序错误终止工作		
2.4	接分支线路引流线	（1）1号电工使用绝缘检测仪分别检测三相待接引流线对地绝缘良好，并确认空载。 （2）1号电工用绝缘测量杆分别测量三相待接引线长度，剪除多余部分，使用通用剥皮器一次性剥除三相待接引线端头绝缘皮，并清除氧化层，待接引线剥皮长度超出J型线夹宽度2cm，且端头须采取防散股措施。 （3）分别在距引流线端头15mm处安装双头卡钩，将双头卡钩待接引线侧卡钩旋紧。 （4）1号电工使用绝缘线径测量仪分别测量三相主导线外径，根据测量结果，地面电工选择适当的刀具安装到绝缘导线剥皮器上。	30	错、漏一项扣3分，扣完为止		

续表

序号	项目名称	质量要求	满分	扣分标准	扣分原因	得分
2.4	接分支线路引流线	（5）1号电工操作绝缘导线剥皮器剥除中相主导线搭接位置处的绝缘层，打开两边相绝缘遮蔽分别剥除两边相主导线搭接位置处的绝缘层，并恢复绝缘遮蔽。剥除的主导线绝缘皮长度要超出J型线夹宽度2cm。 （6）杆上电工相互配合将双头卡钩操作杆安装到双头卡钩主导线侧旋紧槽内，将待接三相引线通过双头卡钩分别固定在对应相主导线上，三相引流线端头须与主导线裸露处平行。 （7）杆上电工调整J型线夹螺栓方向，使J型线夹连接主导线侧的开口向上，并将J型线夹安装到线夹安装工具上，旋紧压簧使J型线夹固定牢固。 （8）1号电工使用绝缘杆式导线清扫刷清除主导线连接处氧化层后，操作J型线夹安装工具将J型线夹主导线开口侧安装到中相导线上，移动J型线夹安装工具，将待接引流线端头引入J型线夹的引流线槽内。 （9）2号电工使用电动扳手或棘轮扳手，通过线夹安装工具的传动杆预旋紧J型线夹螺栓。 （10）杆上电工使用操作杆旋松J型线夹安装工具的压簧，取下J型线夹安装工具。 （11）调整中相引流线至主导线正下方，使用绝缘套筒操作杆旋紧J型线夹的螺栓，直至J型线夹两楔块紧密贴合，检查安装质量符合要求，拆除双头卡钩。 （12）如J型线夹两楔块未紧密贴合，应使用绝缘杆式套筒和棘轮扳手再次旋紧。 （13）地面电工根据绝缘导线外径测量结果，按照绝缘护罩相应的刻度去除多余部分，使用绝缘传递绳传递至杆上电工，杆上电工将线夹绝缘护罩嵌入绝缘护罩安装工具卡槽内，并揭下防黏层。 （14）杆上电工操作绝缘护罩安装工具将绝缘护罩安装到J型线夹上。 （15）杆上电工使用绝缘卡线钩调整引流线角度，使其定位于绝缘护罩的引流线槽内。 （16）杆上电工使用绝缘卡线钩另一端向下闭合绝缘护罩安装工具的开口。 （17）杆上电工首先在非引流线侧的主导线下方使用绝缘夹钳按照由内至外的顺序逐点夹紧绝缘护罩的黏接口，使绝缘护罩与主导线贴合紧密；取下绝缘护罩安装工具，再按照由上到下的顺序将绝缘护罩非引流线侧的开口逐点夹紧。 （18）杆上电工使用绝缘夹钳在引流线侧的主导线下方按照由内至外的顺序逐点夹紧，使绝缘护罩与主导线贴合紧密；再将引流线处的护罩按照由内至外的顺序逐点夹紧，使绝缘护罩与引流线贴合紧密。 （19）杆上电工使用绝缘夹钳将绝缘护罩其余开口全部逐点夹紧后，并检查安装质量符合要求。 （20）其余两相引线连接按相同的方法进行。三相引线搭接时，可按照先中相，再两边相的顺序完成，也可根据现场情况进行。两边相引线连接时应尽可能使引流线处于主导线下方，以便于线夹绝缘护罩的安装。 （21）引线安装要求：引线连接牢固，长度适当，不得受力	30	错、漏一项扣3分，扣完为止		

续表

序号	项目名称	质量要求	满分	扣分标准	扣分原因	得分
2.5	拆除绝缘遮蔽用具	（1）经工作负责人的许可后，1、2号杆上电工按照"从远到近、从上到下、先接地体后带电体"的原则拆除绝缘遮蔽隔离措施。 （2）拆除的顺序依次为绝缘子、导线。 （3）杆上电工在拆除带电体上的绝缘遮蔽隔离措施时，动作应轻缓，人体与带电体应保持足够的安全距离	10	错、漏一项扣4分，扣完为止；拆除绝缘遮蔽顺序错误终止工作		
2.6	撤离杆塔	杆上电工确认杆上无遗留物，逐次下杆	5	发生高空跌落终止工作，扣5分		
3	工作结束					
3.1	清理现场	工作负责人组织工作班成员整理工具、材料，将工器具分类摆放在苫布上，清理现场，做到工完、料尽、场地清	1	不符合要求扣1分		
3.2	质量验收	工作负责人对完成的工作进行全面检查，符合验收规范要求后，记录在册	2	不符合要求扣2分		
3.3	收工会	召开现场收工会，正确点评工作，补充现场标准化作业指导书验收栏等内容	1	不符合要求扣1分		
3.4	工作终结	汇报值班调控人员工作已经结束，在工作票填写终结时间并签字，工作班撤离现场	1	不符合要求扣1分		
3.5	安全文明生产	（1）杆上电工登杆作业应正确使用安全带、脚扣。 （2）上、下传递工具、材料均应使用绝缘绳传递，传递中不能与电杆、构件等碰撞，严禁抛掷。 （3）作业过程中禁止摘下绝缘防护用具，而且绝缘手套仅作辅助绝缘。 （4）转移作业相，关键步骤操作时应获得工作监护人的许可。 （5）作业过程中，不随意踩踏防潮苫布	5	错、漏一项扣1分，扣完为止		
3.6	关键点	（1）作业中，人体应保持对带电体0.4m以上的安全距离。 （2）作业中，绝缘操作杆有效绝缘长度应不小于0.7m。 （3）断引线时，作业人员应戴护目镜。 （4）在所断线路三相引线未全部拆除前，已拆除的引线应视为有电，不得直接接触，移动剪断后的上引线时应与带电导体保持0.4m以上安全距离。 （5）在使用绝缘断线剪剪断引线时，应有防止断开的引线摆动碰及带电设备的措施	5	错、漏一项扣1分，扣完为止		
	合计		100			

Jc0004442016　绝缘手套作业法带电清除异物的操作。（100分）

考核知识点： 带电作业方法

难易度： 中

技能等级评价专业技能考核操作工作任务书

一、任务名称

绝缘手套作业法带电清除异物的操作。

二、适用工种

高压线路带电检修工（配电）中级工。

三、具体任务

（1）开工准备工作（现场复勘、工作许可、召开现场站班会、布置工作现场、工器具、材料检测）等项目。

（2）安装、拆除绝缘遮蔽用具。

（3）使用绝缘手套作业法带电清除异物的操作。

四、工作规范及要求

（1）带电作业应在良好天气下进行，作业前须进行风速和湿度测量。风力大于 5 级或湿度大于 80% 时，不宜带电作业。若遇雷电、雪、雹、雨、雾等不良天气，禁止带电作业。

（2）绝缘手套作业法。

（3）本作业项目工作人员共计 4 名，其中工作负责人（监护人）1 名、斗内电工 2 名、地面电工 1 名。

（4）工作负责人（监护人）、斗内电工、地面电工必须严格遵守《国家电网公司电力安全工作规程（配电部分）（试行）》3.3.12 工作票所列人员的安全责任。

（5）要求着装正确（安全帽、全棉长袖工作服、绝缘鞋）。

五、考核及时间要求

考核时间共 50 分钟，从获得工作许可开始至工作终结完毕，每超过 2 分钟扣 1 分，到 60 分钟终止考核。

技能等级评价专业技能考核操作评分标准

工种	高压线路带电检修工（配电）			评价等级	中级工
项目模块	带电作业方法—绝缘手套作业法带电清除异物的操作		编号		Jc0004442016
单位		准考证号		姓名	
考试时限	50 分钟	题型	单项操作	题分	100 分
成绩		考评员	考评组长		日期
试题正文	绝缘手套作业法带电清除异物的操作				
需要说明的问题和要求	（1）带电作业应在良好天气下进行，作业前须进行风速和湿度测量。风力大于 5 级或湿度大于 80% 时，不宜带电作业。若遇雷电、雪、雹、雨、雾等不良天气，禁止带电作业。 （2）本作业项目工作人员共计 4 名，其中工作负责人（监护人）1 名、斗内电工 2 名、地面电工 1 名。 （3）工作负责人（监护人）：正确组织工作；检查工作票所列安全措施是否正确完备，是否符合现场实际条件，必要时予以补充完善；工作前，对工作班成员进行工作任务、安全措施交底和危险点告知，并确定每个工作班成员都已签名；组织执行工作票所列由其负责的安全措施；监督工作班成员遵守安全工作规程、正确使用劳动防护用品和安全工器具以及执行现场安全措施；关注工作班成员身体状况和精神状态是否出现异常迹象，人员变动是否合适。带电作业应有人监护。监护人不得直接操作，监护的范围不得超过一个作业点。 （4）工作班成员：熟悉工作内容、工作流程，掌握安全措施，明确工作中的危险点，并在工作票上履行交底签名确认手续；服从工作负责人（监护人）、专责监护人的指挥，严格遵守《国家电网公司电力安全工作规程（配电部分）（试行）》和劳动纪律，在指定的作业范围内工作，对自己在工作中的行为负责，互相关心工作安全；正确使用施工机具、安全工器具和劳动防护用品				

序号	项目名称	质量要求	满分	扣分标准	扣分原因	得分
1	开工准备					
1.1	现场复勘	（1）核对工作线路与设备双重名称。 （2）确认待接引流线下方无负荷，负荷侧变压器、电压互感器确已退出，熔断器确已断开，熔管已取下，检查作业装置和现场环境符合带电作业条件。 （3）检查气象条件（天气良好，无雷电、雪、雹、雨、雾等不良天气，风力不大于 5 级，湿度不大于 80%）。 （4）检查工作票所列安全措施，必要时予以补充和完善	4	错、漏一项扣 1 分，扣完为止		

续表

序号	项目名称	质量要求	满分	扣分标准	扣分原因	得分
1.2	工作许可	工作负责人按配电带电作业工作票内容与值班调控人员联系，履行工作许可手续	1	未执行工作许可制度扣1分		
1.3	召开现场站班会	（1）工作负责人宣读工作票。 （2）工作负责人检查工作班组成员精神状态。 （3）工作负责人交代工作任务进行人员分工，交代安全措施、技术措施、危险点及控制措施。 （4）工作负责人检查工作班成员对工作内容、工作流程、安全措施以及工作中的危险点是否明确。 （5）工作班成员在工作票上履行交底签名确认手续	4	错、漏一项扣1分，扣完为止		
1.4	布置工作现场	根据道路情况设置安全围栏、警告标志或路障	1	不满足作业要求扣1分		
1.5	工器具、材料检测	（1）工器具、材料齐备，规格型号正确。 （2）绝缘工器具应放置在防潮苫布上，绝缘工器具应与金属工器具、材料分区放置。 （3）工器具在试验周期内。 （4）外观检查方法正确，绝缘工器具应无机械、绝缘缺陷，应戴干净清洁手套，用干燥、清洁毛巾清洁绝缘工器具。 （5）使用绝缘高阻表对绝缘工器具进行绝缘电阻检测，阻值不得低于700MΩ	5	错、漏一项扣1分，扣完为止		
2	作业过程					
2.1	进入作业现场	（1）选择合适位置停放绝缘斗臂车，支撑稳固，并可靠接地。 （2）查看绝缘臂、绝缘斗良好，进行空斗试操作，确认液压传动、升降、伸缩、回转系统工作正常及操作灵活，制动装置可靠。 （3）斗内电工穿戴好绝缘防护用具，进入绝缘斗，挂好安全带保险钩	5	错、漏一项扣2分，扣完为止		
2.2	验电	斗内电工将工作斗调整至适当位置，使用验电器对导线、绝缘子、横担进行验电，确认无漏电现象	5	错、漏一处扣2分，扣完为止		
2.3	安装绝缘遮蔽用具	（1）经工作负责人许可后，斗内电工调整绝缘斗到达内边相合适工作位置，按照"从近到远、从下到上、先带电体后接地体"的遮蔽原则对作业范围内可能触及的带电体和接地体进行绝缘遮蔽隔离。 （2）遮蔽的部位和顺序依次为导线、绝缘子（串）以及作业点临近的接地体。 （3）斗内电工在对带电体设置绝缘遮蔽隔离措施时，动作应轻缓，与横担等地电位构件间应保持足够的安全距离(不小于0.4m)，与邻相导线之间应保持足够的安全距离(不小于0.6m)。 （4）绝缘遮蔽隔离措施应严密、牢固，绝缘遮蔽用具之间搭接不得小于150mm。 （5）经工作负责人的许可后，斗内电工调整绝缘斗到达外边相合适工作位置，按照与内边相相同的方法对作业范围内可能触及的带电体和接地体进行绝缘遮蔽隔离。 （6）经工作负责人的许可后，斗内电工调整绝缘斗到达中间相合适工作位置，按照与两边相相同的方法对作业范围内可能触及的带电体和接地体进行绝缘遮蔽隔离	20	错、漏一项扣4分，扣完为止；遮蔽顺序错误终止工作		
2.4	清除异物	（1）斗内电工拆除异物，应采取措施防止异物落下伤人。 （2）斗内电工使用绝缘绳索将异物放至地面	25	错、漏一项扣15分，扣完为止		

续表

序号	项目名称	质量要求	满分	扣分标准	扣分原因	得分
2.5	拆除绝缘遮蔽用具	（1）经工作负责人的许可后，斗内电工调整绝缘斗到达中间相合适工作位置，按照"从远到近、从上到下、先接地体后带电体"的原则拆除绝缘遮蔽隔离措施。 （2）拆除的顺序依次为作业点临近的接地体、绝缘子（串）、导线。 （3）斗内电工在拆除带电体上的绝缘遮蔽隔离措施时，动作应轻缓，与横担等地电位构件间应保持足够的安全距离，与邻相导线之间应保持足够的安全距离。 （4）经工作负责人的许可后，斗内电工调整绝缘斗到达外边相合适工作位置，按照与中间相相同的方法拆除绝缘遮蔽隔离。 （5）经工作负责人的许可后，斗内电工调整绝缘斗到达内边相合适工作位置，按照与中间相相同的方法拆除绝缘遮蔽隔离	10	错、漏一项扣 2 分，扣完为止；拆除绝缘遮蔽用具顺序错误终止工作		
2.6	返回地面	检查杆上无遗留物，绝缘斗退出有电工作区域，作业人员返回地面	5	未按要求执行扣 5 分		
3	工作结束					
3.1	清理现场	工作负责人组织工作班成员整理工具、材料，将工器具分类摆放在苫布上，清理现场，做到工完、料尽、场地清	1	不符合要求扣 1 分		
3.2	质量验收	工作负责人对完成的工作进行全面检查，符合验收规范要求后，记录在册	2	不符合要求扣 2 分		
3.3	收工会	召开现场收工会，正确点评工作，补充现场标准化作业指导书验收栏等内容	1	不符合要求扣 1 分		
3.4	工作终结	汇报值班调控人员工作已经结束，在工作票填写终结时间并签字，工作班撤离现场	1	不符合要求扣 1 分		
3.5	安全文明生产	（1）作业过程中禁止摘下绝缘防护用具，而且绝缘手套仅作辅助绝缘。 （2）斗臂车绝缘斗在有电工作区域转移时，应缓慢移动，动作要平稳，严禁使用快速挡。 （3）绝缘斗臂车在作业时，发动机不能熄火（电能驱动型除外），以保证液压系统处于工作状态。 （4）作业线路下层有低压线路同杆架设时，如妨碍作业，应对作业范围内的相关低压线路采取绝缘遮蔽措施。 （5）在同杆架设线路上工作，与上层或相邻导线小于安全距离规定且无法采取安全措施时，不得进行该项工作。 （6）上、下传递工具、材料均应使用绝缘绳传递，传递中不能与电杆、构件等碰撞，严禁抛掷。 （7）作业过程中，不随意踩踏防潮苫布	5	错、漏一项扣 1 分，扣完为止		
3.6	关键点	（1）作业中，绝缘斗臂车绝缘臂的有效绝缘长度应不小于 1.0m。 （2）在作业时，人体应保持对地不小于 0.4m、对邻相导线不小于 0.6m 的安全距离。 （3）作业时，严禁人体同时接触两个不同的电位体，绝缘斗内双人工作时禁止两人接触不同的电位体。 （4）作业中及时恢复绝缘遮蔽隔离措施。 （5）作业人员在接触带电导线和换相工作前应得到工作监护人的许可。 （6）待接引流线如为绝缘线，剥皮长度应比接续线夹长 2cm，且端头应有防止松散的措施	5	错、漏一项扣 1 分，扣完为止		
	合计		100			

第三部分

高级工

第五章　高压线路带电检修工（配电）高级工技能笔答

Jb0004332001　带电作业工具的定期试验有几种？试验周期是多长？（5分）

考核知识点：带电作业基本原理

难易度：中

标准答案：

带电作业工具应定期进行电气试验及机械试验，其试验周期如下：

电气试验：预防性试验每年一次，检查性试验每年一次，两次试验间隔半年；机械试验：绝缘工具每年一次，金属工具两年一次。

Jb0004332002　什么叫绝缘击穿？（5分）

考核知识点：带电作业基本原理

难易度：中

标准答案：

绝缘材料在电场中，由于极化、泄漏电流以及局部放电所产生的热损耗的作用，当电场强度超过某数值时，就会在绝缘材料中形成导电通道而使绝缘破坏，这种现象称为绝缘击穿。

Jb0004332003　在带电作业中，专责监护人的主要职责有哪些？（5分）

考核知识点：带电作业安全规定

难易度：中

标准答案：

（1）明确被监护人员和监护范围。

（2）工作前向被监护人员交代安全措施、告知危险点和安全注意事项。

（3）监督被监护人员遵守规程和现场安全措施，及时纠正不安全行为。

Jb0004332004　带电作业过程中遇到设备突然停电时应怎样处理？（5分）

考核知识点：带电作业安全规定

难易度：中

标准答案：

（1）视作业设备仍然带电。

（2）工作负责人应尽快与调度联系，值班未与工作负责人取得联系前不得强送电。

（3）工作负责人应向调度部门报告工作现场状况，或者根据实际情况将工作人员暂时撤离作业现场待命。

Jb0004332005　简要解释作业距离、安全距离和组合间隙的含义。（5分）

考核知识点：带电作业基本原理

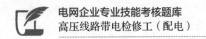

难易度：中

标准答案：

作业距离：带电作业中操作人员是在某作业位置上与带电体（或与接地体）能保持住的最小距离。

安全距离：系统最大过电压条件下人体与带电体之间不发生放电，并有足够安全裕度的空气间隙长度。

组合间隙：作业人员处在中间电位时，他与接地体的距离与带电体的距离之和。

Jb0004332006 何谓静电感应现象？（5分）

考核知识点： 带电作业基本原理

难易度： 中

标准答案：

当移动一个导体接近一个带电体时，靠近带电体的一侧，会感应出与带电体极性相反的电荷，而远离带电体的另一侧，会感应出与带电体极性相同的电荷，这种现象被称为静电感应现象。

Jb0004332007 带电作业在什么作业情况下应停用重合闸，并不得强送电？（5分）

考核知识点： 带电作业安全规定

难易度： 中

标准答案：

中性点有效接地系统中有可能引起单相接地的作业；中性点非有效接地系统中有可能引起相间短路的作业；工作票签发人或工作负责人认为需要停用重合闸的作业。

Jb0004332008 对带电作业工器具库房有什么要求？（5分）

考核知识点： 带电作业工器具

难易度： 中

标准答案：

应为存放带电作业工具专用。通风良好，清洁干燥。工具房门窗应密闭、严实，地面、墙面及顶面应采用不起尘、阻燃材料制造。室内的相对湿度应保持在50%～70%。室内温度应略高于室外，且不宜低于0℃。库房应配备湿度计、温度计、抽湿机（数量以满足要求为准），辐射均匀的加热器，足够的工具摆放架、吊架和灭火器等。

Jb0004332009 空气绝缘强度与哪些因素有关？（5分）

考核知识点： 带电作业基本原理

难易度： 中

标准答案：

气体产生放电时的击穿电场强度或放电电压称空气绝缘强度。相同长度的气体间隙的击穿强度与间隙两侧的电极形状、电压波形以及气体的状态（气温、气压和湿度）有关。

Jb0004332010 带电作业中绝缘工具的有效绝缘长度指的是什么？（5分）

考核知识点： 带电作业工器具

难易度： 中

标准答案：

绝缘有效长度指绝缘工具从握手（或接地）部分起至带电导体间的长度，并扣除中间的金属部件长度后的绝缘长度。

Jb0004332011 某些带电作业项目，为什么事先要向调度申请退出线路重合闸装置？（5分）

考核知识点：带电作业安全规定

难易度：中

标准答案：

退出重合闸装置的目的有以下几个方面：

（1）减少内过电压出现的概率。作业中遇到系统故障，断路器跳闸后不再重合，减少了过电压出现的机会。

（2）带电作业时发生事故，退出重合闸装置，可以保证事故不再扩大，保护作业人员免遭第二次电压的伤害。

（3）退出重合闸装置，可以避免因过电压而引起的对地放电严重后果。

Jb0004332012 配电线路与输电线路带电作业人员各采用哪种人身安全防护用具？防护的重点分别是什么？（5分）

考核知识点：带电作业工器具

难易度：中

标准答案：

配电线路带电作业人身安全防护采用的为绝缘防护用具［如绝缘安全帽、绝缘袖套、绝缘手套、绝缘服、绝缘鞋（靴）等］，防护的重点是电流；输电线路带电作业人身安全防护用具采用的为导电的屏蔽服，防护的重点是电场。

Jb0004332013 应如何保管安全工器具？（5分）

考核知识点：带电作业工器具

难易度：中

标准答案：

（1）安全工器具宜存放在温度为5～35℃、相对湿度为80%以下、干燥通风的安全工器具室内。

（2）安全工器具室内应配置适用的柜、架，并不得存放不合格的安全工器具及其他物品。

（3）携带型接地线宜存放在专用架上，架上的号码与接地线的号码应一致。

（4）绝缘隔板和绝缘罩应存放在室内干燥、离地面200mm以上的架上或专用的柜内，使用前应擦净灰尘，如果表面有轻度擦伤，应涂绝缘漆处理。

（5）绝缘工具在储存、运输时不得与酸、碱、油类和化学药品接触，并要防止阳光直射或雨淋，橡胶绝缘用具应放在避光的柜内，并撒上滑石粉。

Jb0004332014 工作票签发人的安全责任是什么？（5分）

考核知识点：带电作业安全规定

难易度：中

标准答案：

（1）审查工作的必要性和安全。

（2）工作票上所填安全措施是否正确完备。

（3）所派工作负责人和工作班人员是否适当和充足。

Jb0004332015　工作负责人的安全责任是什么？（5分）

考核知识点：带电作业安全规定

难易度：中

标准答案：

（1）正确安全地组织工作。

（2）负责检查工作票所列安全措施是否正确完备和工作许可人所做的安全措施是否符合现场实际条件，必要时予以补充。

（3）工作前对工作班成员进行危险点告知、交代安全措施和技术措施，并确认每一个工作班成员都已知晓。

（4）督促、监护工作班成员遵守电力安全工作规程、正确使用劳动防护用品和执行现场安全措施。

（5）工作班成员精神状态是否良好。

（6）工作班成员变动是否合适。

Jb0004332016　工作许可人的安全责任是什么？（5分）

考核知识点：带电作业安全规定

难易度：中

标准答案：

（1）审查工作必要性。

（2）线路停、送电和许可工作的命令是否正确。

（3）许可的接地等安全措施是否正确完备。

Jb0004332017　工作班成员的安全责任是什么？（5分）

考核知识点：带电作业安全规定

难易度：中

标准答案：

（1）明确工作内容、工作流程、安全措施、工作中的危险点，并履行确认手续。

（2）严格遵守安全规章制度、技术规程和劳动纪律，正确使用安全工器具和劳动防护用品。

（3）相互关心工作安全，并监督电力安全工作规程的执行和现场安全措施的实施。

Jb0004332018　工作结束后工作负责人应做哪些工作？（5分）

考核知识点：带电作业安全规定

难易度：中

标准答案：

（1）检查线路检修地段的状况，确认在杆塔上、导线上、绝缘子串上及其他辅助设备上没有遗留的个人保安线、工具、材料等。

（2）查明全部工作人员确由杆塔上撤下。

（3）待上述两项工作完成后，命令拆除工作地段所挂的接地线。

（4）接地线拆除后，应认为线路带电，不准任何人再登杆进行工作。

（5）多个小组工作，工作负责人应得到所有小组负责人工作结束的汇报。

（6）工作终结，及时报告工作许可人。

Jb0004332019　架空绝缘线路承力接头钳压法施工应如何进行？（5分）

考核知识点：带电作业工器具

难易度：中

标准答案：

（1）将钳压管的喇叭口锯掉并处理平滑。

（2）剥去接头处的绝缘层、半导体层，剥离长度比钳压接续管长 60～80mm。

（3）线芯端头用绑线扎紧，锯齐导线。

（4）将接续管、线芯清洗并涂导电膏。

（5）按规定的压口数和压接顺序压接，压接后按钳压标准矫直钳压接续管。

（6）将需进行绝缘处理的部位清洗干净，在钳压管两端口至绝缘层倒角间用绝缘自黏带缠绕成均匀弧形，然后进行绝缘处理。

Jb0004332020　低压绝缘接户线与建筑物有关部分的最小距离如何要求？（5分）

考核知识点：带电作业方法

难易度：中

标准答案：

（1）与接户线下方窗户的垂直距离不小于 0.3m。

（2）与接户线上方阳台或窗户的垂直距离不小于 0.8m。

（3）与阳台或窗户的水平距离不小于 0.75 m。

（4）与墙壁、构架的距离不小于 0.05m。

Jb0004332021　绝缘斗臂车在使用前应做哪些准备工作？（5分）

考核知识点：带电作业方法

难易度：中

标准答案：

（1）认真检查其表面状况，若绝缘臂、斗表面存在明显脏污，可采用清洁毛巾或棉纱擦拭。

（2）清洁完毕后应在正常工作环境下置放 15 min 以上。

（3）斗臂车在使用前应空斗试操作 1 次，确认液压传动、回转、升降、伸缩系统工作正常，操作灵活，制动装置可靠。

Jb0004332022　绝缘斗臂车在工作过程中应遵守哪些规定？（5分）

考核知识点：带电作业方法

难易度：中

标准答案：

（1）在工作过程中，斗臂车的发动机不得熄火。

（2）工作负责人应通过泄漏电流监测警报仪实时监测泄漏电流是否小于规定值。

（3）凡具有上、下绝缘段而中间用金属连接的绝缘伸缩臂，作业人员在工作过程中不应接触金属件。

（4）升降或作业过程中，不允许绝缘斗同时触及两相导线。

（5）工作斗的起升、下降速度不应大于 0.5 m/s。

（6）斗臂车回转机构回转时，作业斗外缘的线速度不应大于 0.5 m/s。

Jb0004332023　绝缘杆作业法（间接作业）断引流线时有哪些安全注意事项？（5分）

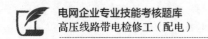

考核知识点：带电作业方法

难易度：中

标准答案：

（1）严禁带负荷断引流线。

（2）作业时，作业人员对相邻带电体的间隙距离不得小于 0.4m，作业工具的最小有效绝缘长度不得小于 0.7m。

（3）作业人员应通过绝缘操作杆对人体可能触及的区域的所有带电体进行绝缘遮蔽。

（4）断引流线应首先从边相开始，一相作业完成后，应迅速对其进行绝缘遮蔽，然后再对另一相开展作业。

（5）作业时应穿戴齐备安全防护用具。

（6）停用重合闸按规定执行。

Jb0004332024　绝缘杆作业法（间接作业）更换边相针式绝缘子应配备哪些专用工具？（5分）

考核知识点：带电作业方法

难易度：中

标准答案：

（1）绝缘传递绳 1 根。

（2）导线遮蔽罩、绝缘子遮蔽罩若干。

（3）横担遮蔽罩 1 个。

（4）遮蔽罩安装操作杆 1 副，多功能绝缘抱杆及附件 1 套。

（5）绝缘扎线剪操作杆 1 副。

（6）绝缘三齿扒操作杆 1 副，扎线若干。

Jb0004332025　绝缘手套作业法（直接作业法）带电更换 10kV 线路直线杆所需哪些专用工具？（5分）

考核知识点：带电作业方法

难易度：中

标准答案：

（1）10kV 绝缘斗臂车 1 辆。

（2）起重吊车 2 辆。

（3）绝缘滑车、绝缘传递绳各 1 副。

（4）绝缘子遮蔽罩、导线遮蔽罩、横担遮蔽罩、绝缘毯、绝缘保险绳等视现场情况决定。

（5）扳手和其他用具视现场情况决定。

Jb0004332026　绝缘手套作业法（直接作业法）带负荷加装负荷开关有哪些安全注意事项？（5分）

考核知识点：带电作业方法

难易度：中

标准答案：

（1）一相作业完成后，应迅速对其恢复和保持绝缘遮蔽，然后再对另一相开展作业。

（2）停用重合闸按规定执行。

（3）绝缘手套外应套防刺穿手套。

（4）对不规则带电部件和接地构件可采用绝缘毯进行遮蔽，但要注意夹紧固定，两相邻绝缘毯间应有重叠部分。

（5）拆除绝缘遮蔽用具时，应保持身体与被遮蔽物有足够的安全距离。

（6）在钳断导线之前，应安装好紧线器和保险绳。

Jb0004332027　户内交流高压开关柜应具有哪五项防误功能措施？（5分）

考核知识点：带电作业安全规定

难易度：中

标准答案：

（1）防止误分、合断路器。

（2）防止带负荷分、合隔离开关或隔离插头。

（3）防止接地开关合上时（或带接地线）送电。

（4）防止带电合接地开关（或挂接地线）。

（5）防止误入带电隔室等。

Jb0004332028　开关电弧的外部特征包括哪些？（5分）

考核知识点：带电作业基本原理

难易度：中

标准答案：

强功率的放电现象、自持放电现象、等离子体，质量极轻、极易改变形态。

Jb0004332029　使用树脂绝缘毯时应注意哪些使用要求？（5分）

考核知识点：带电作业工器具

难易度：中

标准答案：

（1）不起主绝缘作用。

（2）允许偶尔短时"擦过"接触。

（3）应与人体安全保护用具并用。

Jb0004332030　对10kV配电线路带电作业工具的要求有哪些？（5分）

考核知识点：带电作业工器具

难易度：中

标准答案：

（1）通过型式试验的定型产品。

（2）定期进行预防性试验，试验合格且在有效期内。

（3）使用前，现场检测合格。

Jb0004332031　根据《国家电网公司电力安全工作规程（配电部分）（试行）》规定，绝缘斗臂车接地装置的要求有哪些？（5分）

考核知识点：带电作业工器具

难易度：中

标准答案：

（1）车体连接装置应保证接地导线能与车体的金属部分有效接触。

（2）接地导线必须采用 16mm² 及以上截面积的多股软铜线。

（3）接地线与接地体应有效连接。

Jb0004332032　绝缘杆作业法中控制绝缘操作杆有效绝缘长度的措施有哪些？（5分）

考核知识点：带电作业工器具

难易度：中

标准答案：

（1）工作负责人（专责监护人）监护。

（2）作业位置合适。

（3）绝缘杆手持部分标注明显。

（4）登杆作业人员之间互相提醒。

Jb0004332033　配电带电作业遇到的泄漏电流，主要指沿绝缘工具表面流过的电流。泄漏电流大的主要出现在哪几种情况？（5分）

考核知识点：带电作业基本原理

难易度：中

标准答案：

（1）绝缘工具保管不当受潮时。

（2）晴天但空气中湿度较大时。

（3）绝缘工具材质差，表面加工粗糙。

Jb0004332034　带电断、接引流线作业，应注意事项有哪些？（5分）

考核知识点：带电作业方法

难易度：中

标准答案：

（1）严禁带负荷断、接引流线。

（2）严禁作业人员一手握导线、一手握引线发生人体串接情况。

（3）所接引线应长度适当，连接应牢固、可靠，并且采用锁杆防止引线摆动。

Jb0004332035　绝缘手套作业法接支接线路引线时，需满足的作业条件有哪些？（5分）

考核知识点：带电作业方法

难易度：中

标准答案：

支接线路侧无负荷、支接线路侧无接地、支接线路侧无人工作且无遗留物、支接线路侧绝缘良好。

Jb0004332036　带电更换避雷器作业，应做的现场检查有哪些？（5分）

考核知识点：带电作业方法

难易度：中

标准答案：

（1）进行表面检查，应无损伤、裂纹。

（2）用绝缘电阻检测仪测量其绝缘电阻值应在 1000MΩ 及以上。

（3）检查其底座和盖板之间以及金属部件镀锌是否完好。

（4）检查其附件是否齐全。

Jb0004332037　导线损伤有哪些情况之一者应重接？（5分）

考核知识点：带电作业方法

难易度：中

标准答案：

（1）复合材料导线的线芯有断股。

（2）金钩、破股使钢芯或内层铝股形成无法修复的永久变形。

（3）铝、铝合金单股线的损伤程度达到直径的 1/2 及以上。

Jb0004332038　带电更换瓷质耐张绝缘子作业，绝缘子安装的注意事项有哪些？（5分）

考核知识点：带电作业方法

难易度：中

标准答案：

（1）更换前对新绝缘子外观进行检查并擦拭。

（2）更换前测试新绝缘子的绝缘电阻是否满足相应电压等级的要求。

（3）更换后，检查绝缘子是否安装完好。

（4）绝缘子锁紧销穿向正确。

Jb0004332039　绝缘杆作业法更换直线绝缘子，羊角抱杆应满足哪些要求？（5分）

考核知识点：带电作业方法

难易度：中

标准答案：

支撑导线的机械强度、相对地的绝缘强度、相间的绝缘强度。

Jb0004332040　绝缘杆作业法更换直线杆绝缘子及横担作业中，绝缘遮蔽的设备有哪些？（5分）

考核知识点：带电作业方法

难易度：中

标准答案：

（1）近边相的带电导线、绝缘子、横担。

（2）远边相的带电导线、绝缘子、横担。

（3）中相的带电导线及绝缘子。

（4）杆梢及杆顶抱箍。

Jb0004332041　带电撤杆时，为防止地面作业人员受到重物打击，应注意的事项有哪些？（5分）

考核知识点：带电作业方法

难易度：中

标准答案：

（1）吊车起重臂下方严禁站人。

（2）绝缘斗臂车绝缘斗内作业人员可能的坠落范围内严禁站人。

（3）绝缘斗臂车绝缘臂下方严禁站人。

（4）电杆下方严禁站人。

Jb0004332042 带电立、撤杆作业，防止地面电工发生接触电压和跨步电压触电的预控措施有哪些？（5分）

考核知识点：带电作业方法

难易度：中

标准答案：

（1）杆顶和导线设置绝缘遮蔽措施。

（2）吊车金属臂与带电体保持足够安全距离。

（3）电杆杆根、吊车接地。

（4）地面电工穿戴绝缘手套和绝缘靴（鞋）。

Jb0004332043 带电立、撤杆作业，起重设备操作人员应满足哪些要求？（5分）

考核知识点：带电作业方法

难易度：中

标准答案：

（1）在起重作业中不得离开操作位置。

（2）服从现场工作负责人的指挥。

（3）纳入工作票作业人员。

（4）具有起重特种作业资格。

Jb0004332044 带电立、撤杆作业，作业区域的围栏设置范围应考虑哪些因素？（5分）

考核知识点：带电作业方法

难易度：中

标准答案：

倒杆、意外情况下电杆碰触带电体跨步电压的影响区域、吊车和绝缘斗臂车的起重臂活动空间、交通情况。

Jb0004332045 带电立杆作业，在电杆起立后，固定导线时的安全注意事项有哪些？（5分）

考核知识点：带电作业方法

难易度：中

标准答案：

（1）控制移动导线的动作幅度。

（2）导线未牢固固定前应有防脱落的措施。

（3）横担等地电位构件不能保持0.4m以上安全距离时应有严密的绝缘遮蔽措施。

（4）应控制绑扎线展放长度。

Jb0004332046 带电立杆作业后，应满足哪些施工工艺质量要求？（5分）

考核知识点：带电作业方法

难易度：中

标准答案：

（1）电杆埋深偏差不大于+100mm、−50mm。

（2）直线杆横向位移不超过 50mm。

（3）直线杆杆梢倾斜位移不超过杆梢直径的 1/2。

（4）回填土后在地面设高出地面 300mm 的防沉土台。

Jb0004332047　在带负荷更换跌落式熔断器作业中，采取防止其意外跌开措施的目的是什么？（5分）

考核知识点：带电作业方法

难易度：中

标准答案：

（1）防止用绝缘引流线带负荷短接跌落式熔断器。

（2）在安装引流线时，防止震动导致跌落式熔断器意外跌开电弧伤人。

（3）防止线路缺相运行。

Jb0004332048　带负荷更换跌落式熔断器，为其意外跌开带来的安全隐患，可采取哪几项措施？（5分）

考核知识点：带电作业方法

难易度：中

标准答案：

（1）用跌落式熔断器专用遮蔽罩设置绝缘遮蔽。

（2）短接跌落式熔断器的绝缘引流线串接单相开关。

Jb0004332049　带负荷更换柱上隔离开关项目中需要使用钳形电流表的环节有哪几项？（5分）

考核知识点：带电作业方法

难易度：中

标准答案：

（1）绝缘斗臂车工作斗升空进入带电作业区域，确认主导线负荷电流大小满足绝缘引流线载流能力。

（2）安装绝缘引流线后，更换隔离开关前，确认引流线分流正常。

（3）更换隔离开关后，拆除绝缘引流线前，确认隔离开关通流正常。

Jb0004332050　带负荷更换柱上开关，负荷转移回路串入旁路负荷开关的作用是什么？（5分）

考核知识点：带电作业方法

难易度：中

标准答案：

（1）可避免负荷转移回路接线错误导致相间短路事故。

（2）可避免在柱上开关跳闸回路未闭锁的情况下带负荷接负荷转移回路的引流线。

（3）只需一辆绝缘斗臂车即可开展作业。

（4）可避免带电移动负荷转移回路引流线时，失去控制引发事故。

Jb0004332051　绝缘斗臂车的作业幅度与哪些参数有关？（5分）

考核知识点：带电作业方法

难易度：中

标准答案：

水平支腿的伸出长度、绝缘斗内载荷大小、绝缘小吊臂载荷大小、整车水平度。

Jb0004332052　绝缘斗臂车小吊载荷能力与哪些参数有关？（5分）

考核知识点：带电作业方法

难易度：中

标准答案：

绝缘斗内载荷大小、小吊臂与水平面的角度大小。

Jb0004332053　绝缘手套作业法带负荷更换柱上开关作业中，新开关在现场安装前应进行哪些检查？（5分）

考核知识点：带电作业方法

难易度：中

标准答案：

外观检查、检查设备合格证书和试验合格证明、开关试操作、测量绝缘电阻。

Jb0004332054　使用两辆绝缘斗臂车采用绝缘手套作业法进行直线杆改耐张杆并加装柱上开关，哪些工作环节应同相同步进行？（5分）

考核知识点：带电作业方法

难易度：中

标准答案：

（1）安装、拆除绝缘引流线夹。

（2）横担两侧紧线。

（3）挂接耐张绝缘子串后松线。

Jb0004332055　采用绝缘手套作业法进行直线杆改耐张杆并加装柱上开关，现场勘察必须明确哪些内容？（5分）

考核知识点：带电作业方法

难易度：中

标准答案：

作业点两端交叉跨越情况、直线杆结构形式、导线规格型号、导线是否受损。

Jb0004332056　不停电更换柱上变压器并列运行的条件有哪些？（5分）

考核知识点：带电作业方法

难易度：中

标准答案：

额定变比相同、接线组别相同、分接头位置一致、移动箱式变压器容量大于待更换变压器。

Jb0004332057　为实现任何工况下不停电更换柱上变压器，多功能移动箱式变压器车应配置哪些特殊装置？（5分）

考核知识点：带电作业方法

难易度：中

标准答案：

同期合闸、变压器分接头切换、接线组别转换、备用电源自动投入。

Jb0004332058 10kV 电缆不停电作业临时取电的方式有哪些？（5分）

考核知识点：带电作业方法

难易度：中

标准答案：

（1）从 10kV 架空线路临时取电至环网箱。

（2）从 10kV 架空线路临时取电至移动箱式变压器。

（3）从环网箱临时取电至移动箱式变压器。

Jb0004332059 从架空线路临时取电至移动箱式变压器，在组建临时取电回路时应注意事项有哪些？（5分）

考核知识点：带电作业方法

难易度：中

标准答案：

（1）移动箱式变压器尽可能靠近负荷中心停放。

（2）在架空线路上挂接、拆除旁路柔性电缆引流线夹时宜采取消弧措施。

（2）临时取电回路的载流能力按回路中载流能力最小的设备进行校核。

Jb0004332060 带电断空载电缆与架空线路连接引线工作中，哪些环节需要测量电流？（5分）

考核知识点：带电作业方法

难易度：中

标准答案：

（1）绝缘斗臂车工作斗进入带电作业区域，确认电缆空载电流大小满足作业条件。

（2）消弧开关和绝缘引流线组装完成，消弧开关合闸后，确认分流情况。

（3）引线已拆除，消弧开关拉开后，确认空载电流确已断开。

Jb0004332061 使用带电作业消弧开关带电断空载电缆与架空线路连接引线，需满足的作业条件有哪些？（5分）

考核知识点：带电作业方法

难易度：中

标准答案：

（1）电缆另侧开关站内开关处于热备用位置。

（2）电容电流不小于 0.1A。

（3）电容电流不大于 5A。

Jb0004332062 带电接空载电缆与架空线路连接引线的装置作业条件是什么？（5分）

考核知识点：带电作业方法

难易度：中

标准答案：

（1）电缆另侧开关站内开关处于热备用位置。

（2）经估算空载电缆接入架空线路后其稳态电容电流不大于 5A。

Jb0004332063　带电接空载电缆与架空线路连接引线工作中，哪些环节需要验电？（5分）

考核知识点：带电作业方法

难易度：中

标准答案：

（1）绝缘斗臂车工作斗升空进入带电作业区域，对电缆引线验电，确认无倒送电。

（2）绝缘斗臂车工作斗升空进入带电作业区域，对装置地电位构架等验电，确认作业装置绝缘良好。

（3）第一相消弧开关和绝缘分流线组装完成，消弧开关合闸后，对其他两相引线验电，确认电缆另一侧确无电压互感器、变压器等负荷。

Jb0004332064　旁路电缆跨越道路敷设的要求有哪些？（5分）

考核知识点：带电作业方法

难易度：中

标准答案：

（1）利用路口两侧的电杆或专用绝缘支架作为支撑进行架空敷设。

（2）电缆弧垂最低点离地高度不小于 6m。

（3）在支架处应设有警示标志防止外力撞击。

Jb0004332065　旁路电缆连接器使用条件是什么？（5分）

考核知识点：带电作业方法

难易度：中

标准答案：

（1）雨雪天气严禁组装旁路作业设备。

（2）组装完成的连接器在降雨（雪）条件下运行时，应确保连接部位有可靠的防雨（雪）措施。

Jb0004332066　旁路柔性电缆快速插拔接头现场使用前的注意事项主要包括哪些？（5分）

考核知识点：带电作业方法

难易度：中

标准答案：

（1）电气触头应涂抹导电脂。

（2）应用无纺布对其绝缘界面进行清洁。

（3）绝缘界面应涂抹绝缘硅脂。

（4）与其他旁路作业设备组装成整体后的绝缘性能不小于 500MΩ。

Jb0004332067　旁路作业更换 10kV 电缆线路项目中，旁路回路中需要接地的有哪些？（5分）

考核知识点：带电作业方法

难易度：中

标准答案：

旁路负荷开关外壳、中间连接器外壳、旁路柔性电缆金属屏蔽铠装层。

Jb0004332068　旁路作业旁路回路分流的大小受哪些影响？（5分）

考核知识点：带电作业方法

难易度：中

标准答案：

（1）旁路回路中间连接器的接触电阻的大小。

（2）旁路柔性电缆线芯阻抗的大小。

（3）高压引下电缆引流线夹的接触压力。

（4）主导线挂接引流线夹处的氧化物脏污。

Jb0004332069　旁路作业中旁路回路并列操作时，哪些因素会使旁路负荷开关处核相不成功？（5分）

考核知识点：带电作业方法

难易度：中

标准答案：

（1）旁路负荷开关两侧旁路柔性电缆接线相序错误。

（2）旁路柔性电缆等设备接续不良，导致缺相。

（2）旁路负荷开关自带核相设备二次接线损坏。

Jb0004332070　旁路作业法不停电更换两环网箱之间的电缆线路，确保旁路回路接线正确的方法有哪些？（5分）

考核知识点：带电作业方法

难易度：中

标准答案：

（1）按照设备的相色标志接线。

（2）在负荷侧环网箱开关间隔合闸前进行核相。

（3）在旁路回路中串入旁路负荷开关，在负荷开关处进行核相。

（4）在电缆线路绝缘良好的情况，采用一端接地，另一端测量对地绝缘电阻的方法。

Jb0004332071　在断、接 10kV 空载电缆与架空线路连接引线项目中，用钳形电流表测量电缆空载电流时的注意事项有哪些？（5分）

考核知识点：带电作业方法

难易度：中

标准答案：

（1）选用高压钳形电流表。

（2）应选用交流用钳形电流表。

（3）应选择合适的量程。

（4）钳形表钳口在测量时闭合要紧密。

Jb0004332072　操作过电压可分为哪几种？（5分）

考核知识点：带电作业基本原理

难易度：中

标准答案：

（1）切空载线路过电压。

（2）电感性负载的截流过电压。

（3）中性点不接地系统的电弧接地过电压。

（4）合空载线路过电压。

Jb0004332073　热击穿具有哪些特点？（5分）

考核知识点： 带电作业基本原理

难易度： 中

标准答案：

（1）击穿电压随周围媒质温度增加而降低。

（2）材料厚度增加，由于散热条件变坏而击穿场强降低。

（3）电源频率越高，介质损耗越大，击穿电压降低。

（4）击穿一般发生于材料最难以向周围媒质散热的部分。

Jb0004332074　带电作业中安全距离的含义是什么？（5分）

考核知识点： 带电作业基本原理

难易度： 中

标准答案：

安全距离是指为了保证人身安全，作业人员与不同电位的物体之间所应保持各种最小空气间隙距离的总称。

具体地说，安全间距包含下列五种间隙距离，即最小安全距离、最小对地安全距离、最小相间安全距离、最小安全作业距离和最小组合间隙。

Jb0004332075　什么是带电作业？带电作业中为保证人员和设备的安全，应满足哪些条件？（5分）

考核知识点： 带电作业基本原理

难易度： 中

标准答案：

（1）带电作业是指在带电的情况下，对电力设备进行测试、维护和更换部件的作业。

（2）带电作业应满足的条件：流经人体的电流不超过人体的感知水平 1mA；人体体表场强不超过人体的感知水平 240kV/m；保持规定的安全距离。

Jb0004332076　带电作业对气象条件的要求是什么？过程中如遇天气突变应怎么办？（5分）

考核知识点： 带电作业基本原理

难易度： 中

标准答案：

带电作业应在良好的天气下进行。如遇雷、雨、雪、雾天气，不得进行带电作业。风力大于 5 级时，一般不宜进行作业。当湿度大于 80%时，如果进行带电作业，应使用防潮绝缘工具。

带电作业过程中如遇天气突变，有可能危及人身或设备安全时，应立即停止工作，尽快恢复设备正常状况或采取其他安全措施。

Jb0004332077　配电带电作业登杆采用绝缘杆作业法时，其绝缘防护是如何设置的？（5分）

考核知识点：带电作业基本原理

难易度：中

标准答案：

（1）作业人员通过登杆工具登杆至适当位置，系上安全带，保持与系统电压相适应的安全距离。

（2）在相一地之间绝缘工具起主绝缘作用。

（3）绝缘手套、绝缘靴起辅助绝缘作用。

Jb0004332078　配电线路带电作业绝缘遮蔽用具的作用是什么？列举三种绝缘遮蔽用具。（5分）

考核知识点：带电作业基本原理

难易度：中

标准答案：

（1）配电线路带电作业绝缘遮蔽用具，用于遮蔽配电设备（包括带电导体或接地体）的保护用具，主要用在带电作业人员与不同电位设备发生擦过接触时，起绝缘遮蔽或隔离作用。

（2）绝缘遮蔽用具有导线遮蔽罩、绝缘子遮蔽罩、横担遮蔽罩、电杆遮蔽罩、跌落式开关遮蔽罩、绝缘隔板、绝缘毯等。

Jb0004332079　简述配电线路绝缘子和导线的作用。请列出三种配电设备。（5分）

考核知识点：带电作业基本原理

难易度：中

标准答案：

（1）绝缘子的作用是固定导线，并使带电导线与杆塔等接地体绝缘；导线的作用是传递电能。

（3）配电设备有杆塔、变压器、开关、避雷器、熔断器（跌落保险）、电容器、互感器等。

Jb0004332080　利用绝缘斗臂车开展绝缘手套作业法时，斗臂车已将斗内电工与大地进行了绝缘隔离，为什么还要求斗内电工穿戴绝缘防护用具并采用遮蔽用具对设备进行遮蔽？（5分）

考核知识点：带电作业基本原理

难易度：中

标准答案：

（1）斗臂车虽使斗内电工与大地保持绝缘隔离，但其无法防护斗内电工作业时同时触碰到作业范围内不同电位设备所引发的短路电击。

（2）安全防护用具还可作为后备保护措施，形成多重防护，保证作业人员安全。

Jb0004332081　简述绝缘杆作业法。（5分）

考核知识点：带电作业基本原理

难易度：中

标准答案：

（1）绝缘杆作业法也称间接作业法，是指作业人员与带电体保持规定的安全距离，通过绝缘工具进行作业的方式。

（2）在作业范围窄小或线路多回架设，作业人员有可能触及不同电位的电力设施时，作业人员应穿戴绝缘防护用具，对带电体应进行绝缘遮蔽。

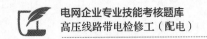

Jb0004332082　简述配电线路带电作业工作监护制度。（5分）

考核知识点：带电作业安全规定

难易度：中

标准答案：

（1）配电线路带电作业必须有专人监护，工作负责人（监护人）必须始终在工作现场行使监护职责，对作业人员的作业方式、步骤进行监护，及时纠正不安全的动作，监护人不得擅离岗位或兼任其他工作。

（2）工作负责人因故必须离开岗位时，可交给有资格担任监护的人员负责，但必须将现场情况、安全措施和工作任务交代清楚。

Jb0004332083　在带电接引线过程中，为什么接上第一相引线后，其他两相引线均不得直接触及？（5分）

考核知识点：带电作业基本原理

难易度：中

标准答案：

当带电接上第一相引线后，由于相间电容的存在，会在另外两相不带电的导线上产生电容耦合电压。

此外，如果被接通的线路末端接有变压器，则通过变压器绕组将使另外两根导线感应出电压。所以，当一相接通后，其他两相均不得直接触及。

Jb0004332084　带电修补导线当采用缠绕法处理时，工艺有什么规定？（5分）

考核知识点：带电作业方法

难易度：中

标准答案：

（1）受损伤处的线股应处理平整。

（2）应选与导线同材质的单股单线作为缠绕材料。

（3）缠绕中心应位于损伤最严重处，缠绕应紧密，受损伤部分应全部覆盖。

Jb0004332085　10kV带电作业用绝缘手套的预防性试验要求是什么？（5分）

考核知识点：带电作业试验

难易度：中

标准答案：

戴绝缘手套进行工频耐压试验，试验电压20kV，时间为1min，以无击穿、无闪络及过热为合格。

Jb0004332086　空气放电的特点是什么？50%放电电压的含义是什么？（5分）

考核知识点：带电作业基本原理

难易度：中

标准答案：

（1）空气放电的特点是击穿电压具有较大的分散性。

（2）选定某一固定幅值的冲击电压，施加到一个空气间隙上，如果施加电压的次数足够多，且该间隙被击穿的概率为50%时，则所选定的电压为该间隙的50%放电电压。

Jb0004332087 简述绝缘遮蔽罩的概念及其在带电作业中的作用。（5分）

考核知识点： 带电作业方法

难易度： 中

标准答案：

由绝缘材料制成，用于遮蔽设备的保护罩就是绝缘遮蔽罩。在带电作业中，绝缘遮蔽罩不起主绝缘作用，只适用于在带电作业人员发生意外短暂碰撞时，即擦过接触时，起绝缘遮蔽或隔离的保护作用。

Jb0004332088 影响空气间隙击穿特性的因素有哪些？研究它对带电作业有什么意义？（5分）

考核知识点： 带电作业基本原理

难易度： 中

标准答案：

影响空气间隙击穿特性的因素主要有电压的种类和波形、电场的均匀性、电压极性、邻近物体、大气状态等。研究它对我们确定合理的安全距离有着非常重要的意义。

Jb0004332089 在配电线路上带电作业的装置与环境条件如何？（5分）

考核知识点： 带电作业方法

难易度： 中

标准答案：

（1）当装置与环境条件不满足要求时，带电作业工作负责人和工作票签发人有权申明理由，拒绝执行明显危及人身和设备安全的工作命令。

（2）装置的各种电气距离、设备的运行状况应符合带电作业的要求。

（3）现场环境应能满足带电作业停放车辆、人员进出和工器具使用存放等的要求。

（4）夜间抢修作业，应有足够的照明，并经本单位主管生产领导（总工程师）批准方可进行。

Jb0004332090 在配电线路上带电作业，如何设置绝缘遮蔽措施？（5分）

考核知识点： 带电作业方法

难易度： 中

标准答案：

（1）设置绝缘遮蔽措施应遵循"由下到上，由近到远，先大后小"的原则，撤除绝缘遮蔽措施应遵循"由上到下，由远到近，先小后大"的原则。

（2）当绝缘遮蔽用具形成一连续的保护区域时，绝缘遮蔽用具之间应有15cm的重叠距离。作业中绝缘遮蔽用具的非保护区禁止碰触，保护区允许有"擦过式"接触。

（3）禁止同时设置或拆除不同电位物体的绝缘遮蔽措施。

Jb0004332091 带电作业工器具运输的规定？（5分）

考核知识点： 带电作业工器具

难易度： 中

标准答案：

（1）带电作业工器具在运输途中，应存放在专用工具袋、工具箱或专用工具车内，以防受潮和损伤，避免与金属材料、工具混放。不得与酸、碱、油类和化学药品接触。

（2）在湿度大于80%不宜开展带电作业的气象条件下开展带电作业，需配置移动库房。雨天开展

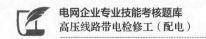

带电作业抢修，应使用防雨绝缘工器具，使用后应立即放入库房进行烘干处理。

Jb0004332092　配电线路带电作业高架绝缘斗臂车检查有何规定？（5分）

考核知识点：带电作业工器具

难易度：中

标准答案：

（1）日常检查：每次工作前需对斗臂车进行外观检查，以及对斗臂车的机械、电气、绝缘等部分通过试操作的方式进行检查。

（2）每周检查：在车库或服务中心进行检查。

（3）定期检查：最大周期为12个月。检查记录应保存3年。

Jb0004332093　配电线路带电作业高架绝缘斗臂车使用前的注意事项是什么？（5分）

考核知识点：带电作业工器具

难易度：中

标准答案：

（1）车辆应使用不小于16m²有透明塑料护套的软铜线可靠接地。

（2）确认绝缘部分（绝缘斗、绝缘斗内衬、绝缘工作臂、副工作臂、临时托架）干燥、清洁和完好无损。

（3）在预定位置空斗试操作一次（5min），包括升降、起伏、伸缩、顺时针逆时针回转等过程。通过听、看、闻等手段确认液压传动、回转、升降、伸缩系统工作正常、操作灵活、制动装置可靠。试操作应在下部操作台进行。

Jb0004332094　卸扣由哪些部件组成？有几种形式？（5分）

考核知识点：带电作业工器具

难易度：中

标准答案：

卸扣由弯环和横销两部分组成，按弯环形状可分为直环形和马蹄形，按横销与弯环连接方式可分为螺旋式和销孔式。

Jb0004332095　抢救伤员正确的抢救体位是什么样的？（5分）

考核知识点：带电作业安全规定

难易度：中

标准答案：

正确的抢救体位是仰卧位，患者头、颈、躯干平卧无扭曲，双手放于两侧躯干旁。

Jb0004332096　如何通畅伤员的气道？（5分）

考核知识点：带电作业安全规定

难易度：中

标准答案：

当发现触电者呼吸微弱或停止时，应立即通畅触电者的气道以促进触电者呼吸或便于抢救。通畅气道主要采用仰头举颏（颌）法，即一手置于前额使头部后仰，另一手的食指与中指置于下颌骨近下颏或下颌角处，抬起下颏（颌）。

注意：严禁用枕头等物垫在伤员头下；手指不要压迫伤员颈前部、颊下软组织，以防压迫气道，颈部上抬时不要过度伸展，有假牙托者应取出。儿童颈部易弯曲，过度抬颈反而使气道闭塞，因此不要抬颈牵拉过甚。成人头部后仰程度应为90°，儿童头部后仰程度应为60°，婴儿头部后仰程度应为30°，颈椎有损伤的伤员应采用双下颌上提法。

Jb0004332097 如何判断伤员是否存在呼吸？（5分）

考核知识点：带电作业安全规定

难易度：中

标准答案：

在通畅呼吸道之后，由于气道通畅可以明确判断呼吸是否存在。维持开放气道位置，用耳贴近伤员口鼻，头部倒向伤员胸部，眼睛观察其胸有无起伏；面部感觉伤员呼吸道有无气体排出或耳听呼吸道有无气流通过的声音。

Jb0004332098 判断伤员是否存在呼吸时应注意什么？（5分）

考核知识点：带电作业安全规定

难易度：中

标准答案：

（1）要保持气道开放位置。

（2）观察时间为5s左右。

（3）有呼吸者，应注意保持气道通畅。

（4）无呼吸者，应立即进行口对口人工呼吸。

（5）通畅呼吸道：部分伤员因口腔、鼻腔内异物（分泌物、血液、污泥等）导致气道阻塞时，应将触电者身体侧向一侧，迅速将异物用手指抠出，防止不通畅而产生窒息，以致心跳减慢。

Jb0004332099 如何针对触电伤员的不同状态采取不同急救措施？（5分）

考核知识点：带电作业安全规定

难易度：中

标准答案：

（1）神志清醒、心跳、呼吸存在者：静卧、保暖、严密观察。

（2）昏迷、心跳停止、呼吸存在者：胸外心脏按压。

（3）昏迷、心跳存在、呼吸停止者：口对口（鼻）人工呼吸。

（4）昏迷、心跳停止、呼吸停止者：同时做胸外心脏按压和口对口（鼻）人工呼吸。

Jb0004332100 拉线由哪几部分组成？其形式有哪些？（5分）

考核知识点：带电作业工器具

难易度：中

标准答案：

拉线由上部（当拉线加装拉紧绝缘子时，上部又被分为两部分，一般称作上把和中把）、下部、拉线盘三部分组成。

Jb0004332101 拉线与电杆的夹角有哪些具体规定？（5分）

考核知识点：带电作业工器具

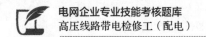

难易度：中

标准答案：

（1）直线单杆的拉线对地面的夹角主要由正常情况的荷重和电杆挠度要求控制，从理论上讲，夹角小一些更好，但考虑到拉线对导线的电气间隙和不能占地太大，通常取60°。

（2）耐张杆和转角杆拉线：为了减少电杆偏移，拉线对地夹角一般不大于60°；为了减少占地，通常平衡导线的拉线对地夹角取45°。

（3）搭在杆塔上的紧线用的临时拉线是为了减少杆塔的受力和挠度，并保证施工人员的安全，虽然其对地夹角越小越好，但受地形及杆高限制，一般采用30°～45°为宜。

Jb0004332102 钢筋混凝土电杆的拉线，在什么情况下要装设拉线绝缘子？（5分）

考核知识点：带电作业方法

难易度：中

标准答案：

钢筋混凝土电杆的拉线，凡穿越和接近导线的电杆拉线必须装设与线路电压等级相同的拉线绝缘子。拉线绝缘子应装在最低导线以下，应保证在拉线绝缘子以下断拉线情况下，拉线绝缘子距地面不应小于2.5m。拉线绝缘子的强度安全系数不应小于3.0。

Jb0004332103 拉线的标准有哪些？（5分）

考核知识点：带电作业方法

难易度：中

标准答案：

（1）安装前UT型线夹和楔型线夹的丝扣上应涂润滑剂。

（2）线夹舌板与拉线接触应紧密，受力后无滑动现象，线夹的凸度应在尾侧，安装不得损伤拉线。

（3）拉线弯曲部分不应有明显松股，拉线断头处与拉线主线应可靠、固定，线夹露出的尾线长度不宜超过400mm。

（4）UT型线夹或花篮螺栓的螺杆应露扣，并应不小于1/2螺杆丝扣长度可供调紧，调整后，UT型线夹的双螺母应并紧，花篮螺栓应封固，同一组拉线使用双线夹时，其尾线端的方向应做统一规定。

Jb0004332104 安装前和运行中的悬式绝缘子，其绝缘电阻值应为多少？（5分）

考核知识点：带电作业工器具

难易度：中

标准答案：

安装前和运行中的悬式绝缘子，其绝缘电阻值应不小于500mΩ。

Jb0004332105 架空配电线路引流线的连接有哪些要求？（5分）

考核知识点：带电作业方法

难易度：中

标准答案：

（1）铜线可以互相绞接或绕接，所用的绑线应和导线是同一材料。

（2）铝线应使用压接线夹或并沟线夹连接。

（3）铜铝导线的互相连接，应使用铜铝过渡线夹，不可直接连接。

（4）每相跳线与相邻跳线或引下线的距离不小于：10kV为0.3m，低压为0.15m。

Jb0004332106　绝缘导线在施放紧线中其张力安全系数与裸导线有何区别？（5分）

考核知识点：带电作业工器具

难易度：中

标准答案：

绝缘导线的设计安全系数不应小于3，而钢芯铝绞线的设计安全系数在一般地区不小于2.5，重要地区不小于3。铜绞线的设计安全系数一般地区不小于2，重要地区不小于2.5。

Jb0004332107　绝缘导线发生断线时，应如何进行连接？（5分）

考核知识点：带电作业方法

难易度：中

标准答案：

绝缘导线发生断线，可采用与裸导线断线同样的方法进行连接。将导线的铝线部分采用压接方式进行连接，其工艺要求与裸导线相同。铝线部分连接好后，外层采用绝缘护套进行处理，不得有导线接头裸露，以防止进水。

Jb0004332108　配电变压器的相位是如何规定的？（5分）

考核知识点：带电作业方法

难易度：中

标准答案：

制造厂是这样规定配电变压器的相位：人面对变压器的高压侧套管，从左至右依次是A、B、C三相。与高压侧套管相对应，低压侧套管从左到右依次为a相、b相、c相和中性点，将配电变压器接入电网同时应遵从制造厂的规定，并进行核相。

Jb0004332109　当10kV绝缘导线发生一相断线，为何系统有时无反应，应如何处理？（5分）

考核知识点：带电作业方法

难易度：中

标准答案：

（1）巡线人员若发现导线断落地面或悬挂空中，因为导体缩在绝缘层内部，所以接地点无火花，系统无接地信号，巡线人员应设法防止行人靠近断线地点8m以内。

（2）迅速报告领导，等候处理。

Jb0004332110　何谓配电线路的状态检修？（5分）

考核知识点：带电作业方法

难易度：中

标准答案：

随着配电线路的日益增加及运行维护人员的减少，供电企业对于处于运行状态的配电线路，通过采取在线检测手段，并参考根据历年运行经验及电气试验结果，以便准确把握配电线路运行状况，对存在缺陷的配电线路、设备采取的一种维护形式。

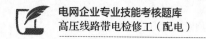

Jb0004332111　配电线路带电作业主要采用哪些作业方法？（5分）

考核知识点： 带电作业方法

难易度： 中

标准答案：

（1）绝缘杆作业法。绝缘杆作业法既可在登杆作业中采用，又可在斗臂车的工作斗或其他绝缘平台上采用。

（2）绝缘手套作业法。绝缘手套作业法既可在绝缘斗臂车上采用，又可在其他绝缘设施（人字梯、靠梯、操作平台等）上进行。

Jb0004332112　什么是绝缘杆作业法？（5分）

考核知识点： 带电作业方法

难易度： 中

标准答案：

绝缘杆作业法是作业人员与带电体保持《电业安全工作规程（电力线路部分）》（DL 409—1991）规定的安全距离，通过绝缘工具进行作业的方式。作业人员戴绝缘手套并穿绝缘靴。在作业范围窄小或线路多回架设，作业人员有可能触及不同电位的电力设施时，作业人员应穿戴全套绝缘防护用具，对带电体进行绝缘遮蔽。此时人体电位与大地（杆塔）并不是同一电位，因此不应混称为地电位作业法。

Jb0004332113　什么是绝缘手套作业法？（5分）

考核知识点： 带电作业方法

难易度： 中

标准答案：

绝缘手套作业法是指作业人员借助绝缘斗臂车或其他绝缘设施（人字梯、靠梯、操作平台等）与大地绝缘并直接接近带电体，作业人员穿戴全套绝缘防护用具，与周围物体保持绝缘隔离，通过绝缘手套对带电体进行检修和维护的作业方式。采用绝缘手套作业法时，无论作业人员与接地体和相邻的空气间隙是否满足《电业安全工作规程（电力线路部分）》（DL 409—1991）规定的作业距离，作业前均需对作业范围内的带电体和接地体进行绝缘遮蔽。在作业范围窄小、电气设备密集处，为保证作业人员对相邻带电体和接地体的有效隔离，在适当位置还应装设绝缘隔板等限制作业者的活动范围。在配电线路的带电作业中，不允许作业人员穿戴屏蔽服和导电手套，采用等电位方式进行作业，绝缘手套法也不应混淆为等电位作业法。

Jb0004332114　采用绝缘杆作业法时，其绝缘防护是如何设置的？（5分）

考核知识点： 带电作业方法

难易度： 中

标准答案：

绝缘杆作业法是作业人员通过登杆工具登杆至适当位置，系上安全带，保持与带电体足够的安全距离，作业人员采用端部装配有不同工具附件的绝缘杆进行的作业。

采用绝缘杆作业法时，一是以绝缘工具、绝缘手套、绝缘靴组成带电体与地之间的纵向绝缘；二是在相与相之间，以空气间隙、绝缘遮蔽罩组成横向绝缘。

纵向绝缘中，绝缘工具是主要绝缘，绝缘手套、绝缘靴是辅助绝缘。

横向绝缘中，空气间隙是主要绝缘，绝缘遮蔽罩是辅助绝缘。

Jb0004332115　在绝缘平台或绝缘梯上采用绝缘杆作业法时，其绝缘防护是如何设置的？（5分）

考核知识点：带电作业方法

难易度：中

标准答案：

在绝缘人字梯、独脚梯等绝缘平台上，作业人员采用绝缘杆作业法（间接作业）时，在相与地之间绝缘梯与绝缘工具形成的组合绝缘起主绝缘作用，绝缘手套、绝缘靴起辅助绝缘作用；在相与相之间空气间隙起主绝缘作用，绝缘遮蔽罩形成相间后备防护，是辅助绝缘。

Jb0004332116　在绝缘平台或绝缘梯上采用绝缘手套作业法时，其绝缘防护是如何设置的？（5分）

考核知识点：带电作业方法

难易度：中

标准答案：

在相与地之间，绝缘平台或绝缘梯起主绝缘作用，绝缘手套、绝缘靴起辅助绝缘作用。绝缘遮蔽罩及全套绝缘防护用具（绝缘手套、绝缘袖套、绝缘服、绝缘安全帽）防止作业人员偶然同时触及带电体和接地构件造成电击，形成后备防护。在相与相之间，空气间隙为主绝缘，绝缘遮蔽罩起辅助绝缘隔离作用，作业人员穿着全套绝缘防护用具，形成最后一道防线，防止作业人员偶然触及两相导线造成电击。

Jb0004332117　在绝缘斗臂车上采用绝缘杆作业法时，其绝缘防护是如何设置的？（5分）

考核知识点：带电作业方法

难易度：中

标准答案：

在绝缘斗臂车上采用绝缘杆作业法时，在相与地之间，绝缘工具和绝缘斗臂形成组合绝缘，其中绝缘斗臂车的臂起到主绝缘作用，绝缘工具和绝缘手套、绝缘靴起辅助绝缘作用。在相与相之间，空气间隙起到主绝缘作用，绝缘手套、绝缘靴、绝缘服起辅助绝缘作用。绝缘遮蔽罩形成相间后备防护。

Jb0004332118　在绝缘斗臂车上采用绝缘手套作业法时，其绝缘防护是如何设置的？（5分）

考核知识点：带电作业方法

难易度：中

标准答案：

在绝缘斗臂车上采用绝缘手套作业法时，在相—地之间，绝缘臂起主绝缘作用，绝缘斗、绝缘手套、绝缘靴、绝缘服起到辅助绝缘作用。

在相—相之间，空气间隙起主绝缘作用，绝缘遮蔽罩及全套绝缘防护用具（手套、袖套、绝缘服、绝缘安全帽）可防止作业人员偶然触及两相导线造成电击。

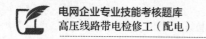

Jb0004332119　绝缘材料的电气性能指标有哪些？（5分）
考核知识点： 带电作业基本原理
难易度： 中
标准答案：
绝缘材料的电气性能指标有绝缘电阻、介质损耗和绝缘强度三个指标。

第六章 高压线路带电检修工（配电）高级工技能操作

Jc0004342001 绝缘杆作业法带电断熔断器上引线的操作。（100分）

考核知识点： 带电作业方法

难易度： 中

技能等级评价专业技能考核操作工作任务书

一、任务名称

绝缘杆作业法带电断熔断器上引线的操作。

二、适用工种

高压线路带电检修工（配电）高级工。

三、具体任务

（1）开工准备工作（现场复勘、工作许可、召开现场站班会、布置工作现场、工器具、材料检测）等项目。

（2）安装、拆除绝缘遮蔽用具。

（3）使用绝缘杆作业法带电断熔断器上引线的操作。

四、工作规范及要求

（1）带电作业应在良好天气下进行，作业前须进行风速和湿度测量。风力大于5级或湿度大于80%时，不宜带电作业。若遇雷电、雪、雹、雨、雾等不良天气，禁止带电作业。

（2）绝缘杆作业法。

（3）本作业项目工作人员共计4名，其中工作负责人（监护人）1名、杆上电工2名、地面电工1名。

（4）工作负责人（监护人）、杆上电工、地面电工必须严格遵守《国家电网公司电力安全工作规程（配电部分）（试行）》3.3.12工作票所列人员的安全责任。

（5）要求着装正确（安全帽、全棉长袖工作服、绝缘鞋）。

五、考核及时间要求

考核时间共50分钟，从获得工作许可开始至工作终结完毕，每超过2分钟扣1分，到60分钟终止考核。

技能等级评价专业技能考核操作评分标准

工种	高压线路带电检修工（配电）			评价等级	高级工
项目模块	带电作业方法—绝缘杆作业法带电断熔断器上引线的操作		编号		Jc0004342001
单位		准考证号		姓名	
考试时限	50分钟	题型	单项操作	题分	100分
成绩		考评员	考评组长	日期	
试题正文	绝缘杆作业法带电断熔断器上引线的操作				

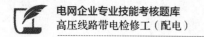

续表

需要说明的问题和要求	（1）带电作业应在良好天气下进行，作业前须进行风速和湿度测量。风力大于 5 级或湿度大于 80%时，不宜带电作业。若遇雷电、雪、雹、雨、雾等不良天气，禁止带电作业。 （2）本作业项目工作人员共计 4 名，其中工作负责人（监护人）1 名、杆上电工 2 名、地面电工 1 名。 （3）工作负责人（监护人）：正确组织工作；检查工作票所列安全措施是否正确完备，是否符合现场实际条件，必要时予以补充完善；工作前，对工作班成员进行工作任务、安全措施交底和危险点告知，并确定每个工作班成员都已签名；组织执行工作票所列由其负责的安全措施；监督工作班成员遵守安全工作规程、正确使用劳动防护用品和安全工器具以及执行现场安全措施；关注工作班成员身体状况和精神状态是否出现异常迹象，人员变动是否合适。带电作业应有人监护。监护人不得直接操作，监护的范围不得超过一个作业点。 （4）工作班成员：熟悉工作内容、工作流程，掌握安全措施，明确工作中的危险点，并在工作票上履行交底签名确认手续；服从工作负责人（监护人）、专责监护人的指挥，严格遵守《国家电网公司电力安全工作规程（配电部分）（试行）》和劳动纪律，在指定的作业范围内工作，对自己在工作中的行为负责，互相关心工作安全；正确使用施工机具、安全工器具和劳动防护用品

序号	项目名称	质量要求	满分	扣分标准	扣分原因	得分
1	开工准备					
1.1	现场复勘	（1）核对工作线路与设备双重名称。 （2）检查环境是否符合作业要求，电杆根部、基础和拉线是否牢固。 （3）检查线路装置是否具备不停电作业条件，熔断器确已断开，熔管已取下。 （4）检查气象条件（天气良好，无雷电、雪、雹、雨、雾等不良天气，风力不大于 5 级，湿度不大于 80%）。 （5）检查工作票所列安全措施，必要时予以补充和完善	4	错、漏一项扣 1 分，扣完为止		
1.2	工作许可	工作负责人按配电带电作业工作票内容与值班调控人员联系，履行工作许可手续	1	未执行工作许可制度扣 1 分		
1.3	召开现场站班会	（1）工作负责人宣读工作票。 （2）工作负责人检查工作班组成员精神状态。 （3）工作负责人交代工作任务进行人员分工，交代安全措施、技术措施、危险点及控制措施。 （4）工作负责人检查工作班成员对工作内容、工作流程、安全措施以及工作中的危险点是否明确。 （5）工作班成员在工作票上履行交底签名确认手续	4	错、漏一项扣 1 分，扣完为止		
1.4	布置工作现场	工作现场设置安全护栏、作业标志和相关警示标志	1	不满足作业要求扣 1 分		
1.5	工器具、材料检测	（1）工器具、材料齐备，规格型号正确。 （2）绝缘工器具应放置在防潮苫布上，绝缘工器具应与金属工器具、材料分区放置。 （3）工器具在试验周期内。 （4）外观检查方法正确，绝缘工器具应无机械、绝缘缺陷，应戴干净清洁手套，用干燥、清洁毛巾清洁绝缘工器具。 （5）使用绝缘高阻表对绝缘工器具进行绝缘电阻检测，阻值不低于 700MΩ	5	错、漏一项扣 1 分，扣完为止		
2	作业过程					
2.1	登杆	（1）杆上电工对安全带、脚扣做冲击试验。 （2）杆上电工穿戴好绝缘防护用具，携带绝缘传递绳，登杆至适当位置	5	错、漏一项扣 1 分； 踩空、打滑每次扣 1 分； 未正确使用安全带、脚扣扣 1 分； 上杆过程手上持有工器具扣 1 分； 以上扣分，扣完为止； 登杆动作生疏、跌落，终止工作		
2.2	验电	杆上电工使用验电器对导线、绝缘子、横担进行验电，确认无漏电现象	5	错、漏一项扣 5 分，扣完为止		

续表

序号	项目名称	质量要求	满分	扣分标准	扣分原因	得分
2.3	安装绝缘遮蔽用具	（1）带电作业过程中人体与带电体应保持足够的安全距离（不小于0.4m），如不满足安全距离要求，应进行绝缘遮蔽。 （2）按照"从近到远、从下到上、先带电体后接地体"的遮蔽原则对不能满足安全距离的带电体和接地体进行绝缘遮蔽，遮蔽的部位和顺序依次为导线、跌落熔断器、横担。 （3）杆上电工在对带电体设置绝缘遮蔽隔离措施时，动作应轻缓，人体与带电体应保持足够的安全距离。 （4）绝缘遮蔽隔离措施应严密、牢固，绝缘遮蔽用具之间搭接不得小于150mm	15	错、漏一项扣4分，扣完为止；遮蔽顺序错误终止工作		
2.4	断熔断器上引线	（1）杆上电工使用绝缘锁杆将待断开的熔断器上引线与主导线可靠固定。 （2）杆上电工使用绝缘棘轮大剪剪断上引线与主导线的连接。 （3）杆上电工使用绝缘锁杆使引线脱离主导线并将上引线缓缓放下，用绝缘棘轮大剪从熔断器上接线柱处剪断。 （4）其余两相引线拆除按相同的方法进行。 （5）如接引点为绝缘导线应使用绝缘护罩恢复导线的绝缘及密封。 （6）三相熔断器上引线的拆除，可按由简单到复杂、先易后难的原则进行，先近（内侧）后远（外侧），或根据现场情况先两边相、后中间相	30	错、漏一项扣5分，扣完为止		
2.5	拆除绝缘遮蔽用具	（1）经工作负责人的许可后，1、2号杆上电工按照"从远到近、从上到下、先接地体后带电体"的原则拆除绝缘遮蔽隔离措施。 （2）拆除的顺序依次为横担、跌落熔断器、导线。 （3）杆上电工在拆除带电体上的绝缘遮蔽隔离措施时，动作应轻缓，人体与带电体应保持足够的安全距离	10	错、漏一项扣4分，扣完为止；拆除绝缘遮蔽顺序错误终止工作		
2.6	撤离杆塔	杆上电工确认杆上无遗留物，逐次下杆	5	发生高空跌落终止工作，扣5分		
3	工作结束					
3.1	清理现场	工作负责人组织工作班成员整理工具、材料，将工器具分类摆放在苫布上，清理现场，做到工完、料尽、场地清	1	不符合要求扣1分		
3.2	质量验收	工作负责人对完成的工作进行全面检查，符合验收规范要求后，记录在册	2	不符合要求扣2分		
3.3	收工会	召开现场收工会，正确点评工作，补充现场标准化作业指导书验收栏等内容	1	不符合要求扣1分		
3.4	工作终结	汇报值班调控人员工作已经结束，在工作票填写终结时间并签字，工作班撤离现场	1	不符合要求扣1分		
3.5	安全文明生产	（1）杆上电工登杆作业应正确使用安全带、脚扣。 （2）上、下传递工具、材料均应使用绝缘绳传递，传递中不能与电杆、构件等碰撞，严禁抛掷。 （3）作业过程中禁止摘下绝缘防护用具，而且绝缘手套仅作辅助绝缘。 （4）转移作业相，关键步骤操作时应获得工作监护人的许可。 （5）作业过程中，不随意踩踏防潮苫布	5	错、漏一项扣1分，扣完为止		

续表

序号	项目名称	质量要求	满分	扣分标准	扣分原因	得分
3.6	关键点	（1）作业中，人体应保持对带电体 0.4m 以上的安全距离。 （2）作业中，绝缘操作杆有效绝缘长度应不小于 0.7m。 （3）断引线时，作业人员应戴护目镜。 （4）在所断线路三相引线未全部拆除前，已拆除的引线应视为有电，不得直接接触，移动剪断后的上引线时应与带电导体保持 0.4m 以上安全距离。 （5）在使用绝缘断线剪剪断引线时，应有防止断开的引线摆动碰及带电设备的措施	5	错、漏一项扣 1 分，扣完为止		
	合计		100			

Jc0004342002　绝缘杆作业法带电断分支线路引线的操作。（100 分）

考核知识点： 带电作业方法

难易度： 中

技能等级评价专业技能考核操作工作任务书

一、任务名称

绝缘杆作业法带电断分支线路引线的操作。

二、适用工种

高压线路带电检修工（配电）高级工。

三、具体任务

绝缘杆作业法带电断分支线路引线的操作。针对此项工作，考生须在 50 分钟内完成操作。

四、工作规范及要求

（1）带电作业应在良好天气下进行，作业前须进行风速和湿度测量。风力大于 5 级或湿度大于 80% 时，不宜带电作业。若遇雷电、雪、雹、雨、雾等不良天气，禁止带电作业。

（2）绝缘杆作业法。

（3）本作业项目工作人员共计 4 名，其中工作负责人（监护人）1 名、杆上电工 2 名、地面电工 1 名。

（4）工作负责人（监护人）、杆上电工、地面电工必须严格遵守《国家电网公司电力安全工作规程（配电部分）（试行）》3.3.12 工作票所列人员的安全责任。

（5）要求着装正确（安全帽、全棉长袖工作服、绝缘鞋）。

五、考核及时间要求

考核时间共 50 分钟，从获得工作许可开始至工作终结完毕，每超过 2 分钟扣 1 分，到 60 分钟终止考核。

技能等级评价专业技能考核操作评分标准

工种	高压线路带电检修工（配电）				评价等级	高级工
项目模块	带电作业方法—绝缘杆作业法带电断分支线路引线的操作			编号		Jc0004342002
单位			准考证号		姓名	
考试时限	50 分钟		题型	单项操作	题分	100 分
成绩		考评员		考评组长		日期	

续表

试题正文	绝缘杆作业法带电断分支线路引线的操作
需要说明的问题和要求	（1）带电作业应在良好天气下进行，作业前须进行风速和湿度测量。风力大于5级或湿度大于80%时，不宜带电作业。若遇雷电、雪、雹、雨、雾等不良天气，禁止带电作业。 （2）本作业项目工作人员共计4名，其中工作负责人（监护人）1名、杆上电工2名、地面电工1名。 （3）工作负责人（监护人）：正确组织工作；检查工作票所列安全措施是否正确完备，是否符合现场实际条件，必要时予以补充完善；工作前，对工作班成员进行工作任务、安全措施交底和危险点告知，并确定每个工作班成员都已签名；组织执行工作票所列由其负责的安全措施；监督工作班成员遵守安全工作规程、正确使用劳动防护用品和安全工器具以及执行现场安全措施；关注工作班成员身体状况和精神状态是否出现异常迹象，人员变动是否合适。带电作业应有人监护。监护人不得直接操作，监护的范围不得超过一个作业点。 （4）工作班成员：熟悉工作内容、工作流程、掌握安全措施，明确工作中的危险点，并在工作票上履行交底签名确认手续；服从工作负责人（监护人）、专责监护人的指挥，严格遵守《国家电网公司电力安全工作规程（配电部分）（试行）》和劳动纪律，在指定的作业范围内工作，对自己在工作中的行为负责，互相关心工作安全；正确使用施工机具、安全工器具和劳动防护用品

序号	项目名称	质量要求	满分	扣分标准	扣分原因	得分
1	开工准备					
1.1	现场复勘	（1）核对工作线路与设备双重名称。 （2）检查环境是否符合作业要求，电杆根部、基础和拉线是否牢固。 （3）检查线路装置是否具备不停电作业条件，待断引流线确已空载，负荷侧变压器、电压互感器确已退出。 （4）检查气象条件（天气良好，无雷电、雪、雹、雨、雾等不良天气，风力不大于5级，湿度不大于80%）。 （5）检查工作票所列安全措施，必要时予以补充和完善	4	错、漏一项扣1分，扣完为止		
1.2	工作许可	工作负责人与调度联系，获得调度工作许可	1	未执行工作许可制度扣1分		
1.3	召开现场站班会	（1）工作负责人宣读工作票。 （2）工作负责人检查工作班组成员精神状态。 （3）工作负责人交代工作任务进行人员分工，交代安全措施、技术措施、危险点及控制措施。 （4）工作负责人检查工作班成员对工作内容、工作流程、安全措施以及工作中的危险点是否明确。 （5）工作班成员在工作票上履行交底签名确认手续	4	错、漏一项扣1分，扣完为止		
1.4	布置工作现场	工作现场设置安全护栏、作业标志和相关警示标志	1	不满足作业要求扣1分		
1.5	工器具、材料检测	（1）工器具、材料齐备，规格型号正确。 （2）绝缘工器具应放置在防潮苫布上，绝缘工器具应与金属工器具、材料分区放置。 （3）工器具在试验周期内。 （4）外观检查方法正确，绝缘工器具应无机械、绝缘缺陷，应戴干净清洁手套，用干燥、清洁毛巾清洁绝缘工器具。 （5）使用绝缘高阻表对绝缘工器具进行绝缘电阻检测，阻值不低于700MΩ	5	错、漏一项扣1分，扣完为止		
2	作业过程					
2.1	登杆	（1）杆上电工对安全带、脚扣做冲击试验。 （2）杆上电工穿戴好绝缘防护用具，携带绝缘传递绳，登杆至适当位置	5	错、漏一项扣1分； 踩空、打滑每次扣1分； 未正确使用安全带、脚扣扣1分； 上杆过程手上持有工器具扣1分； 以上扣分，扣完为止； 登杆动作生疏、跌落，终止工作		

续表

序号	项目名称	质量要求	满分	扣分标准	扣分原因	得分
2.2	验电	杆上电工使用验电器对导线、绝缘子、横担进行验电，确认无漏电现象	5	错、漏一项扣2分，扣完为止		
2.3	安装绝缘遮蔽用具	（1）带电作业过程中人体与带电体应保持足够的安全距离（不小于0.4m），如不满足安全距离要求，应进行绝缘遮蔽。 （2）按照"从近到远、从下到上、先带电体后接地体"的遮蔽原则对不能满足安全距离的带电体进行绝缘遮蔽，遮蔽的部位和顺序依次为导线、绝缘子。 （3）杆上电工在对带电体设置绝缘遮蔽隔离措施时，动作应轻缓，人体与带电体应保持足够的安全距离。 （4）绝缘遮蔽隔离措施应严密、牢固，绝缘遮蔽用具之间搭接不得小于150mm	15	错、漏一项扣4分，扣完为止；遮蔽顺序错误终止工作		
2.4	断分支线路引线	（1）杆上电工使用绝缘锁杆将待断开的引线与主导线可靠固定。 （2）杆上电工使用绝缘棘轮大剪剪断引线与主导线的连接。 （3）杆上电工使用绝缘锁杆使引线脱离主导线并将引线缓缓放下，使用绝缘棘轮大剪从引线根部剪断。 （4）其余两相引线拆除按相同的方法进行。 （5）如接引点为绝缘导线应使用绝缘护罩恢复导线的绝缘及密封。 （6）三相引线的拆除，可按由简单到复杂、先易后难的原则进行，先近（内侧）后远（外侧），或根据现场情况先两边相、后中间相	30	错、漏一项项扣5分，扣完为止		
2.5	拆除绝缘遮蔽用具	（1）经工作负责人的许可后，1、2号杆上电工按照"从远到近、从上到下、先接地体后带电体"的原则拆除绝缘遮蔽隔离措施。 （2）拆除的顺序依次为绝缘子、导线。 （3）杆上电工在拆除带电体上的绝缘遮蔽隔离措施时，动作应轻缓，人体与带电体应保持足够的安全距离	10	错、漏一项项扣4分，扣完为止；拆除绝缘遮蔽用具顺序错误终止工作		
2.6	撤离杆塔	杆上电工确认杆上无遗留物，逐次下杆	5	发生高空跌落终止工作，扣5分		
3	工作结束					
3.1	清理现场	工作负责人组织工作班成员整理工具、材料，将工器具分类摆放在苫布上，清理现场，做到工完、料尽、场地清	1	不符合要求扣1分		
3.2	质量验收	工作负责人对完成的工作进行全面检查，符合验收规范要求后，记录在册	2	不符合要求扣2分		
3.3	收工会	召开现场收工会，正确点评工作，补充现场标准化作业指导书验收栏等内容	1	不符合要求扣1分		
3.4	工作终结	汇报值班调控人员工作已经结束，在工作票填写终结时间并签字，工作班撤离现场	1	不符合要求扣1分		
3.5	安全文明生产	（1）杆上电工登杆作业应正确使用安全带、脚扣。 （2）上、下传递工具、材料均应使用绝缘绳传递，传递中不能与电杆、构件等碰撞，严禁抛掷。 （3）作业过程中禁止摘下绝缘防护用具，而且绝缘手套仅作辅助绝缘。 （4）转移作业相，关键步骤操作时应获得工作监护人的许可。 （5）作业过程中，不随意踩踏防潮苫布	5	错、漏一项扣1分，扣完为止		

续表

序号	项目名称	质量要求	满分	扣分标准	扣分原因	得分
3.6	关键点	（1）作业中，人体应保持对带电体 0.4m 以上的安全距离。 （2）作业中，绝缘操作杆有效绝缘长度应不小于 0.7m。 （3）断引线时，作业人员应戴护目镜。 （4）在所断线路三相引线未全部拆除前，已拆除的引线应视为有电，不得直接接触，移动剪断后的上引线时应与带电导体保持 0.4m 以上安全距离。 （5）在使用绝缘断线剪剪断引线时，应有防止断开的引线摆动碰及带电设备的措施。 （6）断分支线路引线，空载电流应不大于 5A	5	错、漏一项扣 1 分，扣完为止		
	合计		100			

Jc0004342003　绝缘杆作业法带电接熔断器上引线的操作。（100 分）

考核知识点： 带电作业方法

难易度： 中

技能等级评价专业技能考核操作工作任务书

一、任务名称

绝缘杆作业法带电接熔断器上引线的操作。

二、适用工种

高压线路带电检修工（配电）高级工。

三、具体任务

（1）开工准备工作（现场复勘、工作许可、召开现场站班会、布置工作现场、工器具、材料检测）等项目。

（2）安装、拆除绝缘遮蔽用具。

（3）使用绝缘杆作业法带电接熔断器上引线的操作。

四、工作规范及要求

（1）带电作业应在良好天气下进行，作业前须进行风速和湿度测量。风力大于 5 级或湿度大于 80% 时，不宜带电作业。若遇雷电、雪、雹、雨、雾等不良天气，禁止带电作业。

（2）绝缘杆作业法。

（3）本作业项目工作人员共计 4 名，其中工作负责人（监护人）1 名、杆上电工 2 名、地面电工 1 名。

（4）工作负责人（监护人）、杆上电工、地面电工必须严格遵守《国家电网公司电力安全工作规程（配电部分）（试行）》3.3.12 工作票所列人员的安全责任。

（5）要求着装正确（安全帽、全棉长袖工作服、绝缘鞋）。

五、考核及时间要求

考核时间共 50 分钟，从获得工作许可开始至工作终结完毕，每超过 2 分钟扣 1 分，到 60 分钟终止考核。

技能等级评价专业技能考核操作评分标准

工种	高压线路带电检修工（配电）		评价等级	高级工
项目模块	带电作业方法—绝缘杆作业法带电接熔断器上引线的操作	编号	Jc0004342003	
单位		准考证号	姓名	
考试时限	50分钟	题型	单项操作	题分	100分
成绩	考评员	考评组长	日期	

试题正文	绝缘杆作业法带电接熔断器上引线的操作
需要说明的问题和要求	（1）带电作业应在良好天气下进行，作业前须进行风速和湿度测量。风力大于5级或湿度大于80%时，不宜带电作业。若遇雷电、雪、雹、雨、雾等不良天气，禁止带电作业。 （2）本作业项目工作人员共计4名，其中工作负责人（监护人）1名、杆上电工2名、地面电工1名。 （3）工作负责人（监护人）：正确组织工作；检查工作票所列安全措施是否正确完备，是否符合现场实际条件，必要时予以补充完善；工作前，对工作班成员进行工作任务、安全措施交底和危险点告知，并确定每个工作班成员都已签名；组织执行工作票所列由其负责的安全措施；监督工作班成员遵守带电工作规程、正确使用劳动防护用品和安全工器具以及执行现场安全措施；关注工作班成员身体状况和精神状态是否出现异常迹象，人员变动是否合适。带电作业应有人监护。监护人不得直接操作，监护的范围不得超过一个作业点。 （4）工作班成员：熟悉工作内容、工作流程、掌握安全措施，明确工作中的危险点，并在工作票上履行交底签名确认手续；服从工作负责人（监护人）、专责监护人的指挥，严格遵守《国家电网公司电力安全工作规程（配电部分）（试行）》和劳动纪律，在指定的作业范围内工作，对自己在工作中的行为负责，互相关心工作安全；正确使用施工机具、安全工器具和劳动防护用品

序号	项目名称	质量要求	满分	扣分标准	扣分原因	得分
1	开工准备					
1.1	现场复勘	（1）核对工作线路与设备双重名称。 （2）检查环境是否符合作业要求，电杆根部、基础和拉线是否牢固。 （3）检查确认负荷侧变压器、电压互感器确已退出，熔断器已断开，熔管已取下，检查作业装置符合带电作业条件。 （4）检查气象条件（天气良好，无雷电、雪、雹、雨、雾等不良天气，风力不大于5级，湿度不大于80%）。 （5）检查工作票所列安全措施，必要时予以补充和完善	4	错、漏一项扣1分，扣完为止		
1.2	工作许可	工作负责人按配电带电作业工作票内容与值班调控人员联系，履行工作许可手续	1	未执行工作许可制度扣1分		
1.3	召开现场站班会	（1）工作负责人宣读工作票。 （2）工作负责人检查工作班组成员精神状态。 （3）工作负责人交代工作任务进行人员分工，交代安全措施、技术措施、危险点及控制措施。 （4）工作负责人检查工作班成员对工作内容、工作流程、安全措施以及工作中的危险点是否明确。 （5）工作班成员在工作票上履行交底签名确认手续	4	错、漏一项扣1分，扣完为止		
1.4	布置工作现场	工作现场设置安全护栏、作业标志和相关警示标志	1	不满足作业要求扣1分		
1.5	工器具、材料检测	（1）工器具、材料齐备，规格型号正确。 （2）绝缘工器具应放置在防潮苫布上，绝缘工器具应与金属工器具、材料分区放置。 （3）工器具在试验周期内。 （4）外观检查方法正确，绝缘工器具应无机械、绝缘缺陷，应戴干净清洁手套，用干燥、清洁毛巾清洁绝缘工器具。 （5）使用绝缘高阻表对绝缘工器具进行绝缘电阻检测，阻值不得低于700MΩ	5	错、漏一项扣1分，扣完为止		

续表

序号	项目名称	质量要求	满分	扣分标准	扣分原因	得分
2	作业过程					
2.1	登杆	（1）杆上电工对安全带、脚扣做冲击试验。 （2）杆上电工穿戴好绝缘防护用具，携带绝缘传递绳，登杆至适当位置	5	错、漏一项扣1分； 踩空、打滑每次扣1分； 未正确使用安全带、脚扣1分； 上杆过程手上持有工器具扣1分； 以上扣分，扣完为止； 登杆动作生疏、跌落，终止工作		
2.2	验电	杆上电工使用验电器对导线、跌落熔断器、横担进行验电，确认无漏电现象	5	错、漏一处扣2分，扣完为止		
2.3	安装绝缘遮蔽用具	（1）带电作业过程中人体与带电体应保持足够的安全距离（不小于0.4m），如不满足安全距离要求，应进行绝缘遮蔽。 （2）按照"从近到远、从下到上、先带电体后接地体"的遮蔽原则对不能满足安全距离的带电体进行绝缘遮蔽，遮蔽的部位和顺序依次为导线、跌落式熔断器、横担。 （3）杆上电工在对带电体设置绝缘遮蔽隔离措施时，动作应轻缓，人体与带电体应保持足够的安全距离。 （4）绝缘遮蔽隔离措施应严密、牢固，绝缘遮蔽用具之间搭接不得小于150mm	15	错、漏一项扣4分，扣完为止； 遮蔽顺序错误终止工作		
2.4	安装熔断器上引线	（1）杆上电工检查三相熔断器安装应符合验收规范要求。 （2）杆上电工使用绝缘测量杆测量三相上引线长度，由地面电工做好上引线。 （3）杆上电工将三根上引线一端安装在熔断器上接线柱，并妥善固定	15	错、漏一项扣5分，扣完为止		
2.5	接熔断器上引线	（1）杆上电工用导线清扫刷清除搭接处氧化层。 （2）杆上电工用绝缘锁杆锁住上引线另一端后提升上引线，将其固定在距离横担0.6~0.7m主导线上。 （3）杆上电工使用线夹安装工具安装线夹。 （4）杆上电工使用绝缘杆套筒扳手将线夹螺栓拧紧，使引线与导线可靠连接，然后撤除绝缘锁杆。 （5）其余两相熔断器上引线连接按相同的方法进行。三相熔断器引线连接应可按先中间、后两侧的顺序进行	15	错、漏一项扣3分，扣完为止		
2.6	拆除绝缘遮蔽用具	（1）经工作负责人的许可后，1、2号杆上电工按照"从远到近、从上到下、先接地体后带电体"的原则拆除绝缘遮蔽隔离措施。 （2）拆除的顺序依次为横担、跌落熔断器、导线。 （3）杆上电工在拆除带电体上的绝缘遮蔽隔离措施时，动作应轻缓，人体与带电体应保持足够的安全距离	10	错、漏一项扣4分，扣完为止； 拆除绝缘遮蔽用具顺序错误终止工作		
2.7	撤离杆塔	杆上电工确认杆上无遗留物，逐次下杆	5	发生高空跌落终止工作，扣5分		
3	工作结束					
3.1	清理现场	工作负责人组织工作班成员整理工具、材料，将工器具分类摆放在苫布上，清理现场，做到工完、料尽、场地清	1	不符合要求扣1分		
3.2	质量验收	工作负责人对完成的工作进行全面检查，符合验收规范要求后，记录在册	2	不符合要求扣2分		

续表

序号	项目名称	质量要求	满分	扣分标准	扣分原因	得分
3.3	收工会	召开现场收工会，正确点评工作，补充现场标准化作业指导书验收栏等内容	1	不符合要求扣1分		
3.4	工作终结	汇报值班调控人员工作已经结束，在工作票填写终结时间并签字，工作班撤离现场	1	不符合要求扣1分		
3.5	安全文明生产	（1）杆上电工登杆作业应正确使用安全带、脚扣。 （2）上、下传递工具、材料均应使用绝缘绳传递，传递中不能与电杆、构件等碰撞，严禁抛掷。 （3）作业过程中禁止摘下绝缘防护用具，而且绝缘手套仅作辅助绝缘。 （4）转移作业相，关键步骤操作时应获得工作监护人的许可。 （5）作业过程中，不随意踩踏防潮苫布	5	错、漏一项扣1分，扣完为止		
3.6	关键点	（1）作业中，人体应保持对带电体0.4m以上的安全距离。 （2）作业中，绝缘操作杆有效绝缘长度应不小于0.7m。 （3）接引线时，作业人员应戴护目镜。 （4）未接通相的引线应视为有电，不得直接接触。 （5）应有防止引线摆动的措施	5	错、漏一项扣1分，扣完为止		
	合计		100			

Jc0004342004　绝缘杆作业法接直线分支引线的操作。（100分）

考核知识点：带电作业方法

难易度：中

技能等级评价专业技能考核操作工作任务书

一、任务名称

绝缘杆作业法接直线分支引线的操作。

二、适用工种

高压线路带电检修工（配电）高级工。

三、具体任务

（1）开工准备工作（现场复勘、工作许可、召开现场站班会、布置工作现场、工器具、材料检测）等项目。

（2）安装、拆除绝缘遮蔽用具。

（3）使用绝缘杆作业法接直线分支引线的操作。

四、工作规范及要求

（1）带电作业应在良好天气下进行，作业前须进行风速和湿度测量。风力大于5级或湿度大于80%时，不宜带电作业。若遇雷电、雪、雹、雨、雾等不良天气，禁止带电作业。

（2）绝缘杆作业法。

（3）本作业项目工作人员共计4名，其中工作负责人（监护人）1名、杆上电工2名、地面电工1名。

（4）工作负责人（监护人）、杆上电工、地面电工必须严格遵守《国家电网公司电力安全工作规程（配电部分）（试行）》3.3.12 工作票所列人员的安全责任。

（5）要求着装正确（安全帽、全棉长袖工作服、绝缘鞋）。

五、考核及时间要求

考核时间共 50 分钟，从获得工作许可开始至工作终结完毕，每超过 2 分钟扣 1 分，到 60 分钟终止考核。

技能等级评价专业技能考核操作评分标准

工种	高压线路带电检修工（配电）		评价等级	高级工
项目模块	带电作业方法—绝缘杆作业法接直线分支引线的操作	编号		Jc0004342004
单位		准考证号		姓名
考试时限	50 分钟	题型	单项操作	题分　100 分
成绩		考评员	考评组长	日期
试题正文	绝缘杆作业法接直线分支引线的操作			
需要说明的问题和要求	（1）带电作业应在良好天气下进行，作业前须进行风速和湿度测量。风力大于 5 级或湿度大于 80% 时，不宜带电作业。若遇雷电、雪、雹、雨、雾等不良天气，禁止带电作业。 （2）本作业项目工作人员共计 4 名，其中工作负责人（监护人）1 名、杆上电工 2 名、地面电工 1 名。 （3）工作负责人（监护人）：正确组织工作；检查工作票所列安全措施是否正确完备，是否符合现场实际条件，必要时予以补充完善；工作前，对工作班成员进行工作任务、安全措施交底和危险点告知，并确定每个工作班成员都已签名；组织执行工作票所列由其负责的安全措施；监督工作班成员遵守安全工作规程、正确使用劳动防护用品和安全工器具以及执行现场安全措施；关注工作班成员身体状况和精神状态是否出现异常迹象，人员变动是否合适。带电作业应有人监护。监护人不得直接操作，监护的范围不得超过一个作业点。 （4）工作班成员：熟悉工作内容、工作流程，掌握安全措施，明确工作中的危险点，并在工作票上履行交底签名确认手续；服从工作负责人（监护人）、专责监护人的指挥，严格遵守《国家电网公司电力安全工作规程（配电部分）（试行）》和劳动纪律，在指定的作业范围内工作，对自己在工作中的行为负责，互相关心工作安全；正确使用施工机具、安全工器具和劳动防护用品			

序号	项目名称	质量要求	满分	扣分标准	扣分原因	得分
1	开工准备					
1.1	现场复勘	（1）核对工作线路与设备双重名称。 （2）检查环境是否符合作业要求，电杆根部、基础和拉线是否牢固。 （3）确认负荷侧变压器、电压互感器确已退出，待接引流线确已空载，检查作业装置符合带电作业条件。 （4）检查气象条件（天气良好，无雷电、雪、雹、雨、雾等不良天气，风力不大于 5 级，湿度不大于 80%）。 （5）检查工作票所列安全措施，必要时予以补充和完善	4	错、漏一项扣 1 分，扣完为止		
1.2	工作许可	工作负责人按配电带电作业工作票内容与值班调控人员联系，履行工作许可手续	1	未执行工作许可制度扣 1 分		
1.3	召开现场站班会	（1）工作负责人宣读工作票。 （2）工作负责人检查工作班组成员精神状态。 （3）工作负责人交代工作任务进行人员分工，交代安全措施、技术措施、危险点及控制措施。 （4）工作负责人检查工作班成员对工作内容、工作流程、安全措施以及工作中的危险点是否明确。 （5）工作班成员在工作票上履行交底签名确认手续	4	错、漏一项扣 1 分，扣完为止		
1.4	布置工作现场	工作现场设置安全护栏、作业标志和相关警示标志	1	不满足作业要求扣 1 分		

序号	项目名称	质量要求	满分	扣分标准	扣分原因	得分
1.5	工器具、材料检测	（1）工器具、材料齐备，规格型号正确。 （2）绝缘工器具应放置在防潮苫布上，绝缘工器具应与金属工器具、材料分区放置。 （3）工器具在试验周期内。 （4）外观检查方法正确，绝缘工器具应无机械、绝缘缺陷，应戴干净清洁手套，用干燥、清洁毛巾清洁绝缘工器具。 （5）使用绝缘高阻表对绝缘工器具进行绝缘电阻检测，阻值不得低于 700MΩ	5	错、漏一项扣 1 分，扣完为止		
2	作业过程					
2.1	登杆	（1）杆上电工对安全带、脚扣做冲击试验。 （2）杆上电工穿戴好绝缘防护用具，携带绝缘传递绳，登杆至适当位置	5	错、漏一项扣 1 分； 踩空、打滑每次扣 1 分； 未正确使用安全带、脚扣扣 1 分； 上杆过程手上持有工器具扣 1 分； 以上扣分，扣完为止； 登杆动作生疏、跌落，终止工作		
2.2	验电	杆上电工使用验电器对导线、绝缘子、横担进行验电，确认无漏电	5	错、漏一处扣 2 分，扣完为止		
2.3	检测跌落式熔断器	杆上电工使用绝缘高阻表检测跌落式熔断器的绝缘电阻，如不满足上下接线板之间的绝缘电阻大于或等于 300MΩ，上下接线板与安装板之间的绝缘电阻大于或者等于 150MΩ 的要求，则应更换跌落式熔断器	5	错、漏一项 5 分，扣完为止		
2.4	测量、制作引线	（1）杆上 1 号作业人员用绝缘测距杆测量跌落式熔断器上接线板到相应导线的距离。 （2）地面作业人员按照需要制作三根引线，并圈好，并在每根引线端头做色相标志，引线制作完毕，应圈好，防止杆上作业人员安装时引线发生弹跳，失去空气安全距离	10	错、漏一项扣 5 分，扣完为止		
2.5	清除氧化膜	杆上作业人员使用导线清洁刷清洁主导线的引线搭接部位氧化膜	5	错、漏一项扣 5 分，扣完为止		
2.6	安装引流线	（1）杆上 2 号作业人员登杆至适当位置。 （2）杆上 1 号作业人员在 2 号作业人员的配合下，把三相引流线安装在对应的跌落式熔断器上的接线板上	10	错、漏一项扣 5 分，扣完为止		
2.7	设置绝缘遮蔽	（1）带电作业过程中人体与带电体应保持足够的安全距离（不小于 0.4m），如不满足安全距离应进行绝缘遮蔽。 （2）按照"从近到远、从下到上、先带电体后接地体"的遮蔽原则对不能满足安全距离的带电体进行绝缘遮蔽，遮蔽的部位和顺序依次为导线、绝缘子。 （3）杆上电工在对带电体设置绝缘遮蔽隔离措施时，动作应轻缓，人体与带电体应保持足够的安全距离。 （4）绝缘遮蔽隔离措施应严密、牢固，绝缘遮蔽用具之间搭接不得小于 150mm	10	错、漏一项扣 3 分，扣完为止； 遮蔽顺序错误终止工作		
2.8	搭接引流线	（1）杆上 1 号作业人员用绝缘锁杆试搭三相引线，调整好三相引线的长度，并将三相引线自然垂放，尾端进行固定防止跳动。 （2）杆上 1 号作业人员与杆上 2 号作业人员配合搭接中间相引线。 （3）每相引线使用两个异型线夹、引线与电杆之间的距离应大于 30cm。 （4）引线露出线夹的长度不大于 5cm。 （5）搭接方法：用线夹传送杆将异型线夹传送到主导线上，用绝缘锁杆将引线放入异型线夹槽内，最后用套筒操作杆固定。 （6）用同样方法搭接邻相引线和另边相引线	10	错、漏一项扣 2 分，扣完为止		

续表

序号	项目名称	质量要求	满分	扣分标准	扣分原因	得分
2.9	拆除绝缘遮蔽措施	（1）经工作负责人的许可后，1、2号杆上电工按照"从远到近、从上到下、先接地体后带电体"的原则拆除绝缘遮蔽隔离措施。 （2）拆除的顺序依次为绝缘子、导线。 （3）杆上电工在拆除带电体上的绝缘遮蔽隔离措施时，动作应轻缓，人体与带电体应保持足够的安全距离	5	错、漏一项扣2分，扣完为止；拆除绝缘遮蔽顺序错误终止工作		
2.10	撤离杆塔	杆上电工确认杆上无遗留物，逐次下杆	5	发生高空跌落终止工作，扣5分		
3	工作结束					
3.1	清理现场	工作负责人组织工作班成员整理工具、材料，将工器具分类摆放在苫布上，清理现场，做到工完、料尽、场地清	1	不符合要求扣1分		
3.2	质量验收	工作负责人对完成的工作进行全面检查，符合验收规范要求后，记录在册	2	不符合要求扣2分		
3.3	收工会	召开现场收工会，正确点评工作，补充现场标准化作业指导书验收栏等内容	1	不符合要求扣1分		
3.4	工作终结	汇报值班调控人员工作已经结束，在工作票填写终结时间并签字，工作班撤离现场	1	不符合要求扣1分		
3.5	安全文明生产	（1）杆上电工登杆作业应正确使用安全带、脚扣。 （2）上、下传递工具、材料均应使用绝缘绳传递，传递中不能与电杆、构件等碰撞，严禁抛掷。 （3）作业过程中禁止摘下绝缘防护用具，而且绝缘手套仅作辅助绝缘。 （4）转移作业相，关键步骤操作时应获得工作监护人的许可。 （5）作业过程中，不随意踩踏防潮苫布	5	错、漏一项扣1分，扣完为止		
3.6	关键点	（1）作业中，人体应保持对带电体0.4m以上的安全距离。 （2）作业中，绝缘操作杆有效绝缘长度应不小于0.7m。 （3）接引线时，作业人员应戴护目镜。 （4）未接通相的引线应视为有电，不得直接接触。 （5）安装引线时，防止引线弹跳，与带电导线之间的空气距离应小于0.4m。 （6）注意两边相引线应向装置外部垂放，避免中间相引线搭接后，取边相引线时安全距离不够	5	错、漏一项扣1分，扣完为止		
	合计		100			

Jc0004342005 绝缘手套作业法带电更换避雷器的操作。（100分）

考核知识点： 带电作业方法

难易度： 中

技能等级评价专业技能考核操作工作任务书

一、任务名称

绝缘手套作业法带电更换避雷器的操作。

二、适用工种

高压线路带电检修工（配电）高级工。

三、具体任务

（1）开工准备工作（现场复勘、工作许可、召开现场站班会、布置工作现场、工器具、材料检测）等项目。

（2）安装、拆除绝缘遮蔽用具。

（3）使用绝缘手套作业法带电更换避雷器的操作。

四、工作规范及要求

（1）带电作业应在良好天气下进行，作业前须进行风速和湿度测量。风力大于 5 级或湿度大于 80% 时，不宜带电作业。若遇雷电、雪、雹、雨、雾等不良天气，禁止带电作业。

（2）绝缘手套作业法。

（3）本作业项目工作人员共计 4 名，其中工作负责人（监护人）1 名、斗内电工 2 名、地面电工 1 名。

（4）工作负责人（监护人）、斗内电工、地面电工必须严格遵守《国家电网公司电力安全工作规程（配电部分）（试行）》3.3.12 工作票所列人员的安全责任。

（5）要求着装正确（安全帽、全棉长袖工作服、绝缘鞋）。

五、考核及时间要求

考核时间共 50 分钟，从获得工作许可开始至工作终结完毕，每超过 2 分钟扣 1 分，到 60 分钟终止考核。

技能等级评价专业技能考核操作评分标准

工种	高压线路带电检修工（配电）		评价等级	高级工
项目模块	带电作业方法—绝缘手套作业法带电更换避雷器的操作	编号		Jc0004342005
单位		准考证号	姓名	
考试时限	50 分钟	题型	单项操作	题分	100 分
成绩		考评员	考评组长	日期	
试题正文	绝缘手套作业法带电更换避雷器的操作			
需要说明的问题和要求	（1）带电作业应在良好天气下进行，作业前须进行风速和湿度测量。风力大于 5 级或湿度大于 80% 时，不宜带电作业。若遇雷电、雪、雹、雨、雾等不良天气，禁止带电作业。 （2）本作业项目工作人员共计 4 名，其中工作负责人（监护人）1 名、斗内电工 2 名、地面电工 1 名。 （3）工作负责人（监护人）：正确组织工作；检查工作票所列安全措施是否正确完备，是否符合现场实际条件，必要时予以补充完善；工作前，对工作班成员进行工作任务、安全措施交底和危险点告知，并确定每个工作班成员都已签名；组织执行工作票所列由其负责的安全措施；监督工作班成员遵守安全工作规程、正确使用劳动防护用品和安全工器具以及执行现场安全措施；关注工作班成员身体状况和精神状态是否出现异常迹象，人员变动是合适。带电作业应有人监护，监护人不得直接操作，监护的范围不得超过一个作业点。 （4）工作班成员：熟悉工作内容、工作流程，掌握安全措施，明确工作中的危险点，并在工作票上履行交底签名确认手续；服从工作负责人（监护人）、专责监护人的指挥，严格遵守《国家电网公司电力安全工作规程（配电部分）（试行）》和劳动纪律，在指定的作业范围内工作，对自己在工作中的行为负责，互相关心工作安全；正确使用施工机具、安全工器具和劳动防护用品			

序号	项目名称	质量要求	满分	扣分标准	扣分原因	得分
1	开工准备					
1.1	现场复勘	（1）核对工作线路与设备双重名称。 （2）确认避雷器接地装置应完整可靠，避雷器无明显损坏现象，检查作业装置、现场环境符合带电作业条件。 （3）检查气象条件（天气良好，无雷电、雪、雹、雨、雾等不良天气，风力不大于 5 级，湿度不大于 80%）。 （4）检查工作票所列安全措施，必要时予以补充和完善	4	错、漏一项扣 1 分，扣完为止		

续表

序号	项目名称	质量要求	满分	扣分标准	扣分原因	得分
1.2	工作许可	工作负责人按配电带电作业工作票内容与值班调控人员联系，申请停用线路重合闸	1	未申请停用线路重合闸扣1分		
1.3	召开现场站班会	（1）工作负责人宣读工作票。 （2）工作负责人检查工作班组成员精神状态。 （3）工作负责人交代工作任务进行人员分工，交代安全措施、技术措施、危险点及控制措施。 （4）工作负责人检查工作班成员对工作内容、工作流程、安全措施以及工作中的危险点是否明确。 （5）工作班成员在工作票上履行交底签名确认手续	4	错、漏一项扣1分，扣完为止		
1.4	布置工作现场	根据道路情况设置安全围栏、警告标志或路障	1	不满足作业要求扣1分		
1.5	工器具、材料检测	（1）工器具、材料齐备，规格型号正确。 （2）绝缘工器具应放置在防潮苫布上，绝缘工器具应与金属工器具、材料分区放置。 （3）工器具在试验周期内。 （4）外观检查方法正确，绝缘工器具应无机械、绝缘缺陷，应戴干净清洁手套，用干燥、清洁毛巾清洁绝缘工器具。 （5）使用绝缘高阻表对绝缘工器具进行绝缘电阻检测，阻值不得低于700MΩ。 （6）查验新避雷器试验报告合格，使用绝缘测试仪确认绝缘性能完好	5	错、漏一项扣1分，扣完为止		
2	作业过程					
2.1	进入作业现场	（1）选择合适位置停放绝缘斗臂车，支撑稳固，并可靠接地。 （2）查看绝缘臂、绝缘斗良好，进行空斗试操作，确认液压传动、升降、伸缩、回转系统工作正常及操作灵活，制动装置可靠。 （3）斗内电工穿戴好绝缘防护用品，进入绝缘斗，挂好安全带保险钩	5	错、漏一项扣2分，扣完为止		
2.2	验电	斗内电工将绝缘斗调整至三相避雷器外侧适当位置，使用验电器对导线、绝缘子、避雷器、横担进行验电，确认无漏电现象	5	错、漏一处扣2分，扣完为止		
2.3	安装绝缘遮蔽用具	（1）经工作负责人许可后，斗内电工调整绝缘斗到达内边相合适工作位置，按照"从近到远、从下到上、先带电体后接地体"的遮蔽原则对作业范围内可能触及的带电体和接地体进行绝缘遮蔽隔离。 （2）遮蔽的部位和顺序依次为导线、绝缘子、避雷器上引线以及作业点临近的接地体。 （3）斗内电工在对带电体设置绝缘遮蔽隔离措施时，动作应轻缓，与横担等地电位构件间应保持足够的安全距离（不小于0.4m），与邻相导线之间应保持足够的安全距离（不小于0.6m）。 （4）绝缘遮蔽隔离措施应严密、牢固，绝缘遮蔽用具之间搭接不得小于150mm。 （5）经工作负责人的许可后，斗内电工调整绝缘斗到达外边相合适工作位置，按照与内边相相同的方法对作业范围内可能触及的带电体和接地体进行绝缘遮蔽隔离。 （6）经工作负责人的许可后，斗内电工调整绝缘斗到达中间相合适工作位置，按照与两边相相同的方法对作业范围内可能触及的带电体和接地体进行绝缘遮蔽隔离	20	错、漏一项扣5分，扣完为止；遮蔽顺序错误终止工作		

续表

序号	项目名称	质量要求	满分	扣分标准	扣分原因	得分
2.4	更换避雷器	（1）斗内电工将绝缘斗调整至避雷器横担下适当位置，使用断线剪将近边相避雷器引线从主导线（或其他搭接部位）拆除，妥善固定引线。 （2）其余两相避雷器退出运行按相同方法进行。三相避雷器接线器的拆除，可按由简单到复杂、先易后难的原则进行，先近（内侧）后远（外侧），或根据现场情况先两边相、后中间相。 （3）斗内电工更换新避雷器，在避雷器接线柱上安装好引线并妥善固定，恢复绝缘遮蔽隔离措施。 （4）斗内电工将绝缘斗调整至避雷器横担下适当位置，安装三相避雷器接地线，将中间相避雷器上引线与主导线进行搭接。 （5）其余两相避雷器上引线与主导线的搭接按相同的方法进行。三相避雷器上引线与主导线的搭接，可按由复杂到简单、先难后易的原则进行，先远（外侧）后近（内侧），或根据现场情况先中间相、后两边相	25	错、漏一项扣5分，扣完为止		
2.5	拆除绝缘遮蔽用具	（1）经工作负责人的许可后，斗内电工调整绝缘斗到达中间相合适工作位置，按照"从远到近、从上到下、先接地体后带电体"的原则拆除绝缘遮蔽隔离措施。 （2）拆除的顺序依次为作业点临近的接地体、避雷器上引线、绝缘子、导线。 （3）斗内电工在拆除带电体上的绝缘遮蔽隔离措施时，动作应轻缓，与横担等地电位构件间应保持足够的安全距离，与邻相导线之间应保持足够的安全距离。 （4）经工作负责人的许可后，斗内电工调整绝缘斗到达外边相合适工作位置，按照与中间相相同的方法拆除绝缘遮蔽隔离。 （5）经工作负责人的许可后，斗内电工调整绝缘斗到达内边相合适工作位置，按照与中间相相同的方法拆除绝缘遮蔽隔离	10	错、漏一项扣2分，扣完为止；拆除绝缘遮蔽用具顺序错误终止工作		
2.6	返回地面	检查杆上无遗留物，绝缘斗退出有电工作区域，作业人员返回地面	5	未按要求执行扣5分		
3	工作结束					
3.1	清理现场	工作负责人组织工作班成员整理工具、材料，将工器具分类摆放在苫布上，清理现场，做到工完、料尽、场地清	1	不符合要求扣1分		
3.2	质量验收	工作负责人对完成的工作进行全面检查，符合验收规范要求后，记录在册	2	不符合要求扣2分		
3.3	收工会	召开现场收工会，正确点评工作，补充现场标准化作业指导书验收栏等内容	1	不符合要求扣1分		
3.4	工作终结	汇报值班调控人员工作已经结束，恢复作业线路（双重名称）重合闸装置，在工作票填写终结时间并签字，工作班撤离现场	1	不符合要求扣1分		
3.5	安全文明生产	（1）作业过程中禁止摘下绝缘防护用具，而且绝缘手套仅作辅助绝缘。 （2）斗臂车绝缘斗在有电工作区域转移时，应缓慢移动，动作要平稳，严禁使用快速挡。 （3）绝缘斗臂车在作业时，发动机不能熄火（电能驱动型除外），以保证液压系统处于工作状态。	5	错、漏一项扣1分，扣完为止		

续表

序号	项目名称	质量要求	满分	扣分标准	扣分原因	得分
3.5	安全文明生产	（4）作业线路下层有低压线路同杆架设时，如妨碍作业，应对作业范围内的相关低压线路采取绝缘遮蔽措施。 （5）在同杆架设线路上工作，与上层或相邻导线小于安全距离规定且无法采取安全措施时，不得进行该项工作。 （6）上、下传递工具、材料均应使用绝缘绳传递，传递中不能与电杆、构件等碰撞，严禁抛掷。 （7）作业过程中，不随意踩踏防潮苦布	5	错、漏一项扣1分，扣完为止		
3.6	关键点	（1）作业中，绝缘斗臂车绝缘臂的有效绝缘长度应不小于1.0m。 （2）在作业时，人体应保持对地不小于0.4m、对邻相导线不小于0.6m的安全距离。 （3）作业时，严禁人体同时接触两个不同的电位体，绝缘斗内双人工作时禁止两人接触不同的电位体。 （4）作业中及时恢复绝缘遮蔽隔离措施。 （5）作业人员在接触带电导线和换相工作前应得到工作监护人的许可。 （6）拆避雷器引线宜先从与主导线或其他搭接部位拆除，防止带电引线突然弹跳	5	错、漏一项扣1分，扣完为止		
	合计		100			

Jc0004342006　绝缘手套作业法带电断熔断器上引线的操作。（100分）

考核知识点： 带电作业方法

难易度： 中

技能等级评价专业技能考核操作工作任务书

一、任务名称

绝缘手套作业法带电断熔断器上引线的操作。

二、适用工种

高压线路带电检修工（配电）高级工。

三、具体任务

（1）开工准备工作（现场复勘、工作许可、召开现场站班会、布置工作现场、工器具、材料检测）等项目。

（2）安装、拆除绝缘遮蔽用具。

（3）使用绝缘手套作业法带电断熔断器上引线的操作。

四、工作规范及要求

（1）带电作业应在良好天气下进行，作业前须进行风速和湿度测量。风力大于5级或湿度大于80%时，不宜带电作业。若遇雷电、雪、雹、雨、雾等不良天气，禁止带电作业。

（2）绝缘手套作业法。

（3）本作业项目工作人员共计4名，其中工作负责人（监护人）1名、斗内电工2名、地面电工1名。

（4）工作负责人（监护人）、斗内电工、地面电工必须严格遵守《国家电网公司电力安全工作规程（配电部分）（试行）》3.3.12工作票所列人员的安全责任。

（5）要求着装正确（安全帽、全棉长袖工作服、绝缘鞋）。

五、考核及时间要求

考核时间共 50 分钟，从获得工作许可开始至工作终结完毕，每超过 2 分钟扣 1 分，到 60 分钟终止考核。

技能等级评价专业技能考核操作评分标准

工种	高压线路带电检修工（配电）			评价等级	高级工
项目模块	带电作业方法—绝缘手套作业法带电断熔断器上引线的操作		编号		Jc0004342006
单位		准考证号		姓名	
考试时限	50 分钟	题型	单项操作	题分	100 分
成绩		考评员	考评组长		日期	
试题正文	绝缘手套作业法带电断熔断器上引线的操作				
需要说明的问题和要求	（1）带电作业应在良好天气下进行，作业前须进行风速和湿度测量。风力大于 5 级或湿度大于 80% 时，不宜带电作业。若遇雷电、雪、雹、雨、雾等不良天气，禁止带电作业。 （2）本作业项目工作人员确计 4 名，其中工作负责人（监护人）1 名、斗内电工 2 名、地面电工 1 名。 （3）工作负责人（监护人）：正确组织工作；检查工作票所列安全措施是否正确完备，是否符合现场实际条件，必要时予以补充完善；工作前，对工作班成员进行工作任务、安全措施交底和危险点告知，并确定每个工作班成员都已签名；组织执行工作票所列由其负责的安全措施；监督工作班成员遵守安全工作规程、正确使用劳动防护用品和安全工器具以及执行现场安全措施；关注工作班成员身体状况和精神状态是否出现异常迹象，人员变动是否合适。带电作业应有人监护。监护人不得直接操作，监护的范围不得超过一个作业点。 （4）工作班成员：熟悉工作内容、工作流程，掌握安全措施，明确工作中的危险点，并在工作票上履行交底签名确认手续；服从工作负责人（监护人）、专责监护人的指挥，严格遵守《国家电网公司电力安全工作规程（配电部分）（试行）》和劳动纪律，在指定的作业范围内工作，对自己在工作中的行为负责，互相关心工作安全；正确使用施工机具、安全工器具和劳动防护用品				

序号	项目名称	质量要求	满分	扣分标准	扣分原因	得分
1	开工准备					
1.1	现场复勘	（1）核对工作线路与设备双重名称。 （2）检查作业装置和现场环境符合带电作业条件，熔断器确已断开，熔管已取下。 （3）检查气象条件（天气良好，无雷电、雪、雹、雨、雾等不良天气，风力不大于 5 级，湿度不大于 80%）。 （4）检查工作票所列安全措施，必要时予以补充和完善	4	错、漏一项扣 1 分，扣完为止		
1.2	工作许可	工作负责人按配电带电作业工作票内容与值班调控人员联系，履行工作许可手续	1	未执行工作许可制度扣 1 分		
1.3	召开现场站班会	（1）工作负责人宣读工作票。 （2）工作负责人检查工作班组成员精神状态。 （3）工作负责人交代工作任务进行人员分工，交代安全措施、技术措施、危险点及控制措施。 （4）工作负责人检查工作班成员对工作内容、工作流程、安全措施以及工作中的危险点是否明确。 （5）工作班成员在工作票上履行交底签名确认手续	4	错、漏一项扣 1 分，扣完为止		
1.4	布置工作现场	根据道路情况设置安全围栏、警告标志或路障	1	不满足作业要求扣 1 分		
1.5	工器具、材料检测	（1）工器具、材料齐备，规格型号正确。 （2）绝缘工器具应放置在防潮苫布上，绝缘工器具应与金属工器具、材料分区放置。 （3）工器具在试验周期内。 （4）外观检查方法正确，绝缘工器具应无机械、绝缘缺陷，应戴干净清洁手套，用干燥、清洁毛巾清洁绝缘工器具。 （5）使用绝缘高阻表对绝缘工器具进行绝缘电阻检测，阻值不得低于 700MΩ	5	错、漏一项扣 1 分，扣完为止		

续表

序号	项目名称	质量要求	满分	扣分标准	扣分原因	得分
2	作业过程					
2.1	进入作业现场	（1）选择合适位置停放绝缘斗臂车，支撑稳固，并可靠接地。 （2）查看绝缘臂、绝缘斗良好，进行空斗试操作，确认液压传动、升降、伸缩，回转系统工作正常及操作灵活，制动装置可靠。 （3）斗内电工穿戴好绝缘防护用具，进入绝缘斗，挂好安全带保险钩	5	错、漏一项扣2分，扣完为止		
2.2	验电	斗内电工将工作斗调整至适当位置，使用验电器对导线、熔断器、横担进行验电，确认无漏电现象	5	错、漏一处扣2分，扣完为止		
2.3	安装绝缘遮蔽用具	（1）经工作负责人许可后，斗内电工调整绝缘斗到达内边相合适工作位置，按照"从近到远、从下到上、先带电体后接地体"的遮蔽原则对作业范围内可能触及的带电体和接地体进行绝缘遮蔽隔离。 （2）遮蔽的部位和顺序依次为导线、熔断器以及作业点临近的接地体。 （3）斗内电工在对带电体设置绝缘遮蔽隔离措施时，动作应轻缓，与横担等地电位构件间应保持足够的安全距离（不小于0.4m），与邻相导线之间应保持足够的安全距离（不小于0.6m）。 （4）绝缘遮蔽隔离措施应严密、牢固，绝缘遮蔽用具之间搭接不得小于150mm。 （5）经工作负责人的许可后，斗内电工调整绝缘斗到达外边相合适工作位置，按照与内边相相同的方法对作业范围内可能触及的带电体和接地体进行绝缘遮蔽隔离。 （6）经工作负责人的许可后，斗内电工调整绝缘斗到达中间相合适工作位置，按照与两边相相同的方法对作业范围内可能触及的带电体和接地体进行绝缘遮蔽隔离	20	错、漏一项扣4分，扣完为止；遮蔽顺序错误终止工作		
2.4	断熔断器上引线	（1）斗内电工调整工作斗至近边相合适位置，用绝缘锁杆将熔断器上引线临时固定在主导线上，然后拆除线夹。 （2）斗内电工调整工作位置后，用绝缘锁杆将上引线线头脱离主导线，妥善固定，恢复主导线绝缘遮蔽。 （3）其余两相断开熔断器上引线拆除工作按相同方法进行。三相熔断器上引线的拆除顺序应先两边相、再中间相。 （4）如导线为绝缘线，熔断器上引线拆除后应恢复导线的绝缘。 （5）当三相导线三角排列且横担较短时，宜在近边相外侧拆除中间相引线；当三相导线水平排列时，作业人员宜位于中间相与遮蔽相导线之间	25	错、漏一项扣5分，扣完为止		
2.5	拆除绝缘遮蔽用具	（1）经工作负责人的许可后，斗内电工调整绝缘斗到达中间相合适工作位置，按照"从远到近、从上到下、先接地体后带电体"的原则拆除绝缘遮蔽隔离措施。 （2）拆除的顺序依次为作业点临近的接地体、熔断器、导线。 （3）斗内电工在拆除带电体上的绝缘遮蔽隔离措施时，动作应轻缓，与横担等地电位构件间应保持足够的安全距离，与邻相导线之间应保持足够的安全距离。	10	错、漏一项扣2分，扣完为止；拆除绝缘遮蔽用具顺序错误终止工作		

续表

序号	项目名称	质量要求	满分	扣分标准	扣分原因	得分
2.5	拆除绝缘遮蔽用具	（4）经工作负责人的许可后，斗内电工调整绝缘斗到达外边相合适工作位置，按照与中间相相同的方法拆除绝缘遮蔽隔离。 （5）经工作负责人的许可后，斗内电工调整绝缘斗到达内边相合适工作位置，按照与中间相相同的方法拆除绝缘遮蔽隔离	10	错、漏一项扣2分，扣完为止；拆除绝缘遮蔽用具顺序错误终止工作		
2.6	返回地面	检查杆上无遗留物，绝缘斗退出有电工作区域，作业人员返回地面	5	未按要求执行扣5分		
3	工作结束					
3.1	清理现场	工作负责人组织工作班成员整理工具、材料，将工器具分类摆放在苫布上，清理现场，做到工完、料尽、场地清	1	不符合要求扣1分		
3.2	质量验收	工作负责人对完成的工作进行全面检查，符合验收规范要求后，记录在册	2	不符合要求扣2分		
3.3	收工会	召开现场收工会，正确点评工作，补充现场标准化作业指导书验收栏等内容	1	不符合要求扣1分		
3.4	工作终结	汇报值班调控人员工作已经结束，在工作票填写终结时间并签字，工作班撤离现场	1	不符合要求扣1分		
3.5	安全文明生产	（1）作业过程中禁止摘下绝缘防护用具，而且绝缘手套仅作辅助绝缘。 （2）斗臂车绝缘斗在有电工作区域转移时，应缓慢移动，动作要平稳，严禁使用快速挡。 （3）绝缘斗臂车在作业时，发动机不能熄火（电能驱动型除外），以保证液压系统处于工作状态。 （4）作业线路下层有低压线路同杆架设时，如妨碍作业，应对作业范围内的相关低压线路采取绝缘遮蔽措施。 （5）在同杆架设线路上工作，与上层或相邻导线小于安全距离规定且无法采取安全措施时，不得进行该项工作。 （6）上、下传递工具、材料均应使用绝缘绳传递，传递中不能与电杆、构件等碰撞，严禁抛掷。 （7）作业过程中，不随意踩踏防潮苫布	5	错、漏一项扣1分，扣完为止		
3.6	关键点	（1）作业中，绝缘斗臂车绝缘臂的有效绝缘长度应不小于1.0m。 （2）在作业时，人体应保持对地不小于0.4m、对邻相导线不小于0.6m的安全距离。 （3）作业时，严禁人体同时接触两个不同的电位体，绝缘斗内双人工作时禁止两人接触不同的电位体。 （4）作业中及时恢复绝缘遮蔽隔离措施。 （5）作业人员在接触带电导线和换相工作前应得到工作监护人的许可。 （6）在所断线路三相引线未全部拆除前，已拆除的引线应视为有电。 （7）当三相导线三角排列时且横担较短，宜在近边相外侧拆除中间相引线；当三相导线水平排列时，作业人员宜位于中间相与遮蔽相导线之间。 （8）严禁带负荷断引线	5	错、漏一项扣1分，扣完为止		
	合计		100			

Jc0004342007　绝缘手套作业法带电断分支线路引线的操作。（100分）

考核知识点：带电作业方法

难易度：中

技能等级评价专业技能考核操作工作任务书

一、任务名称
绝缘手套作业法带电断分支线路引线的操作。

二、适用工种
高压线路带电检修工（配电）高级工。

三、具体任务
（1）开工准备工作（现场复勘、工作许可、召开现场站班会、布置工作现场、工器具、材料检测）等项目。

（2）安装、拆除绝缘遮蔽用具。

（3）使用绝缘手套作业法带电断分支线路引线的操作。

四、工作规范及要求
（1）带电作业应在良好天气下进行，作业前须进行风速和湿度测量。风力大于5级或湿度大于80%时，不宜带电作业。若遇雷电、雪、雹、雨、雾等不良天气，禁止带电作业。

（2）绝缘手套作业法。

（3）本作业项目工作人员共计4名，其中工作负责人（监护人）1名、斗内电工2名、地面电工1名。

（4）工作负责人（监护人）、斗内电工、地面电工必须严格遵守《国家电网公司电力安全工作规程（配电部分）（试行）》3.3.12工作票所列人员的安全责任。

（5）要求着装正确（安全帽、全棉长袖工作服、绝缘鞋）。

五、考核及时间要求
考核时间共50分钟，从获得工作许可开始至工作终结完毕，每超过2分钟扣1分，到60分钟终止考核。

技能等级评价专业技能考核操作评分标准

工种	高压线路带电检修工（配电）			评价等级	高级工
项目模块	带电作业方法—绝缘手套作业法带电断分支线路引线的操作		编号		Jc0004342007
单位		准考证号		姓名	
考试时限	50分钟	题型	单项操作	题分	100分
成绩		考评员	考评组长	日期	
试题正文	绝缘手套作业法带电断分支线路引线的操作				
需要说明的问题和要求	（1）带电作业应在良好天气下进行，作业前须进行风速和湿度测量。风力大于5级或湿度大于80%时，不宜带电作业。若遇雷电、雪、雹、雨、雾等不良天气，禁止带电作业。 （2）本作业项目工作人员共计4名，其中工作负责人（监护人）1名、斗内电工2名、地面电工1名。 （3）工作负责人（监护人）：正确组织工作；检查工作票所列安全措施是否正确完备，是否符合现场实际条件，必要时予以补充完善；工作前，对工作班成员进行工作任务、安全措施交底和危险点告知，并确定每个工作班成员都已签名；组织执行工作票所列由其负责的安全措施；监督工作班成员遵守安全工作规程、正确使用劳动防护用品和安全工器具以及执行现场安全措施；关注工作班成员身体状况和精神状态是否出现异常迹象，人员变动是否合适。带电作业应有人监护。监护人不得直接操作，监护的范围不得超过一个作业点。 （4）工作班成员：熟悉工作内容、工作流程，掌握安全措施，明确工作中的危险点，并在工作票上履行交底签名确认手续；服从工作负责人（监护人）、专责监护人的指挥，严格遵守《国家电网公司电力安全工作规程（配电部分）（试行）》和劳动纪律，在指定的作业范围内工作，对自己在工作中的行为负责，互相关心工作安全；正确使用施工机具、安全工器具和劳动防护用品				

续表

序号	项目名称	质量要求	满分	扣分标准	扣分原因	得分
1	开工准备					
1.1	现场复勘	（1）核对工作线路与设备双重名称。 （2）检查作业装置和现场环境符合带电作业条件，确认待断分支线路确已空载。 （3）检查气象条件（天气良好，无雷电、雪、雹、雨、雾等不良天气，风力不大于5级，湿度不大于80%）。 （4）检查工作票所列安全措施，必要时予以补充和完善	4	错、漏一项扣1分，扣完为止		
1.2	工作许可	工作负责人按配电带电作业工作票内容与值班调控人员联系，履行工作许可手续	1	未执行工作许可制度扣1分		
1.3	召开现场站班会	（1）工作负责人宣读工作票。 （2）工作负责人检查工作班组成员精神状态。 （3）工作负责人交代工作任务进行人员分工，交代安全措施、技术措施、危险点及控制措施。 （4）工作负责人检查工作班成员对工作内容、工作流程、安全措施以及工作中的危险点是否明确。 （5）工作班成员在工作票上履行交底签名确认手续	4	错、漏一项扣1分，扣完为止		
1.4	布置工作现场	根据道路情况设置安全围栏、警告标志或路障	1	不满足作业要求扣1分		
1.5	工器具、材料检测	（1）工器具、材料齐备，规格型号正确。 （2）绝缘工器具应放置在防潮苫布上，绝缘工器具应与金属工器具、材料分区放置。 （3）工器具在试验周期内。 （4）外观检查方法正确，绝缘工器具应无机械、绝缘缺陷，应戴干净清洁手套，用干燥、清洁毛巾清洁绝缘工器具。 （5）使用绝缘高阻表对绝缘工器具进行绝缘电阻检测，阻值不得低于700MΩ	5	错、漏一项扣1分，扣完为止		
2	作业过程					
2.1	进入作业现场	（1）选择合适位置停放绝缘斗臂车，支撑稳固，并可靠接地。 （2）查看绝缘臂、绝缘斗良好，进行空斗试操作，确认液压传动、升降、伸缩，回转系统工作正常及操作灵活，制动装置可靠。 （3）斗内电工穿戴好绝缘防护用具，进入绝缘斗，挂好安全带保险钩	5	错、漏一项扣2分，扣完为止		
2.2	验电	斗内电工将工作斗调整至适当位置，使用验电器对导线、绝缘子、横担进行验电，确认无漏电现象	5	错、漏一处扣2分，扣完为止		
2.3	安装绝缘遮蔽用具	（1）经工作负责人许可后，斗内电工调整绝缘斗到达内边相合适工作位置，按照"从近到远、从下到上、先带电体后接地体"的遮蔽原则对作业范围内可能触及的带电体和接地体进行绝缘遮蔽隔离。 （2）遮蔽的部位和顺序依次为导线、绝缘子以及作业点临近的接地体。 （3）斗内电工在对带电体设置绝缘遮蔽隔离措施时，动作应轻缓，与横担等地电位构件间应保持足够的安全距离（不小于0.4m），与邻相导线之间应保持足够的安全距离（不小于0.6m）。	20	错、漏一项扣4分，扣完为止；遮蔽顺序错误终止工作		

续表

序号	项目名称	质量要求	满分	扣分标准	扣分原因	得分
2.3	安装绝缘遮蔽用具	（4）绝缘遮蔽隔离措施应严密、牢固，绝缘遮蔽用具之间搭接不得小于150mm。 （5）经工作负责人的许可后，斗内电工调整绝缘斗到达外边相合适工作位置，按照与内边相相同的方法对作业范围内可能触及的带电体和接地体进行绝缘遮蔽隔离。 （6）经工作负责人的许可后，斗内电工调整绝缘斗到达中间相合适工作位置，按照与两边相相同的方法对作业范围内可能触及的带电体和接地体进行绝缘遮蔽隔离	20	错、漏一项扣4分，扣完为止；遮蔽顺序错误终止工作		
2.4	断分支线路引线	（1）斗内电工将绝缘斗调整到近边相导线外侧适当位置，使用绝缘锁杆将分支线路引线线头与主导线临时固定后，拆除接续线夹。 （2）斗内电工转移绝缘斗位置，用绝缘锁杆将已断开的分支线路引线线头脱离主导线，临时固定在分支线路同相导线上。如断开支线引线不需恢复，可在支线耐张线夹处剪断。 （3）其余两相引线拆除工作按相同方法进行。拆除引线次序可按照先近边相、后远边相、最后中间相，也可视现场情况由近到远依次进行。 （4）如导线为绝缘线，引流线拆除后应恢复导线的绝缘	25	错、漏一项扣10分，扣完为止		
2.5	拆除绝缘遮蔽用具	（1）经工作负责人的许可后，斗内电工调整绝缘斗到达中间相合适工作位置，按照"从远到近、从上到下、先接地体后带电体"的原则拆除绝缘遮蔽隔离措施。 （2）拆除的顺序依次为作业点临近的接地体、绝缘子、导线。 （3）斗内电工在拆除带电体上的绝缘遮蔽隔离措施时，动作应轻缓，与横担等地电位构件间应保持足够的安全距离，与邻相导线之间应保持足够的安全距离。 （4）经工作负责人的许可后，斗内电工调整绝缘斗到达外边相合适工作位置，按照与中间相相同的方法拆除绝缘遮蔽隔离。 （5）经工作负责人的许可后，斗内电工调整绝缘斗到达内边相合适工作位置，按照与中间相相同的方法拆除绝缘遮蔽隔离	10	错、漏一项扣2分，扣完为止；拆除绝缘遮蔽用具顺序错误终止工作		
2.6	返回地面	检查杆上无遗留物，绝缘斗退出有电工作区域，作业人员返回地面	5	未按要求执行扣5分		
3	工作结束					
3.1	清理现场	工作负责人组织工作班成员整理工具、材料，将工器具分类摆放在苫布上，清理现场，做到工完、料尽、场地清	1	不符合要求扣1分		
3.2	质量验收	工作负责人对完成的工作进行全面检查，符合验收规范要求后，记录在册	2	不符合要求扣2分		
3.3	收工会	召开现场收工会，正确点评工作，补充现场标准化作业指导书验收栏等内容	1	不符合要求扣1分		
3.4	工作终结	汇报值班调控人员工作已经结束，在工作票填写终结时间并签字，工作班撤离现场	1	不符合要求扣1分		

续表

序号	项目名称	质量要求	满分	扣分标准	扣分原因	得分
3.5	安全文明生产	（1）作业过程中禁止摘下绝缘防护用具，而且绝缘手套仅作辅助绝缘。 （2）斗臂车绝缘斗在有电工作区域转移时，应缓慢移动，动作要平稳，严禁使用快速挡。 （3）绝缘斗臂车在作业时，发动机不能熄火（电能驱动型除外），以保证液压系统处于工作状态。 （4）作业线路下层有低压线路同杆架设时，如妨碍作业，应对作业范围内的相关低压线路采取绝缘遮蔽措施。 （5）在同杆架设线路上工作，与上层或相邻导线小于安全距离规定且无法采取安全措施时，不得进行该项工作。 （6）上、下传递工具、材料均应使用绝缘绳传递，传递中不能与电杆、构件等碰撞，严禁抛掷。 （7）作业过程中，不随意踩踏防潮苫布	5	错、漏一项扣1分，扣完为止		
3.6	关键点	（1）作业中，绝缘斗臂车绝缘臂的有效绝缘长度应不小于1.0m。 （2）在作业时，人体应保持对地不小于0.4m、对邻相导线不小于0.6m的安全距离。 （3）作业时，严禁人体同时接触两个不同的电位体，绝缘斗内双人工作时禁止两人接触不同的电位体。 （4）作业中及时恢复绝缘遮蔽隔离措施。 （5）作业人员在接触带电导线和换线工作前应得到工作监护人的许可。 （6）在所断线路三相引线未全部拆除前，已拆除的引线应视为有电。 （7）当三相导线三角排列且横担较短，宜在近边相外侧拆除中间相引线；当三相导线水平排列时，作业人员宜位于中间相与遮蔽相导线之间。 （8）断分支线路引线，空载电流应不大于5A，大于0.1A时应使用专用的消弧开关	5	错、漏一项扣1分，扣完为止		
	合计		100			

Jc0004342008　绝缘手套作业法带电接熔断器上引线的操作。（100分）

考核知识点： 带电作业方法

难易度： 中

技能等级评价专业技能考核操作工作任务书

一、任务名称

绝缘手套作业法带电接熔断器上引线的操作。

二、适用工种

高压线路带电检修工（配电）高级工。

三、具体任务

（1）开工准备工作（现场复勘、工作许可、召开现场站班会、布置工作现场、工器具、材料检测）等项目。

（2）安装、拆除绝缘遮蔽用具。

（3）使用绝缘手套作业法带电接熔断器上引线的操作。

四、工作规范及要求

（1）带电作业应在良好天气下进行，作业前须进行风速和湿度测量。风力大于 5 级或湿度大于 80% 时，不宜带电作业。若遇雷电、雪、雹、雨、雾等不良天气，禁止带电作业。

（2）绝缘手套作业法。

（3）本作业项目工作人员共计 4 名，其中工作负责人（监护人）1 名、斗内电工 2 名、地面电工 1 名。

（4）工作负责人（监护人）、斗内电工、地面电工必须严格遵守《国家电网公司电力安全工作规程（配电部分）（试行）》3.3.12 工作票所列人员的安全责任。

（5）要求着装正确（安全帽、全棉长袖工作服、绝缘鞋）。

五、考核及时间要求

考核时间共 50 分钟，从获得工作许可开始至工作终结完毕，每超过 2 分钟扣 1 分，到 60 分钟终止考核。

技能等级评价专业技能考核操作评分标准

工种	高压线路带电检修工（配电）				评价等级	高级工
项目模块	带电作业方法—绝缘手套作业法带电接熔断器上引线的操作			编号		Jc0004342008
单位			准考证号		姓名	
考试时限	50 分钟	题型		单项操作	题分	100 分
成绩		考评员		考评组长	日期	
试题正文	绝缘手套作业法带电接熔断器上引线的操作					
需要说明的问题和要求	（1）带电作业应在良好天气下进行，作业前须进行风速和湿度测量。风力大于 5 级或湿度大于 80% 时，不宜带电作业。若遇雷电、雪、雹、雨、雾等不良天气，禁止带电作业。 （2）本作业项目工作人员共计 4 名，其中工作负责人（监护人）1 名、斗内电工 2 名、地面电工 1 名。 （3）工作负责人（监护人）：正确组织工作；检查工作票所列安全措施是否正确完备，是否符合现场实际条件，必要时予以补充完善；工作前，对工作班成员进行工作任务、安全措施交底和危险点告知，并确定每个工作班成员都已签名；组织执行工作票所列由其负责的安全措施；监督工作班成员遵守安全工作规程、正确使用劳动防护用品和安全工器具以及执行现场安全措施；关注工作班成员身体状况和精神状态是否出现异常迹象，人员变动是否合适。带电作业应有人监护。监护人不得直接操作，监护的范围不得超过一个作业点。 （4）工作班成员：熟悉工作内容、工作流程，掌握安全措施，明确工作中的危险点，并在工作票上履行交底签名确认手续；服从工作负责人（监护人）、专责监护人的指挥，严格遵守《国家电网公司电力安全工作规程（配电部分）（试行）》和劳动纪律，在指定的作业范围内工作，对自己在工作中的行为负责，互相关心工作安全；正确使用施工机具、安全工器具和劳动防护用品					

序号	项目名称	质量要求	满分	扣分标准	扣分原因	得分
1	开工准备					
1.1	现场复勘	（1）核对工作线路与设备双重名称。 （2）确认待接引流线下方无负荷，负荷侧变压器、电压互感器确已退出，熔断器确已断开，熔管已取下，检查作业装置和现场环境符合带电作业条件。 （3）检查气象条件（天气良好，无雷电、雪、雹、雨、雾等不良天气，风力不大于 5 级，湿度不大于 80%）。 （4）检查工作票所列安全措施，必要时予以补充和完善	4	错、漏一项扣 1 分，扣完为止		
1.2	工作许可	工作负责人按配电带电作业工作票内容与值班调控人员联系，履行工作许可手续	1	未执行工作许可制度扣 1 分		

续表

序号	项目名称	质量要求	满分	扣分标准	扣分原因	得分
1.3	召开现场站班会	（1）工作负责人宣读工作票。 （2）工作负责人检查工作班组成员精神状态。 （3）工作负责人交代工作任务进行人员分工，交代安全措施、技术措施、危险点及控制措施。 （4）工作负责人检查工作班成员对工作内容、工作流程、安全措施以及工作中的危险点是否明确。 （5）工作班成员在工作票上履行交底签名确认手续	4	错、漏一项扣1分，扣完为止		
1.4	布置工作现场	根据道路情况设置安全围栏、警告标志或路障	1	不满足作业要求扣1分		
1.5	工器具、材料检测	（1）工器具、材料齐备，规格型号正确。 （2）绝缘工器具应放置在防潮苫布上，绝缘工器具应与金属工器具、材料分区放置。 （3）工器具在试验周期内。 （4）外观检查方法正确，绝缘工器具应无机械、绝缘缺陷，应戴干净清洁手套，用干燥、清洁毛巾清洁绝缘工器具。 （5）使用绝缘高阻表对绝缘工器具进行绝缘电阻检测，阻值不得低于700MΩ	5	错、漏一项扣1分，扣完为止		
2	作业过程					
2.1	进入作业现场	（1）选择合适位置停放绝缘斗臂车，支撑稳固，并可靠接地。 （2）查看绝缘臂、绝缘斗良好，进行空斗试操作，确认液压传动、升降、伸缩、回转系统工作正常及操作灵活，制动装置可靠。 （3）斗内电工穿戴好绝缘防护用具，进入绝缘斗，挂好安全带保险钩	5	错、漏一项扣2分，扣完为止		
2.2	验电	斗内电工将工作斗调整至适当位置，使用验电器对导线、绝缘子、横担进行验电，确认无漏电现象	5	错、漏一处扣2分，扣完为止		
2.3	安装绝缘遮蔽用具	（1）经工作负责人许可后，斗内电工调整绝缘斗到达内边相合适工作位置，按照"从近到远、从下到上、先带电体后接地体"的遮蔽原则对作业范围内可能触及的带电体和接地体进行绝缘遮蔽隔离。 （2）遮蔽的部位和顺序依次为导线、熔断器以及作业点临近的接地体。 （3）斗内电工在对带电体设置绝缘遮蔽隔离措施时，动作应轻缓，与横担等地电位构件间应保持足够的安全距离（不小于0.4m），与邻相导线之间应保持足够的安全距离（不小于0.6m）。 （4）绝缘遮蔽隔离措施应严密、牢固，绝缘遮蔽用具之间搭接不得小于150mm。 （5）经工作负责人的许可后，斗内电工调整绝缘斗到达外边相合适工作位置，按照与内边相相同的方法对作业范围内可能触及的带电体和接地体进行绝缘遮蔽隔离。 （6）经工作负责人的许可后，斗内电工调整绝缘斗到达中间相合适工作位置，按照与两边相相同的方法对作业范围内可能触及的带电体和接地体进行绝缘遮蔽隔离	20	错、漏一项扣4分，扣完为止；遮蔽顺序错误终止工作		

续表

序号	项目名称	质量要求	满分	扣分标准	扣分原因	得分
2.4	接熔断器上引线	（1）斗内电工将绝缘斗调整至熔断器横担下方，并与有电线路保持 0.4m 以上安全距离，用绝缘测量杆测量三相引线长度，根据长度做好连接的准备工作。 （2）斗内电工将绝缘斗调整到中间相导线下侧适当位置，使用清扫刷清除连接处导线上的氧化层。 （3）斗内电工将熔断器上引线与主导线进行可靠连接，恢复接续线夹处的绝缘及密封，并迅速恢复绝缘遮蔽。 （4）其余两相引线连接按相同方法进行。三相熔断器引线连接，可按由复杂到简单、先难后易的原则进行，先中间相、后远边相，最后近边相，也可视现场实际情况从远到近依次进行	25	错、漏一项扣 10 分，扣完为止		
2.5	拆除绝缘遮蔽用具	（1）经工作负责人的许可后，斗内电工调整绝缘斗到达中间相合适工作位置，按照"从远到近、从上到下、先接地体后带电体"的原则拆除绝缘遮蔽隔离措施。 （2）拆除的顺序依次为作业点临近的接地体、熔断器、导线。 （3）斗内电工在拆除带电体上的绝缘遮蔽隔离措施时，动作应轻缓，与横担等地电位构件间应保持足够的安全距离，与邻相导线之间应保持足够的安全距离。 （4）经工作负责人的许可后，斗内电工调整绝缘斗到达外边相合适工作位置，按照与中间相相同的方法拆除绝缘遮蔽隔离。 （5）经工作负责人的许可后，斗内电工调整绝缘斗到达内边相合适工作位置，按照与中间相相同的方法拆除绝缘遮蔽隔离	10	错、漏一项扣 2 分，扣完为止；拆除绝缘遮蔽用具顺序错误终止工作		
2.6	返回地面	检查杆上无遗留物，绝缘斗退出有电工作区域，作业人员返回地面	5	未按要求执行扣 5 分		
3	工作结束					
3.1	清理现场	工作负责人组织工作班成员整理工具、材料，将工器具分类摆放在苫布上，清理现场，做到工完、料尽、场地清	1	不符合要求扣 1 分		
3.2	质量验收	工作负责人对完成的工作进行全面检查，符合验收规范要求后，记录在册	2	不符合要求扣 2 分		
3.3	收工会	召开现场收工会，正确点评工作，补充现场标准化作业指导书验收栏等内容	1	不符合要求扣 1 分		
3.4	工作终结	汇报值班调控人员工作已经结束，在工作票填写终结时间并签字，工作班撤离现场	1	不符合要求扣 1 分		
3.5	安全文明生产	（1）作业过程中禁止摘下绝缘防护用具，而且绝缘手套仅作辅助绝缘。 （2）斗臂车绝缘斗在有电工作区域转移时，应缓慢移动，动作要平稳，严禁使用快速挡。 （3）绝缘斗臂车在作业时，发动机不能熄火（电能驱动型除外），以保证液压系统处于工作状态。 （4）作业线路下层有低压线路同杆架设时，如妨碍作业，应对作业范围内的相关低压线路采取绝缘遮蔽措施。	5	错、漏一项扣 1 分，扣完为止		

序号	项目名称	质量要求	满分	扣分标准	扣分原因	得分
3.5	安全文明生产	（5）在同杆架设线路上工作，与上层或相邻导线小于安全距离规定且无法采取安全措施时，不得进行该项工作。 （6）上、下传递工具、材料均应使用绝缘绳传递，传递中不能与电杆、构件等碰撞，严禁抛掷。 （7）作业过程中，不随意踩踏防潮苫布	5	错、漏一项扣1分，扣完为止		
3.6	关键点	（1）作业中，绝缘斗臂车绝缘臂的有效绝缘长度应不小于1.0m。 （2）在作业时，人体应保持对地不小于0.4m，对邻相导线不小于0.6m的安全距离。 （3）作业时，严禁人体同时接触两个不同的电位体，绝缘斗内双人工作时禁止两人接触不同的电位体。 （4）作业中及时恢复绝缘遮蔽隔离措施。 （5）作业人员在接触带电导线和换相工作前应得到工作监护人的许可。 （6）待接引流线如为绝缘线，剥皮长度应比接续线夹长2cm，且端头应有防止松散的措施	5	错、漏一项扣1分，扣完为止		
	合计		100			

Jc0004342009 绝缘手套作业法带电接分支线路引线的操作。（100分）

考核知识点： 带电作业方法

难易度： 中

技能等级评价专业技能考核操作工作任务书

一、任务名称

绝缘手套作业法带电接分支线路引线的操作。

二、适用工种

高压线路带电检修工（配电）高级工。

三、具体任务

（1）开工准备工作（现场复勘、工作许可、召开现场站班会、布置工作现场、工器具、材料检测）等项目。

（2）安装、拆除绝缘遮蔽用具。

（3）使用绝缘手套作业法带电接分支线路引线的操作。

四、工作规范及要求

（1）带电作业应在良好天气下进行，作业前须进行风速和湿度测量。风力大于5级或湿度大于80%时，不宜带电作业。若遇雷电、雪、雹、雨、雾等不良天气，禁止带电作业。

（2）绝缘手套作业法。

（3）本作业项目工作人员共计4名，其中工作负责人（监护人）1名、斗内电工2名、地面电工1名。

（4）工作负责人（监护人）、斗内电工、地面电工必须严格遵守《国家电网公司电力安全工作规程（配电部分）（试行）》3.3.12 工作票所列人员的安全责任。

（5）要求着装正确（安全帽、全棉长袖工作服、绝缘鞋）。

五、考核及时间要求

考核时间共 50 分钟，从获得工作许可开始至工作终结完毕，每超过 2 分钟扣 1 分，到 60 分钟终止考核。

技能等级评价专业技能考核操作评分标准

工种	高压线路带电检修工（配电）		评价等级	高级工
项目模块	带电作业方法—绝缘手套作业法带电接分支线路引线的操作		编号	Jc0004342009
单位		准考证号	姓名	
考试时限	50 分钟	题型	单项操作	题分	100 分
成绩		考评员	考评组长	日期	
试题正文	绝缘手套作业法带电接分支线路引线的操作				
需要说明的问题和要求	（1）带电作业应在良好天气下进行，作业前须进行风速和湿度测量。风力大于 5 级或湿度大于 80%时，不宜带电作业。若遇雷电、雪、雹、雨、雾等不良天气，禁止带电作业。 （2）本作业项目工作人员共计 4 名，其中工作负责人（监护人）1 名，斗内电工 2 名、地面电工 1 名。 （3）工作负责人（监护人）：正确组织工作；检查工作票所列安全措施是否正确完备，是否符合现场实际条件，必要时予以补充完善；工作前，对工作班成员进行工作任务、安全措施交底和危险点告知，并确定每个工作班成员都已签名；组织执行工作票所列由其负责的安全措施；监督工作班成员遵守安全工作规程、正确使用劳动防护用品和安全工器具以及执行现场安全措施；关注工作班成员身体状况和精神状态是否出现异常迹象，人员变动是否合适。带电作业应有人监护。监护人不得直接操作，监护的范围不得超过一个作业点。 （4）工作班成员：熟悉工作内容、工作流程、掌握安全措施，明确工作中的危险点，并在工作票上履行交底签名确认手续；服从工作负责人（监护人）、专责监护人的指挥，严格遵守《国家电网公司电力安全工作规程（配电部分）（试行）》和劳动纪律，在指定的作业范围内工作，对自己在工作中的行为负责，互相关心工作安全；正确使用施工机具、安全工器具和劳动防护用品				

序号	项目名称	质量要求	满分	扣分标准	扣分原因	得分
1	开工准备					
1.1	现场复勘	（1）核对工作线路与设备双重名称。 （2）确认待接分支线路确已空载，负荷侧变压器、电压互感器确已退出，检查作业装置和现场环境符合带电作业条件。 （3）检查气象条件（天气良好，无雷电、雪、雹、雨、雾等不良天气，风力不大于 5 级，湿度不大于 80%）。 （4）检查工作票所列安全措施，必要时予以补充和完善	4	错、漏一项扣 1 分，扣完为止		
1.2	工作许可	工作负责人按配电带电作业工作票内容与值班调控人员联系，履行工作许可手续	1	未执行工作许可制度扣 1 分		
1.3	召开现场站班会	（1）工作负责人宣读工作票。 （2）工作负责人检查工作班组成员精神状态。 （3）工作负责人交代工作任务进行人员分工，交代安全措施、技术措施、危险点及控制措施。 （4）工作负责人检查工作班成员对工作内容、工作流程、安全措施以及工作中的危险点是否明确。 （5）工作班成员在工作票上履行交底签名确认手续	4	错、漏一项扣 1 分，扣完为止		
1.4	布置工作现场	根据道路情况设置安全围栏、警告标志或路障	1	不满足作业要求扣 1 分		

续表

序号	项目名称	质量要求	满分	扣分标准	扣分原因	得分
1.5	工器具、材料检测	（1）工器具、材料齐备，规格型号正确。 （2）绝缘工器具应放置在防潮苫布上，绝缘工器具应与金属工器具、材料分区放置。 （3）工器具在试验周期内。 （4）外观检查方法正确，绝缘工器具应无机械、绝缘缺陷，应戴干净清洁手套，用干燥、清洁毛巾清洁绝缘工器具。 （5）使用绝缘高阻表对绝缘工器具进行绝缘电阻检测，阻值不得低于700MΩ	5	错、漏一项扣1分，扣完为止		
2	作业过程					
2.1	进入作业现场	（1）选择合适位置停放绝缘斗臂车，支撑稳固，并可靠接地。 （2）查看绝缘臂、绝缘斗良好，进行空斗试操作，确认液压传动、升降、伸缩、回转系统工作正常及操作灵活，制动装置可靠。 （3）斗内电工穿戴好绝缘防护用具，进入绝缘斗，挂好安全带保险钩	5	错、漏一项扣2分，扣完为止		
2.2	验电	斗内电工将工作斗调整至适当位置，使用验电器对导线、绝缘子、横担进行验电，确认无漏电现象	5	错、漏一处扣2分，扣完为止		
2.3	安装绝缘遮蔽用具	（1）经工作负责人许可后，斗内电工调整绝缘斗到达内边相合适工作位置，按照"从近到远、从下到上、先带电体后接地体"的遮蔽原则对作业范围内可能触及的带电体和接地体进行绝缘遮蔽隔离。 （2）遮蔽的部位和顺序依次为导线、绝缘子以及作业点临近的接地体。 （3）斗内电工在对带电体设置绝缘遮蔽隔离措施时，动作应轻缓，与横担等地电位构件间应保持足够的安全距离（不小于0.4m），与邻相导线之间应保持足够的安全距离（不小于0.6m）。 （4）绝缘遮蔽隔离措施应严密、牢靠，绝缘遮蔽用具之间搭接不得小于150mm。 （5）经工作负责人的许可后，斗内电工调整绝缘斗到达外边相合适工作位置，按照与内边相相同的方法对作业范围内可能触及的带电体和接地体进行绝缘遮蔽隔离。 （6）经工作负责人的许可后，斗内电工调整绝缘斗到达中间相合适工作位置，按照与两边相相同的方法对作业范围内可能触及的带电体和接地体进行绝缘遮蔽隔离	20	错、漏一项扣4分，扣完为止；遮蔽顺序错误终止工作		
2.4	接分支线路引线	（1）斗内电工将绝缘斗调整至分支线路横担下方，测量三相待接引线长度，根据长度做好连接的准备工作。如待接引线为绝缘线，应在引流线端头部分剥除三相待接引流线的绝缘外皮。 （2）斗内电工将绝缘斗调整到中间相导线下侧适当位置，以最小范围打开中相绝缘遮蔽，用导线清扫刷清除连接处导线上的氧化层。如导线为绝缘线，应先剥除绝缘外皮再进行清除连接处导线上的氧化层。 （3）斗内电工安装接续线夹，连接牢固后，恢复接续线夹处的绝缘及密封，并迅速恢复绝缘遮蔽。 （4）其余两相引线连接按相同方法进行。三相引线连接，可按由复杂到简单、先难后易的原则进行，先中间相、后远边相、最后近边相，也可视现场实际情况从远到近依次进行	25	错、漏一项扣10分，扣完为止		

续表

序号	项目名称	质量要求	满分	扣分标准	扣分原因	得分
2.5	拆除绝缘遮蔽用具	（1）经工作负责人的许可后，斗内电工调整绝缘斗到达中间相合适工作位置，按照"从远到近、从上到下、先接地体后带电体"的原则拆除绝缘遮蔽隔离措施。 （2）拆除的顺序依次为作业点临近的接地体、绝缘子、导线。 （3）斗内电工在拆除带电体上的绝缘遮蔽隔离措施时，动作应轻缓，与横担等地电位构件间应保持足够的安全距离，与邻相导线之间应保持足够的安全距离。 （4）经工作负责人的许可后，斗内电工调整绝缘斗到达外边相合适工作位置，按照与中间相相同的方法拆除绝缘遮蔽隔离。 （5）经工作负责人的许可后，斗内电工调整绝缘斗到达内边相合适工作位置，按照与中间相相同的方法拆除绝缘遮蔽隔离	10	错、漏一项扣4分，扣完为止；拆除绝缘遮蔽用具顺序错误终止工作		
2.6	返回地面	检查杆上无遗留物，绝缘斗退出有电工作区域，作业人员返回地面	5	未按要求执行扣5分		
3	工作结束					
3.1	清理现场	工作负责人组织工作班成员整理工具、材料，将工器具分类摆放在苫布上，清理现场，做到工完、料尽、场地清	1	不符合要求扣1分		
3.2	质量验收	工作负责人对完成的工作进行全面检查，符合验收规范要求后，记录在册	2	不符合要求扣2分		
3.3	收工会	召开现场收工会，正确点评工作，补充现场标准化作业指导书验收栏等内容	1	不符合要求扣1分		
3.4	工作终结	汇报值班调控人员工作已经结束，在工作票填写终结时间并签字，工作班撤离现场	1	不符合要求扣1分		
3.5	安全文明生产	（1）作业过程中禁止摘下绝缘防护用具，而且绝缘手套仅作辅助绝缘。 （2）斗臂车绝缘斗在有电工作区域转移时，应缓慢移动，动作要平稳，严禁使用快慢挡。 （3）绝缘斗臂车在作业时，发动机不能熄火（电能驱动型除外），以保证液压系统处于工作状态。 （4）作业线路下层有低压线路同杆架设时，如妨碍作业，应对作业范围内的相关低压线路采取绝缘遮蔽措施。 （5）在同杆架设线路上工作，与上层或相邻导线小于安全距离规定且无法采取安全措施时，不得进行该项工作。 （6）上、下传递工具、材料均应使用绝缘绳传递，传递中不能与电杆、构件等碰撞，严禁抛掷。 （7）作业过程中，不随意踩踏防潮苫布	5	错、漏一项扣1分，扣完为止		
3.6	关键点	（1）作业中，绝缘斗臂车绝缘臂的有效绝缘长度应不小于1.0m。 （2）在作业时，人体应保持对地不小于0.4m、对邻相导线不小于0.6m的安全距离。 （3）作业时，严禁人体同时接触两个不同的电位体，绝缘斗内双人工作时禁止两人接触不同的电位体。 （4）作业中及时恢复绝缘遮蔽隔离措施。 （5）作业人员在接触带电导线和换相工作前应得到工作监护人的许可。 （6）待接引流线如为绝缘线，剥皮长度应比接续线夹长2cm，且端头应有防止松散的措施	5	错、漏一项扣1分，扣完为止		
	合计		100			

Jc0004342010　绝缘手套作业法带电更换熔断器的操作。（100 分）
考核知识点：带电作业方法
难易度：中

技能等级评价专业技能考核操作工作任务书

一、任务名称
绝缘手套作业法带电更换熔断器的操作。

二、适用工种
高压线路带电检修工（配电）高级工。

三、具体任务
（1）开工准备工作（现场复勘、工作许可、召开现场站班会、布置工作现场、工器具、材料检测）等项目。

（2）安装、拆除绝缘遮蔽用具。

（3）使用绝缘手套作业法带电更换熔断器的操作。

四、工作规范及要求
（1）带电作业应在良好天气下进行，作业前须进行风速和湿度测量。风力大于 5 级或湿度大于 80%时，不宜带电作业。若遇雷电、雪、雹、雨、雾等不良天气，禁止带电作业。

（2）绝缘手套作业法。

（3）本作业项目工作人员共计 4 名，其中工作负责人（监护人）1 名、斗内电工 2 名、地面电工 1 名。

（4）工作负责人（监护人）、斗内电工、地面电工必须严格遵守《国家电网公司电力安全工作规程（配电部分）（试行）》3.3.12 工作票所列人员的安全责任。

（5）要求着装正确（安全帽、全棉长袖工作服、绝缘鞋）。

五、考核及时间要求
考核时间共 50 分钟，从获得工作许可开始至工作终结完毕，每超过 2 分钟扣 1 分，到 60 分钟终止考核。

技能等级评价专业技能考核操作评分标准

工种	高压线路带电检修工（配电）				评价等级	高级工
项目模块	带电作业方法—绝缘手套作业法带电更换熔断器的操作			编号		Jc0004342010
单位			准考证号		姓名	
考试时限	50 分钟	题型		单项操作	题分	100 分
成绩		考评员		考评组长	日期	
试题正文	绝缘手套作业法带电更换熔断器的操作					
需要说明的问题和要求	（1）带电作业应在良好天气下进行，作业前须进行风速和湿度测量。风力大于 5 级或湿度大于 80%时，不宜带电作业。若遇雷电、雪、雹、雨、雾等不良天气，禁止带电作业。 （2）本作业项目工作人员共计 4 名，其中工作负责人（监护人）1 名、斗内电工 2 名、地面电工 1 名。 （3）工作负责人（监护人）：正确组织工作；检查工作票所列安全措施是否正确完备，是否符合现场实际条件，必要时予以补充完善；工作前，对工作班成员进行工作任务、安全措施交底和危险点告知，并确定每个工作班成员都已签名；组织执行工作票所列由其负责的安全措施；监督工作班成员遵守安全工作规程、正确使用劳动防护用品和安全工器具以及执行现场安全措施；关注工作班成员身体状况和精神状态是否出现异常迹象，人员变动是合适。带电作业应有人监护，监护人不得直接操作，监护的范围不得超过一个作业点。 （4）工作班成员：熟悉工作内容、工作流程，掌握安全措施，明确工作中的危险点，并在工作票上履行交底签名确认手续；服从工作负责人（监护人）、专责监护人的指挥，严格遵守《国家电网公司电力安全工作规程（配电部分）（试行）》和劳动纪律，在指定的作业范围内工作，对自己在工作中的行为负责，互相关心工作安全；正确使用施工机具、安全工器具和劳动防护用品					

续表

序号	项目名称	质量要求	满分	扣分标准	扣分原因	得分
1	开工准备					
1.1	现场复勘	（1）核对工作线路与设备双重名称。 （2）确认熔断器确已断开，熔管已取下，检查作业装置和现场环境符合带电作业条件。 （3）检查气象条件（天气良好，无雷电、雪、雹、雨、雾等不良天气，风力不大于5级，湿度不大于80%）。 （4）检查工作票所列安全措施，必要时予以补充和完善	4	错、漏一项扣1分，扣完为止		
1.2	工作许可	工作负责人按配电带电作业工作票内容与值班调控人员联系，申请停用线路重合闸	1	未申请停用作业线路（双重名称）重合闸装置扣1分		
1.3	召开现场站班会	（1）工作负责人宣读工作票。 （2）工作负责人检查工作班组成员精神状态。 （3）工作负责人交代工作任务进行人员分工，交代安全措施、技术措施、危险点及控制措施。 （4）工作负责人检查工作班成员对工作内容、工作流程、安全措施以及工作中的危险点是否明确。 （5）工作班成员在工作票上履行交底签名确认手续	4	错、漏一项扣1分，扣完为止		
1.4	布置工作现场	根据道路情况设置安全围栏、警告标志或路障	1	不满足作业要求扣1分		
1.5	工器具、材料检测	（1）工器具、材料齐备，规格型号正确。 （2）绝缘工器具应放置在防潮苫布上，绝缘工器具应与金属工器具、材料分区放置。 （3）工器具在试验周期内。 （4）外观检查方法正确，绝缘工器具应无机械、绝缘缺陷，应戴干净清洁手套，用干燥、清洁毛巾清洁绝缘工器具。 （5）使用绝缘高阻表对绝缘工器具进行绝缘电阻检测，阻值不低于700MΩ。 （6）检查新熔断器的机电性能良好	5	错、漏一项扣1分，扣完为止		
2	作业过程					
2.1	进入作业现场	（1）选择合适位置停放绝缘斗臂车，支撑稳固，并可靠接地。 （2）查看绝缘臂、绝缘斗良好，进行空斗试操作，确认液压传动、升降、伸缩、回转系统工作正常及操作灵活，制动装置可靠。 （3）斗内电工穿戴好绝缘防护用具，进入绝缘斗，挂好安全带保险钩	5	错、漏一项扣2分，扣完为止		
2.2	验电	斗内电工将工作斗调整至适当位置，使用验电器对导线、绝缘子、横担进行验电，确认无漏电现象	5	错、漏一处扣2分，扣完为止		
2.3	安装绝缘遮蔽用具	（1）经工作负责人许可后，斗内电工调整绝缘斗到达内边相合适工作位置，按照"从近到远、从下到上、先带电体后接地体"的遮蔽原则对作业范围内可能触及的带电体和接地体进行绝缘遮蔽隔离。 （2）遮蔽的部位和顺序依次为熔断器、上引线、横担以及作业点临近的接地体。 （3）斗内电工在对带电体设置绝缘遮蔽隔离措施时，动作应轻缓，与横担等地电位构件间应保持足够的安全距离（不小于0.4m），与邻相导线之间应保持足够的安全距离（不小于0.6m）。	20	错、漏一项扣4分，扣完为止；遮蔽顺序错误终止工作		

续表

序号	项目名称	质量要求	满分	扣分标准	扣分原因	得分
2.3	安装绝缘遮蔽用具	（4）绝缘遮蔽隔离措施应严密、牢固，绝缘遮蔽用具之间搭接不得小于150mm。 （5）经工作负责人的许可后，斗内电工调整绝缘斗到达外边相合适工作位置，按照与内边相相同的方法对作业范围内可能触及的带电体和接地体进行绝缘遮蔽隔离。 （6）经工作负责人的许可后，斗内电工调整绝缘斗到达中间相合适工作位置，按照与两边相相同的方法对作业范围内可能触及的带电体和接地体进行绝缘遮蔽隔离	20	错、漏一项扣4分，扣完为止；遮蔽顺序错误终止工作		
2.4	更换熔断器	（1）斗内电工在中相熔断器前方，以最小范围打开绝缘遮蔽，拆除熔断器上桩头引线螺栓。调整绝缘斗位置后将断开的上引线端头可靠固定在同相上引线上，并恢复绝缘遮。 （2）斗内电工拆除熔断器下桩头引线螺栓，更换熔断器。斗内电工对新安装熔断器进行分合情况检查，最后将熔断器置于拉开位置，连接好下引线。 （3）斗内电工将绝缘斗调整到中间相上引线合适位置，打开绝缘遮蔽，将熔断器上桩头引线螺栓连接好，并迅速恢复中相绝缘遮蔽。 （4）其余两相熔断器的更换按相同方法进行。拆除三相上桩头引线螺栓，可按由简单到复杂、先易后难的原则进行，根据现场情况先中间、后两侧	25	错、漏一项扣10分，扣完为止		
2.5	拆除绝缘遮蔽用具	（1）经工作负责人的许可后，斗内电工调整绝缘斗到达中间相合适工作位置，按照"从远到近、从上到下、先接地体后带电体"的原则拆除绝缘遮蔽隔离措施。 （2）拆除的顺序依次为作业点临近的接地体、横担、上引线、熔断器。 （3）斗内电工在拆除带电体上的绝缘遮蔽隔离措施时，动作应轻缓，与横担等地电位构件间应保持足够的安全距离，与邻相导线之间应保持足够的安全距离。 （4）经工作负责人的许可后，斗内电工调整绝缘斗到达外边相合适工作位置，按照与中间相相同的方法拆除绝缘遮蔽隔离。 （5）经工作负责人的许可后，斗内电工调整绝缘斗到达内边相合适工作位置，按照与中间相相同的方法拆除绝缘遮蔽隔离	10	错、漏一项扣2分，扣完为止；拆除绝缘遮蔽用具顺序错误终止工作		
2.6	返回地面	检查杆上无遗留物，绝缘斗退出有电工作区域，作业人员返回地面	5	未按要求执行扣5分		
3	工作结束					
3.1	清理现场	工作负责人组织工作班成员整理工具、材料，将工器具分类摆放在苫布上，清理现场，做到工完、料尽、场地清	1	不符合要求扣1分		
3.2	质量验收	工作负责人对完成的工作进行全面检查，符合验收规范要求后，记录在册	2	不符合要求扣2分		
3.3	收工会	召开现场收工会，正确点评工作，补充现场标准化作业指导书验收栏等内容	1	不符合要求扣1分		
3.4	工作终结	汇报值班调控人员工作已经结束，恢复作业线路（双重名称）重合闸装置，在工作票填写终结时间并签字，工作班撤离现场	1	不符合要求扣1分		

续表

序号	项目名称	质量要求	满分	扣分标准	扣分原因	得分
3.5	安全文明生产	（1）作业过程中禁止摘下绝缘防护用具，而且绝缘手套仅作辅助绝缘。 （2）斗臂车绝缘斗在有电工作区域转移时，应缓慢移动，动作要平稳，严禁使用快速挡。 （3）绝缘斗臂车在作业时，发动机不能熄火（电能驱动型除外），以保证液压系统处于工作状态。 （4）作业线路下层有低压线路同杆架设时，如妨碍作业，应对作业范围内的相关低压线路采取绝缘遮蔽措施。 （5）在同杆架设线路上工作，与上层或相邻导线小于安全距离规定且无法采取安全措施时，不得进行该项工作。 （6）上、下传递工具、材料均应使用绝缘绳传递，传递中不能与电杆、构件等碰撞，严禁抛掷。 （7）作业过程中，不随意踩踏防潮苫布	5	错、漏一项扣1分，扣完为止		
3.6	关键点	（1）作业中，绝缘斗臂车绝缘臂的有效绝缘长度应不小于1.0m。 （2）在作业时，人体应保持对地不小于0.4m、对邻相导线不小于0.6m的安全距离。 （3）作业时，严禁人体同时接触两个不同的电位体，绝缘斗内双人工作时禁止两人接触不同的电位体。 （4）作业中及时恢复绝缘遮蔽隔离措施。 （5）作业人员在接触带电导线和换相工作前应得到工作监护人的许可	5	错、漏一项扣1分，扣完为止		
	合计		100			

Jc0004342011　绝缘手套作业法带电更换直线杆绝缘子（绝缘横担法）的操作。（100分）

考核知识点： 带电作业方法

难易度： 中

技能等级评价专业技能考核操作工作任务书

一、任务名称

绝缘手套作业法带电更换直线杆绝缘子（绝缘横担法）的操作。

二、适用工种

高压线路带电检修工（配电）高级工。

三、具体任务

（1）开工准备工作（现场复勘、工作许可、召开现场站班会、布置工作现场、工器具、材料检测）等项目。

（2）安装、拆除绝缘遮蔽用具。

（3）使用绝缘手套作业法带电更换直线杆绝缘子（绝缘横担法）的操作。

四、工作规范及要求

（1）带电作业应在良好天气下进行，作业前须进行风速和湿度测量。风力大于5级或湿度大于80%时，不宜带电作业。若遇雷电、雪、雹、雨、雾等不良天气，禁止带电作业。

（2）绝缘手套作业法。

（3）本作业项目工作人员共计4名，其中工作负责人（监护人）1名、斗内电工2名、地面电工

1 名。

（4）工作负责人（监护人）、斗内电工、地面电工必须严格遵守《国家电网公司电力安全工作规程（配电部分）（试行）》3.3.12 工作票所列人员的安全责任。

（5）要求着装正确（安全帽、全棉长袖工作服、绝缘鞋）。

五、考核及时间要求

考核时间共 50 分钟，从获得工作许可开始至工作终结完毕，每超过 2 分钟扣 1 分，到 60 分钟终止考核。

技能等级评价专业技能考核操作评分标准

工种	高压线路带电检修工（配电）			评价等级	高级工
项目模块	带电作业方法—绝缘手套作业法带电更换直线杆绝缘子（绝缘横担法）的操作		编号		Jc0004342011
单位		准考证号		姓名	
考试时限	50 分钟	题型	单项操作	题分	100 分
成绩		考评员	考评组长		日期
试题正文	绝缘手套作业法带电更换直线杆绝缘子（绝缘横担法）的操作				
需要说明的问题和要求	（1）带电作业应在良好天气下进行，作业前须进行风速和湿度测量。风力大于 5 级或湿度大于 80%时，不宜带电作业。若遇雷电、雪、雹、雨、雾等不良天气，禁止带电作业。 （2）本作业项目工作人员共计 4 名，其中工作负责人（监护人）1 名，斗内电工 2 名、地面电工 1 名。 （3）工作负责人（监护人）：正确组织工作；检查工作票所列安全措施是否正确完备，是否符合现场实际条件，必要时予以补充完善；工作前，对工作班成员进行工作任务、安全措施交底和危险点告知，并确定每个工作班成员都已签名；组织执行工作票所列由其负责的安全措施；监督工作班成员遵守安全工作规程、正确使用劳动防护用品和安全工器具以及执行现场安全措施；关注工作班成员身体状况和精神状态是否出现异常迹象，人员变动是合适。带电作业应有人监护。监护人不得直接操作，监护的范围不得超过一个作业点。 （4）工作班成员：熟悉工作内容、工作流程，掌握安全措施，明确工作中的危险点，并在工作票上履行交底签名确认手续；服从工作负责人（监护人）、专责监护人的指挥，严格遵守《国家电网公司电力安全工作规程（配电部分）（试行）》和劳动纪律，在指定的作业范围内工作，对自己在工作中的行为负责，互相关心工作安全；正确使用施工机具、安全工器具和劳动防护用品				

序号	项目名称	质量要求	满分	扣分标准	扣分原因	得分
1	开工准备					
1.1	现场复勘	（1）核对工作线路与设备双重名称。 （2）检查作业点两侧的电杆根部、基础是否牢固，导线固定是否牢固，检查作业装置和现场环境符合带电作业条件。 （3）检查气象条件（天气良好，无雷电、雪、雹、雨、雾等不良天气，风力不大于 5级，湿度不大于 80%）。 （4）检查工作票所列安全措施，必要时予以补充和完善	4	错、漏一项扣 1 分，扣完为止		
1.2	工作许可	工作负责人按配电带电作业工作票内容与值班调控人员联系，履行工作许可手续	1	未执行工作许可制度扣 1 分		
1.3	召开现场站班会	（1）工作负责人宣读工作票。 （2）工作负责人检查工作班组成员精神状态。 （3）工作负责人交代工作任务进行人员分工，交代安全措施、技术措施、危险点及控制措施。 （4）工作负责人检查工作班成员对工作内容、工作流程、安全措施以及工作中的危险点是否明确。 （5）工作班成员在工作票上履行交底签名确认手续	4	错、漏一项扣 1 分，扣完为止		

续表

序号	项目名称	质量要求	满分	扣分标准	扣分原因	得分
1.4	布置工作现场	工作现场设置安全围栏、警告标志或路障	1	不满足作业要求扣1分		
1.5	工器具、材料检测	（1）工器具、材料齐备，规格型号正确。 （2）绝缘工器具应放置在防潮苫布上，绝缘工器具应与金属工器具、材料分区放置。 （3）工器具在试验周期内。 （4）外观检查方法正确，绝缘工器具应无机械、绝缘缺陷，应戴干净清洁手套，用干燥、清洁毛巾清洁绝缘工器具。 （5）使用绝缘高阻表对绝缘工器具进行绝缘电阻检测，阻值不得低于700MΩ。 （6）检查新绝缘子的机电性能良好	5	错、漏一项扣1分，扣完为止		
2	作业过程					
2.1	进入作业现场	（1）选择合适位置停放绝缘斗臂车，支撑稳固，并可靠接地。 （2）查看绝缘臂、绝缘斗良好，进行空斗试操作，确认液压传动、升降、伸缩，回转系统工作正常及操作灵活，制动装置可靠。 （3）斗内电工穿戴好绝缘防护用具，进入绝缘斗，挂好安全带保险钩	5	错、漏一项扣2分，扣完为止		
2.2	验电	斗内电工将工作斗调整至适当位置，使用验电器对导线、绝缘子、横担进行验电，确认无漏电现象	5	错、漏一处扣2分，扣完为止		
2.3	安装绝缘遮蔽用具	（1）经工作负责人许可后，斗内电工调整绝缘斗到达内边相合适工作位置，按照"从近到远、从下到上、先带电体后接地体"的遮蔽原则对作业范围内可能触及的带电体和接地体进行绝缘遮蔽隔离。 （2）遮蔽的部位和顺序依次为导线、绝缘子以及作业点临近的接地体。 （3）斗内电工在对带电体设置绝缘遮蔽隔离措施时，动作应轻缓，与横担等地电位构件间应保持足够的安全距离（不小于0.4m），与邻相导线之间应保持足够的安全距离（不小于0.6m）。 （4）绝缘遮蔽隔离措施应严密、牢固，绝缘遮蔽用具之间搭接不得小于150mm。 （5）经工作负责人的许可后，斗内电工调整绝缘斗到达外边相合适工作位置，按照与内边相相同的方法对作业范围内可能触及的带电体和接地体进行绝缘遮蔽隔离。 （6）经工作负责人的许可后，斗内电工调整绝缘斗到达中间相合适工作位置，按照与两边相相同的方法对作业范围内可能触及的带电体和接地体进行绝缘遮蔽隔离	20	错、漏一项扣4分，扣完为止；遮蔽顺序错误终止工作		
2.4	更换直线杆绝缘子	（1）斗内电工将绝缘斗返回地面，由地面电工协助在吊臂上组装绝缘横担返回中间相导线下准备支撑导线。 （2）斗内电工调整吊臂使中间相导线置于绝缘横担上的滑轮内，然后扣好保险环。 （3）斗内电工操作将绝缘支杆缓缓上升，使绝缘横担受力；斗内电工拆除导线绑扎线；恢复绝缘导线绝缘遮蔽；缓缓支撑起中间相导线并锁定绝缘横担，提升高度应不小于0.4m。 （4）斗内电工更换绝缘子，并对新安装绝缘子进行绝缘遮蔽。	25	错、漏一项扣5分，扣完为止		

续表

序号	项目名称	质量要求	满分	扣分标准	扣分原因	得分
2.4	更换直线杆绝缘子	（5）斗内电工操作将绝缘横担缓缓下降，使中间相导线下降至中间相绝缘子顶槽内停止，使用绑扎线将中间相导线固定在绝缘子上，恢复绝缘遮蔽，打开绝缘横担滑轮保险，操作吊臂使绝缘横担缓缓脱离导线。 （6）其余两相按相同方法进行	25	错、漏一项扣5分，扣完为止		
2.5	拆除绝缘遮蔽用具	（1）经工作负责人的许可后，斗内电工调整绝缘斗到达中间相合适工作位置，按照"从远到近、从上到下、先接地体后带电体"的原则拆除绝缘遮蔽隔离措施。 （2）拆除的顺序依次为作业点临近的接地体、绝缘子、导线。 （3）斗内电工在拆除带电体上的绝缘遮蔽隔离措施时，动作应轻缓，与横担等地电位构件间应保持足够的安全距离，与邻相导线之间应保持足够的安全距离。 （4）经工作负责人的许可后，斗内电工调整绝缘斗到达外边相合适工作位置，按照与中间相相同的方法拆除绝缘遮蔽隔离。 （5）经工作负责人的许可后，斗内电工调整绝缘斗到达内边相合适工作位置，按照与中间相相同的方法拆除绝缘遮蔽隔离	10	错、漏一项扣2分，扣完为止；拆除绝缘遮蔽用具顺序错误终止工作		
2.6	返回地面	检查杆上无遗留物，绝缘斗退出有电工作区域，作业人员返回地面	5	未按要求执行扣5分		
3	工作结束					
3.1	清理现场	工作负责人组织工作班成员整理工具、材料，将工器具分类摆放在苫布上，清理现场，做到工完、料尽、场地清	1	不符合要求扣1分		
3.2	质量验收	工作负责人对完成的工作进行全面检查，符合验收规范要求后，记录在册	2	不符合要求扣2分		
3.3	收工会	召开现场收工会，正确点评工作，补充现场标准化作业指导书验收栏等内容	1	不符合要求扣1分		
3.4	工作终结	汇报值班调控人员工作已经结束，在工作票填写终结时间并签字，工作班撤离现场	1	不符合要求扣1分		
3.5	安全文明生产	（1）作业过程中禁止摘下绝缘防护用具，而且绝缘手套仅作辅助绝缘。 （2）斗臂车绝缘斗在有电工作区域转移时，应缓慢移动，动作要平稳，严禁使用快速挡。 （3）绝缘斗臂车在作业时，发动机不能熄火（电能驱动型除外），以保证液压系统处于工作状态。 （4）作业线路下层有低压线路同杆架设时，如妨碍作业，应对作业范围内的相关低压线路采取绝缘遮蔽措施。 （5）在同杆架设线路上工作，与上层或相邻导线小于安全距离规定且无法采取安全措施时，不得进行该项工作。 （6）上、下传递工具、材料均应使用绝缘绳传递，传递中不能与电杆、构件等碰撞，严禁抛掷。 （7）作业过程中，不随意踩踏防潮苫布	5	错、漏一项扣1分，扣完为止		

续表

序号	项目名称	质量要求	满分	扣分标准	扣分原因	得分
3.6	关键点	（1）作业中，绝缘斗臂车绝缘臂的有效绝缘长度应不小于 1.0m。 （2）在作业时，人体应保持对地不小于0.4m、对邻相导线不小于 0.6m 的安全距离。 （3）作业时，严禁人体同时接触两个不同的电位体，绝缘斗内双人工作时禁止两人接触不同的电位体。 （4）作业中及时恢复绝缘遮蔽隔离措施。 （5）作业人员在接触带电导线和换相工作前应得到工作监护人的许可。 （6）提升导线前及提升过程中，应检查两侧电杆上的绝缘子绑扎线是否牢靠，如有松动、脱线现象，必须重新绑扎加固后方可进行作业。 （7）提升和下降导线时，要缓缓进行，以防止导线晃动，避免造成相间短路。 （8）如对横担验电发现有电，禁止继续实施本项目	5	错、漏一项扣 1 分，扣完为止		
	合计		100			

Jc0004342012　绝缘手套作业法带电更换直线杆边相绝缘子（绝缘小吊臂法）的操作。（100 分）
考核知识点：带电作业方法
难易度：中

技能等级评价专业技能考核操作工作任务书

一、任务名称

绝缘手套作业法带电更换直线杆边相绝缘子（绝缘小吊臂法）的操作。

二、适用工种

高压线路带电检修工（配电）高级工。

三、具体任务

（1）开工准备工作（现场复勘、工作许可、召开现场站班会、布置工作现场、工器具、材料检测）等项目。

（2）安装、拆除绝缘遮蔽用具。

（3）使用绝缘手套作业法带电更换直线杆边相绝缘子（绝缘小吊臂法）的操作。

四、工作规范及要求

（1）带电作业应在良好天气下进行，作业前须进行风速和湿度测量。风力大于 5 级或湿度大于 80%时，不宜带电作业。若遇雷电、雪、雹、雨、雾等不良天气，禁止带电作业。

（2）绝缘手套作业法。

（3）本作业项目工作人员共计 4 名，其中工作负责人（监护人）1 名、斗内电工 2 名、地面电工1 名。

（4）工作负责人（监护人）、斗内电工、地面电工必须严格遵守《国家电网公司电力安全工作规程（配电部分）（试行）》3.3.12 工作票所列人员的安全责任。

（5）要求着装正确（安全帽、全棉长袖工作服、绝缘鞋）。

五、考核及时间要求

考核时间共 50 分钟，从获得工作许可开始至工作终结完毕，每超过 2 分钟扣 1 分，到 60 分钟终止考核。

技能等级评价专业技能考核操作评分标准

工种	高压线路带电检修工（配电）		评价等级	高级工
项目模块	带电作业方法—绝缘手套作业法带电更换直线杆边相绝缘子（绝缘小吊臂法）的操作	编号	Jc0004342012	
单位		准考证号	姓名	
考试时限	50分钟	题型	单项操作	题分	100分
成绩		考评员	考评组长	日期	
试题正文	绝缘手套作业法带电更换直线杆边相绝缘子（绝缘小吊臂法）的操作				
需要说明的问题和要求	（1）带电作业应在良好天气下进行，作业前须进行风速和湿度测量。风力大于5级或湿度大于80%时，不宜带电作业。若遇雷电、雪、雹、雨、雾等不良天气，禁止带电作业。 （2）本作业项目工作人员共计4名，其中工作负责人（监护人）1名、斗内电工2名、地面电工1名。 （3）工作负责人（监护人）：正确组织工作；检查工作票所列安全措施是否正确完备，是否符合现场实际条件，必要时予以补充完善；工作前，对工作班成员进行工作任务、安全措施交底和危险点告知，并确定每个工作班成员都已签名；组织执行工作票所列由其负责的安全措施；监督工作班成员遵守安全工作规程、正确使用劳动防护用品和安全工器具以及执行现场安全措施；关注工作班成员身体状况和精神状态是否出现异常迹象，人员变动是否合适。带电作业应有人监护。监护人不得直接操作，监护的范围不得超过一个作业点。 （4）工作班成员：熟悉工作内容、工作流程，掌握安全措施，明确工作中的危险点，并在工作票上履行交底签名确认手续；服从工作负责人（监护人）、专责监护人的指挥，严格遵守《国家电网公司电力安全工作规程（配电部分）（试行）》和劳动纪律，在指定的作业范围内工作，对自己在工作中的行为负责，互相关心工作安全；正确使用施工机具、安全工器具和劳动防护用品				

序号	项目名称	质量要求	满分	扣分标准	扣分原因	得分
1	开工准备					
1.1	现场复勘	（1）核对工作线路与设备双重名称。 （2）检查作业点两侧的电杆根部、基础是否牢固，导线固定是否牢固，检查作业装置和现场环境符合带电作业条件。 （3）检查气象条件（天气良好，无雷电、雪、雹、雨、雾等不良天气，风力不大于5级，湿度不大于80%）。 （4）检查工作票所列安全措施，必要时予以补充和完善	4	错、漏一项扣1分，扣完为止		
1.2	工作许可	工作负责人按配电带电作业工作票内容与值班调控人员联系，履行工作许可手续	1	未执行工作许可制度扣1分		
1.3	召开现场站班会	（1）工作负责人宣读工作票。 （2）工作负责人检查工作班组成员精神状态。 （3）工作负责人交代工作任务进行人员分工，交代安全措施、技术措施、危险点及控制措施。 （4）工作负责人检查工作班成员对工作内容、工作流程、安全措施以及工作中的危险点是否明确。 （5）工作班成员在工作票上履行交底签名确认手续	4	错、漏一项扣1分，扣完为止		
1.4	布置工作现场	工作现场设置安全围栏、警告标志或路障	1	不满足作业要求扣1分		
1.5	工器具、材料检测	（1）工器具、材料齐备，规格型号正确。 （2）绝缘工器具应放置在防潮苫布上，绝缘工器具应与金属工器具、材料分区放置。 （3）工器具在试验周期内。 （4）外观检查方法正确，绝缘工器具应无机械、绝缘缺陷，应戴干净清洁手套，用干燥、清洁毛巾清洁绝缘工器具。 （5）使用绝缘高阻表对绝缘工器具进行绝缘电阻检测，阻值不得低于700MΩ。 （6）检查新绝缘子的机电性能良好	5	错、漏一项扣1分，扣完为止		

续表

序号	项目名称	质量要求	满分	扣分标准	扣分原因	得分
2	作业过程					
2.1	进入作业现场	（1）选择合适位置停放绝缘斗臂车，支撑稳固，并可靠接地。 （2）查看绝缘臂、绝缘斗良好，进行空斗试操作，确认液压传动、升降、伸缩，回转系统工作正常及操作灵活，制动装置可靠。 （3）斗内电工穿戴好绝缘防护用具，进入绝缘斗，挂好安全带保险钩	5	错、漏一项扣2分，扣完为止		
2.2	验电	斗内电工将工作斗调整至适当位置，使用验电器对导线、绝缘子、横担进行验电，确认无漏电现象	5	错、漏一处扣2分，扣完为止		
2.3	安装绝缘遮蔽用具	（1）经工作负责人许可后，斗内电工调整绝缘斗到达内边相合适工作位置，按照"从近到远、从下到上、先带电体后接地体"的遮蔽原则对作业范围内可能触及的带电体和接地体进行绝缘遮蔽隔离。 （2）遮蔽的部位和顺序依次为导线、绝缘子以及作业点临近的接地体。 （3）斗内电工在对带电体设置绝缘遮蔽隔离措施时，动作应轻缓，与横担等地电位构件间应保持足够的安全距离（不小于0.4m），与邻相导线之间应保持足够的安全距离（不小于0.6m）。 （4）绝缘遮蔽隔离措施应严密、牢固，绝缘遮蔽用具之间搭接不得小于150mm。 （5）经工作负责人的许可后，斗内电工调整绝缘斗到达外边相合适工作位置，按照与内边相相同的方法对作业范围内可能触及的带电体和接地体进行绝缘遮蔽隔离。 （6）经工作负责人的许可后，斗内电工调整绝缘斗到达中间相合适工作位置，按照与两边相相同的方法对作业范围内可能触及的带电体和接地体进行绝缘遮蔽隔离	10	错、漏一项扣2分，扣完为止；遮蔽顺序错误终止工作		
2.4	拆扎线	（1）用绝缘绳扣绑牢导线遮蔽罩和导线，绑点导线遮蔽罩开口向上。 （2）斗内电工操作绝缘斗臂车自带的吊钩钩住绳扣，并使其略微受力，安装隔离挡板对支线绝缘子作隔离后，拆除扎线。 （3）提升和下降导线时，绝缘小吊绳应与导线垂直，避免导线横向受力	10	错、漏一项扣3分，扣完为止		
2.5	检修	斗内电工将导线吊离约40cm后，更换直线绝缘子	15	未按规定执行扣15分		
2.6	绑扎线	（1）斗内电工安装隔离挡板对直线绝缘子作隔离。 （2）缓慢放落导线，绑扎线	10	错、漏一项扣5分，扣完为止		
2.7	拆除绝缘遮蔽用具	（1）经工作负责人的许可后，斗内电工调整绝缘斗到达中间相合适工作位置，按照"从远到近、从上到下、先接地体后带电体"的原则拆除绝缘遮蔽隔离措施。 （2）拆除的顺序依次为作业点临近的接地体、绝缘子、导线。 （3）斗内电工在拆除带电体上的绝缘遮蔽隔离措施时，动作应轻缓，与横担等地电位构件间应保持足够的安全距离，与邻相导线之间应保持足够的安全距离。 （4）经工作负责人的许可后，斗内电工调整绝缘斗到达外边相合适工作位置，按照与中间相相同的方法拆除绝缘遮蔽隔离。	10	错、漏一项扣2分，扣完为止；拆除绝缘遮蔽用具顺序错误终止工作		

续表

序号	项目名称	质量要求	满分	扣分标准	扣分原因	得分
2.7	拆除绝缘遮蔽用具	（5）经工作负责人的许可后，斗内电工调整绝缘斗到达内边相合适工作位置，按照与中间相相同的方法拆除绝缘遮蔽隔离	10	错、漏一项扣2分，扣完为止；拆除绝缘遮蔽用具顺序错误终止工作		
2.8	返回地面	检查杆上无遗留物，绝缘斗退出有电工作区域，作业人员返回地面	5	未按要求执行扣5分		
3	工作结束					
3.1	清理现场	工作负责人组织工作班成员整理工具、材料，将工器具分类摆放在苫布上，清理现场，做到工完、料尽、场地清	1	不符合要求扣1分		
3.2	质量验收	工作负责人对完成的工作进行全面检查，符合验收规范要求后，记录在册	2	不符合要求扣2分		
3.3	收工会	召开现场收工会，正确点评工作，补充现场标准化作业指导书验收栏等内容	1	不符合要求扣1分		
3.4	工作终结	汇报值班调控人员工作已经结束，在工作票填写终结时间并签字，工作班撤离现场	1	不符合要求扣1分		
3.5	安全文明生产	（1）作业过程中禁止摘下绝缘防护用具，而且绝缘手套仅作辅助绝缘。 （2）斗臂车绝缘斗在有电工作区域转移时，应缓慢移动，动作要平稳，严禁使用快速挡。 （3）绝缘斗臂车在作业时，发动机不能熄火（电能驱动型除外），以保证液压系统处于工作状态。 （4）作业线路下层有低压线路同杆架设时，如妨碍作业，应对作业范围内的相关低压线路采取绝缘遮蔽措施。 （5）在同杆架设线路上工作，与上层或相邻导线小于安全距离规定且无法采取安全措施时，不得进行该项工作。 （6）上、下传递工具、材料均应使用绝缘绳传递，传递中不能与电杆、构件等碰撞，严禁抛掷。 （7）作业过程中，不随意踩踏防潮苫布	5	错、漏一项扣1分，扣完为止		
3.6	关键点	（1）作业中，绝缘斗臂车绝缘臂的有效绝缘长度应不小于1.0m。 （2）在作业时，人体应保持对地不小于0.4m、对邻相导线不小于0.6m的安全距离。 （3）作业时，严禁人体同时接触两个不同的电位体，绝缘斗内双人工作时禁止两人接触不同的电位体。 （4）作业中及时恢复绝缘遮蔽隔离措施。 （5）作业人员在接触带电导线和换相工作前应得到工作监护人的许可。 （6）提升导线前及提升过程中，应检查两侧电杆上的绝缘子绑扎线是否牢靠，如有松动、脱线现象，必须重新绑扎加固后方可进行作业。 （7）提升和下降导线时，要缓缓进行，以防止导线晃动，避免造成相间短路	5	错、漏一项扣1分，扣完为止		
	合计		100			

Jc0004342013 绝缘手套作业法带电更换直线横担的操作。（100分）

考核知识点：带电作业方法

难易度：中

技能等级评价专业技能考核操作工作任务书

一、任务名称

绝缘手套作业法带电更换直线横担的操作。

二、适用工种

高压线路带电检修工（配电）高级工。

三、具体任务

（1）开工准备工作（现场复勘、工作许可、召开现场站班会、布置工作现场、工器具、材料检测）等项目。

（2）安装、拆除绝缘遮蔽用具。

（3）使用绝缘手套作业法带电更换直线横担的操作。

四、工作规范及要求

（1）带电作业应在良好天气下进行，作业前须进行风速和湿度测量。风力大于5级或湿度大于80%时，不宜带电作业。若遇雷电、雪、雹、雨、雾等不良天气，禁止带电作业。

（2）绝缘手套作业法。

（3）本作业项目工作人员共计4名，其中工作负责人（监护人）1名、斗内电工2名、地面电工1名。

（4）工作负责人（监护人）、斗内电工、地面电工必须严格遵守《国家电网公司电力安全工作规程（配电部分）（试行）》3.3.12工作票所列人员的安全责任。

（5）要求着装正确（安全帽、全棉长袖工作服、绝缘鞋）。

五、考核及时间要求

考核时间共50分钟，从获得工作许可开始至工作终结完毕，每超过2分钟扣1分，到60分钟终止考核。

技能等级评价专业技能考核操作评分标准

工种	高压线路带电检修工（配电）			评价等级	高级工
项目模块	带电作业方法—绝缘手套作业法带电更换直线横担的操作		编号		Jc0004342013
单位		准考证号		姓名	
考试时限	50分钟	题型	单项操作		题分	100分
成绩		考评员		考评组长		日期	
试题正文	绝缘手套作业法带电更换直线横担的操作				
需要说明的问题和要求	（1）带电作业应在良好天气下进行，作业前须进行风速和湿度测量。风力大于5级或湿度大于80%时，不宜带电作业。若遇雷电、雪、雹、雨、雾等不良天气，禁止带电作业。 （2）本作业项目工作人员共计4名，其中工作负责人（监护人）1名、斗内电工2名、地面电工1名。 （3）工作负责人（监护人）：正确组织工作；检查工作票所列安全措施是否正确完备，是否符合现场实际条件，必要时予以补充完善；工作前，对工作班成员进行工作任务、安全措施交底和危险点告知，并确定每个工作班成员都已签名；组织执行工作票所列由其负责的安全措施；监督工作班成员遵守安全工作规程、正确使用劳动防护用品和安全工器具以及执行现场安全措施；关注工作班成员身体状况和精神状态是否出现异常迹象，人员变动是否合适。带电作业应有人监护。监护人不得直接操作，监护的范围不得超过一个作业点。 （4）工作班成员：熟悉工作内容、工作流程，掌握安全措施，明确工作中的危险点，并在工作票上履行交底签名确认手续；服从工作负责人（监护人）、专责监护人的指挥，严格遵守《国家电网公司电力安全工作规程（配电部分）（试行）》和劳动纪律，在指定的作业范围内工作，对自己在工作中的行为负责，互相关心工作安全；正确使用施工机具、安全工器具和劳动防护用品				

续表

序号	项目名称	质量要求	满分	扣分标准	扣分原因	得分
1	开工准备					
1.1	现场复勘	（1）核对工作线路与设备双重名称。 （2）检查作业点两侧的电杆根部、基础是否牢固，导线固定是否牢固，检查作业装置和现场环境符合带电作业条件。 （3）检查气象条件（天气良好，无雷电、雪、雹、雨、雾等不良天气，风力不大于5级，湿度不大于80%）。 （4）检查工作票所列安全措施，必要时予以补充和完善	4	错、漏一项扣1分，扣完为止		
1.2	工作许可	工作负责人按配电带电作业工作票内容与值班调控人员联系，履行工作许可手续	1	未执行工作许可制度扣1分		
1.3	召开现场站班会	（1）工作负责人宣读工作票。 （2）工作负责人检查工作班组成员精神状态。 （3）工作负责人交代工作任务进行人员分工，交代安全措施、技术措施、危险点及控制措施。 （4）工作负责人检查工作班成员对工作内容、工作流程、安全措施以及工作中的危险点是否明确。 （5）工作班成员在工作票上履行交底签名确认手续	4	错、漏一项扣1分，扣完为止		
1.4	布置工作现场	工作现场设置安全围栏、警告标志或路障	1	不满足作业要求扣1分		
1.5	工器具、材料检测	（1）工器具、材料齐备，规格型号正确。 （2）绝缘工器具应放置在防潮苫布上，绝缘工器具应与金属工器具、材料分区放置。 （3）工器具在试验周期内。 （4）外观检查方法正确，绝缘工器具应无机械、绝缘缺陷，应戴干净清洁手套，用干燥、清洁毛巾清洁绝缘工器具。 （5）使用绝缘高阻表对绝缘工器具进行绝缘电阻检测，阻值不得低于700MΩ	5	错、漏一项扣1分，扣完为止		
2	作业过程					
2.1	进入作业现场	（1）选择合适位置停放绝缘斗臂车，支撑稳固，并可靠接地。 （2）查看绝缘臂、绝缘斗良好，进行空斗试操作，确认液压传动、升降、伸缩，回转系统工作正常及操作灵活，制动装置可靠。 （3）斗内电工穿戴好绝缘防护用具，进入绝缘斗，挂好安全带保险钩	5	错、漏一项扣2分，扣完为止		
2.2	验电	斗内电工将工作斗调整至适当位置，使用验电器对导线、绝缘子、横担进行验电，确认无漏电现象	5	错、漏一处扣2分，扣完为止		
2.3	安装绝缘遮蔽用具	（1）经工作负责人许可后，斗内电工调整绝缘斗到达内边相合适工作位置，按照"从近到远、从下到上、先带电体后接地体"的遮蔽原则对作业范围内可能触及的带电体和接地体进行绝缘遮蔽隔离。 （2）遮蔽的部位和顺序依次为导线、绝缘子以及作业点临近的接地体。 （3）斗内电工在对带电体设置绝缘遮蔽隔离措施时，动作应轻缓，与横担等地电位构件间应保持足够的安全距离（不小于0.4m），与邻相导线之间应保持足够的安全距离（不小于0.6m）。	10	错、漏一项扣2分，扣完为止；遮蔽顺序错误终止工作		

续表

序号	项目名称	质量要求	满分	扣分标准	扣分原因	得分
2.3	安装绝缘遮蔽用具	（4）绝缘遮蔽隔离措施应严密、牢固，绝缘遮蔽用具之间搭接不得小于150mm。 （5）经工作负责人的许可后，斗内电工调整绝缘斗到达外边相适合工作位置，按照与内边相相同的方法对作业范围内可能触及的带电体和接地体进行绝缘遮蔽隔离。 （6）经工作负责人的许可后，斗内电工调整绝缘斗到达中间相合适工作位置，按照与两边相相同的方法对作业范围内可能触及的带电体和接地体进行绝缘遮蔽隔离	10	错、漏一项扣2分，扣完为止；遮蔽顺序错误终止工作		
2.4	安装绝缘横担	（1）在液压小吊臂上安装绝缘横担。 （2）拆除边线绝缘子上绑线，并将导线进行安全遮蔽，将导线提升到绝缘横担上，并固定在绝缘槽内；另一侧变线同样处理。 （3）拆除中间线绝缘子上绑线，并将导线进行安全遮蔽，将导线放落到绝缘横担上，并固定在绝缘槽内	10	错、漏一项扣4分，扣完为止		
2.5	更换横担	更换新横担，并做好绝缘遮蔽措施	15	错、漏一项扣10分，扣完为止		
2.6	拆除绝缘横担	（1）经工作负责人的许可后，斗内电工调整绝缘斗到达中间相合适工作位置，按照"从远到近、从上到下、先接地体后带电体"的原则拆除绝缘遮蔽隔离措施。 （2）拆除的顺序依次为作业点临近的接地体、绝缘子、导线。 （3）斗内电工在拆除带电体上的绝缘遮蔽隔离措施时，动作应轻缓，与横担等地电位构件间应保持足够的安全距离，与邻相导线之间应保持足够的安全距离。 （4）经工作负责人的许可后，斗内电工调整绝缘斗到达外边相合适工作位置，按照与中间相相同的方法拆除绝缘遮蔽隔离。 （5）经工作负责人的许可后，斗内电工调整绝缘斗到达内边相合适工作位置，按照与中间相相同的方法拆除绝缘遮蔽隔离	10	错、漏一项扣2分，扣完为止		
2.7	拆除绝缘遮蔽用具	工作结束后按照"从远到近、从上到下、先接地体后带电体"拆除遮蔽的原则拆除绝缘遮蔽隔离措施	10	错、漏一项扣5分，扣完为止；拆除绝缘遮蔽用具顺序错误终止工作		
2.8	返回地面	检查杆上无遗留物，绝缘斗退出有电工作区域，作业人员返回地面	5	未按要求执行扣5分		
3	工作结束					
3.1	清理现场	工作负责人组织工作班成员整理工具、材料，将工器具分类摆放在苫布上，清理现场，做到工完、料尽、场地清	1	不符合要求扣1分		
3.2	质量验收	工作负责人对完成的工作进行全面检查，符合验收规范要求后，记录在册	2	不符合要求扣2分		
3.3	收工会	召开现场收工会，正确点评工作，补充现场标准化作业指导书验收栏等内容	1	不符合要求扣1分		
3.4	工作终结	汇报值班调控人员工作已经结束，在工作票填写终结时间并签字，工作班撤离现场	1	不符合要求扣1分		
3.5	安全文明生产	（1）作业过程中禁止摘下绝缘防护用具，而且绝缘手套仅作辅助绝缘。 （2）斗臂车绝缘斗在有电工作区域转移时，应缓慢移动，动作要平稳，严禁使用快速挡。	5	错、漏一项扣1分，扣完为止		

续表

序号	项目名称	质量要求	满分	扣分标准	扣分原因	得分
3.5	安全文明生产	（3）绝缘斗臂车在作业时，发动机不能熄火（电能驱动型除外），以保证液压系统处于工作状态。 （4）作业线路下层有低压线路同杆架设时，如妨碍作业，应对作业范围内的相关低压线路采取绝缘遮蔽措施。 （5）在同杆架设线路上工作，与上层或相邻导线小于安全距离规定且无法采取安全措施时，不得进行该项工作。 （6）上、下传递工具、材料均应使用绝缘绳传递，传递中不能与电杆、构件等碰撞，严禁抛掷。 （7）作业过程中，不随意踩踏防潮苫布	5	错、漏一项扣1分，扣完为止		
3.6	关键点	（1）作业中，绝缘斗臂车绝缘臂的有效绝缘长度应不小于1.0m。 （2）在作业时，人体应保持对地不小于0.4m、对邻相导线不小于0.6m的安全距离。 （3）作业时，严禁人体同时接触两个不同的电位体，绝缘斗内双人工作时禁止两人接触不同的电位体。 （4）作业中及时恢复绝缘遮蔽隔离措施。 （5）作业人员在接触带电导线和换相工作前应得到工作监护人的许可。 （6）新横担安装后，必须及时做好绝缘遮蔽措施	5	错、漏一项扣1分，扣完为止		
	合计		100			

Jc0004342014 绝缘手套作业法带电更换直线杆绝缘子及横担的操作。（100分）

考核知识点： 带电作业方法

难易度： 中

技能等级评价专业技能考核操作工作任务书

一、任务名称

绝缘手套作业法带电更换直线杆绝缘子及横担的操作。

二、适用工种

高压线路带电检修工（配电）高级工。

三、具体任务

（1）开工准备工作（现场复勘、工作许可、召开现场站班会、布置工作现场、工器具、材料检测）等项目。

（2）安装、拆除绝缘遮蔽用具。

（3）使用绝缘手套作业法带电更换直线杆绝缘子及横担的操作。

四、工作规范及要求

（1）带电作业应在良好天气下进行，作业前须进行风速和湿度测量。风力大于5级或湿度大于80%时，不宜带电作业。若遇雷电、雪、雹、雨、雾等不良天气，禁止带电作业。

（2）绝缘手套作业法。

（3）本作业项目工作人员共计4名，其中工作负责人（监护人）1名、斗内电工2名、地面电工1名。

（4）工作负责人（监护人）、斗内电工、地面电工必须严格遵守《国家电网公司电力安全工作规程（配电部分）（试行）》3.3.12 工作票所列人员的安全责任。

（5）要求着装正确（安全帽、全棉长袖工作服、绝缘鞋）。

五、考核及时间要求

考核时间共 50 分钟，从获得工作许可开始至工作终结完毕，每超过 2 分钟扣 1 分，到 60 分钟终止考核。

技能等级评价专业技能考核操作评分标准

工种	高压线路带电检修工（配电）			评价等级	高级工
项目模块	带电作业方法—绝缘手套作业法带电更换直线杆绝缘子及横担的操作		编号		Jc0004342014
单位		准考证号		姓名	
考试时限	50 分钟	题型	单项操作	题分	100 分
成绩		考评员		考评组长		日期	
试题正文	绝缘手套作业法带电更换直线杆绝缘子及横担的操作				
需要说明的问题和要求	（1）带电作业应在良好天气下进行，作业前须进行风速和湿度测量。风力大于 5 级或湿度大于 80%时，不宜带电作业。若遇雷电、雪、雹、雨、雾等不良天气，禁止带电作业。 （2）本作业项目工作人员共计 4 名，其中工作负责人（监护人）1 名，斗内电工 2 名，地面电工 1 名。 （3）工作负责人（监护人）：正确组织工作；检查工作票所列安全措施是否正确完备，是否符合现场实际条件，必要时予以补充完善；工作前，对工作班成员进行工作任务、安全措施底和危险点告知，并确定每个工作班成员都已签名；组织执行工作票所列由其负责的安全措施；监督工作班成员遵守安全工作规程、正确使用劳动防护用品和安全工器具以及执行现场安全措施；关注工作班成员身体状况和精神状态是否出现异常迹象，人员变动是否合适。带电作业应有人监护。监护人不得直接操作，监护的范围不得超过一个作业点。 （4）工作班成员：熟悉工作内容、工作流程，掌握安全措施，明确工作中的危险点，并在工作票上履行交底签名确认手续；服从工作负责人（监护人）、专责监护人的指挥，严格遵守《国家电网公司电力安全工作规程（配电部分）（试行）》和劳动纪律，在指定的作业范围内工作，对自己在工作中的行为负责，互相关心工作安全；正确使用施工机具、安全工器具和劳动防护用品				

序号	项目名称	质量要求	满分	扣分标准	扣分原因	得分
1	开工准备					
1.1	现场复勘	（1）核对工作线路与设备双重名称。 （2）检查作业点两侧的电杆根部、基础是否牢固，导线固定是否牢固，检查作业装置和现场环境符合带电作业条件。 （3）检查气象条件（天气良好，无雷电、雪、雹、雨、雾等不良天气，风力不大于 5 级，湿度不大于 80%）。 （4）检查工作票所列安全措施，必要时予以补充和完善	4	错、漏一项扣 1 分，扣完为止		
1.2	工作许可	工作负责人按配电带电作业工作票内容与值班调控人员联系，履行工作许可手续	1	未执行工作许可制度扣 1 分		
1.3	召开现场站班会	（1）工作负责人宣读工作票。 （2）工作负责人检查工作班组成员精神状态。 （3）工作负责人交代工作任务进行人员分工，交代安全措施、技术措施、危险点及控制措施。 （4）工作负责人检查工作班成员对工作内容、工作流程、安全措施以及工作中的危险点是否明确。 （5）工作班成员在工作票上履行交底签名确认手续	4	错、漏一项扣 1 分，扣完为止		
1.4	布置工作现场	工作现场设置安全围栏、警告标志或路障	1	不满足作业要求扣 1 分		

续表

序号	项目名称	质量要求	满分	扣分标准	扣分原因	得分
1.5	工器具、材料检测	（1）工器具、材料齐备，规格型号正确。 （2）绝缘工器具应放置在防潮苫布上，绝缘工器具应与金属工器具、材料分区放置。 （3）工器具在试验周期内。 （4）外观检查方法正确，绝缘工器具应无机械、绝缘缺陷，应戴干净清洁手套，用干燥、清洁毛巾清洁绝缘工器具。 （5）使用绝缘高阻表对绝缘工器具进行绝缘电阻检测，阻值不得低于700MΩ。 （6）检查新绝缘子的机电性能良好	5	错、漏一项扣1分，扣完为止		
2	作业过程					
2.1	进入作业现场	（1）选择合适位置停放绝缘斗臂车，支撑稳固，并可靠接地。 （2）查看绝缘臂、绝缘斗良好，进行空斗试操作，确认液压传动、升降、伸缩，回转系统工作正常及操作灵活，制动装置可靠。 （3）斗内电工穿戴好绝缘防护用具，进入绝缘斗，挂好安全带保险钩	5	错、漏一项扣2分，扣完为止		
2.2	验电	斗内电工将工作斗调整至适当位置，使用验电器对导线、绝缘子、横担进行验电，确认无漏电现象	5	错、漏一处扣2分，扣完为止		
2.3	安装绝缘遮蔽用具	（1）经工作负责人许可后，斗内电工调整绝缘斗到达内边相合适工作位置，按照"从近到远、从下到上、先带电体后接地体"的遮蔽原则对作业范围内可能触及的带电体和接地体进行绝缘遮蔽隔离。 （2）遮蔽的部位和顺序依次为导线、绝缘子以及作业点临近的接地体。 （3）斗内电工在对带电体设置绝缘遮蔽隔离措施时，动作应轻缓，与横担等地电位构件间应保持足够的安全距离（不小于0.4m），与邻相导线之间应保持足够的安全距离（不小于0.6m）。 （4）绝缘遮蔽隔离措施应严密、牢固，绝缘遮蔽用具之间搭接不得小于150mm。 （5）经工作负责人的许可后，斗内电工调整绝缘斗到达外边相合适工作位置，按照与内边相相同的方法对作业范围内可能触及的带电体和接地体进行绝缘遮蔽隔离。 （6）经工作负责人的许可后，斗内电工调整绝缘斗到达中间相合适工作位置，按照与两边相相同的方法对作业范围内可能触及的带电体和接地体进行绝缘遮蔽隔离	20	错、漏一项扣4分，扣完为止；遮蔽顺序错误终止工作		
2.4	更换直线杆绝缘子及横担	（1）斗内电工互相配合，在电杆高出横担约0.4m的位置安装绝缘横担。 （2）斗内电工将绝缘斗调整到近边相外侧适当位置，使用绝缘斗小吊绳固定导线，收紧小吊绳，使其受力。 （3）斗内电工拆除绝缘子绑扎线，调整吊臂提升导线使近边相导线置于临时支撑横担上的固定槽内，然后扣好保险环。 （4）远边相按照相同方法进行。 （5）斗内电工互相配合拆除旧绝缘子及横担，安装新绝缘子及横担，并对新安装绝缘子及横担设置绝缘遮蔽。 （6）斗内电工调整绝缘斗到远边相外侧适当位置，使用小吊绳将远边相导线缓缓放入已更换新绝缘子顶槽内，使用绑扎线固定，恢复绝缘遮蔽。 （7）近边相按照相同方法进行。 （8）斗内电工互相配合拆除杆上临时支撑横担	25	错、漏一项扣4分，扣完为止		

序号	项目名称	质量要求	满分	扣分标准	扣分原因	得分
2.5	拆除绝缘遮蔽用具	（1）经工作负责人的许可后，斗内电工调整绝缘斗到达中间相合适工作位置，按照"从远到近、从上到下、先接地体后带电体"的原则拆除绝缘遮蔽隔离措施。 （2）拆除的顺序依次为作业点临近的接地体、绝缘子、导线。 （3）斗内电工在拆除带电体上的绝缘遮蔽隔离措施时，动作应轻缓，与横担等地电位构件间应保持足够的安全距离，与邻相导线之间应保持足够的安全距离。 （4）经工作负责人的许可后，斗内电工调整绝缘斗到达外边相合适工作位置，按照与中间相相同的方法拆除绝缘遮蔽隔离。 （5）经工作负责人的许可后，斗内电工调整绝缘斗到达内边相合适工作位置，按照与中间相相同的方法拆除绝缘遮蔽隔离	10	错、漏一项扣2分，扣完为止；拆除绝缘遮蔽用具顺序错误终止工作		
2.6	返回地面	检查杆上无遗留物，绝缘斗退出有电工作区域，作业人员返回地面	5	未按要求执行扣5分		
3	工作结束					
3.1	清理现场	工作负责人组织工作班成员整理工具、材料，将工器具分类摆放在苫布上，清理现场，做到工完、料尽、场地清	1	不符合要求扣1分		
3.2	质量验收	工作负责人对完成的工作进行全面检查，符合验收规范要求后，记录在册	2	不符合要求扣2分		
3.3	收工会	召开现场收工会，正确点评工作，补充现场标准化作业指导书验收栏等内容	1	不符合要求扣1分		
3.4	工作终结	汇报值班调控人员工作已经结束，在工作票填写终结时间并签字，工作班撤离现场	1	不符合要求扣1分		
3.5	安全文明生产	（1）作业过程中禁止摘下绝缘防护用具，而且绝缘手套仅作辅助绝缘。 （2）斗臂车绝缘斗在有电工作区域转移时，应缓慢移动，动作要平稳，严禁使用快速挡。 （3）绝缘斗臂车在作业时，发动机不能熄火（电能驱动型除外），以保证液压系统处于工作状态。 （4）作业线路下层有低压线路同杆架设时，如妨碍作业，应对作业范围内的相关低压线路采取绝缘遮蔽措施。 （5）在同杆架设线路上工作，与上层或相邻导线小于安全距离规定且无法采取安全措施时，不得进行该项工作。 （6）上、下传递工具、材料均应使用绝缘绳传递，传递中不能与电杆、构件等碰撞，严禁抛掷。 （7）作业过程中，不随意踩踏防潮苫布	5	错、漏一项扣1分，扣完为止		
3.6	关键点	（1）作业中，绝缘斗臂车绝缘臂的有效绝缘长度应不小于1.0m。 （2）在作业时，人体应保持对地不小于0.4m、对邻相导线不小于0.6m的安全距离。 （3）作业时，严禁人体同时接触两个不同的电位体，绝缘斗内双人工作时禁止两人接触不同的电位体。 （4）作业中及时恢复绝缘遮蔽隔离措施。 （5）作业人员在接触带电导线和换相工作前应得到工作监护人的许可。	5	错、漏一项扣1分，扣完为止		

续表

序号	项目名称	质量要求	满分	扣分标准	扣分原因	得分
3.6	关键点	（6）提升导线前及提升过程中，应检查两侧电杆上的绝缘子绑扎线是否牢靠，如有松动、脱线现象，必须重新绑扎加固后方可进行作业。 （7）提升和下降导线时，要缓缓进行，以防止导线晃动，避免造成相间短路。 （8）如对横担验电发现有电，禁止继续实施本项目	5	错、漏一项扣1分，扣完为止		
	合计		100			

Jc0004342015　绝缘手套作业法带电更换耐张杆绝缘子串的操作。（100分）

考核知识点： 带电作业方法

难易度： 中

技能等级评价专业技能考核操作工作任务书

一、任务名称

绝缘手套作业法带电更换耐张杆绝缘子串的操作。

二、适用工种

高压线路带电检修工（配电）高级工。

三、具体任务

（1）开工准备工作（现场复勘、工作许可、召开现场站班会、布置工作现场、工器具、材料检测）等项目。

（2）安装、拆除绝缘遮蔽用具。

（3）使用绝缘手套作业法带电更换耐张杆绝缘子串的操作。

四、工作规范及要求

（1）带电作业应在良好天气下进行，作业前须进行风速和湿度测量。风力大于5级或湿度大于80%时，不宜带电作业。若遇雷电、雪、雹、雨、雾等不良天气，禁止带电作业。

（2）绝缘手套作业法。

（3）本作业项目工作人员共计4名，其中工作负责人（监护人）1名、斗内电工2名、地面电工1名。

（4）工作负责人（监护人）、斗内电工、地面电工必须严格遵守《国家电网公司电力安全工作规程（配电部分）（试行）》3.3.12工作票所列人员的安全责任。

（5）要求着装正确（安全帽、全棉长袖工作服、绝缘鞋）。

五、考核及时间要求

考核时间共50分钟，从获得工作许可开始至工作终结完毕，每超过2分钟扣1分，到60分钟终止考核。

技能等级评价专业技能考核操作评分标准

工种	高压线路带电检修工（配电）			评价等级	高级工
项目模块	带电作业方法—绝缘手套作业法带电更换耐张杆绝缘子串的操作		编号		Jc0004342015
单位		准考证号		姓名	
考试时限	50分钟	题型	单项操作	题分	100分

续表

成绩		考评员		考评组长		日期	

试题正文	绝缘手套作业法带电更换耐张杆绝缘子串的操作						

| 需要说明的问题和要求 | （1）带电作业应在良好天气下进行，作业前须进行风速和湿度测量。风力大于 5 级或湿度大于 80%时，不宜带电作业。若遇雷电、雪、雹、雨、雾等不良天气，禁止带电作业。
（2）本作业项目工作人员共计 4 名，其中工作负责人（监护人）1 名、斗内电工 2 名、地面电工 1 名。
（3）工作负责人（监护人）：正确组织工作；检查工作票所列安全措施是否正确完备，是否符合现场实际条件，必要时予以补充完善；工作前，对工作班成员进行工作任务、安全措施交底和危险点告知，并确定每个工作班成员都已签名；组织执行工作票所列由其负责的安全措施；监督工作班成员遵守安全工作规程、正确使用劳动防护用品和安全工器具以及执行现场安全措施；关注工作班成员身体状况和精神状态是否出现异常迹象，人员变动是否合适。带电作业应有人监护。监护人不得直接操作，监护的范围不得超过一个作业点。
（4）工作班成员：熟悉工作内容、工作流程，掌握安全措施，明确工作中的危险点，并在工作票上履行交底签名确认手续；服从工作负责人（监护人）、专责监护人的指挥，严格遵守《国家电网公司电力安全工作规程（配电部分）（试行）》和劳动纪律，在指定的作业范围内工作，对自己在工作中的行为负责，互相关心工作安全；正确使用施工机具、安全工器具和劳动防护用品 | | | | | | |

序号	项目名称	质量要求	满分	扣分标准	扣分原因	得分
1	开工准备					
1.1	现场复勘	（1）核对工作线路与设备双重名称。 （2）检查确认电杆根部、基础是否牢固，导线固定是否牢固，检查作业装置和现场环境符合带电作业条件。 （3）检查气象条件（天气良好，无雷电、雪、雹、雨、雾等不良天气，风力不大于 5 级，湿度不大于 80%）。 （4）检查工作票所列安全措施，必要时予以补充和完善	4	错、漏一项扣 1 分，扣完为止		
1.2	工作许可	按配电带电作业工作票内容与值班调控人员联系，履行工作许可手续	1	未执行工作许可制度扣 1 分		
1.3	召开现场站班会	（1）工作负责人宣读工作票。 （2）工作负责人检查工作班组成员精神状态。 （3）工作负责人交代工作任务进行人员分工，交代安全措施、技术措施、危险点及控制措施。 （4）工作负责人检查工作班成员对工作内容、工作流程、安全措施以及工作中的危险点是否明确。 （5）工作班成员在工作票上履行交底签名确认手续	4	错、漏一项扣 1 分，扣完为止		
1.4	布置工作现场	工作现场设置安全围栏、警告标志或路障	1	不满足作业要求扣 1 分		
1.5	工器具、材料检测	（1）工器具、材料齐备，规格型号正确。 （2）绝缘工器具应放置在防潮苫布上，绝缘工器具应与金属工器具、材料分区放置。 （3）工器具在试验周期内。 （4）外观检查方法正确，绝缘工器具应无机械、绝缘缺陷，应戴干净清洁手套，用干燥、清洁毛巾清洁绝缘工器具。 （5）使用绝缘高阻表对绝缘工器具进行绝缘电阻检测，阻值不得低于 700MΩ。 （6）检查新绝缘子的机电性能良好	5	错、漏一项扣 1 分，扣完为止		
2	作业过程					
2.1	进入作业现场	（1）选择合适位置停放绝缘斗臂车，支撑稳固，并可靠接地。 （2）查看绝缘臂、绝缘斗良好，进行空斗试操作，确认液压传动、升降、伸缩、回转系统工作正常及操作灵活，制动装置可靠。 （3）斗内电工穿戴好绝缘防护用具，进入绝缘斗，挂好安全带保险钩	5	错、漏一项扣 2 分，扣完为止		

续表

序号	项目名称	质量要求	满分	扣分标准	扣分原因	得分
2.2	验电	斗内电工将工作斗调整至适当位置，使用验电器对导线、绝缘子、横担进行验电，确认无漏电现象	5	错、漏一处扣2分，扣完为止		
2.3	安装绝缘遮蔽用具	（1）经工作负责人许可后，斗内电工调整绝缘斗到达内边相适合工作位置，按照"从近到远、从下到上、先带电体后接地体"的遮蔽原则对作业范围内可能触及的带电体和接地体进行绝缘遮蔽隔离。 （2）遮蔽的部位和顺序依次为导线、耐张线夹、耐张绝缘子串以及作业点临近的接地体。 （3）斗内电工在对带电体设置绝缘遮蔽隔离措施时，动作应轻缓，与横担等地电位构件间应保持足够的安全距离（不小于0.4m)，与邻相导线之间应保持足够的安全距离（不小于0.6m)。 （4）绝缘遮蔽隔离措施应严密、牢固，绝缘遮蔽用具之间搭接不得小于150mm。 （5）经工作负责人的许可后，斗内电工调整绝缘斗到达外边相合适工作位置，按照与内边相相同的方法对作业范围内可能触及的带电体和接地体进行绝缘遮蔽隔离。 （6）经工作负责人的许可后，斗内电工调整绝缘斗到达中间相合适工作位置，按照与两边相相同的方法对作业范围内可能触及的带电体和接地体进行绝缘遮蔽隔离	20	错、漏一项扣4分，扣完为止；遮蔽顺序错误终止工作		
2.4	更换耐张杆绝缘子串	（1）斗内电工将绝缘斗调整到近边相导线外侧适当位置，将绝缘绳套安装在耐张横担上，安装绝缘紧线器，在紧线器外侧加装后备保护绳。 （2）斗内电工收紧导线至耐张绝缘子松弛，并拉紧后备保护绝缘绳套。 （3）斗内电工脱开耐张线夹与耐张绝缘子串之间的弯头挂板。恢复耐张线夹处的绝缘遮蔽措施。 （4）斗内电工拆除旧耐张绝缘子，安装新耐张绝缘子，并进行绝缘遮蔽。 （5）斗内电工将耐张线夹与耐张绝缘子连接安装好，恢复绝缘遮蔽。 （6）斗内电工松开后备保护绝缘绳套并放松紧线器，使绝缘子受力后，拆下紧线器、后备保护绳套及绝缘绳套	25	错、漏一项扣5分，扣完为止		
2.5	拆除绝缘遮蔽用具	（1）经工作负责人的许可后，斗内电工调整绝缘斗到达中间相合适工作位置，按照"从远到近、从上到下、先接地体后带电体"的原则拆除绝缘遮蔽隔离措施。 （2）拆除的顺序依次为作业点临近的接地体、耐张绝缘子串、耐张线夹、导线。 （3）斗内电工在拆除带电体上的绝缘遮蔽隔离措施时，动作应轻缓，与横担等地电位构件间应保持足够的安全距离，与邻相导线之间应保持足够的安全距离。 （4）经工作负责人的许可后，斗内电工调整绝缘斗到达外边相合适工作位置，按照与中间相相同的方法拆除绝缘遮蔽隔离。 （5）经工作负责人的许可后，斗内电工调整绝缘斗到达内边相合适工作位置，按照与中间相相同的方法拆除绝缘遮蔽隔离	10	错、漏一项扣2分，扣完为止；拆除绝缘遮蔽用具顺序错误终止工作		
2.6	返回地面	检查杆上无遗留物，绝缘斗退出有电工作区域，作业人员返回地面	5	未按要求执行扣5分		

续表

序号	项目名称	质量要求	满分	扣分标准	扣分原因	得分
3	工作结束					
3.1	清理现场	工作负责人组织工作班成员整理工具、材料，将工器具分类摆放在苫布上，清理现场，做到工完、料尽、场地清	1	不符合要求扣1分		
3.2	质量验收	工作负责人对完成的工作进行全面检查，符合验收规范要求后，记录在册	2	不符合要求扣2分		
3.3	收工会	召开现场收工会，正确点评工作，补充现场标准化作业指导书验收栏等内容	1	不符合要求扣1分		
3.4	工作终结	汇报值班调控人员工作已经结束，在工作票填写终结时间并签字，工作班撤离现场	1	不符合要求扣1分		
3.5	安全文明生产	（1）作业过程中禁止摘下绝缘防护用具，而且绝缘手套仅作辅助绝缘。 （2）斗臂车绝缘斗在有电工作区域转移时，应缓慢移动，动作要平稳，严禁使用快速挡。 （3）绝缘斗臂车在作业时，发动机不能熄火（电能驱动型除外），以保证液压系统处于工作状态。 （4）作业线路下层有低压线路同杆架设时，如妨碍作业，应对作业范围内的相关低压线路采取绝缘遮蔽措施。 （5）在同杆架设线路上工作，与上层或相邻导线小于安全距离规定且无法采取安全措施时，不得进行该项工作。 （6）上、下传递工具、材料均应使用绝缘绳传递，传递中不能与电杆、构件等碰撞，严禁抛掷。 （7）作业过程中，不随意踩踏防潮苫布	5	错、漏一项扣1分，扣完为止		
3.6	关键点	（1）作业中，绝缘斗臂车绝缘臂的有效绝缘长度应不小于1.0m。 （2）在作业时，人体应保持对地不小于0.4m、对邻相导线不小于0.6m的安全距离。 （3）作业时，严禁人体同时接触两个不同的电位体，绝缘斗内双人工作时禁止两人接触不同的电位体。 （4）作业中及时恢复绝缘遮蔽隔离措施。 （5）作业人员在接触带电导线和换相工作前应得到工作监护人的许可。 （6）用绝缘紧线器收紧导线后，后备保护绳套应收紧固定。 （7）拔除、安装耐张线夹与耐张绝缘子连接的碗头挂板时，横担侧绝缘子及横担应有严密的绝缘遮蔽措施；在横担上拆除、挂接绝缘子串时，包括耐张线夹等导线侧带电导体应有严密的绝缘遮蔽措施。 （8）验电发现横担有电，禁止继续实施本项作业	5	错、漏一项扣1分，扣完为止		
	合计		100			

Jc0004342016　绝缘手套作业法带电扶正绝缘子的操作。（100分）

考核知识点： 带电作业方法

难易度： 中

技能等级评价专业技能考核操作工作任务书

一、任务名称

绝缘手套作业法带电扶正绝缘子的操作。

二、适用工种

高压线路带电检修工（配电）高级工。

三、具体任务

（1）开工准备工作（现场复勘、工作许可、召开现场站班会、布置工作现场、工器具、材料检测）等项目。

（2）安装、拆除绝缘遮蔽用具。

（3）使用绝缘手套作业法带电扶正绝缘子的操作。

四、工作规范及要求

（1）带电作业应在良好天气下进行，作业前须进行风速和湿度测量。风力大于 5 级或湿度大于 80% 时，不宜带电作业。若遇雷电、雪、雹、雨、雾等不良天气，禁止带电作业。

（2）绝缘手套作业法。

（3）本作业项目工作人员共计 4 名，其中工作负责人（监护人）1 名、斗内电工 2 名、地面电工 1 名。

（4）工作负责人（监护人）、斗内电工、地面电工必须严格遵守《国家电网公司电力安全工作规程（配电部分）（试行）》3.3.12 工作票所列人员的安全责任。

（5）要求着装正确（安全帽、全棉长袖工作服、绝缘鞋）。

五、考核及时间要求

考核时间共 50 分钟，从获得工作许可开始至工作终结完毕，每超过 2 分钟扣 1 分，到 60 分钟终止考核。

技能等级评价专业技能考核操作评分标准

工种	高压线路带电检修工（配电）			评价等级	高级工
项目模块	带电作业方法—绝缘手套作业法带电扶正绝缘子的操作		编号		Jc0004342016
单位		准考证号		姓名	
考试时限	50 分钟	题型	单项操作	题分	100 分
成绩		考评员	考评组长	日期	
试题正文	绝缘手套作业法带电扶正绝缘子的操作				
需要说明的问题和要求	（1）带电作业应在良好天气下进行，作业前须进行风速和湿度测量。风力大于 5 级或湿度大于 80% 时，不宜带电作业。若遇雷电、雪、雹、雨、雾等不良天气，禁止带电作业。 （2）本作业项目工作人员共计 4 名，其中工作负责人（监护人）1 名、斗内电工 2 名、地面电工 1 名。 （3）工作负责人（监护人）：正确组织工作；检查工作票所列安全措施是否正确完备，是否符合现场实际条件，必要时予以补充完善；工作前，对工作班成员进行工作任务、安全措施交底和危险点告知，并确定每个工作班成员都已签名；组织执行工作票所列由其负责的安全措施；监督工作班成员遵守安全工作规程、正确使用劳动防护用品和安全工器具以及执行现场安全措施；关注工作班成员身体状况和精神状态是否出现异常迹象，人员变动是否合适。带电作业应有人监护。监护人不得直接操作，监护的范围不得超过一个作业点。 （4）工作班成员：熟悉工作内容、工作流程，掌握安全措施，明确工作中的危险点，并在工作票上履行交底签名确认手续；服从工作负责人（监护人）、专责监护人的指挥，严格遵守《国家电网公司电力安全工作规程（配电部分）（试行）》和劳动纪律，在指定的作业范围内工作，对自己在工作中的行为负责，互相关心工作安全；正确使用施工机具、安全工器具和劳动防护用品				

序号	项目名称	质量要求	满分	扣分标准	扣分原因	得分
1	开工准备					

续表

序号	项目名称	质量要求	满分	扣分标准	扣分原因	得分
1.1	现场复勘	（1）核对工作线路与设备双重名称。 （2）检查作业装置和现场环境符合带电作业条件。 （3）检查气象条件（天气良好，无雷电、雪、雹、雨、雾等不良天气，风力不大于5级，湿度不大于80%）。 （4）检查工作票所列安全措施，必要时予以补充和完善	4	错、漏一项扣1分，扣完为止		
1.2	工作许可	工作负责人按配电带电作业工作票内容与值班调控人员联系，履行工作许可手续	1	未执行工作许可制度扣1分		
1.3	召开现场站班会	（1）工作负责人宣读工作票。 （2）工作负责人检查工作班组成员精神状态。 （3）工作负责人交代工作任务进行人员分工，交代安全措施、技术措施、危险点及控制措施。 （4）工作负责人检查工作班成员对工作内容、工作流程、安全措施以及工作中的危险点是否明确。 （5）工作班成员在工作票上履行交底签名确认手续	4	错、漏一项扣1分，扣完为止		
1.4	布置工作现场	根据道路情况设置安全围栏、警告标志或路障	1	不满足作业要求扣1分		
1.5	工器具、材料检测	（1）工器具、材料齐备，规格型号正确。 （2）绝缘工器具应放置在防潮苫布上，绝缘工器具应与金属工器具、材料分区放置。 （3）工器具在试验周期内。 （4）外观检查方法正确，绝缘工器具应无机械、绝缘缺陷，应戴干净清洁手套，用干燥、清洁毛巾清洁绝缘工器具。 （5）使用绝缘高阻表对绝缘工器具进行绝缘电阻检测，阻值不得低于700MΩ	5	错、漏一项扣1分，扣完为止		
2	作业过程					
2.1	进入作业现场	（1）选择合适位置停放绝缘斗臂车，支撑稳固，并可靠接地。 （2）查看绝缘臂、绝缘斗良好，进行空斗试操作，确认液压传动、升降、伸缩、回转系统工作正常及操作灵活，制动装置可靠。 （3）斗内电工穿戴好绝缘防护用具，进入绝缘斗，挂好安全带保险钩	5	错、漏一项扣2分，扣完为止		
2.2	验电	斗内电工将工作斗调整至适当位置，使用验电器对导线、绝缘子、横担进行验电，确认无漏电现象	5	错、漏一处扣2分，扣完为止		
2.3	安装绝缘遮蔽用具	（1）经工作负责人许可后，斗内电工调整绝缘斗到达内边相合适工作位置，按照"从近到远、从下到上、先带电体后接地体"的遮蔽原则对作业范围内可能触及的带电体和接地体进行绝缘遮蔽隔离。 （2）遮蔽的部位和顺序依次为导线、绝缘子以及作业点临近的接地体。 （3）斗内电工在对带电体设置绝缘遮蔽隔离措施时，动作应轻缓，与横担等地电位构件间应保持足够的安全距离(不小于0.4m)，与邻相导线之间应保持足够的安全距离(不小于0.6m)。	20	错、漏一项扣4分，扣完为止；遮蔽顺序错误终止工作		

续表

序号	项目名称	质量要求	满分	扣分标准	扣分原因	得分
2.3	安装绝缘遮蔽用具	（4）绝缘遮蔽隔离措施应严密、牢固，绝缘遮蔽用具之间搭接不得小于150mm。 （5）经工作负责人的许可后，斗内电工调整绝缘斗到达外边相合适工作位置，按照与内边相相同的方法对作业范围内可能触及的带电体和接地体进行绝缘遮蔽隔离。 （6）经工作负责人的许可后，斗内电工调整绝缘斗到达中间相合适工作位置，按照与两边相相同的方法对作业范围内可能触及的带电体和接地体进行绝缘遮蔽隔离	20	错、漏一项扣4分，扣完为止；遮蔽顺序错误终止工作		
2.4	扶正绝缘子	（1）斗内电工扶正绝缘子，紧固绝缘子螺栓。 （2）作业时，严禁人体同时接触两个不同的电位体。 （3）绝缘斗内双人工作时禁止两人接触不同的电位体	25	错、漏一项扣10分，扣完为止		
2.5	拆除绝缘遮蔽用具	（1）经工作负责人的许可后，斗内电工调整绝缘斗到达中间相合适工作位置，按照"从远到近、从上到下、先接地体后带电体"的原则拆除绝缘遮蔽隔离措施。 （2）拆除的顺序依次为作业点临近的接地体、绝缘子、导线。 （3）斗内电工在拆除带电体上的绝缘遮蔽隔离措施时，动作应轻缓，与横担等地电位构件间应保持足够的安全距离，与邻相导线之间应保持足够的安全距离。 （4）经工作负责人的许可后，斗内电工调整绝缘斗到达外边相合适工作位置，按照与中间相相同的方法拆除绝缘遮蔽隔离。 （5）经工作负责人的许可后，斗内电工调整绝缘斗到达内边相合适工作位置，按照与中间相相同的方法拆除绝缘遮蔽隔离	10	错、漏一项扣2分，扣完为止；拆除绝缘遮蔽用具顺序错误终止工作		
2.6	返回地面	检查杆上无遗留物，绝缘斗退出有电工作区域，作业人员返回地面	5	未按要求执行扣5分		
3	工作结束					
3.1	清理现场	工作负责人组织工作班成员整理工具、材料，将工器具分类摆放在苫布上，清理现场，做到工完、料尽、场地清	1	不符合要求扣1分		
3.2	质量验收	工作负责人对完成的工作进行全面检查，符合验收规范要求后，记录在册	2	不符合要求扣2分		
3.3	收工会	召开现场收工会，正确点评工作，补充现场标准化作业指导书验收栏等内容	1	不符合要求扣1分		
3.4	工作终结	汇报值班调控人员工作已经结束，在工作票填写终结时间并签字，工作班撤离现场	1	不符合要求扣1分		
3.5	安全文明生产	（1）作业过程中禁止摘下绝缘防护用具，而且绝缘手套仅作辅助绝缘。 （2）斗臂车绝缘斗在有电工作区域转移时，应缓慢移动，动作要平稳，严禁使用快速挡。 （3）绝缘斗臂车在作业时，发动机不能熄火（电能驱动型除外），以保证液压系统处于工作状态。	5	错、漏一项扣1分，扣完为止		

续表

序号	项目名称	质量要求	满分	扣分标准	扣分原因	得分
3.5	安全文明生产	（4）作业线路下层有低压线路同杆架设时，如妨碍作业，应对作业范围内的相关低压线路采取绝缘遮蔽措施。 （5）在同杆架设线路上工作，与上层或相邻导线小于安全距离规定且无法采取安全措施时，不得进行该项工作。 （6）上、下传递工具、材料均应使用绝缘绳传递，传递中不能与电杆、构件等碰撞，严禁抛掷。 （7）作业过程中，不随意踩踏防潮苫布	5	错、漏一项扣1分，扣完为止		
3.6	关键点	（1）作业中，绝缘斗臂车绝缘臂的有效绝缘长度应不小于1.0m。 （2）在作业时，人体应保持对地不小于0.4m、对邻相导线不小于0.6m的安全距离。 （3）作业时，严禁人体同时接触两个不同的电位体，绝缘斗内双人工作时禁止两人接触不同的电位体。 （4）作业中及时恢复绝缘遮蔽隔离措施。 （5）作业人员在接触带电导线和换相工作前应得到工作监护人的许可	5	错、漏一项扣1分，扣完为止		
	合计		100			

第四部分
技　师

第七章 高压线路带电检修工（配电）技师技能笔答

Jb0004233001 配电线路与输电线路带电作业人员各采用哪种人身安全防护用具，防护的重点分别是什么？（5分）

考核知识点： 带电作业工器具

难易度： 难

标准答案：

（1）配电线路带电作业人身安全防护用具采用的为绝缘防护用具。

（2）配电线路防护的重点是电流。

（3）输电线路带电作业人身安全防护用具采用的为导电的屏蔽服。

（4）输电线路防护的重点是电场。

Jb0004233002 什么是带电作业工器具的预防性试验？10kV 带电作业用绝缘操作杆的预防性试验的电极间距离、电压和时间是多少？（5分）

考核知识点： 带电作业试验

难易度： 难

标准答案：

（1）为了发现带电作业工具、装置和设备的隐患，预防发生设备或人身事故，对工具、装置和设备进行的检查、试验或检测。

（2）10kV带电作业用绝缘操作杆的预防性试验的电极间距离、电压和时间分别是 0.4m、45kV、1min。

Jb0004233003 什么是过电压？过电压的种类有哪些？（5分）

考核知识点： 带电作业基本原理

难易度： 难

标准答案：

（1）超过设备最高运行电压，对绝缘有危害的电压升高称过电压。

（2）过电压分为内部过电压和外部过电压（雷电过电压或大气过电压）两大类。

（3）内部过电压是由于电网内部在故障和开关操作时发生振荡所引起的过电压，分为暂时过电压和操作过电压两种。

（4）雷电过电压分为直击雷过电压和感应雷过电压两种。

Jb0004233004 带电作业中，电对人体的主要危害是什么？配网带电作业应着重防护哪种危害？（5分）

考核知识点： 带电作业基本原理

难易度： 难

标准答案：

（1）在带电作业中，电对人体的危害作用主要有两种：一种是人体的不同部位同时接触有电位差的带电体而产生的电流危害；另一种是人体在带电体附近工作时，尽管人体没有接触带电体，但人体仍然会由于空间电场的静电感应而产生的风吹、针刺等不舒适之感。

（2）配电线路由于其导线布置紧凑、空气间距小、空间电场强度相对低的缘故，作业时应着重防护电流的危害。

Jb0004233005 配电线路带电作业在绝缘斗臂车上采用绝缘手套作业法时，其绝缘防护是如何设置的？（5分）

考核知识点： 带电作业基本原理

难易度： 难

标准答案：

（1）在绝缘斗臂车上采用绝缘手套作业法时，在相—地之间，绝缘臂起主绝缘作用，绝缘斗、绝缘手套、绝缘靴起到辅助绝缘作用，绝缘遮蔽罩及全套绝缘防护用具防止作业人员偶然触及两相导线造成电击。

（2）在相—相之间，空气间隙起主绝缘作用，绝缘遮蔽罩形成相间后备防护，因作业人员距各带电部件相对距离较近，作业人员穿戴全套绝缘防护用具，形成最后一道防线，防止作业人员偶然触及两相导线造成电击。

Jb0004233006 简述绝缘手套作业法。（5分）

考核知识点： 带电作业基本原理

难易度： 难

标准答案：

（1）绝缘手套作业法也称直接作业法，是指作业人员借助绝缘斗臂车或其他绝缘设施与大地绝缘并直接接近带电体，作业人员穿戴全套绝缘防护用具，与周围物体保持绝缘隔离，通过绝缘手套对带电体进行检修和维护的作业方式。

（2）采用绝缘手套作业法时无论作业人员与接地体和邻相导线的空气间隙是否满足规定的安全距离，作业前均需对人体可能触及范围内的带电体和接地体进行绝缘遮蔽。

Jb0004233007 简述旁路作业法。（5分）

考核知识点： 带电作业基本原理

难易度： 难

标准答案：

（1）旁路作业法是采用专用设备将待检修或施工的设备进行旁路分流继续向用户供电的一种作业方法。

（2）旁路作业时首先将旁路设备接入线路，使之与待检修设备并行运行，然后将待检修设备从线路中脱离进行停电作业，此时由旁路设备继续向用户供电，检修完毕后将设备重新接入线路中，再将旁路设备撤除。

Jb0004233008 配电线路带电作业对作业人员有哪些要求？（5分）

考核知识点： 带电作业安全规定

难易度： 难

标准答案：

（1）配电带电作业人员应身体健康，无妨碍作业的生理和心理障碍。应具有电工原理和电力线路的基础知识，掌握配电带电作业的基本原理和操作方法，熟悉作业工具的适用范围和使用方法。通过专门培训，考试合格并具有上岗证。

（2）熟悉《电业安全工作规程（电力线路部分）》和GB/T 18857—2019《配电线路带电作业技术导则》。会紧急救护法、触电解救法和人工呼吸法。

（3）工作负责人（包括安全监护人）应具有三年以上的配电带电作业实际工作经验，熟悉设备状况，具有一定的组织能力和事故处理能力，经领导批准后，负责现场的安全监护。

Jb0004233009　带电断、接空载线路，必须遵守哪些规定？（5分）

考核知识点：带电作业方法

难易度：难

标准答案：

（1）带电断、接空载线路时，必须确认线路的终端开关或隔离开关确已断开，接入线路侧的变压器、电压互感器确已退出运行后，方可进行。严禁带负荷断、接引线。

（2）带电断、接空载线路时，作业人员应戴护目镜，并应采取消弧措施。消弧工具的断流能力应与被断、接的空载线路电压等级及电容电流相适应。

（3）在查明线路确无接地、绝缘良好、线路上无人工作且相位确定无误后，才可进行带电断、接引线。

（4）带电接引线时未接通相的导线及带电断引线时已断开相的导线，将因感应而带电。为防止电击，应采取措施后才能触及。

（5）严禁同时接触未接通的或已断开的导线两个断头，以防人体串入电路。

Jb0004233010　带电更换配电变压器跌落式熔断器的工作要求是什么？（5分）

考核知识点：带电作业方法

难易度：难

标准答案：

（1）当配电变压器低压侧可以停电时，更换跌落熔断器应在确认低压侧无负荷状况下进行。用绝缘拉闸杆断开三相跌落式熔断器后再行更换。

（2）当配电变压器低压侧不能停电时，采用专用的绝缘引流线旁路短接跌落熔断器及两端引线，在带负荷的状况下更换跌落熔断器。更换完后务必拆除旁路引流线。

Jb0004233011　绝缘配合的概念是什么？考虑绝缘配合的方法有哪些？（5分）

考核知识点：带电作业基本原理

难易度：难

标准答案：

（1）为了协调设备造价、维护费用和因绝缘故障所引起的损失三方面的关系，需要综合考虑电气设备在系统中可能承受到的各种电压，保护装置的特性和设备绝缘对各种作用电压的耐受特性，合理地确定设备必要的绝缘水平，这就是绝缘配合。

（2）考虑绝缘配合有惯用法和统计法两种方法。

Jb0004233012　简述间歇电弧接地过电压的形成机理。（5分）

考核知识点：带电作业基本原理

难易度：难

标准答案：

（1）单相电弧接地过电压只发生在中性点不直接接地的电网中。

（2）发生单相接地故障时，流过中性点的电容电流就是单相短路接地电流。

（3）当电网线路的总长度足够长、电容电流很大时，单相接地弧光不容易自行熄灭，又不太稳定，出现熄弧和重燃交替进行的现象，即间歇性电弧，形成过电压。

Jb0004233013　试述电流强度、电压、电动势、电位的含义。（5分）

考核知识点：带电作业基本原理

难易度：难

标准答案：

（1）电流强度是指单位时间内通过导线横截面的电量。

（2）电压是指电场力将单位正电荷从一点移到另一点所做的功。

（3）电动势是指电源力将单位正电荷从电源负极移动到正极所做的功。

（4）电位是指电场力将单位正电荷从某点移到参考点所做的功。

Jb0004233014　什么是欧姆定律？（5分）

考核知识点：带电作业基本原理

难易度：难

标准答案：

欧姆定律是反映电路中电压、电流、电阻三者关系的定律，即在闭合的电流回路中，回路的等效阻抗与等效电流的乘积等于回路电压。

在只有一个电源的分支闭合电路中，电流的大小与电源的电动势E成正比，而与内、外电路电阻之和成反比。

Jb0004233015　串联电阻电路的电流、电压、电阻、功率各量的总值与各串联电阻上对应的各量之间有何关系？串联电阻在电路中有何作用？（5分）

考核知识点：带电作业基本原理

难易度：难

标准答案：

（1）关系如下：

1）串联电路的总电流等于流经各串联电阻上的电流。

2）串联电路的总电阻等于各串联电阻的阻值之和。

3）串联电路的端电压等于各串联电阻上的压降之和。

4）串联电路的总功率等于各串联电阻所消耗的功率之和。

（2）作用：串联电阻在电路中具有分压作用。

Jb0004233016　并联电阻电路的电流、电压、电阻、功率各量的总值与各串联电阻上对应的各量之间有何关系？并联电阻在电路中有何作用？（5分）

考核知识点：带电作业基本原理

难易度：难

标准答案：

（1）关系如下：

1）并联电阻电路的总电流等于流经各并联电阻上的电流之和。

2）并联电阻电路总电阻的倒数等于各并联电阻阻值的倒数之和。

3）并联电阻电路的端电压等于各并联电阻上的端电压。

4）并联电阻电路的总功率等于各并联电阻所耗的功率之和。

（2）作用：并联电阻在电路中具有分流作用。

Jb0004233017 交流电与直流电相比有哪些主要优点？（5分）

考核知识点： 带电作业基本原理

难易度： 难

标准答案：

（1）交流电可以应用变压器将电压升高或降低，以保证安全运行，并能降低对设备的绝缘水平的要求，减少用电设备的造价。

（2）交流电动机的结构和工艺比直流电动机简单得多，造价比较便宜。

Jb0004233018 什么是导体集肤效应？（5分）

考核知识点： 带电作业基本原理

难易度： 难

标准答案：

在交流电路内，交流电流流过导体时，导体中心和导体靠近表面的电流密度是不相等的。在导体中心处，电流密度较小，而靠近导体表面电流密度增大。如果流过的是高频电流，这种现象就更为显著，靠近导体中心电流密度几乎接近于零，只有靠近导体表面的部分有电流流过。这种现象称为"集肤效应"。电流的集肤效应使得通过交流电时导体的有效截面减少，通过交流电时的电阻要比通过直流电时大，降低了交流电路内导体的利用率。

Jb0004233019 什么是电磁感应？（5分）

考核知识点： 带电作业基本原理

难易度： 难

标准答案：

当导线周围的磁场发生变化时，将在导线中产生感应电动势，这种现象称为电磁感应。

Jb0004233020 为什么电压及电流互感器的二次侧必须接地？（5分）

考核知识点： 带电作业基本原理

难易度： 难

标准答案：

电压及电流互感器的二次侧接地属于保护接地。因为一、二次侧绝缘如果损坏，高电压串到二次侧，对人身和设备都会造成危害，所以二次侧必须接地。

Jb0004233021 为什么电流互感器的二次绕组不允许开路？（5分）

考核知识点： 带电作业基本原理

难易度： 难

标准答案：

当电流互感器的二次绕组开路时，阻抗无穷大，二次侧绕组电流等于 0，此时一次侧电流完全成为励磁电流，这样在二次侧绕组中产生很高的电动势，可达几千伏，威胁人身安全或造成仪表、保护装置、互感器二次绝缘损坏。另一方面，一次绕组磁化力使铁芯磁通密度过度增大，可能造成铁芯因强烈过热而损坏。

Jb0004233022　什么是零点、零线、中性点、中性线？（5分）

考核知识点： 带电作业基本原理

难易度： 难

标准答案：

（1）零点即零电位点，故障接地的中性点又称为零点。

（2）由零电位点引出的导线称为零线。

（3）在三相星形联结的绕组中，三个绕组末端连在一起的公共点称为中性点。

（4）由中性点引出的导线称为中性线。

Jb0004233023　什么是工作接地、保护接地、重复接地？（5分）

考核知识点： 带电作业基本原理

难易度： 难

标准答案：

（1）为了保证电气设备在正常和事故情况下能安全可靠地运行，电力系统中的某一点接地，称为工作接地。如配电变压器低压侧中性点接地。

（2）与电气设备带电部分相绝缘的金属结构和外壳同接地极间做电气连接称为保护接地。如配电变压器外壳接地。

（3）将中性线一点或多点与大地再次作金属性连接，称为重复接地。

Jb0004233024　电力系统中性点的接地方式有几种？（5分）

考核知识点： 带电作业基本原理

难易度： 难

标准答案：

目前电力系统中性点的接地方式分为中性点不接地系统和中性点有效接地系统两种。中性点有效接地系统包含中性点经特定电路接地系统、中性点直接接地系统、中性点经阻抗接地系统。

Jb0004233025　中性点不接地系统发生单相接地时，其他非故障两相电压如何变化？（5分）

考核知识点： 带电作业基本原理

难易度： 难

标准答案：

其他非故障两相的对地电压升高为相电压的 $\sqrt{3}$ 倍，即由相电压升高为线电压。

Jb0004233026　380V 低压电网中三相电流不平衡有什么危害？（5分）

考核知识点： 带电作业基本原理

难易度： 难

标准答案：

因为电网中三相不平衡电流的产生，导致中性线产生不平衡电流，中性点电位漂移，导致三相电压与额定电压有一定的偏差，当偏差达到一定程度时，重负荷相的电压降低、负载电流增大，影响负载的使用寿命和出力，甚至不能正常工作。轻负荷相的电压升高，对电器的绝缘有损害，易烧坏电机，且 380V 所接大部分为居民用电，由于三相不平衡电流的产生，会对家用电器产生较大危害。

另外，三相电流不平衡会造成线损急剧增加。

Jb0004233027　380V 系统三相五线制中的五根线，其名称和作用是什么？（5 分）

考核知识点： 带电作业基本原理

难易度： 难

标准答案：

三根相线：俗称火线，分别为交流电路的 A、B、C 三相。

中性线（N 线）：由中性点引出的导线称为中性线。在三相星形联结的绕组中，三个绕组末端连在一起的公共点称为中性点。

保护接地线（PE 线）：由中性点引出，接地用的导线称为保护接地线。其目的是保护接地用，将系统的中性点接地引到用户侧，使用户与系统能真正成为一个系统。

Jb0004233028　试述三相四线制电源中中性线的作用。（5 分）

考核知识点： 带电作业基本原理

难易度： 难

标准答案：

三相四线制电源对于三相对称负载可以接成三相三线制不需要中性线，可是在三相不对称负载中，便不能接成三相三线制，而必须接成三相四线制，且应使中性线阻抗等于或接近于零。这是因为当中性线存在时，负载的相电压总是等于电源的相电压，这里中性线起着迫使负载相电压对称和不变的作用。因此，当中性线的阻抗等于零时，即使负载不对称，但各相的负载电压仍然是对称的，各相负载的工作彼此独立，互不影响，即使某一相负载出了故障，另外的非故障相的负载照常可以正常工作。只是与对称负载不同的是各相电流不再对称，中性线内有电流存在，所以中性线不能去掉。当中性线因故障断开了，这时虽然线电压仍然对称，但由于没有中性线，负载的相电压不对称了，负载的相电压与线电压有效值之间也不存在 $\sqrt{3}$ 倍的关系，造成负载轻的相电压升高，负载重的相电压降低，可能使有的负载因电压偏高而损坏，有的负载因电压偏低而不能正常工作。因此，在三相四线制线路的干线上，中性线任何时候都不能断开，不能在中性线上安装断路器，更不允许装设熔断器。

Jb0004233029　什么是三相交流电源？它和单相交流电源比较有何优点？（5 分）

考核知识点： 带电作业基本原理

难易度： 难

标准答案：

三相交流电源是由三个频率相同、振幅相等、相位依次互差 120° 的交流电势组成的电源。

三相交流电较单相交流电有很多优点，它在发电、输配电以及电能转换为机械能方面都有明显的优越性。例如：制造三相发电机、变压器都较制造单相发电机、变压器省材料，而且构造简单、性能优良。又如，用同样材料所制造的三相电机，其容量比单相电机大 50%，在输送同样功率的情况下，三相输电线较单相输电线，可节省有色金属 25%，而且电能损耗较单相输电时少。因为三相交流电具有上述优点，所以获得了广泛应用。

Jb0004233030　论述电力系统、配电网络的组成及配电网络在电力系统中的作用。（5 分）

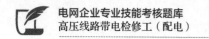

考核知识点： 带电作业基本原理

难易度： 难

标准答案：

电能是人民生产、生活等方面的主要能源。为了提高供电的可靠性和经济性，改善电能的质量，发电、供电和用电通常由发电厂、输配电线路、变电设备、配电设备和用户等组成有联系的总体，这个总体称为电力系统。发电厂的电能除小部分工厂用电和附近用户外，大部分要经过升压变电站将电压升高，由高压输电线路送至距离较远的用户中心，然后经降压变电站降压，由配电网络分配给用户。由此可见，配电网络是电力系统的一个重要组成部分，它是由配电线路和配电变电站组成，其作用是将电能分配到工、矿企业，城市和农村的用电器具中去。电压为10kV的高压大功率用户可从高压配电网络直接取得电能。

Jb0004233031 哪些电气设备的金属部分应采取保护接地或接零？（5分）

考核知识点： 带电作业基本原理

难易度： 难

标准答案：

（1）电动机、变压器、各种断路器、照明器具、移动或携带式用电器具的底座和外壳。

（2）电气设备的传动装置。

（3）电流互感器和电压互感器的二次绕组。

（4）装有避雷线的电力线路杆塔。

（5）装在线路杆塔上的柱上断路器、电力电容器等设备的金属外壳。

（6）交、直流电力电缆的接线盒、终端盒、外壳及金属外皮、穿线的钢管等。

（7）配电盘和控制盘的框架。

（8）配电装置的金属构架和钢筋混凝土构架以及靠近带电部分的金属遮栏、金属门。

Jb0004233032 什么是接地装置的接地电阻？其大小由哪些部分组成？（5分）

考核知识点： 带电作业基本原理

难易度： 难

标准答案：

（1）接地装置的接地电阻是指加在接地装置上的电压与流入接地装置的电流之比。

（2）接地电阻由接地线电阻、接地体电阻、接地体与土壤的接触电阻、土壤的电阻四部分构成。

Jb0004233033 简述导线截面的基本选择和校验方法。（5分）

考核知识点： 带电作业基本原理

难易度： 难

标准答案：

（1）按允许电压损耗选择导线截面。

（2）按经济电流密度选择导线截面。

（3）按发热条件校验导线截面。

（4）按机械强度校验导线截面。

（5）按电晕条件校验导线截面。

Jb0004233034 滑车组在使用时对不同的牵引力，其相互间距离有什么要求？（5分）

考核知识点：带电作业工器具

难易度：难

标准答案：

（1）30kN以下的滑车组之间的距离为0.5m。

（2）100kN以下的滑车组之间的距离为0.7m。

（3）250kN以下的滑车组之间的距离为0.8m。

Jb0004233035　简述起吊重物的各种绳结的主要用途和适用场合。（5分）

考核知识点：带电作业工器具

难易度：难

标准答案：

（1）十字结：又称为接绳结，临时将吊物绳的两端结在一起，具有自紧易解的特点。

（2）水手通常结：用于较重荷重的起吊，具有自紧易解的特点。

（3）终端搭回结：用于较重荷重的起吊，具有自紧易解的特点。

（4）水手结：吊物绳或钢丝绳结一绳套时采用，具有不能自紧，但易解开的特点。

（5）双套结：吊物绳或钢丝绳结一绳套时采用，具有不能自紧，但易解开的特点。

（6）双结：用于较轻荷重的起吊，具有自紧易解的特点。

（7）死结：提升荷重时使用，具有自紧易解的特点。

（8）木工结：用于较轻荷重的起吊，具有自紧易解的特点。

（9）8字节：用于较轻荷重的起吊，具有自紧易解的特点。

（10）双环绞缠结：以麻绳垂直提升重量较轻而体长的物体时采用，具有自紧易解的特点。

（11）索套结：长时间绑扎荷重时使用。

（12）钩头结：往吊上绑扎牵引机械或起吊荷重时使用，具有自紧易解的特点。

（13）梯形结：木抱杆接结绑线时使用。

（14）双梯形结：木抱杆接结绑线时使用。

Jb0004233036　绑扎物件的操作要点有哪些？（5分）

考核知识点：带电作业工器具

难易度：难

标准答案：

（1）捆绑前根据物件形状、重心位置确定合适的绑扎点和绳结类型。

（2）捆扎时考虑起吊、吊索与水平面要有一定的角度（以45°为宜）。

（3）捆扎有棱角物件时应垫以木板、旧轮胎等，以免物件棱角和钢丝绳受损。

（4）要考虑吊索拆除时方便，重物就位后是否会压住压坏吊索。

（5）起吊过程中，要检查钢丝绳是否有拧劲现象，若有应及时处理。

（6）起吊零散物件，要采用与其相适应的捆缚夹具，以保证吊起平衡安全。

（7）一般不得单根吊索吊重物，以防重物旋转，将吊索扭伤，使用两根或多根吊索要避免吊索并绞。

Jb0004233037　叙述平面力系、汇交力系、平行力系、合力、分力的概念。（5分）

考核知识点：带电作业基本原理

难易度：难

标准答案：

（1）平面力系是指所有力作用线位于同一平面内的力系。

（2）汇交力系是指所有力的作用线汇交于一点的力系。

（3）平行力系是指所有力的作用线相互平行的力系。

（4）合力是指与某力系作用效应相同的某一力。

（5）分力是指与某力等效应的力系中的各力。

Jb0004233038　什么是材料的"弹性变形"和"塑性变形"？（5分）

考核知识点：带电作业基本原理

难易度：难

标准答案：

如果材料在外力作用下产生了一定的变形（伸长、压缩、弯曲等），当外力消失后材料的变形又恢复到受力前的状态，此种变形称为"弹性变形"，例如弹簧在弹性极限范围内的伸长。

如果外力消失后材料仍然残留一定的变形量，那么这种变形被称为"塑性变形"。

Jb0004233039　什么是架空导线的应力？其值过大或过小对架空线路有何影响？（5分）

考核知识点：带电作业基本原理

难易度：难

标准答案：

（1）架空导线的应力是指架空导线受力时其单位横截面上的内力。

（2）影响如下：

1）架空导线应力过大，易在最大应力气象条件下超过架空导线的强度而发生断线事故，难以保证线路安全运行。

2）架空导线应力过小，会使架空导线弧垂过大，要保证架空导线对地具备足够的安全距离，必然因增高杆塔而增大投资，造成浪费。

Jb0004233040　什么是"过牵引"？带电作业中如何减少过牵引的影响？（5分）

考核知识点：带电作业基本原理

难易度：难

标准答案：

在更换耐张绝缘子的操作中，为使绝缘子得到适当的松弛度，必须在导线上施加足以平衡运行张力的牵引力。如果牵引力超过了导线原来的运行张力，这种状态被称为"过牵引"。过牵引量越大，绝缘子松弛度越大，更换工作也就越方便；但过牵引量太大会引发横担、杆塔等受力部件损伤。

带电更换绝缘子应当根据设备状况（连续档或孤立档）正确选择操作方法，以减少过牵引造成的不良影响。

Jb0004233041　起重用的麻绳根据不同的分类有哪几种？（5分）

考核知识点：带电作业工器具

难易度：难

标准答案：

（1）根据所用的材料不同，可分为白棕绳、混合绳和麻绳三种。

（2）根据制造方式的不同，可分为索式和缆式两种。

（3）根据抗潮措施的不同，可分为浸油和不浸油两种来满足使用的要求。

Jb0004233042　整体起吊电杆时需进行受力计算的有哪些？（5分）

考核知识点： 带电作业方法

难易度： 难

标准答案：

电杆的重心、电杆吊绳的受力、抱杆的受力、总牵引力、临时拉线的受力、制动绳的受力。

Jb0004233043　阐述采用汽车吊起立电杆的方法。（5分）

考核知识点： 带电作业方法

难易度： 难

标准答案：

用汽车吊起立电杆的方法：首先应将吊车停在合适的地方，放好支腿，若遇土质松软的地方，支脚下垫一块面积较大的厚木板。 起吊电杆的钢丝绳套，一般可拴在电杆重心以上的部位，对于拔稍杆的重心在距大头端电杆全长的 2/5 处并加上 0.5m。等径杆的重心在电杆的 1/2 处。如果是组装横担后整体起立，电杆头部较重时，应将钢丝绳套适当上移。拴好钢丝套后，吊车进行立杆。立杆时，在立杆范围以内应禁止行人走动，非工作人员应撤离施工现场以外。电杆在吊至杆坑中之后，应进行校正、填土、夯实，其后方可拆除钢丝绳套。

Jb0004233044　杆塔调整垂直后，在符合哪些条件后方可拆除临时拉线？（5分）

考核知识点： 带电作业方法

难易度： 难

标准答案：

（1）铁塔的底脚螺栓已紧固。

（2）永久拉线已紧好。

（3）无拉线电杆已回填土夯实。

（4）安装完新架空线。

（5）其他有特殊规定者，依照规定办理。

Jb0004233045　紧急救护的基本原则是什么？（5分）

考核知识点： 带电作业安全规定

难易度： 难

标准答案：

紧急救护的基本原则是在现场采取积极措施，保护伤员的生命，减轻伤情，减少痛苦，并根据伤情需要，迅速与医疗急救中心（医疗部门）联系救治。急救成功的关键是动作快，操作正确。任何拖延和操作错误都会导致伤员伤情加重或死亡。

Jb0004233046　什么是脱离电源？（5分）

考核知识点： 带电作业安全规定

难易度： 难

标准答案：

脱离电源，就是要把触电者接触的那一部分带电设备的所有断路器（开关）、隔离开关（刀闸）或其他断路设备断开，或设法将触电者与带电设备脱离开。在脱离电源过程中，救护人员也要注意保护自身的安全。

Jb0004233047　使低压触电者脱离电源的方法有哪些？（5分）

考核知识点：带电作业安全规定

难易度：难

标准答案：

（1）如果触电地点附近有电源开关或电源插座，可立即拉开开关或拔出插头，断开电源。但应注意到拉线开关或墙壁开关等是只控制一根线的开关，有可能因安装问题只能切断中性线而没有断开电源的相线。

（2）如果触电地点附近没有电源开关或电源插座（头），可用有绝缘柄的电工钳或有干燥木柄的斧头切断电线，断开电源。

（3）当电线搭落在触电者身上或压在身下时，可用干燥的衣服、手套、绳索、皮带、木板、木棒等绝缘物作为工具，拉开触电者或挑开电线，使触电者脱离电源。

（4）如果触电者的衣服是干燥的，又没有紧缠在身上，可以用一只手抓住他的衣服，拉离电源。但因触电者的身体是带电的，其鞋的绝缘也可能遭到破坏，救护人不得接触触电者的皮肤，也不能抓他的鞋。

（5）若触电发生在低压带电的架空线路上或配电台架、进户线上，对可立即切断电源的，则应迅速断开电源，救护者迅速登杆或登至可靠地方，并做好自身防触电、防坠落安全措施，用带有绝缘胶柄的钢丝钳、绝缘物体或干燥不导电物体等工具将触电者脱离电源。

Jb0004233048　使高压触电者脱离电源的方法有哪些？（5分）

考核知识点：带电作业安全规定

难易度：难

标准答案：

高压触电可采用下列方法之一使触电者脱离电源：

（1）立即通知有关供电单位或用户停电。

（2）戴上绝缘手套，穿上绝缘靴，用相应电压等级的绝缘工具按顺序拉开电源开关或熔断器。

（3）抛掷裸金属线使线路短路接地，迫使保护装置动作，断开电源。注意抛掷金属线之前，应先将金属线的一端固定可靠接地，然后另一端系上重物抛掷，注意抛掷的一端不可触及触电者和其他人。另外，抛掷者抛出线后，要迅速离开接地的金属线 8m 以外或双腿并拢站立，防止跨步电压伤人。在抛掷短路线时，应注意防止电弧伤人或断线危及人员安全。

Jb0004233049　脱离电源后救护人员应注意哪些事项？（5分）

考核知识点：带电作业安全规定

难易度：难

标准答案：

（1）救护人不可直接用手、其他金属及潮湿的物体作为救护工具，而应使用适当的绝缘工具。救护人最好用一只手操作，以防自己触电。

（2）防止触电者脱离电源后可能的摔伤，特别是当触电者在高处的情况下，应考虑防止坠落的措施。即使触电者在平地，也要注意触电者倒下的方向，注意防摔。救护者也应注意救护中自身的防坠落、摔伤措施。

（3）救护者在救护过程中特别是在杆上或高处抢救伤者时，要注意自身和被救者与附近带电体之间的安全距离，防止再次触及带电设备。电气设备、线路即使电源已断开，对未做安全措施挂上接地线的设备也应视作有电设备。救护人员登高时应随身携带必要的绝缘工具和牢固的绳索等。

（4）如事故发生在夜间，应设置临时照明灯，以便于抢救，避免意外事故，但不能因此延误切除电源和进行急救的时间。

Jb0004233050 脱离电源后，如何进行现场就地急救？（5分）

考核知识点：带电作业安全规定

难易度：难

标准答案：

触电者脱离电源以后，现场救护人员应迅速对触电者的伤情进行判断，对症抢救。同时设法联系医疗急救中心（医疗部门）的医生到现场接替救治。要根据触电伤员的不同情况，采用不同的急救方法。

（1）触电者神志清醒、有意识，心脏跳动，但呼吸急促、面色苍白，或曾一度昏迷，但未失去知觉。此时不能用心肺复苏法抢救，应将触电者抬到空气新鲜，通风良好地方躺下，安静休息 1～2h，让他慢慢恢复正常。天凉时要注意保温，并随时观察呼吸、脉搏变化。

（2）触电者神志不清，判断意识无，有心跳，但呼吸停止或极微弱时，应立即用仰头抬须法，使气道开放，并进行口对口人工呼吸。此时切记不能对触电者施行心脏按压。如此时不及时用人工呼吸法抢救，触电者将会因缺氧过久而引起心跳停止。

（3）触电者神志丧失，判定意识无，心跳停止，但有极微弱的呼吸时，应立即施行心肺复苏法抢救。不能认为尚有微弱呼吸，只需做胸外按压，因为这种微弱呼吸已起不到人体需要的氧交换作用，如不及时人工呼吸即会发生死亡，若能立即施行口对口人工呼吸法和胸外按压，就能抢救成功。

（4）触电者心跳、呼吸停止时，应立即进行心肺复苏法抢救，不得延误或中断。

（5）触电者和雷击伤者心跳、呼吸停止，并伴有其他外伤时，应先迅速进行心肺复苏急救，然后再处理外伤。

（6）发现杆塔上或高处有人触电，要争取时间及早在杆塔上或高处开始抢救。触电者脱离电源后，应迅速将伤员扶卧在救护人的安全带上（或在适当地方躺平），然后根据伤者的意识、呼吸及颈动脉搏动情况来进行前（1）～（5）项不同方式的急救。应提醒的是高处抢救触电者，迅速判断其意识和呼吸是否存在是十分重要的。若呼吸已停止，开放气道后立即口对口（鼻）吹气 2 次，再测试颈动脉，如有搏动，则每 5s 继续吹气 1 次；若颈动脉无搏动，可用空心拳头叩击心前区 2 次，促使心脏复跳。若需将伤员送至地面抢救，应再口对口（鼻）吹气 4 次，然后立即用绳索采用合适的下放方法，迅速放至地面，并继续按心肺复苏法坚持抢救。

（7）触电者衣服被电弧光引燃时，应迅速扑灭其身上的火源，着火者切忌跑动，可利用衣服、被子、湿毛巾等扑火，必要时可就地躺下翻滚，使火扑灭。

Jb0004233051 如何判断伤员有无意识？（5分）

考核知识点：带电作业安全规定

难易度：难

标准答案：

（1）轻轻拍打伤员肩部，高声喊叫："喂！你怎么啦？"

（2）如认识，可直接呼喊其姓名。有意识，立即送医院。

（3）无反应时，立即用手指甲掐压人中穴、合谷穴约 5s。

注意，以上 3 步动作应在 10s 以内完成，不可太长，伤员如出现眼球活动、四肢活动及疼痛感后，应立即停止掐压穴位，拍打肩部不可用力太重，以防加重可能存在的骨折等损伤。

Jb0004233052　如何判断伤员有无脉搏？（5分）

考核知识点： 带电作业安全规定

难易度： 难

标准答案：

在检查伤员的意识、呼吸、气道之后，应对伤员的脉搏进行检查，以判断伤员的心脏跳动情况。具体方法如下：

（1）在开放气道的位置下进行（首次人工呼吸后）。

（2）一手置于伤员前额，使头部保持后仰；另一手在靠近抢救者一侧触摸颈动脉。

（3）可用食指及中指指尖先触及气管正中部位，男性可先触及喉结，然后向两侧滑移 2～3cm，在气管旁软组织处轻轻触摸颈动脉搏动。

Jb0004233053　判断伤员有无脉搏时，应注意什么事项？（5分）

考核知识点： 带电作业安全规定

难易度： 难

标准答案：

（1）触摸颈动脉不能用力过大，以免推移颈动脉，妨碍触及。

（2）不要同时触摸两侧颈动脉，造成头部供血中断。

（3）不要压迫气管，造成呼吸道阻塞。

（4）检查时间不要超过 10s。

（5）判断应综合审定：如无意识，无呼吸，瞳孔散大，面色紫绀或苍白，再加上触不到脉搏，可以判定心跳已经停止。

（6）婴、幼儿因颈部肥胖，颈动脉不易触及，可检查肱动脉，肱动脉位于上臂内侧腋窝和肘关节之间的中点，用食指和中指轻压在内侧，即可感觉到脉搏。

Jb0004233054　如何进行口对口（鼻）呼吸？（5分）

考核知识点： 带电作业安全规定

难易度： 难

标准答案：

当判断伤员确实不存在呼吸时，应立即进行口对口（鼻）的人工呼吸，其具体方法如下：

（1）在保持呼吸通畅的位置下进行。用按于前额一手的拇指与食指，捏住伤员鼻孔（或鼻翼）下端，以防气体从口腔内经鼻孔逸出，施救者深吸一口气屏住并用自己的嘴唇包住（套住）伤员微张的嘴。

（2）用力快而深地向伤员口中吹（呵）气，同时仔细地观察伤员胸部有无起伏，如无起伏，则说明气未吹进。

（3）一次吹气完毕后，应立即与伤员口部脱离，轻轻抬起头部，面向伤员胸部，吸入新鲜空气，以便做下一次人工呼吸。同时使伤员的口张开，捏鼻的手也可放松，以便伤员从鼻孔通气，观察伤员胸部向下恢复时，则有气流从伤员口腔排出。

抢救一开始，应立即向伤员先吹气两口，吹气有起伏者，表示人工呼吸有效；吹气无起伏者，则表示气道通畅不够，或鼻孔处漏气，或吹气不足，或气道有梗阻。

Jb0004233055　进行口对口（鼻）呼吸应注意什么事项？（5分）

考核知识点： 带电作业安全规定

难易度：难

标准答案：

（1）每次吹气量不要过大，大于 1200mL 时会造成胃扩张。

（2）吹气时不要按压胸部。

（3）儿童伤员需视年龄不同而异，其吹气量为 800mL 左右，以胸廓能上抬时为宜。

（4）抢救一开始首次吹气两次，每次时间为 1～1.5s。

（5）有脉搏无呼吸的伤员，则每 5s 吹一口气，每分钟吹气 12 次。

（6）口对鼻的人工呼吸，适用于有严重的下须及嘴唇外伤，牙关紧闭，下颌骨骨折等情况的伤员，难以采用口对口吹气法。

（7）婴、幼儿急救操作时要注意，因婴、幼儿韧带、肌肉松弛，故头不可过度后仰，以免气管受压，影响气道通畅，可用一手托颈，以保持气道平直；另外婴、幼儿口鼻开口均较小，位置又很靠近，抢救者可用口贴住婴、幼儿口与鼻的开口处，施行口对口鼻呼吸。

Jb0004233056 如何进行胸外心脏按压？（5分）

考核知识点：带电作业安全规定

难易度：难

标准答案：

（1）按压部位在胸骨中 1/3 与下 1/3 交界处。

（2）伤员体位：伤员应仰卧于硬板床或地上。如为弹簧床，则应在伤员背部垫一硬板。硬板长度及宽度应足够大，以保证按压胸骨时，伤员身体不会移动。但不可因找寻垫板而延误开始按压的时间。

（3）按压频率：保持在 100 次/min。

（4）按压与人工呼吸比例：单人操作时为 15:2；双人操作时为 5:1；婴儿、儿童为 5:1。

（5）按压深度：通常，成人伤员为 3.8～5cm，5～13 岁伤员为 3cm，婴幼儿伤员为 2cm。

（6）按压方式与姿势应正确。

Jb0004233057 常用电气安全工作标示牌有哪些？对应放在什么地点？（5分）

考核知识点：带电作业安全规定

难易度：难

标准答案：

（1）禁止合闸，有人工作！悬挂在一经合闸即可送电到施工设备的断路器和隔离开关操作把手上。

（2）禁止合闸，线路有人工作！悬挂在一经合闸即可送电到施工线路的断路器和隔离开关操作把手上。

（3）在此工作！悬挂在室外和室内工作地点或施工设备上。

（4）止步，高压危险！悬挂在施工地点临近带电设备的遮栏上；室外工作地点临近带电设备的构架横梁上；禁止通行的过道上；高压试验地点。

（5）从此上下！悬挂在工作人员上下的铁架、梯子上。

（6）禁止攀登，高压危险！悬挂在工作人员可能误上下的铁架及运行中变压器的梯子上。

Jb0004233058 《国家电网公司电力安全工作规程》中对作业现场有哪些规定？（5分）

考核知识点：带电作业安全规定

难易度：难

标准答案：

（1）作业现场生产条件和安全设施等应符合有关标准、规范的要求。

（2）作业人员的劳动防护用品应合格、齐备。

（3）经常有人工作的场所及施工车辆上宜配备急救箱，存放急救用品，并应指定专人经常检查、补充或更换。

（4）现场使用的安全工器具应合格，并符合有关要求。

（5）各类作业人员要被告知其作业现场和工作岗位存在的危险因素、防范措施及事故紧急处理措施。

Jb0004233059　杆塔上应有哪些固定标志？（5分）

考核知识点： 带电作业工器具

难易度： 难

标准答案：

为便于线路投产后的运行、维护，杆塔上应有下列完整正确的固定标志：

（1）电压等级、线路名称（或代号）及杆号。

（2）所有耐张杆塔、分支杆塔、换位杆塔及换位杆塔前后各一基杆塔上应有明显的黄、绿、红相位标志。

（3）高杆塔按设计规定装设的航行障碍标志。

（4）发电厂、变电站进出线每条线路的色标标志（双回路全部）。

Jb0004233060　拉线的作用是什么？（5分）

考核知识点： 带电作业工器具

难易度： 难

标准答案：

拉线用于平衡杆塔承受的水平风力和导线、避雷线的张力。根据不同的作用，分为张力拉线和风力拉线两种。张力拉线用于平衡导线、避雷线的张力，张力拉线与地面的夹角一般以45°为宜，最大不要超过60°。风力拉线用于平衡水平风力10kV线路档距（相邻两基电杆之间的水平距离）较小，钢筋混凝土杆一般均能承受电杆和导线上的水平风力，所以可以不装设防风拉线。若根据本地区的实际情况，需要装设防风拉线时，可以每隔7～10基杆装设一处，一般装在线路方向的两侧，也可采用十字形安装。

Jb0004233061　直线杆针式绝缘子的型号应如何选择？（5分）

考核知识点： 带电作业工器具

难易度： 难

标准答案：

绝缘子既要有良好的电气性能，又要具有足够的机械强度。针式绝缘子是在直线杆上用的，有P10T、P15T、P10M、P15M、PQ15T等几种。P代表针式；10、15代表电压等级10kV和15kV；Q表示加强绝缘型；T表示铁担直脚；M表示木担直脚。

代表绝缘子性能的重要数据是绝缘子的表面泄漏距离，即泄漏比距（单位为cm/kV）。根据相关规程规定，对于架空线路，中性点非直接接地系统的泄漏比距值：0级为1.9；一级为1.9～2.4；二级为2.4～3.0；三级为3.0～3.8；四级为3.8～4.5。由于中压配电线路电压不高，瓷绝缘泄漏距离也不大，因此可根据规定的泄漏比距值，相应地减小划分档次，一般为三级，即轻污、重污和普通，以便选择绝缘子。

Jb0004233062　为什么跨越的直线杆上，每相用两个针式绝缘子？（5分）

考核知识点： 带电作业工器具

难易度： 难

标准答案：

由于10kV线路广泛采用钢筋混凝土电杆和铁横担，绝缘水平较低，遭受雷击后，往往造成绝缘子击穿损坏和烧断导线。为了增强跨越直线杆固定导线的作用，直线杆的每相采用双针式绝缘子将导线的主线和辅线分别固定在两个针式绝缘子上，当其中一只绝缘子被雷击击穿损坏，扎线松开，另一只绝缘子还可作为导线固定，从而减少因雷击绝缘子，造成导线掉落地面的事故。

Jb0004233063　什么是不合格的绝缘子？发现不合格绝缘子时应如何处理？（5分）

考核知识点： 带电作业方法

难易度： 难

标准答案：

绝缘子有下列情况之一者为不合格：

（1）瓷质裂纹，破碎、瓷釉烧坏。

（2）钢脚和钢帽裂纹、弯曲、严重锈蚀、歪斜、浇装混凝土裂纹。

（3）绝缘电阻小于300MΩ。

（4）电压分布值为零或低于标准值的绝缘子。

当发现不合格的绝缘子时，应针对具体情况分析研究，安排处理计划。对于瓷质裂纹、破碎、瓷釉烧坏、钢脚和钢帽裂纹及零值绝缘子，应尽快更换，以防发生事故。

Jb0004233064　绝缘子的安装要符合哪些要求？（5分）

考核知识点： 带电作业方法

难易度： 难

标准答案：

（1）绝缘子的电压等级不能低于线路额定电压。绝缘子的泄漏距离应满足线路污秽情况的要求。

（2）绝缘子应光整无损，表面应清洁。

（3）绝缘子串上的穿钉和弹簧销子的穿入方向为：悬垂串两边线向外穿，中性线从脚钉侧穿入；耐张串一律向下穿。

（4）穿钉开的销子必须开口 60°～90°。销子开口后不得有折断、裂纹等现象。禁止用线材代替开口销子。穿钉呈水平方向时，开口销子的开口侧应向下。

Jb0004233065　什么是导线的初伸长？在导线架设中如何处理初伸长？（5分）

考核知识点： 带电作业方法

难易度： 难

标准答案：

架空线路中的导线要承受张力。新导线承受张力后要被拉长，引起永久性的变形（即塑性变形），这就称为导线的"初伸长"。

线路安装时，如果不考虑导线的初伸长，就会使导线在运行中由于被拉长造成弧垂增大，使导线对地或其他交叉跨越设施的垂直距离减小，以致造成事故。所以在紧线时，要人为地把导线弧垂减小一些。各种导线安装时减小弧垂的百分数如下：

钢芯铝绞线安装时减小弧垂的百分数为10%～12%，铝绞线安装时减小弧垂的百分数为大于或等

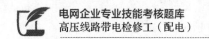

于 12%，铜绞线安装时减小弧垂的百分数为 7%。

Jb0004233066　在哪些情况下，导线损伤应切断重接？（5分）

考核知识点：带电作业方法

难易度：难

标准答案：

导线损伤属于下列情况之一者，应切断重接：

（1）钢芯铝绞线的钢芯断股。

（2）损伤虽在修补范围内，但长度已超过一补修管的长度。

（3）在同一处损伤的截面积，单金属线超过截面积的 17%，铝绞线超过铝股部分总截面积的 25%。

（4）金钩、破股已使钢芯或内层线股形成无法修复的永久性变形。

（5）导线流过短路电流或其他原因，发生热股而丧失原有的机械强度。

Jb0004233067　导线的接头及其部位应符合哪些要求？（5分）

考核知识点：带电作业方法

难易度：难

标准答案：

为了减少断线事故，保证线路安全供电，在同一档距内，同一根导线只许有一个直线连接管（接头）和三个补修管。补修管之间，补修管与直线连接管之间，以及直线连接管（或补修管）与耐张连接管之间的距离，均不宜小于 15m。直线连接管或补修管与导线固定处的距离应大于 0.5m，当装有预绞丝护线条或防振装置时，应在预绞丝护线条或防振装置以外。

Jb0004233068　导线固定应符合哪些要求？（5分）

考核知识点：带电作业方法

难易度：难

标准答案：

（1）直线杆：导线应固定在针式绝缘子或瓷横担（直立式）的顶槽内，水平式瓷横担，导线应固定在端部边槽上。

（2）直线转角杆：导线应固定在针式绝缘子转角外侧的凹槽内。

（3）直线跨越杆：导线应固定在外侧绝缘子上，中相导线应固定在右侧绝缘子（面向电源侧），导线本体不应在固定处出现角度（本规定指的是一横担、每相两绝缘子）。

（4）裸铝导线在绝缘子或线夹上固定时，应缠铝包带，缠绕长度应超出固定部分 30mm。

（5）裸铝导线在蝶形绝缘子上作耐张且采用绑扎方式固定时，其固定部分缠铝包带，50mm² 导线不小于 150mm；70mm² 导线不小于 200mm。

Jb0004233069　绝缘导线的连接处或 T 接处应采取哪些措施？（5分）

考核知识点：带电作业方法

难易度：难

标准答案：

（1）导线连接后必须进行绝缘处理。绝缘线的全部端头、接头都要进行绝缘护封，不得有导线、接头裸露，防止进水。

（2）承力接头的绝缘处理，在接头处安装辐射交联热收缩管护套或预扩张冷缩绝缘套管（统称为绝缘护套）进行处理，绝缘护套管径一般应为被处理部位接续管的 1.5～2.0 倍。中压绝缘线使用内外两层绝缘护套进行绝缘处理，低压绝缘线使用一层绝缘护套进行处理。有导体屏蔽层的绝缘线的承力接头，应在接续管外面先缠绕一层半导体自黏带和绝缘线的半导体层连接后再进行处理。每圈半导体自黏带间搭压带宽的 1/2。

（3）非承力接头包括跳线、T接线的接头等接头的裸露部分需进行绝缘处理，安装专用绝缘护罩。绝缘罩不得磨损、划伤，安装位置不得颠倒，有引线的出口要一律向下，需紧固的部位应牢固严密，两端口需绑扎的必须用绝缘自黏带绑扎两层以上。

Jb0004233070　绝缘导线固定应采取哪些措施？（5分）

考核知识点：带电作业方法

难易度：难

标准答案：

（1）中压绝缘线直线杆采用针式绝缘子或棒式绝缘子，耐张杆采用两片悬式绝缘子和耐张线夹。

（2）针式或棒式绝缘子的绑扎、直线杆采用顶槽绑扎法；直线角度杆采用边槽绑扎法，绑扎在线路外角侧的边槽上，使用直径不小于 2.5mm 的单股塑料铜线绑扎。

（3）绝缘线与绝缘子接触部分应用绝缘自黏带缠绕，缠绕长度应超过绑扎部位或与绝缘子接触部位两侧各 30mm。

（4）耐张杆采用绝缘导线专用楔形耐张线夹进行固定。没有绝缘衬垫的耐张线夹内的绝缘线宜剥去绝缘层，其长度和线夹等长，误差不大于 5mm。将裸露的铝线芯缠绕铝包带，耐张线夹和悬式绝缘子的球头应安装专用的绝缘护罩罩好。

Jb0004233071　配电变压器铭牌上的技术参数都代表什么含义？（5分）

考核知识点：带电作业方法

难易度：难

标准答案：

配电变压器一般有以下技术参数，其含义如下：

（1）额定容量指变压器在额定电压、额定电流时连续运行所能输送的容量。

（2）额定电压指变压器长时间运行时所能承受的工作电压。

（3）额定电流指变压器在额定容量、额定电压下，允许长期通过的电流。

（4）空载损耗指变压器在额定电压下且二次绕组开路时，铁芯所消耗的功率，空载损耗包括铁芯的励磁损耗和涡流损耗。

（5）短路损耗指变压器二次绕组短路时，一次绕组流过额定电流时，变压器一、二次绕组电阻所消耗的功率。

（6）阻抗电压（%）［也称为短路电压（%）］指变压器二次绕组短路，一次绕组施加电压，并逐渐升高，当二次绕组电流达到二次额定电流值时，一次绕组所加的电压与一次额定电压比值的百分数即为阻抗电压。

Jb0004233072　架空配电线路上装设断路器（或负荷开关）的目的是什么？（5分）

考核知识点：带电作业基本原理

难易度：难

标准答案：

（1）单条架空配电线路根据线路长度，用户数多少将线路进行分段，一般可分成 3～5 段，装 2～

3 台断路器（或负荷开关）。配电线路检修或故障停电时，可缩小停电范围，减少停电的用户数，从而提高用户的供电可靠率。

（2）两条架空配电线路之间加装断路器（或负荷开关），可加强两条线路的联络互供，如其中一条线路的出线断路器检修，造成该线路停电，可合上联络断路器，由另一条线路恢复该线路供电，从而提高用户的供电可靠率。

（3）架空配电线路太长或有支接线路，加装重合器，将线路分段，从而提高出线断路器保护的选择性。

Jb0004233073　柱上断路器（或负荷开关）安装前要做哪些试验？（5分）

考核知识点：带电作业方法

难易度：难

标准答案：

（1）绝缘电阻：采用2500V绝缘电阻表，绝缘电阻不低于1000MΩ。

（2）工频耐压试验：出厂试验时试验电压为42kV，时间为1min；交接或大修后试验时试验电压为38kV，时间为1min。

（3）导电回路电阻：用直流压降法测量，电流值不小于100A。

（4）合闸时间，分闸时间，三相触头分、合闸同期性，触头弹跳：在额定操作电压下进行。

（5）合闸绕组的操作电压：在额定电压的85%～115%范围内应可靠动作。

（6）分、合闸绕组的直流电阻：应符合制造厂规定。

（7）检查断路器（或负荷开关）的动作情况：在额定电压下分、合各三次，动作应正确；柱上断路器（或负荷开关）在杆上安装好投运送电前，仍应检查断路器（或负荷开关）分、合闸的完好性。

Jb0004233074　如何选择保护配电变压器用跌落式熔断器的额定电流？（5分）

考核知识点：带电作业基本原理

难易度：难

标准答案：

跌落式熔断器额定电流的选择分熔管额定电流选择和熔体额定电流选择两部分进行。

跌落式熔断器的额定电流就是指熔断器熔管（熔体）的额定电流，目前国产熔断器的额定电流有100A和200A两种，其对应的最大开断短路电流值为6.3kA和12.5kA两种。应根据熔断器所连接的10kV线路故障所产生的最大短路电流进行选择，也就是说熔断器的遮断容量应大于其安装地点的短路容量。

跌落式熔断器的熔体额定电流应根据配电变压器高压侧额定电流的大小来选择。当配电变压器的容量小于100kVA时，熔体额定电流一般取配电变压器高压侧额定电流的2～3倍；当配电变压器的容量大于100kVA时，熔体额定电流一般取配电变压器高压侧额定电流的1.5～2倍。

10kV配电变压器高压侧额定电流可按变压器额定容量的6%计算。

Jb0004233075　如何正确安装跌落式熔断器？（5分）

考核知识点：带电作业方法

难易度：难

标准答案：

（1）熔管装上符合要求的熔丝，拉紧熔丝两端的多股铜胶线，通过螺栓分别压在熔管两端动触头的接线端上。

（2）将熔管推入熔断器的上触头，在地面上分合几次仔细检查有否异常。

（3）把熔断器安装于变台的支架上，要求安装高度大于 4.5m，各相熔断器的相间距离不小于 0.5m，熔断器的安装倾斜角为 15°～30° 之间。

Jb0004233076　哪些配电设备应装设避雷器？（5分）

考核知识点：带电作业方法

难易度：难

标准答案：

（1）配电变压器：10kV侧的避雷器应安装在熔断器与配电变压器之间，尽量靠近配电变压器。在多雷区，在配电变压器低压出线侧也应加装低压避雷器。

（2）柱上断路器（或负荷开关），应在断路器（或负荷开关）两侧加装避雷器。

（3）电缆终端应装设避雷器。

（4）分散装在配电线路上的电容器也应加装避雷器。

Jb0004233077　事故抢修的主要任务是什么？（5分）

考核知识点：带电作业方法

难易度：难

标准答案：

（1）配电线路发生故障或异常现象，应迅速组织人员（包括用电监察人员），对该线路以及从该线路受电的高压用户设备进行全面巡查，尽快查出事故地点和原因，消除事故根源，清除事故隐患、防止扩大事故。

（2）采取措施防止行人接近故障导线和设备避免发生人身事故。

（3）尽量缩小事故停电范围，减少事故损失。迅速恢复供电。中性点不接地系统发生永久性故障时可用柱上断路器（或负荷开关）或其他设备分段选出故障段。线路上的熔断器熔丝熔断或断路器掉闸后，不得盲目试送，必须详细检查线路和有关设备，确认无问题后方可恢复送电。

（4）线路发生事故，抢修后不得低于原有线路的技术标准，绝缘线路应保持原有绝缘水平。

Jb0004233078　平时应做好哪些事故抢修的准备工作？（5分）

考核知识点：带电作业方法

难易度：难

标准答案：

（1）运行单位应建立事故抢修组织和有效的联系办法，晚间抢修需有足够的照明。

（2）运行单位应备有一定数量的物资、器材、工具作为事故抢修用品，事故备品应有标志，并有专人保管。

（3）运行单位应编制抢修人员住宿地址、通信一览表，事故巡视分组表。

Jb0004233079　杆塔上作业应做好哪些安全措施？（5分）

考核知识点：带电作业安全规定

难易度：难

标准答案：

（1）核对所登杆塔线路名称、杆号、分色标志。

（2）上杆前应检查杆根是否牢固，新立杆基未牢固以前，严禁攀登；遇有冲刷、起土、上拔的电杆，应先培土加固，或打临时拉绳后再行登杆。凡松动导、拉线的电杆，应先检查杆根，并拉好临时拉线后，再行上杆。

（3）上杆前应先检查登杆工具，如脚扣、升降板、安全带、梯子等是否完整、牢靠。

（4）攀登铁塔爬梯时，应先检查爬梯是否牢固。

（5）在杆塔上工作时，必须使用安全带，安全带应系在电杆及牢固的构件上，应防止安全带从杆顶脱出，系安全带后，必须检查扣环是否扣牢。杆上作业转位时，不得失去安全带保护。

（6）使用梯子时，要有人扶持或绑牢。

（7）上横担时，应检查横担腐朽、锈蚀情况，检查时安全带应系在主杆上。

（8）现场人员应戴安全帽。杆上人员应防止掉东西，使用工具、材料应用绳索传递，不得乱扔，杆下应防止行人逗留。

Jb0004233080 电击对人体的损伤主要可分为哪几种？（5分）

考核知识点： 带电作业基本原理

难易度： 难

标准答案：

（1）电击对人体伤害的主要因素是电流流经人体电流的大小。电击一般可分为暂态电击和稳态电击两种。

（2）暂态电击是人接触电场中对地绝缘的导体瞬间，积累在导体上的电荷以火花放电的形式通过人体对地突然放电。此时流经人体的电流是一频率很高的电流，且电流的变化非常复杂，通常都以火花放电的能量来衡量其对人体产生的危害程度。

（3）人体对工频稳态电流的生理反应可以分为感知、震惊、摆脱、呼吸痉挛和心室纤维颤动。心室纤维颤动是电击引起人死亡的主要原因，但超过摆脱电流的限值也会致人死亡。

（4）引起心室纤维颤动电流的限值为100mA，摆脱电流的限值男性为10mA、女性为10.5mA。

Jb0004233081 采用中间电位作业时应注意什么事项？（5分）

考核知识点： 带电作业基本原理

难易度： 难

标准答案：

在采用中间电位作业时，带电体对地电压由组合间隙共同承受，人体电位是一悬浮电位，与带电体和接地体是有电位差的，在作业过程中应注意：

（1）地面作业人员是不允许直接用手向中间电位作业人员传递物品的。这是因为：

1）若直接接触或传递金属工具，由于两者之间的电位差，将可能出现静电电击现象。

2）若地面作业人员直接接触中间电位人员，相当于短接了绝缘平台，使绝缘平台的电阻和人与地之间的电容趋于零，不仅可能使泄漏电流急剧增大，而且因组合间隙变为单间隙，有可能发生空气间隙击穿，导致作业人员电击伤亡。

（2）当系统电压较高时，空间场强较高，中间电位作业人员应穿屏蔽服，避免因场强过大引起人的不适感。但在配电线路带电作业中，由于空间场强低，且配电系统电力设施密集，空间作业间隙小，作业人员不允许穿屏蔽服，而应穿绝缘服进行作业。

（3）绝缘平台和绝缘杆应定期检验，保持良好的绝缘性能，其有效绝缘长度应满足相应电压等级规定的要求，其组合间隙一般应比相应电压等级的单间隙大20%左右。

Jb0004233082 带电作业与停电作业比较有哪些优越性？（5分）

考核知识点： 带电作业基本原理

难易度： 难

标准答案：

（1）提高电力工业自身和整个社会生产活动的经济效益。体现为电力部门多卖电，工业用户多创产值，城镇居民用户提高生活质量等方面。

（2）及时消除事故隐患，提高供电可靠性。由于缩短了设备带病运行时间，减少甚至避免了事故停电，提高设备全年供电小时数。

（3）检修工作不受时间约束，提高工时利用率。停电作业必须提前数日集中人力、物力、运力，有效工时的比重很少；带电作业既可随时安排，又可计划安排，增加了有效工时。

（4）促进检修工艺技术进步，提高检修工效。带电作业需要优良工具和优化流程，促使检修技术不断提升和完善。

（5）避免误操作、误登有电设备的事故。误操作事故发生在复杂的倒闸操作中，误登有电设备触电事故发生在多回线一回停电的作业中，带电作业不存在此类事故发生的温床。

Jb0004233083　带电作业可以取得哪些效益？是否可以计算？（5分）

考核知识点：带电作业基本原理

难易度：难

标准答案：

带电作业取得的效益包括直接效益和间接效益两个层面，前者由电力企业获取，后者由全社会获取。

直接效益由多供电量和减少线损电量两部分构成，它们都是可以精确计算的。

间接效益也称为社会效益，由可计算和难计算两部分组成。一般认为，可计算的社会效益是直接效益的 60～80 倍；难计算的效益是指减少了因停电在政治层面、社会生活质量等方面带来的负面影响。

Jb0004233084　带电作业能够完成哪些类型的工作？（5分）

考核知识点：带电作业基本原理

难易度：难

标准答案：

带电作业通常可完成以下三种类型工作：

（1）直接在带电设备上完成包括消除缺陷、修复设备等方面的工作（如处理导线断股、更换各类绝缘了、拆装避雷器等）。

（2）用带电作业方法将一段线路退出运行，在停电状态下完成预期检修工作（如并联运行开关、切断空载线路，在停电状态下完成开关、线路的常规检修工作）。

（3）在临近带电设备的无电设备上完成检修、施工工作（如更换架空地线、跨越带电线路架设导、地线等）。

Jb0004233085　配电线路带电作业与高压送电线路带电作业在作业原理和安全防护方面有什么区别？（5分）

考核知识点：带电作业基本原理

难易度：难

标准答案：

在高压输电线路的带电作业中，空间电场强度高、作业间隙大，作业人员穿屏蔽服进入高电位并采用等电位作业法进行检修和维护是一种安全、便利的作业方式。因此在高压输电线路的带电作业安

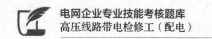

全防护中主要是解决强电场对作业人员的安全威胁问题，作业中作业人员越导电越好。

在配电线路的带电作业中，由于配电网络的电压低，电场强度低，三相导线之间的空间距离小，而且配电设施密集，使作业范围小，在人体活动范围内很容易触及不同电位的电力设施。因此，配电网的带电作业中，要解决的是相间短路和对地短路对作业人员的安全威胁，作业中作业人员越绝缘越好。

Jb0004233086　绝缘材料的耐热等级分哪几级？（5分）

考核知识点： 带电作业基本原理

难易度： 难

标准答案：

按电气设备运行所允许的最高工作温度即耐热等级，国际电工委员会（IEC）将绝缘材料分为Y、A、E、B、F、H、C七个等级，其允许工作温度分别为 90、105、120、130、155、180℃和180℃以上。

Jb0004233087　带电作业中所使用的绝缘材料有哪几类？（5分）

考核知识点： 带电作业基本原理

难易度： 难

标准答案：

（1）绝缘板材，包括3240环氧酚醛玻璃布板、聚氯乙烯板、聚乙烯板等。

（2）绝缘管材，包括3640环氧酚醛玻璃布管、带或丝卷制品等。

（3）薄膜，包括聚氯乙烯、聚乙烯、聚丙烯、聚拢脂等塑料薄膜。

（4）绝缘绳索，包括尼龙绳、锦纶绳和蚕丝绳等。

（5）其他，包括绝缘油、绝缘漆、绝缘黏合剂等。

Jb0004233088　什么是绝缘材料的绝缘电阻？（5分）

考核知识点： 带电作业基本原理

难易度： 难

标准答案：

绝缘材料在恒定的电压作用下，总有一微小的泄漏电流通过。我们把所加电压与泄漏电流的比值称为绝缘电阻。绝缘电阻的大小与所加电压的时间有关。通常把持续加压60s时的绝缘电阻作业绝缘材料的绝缘电阻值。绝缘材料必须有很大的绝缘电阻。

Jb0004233089　什么是绝缘材料的介质损耗？（5分）

考核知识点： 带电作业基本原理

难易度： 难

标准答案：

绝缘材料在恒定的电压下，单位时间内发热所消耗的电能称为介质损耗。介质损耗是由于泄漏电流流经绝缘体时所产生的功率损耗。因此，介质损耗也反映了绝缘材料的绝缘性能。

由于介质损耗的存在，泄漏电流的相量超前于电压相量角，我们把 90° 所得的角度 δ 称为介质损耗角。通常用 $\tan\delta$ 来表示介质损耗的大小。$\tan\delta$ 越大，介质损耗就越大。带电作业用的绝缘工具应采用 $\tan\delta$ 小的绝缘材料制造。

Jb0004233090 什么是绝缘材料的绝缘强度？（5分）

考核知识点： 带电作业基本原理

难易度： 难

标准答案：

绝缘材料在电场作用下，由于极化、泄漏电流及高电场区局部放电所产生的热量的作用下，当电场强度超过某数值时，就会在绝缘材料中形成导电通道使绝缘破坏，这种现象称为绝缘击穿。绝缘被击穿瞬间所施加的最高电压称为绝缘材料的击穿电压。绝缘材料抵抗电击穿的能力称为击穿强度或绝缘强度。

Jb0004233091 什么是绝缘材料的闪络电压和耐受电压？（5分）

考核知识点： 带电作业基本原理

难易度： 难

标准答案：

绝缘材料在电场作用下尚未发生绝缘结构的击穿，而在其表面或与电极接触的空气中发生了放电现象，这种现象称为绝缘材料的闪络，此时的电压称为表面放电电压或闪络电压。

绝缘材料在一定的电压作用下和规定的时间内，绝缘层没有发生击穿现象的电压值称为耐受电压。

Jb0004233092 何为绝缘材料的机械性能？（5分）

考核知识点： 带电作业基本原理

难易度： 难

标准答案：

绝缘材料（绝缘工器具）在承受机械负荷的作用时所表现出的抵抗能力，总称为机械性能。带电作业所使用的各类绝缘工器具在受到拉、压、弯曲、扭转、剪切等力的作用时，都将会使其产生变形、磨损、甚至断裂。因此，用于制作各类带电作业工器具的绝缘材料，必须具有足够的抗拉、抗压、抗弯曲、抗剪切、抗冲击的强度和一定的硬度与塑性，特别是抗拉和抗弯性能，在带电作业工具中要求更高。

Jb0004233093 何为绝缘材料的工艺性能？（5分）

考核知识点： 带电作业基本原理

难易度： 难

标准答案：

绝缘材料的工艺性能主要是指机械加工性能，比如锯割、钻孔、车丝、抛光等。我国目前所使用的各类带电作业绝缘工器具没有统一标准，多数为自制或根据现场需要研制的。所以，制作带电作业工器具所使用的固体绝缘材料必须具有良好的机械加工性能。

Jb0004233094 何为绝缘材料的吸湿性能？（5分）

考核知识点： 带电作业基本原理

难易度： 难

标准答案：

水的分子尺寸（直径 4×10^{-10} m）和黏度都很小，能透入各种绝缘材料的裂纹、毛细孔。因此，绝缘材料的内部和表面或多或少都有水分，水分的存在将使绝缘材料的性能大为恶化。因此，绝缘材

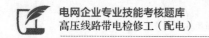

料的吸湿性应引起足够的重视。

一般用吸水率指标表示材料吸水性高低，它表示材料放在（20±5）℃的蒸馏水中，24h后材料质量增加的百分数。

Jb0004233095　何为绝缘材料的吸水性及表面憎水性？（5分）

考核知识点： 带电作业基本原理

难易度： 难

标准答案：

吸水性表示绝缘材料放在（20±5）℃的蒸馏水中，经过若干时间（一般为24h）后材料质量增加的百分数。绝缘材料吸收水分后绝缘电阻降低、介质损耗增大、绝缘强度降低。因此，带电作业使用的绝缘材料，吸水性越低越好。而且，要使用专用库房及运输设备，严禁受潮后使用。如若受潮，则必须重新做耐压试验及拉力试验。绝缘材料的受潮大多是吸收了空气中的水分所致的。

所谓绝缘材料的表面憎水性能，即为各类固体绝缘材料在受到环境中的水分作用时，在其表面产生或凝结成许多小水珠，而不被材料内部所吸收的能力。

Jb0004233096　绝缘杆如何分类？（5分）

考核知识点： 带电作业工器具

难易度： 难

标准答案：

按照不同用途，经常把绝缘杆分为操作杆、支杆和拉（吊）杆三类。

（1）操作杆，在带电作业时，作业人员手持其末端，用前端接触带电体进行操作的绝缘工具。

（2）支杆，在带电作业中，其两端分别固定在带电体和接地体（或构架、杆塔）上，以安全可靠地支撑带电体荷重的绝缘工具。

（3）拉（吊）杆，在带电作业中，与牵引工具连接并安全可靠地承受带电体荷重的绝缘工具。

Jb0004233097　绝缘杆的制造方法有哪些？（5分）

考核知识点： 带电作业工器具

难易度： 难

标准答案：

绝缘杆的制造方法主要有湿卷法、干卷法、缠绕法、挤拉法和真空浸胶法等。

Jb0004233098　在带电作业中，常用的绝缘管（棒、板）有哪几种？（5分）

考核知识点： 带电作业工器具

难易度： 难

标准答案：

在带电作业中，常用的绝缘管（棒、板）有3640型环氧酚醛玻璃布管，3840、3721型环氧酚醛玻璃布棒，3240型环氧酚醛玻璃布板，M2.2型绝缘管，3640型泡沫塑料填充管等。

Jb0004233099　对绝缘杆的尺寸与外径有何要求？（5分）

考核知识点： 带电作业工器具

难易度： 难

标准答案：

根据其制作材料及外形的不同，制作绝缘杆的绝缘材料可分为三类：Ⅰ类为实心棒，标称外径为 10、16、24、30mm；Ⅱ类为空心管，Ⅲ类为泡沫填充管，Ⅱ类、Ⅲ类的标称外径为：18、20、22、24、26、28、30、32、36、40＞44、50、60、70mm；三类绝缘杆的密度均不应小于 1.75kg/cm^3，吸水率不大于 0.3%。

Jb0004233100　对绝缘杆的电气性能有何要求？（5分）

考核知识点： 带电作业工器具

难易度： 难

标准答案：

（1）受潮前和受潮后的电气性能要求。绝缘杆的绝缘材料应进行 300mm 长试品的 1min 工频耐压试验，包括干试验和受潮后的试验。

（2）湿态绝缘性能要求。绝缘杆的绝缘材料应进行 1200mm 长试品的 1h 淋雨试验。试品在 100kV 工频电压下应满足无闪络、无击穿、表面无可见漏电腐蚀痕迹、无可察觉的温升等要求。

（3）绝缘耐受性能要求。绝缘杆能耐受相隔 300mm 的两电极间 1min 工频电压试验。试品在 100kV 工频电压下无闪络、无击穿、表面无可见漏电腐蚀痕迹、无可察觉的温升等要求。

Jb0004233101　对操作杆结构的一般要求是什么？（5分）

考核知识点： 带电作业工器具

难易度： 难

标准答案：

（1）操作杆的接头可采用固定式或拆卸式接头，但连接应紧密牢固。

（2）用空心管制造的操作杆的内、外表面及端部必须进行防潮处理，可采用泡沫对空心管进行填充，以防止内表面受潮和脏污。

（3）固定在操作杆上的接头宜采用强度高的材料制成，对金属接头其长度不应超过 100mm，端部和边缘应加工成圆弧形。

（4）操作杆的总长度由最短有效绝缘长度、端部金属接头长度和手持部分长度的总和决定，10kV 电压等级的绝缘操作杆最短有效绝缘长度为 0.7m、端部金属接头长度不大于 0.1m、手持部分长度不大于 0.6m。

Jb0004233102　人身、导线绝缘保险绳及绝缘绳套的机械拉力试验如何进行？（5分）

考核知识点： 带电作业试验

难易度： 难

标准答案：

（1）人身、导线绝缘保险绳及绝缘绳套的机械拉力试验宜在拉力试验机上进行。试验应包括扁钢保险钩、吊钩等整体一起进行。试品两端应采用卸扣连接，卸扣的允许负荷应与试品的破坏强度同等级。试验方法同绝缘绳的试验方法。

（2）人身绝缘保险绳的冲击试验应按 GB/T 6096—2020《坠落防护 安全带系统性能测试方法》中的方法进行。

（3）人身、导线绝缘保险绳的电气试验方法同绝缘绳的试验方法，试验结果应满足相关要求。

Jb0004233103　什么是过电压？过电压有几种类型？（5分）

考核知识点：带电作业基本原理

难易度：难

标准答案：

（1）电力系统由于外部（如雷电）和内部（如故障、运行方式改变）的原因，会出现对绝缘有危害的电压升高，这种电压升高称为过电压。外部过电压（简称外过电压）是雷电放电时将能量加在电网上，其冲击值可达几百至几千千伏，它对 220kV 及以下电网的绝缘有很大威胁。

（2）外过电压又可分为直击雷过电压与感应雷过电压。

（3）内部过电压（简称内过电压）是由于电网内部故障或改变运行方式使电网中电容或电感的参数发生变化，从而引起能量转化和传递的过渡过程，产生电磁振荡，一般可达 3～4.5 倍相电压。它对 330kV 及以上电网的绝缘威胁很大。

（4）内过电压的种类繁多，典型的有切合空载长线路的过电压、切空载变压器的过电压、弧光接地过电压、谐振过电压、工频过电压。

Jb0004233104 工频过电压是怎样形成的？（5 分）

考核知识点：带电作业基本原理

难易度：难

标准答案：

系统运行中突然甩负荷时感性负荷变成容性，空载长线路的电容效应（即电容造成末端电压高于首端电压），非对称接地（零序阻抗）故障，都会引起工频电压升高，称为工频过电压，一般情况它的幅值不是很大，为 1.3～1.5 倍相电压，但持续时间较长，能量也最大，一旦它和其他过电压同时出现时，则威胁相当大。

Jb0004233105 什么是带电作业安全距离？（5 分）

考核知识点：带电作业基本原理

难易度：难

标准答案：

带电作业过程中，人员需要处于不同的作业位置，在过电压下不发生放电，并有足够安全裕度的最小空气间隙称为安全距离，也就是说，安全距离是为了保证人身安全，作业人员与不同电位的物体之间所应保持的各种最小空气间隙距离的总称。安全距离的数值，只取决于作业设备的电压等级。判断带电作业是否安全，就是看实际作业距离是否满足安全距离的要求，安全距离可分为单间隙安全距离与组合间隙安全距离。

Jb0004233106 什么是带电作业的有效绝缘长度？（5 分）

考核知识点：带电作业基本原理

难易度：难

标准答案：

带电作业时所使用的绝缘工具，在过电压作用下，表面不发生放电（闪络），并有足够安全裕度的最小绝缘长度，称为有效绝缘长度。同样它也只取决于作业设备的电压等级。

Jb0004233107 安全距离与有效绝缘长度有何区别？（5 分）

考核知识点：带电作业基本原理

难易度：难

标准答案：

安全距离与有效绝缘长度都是关于绝缘的安全标准，不同之处在于安全距离是对空气绝缘而言的，而有效绝缘长度是对固体绝缘而言的。

Jb0004233108 带电作业安全距离包含哪几种间隙距离？（5分）

考核知识点： 带电作业基本原理

难易度： 难

标准答案：

带电作业安全距离包含下列五种间隙距离：最小安全距离、最小对地安全距离、最小相间安全距离、最小安全作业距离和最小组合间隙。

Jb0004233109 加装绝缘隔离作为防护措施的原理是什么？（5分）

考核知识点： 带电作业基本原理

难易度： 难

标准答案：

在人体与带电体之间，加装有一定绝缘强度的挡板，卷筒护套等固体绝缘设备来弥补空气间隙不足的做法，称为绝缘隔离法。

在无绝缘隔离情况下，空气间隙的放电电压较小，当加入绝缘隔离后，由于固体绝缘的击穿强度一般都比空气高得多，这时空气间隙的有效长度就将加长，放电电压就可提高，因此，只要适当选择绝缘板的厚度与面积，就能达到提高绝缘水平的目的。

由于用该方法受设备的体积形状等限制，提高放电电压的幅度是有限的，故一般只在10kV及以下设备上采用。

Jb0004233110 绝缘遮蔽用具（罩）的适用范围是什么？（5分）

考核知识点： 带电作业工器具

难易度： 难

标准答案：

（1）绝缘遮蔽用具（罩）只限于10kV及以下电力设备的带电作业。

（2）绝缘遮蔽用具（罩）不起主绝缘作用，但允许偶尔短时"擦过接触"，要保证安全，还是要限制人体的活动范围。

（3）遮蔽罩应与人体安全防护用具并用。

Jb0004233111 硬质遮蔽罩、导线软质遮蔽罩、绝缘毯的试验如何进行？（5分）

考核知识点： 带电作业试验

难易度： 难

标准答案：

硬质遮蔽罩、导线软质遮蔽罩、绝缘毯在进行耐压试验时，将试品水平放置在绝缘支承台上，同时在被试物的两侧用锡箔作电极，上下均用泡沫塑料和连接片压紧，以保证其接触良好。然后将上面极板接电源，下面极板接地。此外，试验时被试品应按使用电压要求留足边缘宽度。

Jb0004233112 对带电作业用绝缘袖套的厚度有什么要求？（5分）

考核知识点： 带电作业工器具

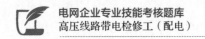
难易度：难

标准答案：

袖套应具有足够的弹性且平坦，表面橡胶最大厚度（不包括肩边、袖边或其他加固的肋）必须符合标准的规定。0、1、2、3 级的最大厚度分别为 1.0、1.5、2.5、2.9mm。

Jb0004233113 对带电作业用绝缘袖套的电气性能试验的环境要求是什么？（5 分）

考核知识点：带电作业试验

难易度：难

标准答案：

试品应在环境温度（23±2）℃的环境下进行，对于型式试验和抽样试验，袖套应浸入水中预湿（16±0.5）h，对于例行试验，则不用预湿。

Jb0004233114 带电作业用绝缘袖套的电气性能试验时，对电极间隙有何要求？（5 分）

考核知识点：带电作业试验

难易度：难

标准答案：

电极间隙是指袖套的电气性能试验时两电极间的最短的路径，允许误差为 25mm。若环境温度不能满足试验要求时，最大可增加 50mm，不同级别的袖套的电极间隙如下：

（1）交流耐压试验时，0、1、2、3 四级对应的电极间隙分别为 80、80、130、180mm。

（2）直流耐压试验时，0、1、2、3 四级对应的电极间隙分别为 80、100、150、200mm。

Jb0004233115 绝缘安全帽的电气试验如何进行？（5 分）

考核知识点：带电作业试验

难易度：难

标准答案：

（1）将没有开孔的安全帽壳顶朝下，置于盛有水的试验槽内，然后向帽壳内注水，到水面距帽边 30mm 为止。

（2）将试验变压器的两端分别接到水槽内和帽壳内的水中，试验电压应从较低值开始上升，并以大约 1000V/s 的速度逐渐升压至 20kV，保持 1min。

（3）试验中无闪络、无发热、无击穿为合格。

Jb0004233116 哪些带电作业工作必须停用重合闸？（5 分）

考核知识点：带电作业基本原理

难易度：难

标准答案：

带电作业有下列情况之一者，必须停用重合闸：

（1）中性点有效接地系统中，有可能引起单相接地的作业项目。例如，在"上"字形杆塔的上线进行引线直连项目，存在单相接地的可能性。

（2）中性点非有效接地系统中，有可能引起相间短路的作业项目。例如，在多层母线的最上层进行直连、短接工作，存在相间短路的可能性。

（3）工作票签发人或工作负责人认为有必要停用重合闸的作业项目。例如，新项目、新人员首次带电模拟操作训练，操作内容十分繁杂、作业范围超越一杆一塔、参与人数众多的作业项目，停用重合闸都会产生积极的效果。

Jb0004233117 带电作业工作票签发人应符合哪些要求？肩负何种责任？（5分）

考核知识点： 带电作业安全规定

难易度： 难

标准答案：

带电作业工作票签发人应由掌握工作班成员素质和能力、熟悉设备状况、知晓DL 409—1991《电业安全工作规程（电力线路部分）》和GB/T 18857—2019《配电线路带电作业技术导则》行政领导或技术负责人担任。工作签发人的名单应经过局级主管生产的领导（含总工程师）批准并书面发布。工作票签发人应对下列事项负责：

（1）工作的必要性。

（2）工作的安全性。

（3）工作票填写内容是否正确完备。

（4）派出的工作负责人及工作班成员是否恰当、充足，全体成员精神状态是否良好。

Jb0004233118 什么是"强送电"和"约时送电"？带电作业中允许这两种做法吗？（5分）

考核知识点： 带电作业安全规定

难易度： 难

标准答案：

电力系统故障跳闸时，一般重合闸都能够自动恢复断路器至合闸状态，如果故障没有消除则断路器又会再次跳闸。在此基础上，如果调度人员重新命令变电站值班员进行手动合闸送电，这种送电行为被称为"强送电"。

调度人员与停电作业人员之间如果事先约定在某一时刻（如线路停电10h后）之后，双方无须经过联系就恢复线路送电，这种送电行为被称为"约时送电"。

带电作业中，不仅严格禁止调度人员"强送电"，也禁止调度人员与现场人员有任何形式的送电约定（例如，发生事故跳闸50min后执行强送电）。正确的做法是：带电作业的线路发生意外跳闸，调度人员必须想尽办法与现场人员取得联系，确知跳闸原因与带电作业本身无关，才能够实行强送电；如果跳闸是带电作业造成的，调度人员必须确切知道作业人员已经脱离故障点，才能考虑恢复送电。

Jb0004233119 带电作业工作人员如何选拔？（5分）

考核知识点： 带电作业安全规定

难易度： 难

标准答案：

带电作业工作人员应由从事相应的停电检修的专业班组优秀人员中选择组成，由于带电作业班是完成生产和开发双重任务的班组，因此其人选应具备一定的电气理论知识，操作基本功扎实，组织纪律性较强。

Jb0004233120 带电作业队伍为什么要保持相对稳定？（5分）

考核知识点： 带电作业安全规定

难易度： 难

标准答案：

丰富的经验和熟练的操作技巧是靠长期日积月累得来的，带电作业人员频繁调动不利于集中精力钻研业务，易于发生因精神不集中所导致的误操作，这在带电作业中是最危险的，一旦发生，后果不堪设想，所以，水利电力部颁布的《带电作业技术管理制度》中明确规定，带电作业人员的变动，应经单位总工程师的批准。

Jb0004233121　配电线路带电作业班组应保存的技术资料台账有哪些？（5分）
考核知识点：带电作业安全规定
难易度：难
标准答案：
带电作业统计表、带电作业事故处理表、高架绝缘车驾驶员出车记录、带电作业指导书。

Jb0004233122　配电线路带电作业班组应保存的安全资料台账有哪些？（5分）
考核知识点：带电作业安全规定
难易度：难
标准答案：
（1）安全活动及安全管理簿册。
（2）带电作业工具及仪表登记表。
（3）带电作业工作票统计表。
（4）库房防潮值班记录。

Jb0004233123　带电作业指导书一般有哪几部分？（5分）
考核知识点：带电作业安全规定
难易度：难
标准答案：
作业项目、适用范围、作业方法、人员组织、工作准备、安全措施及注意事项、操作步骤、工器具配置。

Jb0004233124　对电力生产作业人员的教育和培训有什么要求？（5分）
考核知识点：带电作业安全规定
难易度：难
标准答案：
（1）各类作业人员应接受相应的安全生产教育和岗位技能培训，经考试合格上岗。
（2）作业人员对电力安全工作规程应每年考试一次，因故间断电气工作连续3个月以上者，应重新学习电力安全工作规程，并经考试合格后方能恢复工作。
（3）新参加电气工作的人员、实习人员和临时参加劳动的人员（管理人员、临时工等）应经过安全知识教育后，方可下现场参加指定的工作，并且不得单独工作。
（4）外单位承担或外来人员参与公司系统电气工作的工作人员应熟悉电力安全工作规程（配电）并经考试合格，方可参加工作，工作前，设备运行管理单位应告知现场电气设备接线情况、危险点和安全注意事项。

Jb0004233125　设备缺陷分为哪几类？如何管理？（5分）
考核知识点：带电作业安全规定
难易度：难

标准答案：

（1）一般缺陷，指对近期安全运行影响不大的缺陷，可列入年、季检修计划或日常维护工作中去消除。

（2）重大缺陷，指缺陷比较严重，但设备仍可短期继续安全运行，该缺陷应在短期内消除，消除前应加强监视。

（3）紧急缺陷，指严重程度已使设备不能继续安全运行，随时可能导致发生事故或危及人身安全的缺陷，必须尽快消除；采取必要的安全技术措施进行临时处理。

Jb0004233126　安全性评价工作应如何实行闭环动态管理？（5分）

考核知识点：带电作业安全规定

难易度：难

标准答案：

（1）安全性评价工作应实行闭环动态管理，企业应结合安全生产实际和安全性评价内容，以2～3年为一周期，按照"评价、分析、评估、整改"的过程循环推进。

（2）按照评价标准开展自评价或专家评价。

（3）对评价过程中发现的问题进行原因分析，根据危害程度对存在问题进行评估和分类，按照评估结论对存在问题制订并落实整改措施。

（4）在此基础上进行新一轮的循环。

Jb0004233127　安全性评价工作企业自我查评的程序有哪些？（5分）

考核知识点：带电作业安全规定

难易度：难

标准答案：

（1）成立查评组，制订查评计划。

（2）宣传培训干部职工，明确评价的目的、必要性、指导思想和具体开展方法。

（3）层层分解评价项目，落实责任制。

（4）车间、工区和班组自查，发现问题汇总后上报。

（5）分专业开展查评活动，提出专业查评小结。

（6）整理查评结果，提出自查报告，明确分项结果及主要整改建议。

第八章　高压线路带电检修工（配电）技师技能操作

Jc0004243001　中级工技能培训方案的编写。（100 分）

考核知识点： 带电作业方法

难易度： 难

技能等级评价专业技能考核操作工作任务书

一、任务名称

中级工技能培训方案的编写。

二、适用工种

高压线路带电检修工（配电）技师。

三、具体任务

某单位有张三等 15 名带电检修中级工需进行技能培训。针对此项工作，考生编写一份中级工技能培训方案。

四、工作规范及要求

结合培训任务按照以下要求完成技能培训方案的编写：

（1）培训项目为实操项目。

（2）培训相关内容由考生自行组织。

五、考核及时间要求

考核时间共 50 分钟，每超过 2 分钟扣 1 分，到 45 分钟终止考核。

技能等级评价专业技能考核操作评分标准

工种	高压线路带电检修工（配电）				评价等级	技师	
项目模块	带电作业方法—中级工技能培训方案的编写			编号		Jc0004243001	
单位			准考证号			姓名	
考试时限	50 分钟		题型		单项操作	题分	100 分
成绩		考评员		考评组长		日期	
试题正文	中级工技能培训方案的编写						
需要说明的问题和要求	（1）培训内容应为技能实操项目。 （2）内容不作限制，由考生自行组织						

序号	项目名称	质量要求	满分	扣分标准	扣分原因	得分
1	培训目标	应有明确的培训目标	10	缺少一项扣 10 分		
2	培训师	应有明确的授课人	10	缺少一项扣 10 分		
3	培训对象	应明确培训对象	10	缺少一项扣 10 分		
4	培训内容	（1）应有具体的培训项目名称。 （2）应有项目的具体内容	20	缺少一项扣 10 分，扣完为止		
5	培训方式	应有明确的培训方式，培训方式为实操	10	缺少一项扣 10 分		

续表

序号	项目名称	质量要求	满分	扣分标准	扣分原因	得分
6	培训时间与地点	应明确培训时间、培训地点	20	缺少一项扣10分，扣完为止		
7	培训考核方式	应明确培训的考核方式，考核方式为实操	10	缺少一项扣10分		
8	其他相关事宜	其他相关的培训事宜，如奖惩方式、劳动纪律等要求	10	缺少一项扣10分		
	合计		100			

Jc0004243002 绝缘手套作业法带电直线电杆移位的操作。（100分）

考核知识点： 带电作业方法

难易度： 难

技能等级评价专业技能考核操作工作任务书

一、任务名称

绝缘手套作业法带电直线电杆移位的操作。

二、适用工种

高压线路带电检修工（配电）技师。

三、具体任务

（1）开工准备工作（现场复勘、工作许可、召开现场站班会、布置工作现场、工器具、材料检测）等项目。

（2）安装、拆除绝缘遮蔽用具。

（3）使用绝缘手套作业法带电直线电杆移位的操作。

四、工作规范及要求

（1）带电作业应在良好天气下进行，作业前须进行风速和湿度测量。风力大于5级或湿度大于80%时，不宜带电作业。若遇雷电、雪、雹、雨、雾等不良天气，禁止带电作业。

（2）绝缘手套作业法。

（3）本作业项目工作人员共计8名，其中工作负责人（监护人）1名、专责监护人1名、斗内电工4名、地面电工2名。

（4）工作负责人（监护人）、专责监护人、杆上电工、斗内电工必须严格遵守《国家电网公司电力安全工作规程（配电部分）（试行）》3.3.12 工作票所列人员的安全责任。

（5）要求着装正确（安全帽、全棉长袖工作服、绝缘鞋）。

五、考核及时间要求

考核时间共50分钟，从获得工作许可开始至工作终结完毕，每超过2分钟扣1分，到60分钟终止考核。

技能等级评价专业技能考核操作评分标准

工种	高压线路带电检修工（配电）				评价等级	技师
项目模块	带电作业方法—绝缘手套作业法带电直线电杆移位的操作			编号	Jc0004243002	
单位			准考证号		姓名	
考试时限	50分钟	题型		单项操作	题分	100分
成绩		考评员		考评组长	日期	

续表

试题正文	绝缘手套作业法带电直线电杆移位的操作					
需要说明的问题和要求	（1）带电作业应在良好天气下进行，作业前须进行风速和湿度测量。风力大于 5 级或湿度大于 80% 时，不宜带电作业。若遇雷电、雪、雹、雨、雾等不良天气，禁止带电作业。 （2）本作业项目工作人员共计 8 名，其中工作负责人（监护人）1 名、专责监护人 1 名、斗内电工 4 名、地面电工 2 名。 （3）工作负责人（监护人）：正确组织工作；检查工作票所列安全措施是否正确完备，是否符合现场实际条件，必要时予以补充完善；工作前，对工作班成员进行工作任务、安全措施交底和危险点告知，并确定每个工作班成员都已签名；组织执行工作票所列由其负责的安全措施；监督工作班成员遵守安全工作规程、正确使用劳动防护用品和安全工器具以及执行现场安全措施；关注工作班成员身体状况和精神状态是否出现异常迹象，人员变动是否合适。带电作业应有人监护。监护人不得直接操作，监护的范围不得超过一个作业点。 （4）工作班成员：熟悉工作内容、工作流程，掌握安全措施，明确工作中的危险点，并在工作票上履行交底签名确认手续；服从工作负责人（监护人）、专责监护人的指挥，严格遵守《国家电网公司电力安全工作规程（配电部分）（试行）》和劳动纪律，在指定的作业范围内工作，对自己在工作中的行为负责，互相关心工作安全；正确使用施工机具、安全工器具和劳动防护用品					

序号	项目名称	质量要求	满分	扣分标准	扣分原因	得分
1	开工准备					
1.1	现场复勘	（1）核对工作线路与设备双重名称。 （2）检查环境是否符合作业要求，电杆根部、基础和拉线是否牢固。 （3）确认避雷器接地装置应完整可靠，避雷器无明显损坏现象，检查作业装置、现场环境是否符合带电作业条件。 （4）检查气象条件（天气良好，无雷电、雪、雹、雨、雾等不良天气，风力不大于 5 级，湿度不大于 80%）。 （5）检查工作票所列安全措施，必要时予以补充和完善	4	错、漏一项扣 1 分，扣完为止		
1.2	工作许可	工作负责人按配电带电作业工作票内容与值班调控人员联系，申请停用线路重合闸	1	未申请停用线路重合闸扣 1 分		
1.3	召开现场站班会	（1）工作负责人宣读工作票。 （2）工作负责人检查工作班组成员精神状态。 （3）工作负责人交代工作任务进行人员分工，交代安全措施、技术措施、危险点及控制措施。 （4）工作负责人检查工作班成员对工作内容、工作流程、安全措施以及工作中的危险点是否明确。 （5）工作班成员在工作票上履行交底签名确认手续	4	错、漏一项扣 1 分，扣完为止		
1.4	布置工作现场	工作现场设置安全护栏、作业标志和相关警示标志	1	不满足作业要求扣 1 分		
1.5	工器具、材料检测	（1）工器具、材料齐备，规格型号正确。 （2）绝缘工器具应放置在防潮苫布上，绝缘工器具应与金属工器具、材料分区放置。 （3）工器具在试验周期内。 （4）外观检查方法正确，绝缘工器具应无机械、绝缘缺陷，应戴干净清洁手套，用干燥、清洁毛巾清洁绝缘工器具。 （5）对绝缘工具使用绝缘测试仪进行分段绝缘检测，绝缘电阻值不低于 700MΩ。 （6）检查新安装的避雷器试验报告合格，并使用绝缘测试仪确认其绝缘性能完好	5	错、漏一项扣 1 分，扣完为止		
2	作业过程					

续表

序号	项目名称	质量要求	满分	扣分标准	扣分原因	得分
2.1	进入作业现场	（1）选择合适位置停放绝缘斗臂车，支撑稳固，并可靠接地。 （2）查看绝缘臂、绝缘斗良好，进行空斗试操作，确认液压传动、升降、伸缩，回转系统工作正常及操作灵活，制动装置可靠。 （3）斗内电工穿戴好绝缘防护用具，进入绝缘斗，挂好安全带保险钩	5	错、漏一项扣2分，扣完为止		
2.2	验电	斗内电工将绝缘斗调整至三相避雷器外侧适当位置，使用验电器对导线、绝缘子、避雷器、横担进行验电，确认无漏电现象	5	错、漏一处扣2分，扣完为止		
2.3	安装绝缘遮蔽用具	斗内电工按照"从近到远、从下到上、先带电体后接地体"的遮蔽原则对作业范围内的所有带电体和接地体进行绝缘遮蔽	20	错、漏一项扣10分，扣完为止；遮蔽顺序错误终止工作		
2.4	带电拆除三相针式绝缘子扎线，并放入绝缘支撑横担或撑杆固定	（1）监护人给带电操作工下令，按照由远至近，先边相后中相的顺序三相逐相重复进行。 （2）在所在相带电拆除扎线时，应保证扎线长度不超过安全距离	10	错、漏一项扣3～5分； 安全距离及有效绝缘长度不满足要求，扣3～5分； 未戴护目镜，扣5分； 以上扣分，扣完为止		
2.5	旧电杆移位	（1）工作负责人指挥带电作业人员将吊车钢丝绳套安装在电杆合适位置，将吊钩朝向杆梢穿入，指挥将电杆起吊。 （2）无关人员撤离1.2倍杆高范围。 （3）工作负责人指挥吊车操作员收钢丝绳将电杆垂直起吊，使电杆稍上拔后，检查各部分受力情况，继续指挥将电杆起拔，带电作业人员控制拉开一回三相导线，使导线不被横担钩住，保证电杆与导线保持适当距离；地面电工安装并控制撤杆辅助装置杆根即将出洞时，工作负责人指挥吊车操作员放慢速度，使电杆平缓拔出；吊车操作员放钢丝绳将电杆垂直下落，地面电工控制撤杆辅助装置，防止电杆晃动，杆洞回填	25	安装不符合要求扣10～25分，扣完为止		
2.6	拆除绝缘遮蔽用具	杆上电工按照"从远到近、从上到下、先接地体后带电体"的原则拆除绝缘遮蔽	10	拆除绝缘遮蔽用具顺序错误终止工作，扣10分		
3	工作结束					
3.1	清理现场	工作负责人组织工作班成员整理工具、材料，将工器具分类摆放在苫布上，清理现场，做到工完、料尽、场地清	1	不符合要求扣1分		
3.2	质量验收	工作负责人对完成的工作进行全面检查，符合验收规范要求后，记录在册	2	不符合要求扣2分		
3.3	收工会	召开现场收工会，正确点评工作，补充现场标准化作业指导书验收栏等内容	1	不符合要求扣1分		
3.4	工作终结	汇报值班调控人员工作已经结束，恢复作业线路（双重名称）重合闸装置，在工作票填写终结时间并签字，工作班撤离现场	1	不符合要求扣1分		
3.5	安全文明生产	（1）杆上电工登杆作业应正确使用安全带、脚扣。 （2）上、下传递工具、材料均应使用绝缘绳传递，传递中不能与电杆、构件等碰撞，严禁抛掷。 （3）作业过程中禁止摘下绝缘防护用具，而且绝缘手套仅作辅助绝缘。 （4）转移作业相，关键步骤操作时应获得工作监护人的许可。 （5）作业过程中，不随意踩踏防潮苫布	5	错、漏一项扣1分，扣完为止		
	合计		100			

Jc0004243003　绝缘手套作业法带电立、撤直线电杆（移位）的操作。（100分）

考核知识点：带电作业方法

难易度：难

技能等级评价专业技能考核操作工作任务书

一、任务名称

绝缘手套作业法带电立、撤直线电杆（移位）的操作。

二、适用工种

高压线路带电检修工（配电）技师。

三、具体任务

（1）开工准备工作（现场复勘、工作许可、召开现场站班会、布置工作现场、工器具、材料检测）等项目。

（2）安装、拆除绝缘遮蔽用具。

（3）使用绝缘手套作业法带电立、撤直线电杆（移位）的操作。

四、工作规范及要求

（1）带电作业应在良好天气下进行，作业前须进行风速和湿度测量。风力大于5级或湿度大于80%时，不宜带电作业。若遇雷电、雪、雹、雨、雾等不良天气，禁止带电作业。

（2）绝缘手套作业法。

（3）本作业项目工作人员共计8名，其中工作负责人（监护人）1名、专责监护人1名、斗内电工4名、地面电工2名。

（4）工作负责人（监护人）、专责监护人、杆上电工、斗内电工必须严格遵守《国家电网公司电力安全工作规程（配电部分）（试行）》3.3.12工作票所列人员的安全责任。

（5）要求着装正确（安全帽、全棉长袖工作服、绝缘鞋）。

五、考核及时间要求

考核时间共50分钟，从获得工作许可开始至工作终结完毕，每超过2分钟扣1分，到60分钟终止考核。

技能等级评价专业技能考核操作评分标准

工种	高压线路带电检修工（配电）					评价等级	技师
项目模块	带电作业方法—绝缘手套作业法带电立、撤直线电杆（移位）的操作				编号		Jc0004243003
单位				准考证号		姓名	
考试时限	50分钟		题型		单项操作	题分	100分
成绩		考评员		考评组长		日期	
试题正文	绝缘手套作业法带电立、撤直线电杆（移位）的操作						
需要说明的问题和要求	（1）带电作业应在良好天气下进行，作业前进行风速和湿度测量。风力大于5级或湿度大于80%时，不宜带电作业。若遇雷电、雪、雹、雨、雾等不良天气，禁止带电作业。 （2）本作业项目工作人员共计8名，其中工作负责人（监护人）1名、专责监护人1名、斗内电工4名、地面电工2名。 （3）工作负责人（监护人）：正确组织工作；检查工作票所列安全措施是否正确完备，是否符合现场实际条件，必要时予以补充完善；工作前，对工作班成员进行工作任务、安全措施交底和危险点告知，并确定每个工作班成员都已签名；组织执行工作票所列由其负责的安全措施；监督工作班成员遵守安全工作规程、正确使用劳动防护用品和安全工器具以及执行现场安全措施；关注工作班成员身体状况和精神状态是否出现异常迹象，人员变动是否合适。带电作业应有人监护。监护人不得直接操作，监护的范围不得超过一个作业点。 （4）工作班成员：熟悉工作内容、工作流程，掌握安全措施，明确工作中的危险点，并在工作票上履行交底签名确认手续；服从工作负责人（监护人）、专责监护人的指挥，严格遵守《国家电网公司电力安全工作规程（配电部分）（试行）》和劳动纪律，在指定的作业范围内工作，对自己在工作中的行为负责，互相关心工作安全；正确使用施工机具、安全工器具和劳动防护用品

续表

序号	项目名称	质量要求	满分	扣分标准	扣分原因	得分
1	开工准备					
1.1	现场复勘	（1）核对工作线路与设备双重名称。 （2）检查环境是否符合作业要求，电杆根部、基础和拉线是否牢固。 （3）确认避雷器接地装置应完整可靠，避雷器无明显损坏现象，检查作业装置、现场环境是否符合带电作业条件。 （4）检查气象条件（天气良好，无雷电、雪、雹、雨、雾等不良天气，风力不大于5级，湿度不大于80%）。 （5）检查工作票所列安全措施，必要时予以补充和完善	4	错、漏一项扣1分，扣完为止		
1.2	工作许可	工作负责人按配电带电作业工作票内容与值班调控人员联系，申请停用线路重合闸	1	未申请停用线路重合闸扣1分		
1.3	召开现场站班会	（1）工作负责人宣读工作票。 （2）工作负责人检查工作班组成员精神状态。 （3）工作负责人交代工作任务进行人员分工，交代安全措施、技术措施、危险点及控制措施。 （4）工作负责人检查工作班成员对工作内容、工作流程、安全措施以及工作中的危险点是否明确。 （5）工作班成员在工作票上履行交底签名确认手续	4	错、漏一项扣1分，扣完为止		
1.4	布置工作现场	工作现场设置安全护栏、作业标志和相关警示标志	1	不满足作业要求扣1分		
1.5	工器具、材料检测	（1）工器具、材料齐备，规格型号正确。 （2）绝缘工器具应放置在防潮苫布上，绝缘工器具应与金属工器具、材料分区放置。 （3）工器具在试验周期内。 （4）外观检查方法正确，绝缘工器具应无机械、绝缘缺陷，应戴干净清洁手套，用干燥、清洁毛巾清洁绝缘工器具。 （5）对绝缘工具使用绝缘测试仪进行分段绝缘检测，绝缘电阻值不低于700MΩ。 （6）检查新安装的避雷器试验报告合格，并使用绝缘测试仪确认其绝缘性能完好	5	错、漏一项扣1分，扣完为止		
2	作业过程					
2.1	进入作业现场	（1）选择合适位置停放绝缘斗臂车，支撑稳固，并可靠接地。 （2）查看绝缘臂、绝缘斗良好，进行空斗试操作，确认液压传动、升降、伸缩、回转系统工作正常及操作灵活，制动装置可靠。 （3）斗内电工穿戴好绝缘防护用具，进入绝缘斗，挂好安全带保险钩	5	错、漏一项扣2分，扣完为止		
2.2	验电	斗内电工将绝缘斗调整至三相避雷器外侧适当位置，使用验电器对导线、绝缘子、避雷器、横担进行验电，确认无漏电现象	5	错、漏一处扣2分，扣完为止		
2.3	安装绝缘遮蔽用具	斗内电工按照"从近到远、从下到上、先带电体后接地体"的遮蔽原则对作业范围内的所有带电体和接地体进行绝缘遮蔽	15	绝缘遮蔽措施不牢固、不严密，组合绝缘重叠部分（爬电距离）少于15cm扣15分； 遮蔽顺序错误终止工作		

续表

序号	项目名称	质量要求	满分	扣分标准	扣分原因	得分
2.4	带电拆除三相针式绝缘子扎线，并放入绝缘支撑横担或撑杆固定	（1）监护人给带电操作工下令，按照由远至近，先边相后中相的顺序三相逐相重复进行。 （2）在所在相带电拆除扎线时，应保证扎线长度不超过安全距离	5	错、漏一项扣3~5分； 安全距离及有效绝缘长度不满足要求，扣3~5分； 未戴护目镜，扣5分； 以上扣分，扣完为止		
2.5	支撑三相导线，为起吊电杆留出作业空间	（1）支撑三相主导线，使电杆横担与三相带电导线保证安规规定安全距离。 （2）锁定三相主导线	5	不符合作业要求扣2~5分，扣完为止		
2.6	组立新电杆	（1）工作负责人指挥吊车操作员将吊车钢丝绳套安装在电杆合适位置，将吊钩朝向杆梢穿入，指挥将电杆起吊。 （2）无关人员撤离1.2倍杆高范围。 （3）杆梢离地1m检查受力，合适位置安装立杆辅助装置，杆根接地；工作负责人指挥吊车操作员将电杆起立，接近导线时，带电作业人员控制拉开一回三相导线，保证电杆与导线保持适当距离。 （4）工作负责人指挥吊车操作员收钢丝绳，待电杆稍稍离地，指挥地面人员将杆根纳入杆洞；指挥吊车操作员松钢丝绳，电杆垂直入洞；地面人员控制立杆辅助装置，带电作业人员拉开一回三相导线，使导线不被横担压倒。保证导线与电杆保持适当距离；地面电工正杆，回土夯实；吊钩脱离；拆除钢丝绳套	15	拆除不符合要求扣15分		
2.7	拆除旧电杆	（1）工作负责人指挥带电作业人员将吊车钢丝绳套安装在电杆合适位置，将吊钩朝向杆梢穿入，指挥将电杆起吊。 （2）无关人员撤离1.2倍杆高范围。 （3）工作负责人指挥吊车操作员收钢丝绳将电杆垂直起吊，使电杆稍稍上拔后，检查各部分受力情况，继续指挥将电杆起拔，带电作业人员控制拉开一回三相导线，使导线不被横担钩住，保证电杆与导线保持适当距离；地面电工安装并控制撤杆辅助装置杆根即将出洞时，工作负责人指挥吊车操作员放慢速度，使电杆平缓拔出；吊车操作员放钢丝绳将电杆垂直下落，地面电工控制撤杆辅助装置，防止电杆晃动，杆洞回填	15	拆除不符合要求扣15分		
2.8	拆除绝缘遮蔽用具	杆上电工按照"从远到近、从上到下、先接地体后带电体"的原则拆除绝缘遮蔽	10	拆除绝缘遮蔽用具顺序错误终止工作，扣10分		
3	工作结束					
3.1	清理现场	工作负责人组织工作班成员整理工具、材料，将工器具分类摆放在苫布上，清理现场，做到工完、料尽、场地清	1	不符合要求扣1分		
3.2	质量验收	工作负责人对完成的工作进行全面检查，符合验收规范要求后，记录在册	2	不符合要求扣2分		
3.3	收工会	召开现场收工会，正确点评工作，补充现场标准化作业指导书验收栏等内容	1	不符合要求扣1分		

续表

序号	项目名称	质量要求	满分	扣分标准	扣分原因	得分
3.4	工作终结	汇报值班调控人员工作已经结束，恢复作业线路（双重名称）重合闸装置，在工作票填写终结时间并签字，工作班撤离现场	1	不符合要求扣1分		
3.5	安全文明生产	（1）杆上电工登杆作业应正确使用安全带、脚扣。 （2）上、下传递工具、材料均应使用绝缘绳传递，传递中不能与电杆、构件等碰撞，严禁抛掷。 （3）作业过程中禁止摘下绝缘防护用具，而且绝缘手套仅作辅助绝缘。 （4）转移作业相，关键步骤操作时应获得工作监护人的许可。 （5）作业过程中，不随意踩踏防潮苫布	5	错、漏一项扣1分，扣完为止		
	合计		100			

Jc0004243004 绝缘手套作业法带电组立直线电杆的操作。（100分）

考核知识点： 带电作业方法

难易度： 难

技能等级评价专业技能考核操作工作任务书

一、任务名称

绝缘手套作业法带电组立直线电杆的操作。

二、适用工种

高压线路带电检修工（配电）技师。

三、具体任务

（1）开工准备工作（现场复勘、工作许可、召开现场站班会、布置工作现场、工器具、材料检测）等项目。

（2）安装、拆除绝缘遮蔽用具。

（3）使用绝缘手套作业法带电组立直线电杆的操作。

四、工作规范及要求

（1）带电作业应在良好天气下进行，作业前须进行风速和湿度测量。风力大于5级或湿度大于80%时，不宜带电作业。若遇雷电、雪、雹、雨、雾等不良天气，禁止带电作业。

（2）绝缘手套作业法。

（3）本作业项目工作人员共计8名，其中工作负责人（监护人）1名、专责监护人1名、斗内电工4名、地面电工2名。

（4）工作负责人（监护人）、专责监护人、杆上电工、斗内电工必须严格遵守《国家电网公司电力安全工作规程（配电部分）（试行）》3.3.12工作票所列人员的安全责任。

（5）要求着装正确（安全帽、全棉长袖工作服、绝缘鞋）。

五、考核及时间要求

考核时间共50分钟，从获得工作许可开始至工作终结完毕，每超过2分钟扣1分，到60分钟终止考核。

技能等级评价专业技能考核操作评分标准

工种	高压线路带电检修工（配电）			评价等级	技师
项目模块	带电作业方法—绝缘手套作业法带电组立直线电杆的操作		编号	Jc0004243004	
单位		准考证号		姓名	
考试时限	50分钟	题型	单项操作	题分	100分
成绩		考评员	考评组长		日期
试题正文	绝缘手套作业法带电组立直线电杆的操作				
需要说明的问题和要求	（1）带电作业应在良好天气下进行，作业前须进行风速和湿度测量。风力大于5级或湿度大于80%时，不宜带电作业。若遇雷电、雪、雹、雨、雾等不良天气，禁止带电作业。 （2）本作业项目工作人员共计8名，其中工作负责人（监护人）1名、专责监护人1名、斗内电工4名、地面电工2名。 （3）工作负责人（监护人）：正确组织工作；检查工作票所列安全措施是否正确完备，是否符合现场实际条件，必要时予以补充完善；工作前，对工作班成员进行工作任务、安全措施交底和危险点告知，并确定每个工作班成员都已签名；组织执行工作票所列由其负责的安全措施；监督工作班成员遵守安全工作规程、正确使用劳动防护用品和安全工器具以及执行现场安全措施；关注工作班成员身体状况和精神状态是否出现异常迹象，人员变动是否合适。带电作业应有人监护。监护人不得直接操作，监护的范围不得超过一个作业点。 （4）工作班成员：熟悉工作内容、工作流程、掌握安全措施，明确工作中的危险点，并在工作票上履行交底签名确认手续；服从工作负责人（监护人）、专责监护人的指挥，严格遵守《国家电网公司电力安全工作规程（配电部分）（试行）》和劳动纪律，在指定的作业范围内工作，对自己在工作中的行为负责，互相关心工作安全；正确使用施工机具、安全工器具和劳动防护用品				

序号	项目名称	质量要求	满分	扣分标准	扣分原因	得分
1	开工准备					
1.1	现场复勘	（1）核对工作线路与设备双重名称。 （2）检查环境是否符合作业要求，电杆根部、基础和拉线是否牢固。 （3）确认避雷器接地装置应完整可靠，避雷器无明显损坏现象，检查作业装置、现场环境是否符合带电作业条件。 （4）检查气象条件（天气良好，无雷电、雪、雹、雨、雾等不良天气，风力不大于5级，湿度不大于80%）。 （5）检查工作票所列安全措施，必要时予以补充和完善	4	错、漏一项扣1分，扣完为止		
1.2	工作许可	工作负责人按配电带电作业工作票内容与值班调控人员联系，申请停用线路重合闸	1	未申请停用线路重合闸扣1分		
1.3	召开现场站班会	（1）工作负责人宣读工作票。 （2）工作负责人检查工作班组成员精神状态。 （3）工作负责人交代工作任务进行人员分工，交代安全措施、技术措施、危险点及控制措施。 （4）工作负责人检查工作班成员对工作内容、工作流程、安全措施以及工作中的危险点是否明确。 （5）工作班成员在工作票上履行交底签名确认手续	4	错、漏一项扣1分，扣完为止		
1.4	布置工作现场	工作现场设置安全护栏、作业标志和相关警示标志	1	不满足作业要求扣1分		

续表

序号	项目名称	质量要求	满分	扣分标准	扣分原因	得分
1.5	工器具、材料检测	（1）工器具、材料齐备，规格型号正确。 （2）绝缘工器具应放置在防潮苫布上，绝缘工器具应与金属工器具、材料分区放置。 （3）工器具在试验周期内。 （4）外观检查方法正确，绝缘工器具应无机械、绝缘缺陷，应戴干净清洁手套，用干燥、清洁毛巾清洁绝缘工器具。 （5）对绝缘工具使用绝缘测试仪进行分段绝缘检测，绝缘电阻值不低于700MΩ。 （6）检查新安装的避雷器试验报告合格，并使用绝缘测试仪确认其绝缘性能完好	5	错、漏一项扣1分，扣完为止		
2	作业过程					
2.1	进入作业现场	（1）选择合适位置停放绝缘斗臂车，支撑稳固，并可靠接地。 （2）查看绝缘臂、绝缘斗良好，进行空斗试操作，确认液压传动、升降、伸缩、回转系统工作正常及操作灵活，制动装置可靠。 （3）斗内电工穿戴好绝缘防护用具，进入绝缘斗，挂好安全带保险钩	5	错、漏一项扣2分，扣完为止		
2.2	验电	斗内电工将绝缘斗调整至三相避雷器外侧适当位置，使用验电器对导线、绝缘子、避雷器、横担进行验电，确认无漏电现象	5	错、漏一处扣2分，扣完为止		
2.3	安装绝缘遮蔽用具	斗内电工按照"从近到远、从下到上、先带电体后接地体"的遮蔽原则对作业范围内的所有带电体和接地体进行绝缘遮蔽	20	错、漏一项扣10分，扣完为止		
2.4	支撑三相导线，为起吊电杆留出作业空间	（1）绝缘斗返回地面。在地面电工配合下，在吊臂上组装绝缘横担后返回导线下准备支撑导线。 （2）调整小吊臂使三相导线分别置于绝缘横担上的滑轮内，然后扣好保险环。操作将绝缘撑杆缓缓上升，使绝缘撑杆受力。 （3）支撑三相主导线，使电杆横担与三相带电导线保证安规规定安全距离。 （4）锁定三相主导线	10	错、漏一项扣3～5分； 安全距离及有效绝缘长度不满足要求，扣3～5分； 未戴护目镜，扣5分； 以上扣分，扣完为止		
2.5	组立新电杆	（1）工作负责人指挥吊车操作员将吊车钢丝绳套安装在电杆合适位置，将吊钩朝向杆梢穿入，指挥将电杆起吊。 （2）无关人员撤离1.2倍杆高范围。 （3）杆梢离地1m检查受力，合适位置安装立杆辅助装置，杆根接地；工作负责人指挥吊车操作员将电杆起立，接近导线时，带电作业人员控制拉开一回三相导线，保证电杆与导线保持适当距离。 （4）工作负责人指挥吊车操作员收钢丝绳，待电杆稍稍离地，指挥地面人员将杆根纳入杆洞；指挥吊车操作员松钢丝绳，电杆垂直入洞；地面人员控制立杆辅助装置，带电作业人员拉开一回三相导线，使导线不被横担压到，保证导线与电杆保持适当距离；地面电工正杆，回土夯实；吊钩脱离；拆除钢丝绳套	25	错、漏一项扣10分，扣完为止		
2.6	拆除绝缘遮蔽用具	杆上电工按照"从远到近、从上到下、先接地体后带电体"的原则拆除绝缘遮蔽	10	拆除绝缘遮蔽用具顺序错误终止工作，扣10分		

续表

序号	项目名称	质量要求	满分	扣分标准	扣分原因	得分
3	工作结束					
3.1	清理现场	工作负责人组织工作班成员整理工具、材料，将工器具分类摆放在苫布上，清理现场，做到工完、料尽、场地清	1	不符合要求扣1分		
3.2	质量验收	工作负责人对完成的工作进行全面检查，符合验收规范要求后，记录在册	2	不符合要求扣2分		
3.3	收工会	召开现场收工会，正确点评工作，补充现场标准化作业指导书验收栏等内容	1	不符合要求扣1分		
3.4	工作终结	汇报值班调控人员工作已经结束，恢复作业线路（双重名称）重合闸装置，在工作票填写终结时间并签字，工作班撤离现场	1	不符合要求扣1分		
3.5	安全文明生产	（1）杆上电工登杆作业应正确使用安全带、脚扣。 （2）上、下传递工具、材料均应使用绝缘绳传递，传递中不能与电杆、构件等碰撞，严禁抛掷。 （3）作业过程中禁止摘下绝缘防护用具，而且绝缘手套仅作辅助绝缘。 （4）转移作业相，关键步骤操作时应获得工作监护人的许可。 （5）作业过程中，不随意踩踏防潮苫布	5	错、漏一项扣1分，扣完为止		
	合计		100			

Jc0004243005 绝缘手套作业法带电带负荷直线杆改耐张杆的操作。（100分）

考核知识点： 带电作业方法

难易度： 难

技能等级评价专业技能考核操作工作任务书

一、任务名称

绝缘手套作业法带电带负荷直线杆改耐张杆的操作。

二、适用工种

高压线路带电检修工（配电）技师。

三、具体任务

（1）开工准备工作（现场复勘、工作许可、召开现场站班会、布置工作现场、工器具、材料检测）等项目。

（2）安装、拆除绝缘遮蔽用具。

（3）使用绝缘手套作业法带电带负荷直线杆改耐张杆的操作。

四、工作规范及要求

（1）带电作业应在良好天气下进行，作业前须进行风速和湿度测量。风力大于5级或湿度大于80%时，不宜带电作业。若遇雷电、雪、雹、雨、雾等不良天气，禁止带电作业。

（2）绝缘手套作业法。

（3）本作业项目工作人员共计8名，其中工作负责人（监护人）1名、专责监护人1名、斗内电工4名、地面电工2名。

（4）工作负责人（监护人）、专责监护人、杆上电工、斗内电工必须严格遵守《国家电网公司电力安全工作规程（配电部分）（试行）》3.3.12 工作票所列人员的安全责任。

（5）要求着装正确（安全帽、全棉长袖工作服、绝缘鞋）。

五、考核及时间要求

考核时间共 50 分钟，从获得工作许可开始至工作终结完毕，每超过 2 分钟扣 1 分，到 60 分钟终止考核。

技能等级评价专业技能考核操作评分标准

工种	高压线路带电检修工（配电）			评价等级	技师
项目模块	带电作业方法—绝缘手套作业法带电带负荷直线杆改耐张杆的操作		编号		Jc0004243005
单位		准考证号		姓名	
考试时限	50 分钟	题型	单项操作	题分	100 分
成绩		考评员	考评组长	日期	
试题正文	绝缘手套作业法带电带负荷直线杆改耐张杆的操作				
需要说明的问题和要求	（1）带电作业应在良好天气下进行，作业前须进行风速和湿度测量。风力大于 5 级或湿度大于 80%时，不宜带电作业。若遇雷电、雪、雹、雨、雾等不良天气，禁止带电作业。 （2）本作业项目工作人员共计 8 名，其中工作负责人（监护人）1 名、专责监护人 1 名、斗内电工 4 名、地面电工 2 名。 （3）工作负责人（监护人）：正确组织工作；检查工作票所列安全措施是否正确完备，是否符合现场实际条件，必要时予以补充完善；工作前，对工作班成员进行工作任务、安全措施交底和危险点告知，并确定每个工作班成员都已签名；组织执行工作票所列由其负责的安全措施；监督工作班成员遵守安全工作规程、正确使用劳动防护用品和安全工器具以及执行现场安全措施；关注工作班成员身体状况和精神状态是否出现异常迹象，人员变动是否合适。带电作业应有人监护。监护人不得直接操作，监护的范围不得超过一个作业点。 （4）工作班成员：熟悉工作内容、工作流程，掌握安全措施，明确工作中的危险点，并在工作票上履行交底签名确认手续；服从工作负责人（监护人）、专责监护人的指挥，严格遵守《国家电网公司电力安全工作规程（配电部分）（试行）》和劳动纪律，在指定的作业范围内工作，对自己在工作中的行为负责，互相关心工作安全；正确使用施工机具、安全工器具和劳动防护用品				

序号	项目名称	质量要求	满分	扣分标准	扣分原因	得分
1	开工准备					
1.1	现场复勘	（1）核对工作线路与设备双重名称。 （2）检查环境是否符合作业要求，电杆根部、基础和拉线是否牢固。 （3）确认避雷器接地装置应完整可靠，避雷器无明显损坏现象，检查作业装置、现场环境是否符合带电作业条件。 （4）检查气象条件（天气良好，无雷电、雪、雹、雨、雾等不良天气，风力不大于 5 级，湿度不大于 80%）。 （5）检查工作票所列安全措施，必要时予以补充和完善	4	错、漏一项扣 1 分，扣完为止		
1.2	工作许可	工作负责人按配电带电作业工作票内容与值班调控人员联系，申请停用线路重合闸	1	未申请停用线路重合闸扣 1 分		
1.3	召开现场站班会	（1）工作负责人宣读工作票。 （2）工作负责人检查工作班组成员精神状态。 （3）工作负责人交代工作任务进行人员分工，交代安全措施、技术措施、危险点及控制措施。 （4）工作负责人检查工作班成员对工作内容、工作流程、安全措施以及工作中的危险点是否明确。 （5）工作班成员在工作票上履行交底签名确认手续	4	错、漏一项扣 1 分，扣完为止		
1.4	布置工作现场	工作现场设置安全护栏、作业标志和相关警示标志	1	不满足作业要求扣 1 分		

续表

序号	项目名称	质量要求	满分	扣分标准	扣分原因	得分
1.5	工器具、材料检测	（1）工器具、材料齐备，规格型号正确。 （2）绝缘工器具应放置在防潮苫布上，绝缘工器具应与金属工器具、材料分区放置。 （3）工器具在试验周期内。 （4）外观检查方法正确，绝缘工器具应无机械、绝缘缺陷，应戴干净清洁手套，用干燥、清洁毛巾清洁绝缘工器具。 （5）对绝缘工具使用绝缘测试仪进行分段绝缘检测，绝缘电阻值不低于700MΩ。 （6）检查新安装的避雷器试验报告合格，并使用绝缘测试仪确认其绝缘性能完好	5	错、漏一项扣1分，扣完为止		
2	作业过程					
2.1	进入作业现场	（1）选择合适位置停放绝缘斗臂车，支撑稳固，并可靠接地。 （2）查看绝缘臂、绝缘斗良好，进行空斗试操作，确认液压传动、升降、伸缩、回转系统工作正常及操作灵活，制动装置可靠。 （3）斗内电工穿戴好绝缘防护用具，进入绝缘斗，挂好安全带保险钩	5	错、漏一项扣2分，扣完为止		
2.2	验电	斗内电工将绝缘斗调整至三相避雷器外侧适当位置，使用验电器对导线、绝缘子、避雷器、横担进行验电，确认无漏电现象	5	错、漏一处扣2分，扣完为止		
2.3	安装绝缘遮蔽用具	斗内电工按照"从近到远、从下到上、先带电体后接地体"的遮蔽原则对作业范围内的所有带电体和接地体进行绝缘遮蔽	10	错、漏一项扣5分，扣完为止；遮蔽顺序错误终止工作		
2.4	提升导线	（1）1号斗内电工操作斗臂车返回地面，在地面电工配合下安装绝缘横担。 （2）1号电工将绝缘横担移至被升提导线的下方，将两边相导线分别置于绝缘横担固定器内，由2号电工拆除两边相绝缘子绑扎线。 （3）1号电工将绝缘横担继续缓慢抬高，提升两边相导线，将中相导线置于绝缘横担固定器内，由2号电工拆除中相绝缘子帮扎线	5	错、漏一项扣3～5分；安全距离及有效绝缘长度不满足要求，扣3～5分；未戴护目镜，扣5分；以上扣分，扣完为止		
2.5	更换横担	（1）1号电工将绝缘横担缓慢抬高，提升三相导线，提升高度不小于0.4m。 （2）杆上电工登杆，配合2号电工拆除绝缘子和横担，安装耐张横担，并装好耐张绝缘子和耐张线夹，杆上电工返回地面。 （3）2号电工在耐张横担上装好耐张横担遮蔽罩，在耐张横担下合适处安装固定绝缘引流线支架，并对耐张绝缘子和耐张线夹设置绝缘遮蔽	5	错、漏一项扣3～5分；安全距离及有效绝缘长度不满足要求，扣3～5分；以上扣分，扣完为止		
2.6	安装绝缘紧线器和后备绝缘保护绳	（1）1号电工在2号电工配合下将导线缓缓下降，逐一放置到耐张横担遮蔽罩上，并做好固定措施，1号斗内电工返回地面，拆除绝缘横担。 （2）两斗臂车的斗内电工分别调整绝缘斗定位于中间相，将绝缘紧线器、卡线器安装到中间相的横担和导线上，并在两个卡线器外侧加装后备保护绳	5	错、漏一项扣3～5分；安全距离及有效绝缘长度不满足要求，扣3～5分；以上扣分，扣完为止		

续表

序号	项目名称	质量要求	满分	扣分标准	扣分原因	得分
2.7	安装绝缘引流线	斗内电工用电流检测仪测量架空线路负荷电流，确认电流不超过绝缘引流线额定电流。在近边相导线安装绝缘引流线，用电流检测仪检测电流，确认通流正常，绝缘引流线与导线连接应牢固可靠，绝缘引流线应在绝缘引流线支架上。绝缘引流线每一相分流的负荷电流应不小于原线路负荷电流的1/3	10	安装不符合要求扣10分		
2.8	开断导线	（1）两斗臂车的斗内电工同时将中间相导线收紧，再收紧后备保护绳。 （2）两台斗臂车斗内电工相互配合，剪断中间相导线，分别将中间相两侧导线固定在两端的耐张线夹内，并恢复绝缘遮蔽。 （3）两台斗臂车斗内电工分别拆除绝缘紧线器及后备保护绳	10	开断不符合要求扣10分		
2.9	连接引线	（1）斗内电工配合做好横担及绝缘子的绝缘遮蔽措施，使用接续线夹连接引线。 （2）接续线夹完毕，迅速恢复绝缘遮蔽。 （3）用电流检测仪检测电流，确认通流正常。 （4）按同样的方法开断内边相和外边相导线，并接续内边相和外边相引线	10	安装不符合要求扣10分		
2.10	拆除绝缘遮蔽用具	杆上电工按照"从远到近、从上到下、先接地体后带电体"的原则拆除绝缘遮蔽	10	拆除绝缘遮蔽用具顺序错误终止工作，扣10分		
3	工作结束					
3.1	清理现场	工作负责人组织工作班成员整理工具、材料，将工器具分类摆放在苫布上，清理现场，做到工完、料尽、场地清	1	不符合要求扣1分		
3.2	质量验收	工作负责人对完成的工作进行全面检查，符合验收规范要求后，记录在册	2	不符合要求扣2分		
3.3	收工会	召开现场收工会，正确点评工作，补充现场标准化作业指导书验收栏等内容	1	不符合要求扣1分		
3.4	工作终结	汇报值班调控人员工作已经结束，恢复作业线路（双重名称）重合闸装置，在工作票填写终结时间并签字，工作班撤离现场	1	不符合要求扣1分		
3.5	安全文明生产	（1）杆上电工登杆作业应正确使用安全带、脚扣。 （2）上、下传递工具、材料均应使用绝缘绳传递，传递中不能与电杆、构件等碰撞，严禁抛掷。 （3）作业过程中禁止摘下绝缘防护用具，而且绝缘手套仅作辅助绝缘。 （4）转移作业相，关键步骤操作时应获得工作监护人的许可。 （5）作业过程中，不随意踩踏防潮苫布	5	错、漏一项扣1分，扣完为止		
	合计		100			

Jc0004243006 绝缘手套作业法带电断空载电缆线路与架空线路连接引线的操作。（100分）

考核知识点： 带电作业方法

难易度： 难

技能等级评价专业技能考核操作工作任务书

一、任务名称
绝缘手套作业法带电断空载电缆线路与架空线路连接引线的操作。

二、适用工种
高压线路带电检修工（配电）技师。

三、具体任务
（1）开工准备工作（现场复勘、工作许可、召开现场站班会、布置工作现场、工器具、材料检测）等项目。

（2）安装、拆除绝缘遮蔽用具。

（3）使用绝缘手套作业法带电断空载电缆线路与架空线路连接引线的操作。

四、工作规范及要求
（1）带电作业应在良好天气下进行，作业前须进行风速和湿度测量。风力大于5级或湿度大于80%时，不宜带电作业。若遇雷电、雪、雹、雨、雾等不良天气，禁止带电作业。

（2）绝缘手套作业法。

（3）本作业项目工作人员共计4名，其中工作负责人（监护人）1名、斗内电工2名、地面电工1名。

（4）工作负责人（监护人）、斗内电工、地面电工必须严格遵守《国家电网公司电力安全工作规程（配电部分）（试行）》3.3.12工作票所列人员的安全责任。

（5）要求着装正确（安全帽、全棉长袖工作服、绝缘鞋）。

五、考核及时间要求
考核时间共50分钟，从获得工作许可开始至工作终结完毕，每超过2分钟扣1分，到100分钟终止考核。

技能等级评价专业技能考核操作评分标准

工种	高压线路带电检修工（配电）			评价等级	技师
项目模块	带电作业方法—绝缘手套作业法带电断空载电缆线路与架空线路连接引线的操作		编号		Jc0004243006
单位		准考证号		姓名	
考试时限	50分钟	题型	单项操作	题分	100分
成绩		考评员	考评组长	日期	
试题正文	绝缘手套作业法带电断空载电缆线路与架空线路连接引线的操作				
需要说明的问题和要求	（1）带电作业应在良好天气下进行，作业前进行风速和湿度测量。风力大于5级或湿度大于80%时，不宜带电作业。若遇雷电、雪、雹、雨、雾等不良天气，禁止带电作业。 （2）本作业项目工作人员共计4名，其中工作负责人（监护人）1名、斗内电工2名、地面电工1名。 （3）工作负责人（监护人）：正确组织工作；检查工作票所列安全措施是否正确完备，是否符合现场实际条件，必要时予以补充完善；工作前，对工作班成员进行工作任务、安全措施交底和危险点告知，并确定每个工作班成员都已签名；组织执行工作票所列由其负责的安全措施；监督工作班成员遵守安全工作规程、正确使用劳动防护用品和安全工器具以及执行现场安全措施；关注工作班成员身体状况和精神状态是否出现异常迹象，人员变动是否合适。带电作业应有人监护。监护人不得直接操作，监护的范围不得超过一个作业点。 （4）工作班成员：熟悉工作内容、工作流程，掌握安全措施，明确工作中的危险点，并在工作票上履行交底签名确认手续；服从工作负责人（监护人）、专责监护人的指挥，严格遵守《国家电网公司电力安全工作规程（配电部分）（试行）》和劳动纪律，在指定的作业范围内工作，对自己在工作中的行为负责，互相关心工作安全；正确使用施工机具、安全工器具和劳动防护用品				

续表

序号	项目名称	质量要求	满分	扣分标准	扣分原因	得分
1	开工准备					
1.1	现场复勘	（1）核对工作线路与设备双重名称。 （2）工作负责人与运行单位共同确认电缆负荷侧的开关或隔离开关等已断开、电缆线路已空载且无接地，检查作业装置和现场环境符合带电作业条件。 （3）检查气象条件（天气良好，无雷电、雪、雹、雨、雾等不良天气，风力不大于5级，湿度不大于80%）。 （4）检查工作票所列安全措施，必要时予以补充和完善	4	错、漏一项扣1分，扣完为止		
1.2	工作许可	工作负责人按配电带电作业工作票内容与值班调控人员联系，申请停用线路重合闸	1	未申请停用作业线路（双重名称）重合闸装置扣1分		
1.3	召开现场站班会	（1）工作负责人宣读工作票。 （2）工作负责人检查工作班组成员精神状态。 （3）工作负责人交代工作任务进行人员分工，交代安全措施、技术措施、危险点及控制措施。 （4）工作负责人检查工作班成员对工作内容、工作流程、安全措施以及工作中的危险点是否明确。 （5）工作班成员在工作票上履行交底签名确认手续	4	错、漏一项扣1分，扣完为止		
1.4	布置工作现场	工作现场设置安全围栏、警告标志或路障	1	不满足作业要求扣1分		
1.5	工器具、材料检测	（1）工器具、材料齐备，规格型号正确。 （2）绝缘工器具应放置在防潮苫布上，绝缘工器具应与金属工器具、材料分区放置。 （3）工器具在试验周期内。 （4）外观检查方法正确，绝缘工器具应无机械、绝缘缺陷，应戴干净清洁手套，用干燥、清洁毛巾清洁绝缘工器具。 （5）使用绝缘高阻表对绝缘工器具进行绝缘电阻检测，阻值不得低于700MΩ	5	错、漏一项扣1分，扣完为止		
2	作业过程					
2.1	进入作业现场	（1）选择合适位置停放绝缘斗臂车，支撑稳固，并可靠接地。 （2）查看绝缘臂、绝缘斗良好，进行空斗试操作，确认液压传动、升降、伸缩、回转系统工作正常及操作灵活，制动装置可靠。 （3）斗内电工穿戴好绝缘防护用具，进入绝缘斗，挂好安全带保险钩	5	错、漏一项扣2分，扣完为止		
2.2	验电	（1）斗内电工将工作斗调整至带电导线横担下侧适当位置，使用验电器对导线、绝缘子、横担进行验电，确认无漏电现象。 （2）斗内电工使用电流检测仪测量三相出线电缆的电流，确认待断电缆连接线无负荷	5	错、漏一处扣2分，扣完为止		
2.3	安装绝缘遮蔽用具	斗内电工将绝缘斗调整至近边相导线适当位置，按照"从近到远、从下到上、先带电体后接地体"的遮蔽原则对作业范围内的所有带电体和接地体进行绝缘遮蔽，其余两相绝缘遮蔽按照相同方法进行	20	绝缘遮蔽措施不牢固、不严密，组合绝缘重叠部分（爬电距离）小于15cm每处扣10分，扣完为止； 遮蔽顺序错误终止工作		

续表

序号	项目名称	质量要求	满分	扣分标准	扣分原因	得分
2.4	断空载电缆线路与架空线路连接引线	（1）斗内电工确认消弧开关在断开位置后，将消弧开关挂接到近边相架空导线。恢复绝缘遮蔽。然后在消弧开关下端的横向导电杆上安装绝缘引流线夹，最后将绝缘引流线的另一端连接到同相电缆终端接线端子上（即电缆过渡支架处电缆终端与过渡引线的连接部位）。逐点完成后恢复绝缘遮蔽。 （2）斗内电工用绝缘操作杆合上消弧开关，确认分流正常，绝缘引流线每一相分流的负荷电流应不小于原线路负荷电流的1/3。 （3）斗内电工用绝缘锁杆将电缆引线接头临时固定在架空导线后，在架空导线处拆除线夹。引线应妥善固定，并对接头处恢复绝缘遮蔽措施。（如过渡引线从耐张线夹处穿出，可在电缆过渡支架处拆引线，并用锁杆固定在同相位架空导线上） （4）斗内电工用绝缘操作杆断开消弧开关。 （5）斗内电工将绝缘引流线从电缆过渡支架处取下，挂在消弧开关上，将消弧开关从近边相导线上取下。如导线为绝缘线应恢复导线的绝缘及密封。完成后恢复绝缘遮蔽。 （6）其余两相引线断开按相同的方法进行。三相引流线全部断开后，应使用放电棒进行充分放电。三相引线拆除，可按由先近后远，或根据现场情况先两侧、后中间的顺序进行	25	错、漏一项扣5分，扣完为止		
2.5	拆除绝缘遮蔽用具	工作结束后按照"从远到近、从上到下、先接地体后带电体"拆除遮蔽的原则拆除绝缘遮蔽隔离措施	10	拆除绝缘遮蔽用具顺序错误终止工作，扣10分		
2.6	返回地面	检查杆上无遗留物，绝缘斗退出有电工作区域，作业人员返回地面	5	未按要求执行扣5分		
3	工作结束					
3.1	清理现场	工作负责人组织工作班成员整理工具、材料，将工器具分类摆放在苫布上，清理现场，做到工完、料尽、场清	1	不符合要求扣1分		
3.2	质量验收	工作负责人对完成的工作进行全面检查，符合验收规范要求后，记录在册	2	不符合要求扣2分		
3.3	收工会	召开现场收工会，正确点评工作，补充现场标准化作业指导书验收栏等内容	1	不符合要求扣1分		
3.4	工作终结	汇报值班调控人员工作已经结束，恢复作业线路（双重名称）重合闸装置，在工作票填写终结时间并签字，工作班撤离现场	1	不符合要求扣1分		

续表

序号	项目名称	质量要求	满分	扣分标准	扣分原因	得分
3.5	安全文明生产	（1）作业过程中禁止摘下绝缘防护用具，而且绝缘手套仅作辅助绝缘。 （2）斗臂车绝缘斗在有电工作区域转移时，应缓慢移动，动作要平稳，严禁使用快速挡。 （3）绝缘斗臂车在作业时，发动机不能熄火（电能驱动型除外），以保证液压系统处于工作状态。 （4）作业线路下层有低压线路同杆架设时，如妨碍作业，应对作业范围内的相关低压线路采取绝缘遮蔽措施。 （5）在同杆架设线路上工作，与上层或相邻导线小于安全距离规定且无法采取安全措施时，不得进行该项工作。 （6）上、下传递工具、材料均应使用绝缘绳传递，传递中不能与电杆、构件等碰撞，严禁抛掷。 （7）作业过程中，不随意踩踏防潮苫布	5	错、漏一项扣1分，扣完为止		
3.6	关键点	（1）作业中，绝缘斗臂车绝缘臂的有效绝缘长度应不小于1.0m。 （2）在作业时，人体应保持对地不小于0.4m、对邻相导线不小于0.6m的安全距离。 （3）作业时，严禁人体同时接触两个不同的电位体，绝缘斗内双人工作时禁止两人接触不同的电位体。 （4）作业中及时恢复绝缘遮蔽隔离措施。 （5）作业人员在接触带电导线和换相工作前应得到工作监护人的许可。 （6）斗内电工进入有电区域后，测量电缆引线空载电流确认应不大于5A。当空载电流大于0.1A小于5A时，应用消弧开关断架空线路与空载电缆线路引线。 （7）使用消弧开关前应确认消弧开关在断开位置并闭锁，防止其突然合闸。 （8）合消弧开关前应再次确认接线正确无误，防止相位错误引发短路。 （9）消弧开关的状态，应通过其操作机构位置（或灭弧室动静触头相对位置）以及用电流检测仪测量电流的方式综合判断。 （10）在消弧开关和电缆终端间安装绝缘引流线，应先接无电端，再接有电端。 （11）已断开相的电缆引线应视为带电。 （12）合消弧开关前应再次确认接线正确无误，防止相位错误引发短路	5	错、漏一项扣1分，扣完为止		
	合计		100			

Jc0004243007　绝缘手套作业法带电接空载电缆线路与架空线路连接引线的操作。（100分）
考核知识点：带电作业方法
难易度：难

技能等级评价专业技能考核操作工作任务书

一、任务名称
绝缘手套作业法带电接空载电缆线路与架空线路连接引线的操作。

二、适用工种
高压线路带电检修工（配电）技师。

三、具体任务

（1）开工准备工作（现场复勘、工作许可、召开现场站班会、布置工作现场、工器具、材料检测）等项目。

（2）安装、拆除绝缘遮蔽用具。

（3）使用绝缘手套作业法带电接空载电缆线路与架空线路连接引线的操作。

四、工作规范及要求

（1）带电作业应在良好天气下进行，作业前须进行风速和湿度测量。风力大于 5 级或湿度大于 80% 时，不宜带电作业。若遇雷电、雪、雹、雨、雾等不良天气，禁止带电作业。

（2）绝缘手套作业法。

（3）本作业项目工作人员共计 4 名，其中工作负责人（监护人）1 名、斗内电工 2 名、地面电工 1 名。

（4）工作负责人（监护人）、斗内电工、地面电工必须严格遵守《国家电网公司电力安全工作规程（配电部分）（试行）》3.3.12 工作票所列人员的安全责任。

（5）要求着装正确（安全帽、全棉长袖工作服、绝缘鞋）。

五、考核及时间要求

考核时间共 50 分钟，从获得工作许可开始至工作终结完毕，每超过 2 分钟扣 1 分，到 100 分钟终止考核。

技能等级评价专业技能考核操作评分标准

工种	高压线路带电检修工（配电）			评价等级	技师
项目模块	带电作业方法—绝缘手套作业法带电接空载电缆线路与架空线路连接引线的操作		编号	Jc0004243007	
单位		准考证号		姓名	
考试时限	50 分钟	题型	单项操作	题分	100 分
成绩		考评员		考评组长	日期	
试题正文	绝缘手套作业法带电接空载电缆线路与架空线路连接引线的操作				
需要说明的问题和要求	（1）带电作业应在良好天气下进行，作业前须进行风速和湿度测量。风力大于 5 级或湿度大于 80% 时，不宜带电作业。若遇雷电、雪、雹、雨、雾等不良天气，禁止带电作业。 （2）本作业项目工作人员共计 4 名，其中工作负责人（监护人）1 名、斗内电工 2 名、地面电工 1 名。 （3）工作负责人（监护人）：正确组织工作；检查工作票所列安全措施是否正确完备，是否符合现场实际条件，必要时予以补充完善；工作前，对工作班成员进行工作任务、安全措施交底和危险点告知，并确定每个工作班成员都已签名；组织执行工作票所列由其负责的安全措施；监督工作班成员遵守安全工作规程、正确使用劳动防护用品和安全工器具以及执行现场安全措施；关注工作班成员身体状况和精神状态是否出现异常迹象，人员变动是否合适。带电作业应有人监护。监护人不得直接操作，监护的范围不得超过一个作业点。 （4）工作班成员：熟悉工作内容、工作流程，掌握安全措施，明确工作中的危险点，并在工作票上履行交底签名确认手续；服从工作负责人（监护人）、专责监护人的指挥，严格遵守《国家电网公司电力安全工作规程（配电部分）（试行）》和劳动纪律，在指定的作业范围内工作，对自己在工作中的行为负责，互相关心工作安全；正确使用施工机具、安全工器具和劳动防护用品				

序号	项目名称	质量要求	满分	扣分标准	扣分原因	得分
1	开工准备					
1.1	现场复勘	（1）核对工作线路与设备双重名称。 （2）工作负责人应与运行部门共同确认电缆线路已空载、无接地，出线电缆符合送电要求，检查作业装置和现场环境符合带电作业条件。 （3）检查气象条件（天气良好，无雷电、雪、雹、雨、雾等不良天气，风力不大于 5 级，湿度不大于 80%）。 （4）检查工作票所列安全措施，必要时予以补充和完善	4	错、漏一项扣 1 分，扣完为止		

续表

序号	项目名称	质量要求	满分	扣分标准	扣分原因	得分
1.2	工作许可	工作负责人按配电带电作业工作票内容与值班调控人员联系，申请停用线路重合闸	1	未申请停用作业线路（双重名称）重合闸装置扣1分		
1.3	召开现场站班会	（1）工作负责人宣读工作票。 （2）工作负责人检查工作班组成员精神状态。 （3）工作负责人交代工作任务进行人员分工，交代安全措施、技术措施、危险点及控制措施。 （4）工作负责人检查工作班成员对工作内容、工作流程、安全措施以及工作中的危险点是否明确。 （5）工作班成员在工作票上履行交底签名确认手续	4	错、漏一项扣1分，扣完为止		
1.4	布置工作现场	工作现场设置安全围栏、警告标志或路障	1	不满足作业要求扣1分		
1.5	工器具、材料检测	（1）工器具、材料齐备，规格型号正确。 （2）绝缘工器具应放置在防潮苫布上，绝缘工器具应与金属工器具、材料分区放置。 （3）工器具在试验周期内。 （4）外观检查方法正确，绝缘工器具应无机械、绝缘缺陷，应戴干净清洁手套，用干燥、清洁毛巾清洁绝缘工器具。 （5）使用绝缘高阻表对绝缘工器具进行绝缘电阻检测，阻值不得低于700MΩ	5	错、漏一项扣1分，扣完为止		
2	作业过程					
2.1	进入作业现场	（1）选择合适位置停放绝缘斗臂车，支撑稳固，并可靠接地。 （2）查看绝缘臂、绝缘斗良好，进行空斗试操作，确认液压传动、升降、伸缩，回转系统工作正常及操作灵活，制动装置可靠。 （3）斗内电工穿戴好绝缘防护用品，进入绝缘斗，挂好安全带保险钩	5	错、漏一项扣2分，扣完为止		
2.2	验电	（1）斗内电工将绝缘斗调整至线路下方与电缆过渡支架平行处，并与带电线路保持0.4m以上安全距离，检查电缆登杆装置应符合验收规范要求。 （2）斗内电工用绝缘电阻检测仪检测电缆对地绝缘，确认无接地情况，检测完成后应充分放电。若发现电缆有电或对地绝缘不良，禁止继续作业。 （3）斗内电工将工作斗调整至带电导线横担下侧适当位置，使用验电器对绝缘子、横担进行验电，确认无漏电现象	5	错、漏一处扣2分，扣完为止		
2.3	安装绝缘遮蔽用具	斗内电工将绝缘斗调整至近边相导线适当位置，按照"从近到远、从下到上、先带电体后接地体"的遮蔽原则对作业范围内的所有带电体和接地体进行绝缘遮蔽，其余两相绝缘遮蔽按照相同方法进行	20	错、漏一项扣10分，扣完为止；遮蔽顺序错误终止工作		

续表

序号	项目名称	质量要求	满分	扣分标准	扣分原因	得分
2.4	接空载电缆线路与架空线路连接引线	（1）斗内电工用绝缘测量杆测量三相引线长度，然后将地面电工制作的引线安装到过渡支架上，并对三相引线与电缆过渡支架设置绝缘遮蔽措施。 （2）斗内电工确认消弧开关处于断开位置后，将消弧开关挂在中间相导线上，然后用绝缘引流线连接消弧开关下端导电杆和同相电缆终端（过渡支架接线端子处）。 （3）斗内电工用绝缘操作杆合上消弧开关。 （4）斗内电工用锁杆将引线接头临时固定在同相架空导线上，调整工作位置后将电缆引线连接到架空导线。 （5）斗内电工用绝缘操作杆断开消弧开关。 （6）斗内电工依次从电缆过渡支架和消弧开关导线杆处拆除绝缘引流线线夹，然后从架空导线上取下消弧开关。 （7）其余两相引线搭接按相同的方法进行。三相引线搭接，可按先远后近或根据现场情况先中间、后两侧的顺序进行	25	错、漏一项扣4分，扣完为止		
2.5	拆除绝缘遮蔽用具	工作结束后按照"从远到近、从上到下、先接地体后带电体"拆除遮蔽的原则拆除绝缘遮蔽隔离措施	10	拆除绝缘遮蔽用具顺序错误终止工作，扣10分		
2.6	返回地面	检查杆上无遗留物，绝缘斗退出有电工作区域，作业人员返回地面	5	未按要求执行扣5分		
3	工作结束					
3.1	清理现场	工作负责人组织工作班成员整理工具、材料,将工器具分类摆放在苫布上，清理现场，做到工完、料尽、场地清	1	不符合要求扣1分		
3.2	质量验收	工作负责人对完成的工作进行全面检查，符合验收规范要求后，记录在册	2	不符合要求扣2分		
3.3	收工会	召开现场收工会，正确点评工作，补充现场标准化作业指导书验收栏等内容	1	不符合要求扣1分		
3.4	工作终结	汇报值班调控人员工作已经结束，恢复作业线路（双重名称）重合闸装置，在工作票填写终结时间并签字，工作班撤离现场	1	不符合要求扣1分		
3.5	安全文明生产	（1）作业过程中禁止摘下绝缘防护用具，而且绝缘手套仅作辅助绝缘。 （2）斗臂车绝缘斗在有电工作区域转移时，应缓慢移动，动作要平稳，严禁使用快速挡。 （3）绝缘斗臂车在作业时，发动机不能熄火（电能驱动型除外），以保证液压系统处于工作状态。 （4）作业线路下层有低压线路同杆架设时，如妨碍作业，应对作业范围内的相关低压线路采取绝缘遮蔽措施。 （5）在同杆架设线路上工作，与上层或相邻导线小于安全距离规定且无法采取安全措施时，不得进行该项工作。 （6）上、下传递工具、材料均应使用绝缘绳传递，传递中不能与电杆、构件等碰撞，严禁抛掷。 （7）作业过程中，不随意踩踏防潮苫布	5	错、漏一项扣1分，扣完为止		

续表

序号	项目名称	质量要求	满分	扣分标准	扣分原因	得分
3.6	关键点	（1）作业中，绝缘斗臂车绝缘臂的有效绝缘长度应不小于1.0m。 （2）在作业时，人体应保持对地不小于0.4m、对邻相导线不小于0.6m的安全距离。 （3）作业时，严禁人体同时接触两个不同的电位体，绝缘斗内双人工作时禁止两人接触不同的电位体。 （4）作业中及时恢复绝缘遮蔽隔离措施。 （5）作业人员在接触带电导线和换相工作前应得到工作监护人的许可。 （6）工作前，应与运行部门共同确认电缆负荷侧开关（断路器或隔离开关等）处于断开位置。空载电缆长度应不大于3km。 （7）斗内电工对电缆引线验电后，应使用绝缘电阻检测仪检查电缆是否空载且无接地。 （8）使用消弧开关前应确认消弧开关在断开位置并闭锁，防止其突然合闸。 （9）合消弧开关前应再次确认接线正确无误，防止相位错误引发短路。 （10）消弧开关的状态，应通过其操动机构位置（或灭弧室动静触头相对位置）以及用电流检测仪测量电流的方式综合判断。 （11）拆除消弧开关和电缆终端间绝缘引流线，应先拆有电端，再拆无电端。 （12）未接通相的电缆引线应视为带电	5	错、漏一项扣1分，扣完为止		
	合计		100			

Jc0004243008　绝缘杆作业法带电更换直线杆绝缘子（绝缘杆作业法、登杆作业、羊角抱杆）的操作。（100分）

考核知识点：带电作业方法

难易度：难

技能等级评价专业技能考核操作工作任务书

一、任务名称

绝缘杆作业法带电更换直线杆绝缘子（绝缘杆作业法、登杆作业、羊角抱杆）的操作。

二、适用工种

高压线路带电检修工（配电）技师。

三、具体任务

（1）开工准备工作（现场复勘、工作许可、召开现场站班会、布置工作现场、工器具、材料检测）等项目。

（2）安装、拆除绝缘遮蔽用具。

（3）使用绝缘杆作业法带电更换直线杆绝缘子（绝缘杆作业法、登杆作业、羊角抱杆）的操作。

四、工作规范及要求

（1）带电作业应在良好天气下进行，作业前须进行风速和湿度测量。风力大于5级或湿度大于80%时，不宜带电作业。若遇雷电、雪、雹、雨、雾等不良天气，禁止带电作业。

（2）绝缘杆作业法。

（3）本作业项目工作人员共计4名，其中工作负责人（监护人）1名、杆上电工2名、地面电工1名。

（4）工作负责人（监护人）、杆上电工、地面电工必须严格遵守《国家电网公司电力安全工作规程（配电部分）（试行）》3.3.12 工作票所列人员的安全责任。

（5）要求着装正确（安全帽、全棉长袖工作服、绝缘鞋）。

五、考核及时间要求

考核时间共 50 分钟，从获得工作许可开始至工作终结完毕，每超过 2 分钟扣 1 分，到 100 分钟终止考核。

技能等级评价专业技能考核操作评分标准

工种	高压线路带电检修工（配电）			评价等级	技师
项目模块	带电作业方法—绝缘杆作业法带电更换直线杆绝缘子（绝缘杆作业法、登杆作业、羊角抱杆）的操作		编号	Jc0004243008	
单位		准考证号		姓名	
考试时限	50 分钟	题型	单项操作	题分	100 分
成绩		考评员	考评组长	日期	
试题正文	绝缘杆作业法带电更换直线杆绝缘子（绝缘杆作业法、登杆作业、羊角抱杆）的操作				
需要说明的问题和要求	（1）带电作业应在良好天气下进行，作业前须进行风速和湿度测量。风力大于 5 级或湿度大于 80% 时，不宜带电作业。若遇雷电、雪、雹、雨、雾等不良天气，禁止带电作业。 （2）本作业项目工作人员共计 4 名，其中工作负责人（监护人）1 名、杆上电工 2 名、地面电工 1 名。 （3）工作负责人（监护人）：正确组织工作；检查工作票所列安全措施是否正确完备，是否符合现场实际条件，必要时予以补充完善；工作前，对工作班成员进行工作任务、安全措施交底和危险点告知，并确定每个工作班成员都已签名；组织执行工作票所列由其负责的安全措施；监督工作班成员遵守安全工作规程、正确使用劳动防护用品和安全工器具以及执行现场安全措施；关注工作班成员身体状况和精神状态是否出现异常迹象，人员变动是否合适。带电作业应有人监护。监护人不得直接操作，监护的范围不得超过一个作业点。 （4）工作班成员：熟悉工作内容、工作流程，掌握安全措施，明确工作中的危险点，并在工作票上履行交底签名确认手续；服从工作负责人（监护人）、专责监护人的指挥，严格遵守《国家电网公司电力安全工作规程（配电部分）（试行）》和劳动纪律，在指定的作业范围内工作，对自己在工作中的行为负责，互相关心工作安全；正确使用施工机具、安全工器具和劳动防护用品				

序号	项目名称	质量要求	满分	扣分标准	扣分原因	得分
1	开工准备					
1.1	现场复勘	（1）核对工作线路与设备双重名称。 （2）检查作业点两侧的电杆根部、基础是否牢固，导线固定是否牢固，检查作业装置和现场环境是否符合带电作业条件。 （3）检查气象条件（天气良好，无雷电、雪、雹、雨、雾等不良天气，风力不大于 5 级，湿度不大于 80%）。 （4）检查工作票所列安全措施，必要时予以补充和完善	4	错、漏一项扣 1 分，扣完为止		
1.2	工作许可	工作负责人按配电带电作业工作票内容与值班调控人员联系，履行工作许可手续	1	未执行工作许可制度扣 1 分		
1.3	召开现场站班会	（1）工作负责人宣读工作票。 （2）工作负责人检查工作班组成员精神状态。 （3）工作负责人交代工作任务进行人员分工，交代安全措施、技术措施、危险点及控制措施。 （4）工作负责人检查工作班成员对工作内容、工作流程、安全措施以及工作中的危险点是否明确。 （5）工作班成员在工作票上履行交底签名确认手续	4	错、漏一项扣 1 分，扣完为止		
1.4	布置工作现场	根据道路情况设置安全围栏、警告标志或路障	1	不满足作业要求扣 1 分		

续表

序号	项目名称	质量要求	满分	扣分标准	扣分原因	得分
1.5	工器具、材料检测	（1）工器具、材料齐备，规格型号正确。 （2）绝缘工器具应放置在防潮苫布上，绝缘工器具应与金属工器具、材料分区放置。 （3）工器具在试验周期内。 （4）外观检查方法正确，绝缘工器具应无机械、绝缘缺陷，应戴干净清洁手套，用干燥、清洁毛巾清洁绝缘工器具。 （5）使用绝缘高阻表对绝缘工器具进行绝缘电阻检测，阻值不得低于700MΩ。 （6）检查新绝缘子的机电性能良好	5	错、漏一项扣1分，扣完为止		
2	作业过程					
2.1	登杆	（1）杆上电工对安全带、脚扣做冲击试验。 （2）杆上电工穿戴好绝缘防护用具，携带绝缘传递绳，登杆至适当位置	5	错、漏一项扣1分； 踩空、打滑每次扣1分； 未正确使用安全带、脚扣扣1分； 上杆过程手上持有工器具扣1分； 以上扣分，扣完为止； 登杆动作生疏、跌落，终止工作		
2.2	验电	杆上电工使用验电器对导线、绝缘子、横担进行验电，确认无漏电	5	错、漏一处扣2分，扣完为止		
2.3	安装绝缘遮蔽用具	杆上电工用绝缘操作杆按照"从近到远、从下到上、先带电体后接地体"的遮蔽原则对不能满足安全距离的带电体和接地体进行绝缘遮蔽	15	错、漏一项扣10分，扣完为止； 遮蔽顺序错误终止工作		
2.4	安装羊角抱杆	杆上电工相互配合在直线横担下方 0.4m 处装设绝缘羊角抱杆，注意羊角抱杆朝向应与待更换绝缘子位置一致	5	不符合要求扣1～5分，扣完为止		
2.5	更换绝缘子	（1）杆上电工相互配合拆除导线绑扎线，推动支杆将导线移至绝缘羊角抱杆挂钩内锁定。 （2）杆上电工相互配合使用绝缘羊角抱杆将导线提升至 0.4m 以外固定。 （3）杆上电工相互配合更换直线杆绝缘子。 （4）杆上电工相互配合使用绝缘羊角抱杆将边相导线降至绝缘子顶槽内，使用绝缘三齿耙绑好绑扎线。 （5）杆上电工相互配合拆除绝缘羊角抱杆，恢复导线、绝缘子的绝缘遮蔽措施。 （6）用同样方法更换另边相直线绝缘子并恢复导线、绝缘子的绝缘遮蔽措施。 （7）杆上电工相互配合拆除绝缘羊角抱杆	25	错、漏一项扣5分，扣完为止		
2.6	拆除绝缘遮蔽	经工作负责人的许可后，2号斗内电工调整绝缘斗至外边相合适工作位置，按照"从远到近、从上到下、先接地体后带电体"的原则拆除绝缘遮蔽： （1）拆除的顺序依次为绝缘子、导线。 （2）杆上电工在拆除带电体上的绝缘遮蔽隔离措施时，动作应轻缓，人体与带电体应保持足够的安全距离	10	错、漏一项扣5分，扣完为止		
2.7	撤离杆塔	杆上电工确认杆上无遗留物，逐次下杆	5	发生高空跌落终止工作，扣5分		
3	工作结束					
3.1	清理现场	工作负责人组织工作班成员整理工具、材料，将工器具分类摆放在苫布上，清理现场，做到工完、料尽、场地清	1	不符合要求扣1分		

续表

序号	项目名称	质量要求	满分	扣分标准	扣分原因	得分
3.2	质量验收	工作负责人对完成的工作进行全面检查，符合验收规范要求后，记录在册	2	不符合要求扣2分		
3.3	收工会	召开现场收工会，正确点评工作，补充现场标准化作业指导书验收栏等内容	1	不符合要求扣1分		
3.4	工作终结	汇报值班调控人员工作已经结束，在工作票填写终结时间并签字，工作班撤离现场	1	不符合要求扣1分		
3.5	安全文明生产	（1）杆上电工登杆作业应正确使用安全带、脚扣。 （2）上、下传递工具、材料均应使用绝缘绳传递，传递中不能与电杆、构件等碰撞，严禁抛掷。 （3）作业过程中禁止摘下绝缘防护用具，而且绝缘手套仅作辅助绝缘。 （4）转移作业相，关键步骤操作时应获得工作监护人的许可。 （5）作业过程中，不随意踩踏防潮苫布	5	错、漏一项扣1分，扣完为止		
3.6	关键点	（1）作业中，承力工具有效绝缘长度不得小于0.4m，绝缘操作杆的有效绝缘长度应不小于0.7m。 （2）作业中，杆上电工应保持对带电体不小于0.4m的安全距离。 （3）支、拉杆应安装可靠，导线转移应平缓、稳固。 （4）绝缘子绑扎线未绑好前不得拆卸支、拉线工具。 （5）提升导线前及提升过程中，应检查两侧电杆上的导线绑扎线是否牢靠，如有松动、脱线现象，必须重新绑扎加固后方可进行作业	5	错、漏一项扣1分，扣完为止		
	合计		100			

Jc0004243009　绝缘杆作业法带电更换直线杆绝缘子（支、拉杆法）的操作。（100分）

考核知识点：带电作业方法

难易度：难

技能等级评价专业技能考核操作工作任务书

一、任务名称

绝缘杆作业法带电更换直线杆绝缘子（支、拉杆法）的操作。

二、适用工种

高压线路带电检修工（配电）技师。

三、具体任务

（1）开工准备工作（现场复勘、工作许可、召开现场站班会、布置工作现场、工器具、材料检测）等项目。

（2）安装、拆除绝缘遮蔽用具。

（3）使用绝缘杆作业法带电更换直线杆绝缘子（支、拉杆法）的操作。

四、工作规范及要求

（1）带电作业应在良好天气下进行，作业前须进行风速和湿度测量。风力大于5级或湿度大于80%时，不宜带电作业。若遇雷电、雪、雹、雨、雾等不良天气，禁止带电作业。

（2）绝缘杆作业法。

（3）本作业项目工作人员共计 4 名，其中工作负责人（监护人）1 名、杆上电工 2 名、地面电工
1 名。

（4）工作负责人（监护人）、杆上电工、地面电工必须严格遵守《国家电网公司电力安全工作规
程（配电部分）（试行）》3.3.12 工作票所列人员的安全责任。

（5）要求着装正确（安全帽、全棉长袖工作服、绝缘鞋）。

五、考核及时间要求

考核时间共 50 分钟，从获得工作许可开始至工作终结完毕，每超过 2 分钟扣 1 分，到 100 分钟
终止考核。

技能等级评价专业技能考核操作评分标准

工种	高压线路带电检修工（配电）				评价等级	技师
项目模块	带电作业方法—绝缘杆作业法带电更换直线杆绝缘子（支、拉杆法）的操作			编号		Jc0004243009
单位		准考证号			姓名	
考试时限	50 分钟	题型		单项操作	题分	100 分
成绩		考评员		考评组长	日期	
试题正文	绝缘杆作业法带电更换直线杆绝缘子（支、拉杆法）的操作					
需要说明的问题和要求	（1）带电作业应在良好天气下进行，作业前须进行风速和湿度测量。风力大于 5 级或湿度大于 80%时，不宜带电作业。若遇雷电、雪、雹、雨、雾等不良天气，禁止带电作业。 （2）本作业项目工作人员共计 4 名，其中工作负责人（监护人）1 名、杆上电工 2 名、地面电工 1 名。 （3）工作负责人（监护人）：正确组织工作，检查工作票所列安全措施是否正确完备，是否符合现场实际条件，必要时予以补充完善；工作前，对工作班成员进行工作任务、安全措施交底和危险点告知，并确定每个工作班成员都已签名；组织执行工作票所列由其负责的安全措施；监督工作班成员遵守安全工作规程、正确使用劳动防护用品和安全工器具以及执行现场安全措施；关注工作班成员身体状况和精神状态是否出现异常迹象，人员变动是否合适。带电作业应有人监护。监护人不得直接操作，监护的范围不得超过一个作业点。 （4）工作班成员：熟悉工作内容、工作流程，掌握安全措施，明确工作中的危险点，并在工作票上履行交底签名确认手续；服从工作负责人（监护人）、专责监护人的指挥，严格遵守《国家电网公司电力安全工作规程（配电部分）（试行）》和劳动纪律，在指定的作业范围内工作，对自己在工作中的行为负责，互相关心工作安全；正确使用施工机具、安全工器具和劳动防护用品					

序号	项目名称	质量要求	满分	扣分标准	扣分原因	得分
1	开工准备					
1.1	现场复勘	（1）核对工作线路与设备双重名称。 （2）检查作业点两侧的电杆根部、基础是否牢固，导线固定是否牢固，检查装置和现场环境是否符合带电作业条件。 （3）检查气象条件（天气良好，无雷电、雪、雹、雨、雾等不良天气，风力不大于 5 级，湿度不大于 80%）。 （4）检查工作票所列安全措施，必要时予以补充和完善	4	错、漏一项扣 1 分，扣完为止		
1.2	工作许可	工作负责人按配电带电作业工作票内容与值班调控人员联系，履行工作许可手续	1	未执行工作许可制度扣 1 分		
1.3	召开现场站班会	（1）工作负责人宣读工作票。 （2）工作负责人检查工作班组成员精神状态。 （3）工作负责人交代工作任务进行人员分工，交代安全措施、技术措施、危险点及控制措施。 （4）工作负责人检查工作班成员对工作内容、工作流程、安全措施以及工作中的危险点是否明确。 （5）工作班成员在工作票上履行交底签名确认手续	4	错、漏一项扣 1 分，扣完为止		

续表

序号	项目名称	质量要求	满分	扣分标准	扣分原因	得分
1.4	布置工作现场	根据道路情况设置安全围栏、警告标志或路障	1	不满足作业要求扣1分		
1.5	工器具、材料检测	（1）工器具、材料齐备，规格型号正确。 （2）绝缘工器具应放置在防潮苫布上，绝缘工器具应与金属工器具、材料分区放置。 （3）工器具在试验周期内。 （4）外观检查方法正确，绝缘工器具应无机械、绝缘缺陷，应戴干净清洁手套，用干燥、清洁毛巾清洁绝缘工器具。 （5）使用绝缘高阻表对绝缘工器具进行绝缘电阻检测，阻值不得低于700MΩ。 （6）检查新绝缘子的机电性能良好	5	错、漏一项扣1分，扣完为止		
2	作业过程					
2.1	登杆	（1）杆上电工对安全带、脚扣做冲击试验。 （2）杆上电工穿戴好绝缘防护用具，携带绝缘传递绳，登杆至适当位置	5	错、漏一项扣1分； 踩空、打滑每次扣1分； 未正确使用安全带、脚扣扣1分； 上杆过程手上持有工器具扣1分； 以上扣分，扣完为止； 登杆动作生疏、跌落，终止工作		
2.2	验电	杆上电工使用验电器对导线、绝缘子、横担进行验电，确认无漏电	5	错、漏一处扣2分，扣完为止		
2.3	安装绝缘遮蔽用具	杆上电工用绝缘操作杆按照"从近到远、从下到上、先带电体后接地体"的遮蔽原则对不能满足安全距离的带电体和接地体进行绝缘遮蔽	15	错、漏一项扣10分，扣完为止； 遮蔽顺序错误终止工作		
2.4	更换直线杆绝缘子	（1）地面电工将绝缘拉线杆和支线杆分别传至杆上电工，两电工相互配合分别将拉线杆、支线杆上端钩住导线，并适当紧固。 （2）第一电工安装拉线杆固定器，并将拉线杆安装在固定器上；第二电工安装提线器，并将支线杆安装在提线器上。 （3）拉线杆、支线杆全部装好检查无误后，地面电工将绝缘绑线剪和两用操作杆传至杆上。 （4）第一电工用绝缘操作杆取下绝缘子遮蔽罩后，用绝缘绑线剪将绝缘子绑扎线剪断，两电工相互配用两用操作杆拆除绑扎线。 （5）绑扎线全部拆下后，第二电工操作支线杆，抬起提线器使导线高于绝缘子，第一电工操作拉线杆，缓慢将导线支出，第二电工放下提线器，第一电工旋紧拉线杆卡箍，拆下导线上的遗留绑线。 （6）导线支出后，将需更换的绝缘子拆下传至地面，地面电工把已做好绑扎线的新绝缘子传至杆上，由第一电工进行安装，并恢复横担遮蔽。 （7）绝缘子安装完毕后，两电工相互配合，操作支线杆、拉线杆将导线放置在绝缘子顶端线槽上，用操作杆绑扎绝缘子	30	错、漏一项扣4分，扣完为止		
2.5	拆除绝缘遮蔽用具	杆上电工按照"从远到近、从上到下、先接地体后带电体"的原则拆除绝缘遮蔽	10	拆除绝缘遮蔽用具顺序错误终止工作，扣10分		
2.6	撤离杆塔	杆上电工确认杆上无遗留物，逐次下杆	5	发生高空跌落终止工作，扣5分		

续表

序号	项目名称	质量要求	满分	扣分标准	扣分原因	得分
3	工作结束					
3.1	清理现场	工作负责人组织工作班成员整理工具、材料，将工器具分类摆放在苫布上，清理现场，做到工完、料尽、场地清	1	不符合要求扣1分		
3.2	质量验收	工作负责人对完成的工作进行全面检查，符合验收规范要求后，记录在册	2	不符合要求扣2分		
3.3	收工会	召开现场收工会，正确点评工作，补充现场标准化作业指导书验收栏等内容	1	不符合要求扣1分		
3.4	工作终结	汇报值班调控人员工作已经结束，在工作票填写终结时间并签字，工作班撤离现场	1	不符合要求扣1分		
3.5	安全文明生产	（1）杆上电工登杆作业应正确使用安全带、脚扣。 （2）上、下传递工具、材料均应使用绝缘绳传递，传递中不能与电杆、构件等碰撞，严禁抛掷。 （3）作业过程中禁止摘下绝缘防护用具，而且绝缘手套仅作辅助绝缘。 （4）转移作业相，关键步骤操作时应获得工作监护人的许可。 （5）作业过程中，不随意踩踏防潮苫布	5	错、漏一项扣1分，扣完为止		
3.6	关键点	（1）作业中，承力工具有效绝缘长度不得小于0.4m，绝缘操作杆的有效绝缘长度应不小于0.7m。 （2）作业中，杆上电工应保持对带电体不小于0.4m的安全距离。 （3）支、拉杆应安装可靠，导线转移应平缓、稳固。 （4）绝缘子绑扎线未绑好前不得拆卸支、拉线工具。 （5）提升导线前及提升过程中，应检查两侧电杆上的导线绑扎线是否牢靠，如有松动、脱线现象，必须重新绑扎加固后方可进行作业	5	错、漏一项扣1分，扣完为止		
	合计		100			

Jc0004243010 绝缘杆作业法带电更换直线杆绝缘子及横担（多功能组合抱杆）的操作。（100分）

考核知识点：带电作业方法

难易度：难

技能等级评价专业技能考核操作工作任务书

一、任务名称

绝缘杆作业法带电更换直线杆绝缘子及横担（多功能组合抱杆）的操作。

二、适用工种

高压线路带电检修工（配电）技师。

三、具体任务

（1）开工准备工作（现场复勘、工作许可、召开现场站班会、布置工作现场、工器具、材料检测）等项目。

（2）安装、拆除绝缘遮蔽用具。

（3）使用绝缘杆作业法带电更换直线杆绝缘子及横担（多功能组合抱杆）的操作。

四、工作规范及要求

（1）带电作业应在良好天气下进行，作业前须进行风速和湿度测量。风力大于 5 级或湿度大于 80% 时，不宜带电作业。若遇雷电、雪、雹、雨、雾等不良天气，禁止带电作业。

（2）绝缘杆作业法。

（3）本作业项目工作人员共计 4 名，其中工作负责人（监护人）1 名、杆上电工 2 名、地面电工 1 名。

（4）工作负责人（监护人）、杆上电工、地面电工必须严格遵守《国家电网公司电力安全工作规程（配电部分）（试行）》3.3.12 工作票所列人员的安全责任。

（5）要求着装正确（安全帽、全棉长袖工作服、绝缘鞋）。

五、考核及时间要求

考核时间共 50 分钟，从获得工作许可开始至工作终结完毕，每超过 2 分钟扣 1 分，到 100 分钟终止考核。

技能等级评价专业技能考核操作评分标准

工种		高压线路带电检修工（配电）		评价等级		技师
项目模块		带电作业方法—绝缘杆作业法带电更换直线杆绝缘子及横担（多功能组合抱杆）的操作		编号		Jc0004243010
单位			准考证号		姓名	
考试时限	50 分钟		题型	单项操作	题分	100 分
成绩		考评员		考评组长	日期	
试题正文		绝缘杆作业法带电更换直线杆绝缘子及横担（多功能组合抱杆）的操作				
需要说明的问题和要求		（1）带电作业应在良好天气下进行，作业前须进行风速和湿度测量。风力大于 5 级或湿度大于 80% 时，不宜带电作业。若遇雷电、雪、雹、雨、雾等不良天气，禁止带电作业。 （2）本作业项目工作人员共计 4 名，其中工作负责人（监护人）1 名、杆上电工 2 名、地面电工 1 名。 （3）工作负责人（监护人）：正确组织工作；检查工作票所列安全措施是否正确完备，是否符合现场实际条件，必要时予以补充完善；工作前，对工作班成员进行工作任务、安全措施交底和危险点告知，并确认每个工作班成员都已签名；组织执行工作票所列由其负责的安全措施；监督工作班成员遵守安全工作规程、正确使用劳动防护用品和安全工器具以及执行现场安全措施；关注工作班成员身体状况和精神状态是否出现异常迹象，人员变动是否合适。带电作业应有人监护。监护人不得直接操作，监护的范围不得超过一个作业点。 （4）工作班成员：熟悉工作内容、工作流程，掌握安全措施，明确工作中的危险点，并在工作票上履行交底签名确认手续；服从工作负责人（监护人）、专责监护人的指挥，严格遵守《国家电网公司电力安全工作规程（配电部分）（试行）》和劳动纪律，在指定的作业范围内工作，对自己在工作中的行为负责，互相关心工作安全；正确使用施工机具、安全工器具和劳动防护用品				

序号	项目名称	质量要求	满分	扣分标准	扣分原因	得分
1	开工准备					
1.1	现场复勘	（1）核对工作线路与设备双重名称。 （2）检查作业点两侧的电杆根部、基础是否牢固，导线固定是否牢固，检查作业装置和现场环境是否符合带电作业条件。 （3）检查气象条件（天气良好，无雷电、雪、雹、雨、雾等不良天气，风力不大于 5 级，湿度不大于 80%）。 （4）检查工作票所列安全措施，必要时予以补充和完善	4	错、漏一项扣 1 分，扣完为止		
1.2	工作许可	工作负责人按配电带电作业工作票内容与值班调控人员联系，履行工作许可手续	1	未执行工作许可制度扣 1 分		

续表

序号	项目名称	质量要求	满分	扣分标准	扣分原因	得分
1.3	召开现场站班会	（1）工作负责人宣读工作票。 （2）工作负责人检查工作班组成员精神状态。 （3）工作负责人交代工作任务进行人员分工，交代安全措施、技术措施、危险点及控制措施。 （4）工作负责人检查工作班成员对工作内容、工作流程、安全措施以及工作中的危险点是否明确。 （5）工作班成员在工作票上履行交底签名确认手续	4	错、漏一项扣1分，扣完为止		
1.4	布置工作现场	根据道路情况设置安全围栏、警告标志或路障	1	不满足作业要求扣1分		
1.5	工器具、材料检测	（1）工器具、材料齐备，规格型号正确。 （2）绝缘工器具应放置在防潮苫布上，绝缘工器具应与金属工器具、材料分区放置。 （3）工器具在试验周期内。 （4）外观检查方法正确，绝缘工器具应无机械、绝缘缺陷，应戴干净清洁手套，用干燥、清洁毛巾清洁绝缘工器具。 （5）使用绝缘高阻表对绝缘工器具进行绝缘电阻检测，阻值不得低于700MΩ。 （6）检查新绝缘子的机电性能良好	5	错、漏一项扣1分，扣完为止		
2	作业过程					
2.1	登杆	（1）杆上电工对安全带、脚扣做冲击试验。 （2）杆上电工穿戴好绝缘防护用具，携带绝缘传递绳，登杆至适当位置	5	错、漏一项扣1分； 踩空、打滑每次扣1分； 未正确使用安全带、脚扣扣1分； 上杆过程手上持有工器具扣1分； 以上扣分，扣完为止； 登杆动作生疏、跌落，终止工作		
2.2	验电	杆上电工使用验电器对导线、绝缘子、横担进行验电，确认无漏电	5	错、漏一处扣2分，扣完为止		
2.3	安装绝缘遮蔽用具	杆上电工用绝缘操作杆按照"从近到远、从下到上、先带电体后接地体"的遮蔽原则对不能满足安全距离的带电体和接地体进行绝缘遮蔽	15	错、漏一项扣10分，扣完为止； 遮蔽顺序错误终止工作		
2.4	安装多功能绝缘抱杆组合	杆上电工相互配合在直线横担下方 0.4m 处安装多功能绝缘抱杆	5	不符合要求扣1～5分，扣完为止		
2.5	更换绝缘子及横担	（1）杆上电工操作多功能绝缘抱杆组合，提升其水平绝缘横担，将两边相导线导入线槽中锁定。杆上电工配合依次拆除两边相导线绑扎线。 （2）杆上电工操作多功能绝缘抱杆组合，提升其水平绝缘横担，将中间相导线导入线槽中锁定，如杆上电工配合拆除中间相导线绑扎线。 （3）杆上电工操作多功能绝缘抱杆组合将导线升高至中间相直线绝缘子有效安全距离大于 0.4m 处固定。 （4）杆上电工相互配合更换直线杆横担及三相绝缘子。恢复横担、绝缘子的绝缘遮蔽措施。 （5）杆上电工相互配合使用多功能绝缘抱杆组合将中间相导线降至绝缘子顶槽内，并使用绝缘三齿耙绑好绑扎线。恢复导线及绝缘子绝缘遮蔽措施。 （6）杆上电工相互配合使用多功能绝缘抱杆组合将两边相导线降至绝缘子顶槽内，并依次使用绝缘三齿耙绑好绑扎线。恢复导线及直线杆绝缘子绝缘遮蔽措施。 （7）杆上电工相互配合拆除多功能绝缘抱杆组合	25	错、漏一项扣4分，扣完为止		

续表

序号	项目名称	质量要求	满分	扣分标准	扣分原因	得分
2.6	拆除绝缘遮蔽	经工作负责人的许可后，2号斗内电工调整绝缘斗至外边相合适工作位置，按照"从远到近、从上到下、先接地体后带电体"的原则拆除绝缘遮蔽： （1）拆除的顺序依次为绝缘子、导线。 （2）杆上电工在拆除带电体上的绝缘遮蔽隔离措施时，动作应轻缓，人体与带电体应保持足够的安全距离	10	拆除绝缘遮蔽用具顺序错误终止工作，扣10分		
2.7	撤离杆塔	杆上电工确认杆上无遗留物，逐次下杆	5	发生高空跌落终止工作，扣5分		
3	工作结束					
3.1	清理现场	工作负责人组织工作班成员整理工具、材料，将工器具分类摆放在苫布上，清理现场，做到工完、料尽、场地清	1	不符合要求扣1分		
3.2	质量验收	工作负责人对完成的工作进行全面检查，符合验收规范要求后，记录在册	2	不符合要求扣2分		
3.3	收工会	召开现场收工会，正确点评工作，补充现场标准化作业指导书验收栏等内容	1	不符合要求扣1分		
3.4	工作终结	汇报值班调控人员工作已经结束，在工作票填写终结时间并签字，工作班撤离现场	1	不符合要求扣1分		
3.5	安全文明生产	（1）杆上电工登杆作业应正确使用安全带、脚扣。 （2）上、下传递工具、材料均应使用绝缘绳传递，传递中不能与电杆、构件等碰撞，严禁抛掷。 （3）作业过程中禁止摘下绝缘防护用具，而且绝缘手套仅作辅助绝缘。 （4）转移作业相，关键步骤操作时应获得工作监护人的许可。 （5）作业过程中，不随意踩踏防潮苫布	5	错、漏一项扣1分，扣完为止		
3.6	关键点	（1）作业中，承力工具有效绝缘长度不得小于0.4m，绝缘操作杆的有效绝缘长度应不小于0.7m。 （2）作业中，杆上电工应保持对带电体不小于0.4m的安全距离。 （3）支、拉杆应安装可靠，导线转移应平缓、稳固。 （4）绝缘子绑扎线未绑好前不得拆卸支、拉线工具。 （5）提升导线前及提升过程中，应检查两侧电杆上的导线绑扎线是否牢靠，如有松动、脱线现象，必须重新绑扎加固后方可进行作业	5	错、漏一项扣1分，扣完为止		
	合计		100			

Jc0004243011 绝缘杆作业法带电更换直线杆绝缘子及横担（支拉杆）的操作。（100分）

考核知识点：带电作业方法

难易度：难

技能等级评价专业技能考核操作工作任务书

一、任务名称

绝缘杆作业法带电更换直线杆绝缘子及横担（支拉杆）的操作。

二、适用工种

高压线路带电检修工（配电）技师。

三、具体任务

（1）开工准备工作（现场复勘、工作许可、召开现场站班会、布置工作现场、工器具、材料检测）等项目。

（2）安装、拆除绝缘遮蔽用具。

（3）使用绝缘杆作业法带电更换直线杆绝缘子及横担（支拉杆）的操作。

四、工作规范及要求

（1）带电作业应在良好天气下进行，作业前须进行风速和湿度测量。风力大于 5 级或湿度大于 80%时，不宜带电作业。若遇雷电、雪、雹、雨、雾等不良天气，禁止带电作业。

（2）绝缘杆作业法。

（3）本作业项目工作人员共计 4 名，其中工作负责人（监护人）1 名、杆上电工 2 名、地面电工 1 名。

（4）工作负责人（监护人）、杆上电工、地面电工必须严格遵守《国家电网公司电力安全工作规程（配电部分）（试行）》3.3.12 工作票所列人员的安全责任。

（5）要求着装正确（安全帽、全棉长袖工作服、绝缘鞋）。

五、考核及时间要求

考核时间共 50 分钟，从获得工作许可开始至工作终结完毕，每超过 2 分钟扣 1 分，到 100 分钟终止考核。

技能等级评价专业技能考核操作评分标准

工种	高压线路带电检修工（配电）			评价等级	技师
项目模块	带电作业方法—绝缘杆作业法带电更换直线杆绝缘子及横担（支拉杆）的操作		编号		Jc0004243011
单位		准考证号		姓名	
考试时限	50 分钟	题型	单项操作	题分	100 分
成绩		考评员		考评组长		日期	
试题正文	绝缘杆作业法带电更换直线杆绝缘子及横担（支拉杆）的操作				
需要说明的问题和要求	（1）带电作业应在良好天气下进行，作业前须进行风速和湿度测量。风力大于 5 级或湿度大于 80%时，不宜带电作业。若遇雷电、雪、雹、雨、雾等不良天气，禁止带电作业。 （2）本作业项目工作人员共计 4 名，其中工作负责人（监护人）1 名、杆上电工 2 名、地面电工 1 名。 （3）工作负责人（监护人）：正确组织工作；检查工作票所列安全措施是否正确完备，是否符合现场实际条件，必要时予以补充完善；工作前，对工作班成员进行工作任务、安全措施交底和危险点告知，并确定每个工作班成员都已签名；组织执行工作票所列由其负责的安全措施；监督工作班成员遵守安全工作规程、正确使用劳动防护用品和安全工器具以及执行现场安全措施；关注工作班成员身体状况和精神状态是否出现异常迹象，人员变动是否合适。带电作业应有人监护。监护人不得直接操作，监护的范围不得超过一个作业点。 （4）工作班成员：熟悉工作内容、工作流程，掌握安全措施，明确工作中的危险点，并在工作票上履行交底签名确认手续；服从工作负责人（监护人）、专责监护人的指挥，严格遵守《国家电网公司电力安全工作规程（配电部分）（试行）》和劳动纪律，在指定的作业范围内工作，对自己在工作中的行为负责，互相关心工作安全；正确使用施工机具、安全工器具和劳动防护用品

序号	项目名称	质量要求	满分	扣分标准	扣分原因	得分
1	开工准备					
1.1	现场复勘	（1）核对工作线路与设备双重名称。 （2）检查作业点两侧的电杆根部、基础是否牢固，导线固定是否牢固，检查作业装置和现场环境是否符合带电作业条件。 （3）检查气象条件（天气良好，无雷电、雪、雹、雨、雾等不良天气，风力不大于5级，湿度不大于80%）。 （4）检查工作票所列安全措施，必要时予以补充和完善	4	错、漏一项扣1分，扣完为止		
1.2	工作许可	工作负责人按配电带电作业工作票内容与值班调控人员联系，履行工作许可手续	1	未执行工作许可制度扣1分		
1.3	召开现场站班会	（1）工作负责人宣读工作票。 （2）工作负责人检查工作班组成员精神状态。 （3）工作负责人交代工作任务进行人员分工，交代安全措施、技术措施、危险点及控制措施。 （4）工作负责人检查工作班成员对工作内容、工作流程、安全措施以及工作中的危险点是否明确。 （5）工作班成员在工作票上履行交底签名确认手续	4	错、漏一项扣1分，扣完为止		
1.4	布置工作现场	根据道路情况设置安全围栏、警告标志或路障	1	不满足作业要求扣1分		
1.5	工器具、材料检测	（1）工器具、材料齐备，规格型号正确。 （2）绝缘工器具应放置在防潮苫布上，绝缘工器具应与金属工器具、材料分区放置。 （3）工器具在试验周期内。 （4）外观检查方法正确，绝缘工器具应无机械、绝缘缺陷，应戴干净清洁手套，用干燥、清洁毛巾清洁绝缘工器具。 （5）使用绝缘高阻表对绝缘工器具进行绝缘电阻检测，阻值不得低于700MΩ。 （6）检查新绝缘子的机电性能良好	5	错、漏一项扣1分，扣完为止		
2	作业过程					
2.1	登杆	（1）杆上电工对安全带、脚扣做冲击试验。 （2）杆上电工穿戴好绝缘防护用具，携带绝缘传递绳，登杆至适当位置	5	错、漏一项扣1分； 踩空、打滑每次扣1分； 未正确使用安全带、脚扣扣1分； 上杆过程手上持有工器具扣1分； 以上扣分，扣完为止； 登杆动作生疏、跌落，终止工作		
2.2	验电	杆上电工使用验电器对导线、绝缘子、横担进行验电，确认无漏电	5	错、漏一处扣2分，扣完为止		
2.3	安装绝缘遮蔽用具	杆上电工用绝缘操作杆按照"从近到远、从下到上、先带电体后接地体"的遮蔽原则对不能满足安全距离的带电体和接地体进行绝缘遮蔽	5	错、漏一项扣5分，扣完为止； 遮蔽顺序错误终止工作		
2.4	传递支、拉杆	地面电工将绝缘拉线杆和支线杆分别传至杆上电工，两电工相互配合分别将拉线杆、支线杆上端钩住导线，并适当紧固	5	不符合要求扣1~5分，扣完为止		
2.5	安装内边相支、拉杆及固定	内边相支拉杆安装： （1）1号电工安装拉线杆固定器，并将拉线杆安装在固定器上；2号电工安装支线杆提线器，并将支线杆安装在提线器上。 （2）拉线杆、支线杆全部装好检查无误	5	不符合要求扣1~5分，扣完为止		

序号	项目名称	质量要求	满分	扣分标准	扣分原因	得分
2.6	安装外边相支、拉杆及固定	外边相支拉杆安装： 按照相同方法安装外边相支、拉杆	5	不符合要求扣1~5分，扣完为止		
2.7	拆除绝缘子绑扎线	1号电工用绝缘操作杆取下针式绝缘子遮蔽罩后，用绝缘绑线剪将针式绝缘子绑扎线剪断，两电相互配合用两用操作杆拆除绑扎线	5	不符合要求扣1~5分，扣完为止		
2.8	提升导线	（1）绑扎线全部拆下后，2号电工操作支线杆，抬起提线器使导线高于绝缘子。 （2）1号电工操作拉线杆，缓慢将导线支出，2号电工放下提线器，1号电工旋紧拉线杆卡箍。 （3）拆下导线上的遗留绑线。 （4）按照相同步骤将另一边相导线支出到安全距离以外	5	不符合要求扣1~5分，扣完为止		
2.9	更换绝缘子及横担	拆除待更换绝缘子、横担，安装新横担、绝缘子，并恢复横担、绝缘子的遮蔽	10	错、漏一项扣10分，扣完为止		
2.10	固定绝缘子	（1）绝缘子安装完毕后，两电工相互配合，操作支线杆、拉线杆将导线放置回绝缘子顶端线槽上，用操作杆绑扎绝缘子。 （2）按照相同步骤将另一边相导线的固定	5	不符合要求扣1~5分，扣完为止		
2.11	拆除两边相支拉杆	（1）将外边相支、拉杆由导线上取下传至地面，拆除固定器及提升器。 （2）按照相同方法取下内边相支拉杆及固定装置	5	不符合要求扣1~5分，扣完为止		
2.12	拆除绝缘遮蔽	经工作负责人的许可后，2号斗内电工调整绝缘斗至外边相合适工作位置，按照"从远到近、从上到下、先接地体后带电体"的原则拆除绝缘遮蔽： （1）拆除的顺序依次为绝缘子、导线。 （2）杆上电工在拆除带电体上的绝缘遮蔽隔离措施时，动作应轻缓，人体与带电体应保持足够的安全距离	5	拆除绝缘遮蔽用具顺序错误终止工作，扣5分		
2.13	撤离杆塔	杆上电工确认杆上无遗留物，逐次下杆	5	发生高空跌落终止工作，扣5分		
3	工作结束					
3.1	清理现场	工作负责人组织工作班成员整理工具、材料，将工器具分类摆放在苫布上，清理现场，做到工完、料尽、场地清	1	不符合要求扣1分		
3.2	质量验收	工作负责人对完成的工作进行全面检查，符合验收规范要求后，记录在册	2	不符合要求扣2分		
3.3	收工会	召开现场收工会，正确点评工作，补充现场标准化作业指导书验收栏等内容	1	不符合要求扣1分		
3.4	工作终结	汇报值班调控人员工作已经结束，在工作票填写终结时间并签字，工作班撤离现场	1	不符合要求扣1分		
3.5	安全文明生产	（1）杆上电工登杆作业应正确使用安全带、脚扣。 （2）上、下传递工具、材料均应使用绝缘绳传递，传递中不能与电杆、构件等碰撞，严禁抛掷。 （3）作业过程中禁止摘下绝缘防护用具，而且绝缘手套仅作辅助绝缘。 （4）转移作业相，关键步骤操作时应获得工作监护人的许可。 （5）作业过程中，不随意踩踏防潮苫布	5	错、漏一项扣1分，扣完为止		

续表

序号	项目名称	质量要求	满分	扣分标准	扣分原因	得分
3.6	关键点	（1）作业中，承力工具有效绝缘长度不得小于 0.4m，绝缘操作杆的有效绝缘长度应不小于 0.7m。 （2）作业中，杆上电工应保持对带电体不小于 0.4m 的安全距离。 （3）支、拉杆应安装可靠，导线转移应平缓、稳固。 （4）绝缘子绑扎线未绑好前不得拆卸支、拉线工具。 （5）提升导线前及提升过程中，应检查两侧电杆上的导线绑扎线是否牢靠，如有松动、脱线现象，必须重新绑扎加固后方可进行作业	5	错、漏一项扣 1 分，扣完为止		
	合计		100			

Jc0004243012　绝缘杆作业法带电更换熔断器（绝缘杆作业法、登杆作业）的操作。（100 分）

考核知识点：带电作业方法

难易度：难

技能等级评价专业技能考核操作工作任务书

一、任务名称

绝缘杆作业法带电更换熔断器（绝缘杆作业法、登杆作业）的操作。

二、适用工种

高压线路带电检修工（配电）技师。

三、具体任务

（1）开工准备工作（现场复勘、工作许可、召开现场站班会、布置工作现场、工器具、材料检测）等项目。

（2）安装、拆除绝缘遮蔽用具。

（3）使用绝缘杆作业法带电更换熔断器（绝缘杆作业法、登杆作业）的操作。

四、工作规范及要求

（1）带电作业应在良好天气下进行，作业前须进行风速和湿度测量。风力大于 5 级或湿度大于 80% 时，不宜带电作业。若遇雷电、雪、雹、雨、雾等不良天气，禁止带电作业。

（2）绝缘杆作业法。

（3）本作业项目工作人员共计 4 名，其中工作负责人（监护人）1 名、梯上电工 1 名、杆上电工 1 名、地面电工 1 名。

（4）工作负责人（监护人）、杆上电工、地面电工必须严格遵守《国家电网公司电力安全工作规程（配电部分）（试行）》3.3.12 工作票所列人员的安全责任。

（5）要求着装正确（安全帽、全棉长袖工作服、绝缘鞋）。

五、考核及时间要求

考核时间共 50 分钟，从获得工作许可开始至工作终结完毕，每超过 2 分钟扣 1 分，到 100 分钟终止考核。

技能等级评价专业技能考核操作评分标准

工种	高压线路带电检修工(配电)			评价等级	技师
项目模块	带电作业方法—绝缘杆作业法带电更换熔断器 (绝缘杆作业法、登杆作业)的操作		编号		Jc0004243012
单位		准考证号		姓名	
考试时限	50分钟	题型	单项操作	题分	100分
成绩		考评员	考评组长	日期	
试题正文	绝缘杆作业法带电更换熔断器(绝缘杆作业法、登杆作业)的操作				
需要说明的 问题和要求	(1)带电作业应在良好天气下进行,作业前须进行风速和湿度测量。风力大于5级或湿度大于80%时,不宜带电作业。若遇雷电、雪、雹、雨、雾等不良天气,禁止带电作业。 (2)本作业项目工作人员共计4名,其中工作负责人(监护人)1名、梯上电工1名、杆上电工1名、地面电工1名。 (3)工作负责人(监护人):正确组织工作;检查工作票所列安全措施是否正确完备,是否符合现场实际条件,必要时予以补充完善;工作前,对工作班成员进行工作任务、安全措施交底和危险点告知,并确定每个工作班成员都已签名;组织执行工作票所列由其负责的安全措施;监督工作班成员遵守安全工作规程、正确使用劳动防护用品和安全工器具以及执行现场安全措施;关注工作班成员身体状况和精神状态是否出现异常迹象,人员变动是否合适。带电作业应有人监护。监护人不得直接操作,监护的范围不得超过一个作业点。 (4)工作班成员:熟悉工作内容、工作流程,掌握安全措施,明确工作中的危险点,并在工作票上履行交底签名确认手续;服从工作负责人(监护人)、专责监护人的指挥,严格遵守《国家电网公司电力安全工作规程(配电部分)(试行)》和劳动纪律,在指定的作业范围内工作,对自己在工作中的行为负责,互相关心工作安全;正确使用施工机具、安全工器具和劳动防护用品				

序号	项目名称	质量要求	满分	扣分标准	扣分 原因	得分
1	开工准备					
1.1	现场复勘	(1)核对工作线路与设备双重名称。 (2)检查作业点两侧的电杆根部、基础是否牢固,导线固定是否牢固,检查作业装置和现场环境是否符合带电作业条件。 (3)检查气象条件(天气良好,无雷电、雪、雹、雨、雾等不良天气,风力不大于5级,湿度不大于80%)。 (4)检查工作票所列安全措施,必要时予以补充和完善	4	错、漏一项扣1分,扣完为止		
1.2	工作许可	工作负责人按配电带电作业工作票内容与值班调控人员联系,履行工作许可手续	1	未执行工作许可制度扣1分		
1.3	召开现场站班会	(1)工作负责人宣读工作票。 (2)工作负责人检查工作班组成员精神状态。 (3)工作负责人交代工作任务进行人员分工,交代安全措施、技术措施、危险点及控制措施。 (4)工作负责人检查工作班成员对工作内容、工作流程、安全措施以及工作中的危险点是否明确。 (5)工作班成员在工作票上履行交底签名确认手续	4	错、漏一项扣1分,扣完为止		
1.4	布置工作现场	根据道路情况设置安全围栏、警告标志或路障	1	不满足作业要求扣1分		
1.5	工器具、材料检测	(1)工器具、材料齐备,规格型号正确。 (2)绝缘工器具应放置在防潮苫布上,绝缘工器具应与金属工器具、材料分区放置。 (3)工器具在试验周期内。 (4)外观检查方法正确,绝缘工器具应无机械、绝缘缺陷,应戴干净清洁手套,用干燥、清洁毛巾清洁绝缘工器具。 (5)使用绝缘高阻表对绝缘工器具进行绝缘电阻检测,阻值不得低于700MΩ。 (6)检查新绝缘子的机电性能良好	5	错、漏一项扣1分,扣完为止		

续表

序号	项目名称	质量要求	满分	扣分标准	扣分原因	得分
1.6	检测（新）熔断器	检测熔断器： （1）清洁熔断器，并做表面检查，瓷件应光滑，无麻点、裂痕等，触头及熔丝管无问题，绝缘电阻合格。用绝缘检测仪检测避雷器绝缘电阻不应低于 500MΩ。 （2）熔丝大小选择合适。 （3）检测完毕，向工作负责人汇报检测结果	5	错、漏一项扣 2 分，扣完为止		
2	作业过程					
2.1	登杆	（1）杆上电工对安全带、脚扣做冲击试验。 （2）杆上电工穿戴好绝缘防护用具，携带绝缘传递绳，登杆至适当位置	5	错、漏一项扣 1 分； 踩空、打滑每次扣 1 分； 未正确使用安全带、脚扣扣 1 分； 上杆过程手上持有工器具扣 1 分； 以上扣分，扣完为止； 登杆动作生疏、跌落，终止工作		
2.2	验电	杆上电工使用验电器对导线、绝缘子、横担进行验电，确认无漏电	5	错、漏一处扣 3 分，扣完为止		
2.3	安装绝缘隔板	（1）经工作负责人的许可后，梯上电工在地面电工的配合下，用绝缘操作杆装设近边相与中间相之间的绝缘隔板，梯上电工返回地面。 （2）梯上电工在对带电体设置绝缘遮蔽隔离措施时，动作应轻缓，人体与带电体应保持足够的安全距离（不小于0.4m）	5	不符合要求扣 1～5 分，扣完为止		
2.4	断开熔断器上引线	（1）梯上电工使用绝缘夹钳夹住熔断器上引线。 （2）杆上电工使用绝缘锁杆锁紧熔断器上端引线，再使用绝缘套筒操作杆拆卸熔断器上桩头螺栓。 （3）梯上电工使用绝缘夹钳夹紧，防止引线脱落。 （4）梯上电工用绝缘夹钳将熔断器上端引线顺高压引下线举起。杆上电工用绝缘锁杆将熔断器上端引线固定在本相高压引下线上。 （5）梯上电工安装熔断器引线遮蔽罩，将绝缘子、上下线进行绝缘遮蔽	15	错、漏一处扣 3 分，扣完为止		
2.5	更换熔断器	梯上电工拆除熔断器下桩头引线螺栓，更换熔断器。对新安装熔断器进行拉合情况检查，摘下熔丝管，连接好下引线	15	不符合要求扣 10 分，扣完为止		
2.6	搭接熔断器上引线	（1）梯上电工取下引线遮蔽罩传至地面。 （2）梯上电工用绝缘夹钳夹住高压熔断器上引线。 （3）梯上电工将引线送至高压熔断器上桩头接线螺栓处。杆上电工用绝缘套筒拧紧接线螺栓。杆上电工松开绝缘锁杆	15	错、漏一处扣 5 分，扣完为止		
2.7	拆除绝缘隔板	（1）经工作负责人的许可后，梯上电工拆除外边相与中间相之间的绝缘隔板，并将绝缘隔板放至地面，梯上电工返回地面。 （2）经工作负责人的许可后，梯上电工拆除内边相与中间相之间的绝缘隔板，并将绝缘隔板放至地面，梯上电工返回地面	5	不符合要求扣 1～5 分，扣完为止		

续表

序号	项目名称	质量要求	满分	扣分标准	扣分原因	得分
3	工作结束					
3.1	清理现场	工作负责人组织工作班成员整理工具、材料,将工器具分类摆放在苫布上,清理现场,做到工完、料尽、场地清	1	不符合要求扣1分		
3.2	质量验收	工作负责人对完成的工作进行全面检查,符合验收规范要求后,记录在册	2	不符合要求扣2分		
3.3	收工会	召开现场收工会,正确点评工作,补充现场标准化作业指导书验收栏等内容	1	不符合要求扣1分		
3.4	工作终结	汇报值班调控人员工作已经结束,在工作票填写终结时间并签字,工作班撤离现场	1	不符合要求扣1分		
3.5	安全文明生产	（1）杆上电工登杆作业应正确使用安全带、脚扣。 （2）上、下传递工具、材料均应使用绝缘绳传递,传递中不能与电杆、构件等碰撞,严禁抛掷。 （3）作业过程中禁止摘下绝缘防护用具,而且绝缘手套仅作辅助绝缘。 （4）转移作业相,关键步骤操作时应获得工作监护人的许可。 （5）作业过程中,不随意踩踏防潮苫布	5	错、漏一项扣1分,扣完为止		
3.6	关键点	（1）作业中,承力工具有效绝缘长度不得小于0.4m,绝缘操作杆的有效绝缘长度应不小于0.7m。 （2）作业中,杆上电工应保持对带电体不小于0.4m的安全距离。 （3）支、拉杆应安装可靠,导线转移应平缓、稳固。 （4）绝缘子绑扎线未绑好前不得拆卸支、拉线工具。 （5）提升导线前及提升过程中,应检查两侧电杆上的导线绑扎线是否牢靠,如有松动、脱线现象,必须重新绑扎加固后方可进行作业	5	错、漏一项扣1分,扣完为止		
	合计		100			

Jc0004243013 绝缘手套作业法带电更换耐张绝缘子串及横担（绝缘手套作业法、绝缘斗臂车、绝缘横担）的操作。（100分）

考核知识点：带电作业方法

难易度：难

技能等级评价专业技能考核操作工作任务书

一、任务名称

绝缘手套作业法带电更换耐张绝缘子串及横担（绝缘手套作业法、绝缘斗臂车、绝缘横担）的操作。

二、适用工种

高压线路带电检修工（配电）技师。

三、具体任务

（1）开工准备工作（现场复勘、工作许可、召开现场站班会、布置工作现场、工器具、材料检测）

等项目。

（2）安装、拆除绝缘遮蔽用具。

（3）使用绝缘手套作业法带电更换耐张绝缘子串及横担（绝缘手套作业法、绝缘斗臂车、绝缘横担）的操作。

四、工作规范及要求

（1）带电作业应在良好天气下进行，作业前须进行风速和湿度测量。风力大于5级或湿度大于80%时，不宜带电作业。若遇雷电、雪、雹、雨、雾等不良天气，禁止带电作业。

（2）绝缘手套作业法。

（3）本作业项目工作人员共计4名，其中工作负责人（监护人）1名、斗内电工2名、地面电工1名。

（4）工作负责人（监护人）、斗内电工、地面电工必须严格遵守《国家电网公司电力安全工作规程（配电部分）（试行）》3.3.12工作票所列人员的安全责任。

（5）要求着装正确（安全帽、全棉长袖工作服、绝缘鞋）。

五、考核及时间要求

考核时间共50分钟，从获得工作许可开始至工作终结完毕，每超过2分钟扣1分，到100分钟终止考核。

技能等级评价专业技能考核操作评分标准

工种	高压线路带电检修工（配电）			评价等级	技师
项目模块	带电作业方法—绝缘手套作业法带电更换耐张绝缘子串及横担（绝缘手套作业法、绝缘斗臂车、绝缘横担）的操作		编号		Jc0004243013
单位		准考证号		姓名	
考试时限	50分钟	题型	单项操作	题分	100分
成绩		考评员		考评组长		日期	
试题正文	绝缘手套作业法带电更换耐张绝缘子串及横担（绝缘手套作业法、绝缘斗臂车、绝缘横担）的操作				
需要说明的问题和要求	（1）带电作业应在良好天气下进行，作业前须进行风速和湿度测量。风力大于5级或湿度大于80%时，不宜带电作业。若遇雷电、雪、雹、雨、雾等不良天气，禁止带电作业。 （2）本作业项目工作人员共计4名，其中工作负责人（监护人）1名、斗内电工2名、地面电工1名。 （3）工作负责人（监护人）：正确组织工作；检查工作票所列安全措施是否正确完备，是否符合现场实际条件，必要时予以补充完善；工作前，对工作班成员进行工作任务、安全措施交底和危险点告知，并确定每个工作班成员都已签名；组织执行工作票所列由其负责的安全措施；监督工作班成员遵守安全工作规程、正确使用劳动防护用品和安全工器具以及执行现场安全措施；关注工作班成员身体状况和精神状态是否出现异常迹象，人员变动是否合适。带电作业应有人监护。监护人不得直接操作，监护的范围不得超过一个作业点。 （4）工作班成员：熟悉工作内容、工作流程，掌握安全措施，明确工作中的危险点，并在工作票上履行交底签名确认手续；服从工作负责人（监护人）、专责监护人的指挥，严格遵守《国家电网公司电力安全工作规程（配电部分）（试行）》和劳动纪律，在指定的作业范围内工作，对自己在工作中的行为负责，互相关心工作安全；正确使用施工机具、安全工器具和劳动防护用品				

序号	项目名称	质量要求	满分	扣分标准	扣分原因	得分
1	开工准备					
1.1	现场复勘	（1）核对工作线路与设备双重名称。 （2）工作负责人应与运行部门共同确认电缆线路已空载、无接地，出线电缆符合送电要求，检查作业装置和现场环境符合带电作业条件。 （3）检查气象条件（天气良好，无雷电、雪、雹、雨、雾等不良天气，风力不大于5级，湿度不大于80%）。 （4）检查工作票所列安全措施，必要时予以补充和完善	4	错、漏一项扣1分，扣完为止		

续表

序号	项目名称	质量要求	满分	扣分标准	扣分原因	得分
1.2	工作许可	工作负责人按配电带电作业工作票内容与值班调控人员联系，申请停用线路重合闸	1	未申请停用作业线路（双重名称）重合闸装置扣1分		
1.3	召开现场站班会	（1）工作负责人宣读工作票。 （2）工作负责人检查工作班组成员精神状态。 （3）工作负责人交代工作任务进行人员分工，交代安全措施、技术措施、危险点及控制措施。 （4）工作负责人检查工作班成员对工作内容、工作流程、安全措施以及工作中的危险点是否明确。 （5）工作班成员在工作票上履行交底签名确认手续	4	错、漏一项扣1分，扣完为止		
1.4	布置工作现场	工作现场设置安全围栏、警告标志或路障	1	不满足作业要求扣1分		
1.5	工器具、材料检测	（1）工器具、材料齐备，规格型号正确。 （2）绝缘工器具应放置在防潮苫布上，绝缘工器具与金属工器具、材料分区放置。 （3）工器具在试验周期内。 （4）外观检查方法正确，绝缘工器具应无机械、绝缘缺陷，应戴干净清洁手套，用干燥、清洁毛巾清洁绝缘工器具。 （5）使用绝缘高阻表对绝缘工器具进行绝缘电阻检测，阻值不得低于700MΩ。 （6）检测（新）绝缘子串及横担，清洁瓷件，并做表面检查，瓷件表面应光滑，无麻点、裂痕等。用绝缘检测仪检测绝缘子串绝缘电阻不应低于500MΩ	5	错、漏一项扣1分，扣完为止		
2	作业过程					
2.1	进入作业现场	（1）选择合适位置停放绝缘斗臂车，支撑稳固，并可靠接地。 （2）查看绝缘臂、绝缘斗良好，进行空斗试操作，确认液压传动、升降、伸缩、回转系统工作正常及操作灵活，制动装置可靠。 （3）斗内电工穿戴好绝缘防护用具，进入绝缘斗，挂好安全带保险钩	5	不符合要求扣1~5分，扣完为止		
2.2	验电	（1）斗内电工将绝缘斗调整至线路下方与电缆过渡支架平行处，并与带电线路保持0.4m以上安全距离，检查电缆登杆装置应符合验收规范要求。 （2）斗内电工用绝缘电阻检测仪检测电缆对地绝缘，确认无接地情况，检测完成后应充分放电。若发现电缆有电或对地绝缘不良，禁止继续作业。 （3）斗内电工将工作斗调整至带电导线横担下侧适当位置，使用验电器对绝缘子、横担进行验电，确认无漏电现象	5	错、漏一处扣2分，扣完为止		
2.3	安装绝缘遮蔽用具	斗内电工将绝缘斗调整至近边相导线适当位置，按照"从近到远、从下到上、先带电体后接地体"的遮蔽原则对作业范围内的所有带电体和接地体进行绝缘遮蔽，其余两相绝缘遮蔽按照相同方法进行	5	错、漏一项扣3分，扣完为止；遮蔽顺序错误终止工作		
2.4	安装绝缘横担	两斗臂车斗内电工配合在横担下方大于0.4m处装设绝缘横担	5	不符合要求扣1~5分，扣完为止		

序号	项目名称	质量要求	满分	扣分标准	扣分原因	得分
2.5	安装绝缘紧线器和后备绝缘保护绳	（1）斗内电工分别调整绝缘斗到达近边相合适工作位置，最小范围打开耐张横担处的绝缘遮蔽，两斗臂车斗内电工在近边相耐张横担两侧分别安装绝缘绳套，各自将绝缘紧线器一端固定在绝缘绳套上，迅速恢复绝缘遮蔽；分别调整绝缘斗以最小范围打开导线处的绝缘遮蔽，将卡线器固定在导线上，在两个绝缘紧线器卡头外侧加装后备保护绳，迅速恢复绝缘遮蔽。 （2）斗内电工分别调整绝缘斗到达远边相合适工作位置，最小范围打开耐张横担处的绝缘遮蔽，两斗臂车斗内电工在远边相耐张横担两侧分别安装绝缘绳套，各自将绝缘紧线器一端固定在绝缘绳套上，迅速恢复绝缘遮蔽；分别调整绝缘斗以最小范围打开导线处的绝缘遮蔽，将卡线器固定在导线上，在两个绝缘紧线器卡头外侧加装后备保护绳，迅速恢复绝缘遮蔽	10	错、漏一处扣5分，扣完为止		
2.6	更换绝缘子串及横担	（1）两斗臂车斗内电工分别调整绝缘斗到达近边相和远边相合适工作位置。 （2）使用绝缘紧线器分别同时收紧两边相导线，待耐张绝缘子串松弛后，斗内电工脱开连接耐张线夹与绝缘子串连接，使绝缘子串脱离耐张线夹，用绝缘连接绳固定两侧耐张线夹并检查确认牢固可靠，并在耐张线夹外侧加装后备保护绳。 （3）斗内电工分别缓慢放松绝缘紧线器，使绝缘连接绳受力。 （4）斗内电工分别松开并拆除绝缘紧线器和后备保护绳，将绝缘连接绳放置在绝缘横担上，锁好保险环，并做好绝缘遮蔽措施。 （5）两斗臂车斗内电工分别调整绝缘斗到达中间相合适工作位置，斗内电工使用绝缘绳固定引流线，另一端固定在杆尖上，拆除中间相引流线支撑绝缘子。 （6）两斗臂车斗内电工配合拆除旧横担，换上新横担及绝缘子串。恢复绝缘遮蔽隔离措施。 （7）两斗臂车斗内电工分别调整绝缘斗到达中间相合适工作位置，斗内电工拆除固定引流线绝缘绳，使用绑扎线将引流线固定在中间相支撑绝缘子上。 （8）两斗臂车斗内电工在新耐张横担中间相两侧分别安装绝缘绳套，各自将绝缘紧线器一端固定于绝缘绳套上，在两个紧线器外侧加装后备保护绳。 （9）使用绝缘紧线器分别同时收紧中间相导线，待耐张绝缘子串松弛后，斗内电工脱开连接耐张线夹与绝缘子串连接，使绝缘子串脱离耐张线夹，迅速恢复绝缘遮蔽。 （10）更换抱箍和耐张绝缘子串，恢复绝缘遮蔽。 （11）两斗臂车斗内电工分别将中间相耐张线夹与绝缘子串连接，缓慢放松绝缘紧线器，待耐张绝缘子串受力正常后拆除后备保护绳和绝缘紧线器，迅速恢复绝缘遮蔽。 （12）两斗臂车斗内电工分别调整绝缘斗到达远边相合适工作位置。	30	错、漏一处扣2分，扣完为止		

续表

序号	项目名称	质量要求	满分	扣分标准	扣分原因	得分
2.6	更换绝缘子串及横担	（13）斗内电工各自在新横担上装设绝缘紧线器，同时收紧导线，装好后备保护绳。拆除连接横担两侧耐张线夹的绝缘连接绳后，连接耐张线夹与绝缘子串，并检查是否牢靠。缓慢放松绝缘紧线器，待耐张绝缘子串受力正常后拆除后备保护绳和绝缘紧线器。 （14）两斗臂车斗内电工分别调整绝缘斗到达近边相合适工作位置。 （15）斗内电工各自在新横担上装设绝缘紧线器，同时收紧导线，装好后备保护绳。拆除连接横担两侧耐张线夹的绝缘连接绳后，连接耐张线夹与绝缘子串，并检查是否牢靠。缓慢放松绝缘紧线器，待耐张绝缘子串受力正常后拆除后备保护绳和绝缘紧线器	30	错、漏一处扣2分，扣完为止		
2.7	拆除绝缘遮蔽隔离措施	经工作负责人的许可后，斗内电工分别转调整绝缘斗到达中间相合适工作位置，按照"从远到近、从上到下、先接地体后带电体"的原则拆除绝缘遮蔽隔离措施： （1）拆除的顺序依次为作业点临近的接地体、耐张绝缘子串、耐张线夹、引线、导线。 （2）斗内电工在拆除带电体上的绝缘遮蔽隔离措施时，动作要轻缓，与横担等地电位构件间应保持足够的安全距离，与邻相导线之间应保持足够的安全距离	5	拆除绝缘遮蔽用具顺序错误终止工作，扣5分		
2.8	返回地面	检查杆上无遗留物，绝缘斗退出有电工作区域，作业人员返回地面	5	未按要求执行扣5分		
3	工作结束					
3.1	清理现场	工作负责人组织工作班成员整理工具、材料，将工器具分类摆放在苫布上，清理现场，做到工完、料尽、场地清	1	不符合要求扣1分		
3.2	质量验收	工作负责人对完成的工作进行全面检查，符合验收规范要求后，记录在册	2	不符合要求扣2分		
3.3	收工会	召开现场收工会，正确点评工作，补充现场标准化作业指导书验收栏等内容	1	不符合要求扣1分		
3.4	工作终结	汇报值班调控人员工作已经结束，恢复作业线路（双重名称）重合闸装置，在工作票填写终结时间并签字，工作班撤离现场	1	不符合要求扣1分		
3.5	安全文明生产	（1）作业过程中禁止摘下绝缘防护用具，而且绝缘手套仅作辅助绝缘。 （2）斗臂车绝缘斗在有电工作区域转移时，应缓慢移动，动作要平稳，严禁使用快速挡。 （3）绝缘斗臂车在作业时，发动机不能熄火（电能驱动型除外），以保证液压系统处于工作状态。 （4）作业线路下层有低压线路同杆架设时，如妨碍作业，应对作业范围内的相关低压线路采取绝缘遮蔽措施。 （5）在同杆架设线路上工作，与上层或相邻导线小于安全距离规定且无法采取安全措施时，不得进行该项工作。 （6）上、下传递工具、材料均应使用绝缘绳传递，传递中不能与电杆、构件等碰撞，严禁抛掷。 （7）作业过程中，不随意踩踏防潮苫布	5	错、漏一项扣1分，扣完为止		

续表

序号	项目名称	质量要求	满分	扣分标准	扣分原因	得分
3.6	关键点	（1）作业中，绝缘斗臂车绝缘臂的有效绝缘长度应不小于 1.0m。 （2）在作业时，人体应保持对地不小于 0.4m、对邻相导线不小于 0.6m 的安全距离。 （3）作业时，严禁人体同时接触两个不同的电位体，绝缘斗内双人工作时禁止两人接触不同的电位体。 （4）作业中及时恢复绝缘遮蔽隔离措施。 （5）作业人员在接触带电导线和换相工作前应得到工作监护人的许可。 （6）工作前，应与运行部门共同确认电缆负荷侧开关（断路器或隔离开关等）处于断开位置。空载电缆长度应不大于 3km。 （7）斗内电工对电缆引线验电后，应使用绝缘电阻检测仪检查电缆是否空载且无接地。 （8）未接通相的电缆引线应视为带电	5	错、漏一项扣 1 分，扣完为止		
	合计		100			

Jc0004243014　绝缘手套作业法带电更换耐张绝缘子串及横担（绝缘手套作业法、绝缘斗臂车、下落横担）的操作。（100 分）

考核知识点：带电作业方法

难易度：难

技能等级评价专业技能考核操作工作任务书

一、任务名称

绝缘手套作业法带电更换耐张绝缘子串及横担（绝缘手套作业法、绝缘斗臂车、下落横担）的操作。

二、适用工种

高压线路带电检修工（配电）技师。

三、具体任务

（1）开工准备工作（现场复勘、工作许可、召开现场站班会、布置工作现场、工器具、材料检测）等项目。

（2）安装、拆除绝缘遮蔽用具。

（3）使用绝缘手套作业法带电更换耐张绝缘子串及横担（绝缘手套作业法、绝缘斗臂车、下落横担）的操作。

四、工作规范及要求

（1）带电作业应在良好天气下进行，作业前须进行风速和湿度测量。风力大于 5 级或湿度大于 80% 时，不宜带电作业。若遇雷电、雪、雹、雨、雾等不良天气，禁止带电作业。

（2）绝缘手套作业法。

（3）本作业项目工作人员共计 4 名，其中工作负责人（监护人）1 名、斗内电工 2 名、地面电工 1 名。

（4）工作负责人（监护人）、斗内电工、地面电工必须严格遵守《国家电网公司电力安全工作规程（配电部分）（试行）》3.3.12 工作票所列人员的安全责任。

（5）要求着装正确（安全帽、全棉长袖工作服、绝缘鞋）。

五、考核及时间要求

考核时间共 50 分钟，从获得工作许可开始至工作终结完毕，每超过 2 分钟扣 1 分，到 100 分钟终止考核。

技能等级评价专业技能考核操作评分标准

工种	高压线路带电检修工（配电）			评价等级	技师
项目模块	带电作业方法—绝缘手套作业法带电更换耐张绝缘子串及横担（绝缘手套作业法、绝缘斗臂车、下落横担）的操作		编号	Jc0004243014	
单位		准考证号		姓名	
考试时限	50 分钟	题型	单项操作	题分	100 分
成绩		考评员		考评组长	日期
试题正文	绝缘手套作业法带电更换耐张绝缘子串及横担（绝缘手套作业法、绝缘斗臂车、下落横担）的操作				
需要说明的问题和要求	（1）带电作业应在良好天气下进行，作业前须进行风速和湿度测量。风力大于 5 级或湿度大于 80%时，不宜带电作业。若遇雷电、雪、雹、雨、雾等不良天气，禁止带电作业。 （2）本作业项目工作人员共计 4 名，其中工作负责人（监护人）1 名，斗内电工 2 名、地面电工 1 名。 （3）工作负责人（监护人）：正确组织工作；检查工作票所列安全措施是否正确完备，是否符合现场实际条件，必要时予以补充完善；工作前，对工作班成员进行工作任务、安全措施交底和危险点告知，并确定每个工作班成员都已签名；组织执行工作票所列由其负责的安全措施；监督工作班成员遵守安全工作规程、正确使用劳动防护用品和安全工器具以及执行现场安全措施；关注工作班成员身体状况和精神状态是否出现异常迹象，人员变动是否合适。带电作业应有人监护。监护人不得直接操作，监护的范围不得超过一个作业点。 （4）工作班成员：熟悉工作内容、工作流程，掌握安全措施，明确工作中的危险点，并在工作票上履行交底签名确认手续；服从工作负责人（监护人）、专责监护人的指挥，严格遵守《国家电网公司电力安全工作规程（配电部分）（试行）》和劳动纪律，在指定的作业范围内工作，对自己在工作中的行为负责，互相关心工作安全；正确使用施工机具、安全工器具和劳动防护用品				

序号	项目名称	质量要求	满分	扣分标准	扣分原因	得分
1	开工准备					
1.1	现场复勘	（1）核对工作线路与设备双重名称。 （2）工作负责人应与运行部门共同确认电缆线路已空载、无接地，出线电缆符合送电要求，检查作业装置和现场环境符合带电作业条件。 （3）检查气象条件（天气良好，无雷电、雪、雹、雨、雾等不良天气，风力不大于 5 级，湿度不大于 80%）。 （4）检查工作票所列安全措施，必要时予以补充和完善	4	错、漏一项扣 1 分，扣完为止		
1.2	工作许可	工作负责人按配电带电作业工作票内容与值班调控人员联系，申请停用线路重合闸	1	未申请停用作业线路（双重名称）重合闸装置扣 1 分		
1.3	召开现场站班会	（1）工作负责人宣读工作票。 （2）工作负责人检查工作班组成员精神状态。 （3）工作负责人交代工作任务进行人员分工，交代安全措施、技术措施、危险点及控制措施。 （4）工作负责人检查工作班成员对工作内容、工作流程、安全措施以及工作中的危险点是否明确。 （5）工作班成员在工作票上履行交底签名确认手续	4	错、漏一项扣 1 分，扣完为止		
1.4	布置工作现场	工作现场设置安全围栏、警告标志或路障	1	不满足作业要求扣 1 分		

续表

序号	项目名称	质量要求	满分	扣分标准	扣分原因	得分
1.5	工器具、材料检测	（1）工器具、材料齐备，规格型号正确。 （2）绝缘工器具应放置在防潮苫布上，绝缘工器具应与金属工器具、材料分区放置。 （3）工器具在试验周期内。 （4）外观检查方法正确，绝缘工器具应无机械、绝缘缺陷，应戴干净清洁手套，用干燥、清洁毛巾清洁绝缘工器具。 （5）使用绝缘高阻表对绝缘工器具进行绝缘电阻检测，阻值不得低于700MΩ。 （6）检测（新）绝缘子串及横担，清洁瓷件，并做表面检查，瓷件表面应光滑，无麻点、裂痕等。用绝缘检测仪检测绝缘子串绝缘电阻不应低于500MΩ	5	错、漏一项扣1分，扣完为止		
2	作业过程					
2.1	进入作业现场	（1）选择合适位置停放绝缘斗臂车，支撑稳固，并可靠接地。 （2）查看绝缘臂、绝缘斗良好，进行空斗试操作，确认液压传动、升降、伸缩、回转系统工作正常及操作灵活，制动装置可靠。 （3）斗内电工穿戴好绝缘防护用具，进入绝缘斗，挂好安全带保险钩	5	不符合要求扣1～5分，扣完为止		
2.2	验电	（1）斗内电工将绝缘斗调整至线路下方与电缆过渡支架平行处，并与带电线路保持0.4m以上安全距离，检查电缆登杆装置应符合验收规范要求。 （2）斗内电工用绝缘电阻检测仪检测电缆对地绝缘，确认无接地情况，检测完成后应充分放电。若发现电缆有电或对地绝缘不良，禁止继续作业。 （3）斗内电工将工作斗调整至带电导线横担下侧适当位置，使用验电器对绝缘子、横担进行验电，确认无漏电现象	5	错、漏一处扣2分，扣完为止		
2.3	安装绝缘遮蔽用具	斗内电工将绝缘斗调整至近边相导线适当位置，按照"从近到远、从下到上、先带电体后接地体"的遮蔽原则对作业范围内的所有带电体和接地体进行绝缘遮蔽，其余两相绝缘遮蔽按照相同方法进行	5	错、漏一项扣5分，扣完为止；遮蔽顺序错误终止工作		
2.4	下落原耐张横担	两斗臂车的斗内电工配合适当松开待更换耐张横担与电杆处的紧固螺栓，将横担下降0.4m以下	5	不符合要求扣1～5分，扣完为止		
2.5	安装新横担及绝缘子串	在原横担处安装新的耐张横担、耐张绝缘子串，并可靠固定。对新安装的横担、耐张绝缘子串恢复绝缘遮蔽	10	错、漏一处扣5分，扣完为止		
2.6	调整耐张线夹至新横担	（1）斗内电工分别调整绝缘斗到达近边相合适工作位置，最小范围打开新耐张横担处的绝缘遮蔽，两斗臂车斗内电工在近边相耐张横担两侧分别安装绝缘绳套，各自将绝缘紧线器一端固定于绝缘绳套上，迅速恢复绝缘遮蔽；分别调整绝缘斗以最小范围打开导线处的绝缘遮蔽，将卡线器固定在导线上，在两个绝缘紧线器卡头外侧加装后备保护绳，迅速恢复绝缘遮蔽。 （2）斗内电工同时将两侧导线收紧。再收紧后备保护绳待耐张绝缘子串松弛后，斗内电工脱开旧耐张线夹与绝缘子之间的连接，使绝缘子串脱离导线。	30	错、漏一处扣3分，扣完为止		

续表

序号	项目名称	质量要求	满分	扣分标准	扣分原因	得分
2.6	调整耐张线夹至新横担	（3）两斗臂车内斗内电工相互配合，将耐张线夹安装到新的耐张绝缘子串上。然后放松绝缘紧线器，待耐张绝缘子串受力正常后拆除后备保护绳和绝缘紧线器。 （4）按同样方法进行另一边相导线的转移操作。 （5）两斗臂车的斗内电工在中相新的耐张横担处安装绝缘绳套、绝缘紧线器及后备保护绳套。 （6）使用一条绝缘引流线短接中相横担两侧的导线。使用电流检测仪分别检测绝缘引流线分流正常后拆除耐张引流线。 （7）两斗臂车的斗内电工相互配合，同时将导线收紧，再收紧后备保护绳。 （8）待耐张绝缘子串松弛后，斗内电工脱开旧耐张线夹与绝缘子之间的碗头挂板，使绝缘子串脱离导线。 （9）两斗臂车内斗内电工相互配合，将中间相耐张线夹安装到新的耐张绝缘子串上。然后放松绝缘紧线器，待耐张绝缘子串受力正常后拆除后备保护绳和绝缘紧线器。 （10）搭接耐张引流线。使用电流检测仪确认引流线载流正常后，拆除绝缘分流线。 （11）拆除旧横担	30	错、漏一处扣3分，扣完为止		
2.7	拆除绝缘遮蔽隔离措施	经工作负责人的许可后，斗内电工分别转调整缘斗到达中间相合适工作位置，按照"从远到近、从上到下、先接地体后带电体"的原则拆除绝缘遮蔽隔离措施： （1）拆除的顺序依次为作业点临近的接地体、耐张绝缘子串、耐张线夹、引线、导线。 （2）斗内电工在拆除带电体上的绝缘遮蔽隔离措施时，动作应轻缓，与横担等地电位构件间应保持足够的安全距离，与邻相导线之间应保持足够的安全距离	5	拆除绝缘遮蔽用具顺序错误终止工作，扣5分		
2.8	返回地面	检查杆上无遗留物，绝缘斗退出有电工作区域，作业人员返回地面	5	未按要求执行扣5分		
3	工作结束					
3.1	清理现场	工作负责人组织工作班成员整理工具、材料，将工器具分类摆放在苫布上，清理现场，做到工完、料尽、场地清	1	不符合要求扣1分		
3.2	质量验收	工作负责人对完成的工作进行全面检查，符合验收规范要求后，记录在册	2	不符合要求扣2分		
3.3	收工会	召开现场收工会，正确点评工作，补充现场标准化作业指导书验收栏等内容	1	不符合要求扣1分		
3.4	工作终结	汇报值班调控人员工作已经结束，恢复作业线路（双重名称）重合闸装置，在工作票填写终结时间并签字，工作班撤离现场	1	不符合要求扣1分		

续表

序号	项目名称	质量要求	满分	扣分标准	扣分原因	得分
3.5	安全文明生产	（1）作业过程中禁止摘下绝缘防护用具，而且绝缘手套仅作辅助绝缘。 （2）斗臂车绝缘斗在有电工作区域转移时，应缓慢移动，动作要平稳，严禁使用快速挡。 （3）绝缘斗臂车在作业时，发动机不能熄火（电能驱动型除外），以保证液压系统处于工作状态。 （4）作业线路下层有低压线路同杆架设时，如妨碍作业，应对作业范围内的相关低压线路采取绝缘遮蔽措施。 （5）在同杆架设线路上工作，与上层或相邻导线小于安全距离规定且无法采取安全措施时，不得进行该项工作。 （6）上、下传递工具、材料均应使用绝缘绳传递，传递中不能与电杆、构件等碰撞，严禁抛掷。 （7）作业过程中，不随意踩踏防潮苫布	5	错、漏一项扣1分，扣完为止		
3.6	关键点	（1）作业中，绝缘斗臂车绝缘臂的有效绝缘长度应不小于1.0m。 （2）在作业时，人体应保持对地不小于0.4m、对邻相导线不小于0.6m的安全距离。 （3）作业时，严禁人体同时接触两个不同的电位体，绝缘斗内双人工作时禁止两人接触不同的电位体。 （4）作业中及时恢复绝缘遮蔽隔离措施。 （5）作业人员在接触带电导线和换相工作前应得到工作监护人的许可。 （6）工作前，应与运行部门共同确认电缆负荷侧开关（断路器或隔离开关等）处于断开位置。空载电缆长度应不大于3km。 （7）斗内电工对电缆引线验电后，应使用绝缘电阻检测仪检查电缆是否空载且无接地。 （8）未接通相的电缆引线应视为带电	5	错、漏一项扣1分，扣完为止		
	合计		100			

Jc0004243015 绝缘手套作业法带电组立直线电杆（绝缘手套作业法、绝缘斗臂车）的操作。（100分）

考核知识点：带电作业方法

难易度：难

技能等级评价专业技能考核操作工作任务书

一、任务名称

绝缘手套作业法带电组立直线电杆（绝缘手套作业法、绝缘斗臂车）的操作。

二、适用工种

高压线路带电检修工（配电）技师。

三、具体任务

（1）开工准备工作（现场复勘、工作许可、召开现场站班会、布置工作现场、工器具、材料检测）等项目。

（2）安装、拆除绝缘遮蔽用具。

（3）使用绝缘手套作业法带电组立直线电杆（绝缘手套作业法、绝缘斗臂车）的操作。

四、工作规范及要求

（1）带电作业应在良好天气下进行，作业前须进行风速和湿度测量。风力大于 5 级或湿度大于 80% 时，不宜带电作业。若遇雷电、雪、雹、雨、雾等不良天气，禁止带电作业。

（2）绝缘手套作业法。

（3）本作业项目工作人员共计 7 名，其中工作负责人（监护人）1 名、斗内电工 2 名、杆上电工 1 名、地面电工 1 名、吊车指挥 1 名、吊车操作 1 名。

（4）工作负责人（监护人）、斗内电工、杆上电工、地面电工、吊车操作工必须严格遵守《国家电网公司电力安全工作规程（配电部分）（试行）》3.3.12 工作票所列人员的安全责任。

（5）要求着装正确（安全帽、全棉长袖工作服、绝缘鞋）。

五、考核及时间要求

考核时间共 50 分钟，从获得工作许可开始至工作终结完毕，每超过 2 分钟扣 1 分，到 100 分钟终止考核。

技能等级评价专业技能考核操作评分标准

工种	高压线路带电检修工（配电）			评价等级	技师
项目模块	带电作业方法—绝缘手套作业法带电组立直线电杆（绝缘手套作业法、绝缘斗臂车）的操作		编号		Jc0004243015
单位		准考证号		姓名	
考试时限	50 分钟	题型	单项操作	题分	100 分
成绩		考评员		考评组长		日期	

试题正文	绝缘手套作业法带电组立直线电杆（绝缘手套作业法、绝缘斗臂车）的操作
需要说明的问题和要求	（1）带电作业应在良好天气下进行，作业前须进行风速和湿度测量。风力大于 5 级或湿度大于 80% 时，不宜带电作业。若遇雷电、雪、雹、雨、雾等不良天气，禁止带电作业。 （2）本作业项目工作人员共计 7 名，其中工作负责人（监护人）1 名、斗内电工 2 名、杆上电工 1 名、地面电工 1 名、吊车指挥 1 名、吊车操作 1 名。 （3）工作负责人（监护人）：正确组织工作；检查工作票所列安全措施是否正确完备，是否符合现场实际条件，必要时予以补充完善；工作前，对工作班成员进行工作任务、安全措施交底和危险点告知，并确定每个工作班成员都已签名；组织执行工作票所列由其负责的安全措施；监督工作班成员遵守安全工作规程、正确使用劳动防护用品和安全工器具以及执行现场安全措施；关注工作班成员身体状况和精神状态是否出现异常迹象，人员变动是否合适。带电作业应有人监护。监护人不得直接操作，监护的范围不得超过一个作业点。 （4）工作班成员：熟悉工作内容、工作流程，掌握安全措施，明确工作中的危险点，并在工作票上履行交底签名确认手续；服从工作负责人（监护人）、专责监护人的指挥，严格遵守《国家电网公司电力安全工作规程（配电部分）（试行）》和劳动纪律，在指定的作业范围内工作，对自己在工作中的行为负责，互相关心工作安全；正确使用施工机具、安全工器具和劳动防护用品

序号	项目名称	质量要求	满分	扣分标准	扣分原因	得分
1	开工准备					
1.1	现场复勘	（1）核对工作线路与设备双重名称。 （2）工作负责人应与运行部门共同确认电缆线路已空载、无接地，出线电缆符合送电要求，检查作业装置和现场环境符合带电作业条件。 （3）检查气象条件（天气良好，无雷电、雪、雹、雨、雾等不良天气，风力不大于 5 级，湿度不大于 80%）。 （4）检查工作票所列安全措施，必要时予以补充和完善	4	错、漏一项扣 1 分，扣完为止		
1.2	工作许可	工作负责人按配电带电作业工作票内容与值班调控人员联系，申请停用线路重合闸	1	未申请停用作业线路（双重名称）重合闸装置扣 1 分		

序号	项目名称	质量要求	满分	扣分标准	扣分原因	得分
1.3	召开现场站班会	（1）工作负责人宣读工作票。 （2）工作负责人检查工作班组成员精神状态。 （3）工作负责人交代工作任务进行人员分工，交代安全措施、技术措施、危险点及控制措施。 （4）工作负责人检查工作班成员对工作内容、工作流程、安全措施以及工作中的危险点是否明确。 （5）工作班成员在工作票上履行交底签名确认手续	4	错、漏一项扣1分，扣完为止		
1.4	布置工作现场	工作现场设置安全围栏、警告标志或路障	1	不满足作业要求扣1分		
1.5	工器具、材料检测	（1）工器具、材料齐备，规格型号正确。 （2）绝缘工器具应放置在防潮苫布上，绝缘工器具应与金属工器具、材料分区放置。 （3）工器具在试验周期内。 （4）外观检查方法正确，绝缘工器具应无机械、绝缘缺陷，应戴干净清洁手套，用干燥、清洁毛巾清洁绝缘工器具。 （5）使用绝缘高阻表对绝缘工器具进行绝缘电阻检测，阻值不得低于700MΩ。 （6）检测（新）绝缘子串及横担，清洁瓷件，并做表面检查，瓷件表面应光滑，无麻点、裂痕等。用绝缘检测仪检测绝缘子串绝缘电阻不应低于500MΩ	5	错、漏一项扣1分，扣完为止		
2	作业过程					
2.1	进入作业现场	（1）选择合适位置停放绝缘斗臂车，支撑稳固，并可靠接地。 （2）查看绝缘臂、绝缘斗良好，进行空斗试操作，确认液压传动、升降、伸缩、回转系统工作正常及操作灵活，制动装置可靠。 （3）斗内电工穿戴好绝缘防护用具，进入绝缘斗，挂好安全带保险钩	5	不符合要求扣1～5分，扣完为止		
2.2	验电	（1）斗内电工将绝缘斗调整至线路下方与电缆过渡支架平行处，并与带电线路保持0.4m以上安全距离，检查电缆登杆装置应符合验收规范要求。 （2）斗内电工用绝缘电阻检测仪检测电缆对地绝缘，确认无接地情况，检测完成后应充分放电。若发现电缆有电或对地绝缘不良，禁止继续作业。 （3）斗内电工将工作斗调整至带电导线横担下侧适当位置，使用验电器对绝缘子、横担进行验电，确认无漏电现象	5	错、漏一处扣2分，扣完为止		
2.3	安装绝缘遮蔽用具	斗内电工将绝缘斗调整至近边相导线适当位置，按照"从近到远、从下到上、先带电体后接地体"的遮蔽原则对作业范围内的所有带电体和接地体进行绝缘遮蔽，其余两相绝缘遮蔽按照相同方法进行	10	错、漏一项扣5分，扣完为止；遮蔽顺序错误终止工作		
2.4	起升导线	（1）绝缘斗臂车返回地面，在地面电工配合下，在吊臂上组装绝缘横担后返回导线下准备支撑导线。 （2）斗内电工调整绝缘横担使三相导线分别置于绝缘横担上的滑轮内，然后扣好保险环。操作斗臂车将绝缘横担缓慢上升，使绝缘横担受力。 （3）调整绝缘斗臂车，缓缓将三相导线提升至距离杆顶不小于0.4m以外	10	错、漏一处扣4分，扣完为止		

续表

序号	项目名称	质量要求	满分	扣分标准	扣分原因	得分
2.5	起吊电杆	（1）地面电工对杆尖以下 1m 使用电杆遮蔽罩进行绝缘遮蔽，并系好电杆起吊钢丝绳（吊点在电杆地上部分 1/2 处）（注：同杆架设线路吊钩穿越低压线时应做好吊车的接地工作；低压导线应加装绝缘遮蔽并用绝缘绳向两侧拉开，增加电杆起立的通道宽度；并在电杆低压导线下方位置增加两道晃绳）。 （2）吊车缓缓起吊电杆。 （3）吊车将新电杆缓慢吊至预定位置。 （4）电杆起立，地面电工校正后每回填 500mm 夯实一次，将电杆可靠固定，防沉土台应高出地面 500mm	20	错、漏一处扣 5 分，扣完为止		
2.6	固定导线	（1）杆上电工安装横担、立铁、绝缘子等，并对全部接地体进行绝缘遮蔽。 （2）斗内电工操作小吊臂缓慢下降，使导线置于绝缘子沟槽内，斗内电工逐相绑扎好绝缘子，打开绝缘横担保险，操作绝缘斗臂车使导线完全脱离绝缘横担	5	错、漏一处扣 3 分，扣完为止		
2.7	拆除绝缘遮蔽隔离措施	经工作负责人的许可后，斗内电工分别转调整绝缘斗到达中间相合适工作位置，按照"从远到近、从上到下、先接地体后带电体"的原则拆除绝缘遮蔽隔离措施： （1）拆除的顺序依次为作业点临近的接地体、耐张绝缘子串、耐张线夹、引线、导线。 （2）斗内电工在拆除带电体上的绝缘遮蔽隔离措施时，动作应轻缓，与横担等地电位构件间应保持足够的安全距离，与邻相导线之间应保持足够的安全距离	10	拆除绝缘遮蔽用具顺序错误终止工作，扣 10 分		
2.8	返回地面	检查杆上无遗留物，绝缘斗退出有电工作区域，作业人员返回地面	5	未按要求执行扣 5 分		
3	工作结束					
3.1	清理现场	工作负责人组织工作班成员整理工具、材料，将工器具分类摆放在苫布上，清理现场，做到工完、料尽、场地清	1	不符合要求扣 1 分		
3.2	质量验收	工作负责人对完成的工作进行全面检查，符合验收规范要求后，记录在册	2	不符合要求扣 2 分		
3.3	收工会	召开现场收工会，正确点评工作，补充现场标准化作业指导书验收栏等内容	1	不符合要求扣 1 分		
3.4	工作终结	汇报值班调控人员工作已经结束，恢复作业线路（双重名称）重合闸装置，在工作票填写终结时间并签字，工作班撤离现场	1	不符合要求扣 1 分		
3.5	安全文明生产	（1）作业过程中禁止摘下绝缘防护用具，而且绝缘手套仅作辅助绝缘。 （2）斗臂车绝缘斗在有电工作区域转移时，应缓慢移动，动作要平稳，严禁使用快速挡。 （3）绝缘斗臂车在作业时，发动机不能熄火（电能驱动型除外），以保证液压系统处于工作状态。 （4）作业线路下层有低压线路同杆架设时，如妨碍作业，应对作业范围内的相关低压线路采取绝缘遮蔽措施。 （5）在同杆架设线路上工作，与上层或相邻导线小于安全距离规定且无法采取安全措施时，不得进行该项工作。 （6）上、下传递工具、材料均应使用绝缘绳传递，传递中不能与电杆、构件等碰撞，严禁抛掷。 （7）作业过程中，不随意踩踏防潮苫布	5	错、漏一项扣 1 分，扣完为止		

续表

序号	项目名称	质量要求	满分	扣分标准	扣分原因	得分
3.6	关键点	（1）作业中，绝缘斗臂车绝缘臂的有效绝缘长度应不小于1.0m。 （2）在作业时，人体应保持对地不小于0.4m、对邻相导线不小于0.6m的安全距离。 （3）作业时，严禁人体同时接触两个不同的电位体，绝缘斗内双人工作时禁止两人接触不同的电位体。 （4）作业中及时恢复绝缘遮蔽隔离措施。 （5）作业人员在接触带电导线和换相工作前应得到工作监护人的许可。 （6）工作前，应与运行部门共同确认电缆负荷侧开关（断路器或隔离开关等）处于断开位置。空载电缆长度应不大于3km。 （7）斗内电工对电缆引线验线后，应使用绝缘电阻检测仪检查电缆是否空载且无接地。 （8）未接通相的电缆引线应视为带电	5	错、漏一项扣1分，扣完为止		
	合计		100			

Jc0004243016　绝缘手套作业法带电撤除直线电杆（绝缘手套作业法、绝缘斗臂车）的操作。（100分）

考核知识点：带电作业方法

难易度：难

技能等级评价专业技能考核操作工作任务书

一、任务名称

绝缘手套作业法带电撤除直线电杆（绝缘手套作业法、绝缘斗臂车）的操作。

二、适用工种

高压线路带电检修工（配电）技师。

三、具体任务

（1）开工准备工作（现场复勘、工作许可、召开现场站班会、布置工作现场、工器具、材料检测）等项目。

（2）安装、拆除绝缘遮蔽用具。

（3）使用绝缘手套作业法带电撤除直线电杆（绝缘手套作业法、绝缘斗臂车）的操作。

四、工作规范及要求

（1）带电作业应在良好天气下进行，作业前须进行风速和湿度测量。风力大于5级或湿度大于80%时，不宜带电作业。若遇雷电、雪、雹、雨、雾等不良天气，禁止带电作业。

（2）绝缘手套作业法。

（3）本作业项目工作人员共计8名，其中工作负责人（监护人）1名、斗内电工2名、杆上电工1名、地面电工2名、吊车指挥1名、吊车操作1名。

（4）工作负责人（监护人）、斗内电工、杆上电工、地面电工、吊车操作工必须严格遵守《国家电网公司电力安全工作规程（配电部分）（试行）》3.3.12工作票所列人员的安全责任。

（5）要求着装正确（安全帽、全棉长袖工作服、绝缘鞋）。

五、考核及时间要求

考核时间共 50 分钟，从获得工作许可开始至工作终结完毕，每超过 2 分钟扣 1 分，到 100 分钟终止考核。

技能等级评价专业技能考核操作评分标准

工种	高压线路带电检修工（配电）			评价等级	技师
项目模块	带电作业方法一绝缘手套作业法带电撤除直线电杆（绝缘手套作业法、绝缘斗臂车）的操作		编号		Jc0004243016
单位		准考证号		姓名	
考试时限	50 分钟	题型	单项操作	题分	100 分
成绩		考评员	考评组长	日期	
试题正文	绝缘手套作业法带电撤除直线电杆（绝缘手套作业法、绝缘斗臂车）的操作				
需要说明的问题和要求	（1）带电作业应在良好天气下进行，作业前须进行风速和湿度测量。风力大于 5 级或湿度大于 80%时，不宜带电作业。若遇雷电、雪、雹、雨、雾等不良天气，禁止带电作业。 （2）本作业项目工作人员共计 8 名，其中工作负责人（监护人）1 名、斗内电工 2 名、杆上电工 1 名、地面电工 2 名、吊车指挥 1 名、吊车操作 1 名。 （3）工作负责人（监护人）：正确组织工作；检查工作票所列安全措施是否正确完备，是否符合现场实际条件，必要时予以补充完善；工作前，对工作班成员进行工作任务、安全措施交底和危险点告知，并确定每个工作班成员都已签名；组织执行工作票所列由其负责的安全措施；监督工作班成员遵守安全工作规程、正确使用劳动防护用品和安全工器具以及执行现场安全措施；关注工作班成员身体状况和精神状态是否出现异常迹象，人员变动是否合适。带电作业应有人监护。监护人不得直接操作，监护的范围不得超过一个作业点。 （4）工作班成员：熟悉工作内容、工作流程，掌握安全措施，明确工作中的危险点，并在工作票上履行交底签名确认手续；服从工作负责人（监护人）、专责监护人的指挥，严格遵守《国家电网公司电力安全工作规程（配电部分）（试行）》和劳动纪律，在指定的作业范围内工作，对自己在工作中的行为负责，互相关心工作安全；正确使用施工机具、安全工器具和劳动防护用品				

序号	项目名称	质量要求	满分	扣分标准	扣分原因	得分
1	开工准备					
1.1	现场复勘	（1）核对工作线路与设备双重名称。 （2）工作负责人应与运行部门共同确认电缆线路已空载、无接地，出线电缆符合送电要求，检查作业装置和现场环境符合带电作业条件。 （3）检查气象条件（天气良好，无雷电、雪、雹、雨、雾等不良天气，风力不大于 5 级，湿度不大于 80%）。 （4）检查工作票所列安全措施，必要时予以补充和完善	4	错、漏一项扣 1 分，扣完为止		
1.2	工作许可	工作负责人按配电带电作业工作票内容与值班调控人员联系，申请停用线路重合闸	1	未申请停用作业线路（双重名称）重合闸装置扣 1 分		
1.3	召开现场站班会	（1）工作负责人宣读工作票。 （2）工作负责人检查工作班组成员精神状态。 （3）工作负责人交代工作任务进行人员分工，交代安全措施、技术措施、危险点及控制措施。 （4）工作负责人检查工作班成员对工作内容、工作流程、安全措施以及工作中的危险点是否明确。 （5）工作班成员在工作票上履行交底签名确认手续	4	错、漏一项扣 1 分，扣完为止		
1.4	布置工作现场	工作现场设置安全围栏、警告标志或路障	1	不满足作业要求扣 1 分		

续表

序号	项目名称	质量要求	满分	扣分标准	扣分原因	得分
1.5	工器具、材料检测	（1）工器具、材料齐备，规格型号正确。 （2）绝缘工器具应放置在防潮苫布上，绝缘工器具应与金属工器具、材料分区放置。 （3）工器具在试验周期内。 （4）外观检查方法正确，绝缘工器具应无机械、绝缘缺陷，应戴干净清洁手套，用干燥、清洁毛巾清洁绝缘工器具。 （5）使用绝缘高阻表对绝缘工器具进行绝缘电阻检测，阻值不得低于700MΩ。 （6）检测（新）绝缘子串及横担，清洁瓷件，并做表面检查，瓷件表面应光滑，无麻点、裂痕等。用绝缘检测仪检测绝缘子串绝缘电阻不应低于500MΩ	5	错、漏一项扣1分，扣完为止		
2	作业过程					
2.1	进入作业现场	（1）选择合适位置停放绝缘斗臂车，支撑稳固，并可靠接地。 （2）查看绝缘臂、绝缘斗良好，进行空斗试操作，确认液压传动、升降、伸缩、回转系统工作正常及操作灵活，制动装置可靠。 （3）斗内电工穿戴好绝缘防护用具，进入绝缘斗，挂好安全带保险钩	5	不符合要求扣1~5分，扣完为止		
2.2	验电	（1）斗内电工将绝缘斗调整至线路下方与电缆过渡支架平行处，并与带电线路保持0.4m以上安全距离，检查电缆登杆装置应符合验收规范要求。 （2）斗内电工用绝缘电阻检测仪检测电缆对地绝缘，确认无接地情况，检测完成后应充分放电。若发现电缆有电或对地绝缘不良，禁止继续作业。 （3）斗内电工将工作斗调整至带电导线横担下侧适当位置，使用验电器对绝缘子、横担进行验电，确认无漏电现象	5	错、漏一处扣2分，扣完为止		
2.3	安装绝缘遮蔽用具	斗内电工将绝缘斗调整至近边相导线适当位置，按照"从近到远、从下到上、先带电体后接地体"的遮蔽原则对作业范围内的所有带电体和接地体进行绝缘遮蔽，其余两相绝缘遮蔽按照相同方法进行	10	错、漏一项扣5分，扣完为止；遮蔽顺序错误终止工作		
2.4	起升导线	（1）绝缘斗臂车返回地面，在地面电工配合下，在吊臂上组装绝缘横担后返回导线下准备支撑导线。 （2）斗内电工调整绝缘横担使三相导线分别置于绝缘横担上的滑轮内，然后扣好保险环。操作斗臂车将绝缘横担缓慢上升，使绝缘横担受力。 （3）调整绝缘斗臂车，缓缓将三相导线提升至距离杆顶不小于0.4m以外	10	错、漏一处扣4分，扣完为止		
2.5	撤除电杆	（1）杆上电工系好电杆起吊钢丝绳（吊点在电杆地上部分1/2处）（注：同杆架设线路吊钩穿越低压线时应做好吊车的接地工作；低压导线应加装导线遮蔽罩，并用绝缘绳向两侧拉开，增加电杆下降的通道宽度；并在电杆低压线下方位置增加两道晃绳）。 （2）吊车缓缓起吊电杆。 （3）工作负责人指挥吊车将电杆平稳地下放至地面（注：同杆架设线路应顺线路方向下降电杆），地面电工将杆洞回土夯实。拆除杆尖上的绝缘遮蔽。 （4）1号电工打开绝缘横担保险环，操作绝缘斗臂车使导线完全脱离绝缘横担	25	错、漏一处扣7分，扣完为止		

序号	项目名称	质量要求	满分	扣分标准	扣分原因	得分
2.6	拆除绝缘遮蔽隔离措施	经工作负责人的许可后，斗内电工分别转调整绝缘斗到达中间相合适工作位置，按照"从远到近、从上到下、先接地体后带电体"的原则拆除绝缘遮蔽隔离措施： （1）拆除的顺序依次为作业点临近的接地体、耐张绝缘子串、耐张线夹、引线、导线。 （2）斗内电工在拆除带电体上的绝缘遮蔽隔离措施时，动作应轻缓，与横担等地电位构件间应保持足够的安全距离，与邻相导线之间应保持足够的安全距离	10	拆除绝缘遮蔽用具顺序错误终止工作，扣10分		
2.7	返回地面	检查杆上无遗留物，绝缘斗退出有电工作区域，作业人员返回地面	5	未按要求执行扣5分		
3	工作结束					
3.1	清理现场	工作负责人组织工作班成员整理工具、材料，将工器具分类摆放在苫布上，清理现场，做到工完、料尽、场清	1	不符合要求扣1分		
3.2	质量验收	工作负责人对完成的工作进行全面检查，符合验收规范要求后，记录在册	2	不符合要求扣2分		
3.3	收工会	召开现场收工会，正确点评工作，补充现场标准化作业指导书验收栏等内容	1	不符合要求扣1分		
3.4	工作终结	汇报值班调控人员工作已经结束，恢复作业线路（双重名称）重合闸装置，在工作票填写终结时间并签字，工作班撤离现场	1	不符合要求扣1分		
3.5	安全文明生产	（1）作业过程中禁止摘下绝缘防护用具，而且绝缘手套仅作辅助绝缘。 （2）斗臂车绝缘斗在有电工作区域转移时，应缓慢移动，动作要平稳，严禁使用快速挡。 （3）绝缘斗臂车在作业时，发动机不能熄火（电能驱动型除外），以保证液压系统处于工作状态。 （4）作业线路下层有低压线路同杆架设时，如妨碍作业，应对作业范围内的相关低压线路采取绝缘遮蔽措施。 （5）在同杆架设线路上工作，与上层或相邻导线小于安全距离规定且无法采取安全措施时，不得进行该项工作。 （6）上、下传递工具、材料均应使用绝缘绳传递，传递中不能与电杆、构件等碰撞，严禁抛掷。 （7）作业过程中，不随意踩踏防潮苫布	5	错、漏一项扣1分，扣完为止		
3.6	关键点	（1）作业中，绝缘斗臂车绝缘臂的有效绝缘长度应不小于1.0m。 （2）在作业时，人体应保持对地不小于0.4m、对邻相导线不小于0.6m的安全距离。 （3）作业时，严禁人体同时接触两个不同的电位体，绝缘斗内双人工作时禁止两人接触不同的电位体。 （4）作业中及时恢复绝缘遮蔽隔离措施。 （5）作业人员在接触带电导线和换相工作前应得到工作监护人的许可。 （6）工作前，应与运行部门共同确认电缆负荷侧开关（断路器或隔离开关等）处于断开位置。空载电缆长度应不大于3km。 （7）斗内电工对电缆引线验电后，应使用绝缘电阻检测仪检查电缆是否空载且无接地。 （8）未接通相的电缆引线应视为带电	5	错、漏一项扣1分，扣完为止		
	合计		100			

Jc0004243017　绝缘手套作业法带电更换直线电杆（绝缘手套作业法、绝缘斗臂车）的操作。（100分）

考核知识点：带电作业方法

难易度：难

技能等级评价专业技能考核操作工作任务书

一、任务名称

绝缘手套作业法带电更换直线电杆（绝缘手套作业法、绝缘斗臂车）的操作。

二、适用工种

高压线路带电检修工（配电）技师。

三、具体任务

（1）开工准备工作（现场复勘、工作许可、召开现场站班会、布置工作现场、工器具、材料检测）等项目。

（2）安装、拆除绝缘遮蔽用具。

（3）使用绝缘手套作业法带电更换直线电杆（绝缘手套作业法、绝缘斗臂车）的操作。

四、工作规范及要求

（1）带电作业应在良好天气下进行，作业前须进行风速和湿度测量。风力大于5级或湿度大于80%时，不宜带电作业。若遇雷电、雪、雹、雨、雾等不良天气，禁止带电作业。

（2）绝缘手套作业法。

（3）本作业项目工作人员共计8名，其中工作负责人（监护人）1名、斗内电工2名、杆上电工1名、地面电工2名、吊车指挥1名、吊车操作1名。

（4）工作负责人（监护人）、斗内电工、杆上电工、地面电工、吊车操作工必须严格遵守《国家电网公司电力安全工作规程（配电部分）（试行）》3.3.12工作票所列人员的安全责任。

（5）要求着装正确（安全帽、全棉长袖工作服、绝缘鞋）。

五、考核及时间要求

考核时间共50分钟，从获得工作许可开始至工作终结完毕，每超过2分钟扣1分，到100分钟终止考核。

技能等级评价专业技能考核操作评分标准

工种	高压线路带电检修工（配电）				评价等级	技师
项目模块	带电作业方法—绝缘手套作业法带电更换直线电杆（绝缘手套作业法、绝缘斗臂车）的操作			编号		Jc0004243017
单位			准考证号		姓名	
考试时限	50分钟	题型		单项操作	题分	100分
成绩		考评员		考评组长	日期	
试题正文	绝缘手套作业法带电更换直线电杆（绝缘手套作业法、绝缘斗臂车）的操作					
需要说明的问题和要求	（1）带电作业应在良好天气下进行，作业前须进行风速和湿度测量。风力大于5级或湿度大于80%时，不宜带电作业。若遇雷电、雪、雹、雨、雾等不良天气，禁止带电作业。 （2）本作业项目工作人员共计8名，其中工作负责人（监护人）1名、斗内电工2名、杆上电工1名、地面电工2名、吊车指挥1名、吊车操作1名。					

需要说明的问题和要求	（3）工作负责人（监护人）：正确组织工作；检查工作票所列安全措施是否正确完备，是否符合现场实际条件，必要时予以补充完善；工作前，对工作班成员进行工作任务、安全措施交底和危险点告知，并确定每个工作班成员都已签名；组织执行工作票所列由其负责的安全措施；监督工作班成员遵守安全工作规程、正确使用劳动防护用品和安全工器具以及执行现场安全措施；关注工作班成员身体状况和精神状态是否出现异常迹象，人员变动是否合适。带电作业应有人监护。监护人不得直接操作，监护的范围不得超过一个作业点。 （4）工作班成员：熟悉工作内容、工作流程，掌握安全措施，明确工作中的危险点，并在工作票上履行交底签名确认手续；服从工作负责人（监护人）、专责监护人的指挥，严格遵守《国家电网公司电力安全工作规程（配电部分）（试行）》和劳动纪律，在指定的作业范围内工作，对自己在工作中的行为负责，互相关心工作安全；正确使用施工机具、安全工器具和劳动防护用品

序号	项目名称	质量要求	满分	扣分标准	扣分原因	得分
1	开工准备					
1.1	现场复勘	（1）核对工作线路与设备双重名称。 （2）工作负责人应与运行部门共同确认电缆线路已空载、无接地，出线电缆符合送电要求，检查作业装置和现场环境符合带电作业条件。 （3）检查气象条件（天气良好，无雷电、雪、雹、雨、雾等不良天气，风力不大于5级，湿度不大于80%）。 （4）检查工作票所列安全措施，必要时予以补充和完善	4	错、漏一项扣1分，扣完为止		
1.2	工作许可	工作负责人按配电带电作业工作票内容与值班调控人员联系，申请停用线路重合闸	1	未申请停用作业线路（双重名称）重合闸装置扣1分		
1.3	召开现场站班会	（1）工作负责人宣读工作票。 （2）工作负责人检查工作班组成员精神状态。 （3）工作负责人交代工作任务进行人员分工，交代安全措施、技术措施、危险点及控制措施。 （4）工作负责人检查工作班成员对工作内容、工作流程、安全措施以及工作中的危险点是否明确。 （5）工作班成员在工作票上履行交底签名确认手续	4	错、漏一项扣1分，扣完为止		
1.4	布置工作现场	工作现场设置安全围栏、警告标志或路障	1	不满足作业要求扣1分		
1.5	工器具、材料检测	（1）工器具、材料齐备，规格型号正确。 （2）绝缘工器具应放置在防潮苫布上，绝缘工器具应与金属工器具、材料分区放置。 （3）工器具在试验周期内。 （4）外观检查方法正确，绝缘工器具应无机械、绝缘缺陷，应戴干净清洁手套，用干燥、清洁毛巾清洁绝缘工器具。 （5）使用绝缘高阻表对绝缘工器具进行绝缘电阻检测，阻值不得低于700MΩ	5	错、漏一项扣1分，扣完为止		
2	作业过程					

续表

序号	项目名称	质量要求	满分	扣分标准	扣分原因	得分
2.1	进入作业现场	（1）选择合适位置停放绝缘斗臂车，支撑稳固，并可靠接地。 （2）查看绝缘臂、绝缘斗良好，进行空斗试操作，确认液压传动、升降、伸缩、回转系统工作正常及操作灵活，制动装置可靠。 （3）斗内电工穿戴好绝缘防护用具，进入绝缘斗，挂好安全带保险钩	5	不符合要求扣1～5分，扣完为止		
2.2	验电	（1）斗内电工将绝缘斗调整至线路下方与电缆过渡支架平行处，并与带电线路保持0.4m以上安全距离，检查电缆登杆装置应符合验收规范要求。 （2）斗内电工用绝缘电阻检测仪检测电缆对地绝缘，确认无接地情况，检测完成后应充分放电。若发现电缆有电或对地绝缘不良，禁止继续作业。 （3）斗内电工将工作斗调整至带电导线横担下侧适当位置，使用验电器对绝缘子、横担进行验电，确认无漏电现象	5	错、漏一处扣2分，扣完为止		
2.3	安装绝缘遮蔽用具	斗内电工将绝缘斗调整至近边相导线适当位置，按照"从近到远、从下到上、先带电体后接地体"的遮蔽原则对作业范围内的所有带电体和接地体进行绝缘遮蔽，其余两相绝缘遮蔽按照相同方法进行	5	错、漏一项扣3分，扣完为止；遮蔽顺序错误终止工作		
2.4	起升导线	（1）绝缘斗臂车返回地面，在地面电工配合下，在小吊臂上组装绝缘横担后返回导线下准备支撑导线。 （2）2号斗内电工调整绝缘斗臂车使三相导线分别置于绝缘横担上的滑轮内，然后扣好保险环。操作绝缘斗臂车将绝缘横担缓缓上升，使绝缘横担受力。 （3）1号电工依次拆除三相导线绑扎线，2号电工调整绝缘斗臂车，缓缓将三相导线提升至距杆顶不小于0.4m以外的位置	5	错、漏一处扣2分，扣完为止		
2.5	撤除电杆	（1）杆上电工登杆拆除绝缘子、横担及立铁，并使用电杆遮蔽罩对杆顶以下1m进行绝缘遮蔽。系好电杆起吊钢丝绳（吊点在电杆地上部分1/2处）（注：同杆架设线路吊钩穿越低压线时应做好吊车的接地工作；低压导线应加装导线遮蔽罩并用绝缘绳向两侧拉开，增加电杆下降的通道宽度；并在电杆低压导线下方位置增加两道晃绳）。 （2）吊车缓缓起吊电杆。 （3）吊车指挥人员指挥吊车起吊电杆并将电杆平稳下放到地面（注：同杆架设线路应顺线路方向下降电杆），拆除杆尖上的绝缘遮蔽。 （4）1号电工打开绝缘横担保险环，操作绝缘斗臂车使导线完全脱离绝缘横担	15	错、漏一处扣4分，扣完为止		

续表

序号	项目名称	质量要求	满分	扣分标准	扣分原因	得分
2.6	组立电杆	（1）地面电工用绝缘测量杆测量从带电导线到杆洞平面的净空距离应满足安全距离，同时派人观察相邻两侧电杆横担导线绑扎线应无松动现象。 （2）地面电工将马槽配套工具放置在坑洞内。地面电工系好起吊钢丝绳（吊点在电杆重心上方 1.5m 处）。 （3）吊车缓缓起吊，在起吊过程中应随时注意电杆根部是否顶住滑板向下滑动；特别是在电杆起立到 60°左右时（吊臂最上方距带电线路应不少于 3.0m），杆根一定要进到洞内，工作负责人应密切注意杆梢与带电线路的净空距离（最小不少于 0.4m），如有疑问时，应立即停止起吊，用绝缘测量杆测量距离，待确认无问题后，才能继续起吊电杆；在电杆起立过程中，吊车指挥应站在杆洞边电杆上风侧，配合工作负责人注意控制电杆两侧方向的平衡情况和杆根的入洞情况。 （4）电杆起立，校正后回土夯实，拆除杆根接地保护措施。 （5）杆上电工拆除起吊钢丝绳和两侧晃绳，安装横担、绝缘子。杆上电工返回地面，吊车撤离工作区域	20	错、漏一处扣 4 分，扣完为止		
2.7	固定导线	（1）1 号电工对横担、绝缘子进行绝缘遮蔽。 （2）2 号电工操作绝缘斗臂车将绝缘横担缓缓下降，将中相导线下降到中相绝缘子后停止，由 1 号电工将中相导线用绑扎线固定在绝缘子上，继续下降绝缘撑杆，并按相同方法分别固定两边相导线；三相导线的固定，可按先中间、后两边的顺序用绑扎线分别固定在绝缘子上。 （3）将绝缘横担上的滑轮保险打开，2 号斗内电工操作绝缘斗臂车使绝缘横担缓缓脱离导线	5	错、漏一处扣 2 分，扣完为止		
2.8	拆除绝缘遮蔽隔离措施	经工作负责人的许可后，斗内电工分别转调整缘斗到达中间相合适工作位置，按照"从远到近、从上到下、先接地体后带电体"的原则拆除绝缘遮蔽隔离措施： （1）拆除的顺序依次为作业点临近的接地体、耐张绝缘子串、耐张线夹、引线、导线。 （2）斗内电工在拆除带电体上的绝缘遮蔽隔离措施时，动作应轻缓，与横担等地电位构件间应保持足够的安全距离，与邻相导线之间应保持足够的安全距离	5	拆除绝缘遮蔽用具顺序错误终止工作，扣 5 分		
2.9	返回地面	检查杆上无遗留物，绝缘斗退出有电工作区域，作业人员返回地面	5	未按要求执行扣 5 分		
3	工作结束					
3.1	清理现场	工作负责人组织工作班成员整理工具、材料，将工器具分类摆放在苫布上，清理现场，做到工完、料尽、场地清	1	不符合要求扣 1 分		
3.2	质量验收	工作负责人对完成的工作进行全面检查，符合验收规范要求后，记录在册	2	不符合要求扣 2 分		
3.3	收工会	召开现场收工会，正确点评工作，补充现场标准化作业指导书验收栏等内容	1	不符合要求扣 1 分		
3.4	工作终结	汇报值班调控人员工作已经结束，恢复作业线路（双重名称）重合闸装置，在工作票填写终结时间并签字，工作班撤离现场	1	不符合要求扣 1 分		

续表

序号	项目名称	质量要求	满分	扣分标准	扣分原因	得分
3.5	安全文明生产	（1）作业过程中禁止摘下绝缘防护用具，而且绝缘手套仅作辅助绝缘。 （2）斗臂车绝缘斗在有电工作区域转移时，应缓慢移动，动作要平稳，严禁使用快速挡。 （3）绝缘斗臂车在作业时，发动机不能熄火（电能驱动型除外），以保证液压系统处于工作状态。 （4）作业线路下层有低压线路同杆架设时，如妨碍作业，应对作业范围内的相关低压线路采取绝缘遮蔽措施。 （5）在同杆架设线路上工作，与上层或相邻导线小于安全距离规定且无法采取安全措施时，不得进行该项工作。 （6）上、下传递工具、材料均应使用绝缘绳传递，传递中不能与电杆、构件等碰撞，严禁抛掷。 （7）作业过程中，不随意踩踏防潮苫布	5	错、漏一项扣1分，扣完为止		
3.6	关键点	（1）作业中，绝缘斗臂车绝缘臂的有效绝缘长度应不小于1.0m。 （2）在作业时，人体应保持对地不小于0.4m、对邻相导线不小于0.6m的安全距离。 （3）作业时，严禁人体同时接触两个不同的电位体，绝缘斗内双人工作时禁止两人接触不同的电位体。 （4）作业中及时恢复绝缘遮蔽隔离措施。 （5）作业人员在接触带电导线和换相工作前应得到工作监护人的许可。 （6）工作前，应与运行部门共同确认电缆负荷侧开关（断路器或隔离开关等）处于断开位置。空载电缆长度应不大于3km。 （7）斗内电工对电缆引线验电后，应使用绝缘电阻检测仪检查电缆是否空载且无接地。 （8）未接通相的电缆引线应视为带电	5	错、漏一项扣1分，扣完为止		
	合计		100			

Jc0004243018 绝缘手套作业法带电直线杆改终端杆（绝缘手套作业法、绝缘斗臂车、车用绝缘横担）的操作。（100分）

考核知识点：带电作业方法

难易度：难

技能等级评价专业技能考核操作工作任务书

一、任务名称

绝缘手套作业法带电直线杆改终端杆（绝缘手套作业法、绝缘斗臂车、车用绝缘横担）的操作。

二、适用工种

高压线路带电检修工（配电）技师。

三、具体任务

（1）开工准备工作（现场复勘、工作许可、召开现场站班会、布置工作现场、工器具、材料检测）等项目。

（2）安装、拆除绝缘遮蔽用具。

（3）使用绝缘手套作业法带电直线杆改终端杆（绝缘手套作业法、绝缘斗臂车、车用绝缘横担）的操作。

四、工作规范及要求

（1）带电作业应在良好天气下进行，作业前须进行风速和湿度测量。风力大于5级或湿度大于80%时，不宜带电作业。若遇雷电、雪、雹、雨、雾等不良天气，禁止带电作业。

（2）绝缘手套作业法。

（3）本作业项目工作人员共计5名，其中工作负责人（监护人）1名、斗内电工2名、杆上电工1名、地面电工1名。

（4）工作负责人（监护人）、斗内电工、杆上电工、地面电工必须严格遵守《国家电网公司电力安全工作规程（配电部分）（试行）》3.3.12工作票所列人员的安全责任。

（5）要求着装正确（安全帽、全棉长袖工作服、绝缘鞋）。

五、考核及时间要求

考核时间共50分钟，从获得工作许可开始至工作终结完毕，每超过2分钟扣1分，到100分钟终止考核。

技能等级评价专业技能考核操作评分标准

工种	高压线路带电检修工（配电）			评价等级	技师
项目模块	带电作业方法—绝缘手套作业法带电直线杆改终端杆（绝缘手套作业法、绝缘斗臂车、车用绝缘横担）的操作			编号	Jc0004243018
单位		准考证号		姓名	
考试时限	50分钟	题型	单项操作	题分	100分
成绩		考评员		考评组长	日期
试题正文	绝缘手套作业法带电直线杆改终端杆（绝缘手套作业法、绝缘斗臂车、车用绝缘横担）的操作				
需要说明的问题和要求	（1）带电作业应在良好天气下进行，作业前进行风速和湿度测量。风力大于5级或湿度大于80%时，不宜带电作业。若遇雷电、雪、雹、雨、雾等不良天气，禁止带电作业。 （2）本作业项目工作人员共计5名，其中工作负责人（监护人）1名、斗内电工2名、杆上电工1名、地面电工1名。 （3）工作负责人（监护人）：正确组织工作；检查工作票所列安全措施是否正确完备，是否符合现场实际条件，必要时予以补充完善；工作前，对工作班成员进行工作任务、安全措施交底和危险点告知，并确定每个工作班成员都已签名；组织执行工作票所列由其负责的安全措施；监督工作班成员遵守安全工作规程、正确使用劳动防护用品和安全工器具以及执行现场安全措施；关注工作班成员身体状况和精神状态是否出现异常迹象，人员变动是否合适。带电作业应有人监护。监护人不得直接操作，监护的范围不得超过一个作业点。 （4）工作班成员：熟悉工作内容、工作流程，掌握安全措施，明确工作中的危险点，并在工作票上履行交底签名确认手续；服从工作负责人（监护人）、专责监护人的指挥，严格遵守《国家电网公司电力安全工作规程（配电部分）（试行）》和劳动纪律，在指定的作业范围内工作，对自己在工作中的行为负责，互相关心工作安全；正确使用施工机具、安全工器具和劳动防护用品				

序号	项目名称	质量要求	满分	扣分标准	扣分原因	得分
1	开工准备					
1.1	现场复勘	（1）核对工作线路与设备双重名称。 （2）工作负责人应与运行部门共同确认电缆线路已空载、无接地，出线电缆符合送电要求，检查作业装置和现场环境符合带电作业条件。 （3）检查气象条件（天气良好，无雷电、雪、雹、雨、雾等不良天气，风力不大于5级，湿度不大于80%）。 （4）检查工作票所列安全措施，必要时予以补充和完善	4	错、漏一项扣1分，扣完为止		
1.2	工作许可	工作负责人按配电带电作业工作票内容与值班调控人员联系，申请停用线路重合闸	1	未申请停用作业线路（双重名称）重合闸装置扣1分		

续表

序号	项目名称	质量要求	满分	扣分标准	扣分原因	得分
1.3	召开现场站班会	（1）工作负责人宣读工作票。 （2）工作负责人检查工作班组成员精神状态。 （3）工作负责人交代工作任务进行人员分工，交代安全措施、技术措施、危险点及控制措施。 （4）工作负责人检查工作班成员对工作内容、工作流程、安全措施以及工作中的危险点是否明确。 （5）工作班成员在工作票上履行交底签名确认手续	4	错、漏一项扣1分，扣完为止		
1.4	布置工作现场	工作现场设置安全围栏、警告标志或路障	1	不满足作业要求扣1分		
1.5	工器具、材料检测	（1）工器具、材料齐备，规格型号正确。 （2）绝缘工器具应放置在防潮苫布上，绝缘工器具应与金属工器具、材料分区放置。 （3）工器具在试验周期内。 （4）外观检查方法正确，绝缘工器具应无机械、绝缘缺陷，应戴干净清洁手套，用干燥、清洁毛巾清洁绝缘工器具。 （5）使用绝缘高阻表对绝缘工器具进行绝缘电阻检测，阻值不得低于700MΩ。 （6）检测（新）绝缘子串及横担，清洁瓷件，并做表面检查，瓷件表面应光滑，无麻点、裂痕等。用绝缘检测仪检测绝缘子串绝缘电阻不应低于500MΩ	5	错、漏一项扣1分，扣完为止		
2	作业过程					
2.1	进入作业现场	（1）选择合适位置停放绝缘斗臂车，支撑稳固，并可靠接地。 （2）查看绝缘臂、绝缘斗良好，进行空斗试操作，确认液压传动、升降、伸缩，回转系统工作正常及操作灵活，制动装置可靠。 （3）斗内电工穿戴好绝缘防护用具，进入绝缘斗，挂好安全带保险钩	5	不符合要求扣1～5分，扣完为止		
2.2	验电	（1）斗内电工将绝缘斗调整至线路下方与电缆过渡支架平行处，并与带电线路保持0.4m以上安全距离，检查电缆登杆装置应符合验收规范要求。 （2）斗内电工用绝缘电阻检测仪检测电缆对地绝缘，确认无接地情况，检测完成后应充分放电。若发现电缆有电或对地绝缘不良，禁止继续作业。 （3）斗内电工将工作斗调整至带电导线横担下侧适当位置，使用验电器对绝缘子、横担进行验电，确认无漏电现象	5	错、漏一处扣2分，扣完为止		
2.3	安装绝缘遮蔽用具	斗内电工将绝缘斗调整至近边相导线适当位置，按照"从近到远、从下到上、先带电体后接地体"的遮蔽原则对作业范围内的所有带电体和接地体进行绝缘遮蔽，其余两相绝缘遮蔽按照相同方法进行	10	错、漏一项扣5分，扣完为止；遮蔽顺序错误终止工作		
2.4	提升导线	（1）2号斗内电工操作斗臂车返回地面，在地面电工配合下安装绝缘横担。 （2）2号斗内电工操作绝缘斗臂车至导线下方，将两边相导线放入绝缘横担滑槽内并锁定。 （3）1号斗内电工逐相拆除两边相绝缘子的绑扎线。 （4）2号电工操作绝缘斗臂车继续缓慢抬高绝缘横担，提升两边相导线，将中相导线放入绝缘横担滑槽内并锁，由1号电工拆除中相绝缘子帮扎线	5	错、漏一处扣2分，扣完为止		

续表

序号	项目名称	质量要求	满分	扣分标准	扣分原因	得分
2.5	更换横担	（1）1号电工将绝缘横担缓慢抬高，提升三相导线，提升高度不小于0.4m。 （2）杆上电工登杆，配合1号斗内电工，将直线横担更换成耐张横担，挂好悬式绝缘子串及耐张线夹，并安装好电杆拉线，杆上电工返回地面。 （3）1号斗内电工对新装耐张横担和电杆设置绝缘遮蔽隔离措施	10	错、漏一处扣4分，扣完为止		
2.6	安装绝缘紧线器和后备绝缘保护绳	（1）2号斗内电工调整绝缘横担，将三相导线放在已遮蔽的耐张横担上，并做好固定措施，绝缘斗臂车返回地面，拆除绝缘横担。 （2）两斗臂车的斗内电工分别调整绝缘斗位置，将绝缘紧线器、卡线器固定于近边相和远边相导线上，并在两个紧线器外侧加装后备保护绳，同时将导线收紧，再收紧后备保护绳。收紧导线后在两边相导线松线侧使用绝缘绳和卡线器做好放松导线临时固定措施。 （3）地面电工在电杆根部安装临时抱箍。将两边相松线侧的绝缘绳（导线固定用）尾部在临时抱箍上固定	10	错、漏一处扣4分，扣完为止		
2.7	开断导线及放线	（1）斗内电工调整绝缘斗分别定位于内边相和外边相，同时开断内边相、外边相导线，并将断开的带电导线固定到耐张线夹内，迅速恢复绝缘遮蔽。 （2）斗内电工调整绝缘斗分别定位于内边相和外边相放线侧，拆除后备保护绳一端，拆除绝缘紧线器，地面电工控制绝缘绳依次将内边相和外边相放线侧导线缓慢放松落地。 （3）斗内电工调整绝缘斗分别定位于内边相和外边相有电侧，同时缓慢松弛绝缘紧线器，待耐张线夹承力后，拆除绝缘紧线器，拆除后备保护绳的另一端。 （4）斗内电工相互配合按照同样方法开断中间相导线	10	错、漏一处扣4分，扣完为止		
2.8	拆除绝缘遮蔽隔离措施	经工作负责人的许可后，斗内电工分别转调整缘斗到达中间相合适工作位置，按照"从远到近、从上到下、先接地体后带电体"的原则拆除绝缘遮蔽隔离措施： （1）拆除的顺序依次为作业点临近的接地体、耐张绝缘子串、耐张线夹、引线、导线。 （2）斗内电工在拆除带电体上的绝缘遮蔽隔离措施时，动作应轻缓，与横担等地电位构件间应保持足够的安全距离，与邻相导线之间应保持足够的安全距离	10	拆除绝缘遮蔽用具顺序错误终止工作，扣10分		
2.9	返回地面	检查杆上无遗留物，绝缘斗退出有电工作区域，作业人员返回地面	5	未按要求执行扣5分		
3	工作结束					
3.1	清理现场	工作负责人组织工作班成员整理工具、材料，将工器具分类摆放在苫布上，清理现场，做到工完、料尽、场地清	1	不符合要求扣1分		
3.2	质量验收	工作负责人对完成的工作进行全面检查，符合验收规范要求后，记录在册	2	不符合要求扣2分		
3.3	收工会	召开现场收工会，正确点评工作，补充现场标准化作业指导书验收栏等内容	1	不符合要求扣1分		

续表

序号	项目名称	质量要求	满分	扣分标准	扣分原因	得分
3.4	工作终结	汇报值班调控人员工作已经结束，恢复作业线路（双重名称）重合闸装置，在工作票填写终结时间并签字，工作班撤离现场	1	不符合要求扣1分		
3.5	安全文明生产	（1）作业过程中禁止摘下绝缘防护用具，而且绝缘手套仅作辅助绝缘。 （2）斗臂车绝缘斗在有电工作区域转移时，应缓慢移动，动作要平稳，严禁使用快速挡。 （3）绝缘斗臂车在作业时，发动机不能熄火（电能驱动型除外），以保证液压系统处于工作状态。 （4）作业线路下层有低压线路同杆架设时，如妨碍作业，应对作业范围内的相关低压线路采取绝缘遮蔽措施。 （5）在同杆架设线路上工作，与上层或相邻导线小于安全距离规定且无法采取安全措施时，不得进行该项工作。 （6）上、下传递工具、材料均应使用绝缘绳传递，传递中不能与电杆、构件等碰撞，严禁抛掷。 （7）作业过程中，不随意踩踏防潮苫布	5	错、漏一项扣1分，扣完为止		
3.6	关键点	（1）作业中，绝缘斗臂车绝缘臂的有效绝缘长度应不小于1.0m。 （2）在作业时，人体应保持对地不小于0.4m、对邻相导线不小于0.6m的安全距离。 （3）作业时，严禁人体同时接触两个不同的电位体，绝缘斗内双人工作时禁止两人接触不同的电位体。 （4）作业中及时恢复绝缘遮蔽隔离措施。 （5）作业人员在接触带电导线和换相工作前应得到工作监护人的许可。 （6）工作前，应与运行部门共同确认电缆负荷侧开关（断路器或隔离开关等）处于断开位置。空载电缆长度应不大于3km。 （7）斗内电工对电缆引线验电后，应使用绝缘电阻检测仪检查电缆是否空载且无接地。 （8）未接通相的电缆引线应视为带电	5	错、漏一项扣1分，扣完为止		
	合计		100			

Jc0004243019 绝缘手套作业法带电直线杆改终端杆（绝缘手套作业法、绝缘斗臂车、杆顶绝缘横担）的操作。（100分）

考核知识点：带电作业方法

难易度：难

技能等级评价专业技能考核操作工作任务书

一、任务名称

绝缘手套作业法带电直线杆改终端杆（绝缘手套作业法、绝缘斗臂车、杆顶绝缘横担）的操作。

二、适用工种

高压线路带电检修工（配电）技师。

三、具体任务

（1）开工准备工作（现场复勘、工作许可、召开现场站班会、布置工作现场、工器具、材料检测）等项目。

（2）安装、拆除绝缘遮蔽用具。

（3）使用绝缘手套作业法带电直线杆改终端杆（绝缘手套作业法、绝缘斗臂车、杆顶绝缘横担）的操作。

四、工作规范及要求

（1）带电作业应在良好天气下进行，作业前须进行风速和湿度测量。风力大于 5 级或湿度大于 80% 时，不宜带电作业。若遇雷电、雪、雹、雨、雾等不良天气，禁止带电作业。

（2）绝缘手套作业法。

（3）本作业项目工作人员共计 4 名，其中工作负责人（监护人）1 名、斗内电工 2 名、地面电工 1 名。

（4）工作负责人（监护人）、斗内电工、地面电工必须严格遵守《国家电网公司电力安全工作规程（配电部分）（试行）》3.3.12 工作票所列人员的安全责任。

（5）要求着装正确（安全帽、全棉长袖工作服、绝缘鞋）。

五、考核及时间要求

考核时间共 50 分钟，从获得工作许可开始至工作终结完毕，每超过 2 分钟扣 1 分，到 100 分钟终止考核。

技能等级评价专业技能考核操作评分标准

工种	高压线路带电检修工（配电）				评价等级	技师
项目模块	带电作业方法—绝缘手套作业法带电直线杆改终端杆 （绝缘手套作业法、绝缘斗臂车、杆顶绝缘横担）的操作			编号		Jc0004243019
单位			准考证号		姓名	
考试时限	50 分钟	题型		单项操作	题分	100 分
成绩		考评员		考评组长	日期	
试题正文	绝缘手套作业法带电直线杆改终端杆（绝缘手套作业法、绝缘斗臂车、杆顶绝缘横担）的操作					
需要说明的问题和要求	（1）带电作业应在良好天气下进行，作业前须进行风速和湿度测量。风力大于 5 级或湿度大于 80% 时，不宜带电作业。若遇雷电、雪、雹、雨、雾等不良天气，禁止带电作业。 （2）本作业项目工作人员共计 4 名，其中工作负责人（监护人）1 名、斗内电工 2 名、地面电工 1 名。 （3）工作负责人（监护人）：正确组织工作；检查工作票所列安全措施是否正确完备，是否符合现场实际条件，必要时予以补充完善；工作前，对工作班成员进行工作任务、安全措施交底和危险点告知，并确定每个工作班成员都已签名；组织执行工作票所列由其负责的安全措施；监督工作班成员遵守安全工作规程、正确使用劳动防护用品和安全工器具以及执行现场安全措施；关注工作班成员身体状况和精神状态是否出现异常迹象，人员变动是否合适。带电作业应有人监护。监护人不得直接操作，监护的范围不得超过一个作业点。 （4）工作班成员：熟悉工作内容、工作流程，掌握安全措施，明确工作中的危险点，并在工作票上履行交底签名确认手续；服从工作负责人（监护人）、专责监护人的指挥，严格遵守《国家电网公司电力安全工作规程（配电部分）（试行）》和劳动纪律，在指定的作业范围内工作，对自己在工作中的行为负责，互相关心工作安全；正确使用施工机具、安全工器具和劳动防护用品					

序号	项目名称	质量要求	满分	扣分标准	扣分原因	得分
1	开工准备					
1.1	现场复勘	（1）核对工作线路与设备双重名称。 （2）工作负责人应与运行部门共同确认电缆线路已空载、无接地，出线电缆符合送电要求，检查作业装置和现场环境符合带电作业条件。 （3）检查气象条件（天气良好，无雷电、雪、雹、雨、雾等不良天气，风力不大于 5 级，湿度不大于 80%）。 （4）检查工作票所列安全措施，必要时予以补充和完善	4	错、漏一项扣 1 分，扣完为止		

续表

序号	项目名称	质量要求	满分	扣分标准	扣分原因	得分
1.2	工作许可	工作负责人按配电带电作业工作票内容与值班调控人员联系，申请停用线路重合闸	1	未申请停用作业线路（双重名称）重合闸装置扣1分		
1.3	召开现场站班会	（1）工作负责人宣读工作票。 （2）工作负责人检查工作班组成员精神状态。 （3）工作负责人交代工作任务进行人员分工，交代安全措施、技术措施、危险点及控制措施。 （4）工作负责人检查工作班成员对工作内容、工作流程、安全措施以及工作中的危险点是否明确。 （5）工作班成员在工作票上履行交底签名确认手续	4	错、漏一项扣1分，扣完为止		
1.4	布置工作现场	工作现场设置安全围栏、警告标志或路障	1	不满足作业要求扣1分		
1.5	工器具、材料检测	（1）工器具、材料齐备，规格型号正确。 （2）绝缘工器具应放置在防潮苫布上，绝缘工器具应与金属工器具、材料分区放置。 （3）工器具在试验周期内。 （4）外观检查方法正确，绝缘工器具应无机械、绝缘缺陷，应戴干净清洁手套，用干燥、清洁毛巾清洁绝缘工器具。 （5）使用绝缘高阻表对绝缘工器具进行绝缘电阻检测，阻值不得低于700MΩ。 （6）检测（新）绝缘子串及横担，清洁瓷件，并做表面检查，瓷件表面应光滑，无麻点、裂痕等。用绝缘检测仪检测绝缘子串绝缘电阻不应低于500MΩ	5	错、漏一项扣1分，扣完为止		
2	作业过程					
2.1	进入作业现场	（1）选择合适位置停放绝缘斗臂车，支撑稳固，并可靠接地。 （2）查看绝缘臂、绝缘斗良好，进行空斗试操作，确认液压传动、升降、伸缩，回转系统工作正常及操作灵活，制动装置可靠。 （3）斗内电工穿戴好绝缘防护用具，进入绝缘斗，挂好安全带保险钩	5	不符合要求扣1~5分，扣完为止		
2.2	验电	（1）斗内电工将绝缘斗调整至线路下方与电缆过渡支架平行处，并与带电线路保持0.4m以上安全距离，检查电缆登杆装置应符合验收规范要求。 （2）斗内电工用绝缘电阻检测仪检测电缆对地绝缘，确认无接地情况，检测完成后应充分放电。若发现电缆有电或对地绝缘不良，禁止继续作业。 （3）斗内电工将工作斗调整至带电导线横担下侧适当位置，使用验电器对绝缘子、横担进行验电，确认无漏电现象	5	错、漏一处扣2分，扣完为止		
2.3	安装绝缘遮蔽用具	斗内电工将绝缘斗调整至近边相导线适当位置，按照"从近到远、从下到上、先带电体后接地体"的遮蔽原则对作业范围内的所有带电体和接地体进行绝缘遮蔽，其余两相绝缘遮蔽按照相同方法进行	10	错、漏一项扣5分，扣完为止；遮蔽顺序错误终止工作		

续表

序号	项目名称	质量要求	满分	扣分标准	扣分原因	得分
2.4	提升导线	（1）2 号斗内电工使用绝缘小吊吊住中相导线，1 号电工解开中相导线绑扎线，遮蔽罩对接并将开口向上。2 号电工起升小吊将导线缓慢提升至距中间相绝缘子 0.4m 以外。 （2）1 号电工拆除中间相绝缘子及立铁，安装杆顶绝缘横担。 （3）2 号电工缓慢下降小吊将中相导线放至绝缘横担中间相卡槽内，扣好保险环，解开小吊绳。两边相按相同方法进行	5	错、漏一处扣 2 分，扣完为止		
2.5	更换横担	两辆绝缘斗臂车斗内电工配合将直线横担更换成耐张横担，安装耐张绝缘子串及耐张线夹，并安装好电杆拉线；并对新装耐张横担、耐张绝缘子串、耐张线夹、电杆进行绝缘遮蔽	10	错、漏一处扣 5 分，扣完为止		
2.6	安装绝缘紧线器和后备绝缘保护绳	两台斗臂车斗内电工分别将两边相导线放在已遮蔽的耐张横担上，并做好固定措施。调整绝缘斗位置，分别将绝缘紧线器、卡线器固定于近边相和远边相导线上，进行紧线准备工作。收紧导线后在两边相导线松线侧使用绝缘绳和卡线器做好放松导线临时固定措施	10	错、漏一处扣 3 分，扣完为止		
2.7	开断导线及放线	（1）斗内电工调整绝缘斗分别定位于内边相和外边相，同时开断内边相、外边相导线，并将断开的带电导线固定到耐张线夹内，迅速恢复绝缘遮蔽。 （2）斗内电工调整绝缘斗分别定位于内边相和外边相放线侧，拆除后备保护绳一端，拆除绝缘紧线器，地面电工控制绝缘绳依次将内边相和外边相放线侧导线缓慢放松落地。 （3）斗内电工调整绝缘斗分别定位于内边相和外边相有电侧，同时缓慢松弛绝缘紧线器，待耐张线夹承力后，拆除绝缘紧线器，拆除后备保护绳的另一端。 （4）2 号电工使用绝缘小吊提升中相导线，1 号电工拆除杆顶绝缘横担，按照两边相的同样方法开断中间相导线	10	错、漏一处扣 3 分，扣完为止		
2.8	拆除绝缘遮蔽隔离措施	经工作负责人的许可后，斗内电工分别转调整缘斗到达中间相合适工作位置，按照"从远到近、从上到下、先接地体后带电体"的原则拆除绝缘遮蔽隔离措施： （1）拆除的顺序依次为作业点临近的接地体、耐张绝缘子串、耐张线夹、引线、导线。 （2）斗内电工在拆除带电体上的绝缘遮蔽隔离措施时，动作应轻缓，与横担等地电位构件间应保持足够的安全距离，与邻相导线之间应保持足够的安全距离	10	拆除绝缘遮蔽用具顺序错误终止工作，扣 10 分		
2.9	返回地面	检查杆上无遗留物，绝缘斗退出有电工作区域，作业人员返回地面	5	未按要求执行扣 5 分		
3	工作结束					
3.1	清理现场	工作负责人组织工作班成员整理工具、材料，将工器具分类摆放在苫布上，清理现场，做到工完、料尽、场地清	1	不符合要求扣 1 分		
3.2	质量验收	工作负责人对完成的工作进行全面检查，符合验收规范要求后，记录在册	2	不符合要求扣 2 分		
3.3	收工会	召开现场收工会，正确点评工作，补充现场标准化作业指导书验收栏等内容	1	不符合要求扣 1 分		

续表

序号	项目名称	质量要求	满分	扣分标准	扣分原因	得分
3.4	工作终结	汇报值班调控人员工作已经结束，恢复作业线路（双重名称）重合闸装置，在工作票填写终结时间并签字，工作班撤离现场	1	不符合要求扣1分		
3.5	安全文明生产	（1）作业过程中禁止摘下绝缘防护用具，而且绝缘手套仅作辅助绝缘。 （2）斗臂车绝缘斗在有电工作区域转移时，应缓慢移动，动作要平稳，严禁使用快速挡。 （3）绝缘斗臂车在作业时，发动机不能熄火（电能驱动型除外），以保证液压系统处于工作状态。 （4）作业线路下层有低压线路同杆架设时，如妨碍作业，应对作业范围内的相关低压线路采取绝缘遮蔽措施。 （5）在同杆架设线路上工作，与上层或相邻导线小于安全距离规定且无法采取安全措施时，不得进行该项工作。 （6）上、下传递工具、材料均应使用绝缘绳传递，传递中不能与电杆、构件等碰撞，严禁抛掷。 （7）作业过程中，不随意踩踏防潮苫布	5	错、漏一项扣1分，扣完为止		
3.6	关键点	（1）作业中，绝缘斗臂车绝缘臂的有效绝缘长度应不小于1.0m。 （2）在作业时，人体应保持对地不小于0.4m、对邻相导线不小于0.6m的安全距离。 （3）作业时，严禁人体同时接触两个不同的电位体，绝缘斗内双人工作时禁止两人接触不同的电位体。 （4）作业中及时恢复绝缘遮蔽隔离措施。 （5）作业人员在接触带电导线和换相工作前应得到工作监护人的许可。 （6）工作前，应与运行部门共同确认电缆负荷侧开关（断路器或隔离开关等）处于断开位置。空载电缆长度应不大于3km。 （7）斗内电工对电缆引线验电后，应使用绝缘电阻检测仪检查电缆是否空载且无接地。 （8）未接通相的电缆引线应视为带电	5	错、漏一项扣1分，扣完为止		
	合计		100			

Jc0004243020　绝缘手套作业法带负荷更换熔断器（绝缘手套作业法、绝缘斗臂车）的操作。（100分）

考核知识点：带电作业方法

难易度：难

技能等级评价专业技能考核操作工作任务书

一、任务名称

绝缘手套作业法带负荷更换熔断器（绝缘手套作业法、绝缘斗臂车）的操作。

二、适用工种

高压线路带电检修工（配电）技师。

三、具体任务

（1）开工准备工作（现场复勘、工作许可、召开现场站班会、布置工作现场、工器具、材料检测）等项目。

（2）安装、拆除绝缘遮蔽用具。

（3）使用绝缘手套作业法带负荷更换熔断器（绝缘手套作业法、绝缘斗臂车）的操作。

四、工作规范及要求

（1）带电作业应在良好天气下进行，作业前须进行风速和湿度测量。风力大于5级或湿度大于80%时，不宜带电作业。若遇雷电、雪、雹、雨、雾等不良天气，禁止带电作业。

（2）绝缘手套作业法。

（3）本作业项目工作人员共计4名，其中工作负责人（监护人）1名、斗内电工2名、地面电工1名。

（4）工作负责人（监护人）、斗内电工、地面电工必须严格遵守《国家电网公司电力安全工作规程（配电部分）（试行）》3.3.12工作票所列人员的安全责任。

（5）要求着装正确（安全帽、全棉长袖工作服、绝缘鞋）。

五、考核及时间要求

考核时间共50分钟，从获得工作许可开始至工作终结完毕，每超过2分钟扣1分，到100分钟终止考核。

技能等级评价专业技能考核操作评分标准

工种	高压线路带电检修工（配电）				评价等级	技师
项目模块	带电作业方法—绝缘手套作业法带负荷更换熔断器（绝缘手套作业法、绝缘斗臂车）的操作			编号		Jc0004243020
单位			准考证号		姓名	
考试时限	50分钟	题型		单项操作	题分	100分
成绩		考评员		考评组长	日期	
试题正文	绝缘手套作业法带负荷更换熔断器（绝缘手套作业法、绝缘斗臂车）的操作					
需要说明的问题和要求	（1）带电作业应在良好天气下进行，作业前须进行风速和湿度测量。风力大于5级或湿度大于80%时，不宜带电作业。若遇雷电、雪、雹、雨、雾等不良天气，禁止带电作业。 （2）本作业项目工作人员共计4名，其中工作负责人（监护人）1名、斗内电工2名、地面电工1名。 （3）工作负责人（监护人）：正确组织工作；检查工作票所列安全措施是否正确完备，是否符合现场实际条件，必要时予以补充完善；工作前，对工作班成员进行工作任务、安全措施交底和危险点告知，并确定每个工作班成员都已签名；组织执行工作票所列由其负责的安全措施；监督工作班成员遵守安全工作规程、正确使用劳动防护用品和安全工器具以及执行现场安全措施；关注工作班成员身体状况和精神状态是否出现异常迹象，人员变动是否合适。带电作业应有人监护。监护人不得直接操作，监护的范围不得超过一个作业点。 （4）工作班成员：熟悉工作内容、工作流程，掌握安全措施，明确工作中的危险点，并在工作票上履行交底签名确认手续；服从工作负责人（监护人）、专责监护人的指挥，严格遵守《国家电网公司电力安全工作规程（配电部分）（试行）》和劳动纪律，在指定的作业范围内工作，对自己在工作中的行为负责，互相关心工作安全；正确使用施工机具、安全工器具和劳动防护用品					

序号	项目名称	质量要求	满分	扣分标准	扣分原因	得分
1	开工准备					
1.1	现场复勘	（1）核对工作线路与设备双重名称。 （2）工作负责人应与运行部门共同确认电缆线路已空载、无接地，出线电缆符合送电要求，检查作业装置和现场环境符合带电作业条件。 （3）检查气象条件（天气良好，无雷电、雪、雹、雨、雾等不良天气，风力不大于5级，湿度不大于80%）。 （4）检查工作票所列安全措施，必要时予以补充和完善	4	错、漏一项扣1分，扣完为止		
1.2	工作许可	工作负责人按配电带电作业工作票内容与值班调控人员联系，申请停用线路重合闸	1	未申请停用作业线路（双重名称）重合闸装置扣1分		

续表

序号	项目名称	质量要求	满分	扣分标准	扣分原因	得分
1.3	召开现场站班会	（1）工作负责人宣读工作票。 （2）工作负责人检查工作班组成员精神状态。 （3）工作负责人交代工作任务进行人员分工，交代安全措施、技术措施、危险点及控制措施。 （4）工作负责人检查工作班成员对工作内容、工作流程、安全措施以及工作中的危险点是否明确。 （5）工作班成员在工作票上履行交底签名确认手续	4	错、漏一项扣1分，扣完为止		
1.4	布置工作现场	工作现场设置安全围栏、警告标志或路障	1	不满足作业要求扣1分		
1.5	工器具、材料检测	（1）工器具、材料齐备，规格型号正确。 （2）绝缘工器具应放置在防潮苫布上，绝缘工器具应与金属工器具、材料分区放置。 （3）工器具在试验周期内。 （4）外观检查方法正确，绝缘工器具应无机械、绝缘缺陷，应戴干净清洁手套，用干燥、清洁毛巾清洁绝缘工器具。 （5）使用绝缘高阻表对绝缘工器具进行绝缘电阻检测，阻值不得低于700MΩ。 （6）检测（新）熔断器，清洁瓷件，并做表面检查，瓷件表面应光滑，无麻点、裂痕等。用绝缘检测仪检测熔断器绝缘电阻不应低于500MΩ	5	错、漏一项扣1分，扣完为止		
2	作业过程					
2.1	进入作业现场	（1）选择合适位置停放绝缘斗臂车，支撑稳固，并可靠接地。 （2）查看绝缘臂、绝缘斗良好，进行空斗试操作，确认液压传动、升降、伸缩，回转系统工作正常及操作灵活，制动装置可靠。 （3）斗内电工穿戴好绝缘防护用具，进入绝缘斗，挂好安全带保险钩	5	不符合要求扣1~5分，扣完为止		
2.2	验电	（1）斗内电工将绝缘斗调整至线路下方与电缆过渡支架平行处，并与带电线路保持0.4m以上安全距离，检查电缆登杆装置应符合验收规范要求。 （2）斗内电工用绝缘电阻检测仪检测电缆对地绝缘，确认无接地情况，检测完成后应充分放电。若发现电缆有电或对地绝缘不良，禁止继续作业。 （3）斗内电工将工作斗调整至带电导线横担下侧适当位置，使用验电器对绝缘子、横担进行验电，确认无漏电现象	5	错、漏一处扣2分，扣完为止		
2.3	安装绝缘遮蔽用具	斗内电工将绝缘斗调整至近边相导线适当位置，按照"从近到远、从下到上、先带电体后接地体"的遮蔽原则对作业范围内的所有带电体和接地体进行绝缘遮蔽，其余两相绝缘遮蔽按照相同方法进行	10	错、漏一项扣5分，扣完为止；遮蔽顺序错误终止工作		
2.4	安装绝缘引流线	（1）斗内电工互相配合在熔断器横担下0.6m处安装绝缘引流线支架。 （2）斗内电工使用电流检测仪逐相检测三相熔断器负荷电流正常。用绝缘引流线逐相短接熔断器。短接每一相时，应注意绝缘引流线另一头不得放在工作斗内，防止触电。短接熔断器后应检测分流正常。三相熔断器可先按中间相、再两边相，或根据现场情况按由远及近的顺序依次短接。短接熔断器前应采取措施防止熔断器自行断开	10	错、漏一处扣5分，扣完为止		

续表

序号	项目名称	质量要求	满分	扣分标准	扣分原因	得分
2.5	更换熔断器	（1）确认三相绝缘引流线连接牢固、通流正常后，斗内电工用绝缘操作杆拉开熔丝管并取下。 （2）斗内电工将绝缘斗调整至近边相导线外侧适当位置，首先拆除近边相熔断器的下引线，恢复绝缘遮蔽并妥善固定；再拆除近边相熔断器的上引线，恢复绝缘遮蔽，并妥善固定。 （3）按相同的方法拆除其余两相引线。拆除三相引线可按先两侧、后中间或由近到远的顺序进行。 （4）斗内电工更换三相熔断器，并对三相熔断器进行试操作，检查分合情况，最后将三相熔丝管取下。 （5）斗内电工将绝缘斗调整到远边相熔断器上引线侧，互相配合依次恢复熔断器上、下引线。恢复绝缘遮蔽隔离措施。 （6）其余两相熔断器引线搭接按相同的方法进行。搭接三相引线，可按先中间、后两侧或由远到近的顺序进行。 （7）搭接工作结束后，斗内电工挂上熔丝管，用绝缘操作杆分别合上三相熔丝管，确认通流正常。恢复熔断器的绝缘遮蔽隔离措施	15	错、漏一处扣3分，扣完为止		
2.6	拆除绝缘引流线	（1）斗内电工逐相拆除绝缘引流线。拆除每一相绝缘引流线时，应注意拆下的绝缘引流线端头不得放在工作斗内，防止触电。 （2）拆除的程序可按从近到远或先两边相、再中间相的顺序进行。 （3）斗内电工拆除绝缘引流线支架	10	错、漏一处扣4分，扣完为止		
2.7	拆除绝缘遮蔽隔离措施	经工作负责人的许可后，斗内电工分别转调整缘斗到达中间相合适工作位置，按照"从远到近、从上到下、先接地体后带电体"的原则拆除绝缘遮蔽隔离措施： （1）拆除的顺序依次为作业点临近的接地体、耐张绝缘子串、耐张线夹、引线、导线。 （2）斗内电工在拆除带电体上的绝缘遮蔽隔离措施时，动作应轻缓，与横担等地电位构件间应保持足够的安全距离，与邻相导线之间应保持足够的安全距离	10	拆除绝缘遮蔽用具顺序错误终止工作，扣10分		
2.8	返回地面	检查杆上无遗留物，绝缘斗退出有电工作区域，作业人员返回地面	5	未按要求执行扣5分		
3	工作结束					
3.1	清理现场	工作负责人组织工作班成员整理工具、材料，将工器具分类摆放在苫布上，清理现场，做到工完、料尽、场地清	1	不符合要求扣1分		
3.2	质量验收	工作负责人对完成的工作进行全面检查，符合验收规范要求后，记录在册	2	不符合要求扣2分		
3.3	收工会	召开现场收工会，正确点评工作，补充现场标准化作业指导书验收栏等内容	1	不符合要求扣1分		
3.4	工作终结	汇报值班调控人员工作已经结束，恢复作业线路（双重名称）重合闸装置，在工作票填写终结时间并签字，工作班撤离现场	1	不符合要求扣1分		

续表

序号	项目名称	质量要求	满分	扣分标准	扣分原因	得分
3.5	安全文明生产	（1）作业过程中禁止摘下绝缘防护用具，而且绝缘手套仅作辅助绝缘。 （2）斗臂车绝缘斗在有电工作区域转移时，应缓慢移动，动作要平稳，严禁使用快速挡。 （3）绝缘斗臂车在作业时，发动机不能熄火（电能驱动型除外），以保证液压系统处于工作状态。 （4）作业线路下层有低压线路同杆架设时，如妨碍作业，应对作业范围内的相关低压线路采取绝缘遮蔽措施。 （5）在同杆架设线路上工作，与上层或相邻导线小于安全距离规定且无法采取安全措施时，不得进行该项工作。 （6）上、下传递工具、材料均应使用绝缘绳传递，传递中不能与电杆、构件等碰撞，严禁抛掷。 （7）作业过程中，不随意踩踏防潮苫布	5	错、漏一项扣1分，扣完为止		
3.6	关键点	（1）作业中，绝缘斗臂车绝缘臂的有效绝缘长度应不小于1.0m。 （2）在作业时，人体应保持对地不小于0.4m、对邻相导线不小于0.6m的安全距离。 （3）作业时，严禁人体同时接触两个不同的电位体，绝缘斗内双人工作时禁止两人接触不同的电位体。 （4）作业中及时恢复绝缘遮蔽隔离措施。 （5）作业人员在接触带电导线和换相工作前应得到工作监护人的许可。 （6）工作前，应与运行部门共同确认电缆负荷侧开关（断路器或隔离开关等）处于断开位置。空载电缆长度应不大于3km。 （7）斗内电工对电缆引线验电后，应使用绝缘电阻检测仪检查电缆是否空载且无接地。 （8）未接通相的电缆引线应视为带电	5	错、漏一项扣1分，扣完为止		
	合计		100			

Jc0004243021　绝缘手套作业法带负荷更换导线非承力线夹（绝缘手套作业法、绝缘斗臂车）的操作。（100分）

考核知识点：带电作业方法

难易度：难

技能等级评价专业技能考核操作工作任务书

一、任务名称

绝缘手套作业法带负荷更换导线非承力线夹（绝缘手套作业法、绝缘斗臂车）的操作。

二、适用工种

高压线路带电检修工（配电）技师。

三、具体任务

（1）开工准备工作（现场复勘、工作许可、召开现场站班会、布置工作现场、工器具、材料检测）等项目。

（2）安装、拆除绝缘遮蔽用具。

（3）使用绝缘手套作业法带负荷更换导线非承力线夹（绝缘手套作业法、绝缘斗臂车）的操作。

四、工作规范及要求

（1）带电作业应在良好天气下进行，作业前须进行风速和湿度测量。风力大于5级或湿度大于80%时，不宜带电作业。若遇雷电、雪、雹、雨、雾等不良天气，禁止带电作业。

（2）绝缘手套作业法。

（3）本作业项目工作人员共计4名，其中工作负责人（监护人）1名、斗内电工2名、地面电工1名。

（4）工作负责人（监护人）、斗内电工、地面电工必须严格遵守《国家电网公司电力安全工作规程（配电部分）（试行）》3.3.12工作票所列人员的安全责任。

（5）要求着装正确（安全帽、全棉长袖工作服、绝缘鞋）。

五、考核及时间要求

考核时间共50分钟，从获得工作许可开始至工作终结完毕，每超过2分钟扣1分，到100分钟终止考核。

技能等级评价专业技能考核操作评分标准

工种	高压线路带电检修工（配电）			评价等级	技师
项目模块	带电作业方法—绝缘手套作业法带负荷更换导线非承力线夹（绝缘手套作业法、绝缘斗臂车）的操作			编号	Jc0004243021
单位		准考证号		姓名	
考试时限	50分钟	题型	单项操作	题分	100分
成绩		考评员	考评组长	日期	
试题正文	绝缘手套作业法带负荷更换导线非承力线夹（绝缘手套作业法、绝缘斗臂车）的操作				
需要说明的问题和要求	（1）带电作业应在良好天气下进行，作业前进行风速和湿度测量。风力大于5级或湿度大于80%时，不宜带电作业。若遇雷电、雪、雹、雨、雾等不良天气，禁止带电作业。 （2）本作业项目工作人员共计4名，其中工作负责人（监护人）1名、斗内电工2名、地面电工1名。 （3）工作负责人（监护人）：正确组织工作；检查工作票所列安全措施是否正确完备，是否符合现场实际条件，必要时予以补充完善；工作前，对工作班成员进行工作任务、安全措施交底和危险点告知，并确定每个工作班成员都已签名；组织执行工作票所列由其负责的安全措施；监督工作班成员遵守安全工作规程、正确使用劳动防护用品和安全工器具以及执行现场安全措施；关注工作班成员身体状况和精神状态是否出现异常迹象，人员变动是否合适。带电作业应有人监护。监护人不得直接操作，监护的范围不得超过一个作业点。 （4）工作班成员：熟悉工作内容、工作流程，掌握安全措施，明确工作中的危险点，并在工作票上履行交底签名确认手续；服从工作负责人（监护人）、专责监护人的指挥，严格遵守《国家电网公司电力安全工作规程（配电部分）（试行）》和劳动纪律，在指定的作业范围内工作，对自己在工作中的行为负责，互相关心工作安全；正确使用施工机具、安全工器具和劳动防护用品				

序号	项目名称	质量要求	满分	扣分标准	扣分原因	得分
1	开工准备					
1.1	现场复勘	（1）核对工作线路与设备双重名称。 （2）工作负责人应与运行部门共同确认电缆线路已空载、无接地，出线电缆符合送电要求，检查作业装置和现场环境符合带电作业条件。 （3）检查气象条件（天气良好，无雷电、雪、雹、雨、雾等不良天气，风力不大于5级，湿度不大于80%）。 （4）检查工作票所列安全措施，必要时予以补充和完善	4	错、漏一项扣1分，扣完为止		
1.2	工作许可	工作负责人按配电带电作业工作票内容与值班调控人员联系，申请停用线路重合闸	1	未申请停用作业线路（双重名称）重合闸装置扣1分		

续表

序号	项目名称	质量要求	满分	扣分标准	扣分原因	得分
1.3	召开现场站班会	（1）工作负责人宣读工作票。 （2）工作负责人检查工作班组成员精神状态。 （3）工作负责人交代工作任务进行人员分工，交代安全措施、技术措施、危险点及控制措施。 （4）工作负责人检查工作班成员对工作内容、工作流程、安全措施以及工作中的危险点是否明确。 （5）工作班成员在工作票上履行交底签名确认手续	4	错、漏一项扣1分，扣完为止		
1.4	布置工作现场	工作现场设置安全围栏、警告标志或路障	1	不满足作业要求扣1分		
1.5	工器具、材料检测	（1）工器具、材料齐备，规格型号正确。 （2）绝缘工器具应放置在防潮苫布上，绝缘工器具应与金属工器具、材料分区放置。 （3）工器具在试验周期内。 （4）外观检查方法正确，绝缘工器具应无机械、绝缘缺陷，应戴干净清洁手套，用干燥、清洁毛巾清洁绝缘工器具。 （5）使用绝缘高阻表对绝缘工器具进行绝缘电阻检测，阻值不得低于700MΩ	5	错、漏一项扣1分，扣完为止		
2	作业过程					
2.1	进入作业现场	（1）选择合适位置停放绝缘斗臂车，支撑稳固，并可靠接地。 （2）查看绝缘臂、绝缘斗良好，进行空斗试操作，确认液压传动、升降、伸缩、回转系统工作正常及操作灵活，制动装置可靠。 （3）斗内电工穿戴好绝缘防护用具，进入绝缘斗，挂好安全带保险钩	5	不符合要求扣1~5分，扣完为止		
2.2	验电	（1）斗内电工将绝缘斗调整至线路下方与电缆过渡支架平行处，并与带电线路保持0.4m以上安全距离，检查电缆登杆装置应符合验收规范要求。 （2）斗内电工用绝缘电阻检测仪检测电缆对地绝缘，确认无接地情况，检测完成后应充分放电。若发现电缆有电或对地绝缘不良，禁止继续作业。 （3）斗内电工将工作斗调整至带电导线横担下侧适当位置，使用验电器对绝缘子、横担进行验电，确认无漏电现象	5	错、漏一处扣2分，扣完为止		
2.3	安装绝缘遮蔽用具	斗内电工将绝缘斗调整至近边相导线适当位置，按照"从近到远、从下到上、先带电体后接地体"的遮蔽原则对作业范围内的所有带电体和接地体进行绝缘遮蔽，其余两相绝缘遮蔽按照相同方法进行	10	错、漏一项扣5分，扣完为止；遮蔽顺序错误终止工作		
2.4	安装消弧开关及绝缘引流线	（1）斗内电工使用电流检测仪确认负荷电流满足绝缘引流线使用要求。 （2）在距离最下层带电体0.7m以外装设绝缘引流线支架。 （3）根据绝缘引流线长度，在适当位置打开导线的绝缘遮蔽，去除导线绝缘层。 （4）使用绝缘绳将绝缘引流线临时固定在主导线上。将处于断开状态的单相消弧开关静触头侧连接到主导线上，绝缘引流线两端头分别连接到单相消弧开关动触头侧和另一侧主导线上，并恢复连接点的遮蔽。 （5）检查分流回路连接良好，相别无误后，使用操作杆合上带电作业用消弧开关。使用电流检测仪确认绝缘引流线通流正常	20	错、漏一处扣4分，扣完为止		

续表

序号	项目名称	质量要求	满分	扣分标准	扣分原因	得分
2.5	更换接续线夹	（1）使用测温仪对导线连接处进行测温，待接头温度降至 55℃ 以下时对作业范围内的带电体和接地体进行绝缘遮蔽。 （2）最小范围打开导线连接处的遮蔽，进行线夹处理。处理完毕对连接处进行绝缘和密封处理，并及时恢复被拆除的绝缘遮蔽	5	错、漏一处扣3分，扣完为止		
2.6	拆除绝缘引流线	使用电流检测仪测量引流线通流情况无问题后，拉开带电作业用消弧开关，拆除绝缘引流线、带电作业用消弧开关和绝缘引流线支架	10	错、漏一处扣5分，扣完为止		
2.7	拆除绝缘遮蔽隔离措施	经工作负责人的许可后，斗内电工分别转调整缘斗到达中间相合适工作位置，按照"从远到近、从上到下、先接地体后带电体"的原则拆除绝缘遮蔽隔离措施： （1）拆除的顺序依次为作业点临近的接地体、耐张绝缘子串、耐张线夹、引线、导线。 （2）斗内电工在拆除带电体上的绝缘遮蔽隔离措施时，动作应轻缓，与横担等地电位构件间应保持足够的安全距离，与邻相导线之间应保持足够的安全距离	10	拆除绝缘遮蔽用具顺序错误终止工作，扣10分		
2.8	返回地面	检查杆上无遗留物，绝缘斗退出有电工作区域，作业人员返回地面	5	未按要求执行扣5分		
3	工作结束					
3.1	清理现场	工作负责人组织工作班成员整理工具、材料，将工器具分类摆放在苫布上，清理现场，做到工完、料尽、场地清	1	不符合要求扣1分		
3.2	质量验收	工作负责人对完成的工作进行全面检查，符合验收规范要求后，记录在册	2	不符合要求扣2分		
3.3	收工会	召开现场收工会，正确点评工作，补充现场标准化作业指导书验收栏等内容	1	不符合要求扣1分		
3.4	工作终结	汇报值班调控人员工作已经结束，恢复作业线路（双重名称）重合闸装置，在工作票填写终结时间并签字，工作班撤离现场	1	不符合要求扣1分		
3.5	安全文明生产	（1）作业过程中禁止摘下绝缘防护用具，而且绝缘手套仅作辅助绝缘。 （2）斗臂车绝缘斗在有电工作区域转移时，应缓慢移动，动作要平稳，严禁使用快速挡。 （3）绝缘斗臂车在作业时，发动机不能熄火（电能驱动型除外），以保证液压系统处于工作状态。 （4）作业线路下层有低压线路同杆架设时，如妨碍作业，应对作业范围内的相关低压线路采取绝缘遮蔽措施。 （5）在同杆架设线路上工作，与上层或相邻导线小于安全距离规定且无法采取安全措施时，不得进行该项工作。 （6）上、下传递工具、材料均使用绝缘绳传递，传递中不能与电杆、构件等碰撞，严禁抛掷。 （7）作业过程中，不随意踩踏防潮苫布	5	错、漏一项扣1分，扣完为止		

345

续表

序号	项目名称	质量要求	满分	扣分标准	扣分原因	得分
3.6	关键点	（1）作业中，绝缘斗臂车绝缘臂的有效绝缘长度应不小于 1.0m。 （2）在作业时，人体应保持对地不小于 0.4m、对邻相导线不小于 0.6m 的安全距离。 （3）作业时，严禁人体同时接触两个不同的电位体，绝缘斗内双人工作时禁止两人接触不同的电位体。 （4）作业中及时恢复绝缘遮蔽隔离措施。 （5）作业人员在接触带电导线和换相工作前应得到工作监护人的许可。 （6）工作前，应与运行部门共同确认电缆负荷侧开关（断路器或隔离开关等）处于断开位置。空载电缆长度应不大于 3km。 （7）斗内电工对电缆引线验电后，应使用绝缘电阻检测仪检查电缆是否空载且无接地。 （8）未接通相的电缆引线应视为带电	5	错、漏一项扣 1 分，扣完为止		
	合计		100			

Jc0004243022　绝缘手套作业法带负荷更换柱上开关或隔离开关（绝缘手套作业法、绝缘斗臂车、旁路作业）的操作。（100 分）

考核知识点：带电作业方法

难易度：难

技能等级评价专业技能考核操作工作任务书

一、任务名称

绝缘手套作业法带负荷更换柱上开关或隔离开关（绝缘手套作业法、绝缘斗臂车、旁路作业）的操作。

二、适用工种

高压线路带电检修工（配电）技师。

三、具体任务

（1）开工准备工作（现场复勘、工作许可、召开现场站班会、布置工作现场、工器具、材料检测）等项目。

（2）安装、拆除绝缘遮蔽用具。

（3）使用绝缘手套作业法带负荷更换柱上开关或隔离开关（绝缘手套作业法、绝缘斗臂车、旁路作业）的操作。

四、工作规范及要求

（1）带电作业应在良好天气下进行，作业前须进行风速和湿度测量。风力大于 5 级或湿度大于 80% 时，不宜带电作业。若遇雷电、雪、雹、雨、雾等不良天气，禁止带电作业。

（2）绝缘手套作业法。

（3）本作业项目工作人员共计 4 名，其中工作负责人（监护人）1 名、斗内电工 2 名、地面电工 1 名。

（4）工作负责人（监护人）、斗内电工、地面电工必须严格遵守《国家电网公司电力安全工作规程（配电部分）（试行）》3.3.12 工作票所列人员的安全责任。

（5）要求着装正确（安全帽、全棉长袖工作服、绝缘鞋）。

五、考核及时间要求

考核时间共 50 分钟，从获得工作许可开始至工作终结完毕，每超过 2 分钟扣 1 分，到 100 分钟终止考核。

技能等级评价专业技能考核操作评分标准

工种	高压线路带电检修工（配电）			评价等级		技师
项目模块	带电作业方法—绝缘手套作业法带负荷更换柱上开关或隔离开关（绝缘手套作业法、绝缘斗臂车、旁路作业）的操作			编号		Jc0004243022
单位			准考证号		姓名	
考试时限	50 分钟	题型		单项操作	题分	100 分
成绩		考评员		考评组长	日期	
试题正文	绝缘手套作业法带负荷更换柱上开关或隔离开关（绝缘手套作业法、绝缘斗臂车、旁路作业）的操作					
需要说明的问题和要求	（1）带电作业应在良好天气下进行，作业前须进行风速和湿度测量。风力大于 5 级或湿度大于 80%时，不宜带电作业。若遇雷电、雪、雹、雨、雾等不良天气，禁止带电作业。 （2）本作业项目工作人员共计 4 名，其中工作负责人（监护人）1 名、斗内电工 2 名、地面电工 1 名。 （3）工作负责人（监护人）：正确组织工作；检查工作票所列安全措施是否正确完备，是否符合现场实际条件，必要时予以补充完善；工作前，对工作班成员进行工作任务、安全措施交底和危险点告知，并确定每个工作班成员都已签名；组织执行工作票所列由其负责的安全措施；监督工作班成员遵守安全工作规程、正确使用劳动防护用品和安全工器具以及执行现场安全措施；关注工作班成员身体状况和精神状态是否出现异常迹象，人员变动是否合适。带电作业应有人监护。监护人不得直接操作，监护的范围不得超过一个作业点。 （4）工作班成员：熟悉工作内容、工作流程，掌握安全措施，明确工作中的危险点，并在工作票上履行交底签名确认手续；服从工作负责人（监护人）、专责监护人的指挥，严格遵守《国家电网公司电力安全工作规程（配电部分）（试行）》和劳动纪律，在指定的作业范围内工作，对自己在工作中的行为负责，互相关心工作安全；正确使用施工机具、安全工器具和劳动防护用品					

序号	项目名称	质量要求	满分	扣分标准	扣分原因	得分
1	开工准备					
1.1	现场复勘	（1）核对工作线路与设备双重名称。 （2）工作负责人应与运行部门共同确认电缆线路已空载、无接地，出线电缆符合送电要求，检查作业装置和现场环境符合带电作业条件。 （3）检查气象条件（天气良好，无雷电、雪、雹、雨、雾等不良天气，风力不大于 5 级，湿度不大于 80%）。 （4）检查工作票所列安全措施，必要时予以补充和完善	3	错、漏一项扣 1 分，扣完为止		
1.2	工作许可	工作负责人按配电带电作业工作票内容与值班调控人员联系，申请停用线路重合闸	1	未申请停用作业线路（双重名称）重合闸装置扣 1 分		
1.3	召开现场站班会	（1）工作负责人宣读工作票。 （2）工作负责人检查工作班组成员精神状态。 （3）工作负责人交代工作任务进行人员分工，交代安全措施、技术措施、危险点及控制措施。 （4）工作负责人检查工作班成员对工作内容、工作流程、安全措施以及工作中的危险点是否明确。 （5）工作班成员在工作票上履行交底签名确认手续	2	错、漏一项扣 1 分，扣完为止		
1.4	布置工作现场	工作现场设置安全围栏、警告标志或路障	1	不满足作业要求扣 1 分		

序号	项目名称	质量要求	满分	扣分标准	扣分原因	得分
1.5	工器具、材料检测	（1）工器具、材料齐备，规格型号正确。 （2）绝缘工器具应放置在防潮苫布上，绝缘工器具应与金属工器具、材料分区放置。 （3）工器具在试验周期内。 （4）外观检查方法正确，绝缘工器具应无机械、绝缘缺陷，应戴干净清洁手套，用干燥、清洁毛巾清洁绝缘工器具。 （5）使用绝缘高阻表对绝缘工器具进行绝缘电阻检测，阻值不得低于 700MΩ	3	错、漏一项扣 1 分，扣完为止		
1.6	检查柱上开关或隔离开关	检查柱上开关或隔离开关： （1）清洁柱上开关或隔离开关，并做表面检查，瓷件表面应光滑，无麻点、裂痕等。用绝缘检测仪检测隔离开关绝缘电阻不应低于 500MΩ。 （2）试拉合柱上开关或隔离开关，无卡涩，操作灵活，接触紧密。 （3）检测完毕，向工作负责人汇报检测结果	3	错、漏一项扣 1 分，扣完为止		
2	作业过程					
2.1	进入作业现场	（1）选择合适位置停放绝缘斗臂车，支撑稳固，并可靠接地。 （2）查看绝缘臂、绝缘斗良好，进行空斗试操作，确认液压传动、升降、伸缩、回转系统工作正常及操作灵活，制动装置可靠。 （3）斗内电工穿好绝缘防护用具，进入绝缘斗，挂好带安全带保险钩	5	不符合要求扣 1～5 分，扣完为止		
2.2	验电	（1）斗内电工将绝缘斗调整至线路下方与电缆过渡支架平行处，并与带电线路保持 0.4m 以上安全距离，检查电缆登杆装置应符合验收规范要求。 （2）斗内电工用绝缘电阻检测仪检测电缆对地绝缘，确认无接地情况，检测完成后应充分放电。若发现电缆有电或对地绝缘不良，禁止继续作业。 （3）斗内电工将工作斗调整至带电导线横担下侧适当位置，使用验电器对绝缘子、横担进行验电，确认无漏电现象	5	错、漏一处扣 2 分，扣完为止		
2.3	检测电流	（1）1 号电工用电流检测仪测量三相导线电流，确认每相负荷电流不超过 200A。 （2）2 号电工将绝缘斗调整至柱上负荷开关的合适位置，检查柱上负荷开关有无异常情况	5	错、漏一处扣 3 分，扣完为止		
2.4	安装绝缘遮蔽用具	斗内电工将绝缘斗调整至近边相导线适当位置，按照"从近到远、从下到上、先带电体后接地体"的遮蔽原则对作业范围内的所有带电体和接地体进行绝缘遮蔽，其余两相绝缘遮蔽按照相同方法进行	5	错、漏一处扣 3 分，扣完为止；遮蔽顺序错误终止工作		
2.5	安装旁路设备	（1）1、2 号电工在地面电工配合下，在柱上负荷开关下侧电杆合适位置安装旁路负荷开关和余缆工具，并将旁路负荷开关可靠接地，将旁路高压引下电缆快速插拔终端接续到旁路负荷开关两侧接口。 （2）合上旁路负荷开关进行绝缘检测，检测合格后应充分放电，并拉开旁路负荷开关。 （3）连接旁路开关： 1）防止旁路电缆与地面摩擦，且不得受力。	10	错、漏一处扣 2 分，扣完为止		

续表

序号	项目名称	质量要求	满分	扣分标准	扣分原因	得分
2.5	安装旁路设备	2）连接旁路作业设备前，应对各接口进行清洁和润滑：用不起毛的清洁纸或清洁布、无水酒精或其他电缆清洁剂清洁；确认绝缘表面无污物、灰尘、水分、损伤。在插拔界面均匀涂润滑硅脂。 3）绝缘电阻检测完毕后，应进行充分放电，用绝缘放电杆放电时，绝缘放电杆的接地应良好	10	错、漏一处扣2分，扣完为止		
2.6	旁路高压引下电缆与主导线连接	（1）确认旁路负荷开关在断开状态下，1、2号电工各自用绝缘操作杆将中间相旁路高压引下电缆的引流线夹安装到中间相架空导线上，并挂好防坠绳，补充绝缘遮蔽措施。 （2）其他两相的旁路高压引下电缆的引流线夹按照相同的方法挂接好。 （3）三相旁路高压引下电缆可按由远到近或先中间相再两边相的顺序挂接	5	错、漏一处扣2分，扣完为止		
2.7	检测分流	确认三相旁路电缆连接可靠，核相正确无误后，1号电工用绝缘操作杆合上旁路负荷开关，锁死跳闸机构，用电流检测仪逐相测量三相旁路电缆电流，并确认每一相分流的负荷电流应不小于原线路负荷电流的1/3	5	错、漏一处扣3分，扣完为止		
2.8	更换柱上开关或隔离开关	（1）1号电工将绝缘斗调整到柱上负荷开关或隔离开关合适位置，用绝缘操作杆拉开柱上负荷开关或隔离开关。 （2）1、2号电工将柱上负荷开关或隔离开关引线拆除，恢复导线绝缘遮蔽。拆引线前需用绝缘锁杆将引线线头临时固定在主导线上，线夹拆除后，应用锁杆将引线脱离主导线。 （3）1、2号电工与地面电工相互配合，利用绝缘斗臂车小吊更换柱上负荷开关或隔离开关，并调试正常。 （4）确认柱上负荷开关或隔离开关在断开状态，1、2号电工分别将柱上负荷开关或隔离开关引线与主导线进行连接，并恢复导线、引线绝缘遮蔽。 （5）1号电工将绝缘斗调整到合适位置，合上柱上负荷开关或隔离开关，并通过操动机构位置和电流检测仪逐相测量柱上负荷开关或隔离开关三相引线电流，并确认每一相分流的负荷电流应不小于原线路负荷电流的1/3	20	错、漏一处扣4分，扣完为止		
2.9	拆除旁路作业设备	（1）1号电工调整绝缘斗到旁路负荷开关合适位置，断开旁路负荷开关，锁死闭锁机构。 （2）1、2号电工调整绝缘斗位置用绝缘操作杆依次拆除三相旁路高压引下电缆引流线夹。三相的顺序可按由近到远或先两边相再中间相进行。合上旁路负荷开关，对旁路设备充分放电，并拉开旁路负荷开关。 （3）1、2号电工与地面电工相互配合，拆除旁路高压引下电缆、余缆工具和旁路负荷开关	5	错、漏一处扣2分，扣完为止		
2.10	拆除绝缘遮蔽隔离措施	经工作负责人的许可后，斗内电工分别转调整缘斗到达中间相合适工作位置，按照"从远到近、从上到下、先接地体后带电体"的原则拆除绝缘遮蔽隔离措施；	5	拆除绝缘遮蔽用具顺序错误终止工作，扣5分		

续表

序号	项目名称	质量要求	满分	扣分标准	扣分原因	得分
2.10	拆除绝缘遮蔽隔离措施	（1）拆除的顺序依次为作业点临近的接地体、耐张绝缘子串、耐张线夹、引线、导线。 （2）斗内电工在拆除带电体上的绝缘遮蔽隔离措施时，动作应轻缓，与横担等地电位构件间应保持足够的安全距离，与邻相导线之间应保持足够的安全距离	5	拆除绝缘遮蔽用具顺序错误终止工作，扣5分		
2.11	返回地面	检查杆上无遗留物，绝缘斗退出有电工作区域，作业人员返回地面	2	未按要求执行扣2分		
3	工作结束					
3.1	清理现场	工作负责人组织工作班成员整理工具、材料，将工器具分类摆放在苫布上，清理现场，做到工完、料尽、场地清	1	不符合要求扣1分		
3.2	质量验收	工作负责人对完成的工作进行全面检查，符合验收规范要求后，记录在册	2	不符合要求扣2分		
3.3	收工会	召开现场收工会，正确点评工作，补充现场标准化作业指导书验收栏等内容	1	不符合要求扣1分		
3.4	工作终结	汇报值班调控人员工作已经结束，恢复作业线路（双重名称）重合闸装置，在工作票填写终结时间并签字，工作班撤离现场	1	不符合要求扣1分		
3.5	安全文明生产	（1）作业过程中禁止摘下绝缘防护用具，而且绝缘手套仅作辅助绝缘。 （2）斗臂车绝缘斗在有电工作区域转移时，应缓慢移动，动作要平稳，严禁使用快速挡。 （3）绝缘斗臂车在作业时，发动机不能熄火（电能驱动型除外），以保证液压系统处于工作状态。 （4）作业线路下层有低压线路同杆架设时，如妨碍作业，应对作业范围内的相关低压线路采取绝缘遮蔽措施。 （5）在同杆架设线路上工作，与上层或相邻导线小于安全距离规定且无法采取安全措施时，不得进行该项工作。 （6）上、下传递工具、材料均应使用绝缘绳传递，传递中不能与电杆、构件等碰撞，严禁抛掷。 （7）作业过程中，不随意踩踏防潮苫布	5	错、漏一项扣1分，扣完为止		
3.6	关键点	（1）作业中，绝缘斗臂车绝缘臂的有效绝缘长度应不小于1.0m。 （2）在作业时，人体应保持对地不小于0.4m，对邻相导线不小于0.6m的安全距离。 （3）作业时，严禁人体同时接触两个不同的电位体，绝缘斗内双人工作时禁止两人接触不同的电位体。 （4）作业中及时恢复绝缘遮蔽隔离措施。 （5）作业人员在接触带电导线和换相工作前应得到工作监护人的许可。 （6）工作前，应与运行部门共同确认电缆负荷侧开关（断路器或隔离开关等）处于断开位置。空载电缆长度应不大于3km。 （7）斗内电工对电缆引线验电后，应使用绝缘电阻检测仪检查电缆是否空载且无接地。 （8）未接通相的电缆引线应视为带电	5	错、漏一项扣1分，扣完为止		
	合计		100			

Jc0004243023 绝缘手套作业法带负荷更换柱上开关或隔离开关（绝缘手套作业法、绝缘斗臂车）的操作。（100分）

考核知识点：带电作业方法

难易度：难

技能等级评价专业技能考核操作工作任务书

一、任务名称

绝缘手套作业法带负荷更换柱上开关或隔离开关（绝缘手套作业法、绝缘斗臂车）的操作。

二、适用工种

高压线路带电检修工（配电）技师。

三、具体任务

（1）开工准备工作（现场复勘、工作许可、召开现场站班会、布置工作现场、工器具、材料检测）等项目。

（2）安装、拆除绝缘遮蔽用具。

（3）使用绝缘手套作业法带负荷更换柱上开关或隔离开关（绝缘手套作业法、绝缘斗臂车）的操作。

四、工作规范及要求

（1）带电作业应在良好天气下进行，作业前须进行风速和湿度测量。风力大于5级或湿度大于80%时，不宜带电作业。若遇雷电、雪、雹、雨、雾等不良天气，禁止带电作业。

（2）绝缘手套作业法。

（3）本作业项目工作人员共计4名，其中工作负责人（监护人）1名、斗内电工2名、地面电工1名。

（4）工作负责人（监护人）、斗内电工、地面电工必须严格遵守《国家电网公司电力安全工作规程（配电部分）（试行）》3.3.12工作票所列人员的安全责任。

（5）要求着装正确（安全帽、全棉长袖工作服、绝缘鞋）。

五、考核及时间要求

考核时间共50分钟，从获得工作许可开始至工作终结完毕，每超过2分钟扣1分，到100分钟终止考核。

技能等级评价专业技能考核操作评分标准

工种	高压线路带电检修工（配电）			评价等级	技师
项目模块	带电作业方法—绝缘手套作业法带负荷更换柱上开关或隔离开关（绝缘手套作业法、绝缘斗臂车）的操作		编号		Jc0004243023
单位		准考证号		姓名	
考试时限	50分钟	题型	单项操作	题分	100分
成绩		考评员		考评组长		日期	
试题正文	绝缘手套作业法带负荷更换柱上开关或隔离开关（绝缘手套作业法、绝缘斗臂车）的操作				
需要说明的问题和要求	（1）带电作业应在良好天气下进行，作业前须进行风速和湿度测量。风力大于5级或湿度大于80%时，不宜带电作业。若遇雷电、雪、雹、雨、雾等不良天气，禁止带电作业。 （2）本作业项目工作人员共计4名，其中工作负责人（监护人）1名、斗内电工2名、地面电工1名。 （3）工作负责人（监护人）：正确组织工作；检查工作票所列安全措施是否正确完备，是否符合现场实际条件，必要时予以补充完善；工作前，对工作班成员进行工作任务、安全措施交底和危险点告知，并确定每个工作班成员都已签名；组织执行工作票所列由其负责的安全措施；监督工作班成员遵守安全工作规程、正确使用劳动防护用品和安全工器具以及执行现场安全措施；关注工作班成员身体状况和精神状态是否出现异常迹象，人员变动是否合适。带电作业应有人监护。监护人不得直接操作，监护的范围不得超过一个作业点。 （4）工作班成员：熟悉工作内容、工作流程，掌握安全措施，明确工作中的危险点，并在工作票上履行交底签名确认手续；服从工作负责人（监护人）、专责监护人的指挥，严格遵守《国家电网公司电力安全工作规程（配电部分）（试行）》和劳动纪律，在指定的作业范围内工作，对自己在工作中的行为负责，互相关心工作安全；正确使用施工机具、安全工器具和劳动防护用品

序号	项目名称	质量要求	满分	扣分标准	扣分原因	得分
1	开工准备					
1.1	现场复勘	（1）核对工作线路与设备双重名称。 （2）工作负责人应与运行部门共同确认电缆线路已空载、无接地，出线电缆符合送电要求，检查作业装置和现场环境是否符合带电作业条件。 （3）检查气象条件（天气良好，无雷电、雪、雹、雨、雾等不良天气，风力不大于5级，湿度不大于80%）。 （4）检查工作票所列安全措施，必要时予以补充和完善	3	错、漏一项扣1分，扣完为止		
1.2	工作许可	工作负责人按配电带电作业工作票内容与值班调控人员联系，申请停用线路重合闸	1	未申请停用作业线路（双重名称）重合闸装置扣1分		
1.3	召开现场站班会	（1）工作负责人宣读工作票。 （2）工作负责人检查工作班组成员精神状态。 （3）工作负责人交代工作任务进行人员分工，交代安全措施、技术措施、危险点及控制措施。 （4）工作负责人检查工作班成员对工作内容、工作流程、安全措施以及工作中的危险点是否明确。 （5）工作班成员在工作票上履行交底签名确认手续	2	错、漏一项扣1分，扣完为止		
1.4	布置工作现场	工作现场设置安全围栏、警告标志或路障	1	不满足作业要求扣1分		
1.5	工器具、材料检测	（1）工器具、材料齐备，规格型号正确。 （2）绝缘工器具应放置在防潮苫布上，绝缘工器具应与金属工器具、材料分区放置。 （3）工器具在试验周期内。 （4）外观检查方法正确，绝缘工器具应无机械、绝缘缺陷，应戴干净清洁手套，用干燥、清洁毛巾清洁绝缘工器具。 （5）使用绝缘高阻表对绝缘工器具进行绝缘电阻检测，阻值不得低于700MΩ	3	错、漏一项扣1分，扣完为止		
1.6	检测（新）柱上开关（隔离开关）	检测柱上开关或隔离开关： （1）清洁瓷件，并做表面检查，瓷件表面应光滑，无麻点、裂痕等。用绝缘检测仪检测柱上开关或隔离开关绝缘电阻不应低于500MΩ。 （2）检测完毕，向工作负责人汇报检测结果	3	错、漏一项扣1分，扣完为止		
2	作业过程					
2.1	进入作业现场	（1）选择合适位置停放绝缘斗臂车，支撑稳固，并可靠接地。 （2）查看绝缘臂、绝缘斗良好，进行空斗试操作，确认液压传动、升降、伸缩、回转系统工作正常及操作灵活，制动装置可靠。 （3）斗内电工穿戴好绝缘防护用具，进入绝缘斗，挂好安全带保险钩	5	不符合要求扣1~5分，扣完为止		
2.2	验电	（1）斗内电工将绝缘斗调整至线路下方与电缆过渡支架平行处，并与带电线路保持0.4m以上安全距离，检查电缆登杆装置应符合验收规范要求。 （2）斗内电工用绝缘电阻检测仪检测电缆对地绝缘，确认无接地情况，检测完成后应充分放电。若发现电缆有电或对地绝缘不良，禁止继续作业。 （3）斗内电工将工作斗调整至带电导线横担下侧适当位置，使用验电器对绝缘子、横担进行验电，确认无漏电现象	5	错、漏一处扣2分，扣完为止		

续表

序号	项目名称	质量要求	满分	扣分标准	扣分原因	得分
2.3	检测电流	（1）1 号电工用电流检测仪测量三相导线电流，确认每相负荷电流不超过 200A。 （2）2 号电工将绝缘斗调整至柱上负荷开关的合适位置，检查柱上负荷开关无异常情况	5	不符合要求扣 1～5 分，扣完为止		
2.4	安装绝缘遮蔽用具	斗内电工将绝缘斗调整至近边相导线适当位置，按照"从近到远、从下到上、先带电体后接地体"的遮蔽原则对作业范围内的所有带电体和接地体进行绝缘遮蔽，其余两相绝缘遮蔽按照相同方法进行	5	错、漏一处扣 3 分，扣完为止；遮蔽顺序错误终止工作		
2.5	短接绝缘引流线，测量分流	（1）斗内电工锁死柱上负荷开关跳闸机构，用绝缘引流线逐相短接柱上负荷开关。短接时应两侧同时进行。短接时三相导线可先按中间相、再两边相，或根据现场情况按由远及近的顺序依次短接。 （2）确认三相绝缘引流线连接可靠，1 号电工使用电流检测仪逐相测量三相绝缘引流线电流，确认每一相分流的负荷电流应不小于原线路负荷电流的 1/3	10	错、漏一处扣 5 分，扣完为止		
2.6	拉开柱上开关	1 号电工将绝缘斗调整到柱上负荷开关合适位置，用绝缘操作杆断开柱上负荷开关	5	不符合要求扣 1～5 分，扣完为止		
2.7	更换柱上开关	（1）1、2 号电工拆除柱上负荷开关引线，恢复绝缘遮蔽。 （2）1、2 号电工与地面电工相互配合，利用绝缘斗臂车小吊更换柱上负荷开关，并调试正常。 （3）确认柱上负荷开关在断开状态，1、2 号电工连接柱上负荷开关引线，并恢复导线、引线绝缘遮蔽	15	错、漏一处扣 5 分，扣完为止		
2.8	合上柱上开关，测量电流	1 号电工将绝缘斗调整至合适位置，合上柱上开关，并通过操动机构位置和电流检测仪逐相测量柱上负荷开关三相引线电流，并确认每一相分流的负荷电流不小于原线路负荷电流的 1/3	5	错、漏一处扣 2～5 分，扣完为止		
2.9	拆除绝缘引流线	（1）1、2 号电工调整绝缘斗到近边相绝缘引流线处，两侧同时拆除绝缘引流线，并恢复绝缘遮蔽。 （2）其余两相绝缘引流线按相同方法拆除。三相的顺序也可按由近到远或先两边相再中间相进行	10	错、漏一处扣 5 分，扣完为止		
2.10	拆除绝缘遮蔽隔离措施	经工作负责人的许可后，斗内电工分别转调整绝缘斗到达中间相合适工作位置，按照"从远到近、从上到下、先接地体后带电体"的原则拆除绝缘遮蔽隔离措施： （1）拆除的顺序依次为作业点临近的接地体、耐张绝缘子串、耐张线夹、引线、导线。 （2）斗内电工在拆除带电体上的绝缘遮蔽隔离措施时，动作应轻缓，与横担等地电位构件间应保持足够的安全距离，与邻相导线之间应保持足够的安全距离	5	拆除绝缘遮蔽用具顺序错误终止工作，扣 5 分		
2.11	返回地面	检查杆上无遗留物，绝缘斗退出有电工作区域，作业人员返回地面	2	未按要求执行扣 2 分		
3	工作结束					
3.1	清理现场	工作负责人组织工作班成员整理工具、材料，将工器具分类摆放在苫布上，清理现场，做到工完、料尽、场地清	1	不符合要求扣 1 分		

续表

序号	项目名称	质量要求	满分	扣分标准	扣分原因	得分
3.2	质量验收	工作负责人对完成的工作进行全面检查，符合验收规范要求后，记录在册	2	不符合要求扣2分		
3.3	收工会	召开现场收工会，正确点评工作，补充现场标准化作业指导书验收栏等内容	1	不符合要求扣1分		
3.4	工作终结	汇报值班调控人员工作已经结束，恢复作业线路（双重名称）重合闸装置，在工作票填写终结时间并签字，工作班撤离现场	1	不符合要求扣1分		
3.5	安全文明生产	（1）作业过程中禁止摘下绝缘防护用具，而且绝缘手套仅作辅助绝缘。 （2）斗臂车绝缘斗在有电工作区域转移时，应缓慢移动，动作要平稳，严禁使用快速挡。 （3）绝缘斗臂车在作业时，发动机不能熄火（电能驱动型除外），以保证液压系统处于工作状态。 （4）作业线路下层有低压线路同杆架设时，如妨碍作业，应对作业范围内的相关低压线路采取绝缘遮蔽措施。 （5）在同杆架设线路上工作，与上层或相邻导线小于安全距离规定且无法采取安全措施时，不得进行该项工作。 （6）上、下传递工具、材料均应使用绝缘绳传递，传递中不能与电杆、构件等碰撞，严禁抛掷。 （7）作业过程中，不随意踩踏防潮苫布	5	错、漏一项扣1分，扣完为止		
3.6	关键点	（1）作业中，绝缘斗臂车绝缘臂的有效绝缘长度应不小于1.0m。 （2）在作业时，人体应保持对地不小于0.4m、对邻相导线不小于0.6m的安全距离。 （3）作业时，严禁人体同时接触两个不同的电位体，绝缘斗内双人工作时禁止两人接触不同的电位体。 （4）作业中及时恢复绝缘遮蔽隔离措施。 （5）作业人员在接触带电导线和换相工作前应得到工作监护人的许可。 （6）工作前，应与运行部门共同确认电缆负荷侧开关（断路器或隔离开关等）处于断开位置。空载电缆长度应不大于3km。 （7）斗内电工对电缆引线验电后，应使用绝缘申阻检测仪检查电缆是否空载且无接地。 （8）未接通相的电缆引线应视为带电	5	错、漏一项扣1分，扣完为止		
	合计		100			

第五部分
高级技师

第九章　高压线路带电检修工（配电）高级技师技能笔答

Jb0004133001　带电接空载电缆与架空线路连接引线工作中，什么环节需要验电？（5分）

考核知识点：带电作业方法

难易度：难

标准答案：

（1）绝缘斗臂车工作斗升空进入带电作业区域，对电缆引线验电，确认无倒送电。

（2）绝缘斗臂车工作斗升空进入带电作业区域，对装置地电位构架等验电，确认作业装置绝缘良好。

（3）第一相消弧开关和绝缘分流线组装完成，消弧开关合闸后，对其他两相引线验电，确认电缆。

Jb0004133002　带负荷更换柱上开关，负荷转移回路串入旁路负荷开关的作用是什么？（5分）

考核知识点：带电作业方法

难易度：难

标准答案：

（1）可避免负荷转移回路接线错误导致相间短路事故。

（2）可避免在柱上开关跳闸回路未闭锁的情况下带负荷接负荷转移回路的引流线。

（3）只需一辆绝缘斗臂车即可开展作业。

（4）可避免带电移动负荷转移回路引流线时，失去控制引发事故。

Jb0004133003　简述 0.4kV 带电作业现场勘查要求。（5分）

考核知识点：带电作业方法

难易度：难

标准答案：

（1）工作票签发人或工作负责人应事先进行现场勘查，根据勘查结果做出能否进行不停电作业的判断，并确定作业方法及应采取的安全技术措施。

（2）作业点的电杆杆身、埋设基础是否可靠，作业现场是否有通信线、广告牌等影响作业的线路异物。

（3）作业点周围是否停有车辆或频繁有行人经过，是否存在掉落伤人可能；作业点周围是否存在绝缘老化、扎线松动、构件锈蚀严重等作业过程中可能引发短路意外的情况。

（4）存在的其他作业危险点等。

Jb0004133004　简述带电接低压接户线引线危险点分析。（5分）

考核知识点：带电作业方法

难易度：难

标准答案：

（1）带电作业专责监护人违章兼做其他工作或监护不到位，使作业人员失去监护。

（2）未检查低压接户线（集束电缆、普通低压电缆、铝塑线）载流情况，造成带负荷接引线。

（3）带电接引线时顺序错误。

（4）未搭接的引线因感应电对人体造成伤害。

（5）接引时相序错误。

（6）绝缘工具使用前未进行外观检查及绝缘性能检测，因损伤或有缺陷未及时发现造成人身、设备事故。

（7）带电作业人员穿戴防护用具不规范，造成触电伤害。

（8）作业人员未按规定进行绝缘遮蔽或遮蔽不严密，造成触电伤害。

（9）高空落物，造成人员伤害。操作电工不系安全带，造成高空坠落。

（10）操作不当，产生电弧，对人体造成弧光烧伤。

Jb0004133005　简述带电接低压接户线引线验电要求。（5分）

考核知识点： 带电作业方法

难易度： 难

标准答案：

（1）操作电工到达作业位置，在登高过程中不得失去安全带保护。

（2）验电时操作电工应与临近带电设备保持足够的安全距离。

（3）验电顺序应按照"先带电体、后接地体"顺序进行，确认线路外绝缘良好可靠，无漏电情况。

（4）验电时，操作电工身体各部位应与其他带电设备保持足够的安全距离。

（5）验流时，确认待接接户线（集束电缆、普通低压电缆、铝塑线）负荷侧断路器、隔离开关处于断开状态，并对待接引线验明无电流、电压后方可开始搭接引线。

Jb0004133006　简述带电接低压接户线引线接引工作时要求。（5分）

考核知识点： 带电作业方法

难易度： 难

标准答案：

（1）安装低压接户线（集束电缆、普通低压电缆、铝塑线）的抱箍，并收紧引线至合适位置。

（2）将引线金属裸露部分采用绝缘塑料自动夹紧滑套进行绝缘保护后，整理引线。

（3）剥除主线与引线绝缘外皮，先搭接接户线（集束电缆、普通低压电缆、铝塑线）零线的引线，再由远至近依次搭接相线（火线）引线。

（4）接户线（集束电缆、普通低压电缆、铝塑线）引线每相接引点依次相距0.2m。

Jb0004133007　什么是集肤效应？有何应用？（5分）

考核知识点： 带电作业基本原理

难易度： 难

标准答案：

集肤效应又叫趋肤效应，当交变电流通过导体时，电流将集中在导体表面流过，这种现象叫集肤效应。考虑到交流电的集肤效应，为了有效地利用导体材料和便于散热，发电厂的大电流母线常做成槽形或菱形母线；另外，在高压输配电线路中，利用钢芯铝绞线代替铝绞线，这样既节省了铝导线，又增加了导线的机械强度，这些都是利用了集肤效应这个原理。

Jb0004133008　简述泄漏电流对带电作业人员的危害。（5分）

考核知识点： 带电作业基本原理

难易度：难

标准答案：

泄漏电流的大小随空气相对湿度和绝对湿度的增加而增大。同时，也与绝缘工具表面状态（即是否容易集结水珠）有关，当绝缘工具表面电阻率下降，泄漏电流达到一定数值时，便在绝缘工具表面出现起始电晕放电现象，最后导致闪络击穿，造成事故。即使泄漏电流未达到起始电晕放电数值，而增大到一定数值时，也会使操作人员有麻电感觉，这对安全是不利的。

Jb0004133009　为什么组合间隙比最小安全距离大 20% 左右？（5 分）

考核知识点： 带电作业基本原理

难易度： 难

标准答案：

（1）组合间隙的放电电压都比同等距离、同种电极形式的单间隙的放电电压降低 20% 左右。因此，在确定组合间隙安全距离时，仍然以单间隙的最小安全距离为基础。

（2）一般组合间隙的最小距离都比单间隙的人身与带电体间的最小安全距离增加 20% 左右。

Jb0004133010　在有些带电作业项目中，为什么要进行导线的过牵引计算？（5 分）

考核知识点： 带电作业基本原理

难易度： 难

标准答案：

在带电更换耐张绝缘子串时会产生过牵引，且由于采用不同的作业方法或使用不同工器具而产生的过牵引量是不同的。在孤立档内，收紧导线时，过牵引现象尤为突出，其值可达很高，有可能造成横担变形、导线拉断或带电作业工具损坏等严重后果，因此在此类带电作业项目中，必须要进行导线的过牵引计算。

Jb0004133011　抢修工作包含哪些环节？（5 分）

考核知识点： 带电作业安全规定

难易度： 难

标准答案：

（1）收集故障信息。主要通过调度和外界报告来收集。

（2）设备管辖单位配电抢修指挥中心（或生产调度、抢修负责人等）接到故障信息后，组织运行人员查出故障点。

（3）运行人员将现场故障情况和所需材料告知配电抢修指挥中心（或生产调度、抢修负责人等）。

（4）配电抢修指挥中心（或生产调度、抢修负责人等）根据故障情况，安排足够的抢修人员，准备工器具、材料和车辆进行抢修工作。

（5）抢修工作负责人与调度联系并办理相应的许可手续。到达现场之后，进行合理分工并设置现场安全措施。

（6）抢修人员进行抢修工作。

（7）抢修结束，清理现场，人员撤离。

（8）抢修工作负责人汇报工作终结。

Jb0004133012　抢修工作中的主要安全措施是什么？（5 分）

考核知识点： 带电作业安全规定

难易度：难

标准答案：

（1）核对线路名称和杆号，应与抢修线路一致。

（2）检查杆根，拉线和登高工器具。

（3）严格执行验电、装设接地线措施。验电前，应测验电器和绝缘手套合格。装设接地线过程中，严禁人身触及地线。

（4）所有安全器具应具有有效试验合格证。

（5）工作班成员进入工作现场应戴安全帽，登高作业时应系好安全带，按规定着装。

（6）杆上工作使用的材料、工具应用绳索传递。杆上人员应防止掉东西，拆下的金具禁止抛扔，在工作现场要设遮栏并挂"止步，高压危险"警示牌。

（7）高空作业时不得失去监护。

（8）使用吊车时，吊车起吊过程中，吊臂下严禁有人逗留。吊车司机应严格听从工作负责人的指挥，与杆上人员协调配合。

（9）作业时应注意感应电伤害，必要时应使用个人保安线。

Jb0004133013　施工组织设计的专业设计一般内容有哪些？（5分）

考核知识点：带电作业安全规定

难易度：难

标准答案：

（1）工程概况。

（2）平面布置图和临时建筑的布置与结构。

（3）主要施工方案。

（4）施工技术供应，物资供应，机械及工具配备劳动力能供应及运输等各项计划。

（5）有关特殊的准备工作。

（6）综合进度安排。

（7）保证工程质量、安全，降低成本和推广技术革新项目等指标和主要技术措施。

Jb0004133014　班组安全管理有哪些内容？（5分）

考核知识点：带电作业安全规定

难易度：难

标准答案：

（1）班组认真贯彻"安全第一、预防为主"的方针，按照公司颁发的安全生产工作规定的要求，全面落实安全责任制。

（2）根据安监部门规定，组织职工参加每年一次电力安全工作规程培训和心肺复苏培训，考试合格后方可上岗工作。特种作业人员必须经过专门培训，考试合格后，持证上岗。

（3）班组要坚持每天召开班前会，班前会上布置生产任务的同时要交代安全工作。

（4）生产性班组每周组织一次安全日活动，非生产性班组每月组织一次安全日活动，每次活动不得少于 2h 并做好记录。

（5）运行、检修、基建班组，要结合季节特点和发生事故的规律每年必须进行季节性安全生产大检查，其他班组要根据情况进行定期和不定期的安全检查，查思想、查规程、查工器具、查隐患、查薄弱环节。

（6）生产班组严格执行"两票（工作票、操作票）三制（交接班制度、巡回检查制度、设备定期

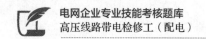

试验轮换制度）"和设备缺陷管理等保证电力生产安全的基本制度，做到严肃、认真、准确、及时，达到标准化、规范化的要求。

（7）安全工器具的管理、检查试验和使用等，应符合规程规定和有关要求，禁止使用不合格工器具。压力容器要定期检查、试验、符合要求。

（8）班组要协助领导和有关部门组织事故调查，对事故坚持"四不放过"原则。

Jb0004133015　旁路作业法检修架空线路安全注意事项有哪些？（5分）

考核知识点： 带电作业安全规定

难易度： 难

标准答案：

（1）作业前应进行现场勘察。

（2）当斗臂车绝缘斗距带电线路 1~2m 或工作转移时，应缓慢移动，动作要平稳，严禁使用快速挡；绝缘斗臂车在作业时，发动机不能熄火（电能驱动型除外），以保证液压系统处于工作状态。

（3）敷设旁路电缆时，牵引速度应均匀；电缆不得与地面或其他硬物摩擦；旁路电缆接续时应对电缆接头进行清洁，接续应牢固、可靠，接头两侧固定好连接器，连接器严禁受力。

（4）连接旁路作业设备前，应对各接口进行清洁和润滑；用不起毛的清洁纸或清洁布、无水酒精或其他电缆清洁剂清洁；确认绝缘表面无污物、灰尘、水分、损伤。在插拔界面均匀涂润滑硅脂。

（5）组装完毕并投入运行的旁路作业装备可以在雨、雪天气运行，但应做好防护。禁止在雨、雪天气进行旁路作业装备敷设、组装、回收等工作。

（6）根据旁路高压引下电缆接线端子的不同，也可采用绝缘手套法带电断、接旁路高压引下电缆接头。

（7）作业线路下层有低压线路同杆并架时，如妨碍作业，应对作业范围内的相关低压线路采取绝缘遮蔽措施。

（8）上、下传递工具、材料均应使用绝缘绳传递，严禁抛掷。

（9）作业过程中禁止摘下绝缘防护用具。

Jb0004133016　旁路作业法检修电缆线路对气象条件有哪些要求？（5分）

考核知识点： 带电作业安全规定

难易度： 难

标准答案：

（1）旁路作业应在良好天气下进行。风力大于5级或湿度大于80%时，不宜进行作业。如遇雷电、雪、雹、雨、雾等不良天气，禁止进行旁路作业。作业过程中若遇天气突然变化，有可能危及人身及设备安全时，应立即停止工作，撤离人员，恢复设备正常状况或采取临时安全措施。

（2）组装完毕并投入运行的旁路作业装备可以在雨、雪天气运行，但应做好防护。禁止在雨、雪天气进行旁路作业装备敷设、组装、回收等工作。

Jb0004133017　旁路作业法检修环网箱的安全注意事项有哪些？（5分）

考核知识点： 带电作业安全规定

难易度： 难

标准答案：

（1）敷设旁路电缆时，须由多名作业人员配合使旁路电缆离开地面整体敷设，防止旁路电缆与地面摩擦，且不得受力。

（2）打开环网箱柜门前应检查环网箱箱体接地装置的完整性，在接入旁路柔性电缆终端前，应对环网箱开关间隔出线侧进行验电。

（3）绝缘电阻检测完毕、拆除旁路设备前、拆除电缆终端后，均应进行充分放电，用绝缘放电杆放电时，绝缘放电杆的接地应良好。

（4）连接旁路作业设备前，应对各接口进行清洁和润滑：用不起毛的清洁纸或清洁布、无水酒精或其他电缆清洁剂清洁；确认绝缘表面无污物、灰尘、水分、损伤。在插拔界面均匀涂润滑硅脂。

（5）旁路柔性电缆采用地面敷设时，应对地面的旁路作业设备采取可靠的绝缘防护措施后方可投入运行，确保绝缘防护有效。

（6）旁路电缆运行期间，应派专人看守、巡视，防止外人碰触。

（7）不得强行解锁环网箱五防装置。

（8）操作环网箱开关、检测旁路回路整体绝缘电阻、放电应戴绝缘手套。

（9）倒闸操作应使用操作票。

（10）待检修环网箱负荷电流不应超过200A。旁路回路投入运行后，应每隔半小时检测一次回路的负载电流并监视其运行情况。

Jb0004133018 心肺复苏法操作过程有哪些步骤？（5分）

考核知识点： 带电作业安全规定

难易度： 难

标准答案：

（1）首先判断昏倒的人有无意识。

（2）如无反应，立即呼救，叫"来人啊！救命啊！"等。

（3）迅速将伤员放置于仰卧位，并放在地上或硬板上。

（4）开放气道（仰头举颏或颌）。

（5）判断伤员有无呼吸（通过看、听和感觉来进行）。

（6）如无呼吸，立即口对口吹气两口。

（7）保持头后仰，另一手检查颈动脉有无搏动。

（8）如有脉搏，表明心脏尚未停跳，可仅做人工呼吸，每分钟12～16次。

（9）如无脉搏，立即在正确定位下在胸外按压位置进行心前区叩击1～2次。

（10）叩击后再次判断有无脉搏，如有脉搏即表明心跳已经恢复，可仅做人工呼吸即可。

（11）如无脉搏，立即在正确的位置进行胸外按压。

（12）每做15次按压，需做两次人工呼吸，然后再在胸部重新定位，再做胸外按压，如此反复进行，直到协助抢救者或专业医务人员赶来。按压频率为100次/min。

（13）开始1min后检查一次脉搏、呼吸、瞳孔，以后每4～5min检查一次，检查不超过5s，最好由协助抢救者检查。

（14）如有担架搬运伤员，应该持续做心肺复苏，中断时间不超过5s。

Jb0004133019 架空配电线路的路径和杆位选择应符合哪些要求？（5分）

考核知识点： 带电作业安全规定

难易度： 难

标准答案：

架空配电线路的路径，涉及建设投资和运行维护，因此一定要做到经济合理，便于施工和维护。

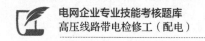

在选择路径及杆位时一般应符合下列要求：

（1）线路路径应尽量短而直，尽量减少转角和跨越；尽量靠近道路，以便于施工和运行维护。

（2）线路应尽量少占农田，避开森林、绿化区、公园、果园、防护林等。如必须穿越这些地带时，应设法减少树木的砍伐量。

（3）尽量避开洼地、沼泽地、水草地、盐碱地带、冲刷地带以及易被车辆碰撞的地方。

（4）尽量避开有爆炸物、易燃物和可燃液（气）体的生产厂房、仓库和储罐等。

（5）线路通过矿区时，应调查了解地下坑道的开采情况，考虑塌陷的危险，尽量绕矿区边沿通过。

（6）线路通过山区时，应避免通过陡坡、滑坡、悬崖、峭壁和不稳定的岩石地段。线路沿山麓通过时，应避开山洪排水的冲刷。

（7）线路应尽量避开重冰区、原始森林以及严重影响安全运行的其他地区，并考虑对邻近电台、机场、弱电线路等的影响。

（8）线路不宜沿山涧、干河架设，必要时应将杆塔设在常年最高洪水位以下的地方。

（9）线路跨越河流时，应尽量选择在河道窄、河床平直和河岩稳定的地方，尽量避免跨越码头、河道转弯处及支流入口处，杆塔应设在地层稳定、无严重河岸冲刷和坍塌的地方。

（10）线路转角处应选择在平坦地带或山麓缓坡上，并应考虑施工紧线的场地。转角点前后两基杆塔的位置要合理安排，以免造成相邻两档的档距过大和过小。

Jb0004133020 如何安装环网柜？（5分）

考核知识点： 带电作业方法

难易度： 难

标准答案：

严格按照环网柜出厂安装说明书的条件和步骤来安装。安装时，一般应注意以下几点：

（1）环网柜落点不宜处于地面最低点。

（2）环网柜设备要求平衡起吊，设备基础应垫成水平，箱体固定不应采用点焊，必须应用固定螺栓固定。

（3）接地装置必须按接地规程要求处理，接地电阻小于4Ω，若达不到要求，必须加装接地体。

（4）环网柜送电前一般情况下应按规程要求进行相关试验，合格后提供相应试验报告。

Jb0004133021 如何安装10kV电缆分支箱？（5分）

考核知识点： 带电作业方法

难易度： 难

标准答案：

严格按照分支箱出厂安装说明书的条件和步骤来安装。安装时，一般应注意以下几点：

（1）分支箱落点不宜处于地面最低点。特别注意分支箱安装高度及下面到电缆沟高度要满足电缆弯曲半径。

（2）分支箱设备要求平衡起吊，设备基础应垫成水平，箱体固定不应采用点焊，必须应用固定螺栓固定。

（3）安装时，应特别注意T1型、T2型螺杆紧固中应避免滑丝；电缆头在插入前应均匀涂上硅脂；所有半导电屏蔽层均要求可靠接地；各备用出线端子必须加装保护帽。

（4）接地装置必须按接地规程要求处理，接地电阻小于4Ω。若达不到要求，必须加装接地体。

（5）分支箱送电前一般情况下应完成规程上要求的电气试验，合格后提供相应试验报告。

Jb0004133022　10kV 架空配电线路发生的各种故障或异常应如何组织处理？（5分）

考核知识点：带电作业方法

难易度：难

标准答案：

（1）10kV 配电线路发生故障或异常现象，应迅速组织人员（包括用电监察人员）对该线路和与其相连接的高压用户设备进行全面巡查，直至故障点查出为止。

（2）线路上的熔断器或柱上断路器掉闸时，不得盲目试送，必须详细检查线路和有关设备，确无问题后，方可恢复送电。

（3）中性点不接地系统发生永久性接地故障时，可用柱上断路器（或负荷开关）或其他设备分段选出故障段。

（4）变压器一、二次熔丝熔断按如下规定处理：

1）一次熔丝熔断时，必须详细检查高压设备及变压器，无问题后方可送电。

2）二次熔丝（片）熔断时，首先查明熔断器接触是否良好，然后检查低压线路，无问题后方可送电，送电后立即测量负荷电流，判明是否运行正常。

（5）变压器、断路器发生事故，有冒油、冒烟或外壳过热现象时，应断开电源并待冷却后处理。

（6）事故巡查人员应将事故现场状况和经过做好记录（人身事故还应记录触电部位、原因、抢救情况等），并收集引起设备故障的一切部件，加以妥善保管，作为分析事故的依据。

Jb0004133023　带电作业用承力工具的选材原则是什么？（5分）

考核知识点：带电作业工器具

难易度：难

标准答案：

（1）用于承力工具的层压绝缘材料，其纵向和横向都应具有较高的抗张强度，但横向强度可略低于纵向，两者之比可控制在 1.5:1 以内。

（2）用于承力工具的绝缘材料，应具有较好的纵向机械加工和接续性能，在连接方式确定后，材料应具有相应的抗剪、抗挤压及抗冲击强度。

（3）绝缘承力部件只能选用纵向有纤维骨架（玻璃纤维或其他高强度不导电纤维）的层压及模压、卷制及引拔工艺生产的环氧树脂复合材料。严禁使用无纤维骨架的纯合成树脂材料（例如塑料硬板）制作承力部件户。

（4）用于承力工具的金属材料，除高强度铝合金外，不允许使用其他脆性金属材料（例如一般铸铁）。

Jb0004133024　带电作业用载人器具的选材原则是什么？（5分）

考核知识点：带电作业工器具

难易度：难

标准答案：

（1）承受垂直荷重的部件（例如挂梯、软梯、醍蚣梯）应选用有较高抗张强度（抗压强度）的绝缘材料制作，承受水平荷重的横置梁型部件（例如水平梯、转臂梯）则应选用具有较高抗弯强度的绝缘材料制作。

（2）硬质载人工具，推荐采用环氧树脂玻璃布层压板、矩形管及其他模压成形材料制作，严禁使用无纤维骨架的绝缘材料制作载人工具。

（3）软质载人工具及其配套索具，推荐采用具有一定阻燃性、防水性的蚕桑绳索、锦纶绳索及锦

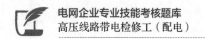

纶帆布制作。

（4）载人工具的承力金属部件也应按用于承力工具的金属材料要求选材。

（5）斗臂车的绝缘臂应选择绝缘性能优良、吸水性低的整体玻璃钢管（圆形或矩形）制作；在高原地区使用的斗臂车，海拔每增加 1000m，整体绝缘水平应相应增加 10%。

Jb0004133025　带电作业用牵引机具的选材原则是什么？（5分）

考核知识点： 带电作业工器具

难易度： 难

标准答案：

（1）金属机具的承力部件（例如丝杆的螺旋体和螺线、液压工具的活塞杆）应选用抗张强度高，有一定冲击韧性及耐磨性的优质结构钢制作，其他非承力部件（如外壳、手柄）可选用较轻便的铝合金制作。

（2）绝缘机具应按其承力方式（例如杠杆装置、扁带收紧装置、滑车组），选用有相应机械强度的绝缘材料制作主要承力部件（例如滑车的承力板及带环板应用 3240 绝缘板制作）。

Jb0004133026　带电作业用固定器具（卡具）的选材原则是什么？（5分）

考核知识点： 带电作业工器具

难易度： 难

标准答案：

（1）凡具有双翼力臂的卡具，除个别荷载较小的允许使用绝缘材料制作外，一般都应选用高强度铝合金或结构钢制作。

（2）由塔上电工和等电位电工安装使用的卡具，应优先选用轻合金材料（例如高强度铝合金）制作。

（3）无强力臂作用或塔下电工安装使用的各类固定器，可选用一般金属材料制作，但不允许使用铸铁等脆性材料（可锻铸铁除外）。

Jb0004133027　带电作业用绝缘操作杆（含绝缘夹钳）的选材原则是什么？（5分）

考核知识点： 带电作业工器具

难易度： 难

标准答案：

（1）较长的操作杆可选用不等径锥形连接方式的环氧树脂玻璃布空心管及泡沫填充管制作，短的操作杆则可用等径圆管制作。

（2）绝缘操作杆的接头及堵头应尽可能使用绝缘材料（如环氧树脂玻璃布棒）制作。一般也允许使用金属制作活动接头，其选材应注重耐磨性及防锈蚀性。

（3）10kV 及以下的手持操作杆应考虑全部使用绝缘材料制作（销钉等较小部件除外）。

Jb0004133028　带电作业用通用小工具的选材原则是什么？（5分）

考核知识点： 带电作业工器具

难易度： 难

标准答案：

一般小工具应根据工具的功能选用金属或绝缘材料制作。有冲击性操作的小工具（如开口销拔出器）应选用优质结构钢制作。10kV 及以下通用小工具应尽可能使用绝缘材料制作，或者采用金属骨架外包绝缘护套的复合材料制作。

Jb0004133029　带电作业用载流工具的选材原则是什么？（5分）

考核知识点： 带电作业工器具

难易度： 难

标准答案：

（1）接触线夹应按其接触导线的材质分别采用铸造铝合金或铸造铜基合金制作，接触线夹的螺栓部件可选用防腐蚀性较好的结构钢制作。

（2）载流导体通常选用编织型软铜线或多股挠性裸铜线制作，10kV及以下载流引线应使用有绝缘外皮的多股软铜线制作。

Jb0004133030　带电作业用消弧工具的选材原则是什么？（5分）

考核知识点： 带电作业工器具

难易度： 难

标准答案：

（1）消弧绳一般选用具有阻燃性、防潮性的蚕桑或锦纶绳制作，其引流段应选用编织软铜线制作，导电滑车应全部选用导电性良好的金属材料制作。

（2）自产气消弧棒的产气管体一般选用有机玻璃管或其他产气管（例如钢纸管）制作。依靠外加压缩空气消弧者，应采用耐内压强度高的绝缘管材制作绝缘储气缸。

Jb0004133031　带电作业用索具的选材原则是什么？（5分）

考核知识点： 带电作业工器具

难易度： 难

标准答案：

作主绝缘的索具应选用蚕丝或锦纶丝绳索制作，专用绝缘滑车套推荐选用编织定型圆绳制作。地面使用的围栏绳可采用塑料绳或其他绳索。

Jb0004133032　带电作业用雨天作业工具的选材原则是什么？（5分）

考核知识点： 带电作业工器具

难易度： 难

标准答案：

一般选用憎水性好的工程塑料（如聚碳酸酯塑料）制作工具主体，也可使用玻璃纤维引拔棒——硅橡胶复合型绝缘管制作工具主体，主体工具上的防雨罩可选用聚乙烯或硅橡胶等材料制作。

Jb0004133033　带电作业用绝缘遮蔽用具的选材原则是什么？（5分）

考核知识点： 带电作业工器具

难易度： 难

标准答案：

（1）硬质绝缘隔板推荐采用环氧树脂玻璃布层压板及玻璃纤维模压定型板制作。

（2）软质绝缘隔板、罩及覆盖物，推荐采用绝缘性能良好、非脆性、耐老化的工程塑料模压件或橡胶制作。低压隔离套可用一般绝缘橡胶制作，包裹导电体的不规则覆盖物，可采用聚乙烯、聚丙烯、聚氯乙烯等塑料软板或薄膜制作。

Jb0004133034　对绝缘杆的试验内容有哪些？（5分）

考核知识点： 带电作业试验

难易度： 难

标准答案：

（1）绝缘材料密度试验。

（2）绝缘材料吸水率试验。

（3）绝缘材料 50Hz 介质损耗角正切试验。

（4）外观检查。用肉眼（手摸）从外观进行检查，检查试品是否光滑，有无气泡、皱纹或裂开，玻璃纤维与树脂间黏结是否完好，杆段间连接是否牢固等。

（5）尺寸检查。

（6）渗透试验。

（7）受潮前和受潮后的绝缘试验。

（8）绝缘湿试验（淋雨试验）。

（9）绝缘耐压试验。

Jb0004133035　操作杆的工频耐压试验如何进行？（5分）

考核知识点： 带电作业试验

难易度： 难

标准答案：

（1）试验布置与上题相同。对多个试品同时进行试验时，试品间距离应不小于 500mm。

（2）10kV 电压等级的绝缘杆，在两电极间施加工频耐受电压为 100kV，加压时间为 1min，试验中各试品应不发生闪络或击穿，试验后试品应无放电、灼伤痕迹，应不发热。

Jb0004133036　对吊、拉、支杆结构的一般要求是什么？（5分）

考核知识点： 带电作业工器具

难易度： 难

标准答案：

（1）支杆、拉（吊）杆上的金属配件与空心管、填充管、绝缘板的连接应牢固，使用时应灵活方便。

（2）支杆的总长度由最短有效绝缘长度、固定部分长度和活动部分长度的总和决定。拉（吊）杆的总长度由最短有效绝缘长度和固定部分长度的总和决定。

（3）10kV 电压等级的支杆和拉（吊）杆的最短有效绝缘长度为 0.4m、固定部分支杆为 0.6m、拉（吊）杆为 0.2m、支杆活动部分为 0.5m。

Jb0004133037　为什么绝缘绳索不能受潮？（5分）

考核知识点： 带电作业工器具

难易度： 难

标准答案：

绝缘绳索在受潮以后，其泄漏电流将显著增加，湿闪电压大幅度降低，受潮后绝缘绳索的泄漏电流较干燥时在同等试验电压和同样长度下，增大 10～14 倍，湿闪电压蚕丝绳下降 26%、锦纶绳下降 33.5%，受潮后的绝缘绳索因泄漏电流增大，导致绝缘绳发热而被熔断。因此，受潮相隔 300mm 的两电极间施加交流工频电压 100kV（有效值）1min。

Jb0004133038　操作杆的工频闪络击穿电压试验如何进行？（5 分）

考核知识点：带电作业基本原理

难易度：难

标准答案：

用直径不小于 30mm 的单导线作模拟导线，模拟导线两端应设置均压球（或均压环），其直径不小于 200mm，均压球距试品不小于 1.5m。

试品垂直悬挂。试品的高压试验电极布置于试品绝缘部分的最上端，也可用试品顶端的金具作高压试验电极。10kV 电压等级操作杆的高压试验电极和接地极间的距离（试验长度）满足 0.4m 的要求，如在两试验电极间有金属部件时，其两试验电极间的距离还应在此数值上再加上金属部件的总长度。接地极的对地距离应不小于 1m 接地极和高压试验电极（无金具时）以宽 50mm 的金属箔或导线包绕。

试验时，先缓慢升压至试验电压值的 75%，此后以每秒 2% 的升压速率继续升压至试品发生闪络或击穿，记录下此时的试验电压值。每一试品的该闪络击穿电压值应满足不小于 120kV 的规定。

绝缘绳索不但不能使用于非等电位状态，即使将其处于等电位状态下也是不安全的。这一点，应当引起带电作业人员的高度重视。

Jb0004133039　对绝缘绳索类工具的材料要求是什么？（5 分）

考核知识点：带电作业工器具

难易度：难

标准答案：

（1）消弧绳、绝缘测距绳、绝缘保险绳应采用桑蚕丝为原料，绳套宜采用锦纶长丝为原料。所有材料应满足相对应规格的绝缘绳的技术要求。

（2）吊钩的材料应符合 GB/T 13034—2008《带电作业用绝缘滑车》中的要求。

（3）扁钢保险钩或其他保险钩的材料应符合 GB 6095—2021《坠落防护　安全带》的要求。

（4）消弧绳软铜线应符合 GB/T 3953—2009《电工圆铜线》的要求。规格为 TR 软圆铜线 0.1～0.2mm。

Jb0004133040　对绝缘绳索类工具的技术要求是什么？（5 分）

考核知识点：带电作业工器具

难易度：难

标准答案：

（1）人身绝缘保险绳、导线绝缘保险绳以及绳套的整体机械拉伸性能应满足以下要求：人身绝缘保险绳的试验静拉力为 4.4kN，试验时间为 5min。

（2）人身绝缘保险绳应按不同绳长整体做冲击试验，以 100kg 质量做自由坠落应无破断。当人身绝缘保险绳的长度超过 3m 时应加缓冲器。缓冲器应满足 GB 6095—2021《坠落防护　安全带》中的规定。

（3）带电作业用绝缘绳索类工具的电气绝缘性能应满足相关的要求。

（4）消弧绳端部软铜线与绝缘绳的结合部分长度应不大于 200mm，绝缘部分与导线部分的分界处要有明显标志，消弧绳的端部要有防止铜线散股的措施。

（5）绝缘保险绳的吊钩、扁钢保险钩等应有防止脱钩的保险装置，保险应可靠，操作应灵活。

（6）绝缘测距绳的缠绕器应灵活、轻巧，便于携带和储藏。缠绕器不宜密封以便散潮烘干。绝缘测距绳标定刻度标志时，应在本产品配备的重锤悬空吊持状态下进行。

Jb0004133041　什么是绝缘配合？（5分）

考核知识点：带电作业基本原理

难易度：难

标准答案：

绝缘配合就是按设备所在系统可能出现的各种过电压和设备的耐压强度来选择设备的绝缘水平，以便把作用于设备上引起损坏或影响连续运行的可能性，降低到经济上和运行上能接受的水平。

如果把带电作业中使用的绝缘工具（或者作业者身边的一段空气间隙）作为系统中的一种设备看待，那么它也同样存在绝缘配合问题。假如把工具（或间隙）的绝缘水平选得很低，安全水平就会很低，事故率就会很高，带电作业就很不安全；反之，把工具（或间隙）的绝缘水平选得很高，作业的安全虽然得到了保障，但与作业设备有关的技术条件也许就不能够满足，经济上也不合算。所以，必须有一种恰如其分的选择，使得安全与经济都能得到兼顾，这就是绝缘配合工作要完成的使命。

Jb0004133042　气间隙的绝缘强度与什么有关？（5分）

考核知识点：带电作业基本原理

难易度：难

标准答案：

空气间隙的绝缘强度与间隙两侧的电极形状、电压波形，以及气体的状态（气温、气压和湿度）有关。

（1）电极形状对绝缘强度的影响。实际带电作业中的电极形状，均不可能是平板电极，也就是说几乎所有的电场都是不均匀电场。在不均匀电场中，放电首先在场强较高的地方开始，称为预放电，然后向整个间隙发展，最后导致贯穿放电（击穿）。电场越不均匀，预放电发生就越早，从而使得整个间隙的放电电压就越低。

（2）电压波形对绝缘强度的影响。实验表明，电极间的气体游离程度与外施电压增加的速度，即电压作用的时间有关，波形不同，电压上升的陡度也不同，所以放电电压也不同。

（3）气体状态对绝缘强度的影响。气体产生游离与去游离的程度与气体的压力、温度和湿度都有关，大致原理为：气压越低，分子密度小，去游离比游离慢，放电电压就低；温度越高，分子的热运动越强，碰撞游离加快，放电电压就低；湿度越大，空气中水分子越多，去游离过程加强，放电电压就高。

Jb0004133043　绝缘子的放电特性是什么？（5分）

考核知识点：带电作业基本原理

难易度：难

标准答案：

（1）工频波及雷电波放电特性：绝缘子的工频波与雷电波的放电特性与绝缘子型号和结构无关，只与整个绝缘子长度有关，而且是呈线性关系。

（2）操作波放电特性：绝缘子的操作波放电电压与绝缘子的型号和结构无关，只与整个绝缘子的长度有关，但它不是线性关系，有一定的"饱和"现象。

Jb0004133044　根据绝缘遮蔽罩的用途不同，绝缘遮蔽罩可分为哪几类？（5分）

考核知识点：带电作业工器具

难易度：难

标准答案：

（1）导线遮蔽罩：用于对裸导线或绝缘导线进行绝缘遮蔽的套管式护罩。

（2）耐张装置遮蔽罩：用于对耐张绝缘子、线夹或接板等金具进行绝缘遮蔽的护罩。

（3）针式绝缘子遮蔽罩：用于对针式绝缘子，包括棒式绝缘子进行绝缘遮蔽的护罩。

（4）横担遮蔽罩：用于对铁横担、木横担进行绝缘遮蔽的护罩。

（5）电杆遮蔽罩：用于对电杆或其头部进行绝缘遮蔽的护罩。

（6）套管遮蔽罩：用于对断路器（或负荷开关）或变压器等设备的套管进行绝缘遮蔽的护罩。

（7）跌落式熔断器遮蔽罩：用于对跌落式熔断器进行绝缘遮蔽的护罩。

（8）隔板：用以隔离带电部件，限制带电作业人员活动范围的绝缘平板。

（9）绝缘毯：用于包缠各类带电或不带电导体部件的软型绝缘毯。

（10）特殊遮蔽罩：用于某些特殊绝缘遮蔽用途而专门设计制作的护罩。

Jb0004133045 对绝缘遮蔽罩的制作工艺有什么要求？（5分）

考核知识点： 带电作业工器具

难易度： 难

标准答案：

（1）遮蔽罩的主体表面应光滑，其外部和内部在加工上应避免粗糙，诸如小孔、接缝裂纹、破口、不明杂物、磨损擦伤、明显的机械加工痕迹等。

（2）为便于现场安装使用，其长度不超过1.5m，在保证电气性能的前提下，其余尺寸也应减小到最小。

（3）在遮蔽罩的外表面上，应标记出清晰的保护区范围。

（4）每个遮蔽罩的端部应根据需要，考虑与其他遮蔽罩相连接，且便于进行组装，连接处应不出现间隙，并能承受所要求的电气试验。

（5）用于间接作业用的遮蔽罩均应考虑现场用操作杆进行安装，所以遮蔽罩在结构上应有提环、筒子眼、挂钩等部件。

（6）遮蔽罩上应有一个或多个闭锁部件，防止在使用中或在外力作用下突然滑落。闭锁部件应便于闭锁和开启，而且能用操作杆进行操作。如无闭锁部件，也可采用绝缘夹夹紧。

Jb0004133046 对带电作业用绝缘袖套的工艺有什么要求？（5分）

考核知识点： 带电作业工器具

难易度： 难

标准答案：

（1）袖套应采用无缝制作方式，袖套上为连接所留的小孔必须用非金属加固边缘，直径为8mm。

（2）袖套内、外表面应不存在有害的不规则性，有害的不规则性是指下列特征之一，即破坏其均匀性，损坏表面光滑轮廓的缺陷，如小孔、裂缝、局部隆起、切口、夹杂导电异物、折缝、空隙、凹凸波纹及铸造标志等。无害的不规则性是指在生产过程中造成的表面不规则性。如果其不规则性属于以下状况，则是可以接受的：

1）凹陷的直径不大于1.5mm，边缘光滑，当凹陷点的反面包敷于拇指扩展时，正面可不见痕迹。

2）袖套上的凹陷在5个以下，且任意两个凹陷之间的距离大于15mm。

3）当拉伸该材料时，凹槽、突起部分或模型标志趋向于平滑的平面。

Jb0004133047 带电作业用绝缘袖套的交流耐压试验如何进行？（5分）

考核知识点： 带电作业试验

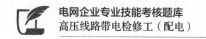

难易度：难

标准答案：

试品布置好后开始升压，试验电压应从较低值开始上升，并以大约 1000V/s 的速度逐渐升压，直至达到规定的试验电压值或袖套发生击穿。试验时间从达到规定的试验电压的时刻开始计算。对于型式试验和抽样试验，电压持续时间为 3min；对于出厂例行试验，电压持续时间为 1min，如试品无闪络、无击穿、无明显发热，则试验通过。

0、1、2、3 级绝缘袖套的交流耐压试验的试验电压值分别为 5000、10 000、20 000、30 000V。

Jb0004133048　带电作业用绝缘袖套的直流耐压试验如何进行？（5分）

考核知识点：带电作业试验

难易度：难

标准答案：

试验电压应从较低值开始上升，以大约 3000V/s 的速度逐渐升压，直至达到规定的试验电压值或袖套发生击穿。试验时间从达到规定的试验电压的时刻开始计算。对于型式试验和抽样试验，电压持续时间为 3min；　对于出厂例行试验，电压持续时间为 1min。如试品无闪络、无击穿、无明显发热，则试验通过。

0、1、2、3 级绝缘袖套的直流耐压试验的试验电压值分别为 10 000、20 000、30 000、40 000V。

Jb0004133049　绝缘手套的电气性能试验类型和对环境要求是什么？（5分）

考核知识点：带电作业试验

难易度：难

标准答案：

（1）绝缘手套的电气性能试验包括交流验证电压试验、交流耐受电压试验、泄漏电流试验、直流验证电压试验和直流耐受电压试验。

（2）试验应在环境温度为（23±2）℃的条件下进行。进行型式试验和抽样试验时，手套应浸入水中进行（16±0.5）℃预湿，预湿后不应离水放置。

Jb0004133050　绝缘手套的电气性能试验如何进行？（5分）

考核知识点：带电作业试验

难易度：难

标准答案：

（1）交流验证电压试验。对手套进行交流验证试验时，交流电压应从较低值开始，约 1000V/s 的恒定速度逐渐升压，直至达到表 Jb0004133050 所规定的验证电压值，所施电压应保持 1min，不应发生电气击穿。在试验结束断开回路前，所加电压必须降低一半。

（2）交流耐受电压试验。按照规定施加交流试验电压，直至达到表 Jb0004133050 所规定的最低耐受电压值，不应发生电气击穿。在试验结束时立即降低所加电压，并断开试验回路。

（3）泄漏电流试验。在按表 Jb0004133050 施加所规定的交流验证电压下测量泄漏电流，其值不大于表 Jb0004133050 中规定值。

（4）直流验证电压试验。对手套进行直流验证电压试验时，直流电压应从较低值开始，以大约 3000V/s 的恒定速度逐渐加压，直至达到表 Jb0004133050 所规定的耐受电压值。对常规试验，所施电压应保持 1min，施压时间从达到规定值的瞬间开始计算，不应发生电气击穿。在试验结束断开回路前，所加电压必须降低一半。

（5）直流耐受电压试验。按照直流验证电压试验同样方式施加直流试验电压，直至达到表Jb0004133050 所规定的最低耐受电压值，不应发生电气击穿。

表 Jb0004133050

额定电压（V）	交流耐受电压（有效值）（V）	直流耐受电压（有效值）（V）
3000	10 000	20 000
10 000	20 000	30 000
20 000	30 000	40 000

Jb0004133051　对绝缘安全帽的技术要求是什么？（5分）

考核知识点：带电作业工器具

难易度：难

标准答案：

（1）垂直间距。按规定条件测量，其值应为 25～50mm。

（2）水平间距。按规定条件测量，其值应为 5～20mm。

（3）佩戴高度。按规定条件测量，其值应为 80～90mm。

（4）帽箍尺寸。分为三个号码（小号 51～56mm，中号 57～60mm，大号 61～64mm）。

（5）质量。一顶完整的安全帽，质量不应超过 400g。

（6）帽檐尺寸。最小 10mm，最大 35mm。帽檐倾斜度以 20°～60° 为宜。

（7）通气孔。安全帽两侧可设通气孔。

（8）帽舌。最小 10mm，最大 55mm。

（9）颜色。安全帽的颜色一般以浅色或醒目为宜，如白色、浅黄色等。

Jb0004133052　对绝缘服（披肩）的技术要求是什么？（5分）

考核知识点：带电作业工器具

难易度：难

标准答案：

（1）外表层材料应具有憎水性强、防潮性能好、沿面闪络电压高、泄漏电流小的特点，还应具有一定的机械强度、耐磨、耐撕裂性能。内衬材料应具有高绝缘强度，能起到主绝缘的作用，且憎水、柔软性好，层向击穿电压高。

（2）在 10kV 配电网带电作业的应用中，绝缘服整衣的电气和机械性能应达到：击穿电压大于40kV；20kV 层向耐压 3min 应无发热、无击穿、无闪络；当电极距离为 0.4m 时，100kV 沿面工频耐压 1min 应无发热、无闪络。

（3）内、外层衣料的断裂强度及断裂伸长率应满足：

1）断裂强度：经向 343N，纬向 294N。

2）断裂伸长率：经向 10%，纬向 10%。

Jb0004133053　绝缘服（披肩）的电气试验如何进行？（5分）

考核知识点：带电作业试验

难易度：难

标准答案：

整衣层向工频耐压试验。对绝缘服进行层向耐压试验时应注意，绝缘上衣的前胸、后背、左袖、右袖及绝缘裤的左右腿的上下方都要进行试验。

进行绝缘服（披肩）的层向工频耐压试验时的电极由海绵或其他吸水材料制成的湿电极组成，内外电极形状与绝缘服内外形状相符。将绝缘服平整布置于内外电极之间，不应强行曳拉。电极设计及加工应使电极之间的电场均匀且无电晕发生。电极边缘距绝缘服边缘的间距为 65mm。为防止沿绝缘服边缘发生沿面闪络，应注意高压引线距绝缘服边缘的距离或采用套管引入高压的方式。

试验电压应从较低值开始上升，并以大约 1000V/s 的速度逐渐升压，直至 20kV 或绝缘服发生击穿。试验时间从达到规定的试验电压值开始计时，对于型式试验和抽样试验，电压持续时间为 3min；对于预防性试验，电压持续时间为 1min。如试验无闪络、无击穿、无明显发热，则试验通过。

Jb0004133054 对绝缘鞋（靴）的电气性能试验如何布置？（5分）

考核知识点： 带电作业试验

难易度： 难

标准答案：

绝缘鞋（靴）的电气绝缘性能试验布置有以下两种。

（1）方法一：试样内电极为水（电阻率不大于 750Ω·cm），外电极为置于金属器皿中的水（电阻率不大于 750Ω·cm）。试验时，绝缘鞋内外水平面呈相同高度，试验电压为 20kV 以下时，绝缘鞋试样内、外水位应距靴口 65mm。

（2）方法二：试样内电极为金属鞋楦（其规格应与试样鞋号一致）或铺满鞋底布的直径不大于 4mm 的金属粒；外电极为置于金属器皿的浸水泡沫塑料或电阻率不大于 750Ω·cm 的水。

Jb0004133055 绝缘斗臂车作业前的检查内容有哪些？（5分）

考核知识点： 带电作业安全规定

难易度： 难

标准答案：

作业前检查时，作业车应处于保管放置的状态，即水平支腿全缩、垂直支腿伸至最大行程。检查内容如下：

（1）擦掉活塞杆上涂的防锈油。

（2）环绕车辆进行目测检查，看有无漏油、标牌及车体损坏的情况。标牌损坏及污损会影响到正确的使用，要先清除污损，换上新的标牌。

1）检查工作斗有无破损、变形，检查工作斗（工作斗内衬）、副吊臂、临时横杆等有无损伤、污垢及积水。

2）启动发动机，产生油压，操作垂直支腿伸出，用于检查在保管中有无油缸漏油。在取力器切换后，检查传动轴等方面有无出现异响。如果垂直支腿伸出后出现自然回落的现象，须进行检修。

3）检查液压油的油量。

4）在以下状态下进行检查：车辆水平设置、水平支腿全收回、工作斗摆动在中间收回状态、工作斗电源关闭、油门低速、慢操作、工作斗零负荷、性能开关切换至小臂。

5）检查并确认安全装置正确动作。

6）检查操作杆和开关，检查各部分动作是否正常，有无异常声响。

7）检查工作斗的平衡，重复几次上臂及下臂的操作，检查工作斗是否保持在水平状态。

8）检查安全带挂钩的绳索有无磨损。

9）在工作斗内操纵各操作杆，检查各部分动作是否正常，有无异常声响。

10）收回各液压装置至原始位置，关闭取力器及总电源，检查各部件有无漏油现象。

Jb0004133056　绝缘斗臂车在作业前应注意哪些事项？（5分）

考核知识点：带电作业安全规定

难易度：难

标准答案：

（1）绝缘斗臂车的操作员必须经过专业的技术培训，并且由接受任务的操作员来进行操作。作业时，必须佩戴安全用具，正确穿着服装。在带电线路上及带电线路附近作业时，一定要使用规定的绝缘防护用具。破损的绝缘用具有触电的危险，绝对不允许使用。过度疲劳和饮酒后不得驾驶绝缘斗臂车。

（2）注意加强绝缘斗臂车的保养管理工作，加强安全作业的意识。确定作业指挥员，并遵从指挥员的指示进行作业。天气情况恶劣、下雨及绝缘工作斗等部件潮湿时，应停止使用绝缘斗臂车。恶劣天气的标准为：强风，10min 内的平均风速大于 10m/s；大雨，一次降雨量大于 50mm；大雪，一次积雪量大于 25mm。即使在低于上述基准时，也要遵从指挥员的指示进行作业。作业高度处的风速应不超过 10m/s。

（3）夜间作业时，应确保作业现场的亮度，操作装置部分更要明亮些，以防止误操作。

（4）灰尘及水分附着在工作斗、工作斗内衬、绝缘工作臂上时，会使绝缘性能下降，作业前，必须使用柔软干燥的布擦净。如发现有裂纹、破损处时，应立即到指定的维修点进行修理，当工作斗有潮湿、水分、污垢等情况时，不能完全确保其绝缘性能。

（5）在进行带电作业及接近带电线路作业时，车辆必须做好接地工作。

Jb0004133057　如何进行绝缘斗臂车的发动机启动、取力器（PPD）的正确操作？（5分）

考核知识点：带电作业安全规定

难易度：难

标准答案：

（1）挂好手刹车，垫好三角块。

（2）确认变速器杆处于中间位置，取力器开关扳至"关"的位置。此时计时器开始启动。计时器指示出车辆液压系统的累计使用时间。变速器杆必须处于中间位置，不在中间位置时，操作发动机启动、停止会使车辆移动。

（3）将离合器踏板踩到底，启动发动机。

（4）踩住离合器踏板，将取力器开关扳至"开"的位置。此时计时器开始启动。计时器指示出车辆液压系统的累计使用时间。

（5）缓慢地松开离合器踏板。

（6）通过上述操作，产生油压。冬季温度较低时，须在此状态下进行 5min 左右的预热运转。

（7）油门高低速的操作：将油门切换至油门高速，提高发动机转速，以便快速地支撑好支腿，提高工作效率。工作臂操作时，为了防止液压油温过高，油门应调整为中速或怠速状态。在作业中，不要用驾驶室内的油门踏板、手油门来提高发动机的转速。这样会使液压油温度急剧上升，造成故障。

Jb0004133058　绝缘斗臂车在冻结或积雪路面上停放时应注意哪些事项？（5分）

考核知识点：带电作业安全规定

难易度：难

标准答案：

（1）车辆在积雪路面停放时，必须先清除积雪，确认路面状况，采取防止滑行的措施后再停放。

（2）车辆在冻结的路面上停放时，避免停放在凹凸不平的路面处，要采用有防滑功能的垫板。放置支腿与收回支腿的顺序与在斜坡路面的顺序相同。

（3）放置后，有时会出现接地指示灯不亮的情况，这是因为水平支腿内框与水平支腿外框之间卷进冰雪而造成的偶发故障。此时，可重复做几次支腿进出动作。如果内外框上有冰雪，除去冰雪即可正常，在确认接地指示灯亮后再进行作业。支腿在收回的时候，也会出现同样的情况，即指示灯不熄灭，可采用同样的方法排除故障。

（4）作业完毕后，路面和支腿的底座之间的支腿垫板可能会冻结粘在一起，这时进行支腿收回作业会使车体倾斜或因冻结的支腿垫板损坏车体。应先敲打支腿垫板，解开冻结后再收回支腿。

Jb0004133059　绝缘斗臂车在操作支腿时应注意哪些事项？（5分）

考核知识点：带电作业安全规定

难易度：难

标准答案：

（1）作业时，必须铺垫板以加固支腿着地部位。

（2）垫板数量不要超过两块，且必须大的放在下面、小的放在上面，保证摆放稳定。

（3）支腿垫板应放在支腿的中心，且正面朝上，避免损坏路面。

（4）支腿垫板及支腿严禁设置在沟槽的上方，防止沟槽盖板破损发生翻车事故。

（5）放置垂直支腿时，要按从前支腿到后支腿的顺序，防止因后轮的离地而使手刹车失去作用，车辆发生滑动。同样的原因，收回支腿时要按先前支腿后后支腿的顺序收回，且左右支腿应同时收回。

（6）支腿撑地后，检查并确认前后轮胎完全离地，车体停放完全水平。

Jb0004133060　绝缘斗臂车在作业过程中应注意哪些事项？（5分）

考核知识点：带电作业安全规定

难易度：难

标准答案：

（1）在进行作业时，必须伸出水平支腿，可靠地支撑车体，确认着地指示灯亮后，再进行作业。水平支腿未伸出支撑时，不得进行旋转动作，否则车辆有发生倾翻的危险（装有支腿张幅传感器及电脑控制作业范围的车辆除外）。在固定水平支腿时，不要使水平支腿支撑在路边沟槽上，沟槽盖板破损时，会引起车辆倾翻。

（2）斗内工作人员要佩戴安全带，将安全带的钩子挂在安全绳索的挂钩上。不要将可能损伤工作斗、工作斗内衬的器材堆放在工作斗内，当绝缘工作斗出现裂纹、伤痕等，会使其绝缘性能降低。工作斗内请勿装高于工作斗的金属物品，工作斗中金属部分接触到带电导线时，有触电的危险。任何人不得进入工作臂及其重物的下方。火源及化学物品不得接近工作斗。

（3）操作工作斗时，要缓慢动作。急剧地操纵操作杆，动作过猛有可能使工作斗碰撞较近的物体，造成工作斗损坏和人员受伤。在进行反向操作时，要先将操作杆返回到中间位置，使动作停止后扳到反向位置。斗内人员工作时，不要使物品从斗内掉出去。

（4）工作中还要注意以下情况：作业人员不得将身体越出工作斗之外，不要站在栏杆或踏板上进行作业。两腿要可靠地站在工作斗底面，以稳定的姿态进行作业。不要在工作斗内使用扶梯、踏板等进行作业，不要从工作斗上跨越到其他建筑物上，不要使用工作臂及工作斗推拉建筑物，不要在工作臂及工作斗上装吊钩、缆绳等起吊物品，工作斗不得超载。

1）水平支腿还未支出时，禁止进行旋转作业，在有屋顶的停车场等地方操作支腿时，防止工作斗碰撞到屋顶。不要将电线杆架在工作斗上，用工作臂抬举电线，不要用吊车进行拉线作业，不要用吊绳横向拉电线。

2）进行起吊作业时，不要让吊绳在支撑角的角上摩擦，防止磨损吊绳。起吊物品时一定要用吊具，不要直接用吊绳来吊重物。

3）操作工作斗摆动时，要先拔掉吊车的旋转固定销，防止摆动工作斗和副吊臂时损坏工作斗。

Jb0004133061　绝缘斗臂车在冬季及寒冷地区作业时应注意哪些事项？（5分）

考核知识点：带电作业工器具

难易度：难

标准答案：

在冬季室外气温低及降雪等情况下进行作业时，因动作不便可能引起事故，应注意以下情况：

（1）在降雪后进行作业，一定要先清除工作臂托架的限位开关等安全装置、各操作装置及其外围装置、工作臂、工作斗周围部分、工作箱顶、运转部位等部位的积雪，确认各部位动作正常后再进行作业。

（2）清除积雪时，不要采用直接浇热水的方法，防止热水直接浇在操作装置部位、限位开关部位及检测器等的塑料件上，因温度的急剧变化有可能产生裂痕或开裂，同时也会造成机械装置的故障。

（3）开关及操作杆有可能比正常情况重一些，这是由于低温使得各操作杆的活动部分略有收缩引起的，功能方面不会有问题。在动作之前，多操作几次操作杆，并确认各操作杆都已经返回到原始位置之后，再进行正常作业。由于同样的原因，工作臂在动作中可能出现"噗"或"唯"的声音，通过预热运转，随着油温及液压部件温度上升，这些声音会随之消失。

（4）作业人员在上下工作斗时，工具箱的上部、车顶踏板处容易滑倒，应小心。容易滑倒，应小心。

（5）下雪天作业之后，在收回工作臂前，先清除工作臂托架上的限位开关处的积雪，然后再收回工作臂。如果不先清除积雪就收回工作臂，就会使积雪冻结，引起安全装置动作不可靠等问题。

（6）在积雪道路上行驶时，将车轮挡泥罩上的凝雪清除干净。

Jb0004133062　工作斗内的积水如何排出？（5分）

考核知识点：带电作业工器具

难易度：难

标准答案：

标准规格的工作斗内如有一半积水，其质量就达360kg，大大超过工作斗载荷。工作斗内有积水时，为防止工作臂、工作斗破损，应通过以下要领排水：

（1）将车辆设置于水平坚实的地面，将转臂及工作斗设置与工作臂接近垂直。

（2）将工作臂移向车辆后方，水平设置。注意：不要在工作斗内有人或物的情况下进行。必须在下部操作装置进行操作。

（3）一边按下锁定用操纵杆，另一边将回转台侧面门扇内的平衡调整换向阀的操纵杆拉向跟前，这时阀就切换到调整倾斜的一侧。

（4）将伸缩开关扳向"伸"的一侧，使工作斗完全前倾斜。

（5）将升降动作往下操作，把工作斗内的积水全部倒出。注意工作斗不要碰到地面。

（6）扫清工作斗内的积水及垃圾，用干净柔软的布块擦净工作斗内侧。

（7）请进行工作斗的水平调整并收回。

注意：不使用及移动时，要给工作斗盖防护罩，以免斗内进水。调整后，将（3）的平衡调整换向阀操纵杆完全复位，并确认锁定用操纵杆已抬起。

Jb0004133063　如何进行绝缘斗臂车工作臂的正确操作？（5分）

考核知识点： 带电作业安全规定

难易度： 难

标准答案：

（1）下臂操作（臂的升降操作）。折叠臂式绝缘斗臂车将下臂操作杆扳至"升"，使下臂油缸伸出，下臂升。将下臂操作扳至"降"，使下臂油缸缩进，下臂降；直伸臂式绝缘斗臂车则选择"升降"操作杆，扳至"升"，升降油缸伸出，工作臂升起；扳至"降"，使下臂油缸缩回，工作臂下降。

（2）回转操作。将回转操作杆按标牌箭头方向扳，使转台回转或左回转。回转角度不受限制，可做360°全回转。在进行回转操作前，要先确认转台和工具箱之间是否有人或东西及有可能被夹的其他障碍物。作业车在倾斜状态下进行回转操作，会出现回转不灵活，甚至转不动的情况。因此，一定要使作业车基本水平停放。

（3）上臂操作（伸缩操作）。折叠臂式高空车将上臂操作杆扳至"升"，使上臂油缸伸出，伸缩臂升。将上臂操作杆扳至"降"，使上臂油缸缩回，伸缩臂缩。

Jb0004133064　如何进行绝缘斗臂车小吊的正确操作？（5分）

考核知识点： 带电作业安全规定

难易度： 难

标准答案：

设有工作斗小吊的绝缘斗臂车小吊的操作，按照下面的顺序进行作业前的准备工作：

（1）把小吊置于水平位置，插入升降调整销，固定小吊。

（2）副臂插进臂架槽，用插销固定。

（3）把滑轮插进副臂的前端，用螺栓固定。

（4）挂好在吊车滚筒内的纤维绳。

（5）确定副臂的位置，升降固定销钩在固定装置，把调整旋转插销放在垂直位置，并固定回转。

Jb0004133065　绝缘斗臂车的小吊绳索使用时应注意的事项有什么？（5分）

考核知识点： 带电作业安全规定

难易度： 难

标准答案：

（1）不使用小吊时，必须盖好小吊罩盖。

（2）雨天不要使用。

（3）含有水分的绳索要充分干燥后使用。

（4）如只是外层松弛，绳索的强度要下降，所以把整根绳索整平为相同张紧力后使用。

（5）注意小吊绳索卷筒上不要乱卷绕。

（6）为保护绳索前端加工部位，不要将绳索前端红色部位卷入滑轮头部。

（7）为了防止绳索从卷筒脱落，不要把绳索尾部的红色部位抽放至滑轮。

（8）注意绳索不要与锐角物摩擦。

（9）不要把绳索当作挂钩绳子使用。

（10）小吊载荷不应超过斗臂车设置的起重载荷，应按要求操作。

Jb0004133066　绝缘斗臂车在行驶中应注意哪些事项？（5分）

考核知识点： 带电作业安全规定

难易度：难

标准答案：

（1）作业车在行驶时，必须达到以下状态：工作臂、工作斗及支腿收回到原始位置；小吊副臂移至水平位置；扣好小吊回转固定销；卸下液压工具油管；接地线收到滚筒上。若不收回工作臂、工作斗及支腿时行驶，将改变车辆的尺寸和平衡，是十分危险的。不要在工作斗内载人的状态下行驶。

（2）全部卸下工作斗内的工具等物品，然后盖好工作斗外罩。工作斗内装载工具等重物时行驶，因行驶的振动可能会造成工作斗装置的损坏。行驶时，将工作斗收回到原始位置并可靠地挂好固定工作臂的缆绳或工作斗的缆绳。绝缘斗臂车带有高空作业装置，比一般车辆重，重心也较高。因此不能急刹车，不能急拐弯，以防止发生翻车事故。在下雪天时，为防止各机械及操作装置冻结，要装好工作斗外罩。

（3）将取力器开关关闭，确认电源指示灯熄灭，取力器脱开。取力器开关在接通的状态下行驶，因油压发生装置处于工作状态，可能造成工作臂等装置动作和油压发生装置的损坏。

（4）轮胎的气压过低会降低行驶的安全性，轮胎的气压要保持在规定的压力范围内，更换轮胎时，要使用规定的轮胎。

（5）在长坡道、雨天、冰冻及积雪路面上行驶时，因刹车性能减弱，要控制车辆的行驶速度。

（6）行驶在有高度限制的道路上，要注意不要使工作臂部分和工作斗碰到建筑物上，作业车的总高度标示在驾驶室内的铭牌上。在松软的道路、木桥及有质量限制的道路上行驶时，应先确认能否行驶。

（7）在工具箱及装载区堆放工具等物品，装载时不许偏载，不许超载，要可靠地固定，以防因行驶中的振动而倒塌。在行驶前，要可靠地关闭工具箱的门并加上锁。

（8）作业车因有高空作业装置，后方的视野较差，在倒车时，必须有人指挥，按照指挥者的指令驾驶。

（9）由高空作业装置上掉下来的液压油或润滑脂等沾在前挡风玻璃上时，会使视线变差，要注意清除。

Jb0004133067　高空作业中的危险点防范措施有哪些？（5分）

考核知识点：带电作业安全规定

难易度：难

标准答案：

（1）作业时必须用安全带。进入工作斗后立即把安全带钩挂在规定的位置。安全带必须牢靠地挂在安全带用扣环（安全缆绳扣环）上。

（2）发动机启动后，应用低速充分预热运转。

（3）将工作斗出入口处的升降档杆提升到固定的状态下使用。

（4）勿在工作臂或工作斗下面站人。

（5）进行气割、焊接作业时，要采取加盖等防护措施，以防焊渣、碎铁片伤及液压软管或油缸的缸杆部位以及车辆其他部位，同时防止焊接火花进入车体引起车辆火灾事故。

（6）作业前认真确认周围状况，按操作铭牌上的指示进行操作。

（7）手柄操作不要过急，否则操作者有可能从带电作业用绝缘斗臂车上的工作斗上振落。

（8）回转时要特别注意防止扶手上的手夹进斗与建筑物等的间隙里。

（9）回转和工作臂操作不要同时进行，否则有操作人员从工作斗震落的危险。

（10）两人以上作业时，为了防止因相互联络不便引起的事故，应指定指挥人、规定信号，在其指挥下进行作业。

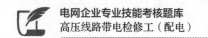
（11）夜间作业时，确认作业现场的照明，尤其是操作装置部位。为了防止误操作，应保证一定的亮度。

Jb0004133068　为防止坠落危险，绝缘斗臂车禁止哪些作业？（5分）

考核知识点：带电作业安全规定

难易度：难

标准答案：

（1）身体从工作斗探出进行作业。

（2）在扶手或踏板上进行作业。

（3）使用人字梯或脚凳进行作业。

（4）从工作斗跨越到其他建筑物上去。

（5）将工作臂当作梯子使用进行作业或移动。

（6）防止物品从工作斗上掉落，以免砸伤通行中的人或车辆。上下传递物品请使用专用的传递袋。

Jb0004133069　为防止车辆翻倒及破损、工作斗平衡装置失灵、在作业中工作斗反转等重大事故，绝缘斗臂车绝对禁止哪些作业？（5分）

考核知识点：带电作业安全规定

难易度：难

标准答案：

（1）用工作臂及工作斗的操作来推或拉电线或建筑物。

（2）用在工作臂及工作斗上固定吊钩、缆绳等方法起吊物品。

（3）工作斗内搭载超过额定载荷的货物。

（4）在工作斗内装载钢材或电线，用工作臂的操作来起吊。

（5）将车体捆绑在其他建筑物上进行作业。

Jb0004133070　绝缘斗臂车的操作禁令有哪些？（5分）

考核知识点：带电作业安全规定

难易度：难

标准答案：

（1）严禁违反说明书的有关规定进行操作，严禁车辆带故障作业。

（2）严禁水平支腿和垂直支腿不伸出（支撑）的情况下进行起重和登高作业。

（3）严禁工作斗超载和操作人员不系安全带作业。

（4）严禁在超出起重特性曲线设定的范围进行起吊作业。

（5）严禁用吊钩横向拖拉重物。

（6）严禁起重、登高同时作业。

（7）严禁在取力齿轮未脱离的状态下行驶车辆。

（8）严禁工作臂、工作斗、支腿未收至行驶状态的情况下行驶车辆。

（9）严禁车辆超载。

（10）严禁使用起重装置拔电线杆等物。

（11）严禁在放下垂直支腿后，再伸出水平支腿；或在没有收回垂直支腿的情况下收回水平支腿。

（12）严禁在没有松开起重吊钩钢丝绳的情况下，伸缩伸缩臂。

（13）禁用工作斗或臂架抬举电线、建筑用梁柱等任何重物。

（14）严禁上臂与水平夹角超过 70°±5°，工况下，强行作业。

（15）严禁在汽车挡风玻璃处松开吊钩钢丝绳。

（16）严禁在下臂未离开托架前操作转台回转。

（17）严禁在起重吊钩吊起重物的情况下，伸缩伸缩臂。

（18）严禁在回转台周围放置杂物，以防止被夹入回转机构，造成车辆损坏。

（19）严禁自行改造车辆。

Jb0004133071　绝缘斗臂车在作业过程中安全距离有哪些规定？（5分）

考核知识点： 带电作业安全规定

难易度： 难

标准答案：

10kV 绝缘斗臂车在作业过程中绝缘臂的最小绝缘长度为 1m，即绝缘臂伸出长度至少为 1m；绝缘臂下节的金属部分，在仰起回转过程中，对带电体的距离至少为 1.5m。

Jb0004133072　绝缘斗臂车的一般检测项目有哪些？（5分）

考核知识点： 带电作业工器具

难易度： 难

标准答案：

斗及斗内衬耐压及泄漏电流检测、绝缘臂的耐压及泄漏电流检测、工作斗内小吊车臂耐压检测、悬臂内绝缘拉杆耐压检测、整车耐压及泄漏电流检测、液压软管的性能检测、液压油耐压检测。

Jb0004133073　常规带电作业应在何种气象条件下进行？有何特殊规定？（5分）

考核知识点： 带电作业安全规定

难易度： 难

标准答案：

常规带电作业应在天气晴朗、风力不超过 5 级（8m/s）的干燥白天进行，同时应根据地区习惯，适当做出低温条件和湿度条件的限制。

在特殊情况下，如必须在雨、雪、雾等恶劣天气进行带电抢修时，必须对采用的作业方法进行充分论证，并采取相应的特殊安全措施，经公司总工程师批准后方可进行。

Jb0004133074　气温对带电作业安全有哪些影响？（5分）

考核知识点： 带电作业基本原理

难易度： 难

标准答案：

气温对带电作业安全的影响应从以下两个方面考虑：

（1）气温对人体素质产生的影响：气温过高或过低，特别是过低气温将直接影响到体力的发挥和操作的灵活性与准确性。由于中国幅员辽阔，气候条件差异极大，作业人员对气温的适应程度各不相同，确定带电作业极限气温要因地制宜（例如，东北地区的低温极限为 -25℃，南方地区则应考虑高温极限）。

（2）设计带电作业工具也必须考虑气温对使用荷重（如导线张力）的影响，以便能根据适当的气温条件设计出安全、轻便、适用的工具。

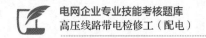
Jb0004133075 风力对带电作业安全有哪些影响？（5分）

考核知识点： 带电作业基本原理

难易度： 难

标准答案：

风力对带电作业的影响是多方面的。

（1）增加操作难度。过强的风力影响间接操作的准确性，使各种绳索难以控制；过大的风力也给杆塔上下指挥信息传递造成困难。

（2）降低安全水平。过高的风力会增加工具承受的机械荷重（指水平风压荷重），改变杆塔的净空尺寸（指导线风偏角增大）；风向和风力会改变电弧延伸方向和延伸长度；风力也会扩大爆压导电气团的影响范围；风向还会加大水冲洗的邻近冲闪效应。特别是在塔头加高、铁塔整体加高及杆塔移位工作中，过大的风力也会引发极大的危险性。在直流带电作业中，风力和风向会影响高压直流电场中的离子流密度。

（3）影响检修效果。风力直接影响水冲洗的效果，也会降低喷涂硅油的效率。因此，DL 409—1991《电业安全工作规程（电力线路部分）》中特别对风力级别做出了统一的限制（不超过5级风）。

Jb0004133076 雷电对带电作业安全有哪些影响？（5分）

考核知识点： 带电作业基本原理

难易度： 难

标准答案：

远方（20km以外）雷电活动对带电作业构成的危险，在制定安全距离时已做了充分考虑，可不必担心；但判断现场作业区附近是否发生雷电活动，仍然是保证带电作业安全的关键，因为近距离直击雷及感应雷形成过电压的幅值将远远超过制定安全距离时估计的数值，即便满足安全距离也难保不发生危险。所以，凡是作业现场可闻雷声或可见闪电，都应该密切关注雷电活动的发展趋势，判断它是否可能波及作业现场，并采取果断措施（如暂停作业）。除非能够确切判断10km半径内无雷电活动，才能继续完成作业任务。

Jb0004133077 雨、雪、雾和湿度对带电作业安全有哪些影响？（5分）

考核知识点： 带电作业基本原理

难易度： 难

标准答案：

雨水淋湿绝缘工具会增加泄漏电流并引发绝缘闪络（如绝缘杆的闪络）和烧损（如尼龙绳的熔断），造成严重的人身或设备事故。所以，不仅严禁雨天进行带电作业，而且还要求工作负责人对作业现场能否会突然出现降雨有足够的预见性，以便及时采取果断措施中断带电作业。

雾的成分主要是小水珠，对绝缘工具的影响与雨水相似，只不过绝缘受潮的速度慢一些，往往被误认为没有危险。所以，DL 409—1991《电业安全工作规程（电力线路部分）》也明文规定下雾天气禁止带电作业。

严冬降雪一般对绝缘工具的影响较小，因为一旦发现降雪是可以从容撤出绝缘工具的；初春降下的黏雪会很快融化为水，它与空气中的杂质掺和在一起，降低绝缘的效果甚至比雨水还要严重。所以，一旦作业途中突降黏雪，工作负责人应按降雨情况应急处理。

有资料表明：雨和雾也会影响高压直流电场中的离子流密度，对等电位作业人员的舒适程度造成轻微影响。

Jb0004133078　带电作业工作负责人应特殊具备哪些条件？肩负哪些安全责任？（5分）

考核知识点： 带电作业安全规定

难易度： 难

标准答案：

带电作业工作负责人除具备基本体质、素质条件外，还应具备以下特殊条件：熟悉设备状况，有一定组织能力和带电作业经验，体察工作班成员的身心状况，待人和善，不易发怒，对意外事件有一定预见能力和应对能力。

工作负责人在执行工作票的全过程中肩负以下安全责任：① 正确、安全地组织工作；② 结合工作内容进行安全思想教育；③ 督促并监护工作人员遵守安全规程；④ 判断工作票所列的安全措施是否正确完备；⑤ 作业前对工作成员妥善交代安全事项；⑥ 工作班成员的变动是否能够适应安全需求。

Jb0004133079　带电作业监护工作由何种人担任？为什么不允许监护人参加具体操作？（5分）

考核知识点： 带电作业安全规定

难易度： 难

标准答案：

一切带电作业工作均应设专人监护。通常情况下，监护人由工作负责人兼任，个别情况下也可由工作负责人指定其他有实践经验的人员担任。

带电作业的监护工作必须全神贯注、自始至终、连续不断地进行。如果监护人参加了某项具体操作，就会失去监护工作的连续性，所以不允许监护人参与具体操作。如果监护人的工作必须中断（例如，监护人临时离开现场），则工作班的所有操作行为也必须临时停止。

Jb0004133080　何谓"重合闸"？带电作业中停用重合闸措施的意义是什么？（5分）

考核知识点： 带电作业安全规定

难易度： 难

标准答案：

"重合闸"是防止系统故障扩大的继电保护装置，目的是消除瞬时故障，减少事故停电时间。例如，阵风使线路对塔材放电，断路器跳闸后，重合闸继电器在数秒内使断路器自动合闸，如果阵风消失，线路恢复正常，则重合成功，减少了一次停电；如果故障继续存在，断路器会再次跳开，重合闸将再次动作……一般最多重合 3 次后停止。

重合闸每动作一次，就有一次产生过电压的机会（断路器切断故障电流或接通空载电流都会产生过电压）。由此可知，如果停用了重合闸就可减少系统产生过电压的概率，这就相对减少了带电作业的危险性。作为提高作业安全水准的补偿措施，如果等电位作业人员已发生意外事故，停用重合闸又可防止作业人员遭受二次伤害。

Jb0004133081　带电作业停用重合闸有哪些积极作用？又会产生哪些负面影响？（5分）

考核知识点： 带电作业安全规定

难易度： 难

标准答案：

实际上，停用重合闸只起到一种后备保护作用，而且只能在带电作业由于自身差错造成的事故中起到这种作用。它的积极作用就是防止事故后果扩大化。例如，由于作业距离不足造成放电，线路跳闸经过重合，线路上再次充电势必加剧人员烧伤或其他后果。

停用重合闸并非万全的后备措施，因为它也会带来以下负面影响：① 延误线路瞬间故障的消除。

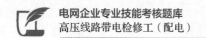
例如，由于风害、鸟害、雷害造成的瞬间故障将得不到及时处理，增加了事故次数和经济损失。② 占用了宝贵作业时间。停用线路重合闸，必须履行调度的一系列审批程序，往往会让带电作业失去最佳的作业时间。

Jb0004133082 带电作业为什么要与系统调度联系，它与停电作业许可制度有无区别？（5分）

考核知识点：带电作业安全规定

难易度：难

标准答案：

工作许可制度一般是为停电作业工作制定的。根据 DL 409—1991《电业安全工作规程（电力线路部分）》规定：填用第二种工作票的工作，不需要履行工作许可手续，但使用第二种工作票进行的带电作业，工作开始前必须向调度联系。 因此，我们可以理解为：带电作业前后履行的联系工作，不存在许可者与被许可者的关系。联系工作的真实目的在于让调度员掌握系统中何时、何地、何设备、何班组正在进行带电作业，以便调度员处理系统异常情况时能够尽可能地照顾带电作业人员的安全（如线路事故跳闸后是否进行强送电）。

Jb0004133083 绝缘工具作业法断引流线如何进行？ （5分）

考核知识点：带电作业方法

难易度：难

标准答案：

作业步骤如下：

（1）全体作业人员列队宣读工作票。

（2）拉开引流线后端线路开关或变压器高压侧的跌开式熔断器，使所断引流线无负荷。

（3）登杆电工检查登杆工具和绝缘防护用具；穿戴上绝缘靴、绝缘手套、绝缘安全帽及其他绝缘防护用具。

（4）登杆电工携带绝缘传递绳登杆至适当位置，并系好安全带。

（5）地面电工使用绝缘传递绳将绝缘操作杆和绝缘遮蔽用具分别传至杆上。杆上电工应用绝缘操作杆由近及远对邻近的带电部件安装绝缘遮蔽罩。

（6）地面电工使用绝缘传递绳将绝缘锁杆传给杆上电工。由杆上 1 号电工用绝缘锁杆锁住靠近线路一端的引流线。

（7）断开引流线可用以下几种方法：

1）缠绕法。地面电工将扎线剪及三齿扒传至杆上，由杆上 2 号电工将引下线与线路主线连接的绑扎线拆开并剪断。

2）并沟线夹法。地面电工将并沟线夹装拆杆及绝缘套筒扳手传至杆上，由杆上 2 号电工用并沟线夹装拆杆夹住并沟线夹。然后，交由杆上 1 号电工稳住并沟线夹装拆杆，杆上 2 号电工用绝缘套筒扳手拆卸并沟线夹。

3）引流线夹法。地面电工将引流线夹操作杆传至杆上，由杆上 2 号电工用引流线夹操作杆拆卸引流线夹，使引流线夹脱离主导线。

（8）杆上 1 号电工用绝缘锁杆锁住引流线徐徐放下，杆上 2 号电工将放下的引流线固定在横担或电杆上，防止其摆动或影响作业。

（9）拆除引流线的另一端，并放下引流线至地面。

（10）应用上述同样方法可拆除另两相的引流线。

（11）由远到近地逐步拆除绝缘遮蔽装置，并一一放置地面。

（12）检查完毕后，杆上电工返回地面。

Jb0004133084　绝缘杆作业法（间接作业）断引流线时有哪些安全注意事项？（5分）

考核知识点： 带电作业安全规定

难易度： 难

标准答案：

（1）严禁带负荷断引流线。

（2）作业时，作业人员对相邻带电体的间隙距离、作业工具的最小有效绝缘长度应满足《国家电网公司电力安全工作规程（配电部分）（试行）》、GB/T 18857—2019《配电线路带电作业技术导则》的要求。

（3）作业人员应通过绝缘操作杆对人体可能触及的区域的所有带电体进行绝缘遮蔽。

（4）断引流线应首先从边相开始，一相作业完成后，应迅速对其进行绝缘遮蔽，然后再对另一相开展作业。

（5）作业时应穿戴齐备安全防护用具。

（6）申请停用重合闸。

Jb0004133085　绝缘工具作业法接引流线如何进行？（5分）

考核知识点： 带电作业方法

难易度： 难

标准答案：

作业步骤如下：

（1）全体作业人员列队宣读工作票。

（2）拉开引流线后端线路开关或变压器高压侧的跌开式熔断器，使所接引流线无负荷。

（3）登杆电工检查登杆工具和绝缘防护用具；穿戴上绝缘靴、绝缘手套、绝缘安全帽及其他绝缘防护用具。

（4）登杆电工携带绝缘传递绳登杆至适当位置，并系好安全带。

（5）地面电工使用绝缘传递绳将绝缘操作杆和绝缘遮蔽用具分别传至杆上，杆上电工利用绝缘操作杆由近及远对邻近的带电部件安装绝缘遮蔽罩。

（6）杆上两电工相互配合利用绝缘杆（绳）测量所接引线的长度，并由地面电工按测量长度做好引流线。

（7）地面电工将做好的引流线用绝缘传递绳传至杆上，再将绝缘锁杆传至杆上。

（8）杆上电工可直接接好无电端的引流线（三相引流线可分别连接好，并固定在合适位置以避免摆动）。

（9）带电端引流线的连接可采用以下几种方法：

1）在裸导线上接引流线。

a. 并沟线夹法。地面电工将并沟线夹及装拆杆传至杆上，杆上1号电工用绝缘锁杆锁住引流线的另一端，送到带电导线接引位置并固定好，杆上2号电工用并沟线夹装拆杆作业，将并沟线夹安装在线路导线及引流线上，并沟线夹的一槽卡住导线，一槽卡住引流线。地面电工将套筒扳手操作杆传至杆上，由杆上1号电工拧紧并沟线夹各螺栓。

b. 引流线夹法。地面电工将引流线夹操作杆传至杆上，杆上1号电工用绝缘锁杆锁住引流线的另一端，送到带电导线接引位置，杆上2号电工用引流线夹操作杆将引流线夹挂在带电导线上，并拧紧螺栓，使引流线夹与导线紧密固定。

c. 绕法。地面电工：将绑扎线缠绕在绕线器上并注意保证扎线的长度，再传给杆上2号电工。杆上1号电工用绝缘锁杆锁住引流线的另一端，送到带电导线接引位置，杆上2号电工安装绕线器并进行缠绕，直到缠绕长度符合要求为止，地面电工将扎线剪传给杆上，由杆上电工剪掉多余的绑扎线，并放下绕线器。

2）在绝缘线上接引流线。

a. 绝缘线刺穿线夹法。地面电工将绝缘线刺穿线夹及装拆杆传至杆上电工，杆上1号电工用绝缘锁杆锁住引流线的另一端，送到带电绝缘导线接引位置并固定好；杆上2号电工用绝缘线刺穿线夹装拆杆作业，将绝缘线刺穿线夹安装在绝缘线路导线及引流线上。绝缘线刺穿线夹的一个槽卡住绝缘导线，另一槽卡住绝缘引流线。地面电工将绝缘扳手（或套筒扳手）操作杆传给杆上电工，由杆上2号电工拧紧刺穿线夹的上螺母连接处至断裂为止。

b. 缠绕法。杆上1号电工在需接引流线处确定位置和尺寸，用端部装有绝缘线削皮刀的操作杆沿绝缘线径向绕导线切割，切割时注意不要伤及导线。然后在相距220~250mm的两个径向切割处间纵向削导线绝缘皮，注意不要伤及导线。待绝缘皮削去后，用绝缘杆将已缠绕好绑扎线的引流线的另一端（端头已削去绝缘皮）送到已削去绝缘皮的带电导线引流线位置，杆上2号电工安装绕线器并进行缠绕。应注意70mm及以上的导线缠绕长度为200mm，地面电工将3M胶带传给杆上电工，由杆上电工对裸露部分进行缠绕包扎，以防雨水进入绝缘线内。

应注意，拧紧绝缘线刺穿线夹时一定要拧上边的螺母，待上下螺母间的连接处断裂后，证明刺穿线夹已将绝缘皮刺穿并与导线接触良好。此时不应再拧紧螺母，以免刺伤导线。引流线夹法与并沟线夹法也可用在绝缘线上，绝缘线去外皮方式等与缠绕法中所述相同。

（10）调正引流线，使之符合安全距离要求。

（11）应用上述同样方法可连接另两相的引流线。

（12）由远到近地逐步拆除绝缘遮蔽装置，并一一放置地面。

（13）检查完毕后，将作业工具带回地面，杆上电工返回地面。

安全注意事项如下：

（1）严禁带负荷接引流线，接引流线前应检查并确定所接分支线路或配电变压器绝缘良好无误，相位正确无误，线路上确无人工作。

（2）作业时，作业人员对相邻带电体的间隙距离、作业工具的最小有效绝缘长度应满足《国家电网公司电力安全工作规程（配电部分）（试行）》的要求。

（3）作业人员应通过绝缘操作杆对作业范围内的所有带电体进行绝缘遮蔽。

（4）接引线应首先从边相开始，一相作业完成后，应迅速对其进行绝缘遮蔽，然后再对另一相开展作业。

（5）作业时，杆上电工应穿绝缘鞋，戴绝缘手套、绝缘袖套、绝缘安全帽等安全防护用具。

（6）申请停用重合闸。

（7）接引流线时，如采用缠绕法，其扎线材质应与被接导线相同，直径应适宜。

Jb0004133086 绝缘工具作业法更换边相针式绝缘子如何进行？（5分）

考核知识点：带电作业方法

难易度：难

标准答案：

作业步骤如下：

（1）全体作业人员列队宣读工作票。

（2）登杆电工检查登杆工具和绝缘防护用具；穿戴上绝缘靴、绝缘手套、绝缘安全帽及其他绝缘防护用具。

（3）登杆电工携带绝缘传递绳登杆至适当位置，并系好安全带。

（4）地面电工使用绝缘传递绳，将绝缘操作杆、横担遮蔽罩、导线遮蔽罩、针式绝缘子遮蔽罩逐次传给杆上电工。

（5）杆上电工按照从近至远、从大到小的原则分别对作业范围内的所有带电部件进行遮蔽，先将导线遮蔽罩，再将针式绝缘子遮蔽罩安装到带电导线和绝缘子上。

（6）地面电工将绝缘隔板传至杆上电工，杆上电工用绝缘隔板操作杆将绝缘隔板安装在中相针式绝缘子根部。

（7）地面电工将多功能绝缘抱杆传至杆上电工，杆上电工在适当的位置将其安装在电杆上。抱杆横担接触且支撑住导线。

（8）地面电工将扎线剪及三齿扒传给杆上电工，杆上电工用三齿扒解开扎线，再用扎线剪剪断扎线。

（9）杆上电工摇升多功能抱杆丝杠及抱杆横担辅助丝杠，使导线徐徐上升，距离针式绝缘子上端约0.4m。

（10）杆上电工拆卸中相需更换的绝缘子。

（11）地面电工在新绝缘子上绑好扎线，再传给杆上电工，杆上电工装上新绝缘子。

（12）杆上电工摇降多功能抱杆丝杠，使导线徐徐降下至针式绝缘子线槽内。

（13）杆上电工用三齿扒在导线上绑好扎线，用扎线剪剪去多余扎线。

（14）杆上电工拆除多功能抱杆，并用绝缘操作杆由远至近逐次拆除绝缘隔板、针式绝缘子遮蔽罩、导线遮蔽罩，并一一放置地面。

（15）检查完毕后，将作业工具返回地面，杆上电工返回地面。

安全注意事项如下：

（1）作业时，作业人员对相邻带电体的间隙距离，作业工具的最小有效绝缘长度应满足 DL 409—1991《电业安全工作规程（电力线路部分）》的要求。

（2）作业人员应通过绝缘操作杆对作业范围内的所有带电体进行绝缘遮蔽。

（3）作业时，杆上电工应穿绝缘鞋，戴绝缘手套、绝缘袖套、绝缘安全帽等安全防护用具。

（4）申请停用重合闸。

（5）拆开绑扎绝缘子与导线的扎线时，必须注意扎线线头不能太长，以免接触接地体。

（6）导线的拉起及放下的速度应均匀而缓慢。

Jb0004133087　绝缘工具作业法更换三角排列中相针式绝缘子如何进行？（5分）

考核知识点： 带电作业方法

难易度： 难

标准答案：

作业步骤如下：

（1）全体作业人员列队宣读工作票。

（2）登杆电工检查登杆工具和绝缘防护用具；穿戴上绝缘靴、绝缘手套、绝缘安全帽及其他绝缘防护用具。

（3）登杆电工携带绝缘传递绳登杆至适当位置，并系好安全罩、导线遮蔽罩、针式绝缘子遮蔽罩逐次传给杆上电工。

（4）杆上电工按照从近至远、从大到小的原则逐次对作业范围内的所有带电部件进行遮蔽，分别将导线遮蔽罩和针式绝缘子遮蔽罩安装到导线和绝缘子上。

（5）地面电工将横担遮蔽罩传至杆上电工，杆上电工将横担遮蔽罩安装在作业相的横担上。

（6）地面电工将多功能绝缘抱杆传至杆上电工，杆上电工在适当的位置将其安装在杆上。抱杆横担接触且支撑住导线。

（7）地面电工将扎线剪及三齿扒传给杆上电工，杆上电工用三齿扒解开扎线，再用扎线剪剪断扎线。

（8）杆上电工摇升多功能抱杆丝杠及抱杆横担辅助丝杠，使导线距离针式绝缘子上端约 0.4m。

（9）杆上电工拆卸需更换的绝缘子。

（10）地面电工在新绝缘子上绑好扎线，再传给杆上电工，杆上电工装上新绝缘子。

（11）杆上电工摇降多功能抱杆丝杠，使导线徐徐降下至针式绝缘子线槽内。

（12）杆上电工用三齿扒在导线上绑好扎线，用扎线剪剪去多余扎线。

（13）杆上电工拆除多功能抱杆，并用绝缘操作杆由远至近逐次拆除横担遮蔽罩、针式绝缘子遮蔽罩、导线遮蔽罩，并一一放置地面。

（14）检查完毕后，将作业工具传回地面，杆上电工返回地面。

安全注意事项如下：

（1）作业时，作业人员对相邻带电体的间隙距离、作业工具的最小有效绝缘长度应满足《国家电网公司电力安全工作规程（配电部分）（试行）》的要求。

（2）作业人员应通过绝缘操作杆对作业范围内的所有带电体进行绝缘遮蔽。

（3）作业时，杆上电工应穿绝缘鞋，戴绝缘手套、绝缘袖套、绝缘安全帽等安全防护用具。

（4）申请停用重合闸。

（5）拆开绑扎绝缘子与导线的扎线时，必须注意扎线线头不能太长，以免接触接地体。

（6）导线的拉起及放下的速度应均匀而缓慢。

Jb0004133088　绝缘工具作业法带电无负荷更换跌落式熔断器如何进行？（5分）

考核知识点：带电作业方法

难易度：难

标准答案：

作业步骤如下：

（1）全体作业人员列队宣读工作票，讲解作业方案，布置任务和分工。

（2）地面电工用拉闸杆断开作业现场的三相跌开式熔断器，取下纸箔管。经验电确认变压器低压侧已经停电。

（3）全体作业人员配合，在适当的位置竖立好人字绝缘梯，并验证稳定性能良好，若不采用绝缘梯，也可采用绝缘斗臂车作为作业平台。

（4）杆上电工和梯上电工检查作业工具和绝缘防护用具；穿上绝缘靴，戴上绝缘手套、绝缘安全帽及其他绝缘防护用具。

（5）登杆电工携带绝缘传递绳登杆至适当位置，并系好安全带。

（6）梯上电工检查人字梯确认其稳定性后，方可携带绝缘传递绳登梯，并系好安全带。

（7）地面电工使用绝缘传递绳将绝缘隔板传给杆上电工，并安装在横担上，以起到相间隔离的作用。

（8）地面电工使用绝缘传递绳将绝缘操作杆和绝缘遮蔽用具分别传给杆上电工和梯上电工。杆上电工和梯上电工用绝缘操作杆按照从近至远的原则对作业范围内的所有带电部件安装遮蔽罩。

（9）地面电工将绝缘锁杆传至杆上电工，杆上电工用其锁住跌开式熔断器上桩头的高压引下线。

（10）地面电工将棘轮扳手操作杆传至梯上电工，梯上电工用棘轮扳手操作杆拆除跌开式熔断。

（11）杆上电工用绝缘锁杆将高压引线挑至离跌开式熔断器大于 0.4m 的位置，并扶持固定。若受杆上设备布置的限制而不能确保这一距离时，应对高压引线进行遮蔽和隔离。

（12）经检查确认被更换跌开式熔断器距周围带电体的安全距离满足 DL 409—1991《电业安全工作规程（电力线路部分）》的要求，且做好了与相邻相的各种绝缘隔离和遮蔽措施后，经工作负责人的监护和许可，梯上电工手戴绝缘手套，拆除跌开式熔断器下桩头引流线及跌开式熔断器。然后，安装新跌开式熔断器及下桩头引流线。

（13）杆上电工用绝缘锁杆将高压引线送至跌开式熔断器上桩头；梯上电工用棘轮扳手操作杆拧紧跌开式熔断器上桩头螺母。

（14）杆上电工拆除绝缘锁杆，并调整高压引线，使尺寸符合安全距离要求且美观。

（15）杆上电工和梯上电工拆除绝缘隔板和各种遮蔽用具，并返回地面。

（16）地面电工用拉闸杆合上跌开式熔断器，经工作负责人许可，确认设备正常后，合闸送电。

（17）拆除绝缘梯，清理现场。

安全注意事项如下：

（1）检查并确认设备低压侧应无负荷。

（2）在被作业的跌开式熔断器与其他带电体之间应安装隔离和遮蔽装置。

（3）作业时，作业人员与相邻带电体的间隙距离、作业工具的最小有效绝缘长度均应满足《国家电网公司电力安全工作规程（配电部分）（试行）》的要求。

（4）作业人员在拆除旧跌开式熔断器及安装新跌开式熔断器时，应始终戴绝缘手套，上桩头高压引线拆下后应在作业人员最大触及范围之外。

（5）申请停用重合闸。

Jb0004133089　绝缘工具作业法更换避雷器如何进行？（5分）

考核知识点：带电作业方法

难易度：难

标准答案：

作业步骤如下：

（1）全体作业人员列队宣读工作票，讲解作业方案，布置任务和分工。

（2）全体作业人员配合，在适当的位置竖立好人字绝缘梯，并验证稳定性能良好，若不采用绝缘梯，也可采用绝缘斗臂车作为作业平台。

（3）杆上电工和梯上电工检查作业工具和绝缘防护用具；穿戴上绝缘靴、绝缘手套、绝缘安全帽及其他绝缘防护用具。

（4）登杆电工携带绝缘传递绳登杆至适当位置，并系好安全带。

（5）梯上电工检查人字梯确认其稳定性后，方可携带绝缘传递绳登梯，并系好安全带。

（6）地面电工使用绝缘传递绳将绝缘隔板传给杆上电工，并安装在横担上，以起到相间隔离的作用。

（7）地面电工使用绝缘传递绳，将绝缘操作杆和绝缘遮蔽用具分别传给杆上电工和梯上电工。杆上电工和梯上电工用绝缘操作杆按照从近至远的原则对作业范围内的所有带电部件安装遮蔽罩。

（8）地面电工将绝缘锁杆传至杆上电工，杆上电工用其锁住避雷器上桩头的高压引下线。

（9）地面电工将棘轮扳手操作杆传至梯上电工，梯上电工用棘轮扳手操作杆拆除避雷器上桩头接线螺栓。

（10）杆上电工用绝缘锁杆将高压引线挑至离避雷器大于 0.4m 的位置，并扶持固定。若受杆上设备布置的限制而不能确保这一距离时，应对高压引线进行遮蔽和隔离。

（11）经检查确认被更换避雷器距周围带电体的安全距离满足《国家电网公司电力安全工作规程（配电部分）（试行）》的要求，且做好了与相邻相的各种绝缘隔离和遮蔽措施后，经工作专责人的监护和许可，梯上电工手戴绝缘手套，拆除避雷器下桩头接地线及旧避雷器。然后，安装新避雷器及下桩头接地线。

（12）杆上电工用绝缘锁杆将高压引线送至避雷器上桩头；梯上电工用棘轮扳手操作杆拧紧避雷器上桩头螺母。

（13）杆上电工拆除绝缘锁杆，并调整高压引线，使尺寸符合安全距离要求且美观。

（14）杆上电工和梯上电工拆除绝缘隔板和各种遮蔽用具，并返回地面。

（15）拆除绝缘梯，清理现场。

安全注意事项如下：

（1）在被作业的避雷器与其他带电体之间应安装隔离和遮蔽装置。

（2）作业时，作业人员与相邻带电体的间隙距离、作业工具的最小有效绝缘长度均应满足DL 409—1991《电业安全工作规程（电力线路部分）》的要求。

（3）作业人员在拆除旧避雷器及安装新避雷器时，应始终戴绝缘手套，上桩头高压引线拆下后应在作业人员最大触及范围之外。

Jb0004133090 绝缘手套作业法更换针式绝缘子如何进行？（5分）

考核知识点： 带电作业方法

难易度： 难

标准答案：

作业步骤如下：

（1）全体作业人员列队宣读工作票，讲解作业方案、布置任务、进行分工。

（2）将绝缘斗臂车定位于最适于作业的位置，打好接地桩，连上接地线。

（3）注意避开邻近的高、低压线路及各类障碍物，选定绝缘斗臂车的升起方向和路径。

（4）在绝缘斗臂车和工具摆放位置四周围装设上安全护栏和作业标志。

（5）斗中电工检查绝缘防护用具，穿戴上绝缘靴、绝缘手套、绝缘安全帽、绝缘服（披肩）等全套绝缘防护用具。

（6）斗中电工携带作业工具和遮蔽用具进入工作斗，工具和遮蔽用具应分类放置在斗中和工具袋中，作业人员要系好安全带。

（7）在工作斗上升途中，对可能触及范围内的低压带电部件也需进行绝缘遮蔽。

（8）工作斗定位于便于作业的位置后，首先对离身体最近的边相导线安装导线遮蔽罩，套入的遮蔽罩的开口要翻向下方，并拉到靠近绝缘子的边缘处，用绝缘夹夹紧以防脱落。

（9）绝缘子两端边相导线遮蔽完成后，采用绝缘子遮蔽罩对边相绝缘子进行绝缘遮蔽，要注意导线遮蔽罩与绝缘子遮蔽罩有15cm的重叠部分，必要时用绝缘夹夹紧以防脱落。

（10）按照从近至远、从大到小、从低到高的原则，采用以上同样遮蔽方式，分别对在作业范围内的所有带电部件进行遮蔽。若是更换中相绝缘子，则三相带电体均必须完全遮蔽。

（11）采用横担遮蔽用具对横担进行遮蔽，若是更换三角排列的中相针式绝缘子，还应对电杆顶部进行绝缘遮蔽，若杆塔有拉线且在作业范围内，还应对拉线进行绝缘遮蔽。

（12）遮蔽作业完成后可采用多种方式更换绝缘子。

1）小吊臂作业法。① 用斗臂车上小吊臂的吊带轻吊托起导线。② 取下欲更换绝缘子的遮蔽罩。③ 解开绝缘子绑扎线。在解绑扎线的过程中要注意边解边卷。一要防止绑扎线展延过长接触其他物体；二要防止绑扎线端部扎破绝缘手套。④ 绑线解除后，将导线吊起离绝缘子顶部大于0.4m。⑤ 更换绝缘子。⑥ 绝缘小吊臂使导线缓缓下至绝缘子槽内。⑦ 绑上扎线（注意扎线应捆成圈，边扎边解），剪去多余扎线。⑧ 对已完成作业相恢复绝缘遮蔽。

2）遮蔽罩作业法。① 取下欲更换绝缘子的遮蔽罩。② 解开绝缘子绑扎线，解开绑线时要注意保持导线在线槽内。③ 将两端导线遮蔽罩拉在一起，接缝处应重叠 15cm 以上。④ 将导线遮蔽罩开口朝上，并注意使接缝处避开横担。⑤ 通过导线遮蔽罩和横担遮蔽罩双层隔离，将导线放到横担上。⑥ 更换绝缘子。⑦ 抬起导线，挪开导线遮蔽罩，将导线放至绝缘子槽内，转动导线遮蔽罩使开口朝向下方。⑧ 绑上扎线（注意扎线应捆成圈，边扎边解），剪去多余扎线。

（13）重复应用以上方法更换其他相绝缘子。

（14）全部作业完成后，由远至近依次拆除横担遮蔽罩、绝缘子遮蔽罩、导线遮蔽罩等。

（15）检查完毕后，移动工作斗至低压带电导线附近，拆除低压带电部件上的遮蔽罩。

（16）工作斗返回地面，清理工具和现场。

安全注意事项如下：

（1）斗中电工应穿绝缘服，戴绝缘手套、绝缘安全帽等安全防护用具。

（2）一相作业完成后，应迅速对其恢复和保持绝缘遮蔽，然后再对另一相开展作业。

（3）申请停用重合闸。

（4）绝缘手套外应套防刺穿手套。

Jb0004133091　绝缘手套作业法修补导线如何进行？（5分）

考核知识点：带电作业方法

难易度：难

标准答案：

作业步骤如下：

（1）全体作业人员列队宣读工作票，讲解作业方案、布置任务、进行分工。

（2）根据杆上电气设备布置，将绝缘斗臂车定位于最适于作业的位置，打好接地桩，连上接地线。

（3）注意避开邻近的高、低压线路及各类障碍物，选定绝缘斗臂车的升起方向和路径。

（4）在绝缘斗臂车和工具摆放位置四周围上安全护栏和作业标志。

（5）斗中电工检查绝缘防护用具，穿戴上绝缘靴、绝缘手套、绝缘安全帽、绝缘服（披肩）等全套绝缘防护用具。

（6）斗中电工携带作业工具和遮蔽用具进入工作斗，工具和遮蔽用具应分类放置在斗中和工具袋中，作业人员要系好安全带。

（7）在工作斗上升途中，对可能触及范围内的低压带电部件也需进行绝缘遮蔽。

（8）工作斗定位于便于作业的位置后，首先对离身体最近的边相导线安装导线遮蔽罩，套入的遮蔽罩的开口要翻向下方，并拉到靠近绝缘子的边缘处，用绝缘夹夹紧以防脱落。

（9）按照从近至远、从大到小、从低到高的原则，采用以上遮蔽方法，分别对作业范围内的带电体进行遮蔽。若是修补中相导线，则三相带电体全部遮蔽。若修补位置临近杆塔或构架，还必须对作业范围内的接地构件进行遮蔽。

（10）移开欲修补位置的导线遮蔽罩，尽量小范围地露出带电导线，检查损坏情况。

（11）用扎线或预绞丝或钳压补修管等材料修补导线，注意绝缘手套外应套有防刺穿的防护手套。

（12）一处修补完毕后，应迅速恢复绝缘遮蔽，然后进行另一处作业。

（13）全部修补完毕后，由远至近拆除导线遮蔽罩和其他遮蔽装置。

（14）检查完毕后，移动工作斗至低压带电导线附近，拆除低压带电部件上的遮蔽罩。

（15）工作斗返回地面，清理工具和现场。

安全注意事项如下：

（1）斗中电工应穿绝缘鞋，戴绝缘手套、绝缘袖套、绝缘安全帽等安全防护用具。

（2）一相作业完成后，应迅速对其恢复和保持绝缘遮蔽，然后再对另一相开展作业。

（3）申请停用重合闸。

（4）绝缘手套外应套防刺穿手套。

Jb0004133092　绝缘手套作业法带电更换 10kV 线路直线杆应如何进行？（5 分）

考核知识点：带电作业方法

难易度：难

标准答案：

作业步骤如下：

（1）全体工作人员列队宣读工作票，工作负责人讲解作业方案、布置工作任务、进行具体分工。

（2）工作负责人检查两侧导线。

（3）绝缘斗臂车进入工作现场，定位于最佳工作位置并装好接地线，选定工作斗的升降方向，注意避开附近高低压线及障碍物。

（4）布置工作现场，在绝缘斗臂车和工具摆放位置四周围上安全护栏和作业标志。

（5）斗中电工及杆上电工检查绝缘防护用具，穿戴上绝缘靴、绝缘服（披肩）、绝缘安全帽和绝缘手套等全套绝缘防护用具，地面电工检查、摇测绝缘作业工具。

（6）斗中电工携带绝缘作业工具和遮蔽用具进入工作斗，工具和遮蔽用具应分类放在斗中和工具袋中，作业人员要系好安全带。

（7）在工作斗上升过程中，对可能触及范围内的高、低压带电部件需进行绝缘遮蔽。

（8）工作斗定位在合适的工作位置后，首先对离身体最近的边相导线安装导线遮蔽罩，套入的导线遮蔽罩的开口要向下方，并拉到靠近绝缘子的边缘处，用绝缘夹夹紧防止脱落。

（9）按照由近至远、从大到小、从低到高的原则，采用以上同样遮蔽方式，分别对三相导线、横担、绝缘子及连接构件进行遮蔽。

（10）杆上电工登杆至工作位置，系好安全带。地面电工将绝缘操作平台用滑车吊至工作位置。

（11）斗内电工和杆上电工相互配合，将绝缘操作平台固定好。杆上电工由杆上转移至绝缘操作平台上，并系好安全带。

（12）地面电工将绝缘横担吊至工作位置，斗内电工和绝缘操作平台上电工相互配合，将绝缘横担固定在杆上。

（13）拆除边相导线绝缘子绝缘毯，将边相导线绑线拆除，绝缘操作平台上电工小心地将边相导线移至绝缘横担上固定好，并对固定处用绝缘毯再次进行绝缘遮蔽。

（14）依照以上方法，分别将另两相导线移至绝缘横担上，并迅速恢复绝缘遮蔽。

（15）绝缘操作平台上电工装好绝缘横担的绝缘起吊绳，一台起重吊车进入工作现场，适度地吊住绝缘起吊绳，并保持与带电体足够的安全距离。同时，绝缘操作平台上电工拆除绝缘横担的固定装置，吊车慢慢地将绝缘横担和三相导线吊至 0.4m 以上的合适的高度。

（16）斗内电工拆除线杆上的所有绝缘遮蔽用具，杆上电工回到地面。

（17）地面电工 1 人登杆至合适位置，绑好直线杆的起吊绳。

（18）另一台起重吊车进入工作位置，将线杆吊出，放倒至地面。同时，地面电工装好新的线杆上的横担、绝缘子等设备，并装好横担遮蔽罩和绝缘子遮蔽罩。

（19）起重吊车将新的线杆吊至该位置固定好。

（20）起重吊车配合工作斗内电工，将三相导线落至线杆上合适位置。

（21）工作斗内电工移开中相导线遮蔽罩，将中相导线固定在线杆中相绝缘子上，导线固定好后，将绝缘子和中相导线恢复绝缘遮蔽。

（22）按照上述方法，分别将另两相导线固定在线杆上。

（23）斗内电工由远及近依次拆除绝缘构件遮蔽罩、绝缘子遮蔽罩、导线遮蔽罩等所有绝缘遮蔽用具。

（24）工作斗内电工和杆上电工返回地面，清理施工现场工作负责人全面检查工作完成情况。

安全注意事项如下：

（1）工作斗中电工应穿绝缘鞋、戴绝缘手套、袖套、绝缘安全帽等安全防护用具。

（2）绝缘横担两端上应绑有绝缘绳，由地面电工控制，防止起吊和回落时，绝缘横担发生摆动。

（3）一相作业完成后，应迅速对其恢复和保持绝缘遮蔽，然后再对另一相开展作业。

（4）申请停用重合闸。

（5）对不规则带电部件和接地构件可采用绝缘毯进行遮蔽，但要注意夹紧固定，两相邻绝缘毯间应有重叠部分。

（6）拆除绝缘遮蔽用具时，应保持身体与被遮蔽物有足够的安全距离。

Jb0004133093　绝缘手套作业法带电断接引线如何进行？（5分）

考核知识点：带电作业方法

难易度：难

标准答案：

作业步骤如下：

（1）断引流线。

1）全体工作人员列队宣读工作票，工作负责人讲解作业方案、布置工作任务、进行具体分工。

2）拉开引流线后端线路断路器或变压器高压侧的跌开式熔断器，使所断引流线无负荷。

3）绝缘斗臂车进入工作现场，定位于最佳工作位置并装好接地线，选定工作斗的升降方向。

4）布置工作现场，在绝缘斗臂车和工具摆放位置四周围上安全护栏和作业标志。

5）斗内电工检查绝缘防护用具，穿戴上绝缘靴、绝缘服（披肩）、绝缘安全帽和绝缘手套等全套绝缘防护用具，同时，地面电工检查、摇测绝缘作业工具。

6）斗内电工携带作业工具和遮蔽用具进入工作斗，工具和遮蔽用具应分类放在斗中和工具袋中，作业人员要系好安全带。

7）在工作斗上升过程中，对可能触及范围内的高、低压带电部件需进行绝缘遮蔽。

8）工作斗定位在合适的工作位置后，首先对离身体最近的边相导线安装导线遮蔽罩，套入的导线遮蔽罩的开口要向下方，并拉到靠近绝缘子的边缘处，用绝缘夹夹紧防止脱落。

9）按照由近至远、从大到小、从低到高的原则，采用以上同样遮蔽方式，分别对三相导线、三相引线、横担、绝缘子及连接构件进行遮蔽。

10）工作斗内电工拆开边相引线的遮蔽用具，利用断线钳将边相引线钳断，并将断头固定好，然后迅速恢复被拆除的绝缘遮蔽。

11）采用上述方法，对中相引线和另一边相引线进行拆断，并恢复绝缘遮蔽。

12）由远至近地逐步拆除绝缘遮蔽罩，检查完毕后，工作斗内电工返回地面。

（2）接引流线（加装跌开式熔断器）。

1）拉开引流线后端线路断路器使所断引流线无负荷。

2）地面一电工登杆至工作位置，系好安全带。地面另一电工利用绝缘绳和绝缘滑车分别将跌开式熔断器及其连接固定机构传递给斗内电工。

3）斗内电工和杆上电工相互配合，将跌开式熔断器及其连接固定机构安装在规定位置，分别断开三相跌开式熔断器，并接好跌开式熔断器下桩头的三相引线，然后杆上电工回到地面。

4）斗内电工拆开边相导线上的遮蔽罩，安装边相跌开式熔断器上桩头引线。安装完好后，恢复被拆除的遮蔽用具。

5）依照以上方法，分别安装好中相引线和另一边相引线，检查确认安装完好后，斗内电工按由远及近、由上到下的顺序依次拆除绝缘横担遮蔽罩、引线遮蔽罩、绝缘子遮蔽罩、导线遮蔽罩等所有绝缘遮蔽用具，并返回地面。

6）地面电工用拉闸杆装上跌落熔管，经工作负责人许可，确认设备正常后合闸送电。

7）清理施工现场。

安全注意事项如下：

（1）斗内电工应穿绝缘鞋，戴绝缘手套、袖套、绝缘安全帽等安全防护用具。

（2）一相作业完成后，应迅速对其恢复和保持绝缘遮蔽，然后再对另一相开展作业。

（3）申请停用重合闸。

（4）对不规则带电部件和接地构件可采用绝缘毯进行遮蔽，但要注意夹紧固定，两相邻绝缘毯间应有重叠部分。

（5）拆除绝缘遮蔽用具时，应保持身体与被遮蔽物有足够的安全距离。

Jb0004133094　绝缘手套作业法带负荷更换跌开式熔断器如何进行？（5分）

考核知识点： 带电作业方法

难易度： 难

标准答案：

作业步骤如下：

（1）全体作业人员列队宣读工作票，讲解作业方案、布置任务、进行分工。

（2）根据杆上电气设备布置和作业项目，将绝缘斗臂车定位于最适于作业的位置，打好接地桩，连上接地线。

（3）注意避开邻近的高、低压线路及各类障碍物，选定绝缘斗臂车的升起方向和路径。

（4）在绝缘斗臂车和工具摆放位置四周围上安全护栏和作业标志。

（5）斗中电工检查绝缘防护用具，穿戴上绝缘靴、绝缘手套、绝缘安全帽、绝缘服（披肩）等全套绝缘防护用具。

（6）斗中电工携带作业工具和遮蔽用具进入工作斗，工具和遮蔽用具应分类放置在斗中和工具袋中，作业人员要系好安全带。

（7）在工作斗上升途中，对可能触及范围内的低压带电部件也需进行绝缘遮蔽。

（8）工作斗定位于便于作业的位置后，安装三相带电体之间的绝缘隔板。

（9）首先对离身体最近的边相导线安装导线遮蔽罩，套入的遮蔽罩的开口要翻向下方，并拉到靠近带电部件的边缘处，用绝缘夹夹紧以防脱落。

（10）对三相引线，跌开式熔断器及工作范围内的所有带电部件等进行绝缘遮蔽。

（11）采用横担遮蔽用具或绝缘毯对横担及其他接地构件进行绝缘遮蔽，并注意接缝处应有适当的重叠部分。

（12）最小范围地移开导线遮蔽罩，采用绝缘引流线短接跌开式熔断器及两端引线；绝缘引流线和两端线夹的载流容量应满足 1.2 倍最大电流的要求。其绝缘层应通过工频 30kV（1min）的耐压试验。组装旁路引流线的导线处应清除氧化层，且线夹接触应牢固可靠。

（13）在绝缘引流线的一端连接完毕后，另一端应注意与其他相带电线和接地物件保持安全距离，在端部线夹处应进行绝缘遮蔽。

（14）两端连接完毕且遮蔽完好后，应采用钳式电流表检查旁路引流线通流情况正常。

（15）分别拆下跌开式熔断器的引线，再撤除旧跌开式熔断器。

（16）装上新跌开式熔断器及两端引线，用钳式电流表检查引线通流情况正常后，恢复绝缘遮蔽。

（17）拆除绝缘引流线。

（18）检查设备正常工作后，由远至近依次撤除导线遮蔽罩、引线遮蔽罩、跌开式熔断器遮蔽罩、接地构件遮蔽罩、绝缘隔板等，撤除时注意身体与带电部件保持安全距离。

（19）工作完毕后返回地面，清理工具和现场。

安全注意事项如下：

（1）斗中电工应穿绝缘鞋，戴绝缘手套、袖套、绝缘安全帽等安全防护用具。

（2）一相作业完成后，应迅速对其恢复和保持绝缘遮蔽，然后再对另一相开展作业。

（3）申请停用重合闸。

（4）绝缘手套外应套防刺穿手套。

（5）对不规则带电部件和接地构件可采用绝缘毯进行遮蔽，但要注意夹紧固定。

（6）组装旁路引流线的导线处应清除氧化层，且线夹接触应牢固可靠。

Jb0004133095　绝缘手套作业法更换避雷器如何进行？（5分）

考核知识点：带电作业方法

难易度：难

标准答案：

作业步骤如下：

（1）全体作业人员列队宣读工作票，讲解作业方案、布置任务、进行分工。

（2）根据杆上电气设备布置和作业项目，将绝缘斗臂车定位于最适于作业的位置，打好接地桩，连上接地线。

（3）注意避开邻近的高、低压线路及各类障碍物，选定绝缘斗臂车的升起方向和路径。

（4）在绝缘斗臂车和工具摆放位置四周围上安全护栏和作业标志。

（5）斗中电工检查绝缘防护用具，穿戴上绝缘靴、绝缘手套、绝缘安全帽、绝缘服（披肩）等全套绝缘防护用具。

（6）斗中电工携带作业工具和遮蔽用具进入工作斗，工具和遮蔽用具应分类放置在斗中和工具袋中，作业人员要系好安全带。

（7）在工作斗上升途中，对可能触及范围内的低压带电部件也需进行绝缘遮蔽。

（8）工作斗定位于便于作业的位置后，安装三相带电体之间的绝缘隔板。

（9）首先对离身体最近的边相导线安装导线遮蔽罩，套入的遮蔽罩的开口要翻向下方，并拉到靠近带电部件的边缘处，用绝缘夹夹紧以防脱落。

（10）按照从近至远、从大到小、从低到高的原则，采用以上同样遮蔽方式，分别对三相引线、避雷器及连接构件进行遮蔽。

（11）采用横担遮蔽用具或绝缘毯对横担及其他接地构件进行绝缘遮蔽，并注意接缝处应有适当的重叠部分。

（12）最小范围地掀开欲更换避雷器的绝缘遮蔽，用扳手拆开避雷器上桩头的高压引线。

（13）将拆开的避雷器上桩头引线端头回折距避雷器0.4m以上，放入引线遮蔽罩内，并用绝缘夹把开缝处夹紧，使引线端头完全封闭在遮蔽罩内。

（14）经检查确认被更换避雷器与周围带电体的安全距离满足规定，且做好了各种绝缘隔离和遮蔽措施后，斗中电工拆除避雷器下桩头接地线及旧避雷器。然后，安装新避雷器及其下桩头接地线，并确认连接完好。

（15）恢复对新安装避雷器接地构件的绝缘遮蔽。

（16）打开遮蔽罩，将高压引线端头展开送至避雷器的上桩头。斗中电工用扳手拧紧避雷器上桩头螺母，并确认连接完好。

（17）三相作业完成后，由远至近依次拆除引线遮蔽罩、避雷器遮蔽罩、接地构件遮蔽罩、绝缘隔板等，拆除时注意身体与带电部件保持安全距离。

（18）工作斗返回地面，清理工具和现场。

安全注意事项如下：

（1）斗中电工应穿绝缘鞋，戴绝缘手套、袖套、绝缘安全帽等安全防护用具。

（2）一相作业完成后，应迅速对其恢复和保持绝缘遮蔽，然后再对另一相开展作业。

（3）申请停用重合闸。

（4）绝缘手套外应套防刺穿手套。

（5）对不规则带电部件和接地构件可采用绝缘毯进行遮蔽，但要注意夹紧固定。

Jb0004133096　绝缘手套作业法带负荷加装负荷开关如何进行？（5分）

考核知识点： 带电作业方法

难易度： 难

标准答案：

作业步骤如下：

（1）全体工作人员列队宣读工作票，工作负责人讲解作业方案、布置工作任务、进行具体分工。

（2）工作负责人检查两侧导线。

（3）绝缘斗臂车进入工作现场，定位于最佳工作位置并装好接地线，选定工作斗的升降方向，注意避开附近高、低压线及障碍物。

（4）布置工作现场，在绝缘斗臂车和工具摆放位置四周围上安全护栏和作业标志。

（5）斗中电工及杆上电工检查绝缘防护用具，穿戴上绝缘靴、绝缘服（披肩）、绝缘安全帽和绝缘手套等全套绝缘防护用具；地面电工检查、摇测绝缘作业工具。

（6）斗中电工携带绝缘作业工具和遮蔽用具进入工作斗，工具和遮蔽用具应分类放在斗中和工具袋中，作业人员要系好安全带。

（7）在工作斗上升过程中，对可能触及范围内的高低压带电部件需进行绝缘遮蔽。

（8）工作斗定位在合适的工作位置后，首先对离身体最近的边相导线安装导线遮蔽罩，套入的导线遮蔽罩的开口要向下方，并拉到靠近绝缘子的边缘处，用绝缘夹夹紧防止脱落。

（9）按照由近至远、从大到小、从低到高的原则，采用以上同样遮蔽方式，分别对三相导线。

（10）杆上电工登杆至工作位置，系好安全带。地面电工将绝缘操作平台用滑车吊至工作位置。

（11）斗内电工和杆上电工相互配合，将绝缘操作平台固定好。杆上电工由杆上转移至绝缘操作平台上，并系好安全带。

（12）地面电工将绝缘横担吊至工作位置，斗内电工和绝缘操作平台上电工相互配合，将绝缘横担固定在杆上。

（13）拆除边相导线绝缘子绝缘毯，将边相导线绑线拆除，绝缘操作平台上电工小心地将边相导线移至绝缘横担上固定好，并对固定处用绝缘毯再次进行绝缘遮蔽。

（14）依照以上方法，分别将另两相导线移至绝缘横担上，并迅速恢复绝缘遮蔽。

（15）拆除原导线横担上的遮蔽罩和绝缘毯，并传回地面。

（16）松开原导线横担的固定件，拆除原导线横担传至地面。

（17）地面电工利用吊车将负荷开关吊至杆上，斗内电工和杆上电工相互配合，将负荷开关固定好，并确认各机构连接牢固。

（18）地面电工 1 人登杆至合适位置，地面另一电工将负荷开关操动机构吊至规定位置，由杆上电工将操动机构固定好。工作斗内电工配合杆上电工将负荷开关操动机构连接好。

（19）地面电工将中相耐张绝缘子串吊至杆上，由工作斗内电工和绝缘操作平台上电工配合将绝缘子串安装好，并用绝缘包布分别将两端耐张绝缘子遮蔽好。

（20）拆除中相导线上的遮蔽用具，松开绝缘横担上的中相导线固定夹，安装中相导线两侧的紧线器，并收紧中相导线，注意控制导线弧垂为规定水平。

（21）装好导线保险绳和旁路引流线，检查确定引流线连接牢固。

（22）用钳形电流表测量引流线内电流，确认通流正常。

（23）工作斗内电工和绝缘操作平台上电工互相配合，利用导线断线钳将中相导线钳断。拆断导线时，应先在钳断处两端分别用绝缘绳固定好，以防止导线断头摆动。然后分别将中相导线与耐张绝缘子串连接好。

（24）分别拆除中相紧线器和保险绳，并对中相导线及耐张绝缘子进行绝缘遮蔽。

（25）按照上述操作方法，分别对两边相导线进行以上作业，注意每次钳断导线前，都要用钳形电流表测量引流线内电流，确认通流正常。

（26）工作斗内电工配合操作平台上电工将绝缘横担拆除传回地面。

（27）工作斗内电工按照由近及远的顺序装好负荷开关的绝缘隔板，将负荷开关两侧的引线分别接至带电导线上。

（28）地面电工合上负荷开关操动机构，工作斗内电工检查并确认设备工作正常。

（29）工作斗内电工分别拆除三相绝缘引流线，按照由远及近、由上至下的顺序，分别拆除负荷开关处的绝缘隔板和绝缘包布。

（30）操作平台上电工由操作平台上转移至杆上，系好安全带。

（31）工作斗内电工和杆上电工配合拆除绝缘操作平台传回地面。

（32）工作斗内电工由远及近依次拆除绝缘构件遮蔽罩、绝缘子遮蔽罩、导线遮蔽罩等所有绝缘遮蔽用具。

（33）工作斗内电工和杆上电工返回地面，工作负责人全面检查工作完成情况。

安全注意事项如下：

（1）工作斗中电工应穿绝缘鞋，戴绝缘手套、袖套、绝缘安全帽等安全防护用具。

（2）一相作业完成后，应迅速对其恢复和保持绝缘遮蔽，然后再对另一相开展作业。

（3）申请停用重合闸。

（4）绝缘手套外应套防刺穿手套。

（5）对不规则带电部件和接地构件可采用绝缘毯进行遮蔽，但要注意夹紧固定，两相邻绝缘毯间应有重叠部分。

（6）拆除绝缘遮蔽用具时，应保持身体与被遮蔽物有足够的安全距离。

（7）在钳断导线之前，应安装好紧线器和保险绳。

Jb0004133097　绝缘手套作业法带负荷开断10kV线路直线杆加装分段断路器如何进行？（5分）
考核知识点： 带电作业方法
难易度： 难

标准答案：

作业步骤如下：

（1）开工前，预先装好分段断路器和两侧隔离开关。

（2）全体工作人员到达工作现场，列队宣读工作票，工作负责人讲解作业方案、布置工作任务、进行具体分工。

（3）工作负责人检查两侧导线。

（4）绝缘斗臂车进入工作现场，定位于最佳工作位置并装好接地线，选定工作斗的升降方向，注意避开附近高、低压线及障碍物。

（5）布置工作现场，在绝缘斗臂车和工具摆放位置四周围上安全护栏和作业标志。

（6）斗内电工及杆上电工检查绝缘防护用具，穿戴上绝缘靴、绝缘服（披肩）、绝缘安全帽和绝缘手套等全套绝缘防护用具；地面电工检查、摇测绝缘作业工具。

（7）斗内电工携带绝缘作业工具和遮蔽用具进入工作斗，工具和遮蔽用具应分类放在斗中和工具袋中，作业人员要系好安全带。

（8）在工作斗上升过程中，对可能触及范围内的高、低压带电部件需进行绝缘遮蔽。

（9）工作斗定位在合适的工作位置后，首先对离身体最近的边相导线安装导线遮蔽罩，套入的导线遮蔽罩的开口要向下方，并拉到靠近绝缘子的边缘处，用绝缘夹夹紧防止脱落。

（10）按照由近至远、从大到小、从低到高的原则，采用以上同样遮蔽方式，分别对三相导线、横担、绝缘子、杆顶支架及连接构件进行绝缘遮蔽。

（11）杆上电工登杆至工作位置，系好安全带。地面电工将绝缘操作平台用滑车吊至工作位置。

（12）斗内电工和杆上电工相互配合，将绝缘操作平台固定好。杆上电工由杆上转移至绝缘操作平台上，并系好安全带。

（13）地面电工将绝缘横担吊至工作位置，斗内电工和绝缘操作平台上电工相互配合，将绝缘横担固定，并对绝缘横担固定构件进行绝缘遮蔽。

（14）拆除边相导线绝缘子遮蔽罩，将边相导线绑线拆除，绝缘操作平台上电工小心地将边相导线移至绝缘横担上固定好，并对固定处用绝缘毯再次进行绝缘遮蔽。

（15）依照以上方法，分别将另两相导线移至绝缘横担上，并迅速恢复绝缘遮蔽。

（16）拆除原导线横担、绝缘子、杆顶支架上的遮蔽罩和绝缘毯，拆除原导线横担、绝缘子、杆顶支架传至地面。

（17）地面电工将中相耐张绝缘子串吊至杆顶，由工作斗内电工和绝缘操作平台上电工配合将中相耐张绝缘子串安装好，并用绝缘毯分别将两端耐张绝缘子遮蔽好。

（18）拆除中相导线上的遮蔽用具，松开绝缘横担上的中相导线固定夹，安装中相导线两侧的紧线器，并收紧中相导线，注意控制导线弧垂为规定水平。

（19）装好导线保险绳和旁路引流线，检查确定引流线连接牢固。

（20）用钳形电流表测量引流线内电流，确认通流正常。

（21）工作斗内电工和绝缘操作平台上电工互相配合，利用导线断线钳将中相导线钳断，并分别将中相导线与耐张绝缘子串连接牢固。拆断导线时，应先在钳断处两端分别用绝缘绳固定好，防止导线断头摆动。

（22）分别拆除中相导线紧线器和保险绳，并对中相导线进行绝缘遮蔽。

（23）地面电工配合操作平台上电工将边相耐张横担吊至合适位置，工作斗内电工和绝缘操作平台上电工互相配合，将边相耐张横担固定在绝缘横担下方的规定位置上。

（24）地面电工配合操作平台上电工将耐张绝缘子串吊至工作位置，工作斗内电工和绝缘操作平台上电工互相配合，分别将边相耐张绝缘子串安装好。

（25）对边相耐张横担和边相耐张绝缘子串进行绝缘遮蔽，将橡胶绝缘垫安放在耐张横担上。

（26）按照上述中相导线施工方法，分别对两边相导线进行拆断施工，注意每次钳断导线前，都要用钳形电流表测量引流线内电流，确认通流正常，并将导线分别与两边相耐张绝缘子连接好，拆去紧线器和保险绳，然后进行绝缘遮蔽。

（27）操作平台上电工转移至杆上，系好安全带，工作斗内电工和杆上电工相互配合，拆除绝缘横担和绝缘操作平台，并传回地面。

（28）杆上电工回到地面，地面另一电工登杆至分段断路器位置，系好安全带。

（29）工作斗内电工分别将分段断路器的引线接至三相导线上。杆上电工合上分段断路器。

（30）工作斗内电工拆除三相临时引流线，按由远到近、由上到下的顺序拆除所有遮蔽罩、绝缘毯。

（31）工作斗内电工返回地面，工作负责人全面检查、验收工作完成情况。

安全注意事项如下：

（1）工作斗内电工应穿绝缘鞋，戴绝缘手套、绝缘袖套、绝缘安全帽等安全防护用具。

（2）一相作业完成后，应迅速对其恢复和保持绝缘遮蔽，然后再对另一相开展作业。

（3）申请停用重合闸。

（4）绝缘手套外应套防刺穿手套。

（5）对不规则带电部件和接地构件可采用绝缘毯进行遮蔽，但要注意夹紧固定，两相邻绝缘毯间应有重叠部分。

（6）拆除绝缘遮蔽用具时，应保持身体与被遮蔽物有足够的安全距离。

（7）在钳断导线之前，应确定安装好紧线器和保险绳。

Jb0004133098　为什么带电作业工器具必须分别存放在专用库房内？（5分）

考核知识点： 带电作业工器具

难易度： 难

标准答案：

带电作业工器具，特别是绝缘工具好坏，直接关系到作业人员的人身安全和设备安全，因此，对带电作业工器具的保管，有着严格的要求。带电作业绝缘和金属工器具必须分别存放在专用库房内。

Jb0004133099　带电作业工器具专用库房存放哪些资料台账？（5分）

考核知识点： 带电作业工器具

难易度： 难

标准答案：

带电作业工器具专用库房应建立工具管理制度，设专人管理，并按制度要求，建立《带电作业新项目（新工具）技术鉴定书》《带电作业新工具出厂机械证明书》《带电作业新工具出厂电气试验证明书》《带电作业工具电气预防性试验卡》《带电作业机械预防性试验卡》《带电作业分项需用工具卡》《带电作业工具清册》等资料。

Jb0004133100　对带电作业工器具专用库房的一般要求是什么？（5分）

考核知识点： 带电作业工器具

难易度： 难

标准答案：

（1）处于一楼的库房，地面应做好防水处理及防潮处理。

（2）库房内应配备足够的消防器材。消防器材应分散安置在工具存放区附近。

（3）库房内应配备足够的照明灯具。照明灯具可采用嵌入式格栅灯等，以防止工具搬动时撞击损坏。

（4）库房的装修材料中，宜采用不起尘、阻燃、隔热、防潮、无毒的材料。地面应采用隔湿、防潮材料。工器具存放架一般应采用不锈钢等防锈蚀材料制作。

（5）库房的门窗应封闭良好。库房门可采用防火门，配备防火锁。观察窗距地面 1.0～1.2m 为宜，窗玻璃应采用双层玻璃，每层玻璃厚度一般不小于 8mm，以确保库房具有隔湿及防火功能。

（6）绝缘斗臂车库的存放体积一般应为车体的 1.5～2.0 倍。顶部应有 0.5～1.0m 的空间，车库门可采用具有保温、防火的专用车库门，车库门可实行电动遥控，也可实行手动。

Jb0004133101　带电作业工器具专用库房的技术条件有哪些？（5分）

考核知识点： 带电作业工器具

难易度： 难

标准答案：

（1）湿度要求：库房内空气相对湿度应不大于 60%。为了保证湿度测量的可靠性，要求在库房的每个房间内安装两个湿度传感器。

（2）温度要求：带电作业工具及防护用具应根据工具类型分区存放，各存放区可有不同的温度要求。硬质绝缘工具、软质绝缘工具、检测工具、屏蔽用具的存放区，温度宜控制在 5～40℃；配电带电作业用绝缘遮蔽用具、绝缘防护用具的存放区的温度，宜控制在 10～20℃；金属工具的存放不做温度要求。

另外，考虑到北方地区冬天室内外温差大，工具入库时易出现凝露问题，该地区的库房温度应根据环境温度的变化在一定范围内调控。若库房整体温度难以调整，工具在入库前也可先在可调温度的预备间暂存，在不会出现凝露时再入库存放。

为保证温度测量的可靠性，要求在库房的每个房间内安装两个温度传感器；为比较室内外温差，整套库房控制系统在室外安装一个温度传感器。

Jb0004133102　带电作业工器具专用库房应配备哪些设施？（5分）

考核知识点： 带电作业工器具

难易度： 难

标准答案：

（1）除湿设施库房内应装设除湿设备。除湿量按库房空间体积的大小来选择，一般按 0.05～0.2L/(d·m³) 选配；对于北方地区，可按（0.05～0.15）L/(d·m³) 选配；对于南方地区，可按 0.13～0.2L/(d·m³) 选配。在上述地区中，对湿度相对较高的区域，除湿机应按上限选配。

（2）烘干加热设施库房内应装设烘干加热设备。建议采用热风循环加热设备；在能保证加热均匀的情况下也可以考虑采用其他加热设备。加热功率按库房空间体积的大小来选择，可根据当地的温度环境按 15～30W/m³ 选配。

加热设备在库房内应均匀分散安装，加热设备或热风口距工器具表面距离应不少于 30～50cm，热风式烘干加热设备安装高度以距地面 1.5m 左右为宜，低温无光加热器可安置于与地面平齐高度。车库的加热器安装在顶部或斗臂部位高度。加热设备内部风机应有延时停止装置。

（3）通风设施。库房内可装设排风设备。排风量可按每平方米 1～2m³/h 选配排风机。吸顶式排风机应安装在吊顶上，轴流式排风机宜安装在库房内净高度 2/3～4/5 的墙面上。出风口应设置百叶窗或铁丝窗，进风口应设置过滤网，预防鸟、蛇、鼠等小动物进入库房内。

（4）报警设施。应设有温度超限保护装置、烟雾报警、室外报警器等报警设施。当库房温度超过

50℃时温度超限保护装置应该能自动切断加热电源并启动室外报警器；要求温度超限保护装置在控制系统失灵时也应能正常启动，当库房内产生烟雾时，烟雾报警器和室外报警器应能自动报警。

Jb0004133103　带电作业工器具专用库房应具备哪些测控功能及装置？（5分）

考核知识点： 带电作业工器具

难易度： 难

标准答案：

（1）为了保证工具库房的温度、湿度环境能满足使用要求，应专设温湿度测控系统。温湿度测控系统应具备湿度测控、温度测控、库房温湿度设定、超限报警及库房温湿度自动记录、显示、查询、报表打印等功能。

（2）监测要求由传感器、测量装置、控制屏柜及其附件等组成的监测系统应对库房的温湿度实施实时监测并加以记录保存。

（3）工具库房的湿度、温度调控系统，应可根据监测的参数自动启动加热、除湿及通风装置，实现对库房湿度、温度的调节和控制。当调控失效并超过规定值时，应能报警及显示；当库房温度超限时，温度超限保护装置应能自动切断加热电源。

为了有效保证测控系统的安全有效运行，控制系统需设置自动复位装置，以保证测控系统在受到外界干扰而失灵时能立即自动复位进而恢复正常运行。

为了保证在测控系统完全失效或检修时除湿装置及加热装置等仍能投入工作，应在控制屏柜上设立手动/自动切换开关及相应的手动开关。

（4）库房内的设备、装置、元器件的技术性能和指标均应满足相关设备和元件标准的要求，以保证测控系统稳定、可靠、安全运行。

（5）测控系统应能存储库房一年时间的温湿度数据，具备全天任意时段的库房温湿度数据的报表显示、曲线显示、报表打印等功能，实时监测和记录库房的工作状态。

Jb0004133104　对带电作业工器具专用库房的主要测控元件的技术性能有何要求？（5分）

考核知识点： 带电作业工器具

难易度： 难

标准答案：

（1）温度测控指标：范围为-10～80℃，精度为±2℃。

（2）相对湿度测控指标：范围为30%～95%，精度为±5%。

（3）温度传感器指标：量程为-50～120℃，在0～85℃范围内精度为±0.5℃。

（4）湿度传感器指标：量程为0～100%，在10%～95%范围内精度为±3%。

Jb0004133105　带电作业工器具专用库房应配备哪些存放设施？要求是什么？（5分）

考核知识点： 带电作业工器具

难易度： 难

标准答案：

带电作业工器具应按电压等级及工具类别分区存放，主要分类为金属工器具、硬质绝缘工具、软质绝缘工具、屏蔽保护用具、绝缘遮蔽用具、绝缘防护用具、检测工具等。

（1）金属工器具的存放设施应考虑承重要求，并便于存取，可采用多层式存放架。

（2）硬质绝缘工具中的硬梯、平梯、挂梯、升降梯、托瓶架等可采用水平式存放架存放，每层间隔30cm以上，最低层对地面高度不小于50cm，同时应考虑承重要求，应便于存取。绝缘操作杆、吊拉支杆等的存放设施可采用垂直吊挂的排列架，每个杆件相距 10～15cm，每排相距 30～50cm。在杆件较长、不便于垂直吊挂时，可采用水平式存放架存放。大吨位绝缘吊拉杆可采用水平式存放架存放。

（3）绝缘绳索、软梯等软质绝缘工具的存放设施可采用垂直吊挂的构架。绝缘绳索挂钩的间距为20～25cm，绳索下端距地面不小于 30cm。

（4）对滑车和滑车组可采用垂直吊挂构架存放。根据滑车的大小、质量、类别分组整齐吊挂。

（5）验电器、相位检测仪、分布电压测试仪、绝缘子检测仪、干湿温度仪、风速仪、绝缘电阻表等检测用具应分件摆放，防止碰撞，可采用多层水平不锈钢构架存放。

（6）绝缘遮蔽用具，如导线遮蔽罩、绝缘子遮蔽罩、横担遮蔽罩、电杆遮蔽罩等应分件包装，储存在有足够强度袋内或箱内，再置放在多层式水平构架上。禁止储存在蒸汽管、散热管和其他人造热源附近，禁止储存在阳光直射的环境下。

（7）绝缘防护用具，如绝缘服、绝缘袖套、绝缘披肩、绝缘手套、绝缘靴等应分件包装，要注意防止阳光直射或存放在人造热源附近，尤其要避免直接碰触尖锐物体，造成刺破或划伤。

（8）屏蔽用具，如屏蔽服、导电手套、导电袜、导电鞋、屏蔽面罩等应分件包装，成套储存在有足够强度的包装袋或箱内，再置放在多层式水平构架上。

Jb0004133106　班组管理的基本任务是什么？（5分）
考核知识点：带电作业安全规定
难易度：难
标准答案：
（1）以生产为中心，以经济责任制为重点。
（2）在完成施工任务中，努力提高工程质量，厉行节约、缩短工期。
（3）降低成本，以求优质高效、低耗，取得最大的技术经济成果。
（4）全面完成下达的施工任务和各项技术经济指标。
（5）班组还担负着培养和造就人才的任务。

Jb0004133107　对带电作业人员的体质和素质有哪些要求？（5分）
考核知识点：带电作业安全规定
难易度：难
标准答案：
（1）带电作业人员的体质标准是身体健康、精神正常，无妨碍工作的疾病，体格检查合格者。
（2）带电作业人员应具备以下基本素质：
1）政治素质。包括热爱本职工作，服从领导，能接受新事物和先进经验，能开展批评与自我批评，组织纪律性强，谦虚谨慎等。
2）文化素质。包括具备一定文化水平（如初中毕业以上），掌握一定基础知识，能学懂和理解规程制度的要求。
3）技术素质。包括掌握高空作业一般技能，经过专门训练的合格者，具备一定的技术革新能力等。
4）个性素质。包括不主观急躁，不草率从事，不神经过敏，善于观察分析问题，对事物反应敏锐等。

Jb0004133108　对不同的带电作业人员考核侧重点有何不同？（5分）
考核知识点：带电作业安全规定

难易度：难

标准答案：

（1）对工作负责人（包括专责监护人）应着重考核工作票的填写、会签、联系、人员分工和监护工作，同时还应考核对每个项目的操作程序、工具规格、数量及使用方法的了解程度。

（2）对工作票签发人，应着重考核对规程的熟悉程度，对工作票的填写、会签、联系，对工作班成员的技术水平了解程度，同时也应考核对经批准允许作业项目的熟悉程度和对带电作业必要性、可行性的判断能力。

（3）对工作班成员应着重考核对允许参加带电作业项目的操作程序、工器具性能及使用方法的了解程度，对各种安全距离的熟悉程度、各典型操作的熟悉及准确程度以及对命令的执行是否认真到位。

Jb0004133109　对带电作业常规项目如何管理？（5分）

考核知识点：带电作业安全规定

难易度：难

标准答案：

所谓常规项目是指平时经常做的，工艺成熟、操作清晰、已经普及或比较普及的项目，它是由基层生产单位根据人员条件和工作需要决定的。它在每个作业人员的带电作业合格证的相关栏目内注明。具体落实每个成员允许作业的常规项目，要根据项目的操作难度和人员的技术水平决定，比较复杂的带电作业项目，只能由少数经验丰富的成员担任。基层单位要求对作业人员增加常规的项目，必须经过相关的考核，并经总工程师批准后，方可填写在"带电作业合格证"相应栏目内。

第十章　高压线路带电检修工（配电）
高级技师技能操作

Jc0004143001　编写带电作业高级工技能培训方案。（100 分）

考核知识点： 带电作业方法

难易度： 难

技能等级评价专业技能考核操作工作任务书

一、任务名称

编写带电作业高级工技能培训方案。

二、适用工种

高压线路带电检修工（配电）高级技师。

三、具体任务

某单位配电工区有张三等 15 名带电检修工带电作业高级工需进行技能培训。针对此项工作，考生编写一份高级工技能培训方案。

四、工作规范及要求

结合培训任务按照以下要求完成技能培训方案的编写：

（1）培训项目为实操项目。

（2）培训相关内容由考生自行组织。

五、考核及时间要求

考核时间共 50 分钟，每超过 2 分钟扣 1 分，到 45 分钟终止考核。

技能等级评价专业技能考核操作评分标准

工种	高压线路带电检修工（配电）			评价等级	高级技师
项目模块	带电作业方法—编写带电作业高级工技能培训方案		编号		Jc0004143001
单位		准考证号		姓名	
考试时限	50 分钟	题型	单项操作	题分	100 分
成绩		考评员	考评组长	日期	
试题正文	编写带电作业高级工技能培训方案				
需要说明的问题和要求	（1）培训内容应为技能实操项目。 （2）内容不作限制，由考生自行组织				

序号	项目名称	质量要求	满分	扣分标准	扣分原因	得分
1	培训目标	应有明确的培训目标	10	缺少一项扣 10 分		
2	培训人	应有明确的授课人	10	缺少一项扣 10 分		
3	培训对象	应明确培训对象	10	缺少一项扣 10 分		
4	培训内容	（1）应有具体的培训项目名称。 （2）应有项目的具体内容	20	缺少一项扣 10 分，培训课程安排得不合理酌情扣分，扣完为止		
5	培训方式	应有明确的培训方式，培训方式为实操	10	缺少一项扣 10 分		

续表

序号	项目名称	质量要求	满分	扣分标准	扣分原因	得分
6	培训时间与地点	应明确培训时间，培训地点	20	缺少一项扣10分，扣完为止		
7	培训考核方式	应明确培训的考核方式，考核方式为实操	10	缺少一项扣10分		
8	其他相关事宜	其他相关的培训事宜，如奖惩方式、劳动纪律等要求	10	缺少一项扣10分		
	合计		100			

Jc0004143002　绝缘手套作业法带电更换柱上变压器（综合不停电作业法、绝缘斗臂车、发电车）的操作。（100分）

考核知识点：带电作业方法

难易度：难

技能等级评价专业技能考核操作工作任务书

一、任务名称

绝缘手套作业法带电更换柱上变压器（综合不停电作业法、绝缘斗臂车、发电车）的操作。

二、适用工种

高压线路带电检修工（配电）高级技师。

三、具体任务

完成绝缘手套作业法带电更换柱上变压器（综合不停电作业法、绝缘斗臂车、发电车）的操作。

四、工作规范及要求

（1）带电作业应在良好天气下进行，作业前须进行风速和湿度测量。风力大于5级或湿度大于80%时，不宜带电作业。若遇雷电、雪、雹、雨、雾等不良天气，禁止带电作业。

（2）绝缘手套作业法。

（3）本作业项目工作人员共计14名，其中工作协调人1名、工作负责人（监护人）1名、停电工作负责人（监护人）1名、斗内电工1名、杆上电工4名、地面电工2名、倒闸操作人员1名、倒闸专责监护人1名、吊车指挥1名、吊车操作人员1名。

（4）工作负责人（监护人）、专责监护人、杆上电工、斗内电工、地面电工、倒闸操作人员、吊车操作人员必须严格遵守《国家电网公司电力安全工作规程（配电部分）（试行）》3.3.12工作票所列人员的安全责任。

（5）要求着装正确（安全帽、全棉长袖工作服、绝缘鞋）。

五、考核及时间要求

考核时间共50分钟，从获得工作许可开始至工作终结完毕，每超过2分钟扣1分，到60分钟终止考核。

技能等级评价专业技能考核操作评分标准

工种	高压线路带电检修工（配电）			评价等级	高级技师
项目模块	带电作业方法—绝缘手套作业法带电更换柱上变压器（综合不停电作业法、绝缘斗臂车、发电车）的操作		编号		Jc0004143002
单位		准考证号		姓名	
考试时限	50分钟	题型		单项操作	题分	100分

续表

成绩		考评员		考评组长		日期	

试题正文	绝缘手套作业法带电更换柱上变压器（综合不停电作业法、绝缘斗臂车、发电车）的操作

| 需要说明的问题和要求 | （1）带电作业应在良好天气下进行，作业前须进行风速和湿度测量。风力大于5级或湿度大于80%时，不宜带电作业。若遇雷电、雪、雹、雨、雾等不良天气，禁止带电作业。
（2）本作业项目工作人员共计14名，其中工作协调人1名、工作负责人（监护人）1名、停电工作负责人（监护人）1名、斗内电工1名、杆上电工4名、地面电工2名、倒闸操作人员1名、倒闸专责监护人1名、吊车指挥1名、吊车操作人员1名。
（3）工作负责人（监护人）：正确组织工作；检查工作票所列安全措施是否正确完备，是否符合现场实际条件，必要时予以补充完善；工作前，对工作班成员进行工作任务、安全措施交底和危险点告知，并确定每个工作班成员都已签名；组织执行工作票所列由其负责的安全措施；监督工作班成员遵守安全工作规程、正确使用劳动防护用品和安全工器具以及执行现场安全措施；关注工作班成员身体状况和精神状态是否出现异常迹象，人员变动是否合适。带电作业应有人监护。监护人不得直接操作，监护的范围不得超过一个作业点。
（4）工作班成员：熟悉工作内容、工作流程，掌握安全措施，明确工作中的危险点，并在工作票上履行交底签名确认手续；服从工作负责人（监护人）、专责监护人的指挥，严格遵守《国家电网公司电力安全工作规程（配电部分）（试行）》和劳动纪律，在指定的作业范围内工作，对自己在工作中的行为负责，互相关心工作安全；正确使用施工机具、安全工器具和劳动防护用品 |

序号	项目名称	质量要求	满分	扣分标准	扣分原因	得分
1	开工准备					
1.1	现场复勘	（1）核对工作线路与设备双重名称。 （2）检查环境是否符合作业要求，电杆根部、基础和拉线是否牢固。 （3）确认避雷器接地装置应完整可靠，避雷器无明显损坏现象，检查作业装置、现场环境是否符合带电作业条件。 （4）检查气象条件（天气良好，无雷电、雪、雹、雨、雾等不良天气，风力不大于5级，湿度不大于80%）。 （5）检查工作票所列安全措施，必要时予以补充和完善	4	错、漏一项扣1分，扣完为止		
1.2	工作许可	工作负责人按配电带电作业工作票内容与值班调控人员联系，申请停用线路重合闸	1	未申请停用线路重合闸扣1分		
1.3	召开现场站班会	（1）工作负责人宣读工作票。 （2）工作负责人检查工作班组成员精神状态。 （3）工作负责人交代工作任务进行人员分工，交代安全措施、技术措施、危险点及控制措施。 （4）工作负责人检查工作班成员对工作内容、工作流程、安全措施以及工作中的危险点是否明确。 （5）工作班成员在工作票上履行交底签名确认手续	4	错、漏一项扣1分，扣完为止		
1.4	布置工作现场	工作现场设置安全护栏、作业标志和相关警示标志	1	不满足作业要求扣1分		
1.5	工器具、材料检测	（1）工器具、材料齐备，规格型号正确。 （2）绝缘工器具应放置在防潮苫布上，绝缘工器具应与金属工器具、材料分区放置。 （3）工器具在试验周期内。 （4）外观检查方法正确，绝缘工器具应无机械、绝缘缺陷，应戴干净清洁手套，用干燥、清洁毛巾清洁绝缘工器具。 （5）对绝缘工具使用绝缘测试仪进行分段绝缘检测，绝缘电阻值不低于700MΩ。 （6）检查新安装的避雷器试验报告合格，并使用绝缘测试仪确认其绝缘性能完好	5	错、漏一项扣1分，扣完为止		

续表

序号	项目名称	质量要求	满分	扣分标准	扣分原因	得分
2	作业过程					
2.1	进入作业现场	（1）选择合适位置停放绝缘斗臂车，支撑稳固，并可靠接地。 （2）查看绝缘臂、绝缘斗良好，进行空斗试操作，确认液压传动、升降、伸缩、回转系统工作正常及操作灵活，制动装置可靠。 （3）斗内电工穿戴好绝缘防护用具，进入绝缘斗，挂好安全带保险钩	5	错、漏一项扣2分，扣完为止		
2.2	验电	斗内电工将绝缘斗调整至三相避雷器外侧适当位置，使用验电器对导线、绝缘子、避雷器、横担进行验电，确认无漏电现象	5	错、漏一处扣3分，扣完为止		
2.3	安装绝缘遮蔽用具	斗内电工按照"从近到远、从下到上、先带电体后接地体"的遮蔽原则对作业范围内的所有带电体和接地体进行绝缘遮蔽	10	错、漏一处扣5分，扣完为止；遮蔽顺序错误终止工作		
2.4	连接低压电缆	（1）斗内电工确认变压器低压输出各相相色，使用相序表确认相序无误。 （2）地面电工确认发电车低压输出总开关在断开位置。 （3）杆上电工将发电车输出的4条低压电缆按照核准的相序与带电的低压线路主导线连接并确认连接良好	5	错、漏一处扣2分，扣完为止		
2.5	启动发电车	倒闸操作人员启动发电车	5	不符合要求扣1～5分，扣完为止		
2.6	负荷导出	（1）地面电工拉开变台低压隔离开关，再拉开熔断器。 （2）倒闸操作人员合上发电车低压输出总开关，确认输出低压负荷正常	5	错、漏一处扣3分，扣完为止		
2.7	停电更换变压器	（1）低压负荷导出后，带电工作负责人通知工作协调人。工作协调人通知停电工作负责人可以开始工作。 （2）停电工作负责人按照配电第一种工作票内容与值班调控人员（运维人员）联系，确认可以开工。 （3）杆上电工用10kV验电器对变压器高压母线进行验电，验明无电后挂第一组接地线。 （4）斗内电工分别拆除变压器低压隔离开关上引线与低压线路连接处的线夹并将上引线可靠固定，用绝缘毯对起吊范围内的低压带电部分进行绝缘遮蔽。 （5）杆上电工在低压隔离开关外侧挂好第二组接地线。 （6）更换柱上变压器。 （7）工作完成后，拆除两组接地线，地面电工先合上熔断器。 （8）斗内电工用电压表测量低压出口电压，确认电压正常。 （9）斗内电工按照"原拆原搭"的原则，恢复低压隔离开关至低压主线路的二次上引线，返回地面。 （10）斗内电工用相序表在变压器低压隔离开关处核对相序无误。 （11）停电工作负责人按照配电第一种工作票内容与值班调控人员（运维人员）联系，工作结束，终结工作票	25	错、漏一处扣3分，扣完为止		

序号	项目名称	质量要求	满分	扣分标准	扣分原因	得分
2.8	恢复原运行方式	（1）工作完成后，停电工作负责人通知工作协调人。工作协调人通知倒闸操作人员恢复原运行方式。 （2）倒闸操作人员拉开发电车低压输出总开关，确认低压侧无负荷。 （3）地面电工合上低压隔离开关，确认输出低压负荷正常。 （4）杆上电工带电拆除发电车与低压线路连接的4条电缆，并恢复低压导线的绝缘，返回地面。 （5）作业人员回收4条低压电缆	5	错、漏一处扣2分，扣完为止		
2.9	拆除绝缘遮蔽用具	杆上电工按照"从远到近、从上到下、先接地体后带电体"的原则拆除绝缘遮蔽	5	拆除绝缘遮蔽用具顺序错误终止工作，扣5分		
2.10	撤离杆塔	下降绝缘斗返回地面、收回绝缘臂时应注意绝缘斗臂车周围杆塔、线路等情况	5	不符合要求扣1~5分，扣完为止		
3	工作结束					
3.1	清理现场	工作负责人组织工作班成员整理工具、材料，将工器具分类摆放在苫布上，清理现场，做到工完、料尽、场地清	1	不符合要求扣1分		
3.2	质量验收	工作负责人对完成的工作进行全面检查，符合验收规范要求后，记录在册	2	不符合要求扣2分		
3.3	收工会	召开现场收工会，正确点评工作，补充现场标准化作业指导书验收栏等内容	1	不符合要求扣1分		
3.4	工作终结	汇报值班调控人员工作已经结束，恢复作业线路（双重名称）重合闸装置，在工作票填写终结时间并签字，工作班撤离现场	1	不符合要求扣1分		
3.5	安全文明生产	（1）杆上电工登杆作业应正确使用安全带、脚扣。 （2）上、下传递工具、材料均应使用绝缘绳传递，传递中不能与电杆、构件等碰撞，严禁抛掷。 （3）作业过程中禁止摘下绝缘防护用具，而且绝缘手套仅作辅助绝缘。 （4）转移作业相，关键步骤操作时应获得工作监护人的许可。 （5）作业过程中，不随意踩踏防潮苫布	5	错、漏一项扣1分，扣完为止		
	合计		100			

Jc0004143003 绝缘手套作业法带电更换柱上变压器（综合不停电作业法、绝缘斗臂车、移动箱式变压器）的操作。（100分）

考核知识点： 带电作业方法

难易度： 难

<h2 style="text-align:center">技能等级评价专业技能考核操作工作任务书</h2>

一、任务名称

绝缘手套作业法带电更换柱上变压器（综合不停电作业法、绝缘斗臂车、移动箱式变压器）的操作。

二、适用工种

高压线路带电检修工（配电）高级技师。

三、具体任务

（1）开工准备工作（现场复勘、工作许可、召开现场站班会、布置工作现场、工器具、材料检测）等项目。

（2）安装、拆除绝缘遮蔽用具。

（3）使用绝缘手套作业法带电更换柱上变压器（综合不停电作业法、绝缘斗臂车、移动箱式变压器）的操作。

四、工作规范及要求

（1）带电作业应在良好天气下进行，作业前须进行风速和湿度测量。风力大于 5 级或湿度大于 80% 时，不宜带电作业。若遇雷电、雪、雹、雨、雾等不良天气，禁止带电作业。

（2）绝缘手套作业法。

（3）本作业项目工作人员共计 15 名，其中工作协调人 1 名、工作负责人（监护人）1 名、停电工作负责人（监护人）1 名、斗内电工 2 名、杆上电工 4 名、地面电工 2 名、倒闸操作人员 1 名、倒闸专责监护人 1 名、吊车指挥 1 名、吊车操作人员 1 名。

（4）工作负责人（监护人）、专责监护人、杆上电工、斗内电工、地面电工、倒闸操作人员、吊车操作人员必须严格遵守《国家电网公司电力安全工作规程（配电部分）（试行）》3.3.12 工作票所列人员的安全责任。

（5）要求着装正确（安全帽、全棉长袖工作服、绝缘鞋）。

五、考核及时间要求

考核时间共 50 分钟，从获得工作许可开始至工作终结完毕，每超过 2 分钟扣 1 分，到 60 分钟终止考核。

技能等级评价专业技能考核操作评分标准

工种	高压线路带电检修工（配电）		评价等级	高级技师
项目模块	带电作业方法—绝缘手套作业法带电更换柱上变压器（综合不停电作业法、绝缘斗臂车、移动箱变）的操作	编号		Jc0004143003
单位		准考证号		姓名
考试时限	50 分钟	题型	单项操作	题分	100 分
成绩		考评员		考评组长		日期
试题正文	绝缘手套作业法带电更换柱上变压器（综合不停电作业法、绝缘斗臂车、移动箱变）的操作
需要说明的问题和要求	（1）带电作业应在良好天气下进行，作业前须进行风速和湿度测量。风力大于 5 级或湿度大于 80% 时，不宜带电作业。若遇雷电、雪、雹、雨、雾等不良天气，禁止带电作业。 （2）本作业项目工作人员共计 15 名，其中工作协调人 1 名、工作负责人（监护人）1 名、停电工作负责人（监护人）1 名、斗内电工 2 名、杆上电工 4 名、地面电工 2 名、倒闸操作人员 1 名、倒闸专责监护人 1 名、吊车指挥 1 名、吊车操作人员 1 名。 （3）工作负责人（监护人）：正确组织工作；检查工作票所列安全措施是否正确完备，是否符合现场实际条件，必要时予以补充完善；工作前，对工作班成员进行工作任务、安全措施交底和危险点告知，并确定每个工作班成员都已签名；组织执行工作票所列由其负责的安全措施；监督工作班成员遵守安全工作规程、正确使用劳动防护用品和安全工器具以及执行现场安全措施；关注工作班成员身体状况和精神状态是否出现异常迹象，人员变动是否合适。带电作业应有人监护。监护人不得直接操作，监护的范围不得超过一个作业点。 （4）工作班成员：熟悉工作内容、工作流程，掌握安全措施，明确工作中的危险点，并在工作票上履行交底签名确认手续；服从工作负责人（监护人）、专责监护人的指挥，严格遵守《国家电网公司电力安全工作规程（配电部分）（试行）》和劳动纪律，在指定的作业范围内工作，对自己在工作中的行为负责，互相关心工作安全；正确使用施工机具、安全工器具和劳动防护用品

续表

序号	项目名称	质量要求	满分	扣分标准	扣分原因	得分
1	开工准备					
1.1	现场复勘	（1）核对工作线路与设备双重名称。 （2）检查环境是否符合作业要求，电杆根部、基础和拉线是否牢固。 （3）确认避雷器接地装置应完整可靠，避雷器无明显损坏现象，检查作业装置、现场环境是否符合带电作业条件。 （4）检查气象条件（天气良好，无雷电、雪、雹、雨、雾等不良天气，风力不大于5级，湿度不大于80%）。 （5）检查工作票所列安全措施，必要时予以补充和完善	4	错、漏一项扣1分，扣完为止		
1.2	工作许可	工作负责人按配电带电作业工作票内容与值班调控人员联系，申请停用线路重合闸	1	未申请停用线路重合闸扣1分		
1.3	召开现场站班会	（1）工作负责人宣读工作票。 （2）工作负责人检查工作班组成员精神状态。 （3）工作负责人交代工作任务进行人员分工，交代安全措施、技术措施、危险点及控制措施。 （4）工作负责人检查工作班成员对工作内容、工作流程、安全措施以及工作中的危险点是否明确。 （5）工作班成员在工作票上履行交底签名确认手续	4	错、漏一项扣1分，扣完为止		
1.4	布置工作现场	工作现场设置安全护栏、作业标志和相关警示标志	1	不满足作业要求扣1分		
1.5	工器具、材料检测	（1）工器具、材料齐备，规格型号正确。 （2）绝缘工器具应放置在防潮苫布上，绝缘工器具应与金属工器具、材料分区放置。 （3）工器具在试验周期内。 （4）外观检查方法正确，绝缘工器具应无机械、绝缘缺陷，应戴干净清洁手套，用干燥、清洁毛巾清洁绝缘工器具。 （5）对绝缘工具使用绝缘测试仪进行分段绝缘检测，绝缘电阻值不低于700MΩ。 （6）检查新安装的避雷器试验报告合格，并使用绝缘测试仪确认其绝缘性能完好	5	错、漏一项扣1分，扣完为止		
2	作业过程					
2.1	进入作业现场	（1）选择合适位置停放绝缘斗臂车，停放移动箱变车、吊车支撑稳固，并可靠接地。 （2）查看绝缘臂、绝缘斗良好，进行空斗试操作，确认液压传动、升降、伸缩、回转系统工作正常及操作灵活，制动装置可靠。 （3）斗内电工穿戴好绝缘防护用具，进入绝缘斗，挂好安全带保险钩	5	错、漏一项扣2分，扣完为止		
2.2	验电	斗内电工将绝缘斗调整至三相避雷器外侧适当位置，使用验电器对导线、绝缘子、避雷器、横担进行验电，确认无漏电现象	5	错、漏一处扣3分，扣完为止		
2.3	安装绝缘遮蔽用具	斗内电工按照"从近到远、从下到上、先带电体后接地体"的遮蔽原则对作业范围内的所有带电体和接地体进行绝缘遮蔽	5	错、漏一处扣3分，扣完为止；遮蔽顺序错误终止工作		

续表

序号	项目名称	质量要求	满分	扣分标准	扣分原因	得分
2.4	安装旁路设备	（1）1、2 号电工在地面电工配合下，在电杆合适位置安装旁路负荷开关和余缆工具，并将旁路负荷开关可靠接地。 （2）作业人员根据施工方案，按照电缆进出线保护箱→电缆绝缘护线管及护线管接口绝缘护罩→电缆对接头保护箱（在 T 接点敷设电缆分接头保护箱）→电缆绝缘护线管及护线管接口绝缘护罩→电缆进出线保护箱的顺序敷设旁路设备地面防护装置。 （3）斗内电工、杆上电工相互配合将与移动箱式变压器连接的旁路电缆首端按相位色与旁路开关负荷侧连接好。 （4）作业人员在敷设好的旁路设备地面防护装置内敷设移动箱式变压器车的高压旁路电缆，检查无误后，作业人员盖好旁路设备地面防护装置保护盖。 （5）斗内电工、杆上电工相互配合将与架空线连接的旁路高压引下电缆一端与旁路开关电源侧按相位色连接好，将剩余电缆可靠固定在余缆工具上，杆上电工返回地面。 （6）斗内电工合上旁路负荷开关，使用绝缘测试仪对组装好的高压旁路设备进行绝缘性能检测，绝缘电阻应不小于 500MΩ。 （7）斗内电工将旁路电缆分相可靠接地充分放电后，将旁路负荷开关拉开。 （8）作业人员将旁路高压电缆终端按照核准的相位安装到移动箱式变压器主进开关对应的电缆插座上。 （9）斗内电工使用绝缘操作杆按相位依次将旁路负荷开关电源侧旁路高压引下电缆与带电主导线连接好后返回地面。 （10）如导线为绝缘导线，应使用绝缘导线剥皮器剥除主导线绝缘，再行连接高压旁路引下电缆	10	错、漏一处扣 1 分，扣完为止		
2.5	连接低压电缆	（1）斗内电工确认变压器低压输出各相相色，使用相序表确认相序无误。 （2）地面电工确认发电车低压输出总开关在断开位置。 （3）杆上电工将发电车输出的 4 条低压电缆按照核准的相序与带电的低压线路主导线连接并确认连接良好	5	错、漏一处扣 2 分，扣完为止		
2.6	启动发电车	倒闸操作人员启动发电车	5	不符合要求扣 1~5 分，扣完为止		
2.7	负荷导出	（1）地面电工拉开变台低压隔离开关，再拉开熔断器。 （2）倒闸操作人员合上发电车低压输出总开关，确认输出低压负荷正常	5	错、漏一处扣 3 分，扣完为止		
2.8	停电更换变压器	（1）低压负荷导出后，带电工作负责人通知工作协调人。工作协调人通知停电工作负责人可以开始工作。 （2）停电工作负责人按照配电第一种工作票内容与值班调控人员（运维人员）联系，确认可以开工。 （3）杆上电工用 10kV 验电器对变压器高压母线进行验电，验明无电后挂第一组接地线。 （4）斗内电工分别拆除变压器低压隔离开关上引线与低压线路连接处的线夹并将上引线可靠固定，用绝缘毯对起吊范围内的低压带电部分进行绝缘遮蔽。	15	错、漏一处扣 2 分，扣完为止		

续表

序号	项目名称	质量要求	满分	扣分标准	扣分原因	得分
2.8	停电更换变压器	（5）杆上电工在低压隔离开关外侧挂好第二组接地线。 （6）更换柱上变压器。 （7）工作完成后，拆除两组接地线，地面电工先合上熔断器。 （8）斗内电工用电压表测量低压出口电压，确认电压正常。 （9）斗内电工按照"原拆原搭"的原则，恢复低压隔离开关至低压主线路的二次上引线，返回地面。 （10）斗内电工用相序表在变压器低压隔离开关处核对相序无误。 （11）停电工作负责人按照配电第一种工作票内容与值班调控人员（运维人员）联系，工作结束，终结工作票	15	错、漏一处扣2分，扣完为止		
2.9	恢复原运行方式	（1）工作完成后，停电工作负责人通知工作协调人。工作协调人通知倒闸操作人员恢复原运行方式。 （2）倒闸操作人员拉开发电车低压输出总开关，确认低压侧无负荷。 （3）地面电工合上低压隔离开关，确认输出低压负荷正常。 （4）杆上电工带电拆除发电车与低压线路连接的4条电缆，并恢复低压导线的绝缘，返回地面。 （5）作业人员回收4条低压电缆	5	错、漏一处扣1分，扣完为止		
2.10	拆除旁路设备	（1）停电工作负责人通知工作协调人，工作完毕；工作协调人通知带电工作负责人拆除旁路设备。 （2）斗内电工拉开旁路负荷开关。 （3）带电工作负责人确认旁路负荷开关在断开位置，斗内电工使用绝缘操作杆拆除旁路负荷开关电源侧高压引下线与带电主导线连接，恢复导线绝缘及密封，恢复绝缘遮蔽。 （4）斗内电工合上旁路负荷开关，对旁路电缆可靠接地充分放电后，再拉开旁路负荷开关。 （5）作业人员拆除移动箱式变压器车电源侧旁路电缆终端。 （6）斗内电工依次拆除旁路电缆、旁路负荷开关及余缆工具返回地面。 （7）回收旁路设备和低压电缆	5	错、漏一处扣1分，扣完为止		
2.11	拆除绝缘遮蔽用具	杆上电工按照"从远到近、从上到下、先接地体后带电体"的原则拆除绝缘遮蔽	5	拆除绝缘遮蔽用具顺序错误终止工作，扣5分		
2.12	撤离杆塔	下降绝缘斗返回地面、收回绝缘臂时应注意绝缘斗臂车周围杆塔、线路等情况	5	不符合要求扣1～5分，扣完为止		
3	工作结束					
3.1	清理现场	工作负责人组织工作班成员整理工具、材料，将工器具分类摆放在苫布上，清理现场，做到工完、料尽、场地清	1	不符合要求扣1分		
3.2	质量验收	工作负责人对完成的工作进行全面检查，符合验收规范要求后，记录在册	2	不符合要求扣2分		
3.3	收工会	召开现场收工会，正确点评工作，补充现场标准化作业指导书验收栏等内容	1	不符合要求扣1分		

续表

序号	项目名称	质量要求	满分	扣分标准	扣分原因	得分
3.4	工作终结	汇报值班调控人员工作已经结束，恢复作业线路（双重名称）重合闸装置，在工作票填写终结时间并签字，工作班撤离现场	1	不符合要求扣1分		
3.5	安全文明生产	（1）杆上电工登杆作业应正确使用安全带、脚扣。 （2）上、下传递工具、材料均应使用绝缘绳传递，传递中不能与电杆、构件等碰撞，严禁抛掷。 （3）作业过程中禁止摘下绝缘防护用具，而且绝缘手套仅作辅助绝缘。 （4）转移作业相，关键步骤操作时应获得工作监护人的许可。 （5）作业过程中，不随意踩踏防潮苫布	5	错、漏一项扣1分，扣完为止		
	合计		100			

Jc0004143004　绝缘手套作业法带电带负荷直线杆改耐张杆并加装柱上开关或隔离开关（绝缘手套作业法、绝缘斗臂车、车用绝缘横担）的操作。（100分）

考核知识点：带电作业方法

难易度：难

技能等级评价专业技能考核操作工作任务书

一、任务名称

绝缘手套作业法带电带负荷直线杆改耐张杆并加装柱上开关或隔离开关（绝缘手套作业法、绝缘斗臂车、车用绝缘横担）的操作。

二、适用工种

高压线路带电检修工（配电）高级技师。

三、具体任务

（1）开工准备工作（现场复勘、工作许可、召开现场站班会、布置工作现场、工器具、材料检测）等项目。

（2）安装、拆除绝缘遮蔽用具。

（3）使用绝缘手套作业法带电带负荷直线杆改耐张杆并加装柱上开关或隔离开关（绝缘手套作业法、绝缘斗臂车、车用绝缘横担）的操作。

四、工作规范及要求

（1）带电作业应在良好天气下进行，作业前须进行风速和湿度测量。风力大于5级或湿度大于80%时，不宜带电作业。若遇雷电、雪、雹、雨、雾等不良天气，禁止带电作业。

（2）绝缘手套作业法。

（3）本作业项目工作人员共计8名，其中工作负责人（监护人）1名、专责监护人1名、斗内电工4名、杆上电工1名、地面电工1名。

（4）工作负责人（监护人）、专责监护人、杆上电工、斗内电工、地面电工必须严格遵守《国家电网公司电力安全工作规程（配电部分）（试行）》3.3.12工作票所列人员的安全责任。

（5）要求着装正确（安全帽、全棉长袖工作服、绝缘鞋）。

五、考核及时间要求

考核时间共 50 分钟，从获得工作许可开始至工作终结完毕，每超过 2 分钟扣 1 分，到 60 分钟终止考核。

技能等级评价专业技能考核操作评分标准

工种	高压线路带电检修工（配电）		评价等级	高级技师
项目模块	带电作业方法一绝缘手套作业法带电带负荷直线杆改耐张杆并加装柱上开关或隔离开关（绝缘手套作业法、绝缘斗臂车、车用绝缘横担）的操作		编号	Jc0004143004
单位		准考证号		姓名
考试时限	50 分钟	题型	单项操作	题分	100 分
成绩		考评员		考评组长		日期

试题正文	绝缘手套作业法带电带负荷直线杆改耐张杆并加装柱上开关或隔离开关（绝缘手套作业法、绝缘斗臂车、车用绝缘横担）的操作
需要说明的问题和要求	（1）带电作业应在良好天气下进行，作业前须进行风速和湿度测量。风力大于 5 级或湿度大于 80%时，不宜带电作业。若遇雷电、雪、雹、雨、雾等不良天气，禁止带电作业。 （2）本作业项目工作人员共计 8 名，其中工作负责人（监护人）1 名、专责监护人 1 名、斗内电工 4 名、杆上电工 1 名、地面电工 1 名。 （3）工作负责人（监护人）：正确组织工作；检查工作票所列安全措施是否正确完备，是否符合现场实际条件，必要时予以补充完善；工作前，对工作班成员进行工作任务、安全措施交底和危险点告知，并确定每个工作班成员都已签名；组织执行工作票所列由其负责的安全措施；监督工作班成员遵守安全工作规程、正确使用劳动防护用品和安全工器具以及执行现场安全措施；关注工作班成员身体状况和精神状态是否出现异常迹象，人员变动是否合适。带电作业应有人监护。监护人不得直接操作，监护的范围不得超过一个作业点。 （4）工作班成员：熟悉工作内容、工作流程，掌握安全措施，明确工作中的危险点，并在工作票上履行交底签名确认手续；服从工作负责人（监护人）、专责监护人的指挥，严格遵守《国家电网公司电力安全工作规程（配电部分）（试行）》和劳动纪律，在指定的作业范围内工作，对自己在工作中的行为负责，互相关心工作安全；正确使用施工机具、安全工器具和劳动防护用品

序号	项目名称	质量要求	满分	扣分标准	扣分原因	得分
1	开工准备					
1.1	现场复勘	（1）核对工作线路与设备双重名称。 （2）检查环境是否符合作业要求，电杆根部、基础和拉线是否牢固。 （3）确认避雷器接地装置应完整可靠，避雷器无明显损坏现象，检查作业装置、现场环境是否符合带电作业条件。 （4）检查气象条件（天气良好，无雷电、雪、雹、雨、雾等不良天气，风力不大于 5 级，湿度不大于 80%）。 （5）检查工作票所列安全措施，必要时予以补充和完善	4	错、漏一项扣 1 分，扣完为止		
1.2	工作许可	工作负责人按配电带电作业工作票内容与值班调控人员联系，申请停用线路重合闸	1	未申请停用线路重合闸扣 1 分		
1.3	召开现场站班会	（1）工作负责人宣读工作票。 （2）工作负责人检查工作班组成员精神状态。 （3）工作负责人交代工作任务进行人员分工，交代安全措施、技术措施、危险点及控制措施。 （4）工作负责人检查工作班成员对工作内容、工作流程、安全措施以及工作中的危险点是否明确。 （5）工作班成员在工作票上履行交底签名确认手续	4	错、漏一项扣 1 分，扣完为止		
1.4	布置工作现场	工作现场设置安全护栏、作业标志和相关警示标志	1	不满足作业要求扣 1 分		

续表

序号	项目名称	质量要求	满分	扣分标准	扣分原因	得分
1.5	工器具、材料检测	（1）工器具、材料齐备，规格型号正确。 （2）绝缘工器具应放置在防潮苫布上，绝缘工器具应与金属工器具、材料分区放置。 （3）工器具在试验周期内。 （4）外观检查方法正确，绝缘工器具应无机械、绝缘缺陷，应戴干净清洁手套，用干燥、清洁毛巾清洁绝缘工器具。 （5）对绝缘工具使用绝缘测试仪进行分段绝缘检测，绝缘电阻值不低于700MΩ。 （6）检查新安装的柱上开关或隔离开关试验报告合格，并使用绝缘测试仪确认其绝缘性能完好。 （7）检测（新）绝缘子串及横担	5	错、漏一项扣1分，扣完为止		
2	作业过程					
2.1	进入作业现场	（1）选择合适位置停放绝缘斗臂车，支撑稳固，并可靠接地。 （2）查看绝缘臂、绝缘斗良好，进行空斗试操作，确认液压传动、升降、伸缩，回转系统工作正常及操作灵活，制动装置可靠。 （3）斗内电工穿戴好绝缘防护用具，进入绝缘斗，挂好安全带保险钩	5	错、漏一项扣2分，扣完为止		
2.2	验电	斗内电工将绝缘斗调整至三相避雷器外侧适当位置，使用验电器对导线、绝缘子、避雷器、横担进行验电，确认无漏电现象	5	错、漏一处扣2分，扣完为止		
2.3	安装绝缘遮蔽用具	斗内电工按照"从近到远、从下到上、先带电体后接地体"的遮蔽原则对作业范围内的所有带电体和接地体进行绝缘遮蔽	10	错、漏一处扣5分，扣完为止；遮蔽顺序错误终止工作		
2.4	提升导线	（1）1号斗内电工操作斗臂车返回地面，在地面电工配合下安装绝缘横担。 （2）1号电工将绝缘横担移至被提升导线的下方，将两边相导线分别置于绝缘横担固定器内，由3号电工拆除两边相绝缘子绑扎线。 （3）1号电工将绝缘横担继续缓慢抬高，提升两边相导线，将中相导线置于绝缘横担固定器内，由3号电工拆除中相绝缘子帮扎线	5	错、漏一处扣2分，扣完为止		
2.5	更换横担及安装柱上开关或隔离开关	（1）1号电工将绝缘横担缓慢抬高，提升三相导线，提升高度不小于0.4m。 （2）杆上电工登杆，拆除绝缘子和横担，安装耐张横担，并装好耐张绝缘子和耐张线夹，3号斗内电工操作绝缘小吊使用绝缘吊绳将柱上负荷开关或隔离开关提升至横担处，杆上电工进行柱上负荷开关或隔离开关与横担的连接组装，并确认开关在"分"的位置，杆上电工安装避雷器，并做好接地装置的连接，返回地面。 （3）3、4号电工对横担、绝缘子串、耐张线夹进行绝缘遮蔽。 （4）1号斗内电工缓慢下降绝缘横担，在3号电工配合下将导线逐一放置耐张横担上，并做好固定措施，1号斗内电工返回地面，拆除绝缘横担	20	错、漏一处扣5分，扣完为止		
2.6	连接开关引流线	（1）两台斗臂车分别调整绝缘斗位置，1、3号斗内电工分别在柱上负荷开关或隔离开关两侧依次进行开关引流线与导线的接续。接续完毕后，迅速恢复绝缘遮蔽。 （2）引流线搭接完毕，1号合上柱上负荷开关或隔离开关，确认开关在"合"的位置	5	错、漏一处扣3分，扣完为止		

续表

序号	项目名称	质量要求	满分	扣分标准	扣分原因	得分
2.7	安装绝缘紧线器和后备绝缘保护绳	两台斗臂车的斗内电工分别调整绝缘斗定位于中间相，将绝缘紧线器、卡线器安装到中间相的横担和导线上，并在两个卡线器外侧加装后备保护绳。 要求：安装绝缘紧线器。 （1）最小范围打开耐张横担部位的绝缘遮蔽，将绝缘绳套安装在耐张横担上，绝缘紧线器一端安装到绝缘绳套上，迅速恢复耐张横担的绝缘遮蔽。 （2）最小范围打开导线处的绝缘遮蔽，将卡线器安装到导线上，在卡线器外侧加装后备保护绳，迅速恢复导线处的绝缘遮蔽	10	不符合要求扣5分，扣完为止		
2.8	开断导线	（1）1号斗内电工使用电流检测仪检测电流，确认通流正常，开关引流线每一相分流的负荷电流应不小于原线路负荷电流的1/3。 （2）两台斗臂车的斗内电工相互配合，剪断中间相导线，分别将中间相两侧导线固定在耐张线夹内，迅速恢复绝缘遮蔽。 （3）斗内电工分别拆除绝缘紧线器及后备保护绳，恢复绝缘遮蔽。如导线为绝缘导线，应恢复导线端头的绝缘和密封。 （4）斗内电工配合，按同样的方法开断内边相和外边相导线	5	错、漏一处扣2分，扣完为止		
2.9	拆除绝缘遮蔽用具	杆上电工按照"从远到近、从上到下、先接地体后带电体"的原则拆除绝缘遮蔽	5	拆除绝缘遮蔽用具顺序错误终止工作，扣5分		
2.10	撤离杆塔	下降绝缘斗返回地面、收回绝缘臂时应注意绝缘斗臂车周围杆塔、线路等情况	5	不符合要求扣1分		
3	工作结束					
3.1	清理现场	工作负责人组织工作班成员整理工具、材料，将工器具分类摆放在苫布上，清理现场，做到工完、料尽、场地清	1	不符合要求扣1分		
3.2	质量验收	工作负责人对完成的工作进行全面检查，符合验收规范要求后，记录在册	2	不符合要求扣2分		
3.3	收工会	召开现场收工会，正确点评工作，补充现场标准化作业指导书验收栏等内容	1	不符合要求扣1分		
3.4	工作终结	汇报值班调控人员工作已经结束，恢复作业线路（双重名称）重合闸装置，在工作票填写终结时间并签字，工作班撤离现场	1	不符合要求扣1分		
3.5	安全文明生产	（1）杆上电工登杆作业应正确使用安全带、脚扣。 （2）上、下传递工具、材料均应使用绝缘绳传递，传递中不能与电杆、构件等碰撞，严禁抛掷。 （3）作业过程中禁止摘下绝缘防护用具，而且绝缘手套仅作辅助绝缘。 （4）转移作业相，关键步骤操作时应获得工作监护人的许可。 （5）作业过程中，不随意踩踏防潮苫布	5	错、漏一项扣1分，扣完为止		
	合计		100			

Jc0004143005　绝缘手套作业法带电带负荷直线杆改耐张杆并加装柱上开关或隔离开关（绝缘手套作业法、绝缘斗臂车、杆顶绝缘横担）的操作。（100分）

考核知识点：带电作业方法

难易度：难

技能等级评价专业技能考核操作工作任务书

一、任务名称

绝缘手套作业法带电带负荷直线杆改耐张杆并加装柱上开关或隔离开关（绝缘手套作业法、绝缘斗臂车、杆顶绝缘横担）的操作。

二、适用工种

高压线路带电检修工（配电）高级技师。

三、具体任务

（1）开工准备工作（现场复勘、工作许可、召开现场站班会、布置工作现场、工器具、材料检测）等项目。

（2）安装、拆除绝缘遮蔽用具。

（3）使用绝缘手套作业法带电带负荷直线杆改耐张杆并加装柱上开关或隔离开关（绝缘手套作业法、绝缘斗臂车、杆顶绝缘横担）的操作。

四、工作规范及要求

（1）带电作业应在良好天气下进行，作业前须进行风速和湿度测量。风力大于5级或湿度大于80%时，不宜带电作业。若遇雷电、雪、雹、雨、雾等不良天气，禁止带电作业。

（2）绝缘手套作业法。

（3）本作业项目工作人员共计7名，其中工作负责人（监护人）1名、专责监护人1名、斗内电工4名、地面电工1名。

（4）工作负责人（监护人）、专责监护人、斗内电工、地面电工必须严格遵守《国家电网公司电力安全工作规程（配电部分）（试行）》3.3.12工作票所列人员的安全责任。

（5）要求着装正确（安全帽、全棉长袖工作服、绝缘鞋）。

五、考核及时间要求

考核时间共50分钟，从获得工作许可开始至工作终结完毕，每超过2分钟扣1分，到60分钟终止考核。

技能等级评价专业技能考核操作评分标准

工种	高压线路带电检修工（配电）			评价等级	高级技师
项目模块	带电作业方法—绝缘手套作业法带电带负荷直线杆改耐张杆并加装柱上开关或隔离开关（绝缘手套作业法、绝缘斗臂车、杆顶绝缘横担）的操作		编号		Jc0004143005
单位		准考证号		姓名	
考试时限	50分钟	题型	单项操作	题分	100分
成绩		考评员		考评组长		日期	
试题正文	绝缘手套作业法带电带负荷直线杆改耐张杆并加装柱上开关或隔离开关（绝缘手套作业法、绝缘斗臂车、杆顶绝缘横担）的操作				

需要说明的问题和要求	（1）带电作业应在良好天气下进行，作业前须进行风速和湿度测量。风力大于5级或湿度大于80%时，不宜带电作业。若遇雷电、雪、雹、雨、雾等不良天气，禁止带电作业。 （2）本作业项目工作人员共计7名，其中工作负责人（监护人）1名、专责监护人1名、斗内电工4名、地面电工1名。 （3）工作负责人（监护人）：正确组织工作；检查工作票所列安全措施是否正确完备，是否符合现场实际条件，必要时予以补充完善；工作前，对工作班成员进行工作任务、安全措施交底和危险点告知，并确定每个工作班成员都已签名；组织执行工作票所列由其负责的安全措施；监督工作班成员遵守安全工作规程、正确使用劳动防护用品和安全工器具以及执行现场安全措施；关注工作班成员身体状况和精神状态是否出现异常迹象，人员变动是否合适。带电作业应有人监护。监护人不得直接操作，监护的范围不得超过一个作业点。 （4）工作班成员：熟悉工作内容、工作流程，掌握安全措施，明确工作中的危险点，并在工作票上履行交底签名确认手续；服从工作负责人（监护人）、专责监护人的指挥，严格遵守《国家电网公司电力安全工作规程（配电部分）（试行）》和劳动纪律，在指定的作业范围内工作，对自己在工作中的行为负责，互相关心工作安全；正确使用施工机具、安全工器具和劳动防护用品					

序号	项目名称	质量要求	满分	扣分标准	扣分原因	得分
1	开工准备					
1.1	现场复勘	（1）核对工作线路与设备双重名称。 （2）检查环境是否符合作业要求，电杆根部、基础和拉线是否牢固。 （3）确认避雷器接地装置应完整可靠，避雷器无明显损坏现象，检查作业装置、现场环境是否符合带电作业条件。 （4）检查气象条件（天气良好，无雷电、雪、雹、雨、雾等不良天气，风力不大于5级，湿度不大于80%）。 （5）检查工作票所列安全措施，必要时予以补充和完善	4	错、漏一项扣1分，扣完为止		
1.2	工作许可	工作负责人按配电带电作业工作票内容与值班调控人员联系，申请停用线路重合闸	1	未申请停用线路重合闸扣1分		
1.3	召开现场站班会	（1）工作负责人宣读工作票。 （2）工作负责人检查工作班组成员精神状态。 （3）工作负责人交代工作任务进行人员分工，交代安全措施、技术措施、危险点及控制措施。 （4）工作负责人检查工作班成员对工作内容、工作流程、安全措施以及工作中的危险点是否明确。 （5）工作班成员在工作票上履行交底签名确认手续	4	错、漏一项扣1分，扣完为止		
1.4	布置工作现场	工作现场设置安全护栏、作业标志和相关警示标志	1	不满足作业要求扣1分		
1.5	工器具、材料检测	（1）工器具、材料齐备，规格型号正确。 （2）绝缘工器具应放置在防潮苫布上，绝缘工器具应与金属工器具、材料分区放置。 （3）工器具在试验周期内。 （4）外观检查方法正确，绝缘工器具应无机械、绝缘缺陷，应戴干净清洁手套，用干燥、清洁毛巾清洁绝缘工器具。 （5）对绝缘工具使用绝缘测试仪进行分段绝缘检测，绝缘电阻值不低于700MΩ。 （6）检查新安装的柱上开关或隔离开关试验报告合格，并使用绝缘测试仪确认其绝缘性能完好。 （7）检测（新）绝缘子串及横担	5	错、漏一项扣1分，扣完为止		

续表

序号	项目名称	质量要求	满分	扣分标准	扣分原因	得分
2	作业过程					
2.1	进入作业现场	（1）选择合适位置停放绝缘斗臂车，支撑稳固，并可靠接地。 （2）查看绝缘臂、绝缘斗良好，进行空斗试操作，确认液压传动、升降、伸缩、回转系统工作正常及操作灵活，制动装置可靠。 （3）斗内电工穿戴好绝缘防护用具，进入绝缘斗，挂好安全带保险钩	5	错、漏一项扣2分，扣完为止		
2.2	验电	斗内电工将绝缘斗调整至三相避雷器外侧适当位置，使用验电器对导线、绝缘子、避雷器、横担进行验电，确认无漏电现象	5	错、漏一处扣3分，扣完为止		
2.3	安装绝缘遮蔽用具	斗内电工按照"从近到远、从下到上、先带电体后接地体"的遮蔽原则对作业范围内的所有带电体和接地体进行绝缘遮蔽	10	错、漏一处扣5分，扣完为止；遮蔽顺序错误终止工作		
2.4	提升导线	（1）1号斗内电工使用绝缘小吊吊住中相导线，3号电工解开中相导线绑扎线，遮蔽罩对接并将开口向上。1号电工起升小吊将导线缓慢提升至距中间相绝缘子0.4m以外。 （2）3号电工拆除中间相绝缘子及立铁，安装杆顶绝缘横担。 （3）1号电工缓慢下降小吊将中相导线放至绝缘横担中间相卡槽内，扣好保险环，解开小吊绳。两边相按相同方法进行	5	错、漏一处扣2分，扣完为止		
2.5	更换横担及安装柱上开关或隔离开关	（1）拆除直线横担及绝缘子。 （2）两台斗臂车斗内电工相互配合安装耐张横担、绝缘子串、耐张线夹。 （3）3号斗内电工操作绝缘小吊使用绝缘吊绳将柱上负荷开关或隔离开关提升至横担处，1号斗内电工进行柱上负荷开关或隔离开关与横担的连接组装，并确认开关在"分"的位置，安装避雷器，并做好接地装置的连接。 （4）两台斗臂车斗内电工相互配合对新装耐张横担、耐张绝缘子串、耐张线夹、柱上负荷开关或隔离开关及电杆进行绝缘遮蔽	20	错、漏一处扣5分，扣完为止		
2.6	连接开关引流线	（1）两台斗臂车分别调整绝缘斗位置，1、3号斗内电工分别在柱上负荷开关或隔离开关两侧依次进行开关引流线与导线的接续。接续完毕后，迅速恢复绝缘遮蔽。 （2）引流线搭接完毕，1号合上柱上负荷开关或隔离开关，确认开关在"合"的位置	5	错、漏一处扣3分，扣完为止		
2.7	安装绝缘紧线器和后备绝缘保护绳	两台斗臂车的斗内电工分别调整绝缘斗定位于中间相，将绝缘紧线器、卡线器安装到中间相的横担和导线上，并在两个卡线器外侧加装后备保护绳。 要求：安装绝缘紧线器。 （1）最小范围打开耐张横担部位的绝缘遮蔽，将绝缘绳套安装在耐张横担上，绝缘紧线器一端安装到绝缘绳套上，迅速恢复耐张横担的绝缘遮蔽。 （2）最小范围打开导线处的绝缘遮蔽，将卡线器安装到导线上，在卡线器外侧加装后备保护绳，迅速恢复导线处的绝缘遮蔽	10	不符合要求扣5～10分，扣完为止		

续表

序号	项目名称	质量要求	满分	扣分标准	扣分原因	得分
2.8	开断导线	（1）1号斗内电工使用电流检测仪检测电流，确认通流正常，开关引流线每一相分流的负荷电流应不小于原线路负荷电流的1/3。 （2）两台斗臂车的斗内电工相互配合，剪断中间相导线，分别将中间相两侧导线固定在耐张线夹内，迅速恢复绝缘遮蔽。 （3）斗内电工分别拆除绝缘紧线器及后备保护绳，恢复绝缘遮蔽。如导线为绝缘导线，应恢复导线端头的绝缘和密封。 （4）斗内电工配合，按同样的方法开断内边相和外边相导线	5	错、漏一处扣2分，扣完为止		
2.9	拆除绝缘遮蔽用具	杆上电工按照"从远到近、从上到下、先接地体后带电体"的原则拆除绝缘遮蔽	5	拆除绝缘遮蔽用具顺序错误终止工作，扣5分		
2.10	撤离杆塔	下降绝缘斗返回地面、收回绝缘臂时应注意绝缘斗臂车周围杆塔、线路等情况	5	不符合要求扣1分		
3	工作结束					
3.1	清理现场	工作负责人组织工作班成员整理工具、材料，将工器具分类摆放在苫布上，清理现场，做到工完、料尽、场地清	1	不符合要求扣1分		
3.2	质量验收	工作负责人对完成的工作进行全面检查，符合验收规范要求后，记录在册	2	不符合要求扣2分		
3.3	收工会	召开现场收工会，正确点评工作，补充现场标准化作业指导书验收栏等内容	1	不符合要求扣1分		
3.4	工作终结	汇报值班调控人员工作已经结束，恢复作业线路（双重名称）重合闸装置，在工作票填写终结时间并签字，工作班撤离现场	1	不符合要求扣1分		
3.5	安全文明生产	（1）上、下传递工具、材料均应使用绝缘绳传递，传递中不能与电杆、构件等碰撞，严禁抛掷。 （2）作业过程中禁止摘下绝缘防护用具，而且绝缘手套仅作辅助绝缘。 （3）转移作业相，关键步骤操作时应获得工作监护人的许可。 （4）作业过程中，不随意踩踏防潮苫布	5	错、漏一项扣1分，扣完为止		
	合计		100			

Jc0004143006 绝缘手套作业法旁路作业检修电缆线路（综合不停电作业法、不停电方式、地面敷设）的操作。（100分）

考核知识点：带电作业方法

难易度：难

技能等级评价专业技能考核操作工作任务书

一、任务名称

绝缘手套作业法旁路作业检修电缆线路（综合不停电作业法、不停电方式、地面敷设）的操作。

二、适用工种

高压线路带电检修工（配电）高级技师。

三、具体任务

（1）开工准备工作（现场复勘、工作许可、召开现场站班会、布置工作现场、工器具、材料检测）等项目。

（2）安装、拆除绝缘遮蔽用具。

（3）使用绝缘手套作业法旁路作业检修电缆线路（综合不停电作业法、不停电方式、地面敷设）的操作。

四、工作规范及要求

（1）带电作业应在良好天气下进行，作业前须进行风速和湿度测量。风力大于5级或湿度大于80%时，不宜带电作业。若遇雷电、雪、雹、雨、雾等不良天气，禁止带电作业。

（2）绝缘手套作业法。

（3）本作业项目工作人员共计20名，其中工作负责人（监护人）1名、电缆工作负责人（监护人）1名、环网箱操作人员1名、专责监护人1名、电缆检修人员16名。

（4）工作负责人（监护人）、专责监护人、环网箱操作人员、电缆检修人员必须严格遵守《国家电网公司电力安全工作规程（配电部分）（试行）》3.3.12工作票所列人员的安全责任。

（5）要求着装正确（安全帽、全棉长袖工作服、绝缘鞋）。

五、考核及时间要求

考核时间共50分钟，从获得工作许可开始至工作终结完毕，每超过2分钟扣1分，到60分钟终止考核。

技能等级评价专业技能考核操作评分标准

工种	高压线路带电检修工（配电）		评价等级	高级技师
项目模块	带电作业方法—绝缘手套作业法旁路作业检修电缆线路（综合不停电作业法、不停电方式、地面敷设）的操作	编号	Jc0004143006	
单位		准考证号	姓名	
考试时限	50分钟	题型	单项操作	题分	100分
成绩		考评员	考评组长	日期	
试题正文	绝缘手套作业法旁路作业检修电缆线路（综合不停电作业法、不停电方式、地面敷设）的操作			
需要说明的问题和要求	（1）带电作业应在良好天气下进行，作业前须进行风速和湿度测量。风力大于5级或湿度大于80%时，不宜带电作业。若遇雷电、雪、雹、雨、雾等不良天气，禁止带电作业。 （2）本作业项目工作人员共计20名，其中工作负责人（监护人）1名、电缆工作负责人（监护人）1名、环网箱操作人员1名、专责监护人1名、电缆检修人员16名。 （3）工作负责人（监护人）：正确组织工作；检查工作票所列安全措施是否正确完备，是否符合现场实际条件，必要时予以补充完善；工作前，对工作班成员进行工作任务、安全措施交底和危险点告知，并确定每个工作班成员都已签名；组织执行工作票所列由其负责的安全措施；监督工作班成员遵守安全工作规程、正确使用劳动防护用品和安全工器具以及执行现场安全措施；关注工作班成员身体状况和精神状态是否出现异常迹象，人员变动是否合适。带电作业应有人监护，监护人不得直接操作，监护的范围不得超过一个作业点。 （4）工作班成员：熟悉工作内容、工作流程，掌握安全措施，明确工作中的危险点，并在工作票上履行交底签名确认手续；服从工作负责人（监护人）、专责监护人的指挥，严格遵守《国家电网公司电力安全工作规程（配电部分）（试行）》和劳动纪律，在指定的作业范围内工作，对自己在工作中的行为负责，互相关心工作安全；正确使用施工机具、安全工器具和劳动防护用品			

序号	项目名称	质量要求	满分	扣分标准	扣分原因	得分
1	开工准备					
1.1	现场复勘	（1）核对工作线路与设备双重名称。 （2）检查环境是否符合作业要求，电杆根部、基础和拉线是否牢固。 （3）确认避雷器接地装置应完整可靠，避雷器无明显损坏现象，检查作业装置、现场环境符合带电作业条件。	4	错、漏一项扣1分，扣完为止		

序号	项目名称	质量要求	满分	扣分标准	扣分原因	得分
1.1	现场复勘	（4）检查气象条件（天气良好，无雷电、雪、雹、雨、雾等不良天气，风力不大于5级，湿度不大于80%）。 （5）检查工作票所列安全措施，必要时予以补充和完善	4	错、漏一项扣1分，扣完为止		
1.2	工作许可	工作负责人按配电带电作业工作票内容与值班调控人员联系，申请停用线路重合闸	1	未申请停用线路重合闸扣1分		
1.3	召开现场站班会	（1）工作负责人宣读工作票。 （2）工作负责人检查工作班组成员精神状态。 （3）工作负责人交代工作任务进行人员分工，交代安全措施、技术措施、危险点及控制措施。 （4）工作负责人检查工作班成员对工作内容、工作流程、安全措施以及工作中的危险点是否明确。 （5）工作班成员在工作票上履行交底签名确认手续	4	错、漏一项扣1分，扣完为止		
1.4	布置工作现场	工作现场设置安全护栏、作业标志和相关警示标志	1	不满足作业要求扣1分		
1.5	工器具、材料检测	（1）工器具、材料齐备，规格型号正确。 （2）绝缘工器具应放置在防潮苫布上，绝缘工器具应与金属工器具、材料分区放置。 （3）工器具在试验周期内。 （4）外观检查方法正确，绝缘工器具应无机械、绝缘缺陷，应戴干净清洁手套，用干燥、清洁毛巾清洁绝缘工器具。 （5）对绝缘工具使用绝缘测试仪进行分段绝缘检测，绝缘电阻值不低于700MΩ。 （6）检查新安装的避雷器试验报告合格，并使用绝缘测试仪确认其绝缘性能完好。 （7）检查旁路设备	5	错、漏一项扣1分，扣完为止		
2	作业过程					
2.1	进入作业现场	（1）选择合适位置停放绝缘斗臂车，支撑稳固，并可靠接地。 （2）查看绝缘臂、绝缘斗良好，进行空斗试操作，确认液压传动、升降、伸缩、回转系统工作正常及操作灵活，制动装置可靠。 （3）斗内电工穿戴好绝缘防护用具，进入绝缘斗，挂好安全带保险钩	5	错、漏一项扣2分，扣完为止		
2.2	敷设旁路电缆	（1）作业人员根据施工方案，按照电缆进出线保护箱→电缆绝缘护线管及护线管接口绝缘护罩→电缆对接头保护箱（在T接点敷设电缆分接头保护箱）→电缆绝缘护线管及护线管接口绝缘护罩→电缆进出线保护箱的顺序敷设旁路设备地面防护装置。 （2）作业人员在旁路电缆地面防护装置内敷设旁路电缆。 （3）使用电缆中间连接器按相位色连接旁路柔性电缆，盖好旁路设备地面防护装置保护盖。 （4）使用绝缘测试仪对组建好的旁路回路进行绝缘性能检测，绝缘电阻应不小于500MΩ。 （5）绝缘性能检测完毕后使用绝缘放电杆对旁路设备进行充分的放电。	25	错、漏一处扣5分，扣完为止		

续表

序号	项目名称	质量要求	满分	扣分标准	扣分原因	得分
2.2	敷设旁路电缆	敷设旁路电缆应注意： （1）旁路作业设备检测完毕，向带电工作负责人汇报检查结果。 （2）敷设旁路设备柔性电力，旁路电缆地面敷设中如需跨越道路时，应使用电力架空跨越支架将旁路电缆架空敷设并可靠固定。 敷设旁路电缆时，须由多名作业人员配合使旁路电缆离开地面整体敷设，防止旁路电缆与地面摩擦，且不得受力。 （3）绝缘电阻检测完毕后，应进行充分放电，用绝缘放电杆放电时，绝缘放电杆的接地应良好。 （4）连接旁路作业设备前，应对各接口进行清洁和润滑：用不起毛的清洁纸或清洁布、无水酒精或其他电缆清洁剂清洁；确认绝缘表面无污物、灰尘、水分、损伤。在插拔界面均匀涂润滑硅脂。 （5）旁路柔性电缆采用地面敷设时，应对地面的旁路作业设备采取可靠的绝缘防护措施后方可投入运行，确保绝缘防护有效。 （6）旁路电缆运行期间，应派专人看守、巡视，防止外人碰触。 （7）组装完毕并投入运行的旁路作业装备可以在雨、雪天气运行，但应做好防护。禁止在雨、雪天气进行旁路作业装备敷设、组装、回收等工作。 （8）检测旁路回路整体绝缘电阻、放电时应戴绝缘手套	25	错、漏一处扣5分，扣完为止		
2.3	接入旁路电缆	（1）电缆检修人员从两侧环网箱相应的开关间隔出线侧，拆除待检修电缆线路的终端，使用绝缘放电杆充分放电。 （2）电缆检修人员将旁路回路两端的旁路柔性电缆终端接入到两侧环网箱相应间隔的开关出线端	5	错、漏一处扣3分，扣完为止		
2.4	倒闸操作	环网箱操作人员进行倒闸操作，将旁路回路与原电缆线路并列运行： （1）确认旁路负荷开关在断开位置，合上电源侧环网箱备用间隔开关。 （2）合上负荷侧环网箱备用间隔开关。 （3）在旁路负荷开关处进行核相。 （4）相位正确后，合上旁路负荷开关	5	错、漏一处扣2分，扣完为止		
2.5	检测电流	电缆工作负责人检查旁路回路的分流状况	5	不符合要求扣5分		
2.6	倒闸操作	环网箱操作人员进行倒闸操作，将待检修电缆线路运行改检修： （1）待检修电缆线路运行改检修操作前应进行验电。 （2）拉开电源侧待检修电缆间隔开关。 （3）拉开负荷侧待检修电缆间隔开关	5	错、漏一处扣2分，扣完为止		
2.7	检修电缆	电缆检修人员检修电缆	5	不符合要求扣5分		
2.8	核相	环网箱操作人员进行倒闸操作，将检修完毕的电缆线路由检修改运行。合负荷侧环网箱进线间隔开关前，应对检修的电缆线路进行核相	5	不符合要求扣5分		
2.9	倒闸操作	环网箱操作人员进行倒闸操作，旁路回路由运行改检修： （1）拉开负荷侧环网箱备用间隔开关。 （2）拉开旁路负荷开关。 （3）拉开电源侧环网箱备用间隔开关	5	错、漏一处扣2分，扣完为止		

续表

序号	项目名称	质量要求	满分	扣分标准	扣分原因	得分
2.10	拆除旁路设备及防护设施	依次从两侧环网箱的备用间隔开关出线端拆除旁路柔性电缆终端、旁路电缆、旁路开关及地面防护设施	5	错、漏一处扣2分，扣完为止		
2.11	撤离杆塔	下降绝缘斗返回地面、收回绝缘臂时应注意绝缘斗臂车周围杆塔、线路等情况	5	不符合要求扣5分		
3	工作结束					
3.1	清理现场	工作负责人组织工作班成员整理工具、材料，将工器具分类摆放在苫布上，清理现场，做到工完、料尽、场地清	1	不符合要求扣1分		
3.2	质量验收	工作负责人对完成的工作进行全面检查，符合验收规范要求后，记录在册	2	不符合要求扣2分		
3.3	收工会	召开现场收工会，正确点评工作，补充现场标准化作业指导书验收栏等内容	1	不符合要求扣1分		
3.4	工作终结	汇报值班调控人员工作已经结束，恢复作业线路（双重名称）重合闸装置，在工作票填写终结时间并签字，工作班撤离现场	1	不符合要求扣1分		
3.5	安全文明生产	（1）杆上电工登杆作业应正确使用安全带、脚扣。 （2）上、下传递工具、材料均应使用绝缘绳传递，传递中不能与电杆、构件等碰撞，严禁抛掷。 （3）作业过程中禁止摘下绝缘防护用具，而且绝缘手套仅作辅助绝缘。 （4）转移作业相，关键步骤操作时应获得工作监护人的许可。 （5）作业过程中，不随意踩踏防潮苫布	5	错、漏一项扣1分，扣完为止		
	合计		100			

Jc0004143007　绝缘手套作业法旁路作业检修电缆线路（综合不停电作业法、短时停电方式、地面敷设）的操作。（100分）

考核知识点：带电作业方法

难易度：难

技能等级评价专业技能考核操作工作任务书

一、任务名称

绝缘手套作业法旁路作业检修电缆线路（综合不停电作业法、短时停电方式、地面敷设）的操作。

二、适用工种

高压线路带电检修工（配电）高级技师。

三、具体任务

绝缘手套作业法旁路作业检修电缆线路（综合不停电作业法、短时停电方式、地面敷设）的操作。针对此项工作，考生须在50分钟内完成操作。

四、工作规范及要求

（1）带电作业应在良好天气下进行，作业前须进行风速和湿度测量。风力大于5级或湿度大于80%时，不宜带电作业。若遇雷电、雪、雹、雨、雾等不良天气，禁止带电作业。

（2）绝缘手套作业法。

（3）本作业项目工作人员共计 20 名，其中工作负责人（监护人）1 名、电缆工作负责人（监护人）1 名、环网箱操作人员 1 名、专责监护人 1 名、电缆检修人员 16 名。

（4）工作负责人（监护人）、专责监护人、环网箱操作人员、电缆检修人员必须严格遵守《国家电网公司电力安全工作规程（配电部分）（试行）》3.3.12 工作票所列人员的安全责任。

（5）要求着装正确（安全帽、全棉长袖工作服、绝缘鞋）。

五、考核及时间要求

考核时间共 50 分钟，从获得工作许可开始至工作终结完毕，每超过 2 分钟扣 1 分，到 60 分钟终止考核。

技能等级评价专业技能考核操作评分标准

工种	高压线路带电检修工（配电）			评价等级	高级技师
项目模块	带电作业方法—绝缘手套作业法旁路作业检修电缆线路（综合不停电作业法、短时停电方式、地面敷设）的操作		编号	Jc0004143007	
单位		准考证号		姓名	
考试时限	50 分钟	题型	单项操作	题分	100 分
成绩		考评员	考评组长	日期	
试题正文	绝缘手套作业法旁路作业检修电缆线路（综合不停电作业法、短时停电方式、地面敷设）的操作				
需要说明的问题和要求	（1）带电作业应在良好天气下进行，作业前须进行风速和湿度测量。风力大于 5 级或湿度大于 80% 时，不宜带电作业。若遇雷电、雪、雹、雨、雾等不良天气，禁止带电作业。 （2）本作业项目工作人员共计 20 名，其中工作负责人（监护人）1 名、电缆工作负责人（监护人）1 名、环网箱操作人员 1 名、专责监护人 1 名、电缆检修人员 16 名。 （3）工作负责人（监护人）：正确组织工作；检查工作票所列安全措施是否正确完备，是否符合现场实际条件，必要时予以补充完善；工作前，对工作班成员进行工作任务、安全措施交底和危险点告知，并确定每个工作班成员都已签名；组织执行工作票所列由其负责的安全措施；监督工作班成员遵守安全工作规程、正确使用劳动防护用品和安全工器具以及执行现场安全措施；关注工作班成员身体状况和精神状态是否出现异常迹象，人员变动是否合适。带电作业应有人监护。监护人不得直接操作，监护的范围不得超过一个作业点。 （4）工作班成员：熟悉工作内容、工作流程，掌握安全措施，明确工作中的危险点，并在工作票上履行交底签名确认手续；服从工作负责人（监护人）、专责监护人的指挥，严格遵守《国家电网公司电力安全工作规程（配电部分）（试行）》和劳动纪律，在指定的作业范围内工作，对自己在工作中的行为负责，互相关心工作安全；正确使用施工机具、安全工器具和劳动防护用品				

序号	项目名称	质量要求	满分	扣分标准	扣分原因	得分
1	开工准备					
1.1	现场复勘	（1）核对工作线路与设备双重名称。 （2）检查环境是否符合作业要求，电杆根部、基础和拉线是否牢固。 （3）确认避雷器接地装置应完整可靠，避雷器无明显损坏现象，检查作业装置、现场环境符合带电作业条件。 （4）检查气象条件（天气良好，无雷电、雪、雹、雨、雾等不良天气，风力不大于 5 级，湿度不大于 80%）。 （5）检查工作票所列安全措施，必要时予以补充和完善	4	错、漏一项扣 1 分，扣完为止		
1.2	工作许可	工作负责人按配电带电作业工作票内容与值班调控人员联系，申请停用线路重合闸	1	未申请停用线路重合闸扣 1 分		
1.3	召开现场站班会	（1）工作负责人宣读工作票。 （2）工作负责人检查工作班组成员精神状态。 （3）工作负责人交代工作任务进行人员分工，交代安全措施、技术措施、危险点及控制措施。	4	错、漏一项扣 1 分，扣完为止		

续表

序号	项目名称	质量要求	满分	扣分标准	扣分原因	得分
1.3	召开现场站班会	（4）工作负责人检查工作班成员对工作内容、工作流程、安全措施以及工作中的危险点是否明确。 （5）工作班成员在工作票上履行交底签名确认手续	4	错、漏一项扣1分，扣完为止		
1.4	布置工作现场	工作现场设置安全护栏、作业标志和相关警示标志	1	不满足作业要求扣1分		
1.5	工器具、材料检测	（1）工器具、材料齐备，规格型号正确。 （2）绝缘工器具应放置在防潮苫布上，绝缘工器具应与金属工器具、材料分区放置。 （3）工器具在试验周期内。 （4）外观检查方法正确，绝缘工器具应无机械、绝缘缺陷，应戴干净清洁手套，用干燥、清洁毛巾清洁绝缘工器具。 （5）对绝缘工具使用绝缘测试仪进行分段绝缘检测，绝缘电阻值不低于700MΩ。 （6）检查新安装的避雷器试验报告合格，并使用绝缘测试仪确认其绝缘性能完好。 （7）检查旁路设备	5	错、漏一项扣1分，扣完为止		
2	作业过程					
2.1	进入作业现场	（1）选择合适位置停放绝缘斗臂车，支撑稳固，并可靠接地。 （2）查看绝缘臂、绝缘斗良好，进行空斗试操作，确认液压传动、升降、伸缩，回转系统工作正常及操作灵活，制动装置可靠。 （3）斗内电工穿戴好绝缘防护用具，进入绝缘斗，挂好安全带保险钩	5	错、漏一项扣2分，扣完为止		
2.2	敷设旁路电缆	（1）作业人员根据施工方案，按照电缆进出线保护箱→电缆绝缘护线管及护线管接口绝缘护罩→电缆对接头保护箱（在T接点敷设电缆分接头保护箱）→电缆绝缘护线管及护线管接口绝缘护罩→电缆进出线保护箱的顺序敷设旁路设备地面防护装置。 （2）作业人员在旁路电缆地面防护装置内敷设旁路电缆。 （3）使用电缆中间连接器按相位色连接旁路柔性电缆，盖好旁路设备地面防护装置保护盖。 （4）使用绝缘测试仪对组建好的旁路回路进行绝缘性能检测，绝缘电阻应不小于500MΩ。 （5）绝缘性能检测完毕后使用绝缘放电杆对旁路设备进行充分的放电。 敷设旁路电缆应注意： （1）旁路作业设备检测完毕，向带电工作负责人汇报检查结果。 （2）敷设旁路设备柔性电力，旁路电缆地面敷设中如需跨越道路时，应使用电力架空跨越支架将旁路电缆架空敷设并可靠固定。 敷设旁路电缆时，须由多名作业人员配合使旁路电缆离开地面整体敷设，防止旁路电缆与地面摩擦，且不得受力。 （3）绝缘电阻检测完毕后，应进行充分放电，用绝缘放电杆放电时，绝缘放电杆的接地应良好。 （4）连接旁路作业设备前，应对各接口进行清洁和润滑：用不起毛的清洁纸或清洁布、无水酒精或其他电缆清洁剂清洁；确认绝缘表面无污物、灰尘、水分、损伤。在插拔界面均匀涂润滑硅脂。	25	错、漏一处扣5分，扣完为止		

续表

序号	项目名称	质量要求	满分	扣分标准	扣分原因	得分
2.2	敷设旁路电缆	（5）旁路柔性电缆采用地面敷设时，应对地面的旁路作业设备采取可靠的绝缘防护措施后方可投入运行，确保绝缘防护有效。 （6）旁路电缆运行期间，应派专人看守、巡视，防止外人碰触。 （7）组装完毕并投入运行的旁路作业装备可以在雨、雪天气运行，但应做好防护。禁止在雨、雪天气进行旁路作业装备敷设、组装、回收等工作。 （8）检测旁路回路整体绝缘电阻、放电时应戴绝缘手套	25	错、漏一处扣5分，扣完为止		
2.3	倒闸操作	环网箱操作人员进行倒闸操作，将待检修电缆线路由运行改检修	5	不符合要求扣5分		
2.4	接入旁路电缆	（1）电缆检修人员从两侧环网箱相应的开关间隔出线侧，拆除待检修电缆线路的终端，使用绝缘放电杆充分放电。 （2）电缆检修人员将旁路回路两端的旁路柔性电缆终端接入到两侧环网箱相应间隔的开关出线端	5	错、漏一处扣3分，扣完为止		
2.5	核相	环网箱操作人员进行倒闸操作，将旁路回路由检修改运行。合负荷侧环网箱间隔开关前，应进行核相，相位不正确应调整电源侧旁路电缆终端	5	不符合要求扣5分		
2.6	检修电缆	电缆检修人员检修电缆	5	不符合要求扣5分		
2.7	倒闸操作	环网箱操作人员进行倒闸操作，将旁路回路由运行改检修	5	不符合要求扣5分		
2.8	恢复原运行状态	（1）电缆检修人员从两侧环网箱相应开关间隔拆除旁路柔性电缆终端，使用绝缘放电杆充分放电。 （2）电缆检修人员将检修完毕的电缆终端接入环网箱相应开关间隔	5	错、漏一处扣3分，扣完为止		
2.9	核相	环网箱操作人员倒闸操作，电缆线路由检修改运行。合负荷侧环网箱进线间隔开关前，应对检修的电缆线路进行核相	5	不符合要求扣5分		
2.10	拆除旁路设备	拆除旁路柔性电缆终端、旁路电缆、旁路开关及地面防护设施	5	错、漏一处扣2分，扣完为止		
2.11	撤离杆塔	下降绝缘斗返回地面、收回绝缘臂时应注意绝缘斗臂车周围杆塔、线路等情况	5	不符合要求扣5分		
3	工作结束					
3.1	清理现场	工作负责人组织工作班成员整理工具、材料，将工器具分类摆放在苫布上，清理现场，做到工完、料尽、场地清	1	不符合要求扣1分		
3.2	质量验收	工作负责人对完成的工作进行全面检查，符合验收规范要求后，记录在册	2	不符合要求扣2分		
3.3	收工会	召开现场收工会，正确点评工作，补充现场标准化作业指导书验收栏等内容	1	不符合要求扣1分		
3.4	工作终结	汇报值班调控人员工作已经结束，恢复作业线路（双重名称）重合闸装置，在工作票填写终结时间并签字，工作班撤离现场	1	不符合要求扣1分		

续表

序号	项目名称	质量要求	满分	扣分标准	扣分原因	得分
3.5	安全文明生产	（1）杆上电工登杆作业应正确使用安全带、脚扣。 （2）上、下传递工具、材料均应使用绝缘绳传递，传递中不能与电杆、构件等碰撞，严禁抛掷。 （3）作业过程中禁止摘下绝缘防护用具，而且绝缘手套仅作辅助绝缘。 （4）转移作业相，关键步骤操作时应获得工作监护人的许可。 （5）作业过程中，不随意踩踏防潮苫布	5	错、漏一项扣1分，扣完为止		
	合计		100			

Jc0004143008　绝缘手套作业法旁路作业检修架空线路（综合不停电作业法、绝缘斗臂车、架空敷设）的操作。（100分）

考核知识点：带电作业方法

难易度：难

技能等级评价专业技能考核操作工作任务书

一、任务名称

绝缘手套作业法旁路作业检修架空线路（综合不停电作业法、绝缘斗臂车、架空敷设）的操作。

二、适用工种

高压线路带电检修工（配电）高级技师。

三、具体任务

完成绝缘手套作业法旁路作业检修架空线路（综合不停电作业法、绝缘斗臂车、架空敷设）的操作。

四、工作规范及要求

（1）带电作业应在良好天气下进行，作业前须进行风速和湿度测量。风力大于5级或湿度大于80%时，不宜带电作业。若遇雷电、雪、雹、雨、雾等不良天气，禁止带电作业。

（2）绝缘手套作业法。

（3）本作业项目工作人员8人及配合人员10人。其中工作负责人（监护人）1名、专责监护人1名、斗内电工4名、地面电工2名、配合人员10名。

（4）工作负责人（监护人）、专责监护人、斗内电工必须严格遵守《国家电网公司电力安全工作规程（配电部分）（试行）》3.3.12工作票所列人员的安全责任。

（5）要求着装正确（安全帽、全棉长袖工作服、绝缘鞋）。

五、考核及时间要求

考核时间共50分钟，从获得工作许可开始至工作终结完毕，每超过2分钟扣1分，到60分钟终止考核。

技能等级评价专业技能考核操作评分标准

工种	高压线路带电检修工（配电）		评价等级	高级技师
项目模块	带电作业方法—绝缘手套作业法旁路作业检修架空线路（综合不停电作业法、绝缘斗臂车、架空敷设）的操作	编号	Jc0004143008	
单位		准考证号		姓名

续表

考试时限	50 分钟		题型		单项操作		题分		100 分
成绩		考评员		考评组长			日期		

试题正文	绝缘手套作业法旁路作业检修架空线路（综合不停电作业法、绝缘斗臂车、架空敷设）的操作								

需要说明的问题和要求：

（1）带电作业应在良好天气下进行，作业前须进行风速和湿度测量。风力大于 5 级或湿度大于 80%时，不宜带电作业。若遇雷电、雪、雹、雨、雾等不良天气，禁止带电作业。

（2）本作业项目工作人员共计 18 名，其中工作负责人（监护人）1 名、专责监护人 1 名、斗内电工 4 名、地面电工 2 名、配合人员 10 名。

（3）工作负责人（监护人）：正确组织工作；检查工作票所列安全措施是否正确完备，是否符合现场实际条件，必要时予以补充完善；工作前，对工作班成员进行工作任务、安全措施交底和危险点告知，并确定每个工作班成员都已签名；组织执行工作票所列由其负责的安全措施；监督工作班成员遵守安全工作规程、正确使用劳动防护用品和安全工器具以及执行现场安全措施；关注工作班成员身体状况和精神状态是否出现异常迹象，人员变动是否合适。带电作业应有人监护。监护人不得直接操作，监护的范围不得超过一个作业点。

（4）工作班成员：熟悉工作内容、工作流程，掌握安全措施，明确工作中的危险点，并在工作票上履行交底签名确认手续；服从工作负责人（监护人）、专责监护人的指挥，严格遵守《国家电网公司电力安全工作规程（配电部分）（试行）》和劳动纪律，在指定的作业范围内工作，对自己在工作中的行为负责，互相关心工作安全；正确使用施工机具、安全工器具和劳动防护用品

序号	项目名称	质量要求	满分	扣分标准	扣分原因	得分
1	开工准备					
1.1	现场复勘	（1）核对工作线路与设备双重名称。 （2）检查环境是否符合作业要求，电杆根部、基础和拉线是否牢固。 （3）确认避雷器接地装置应完整可靠，避雷器无明显损坏现象，检查作业装置、现场环境是否符合带电作业条件。 （4）检查气象条件（天气良好，无雷电、雪、雹、雨、雾等不良天气，风力不大于 5 级，湿度不大于 80%）。 （5）检查工作票所列安全措施，必要时予以补充和完善	4	错、漏一项扣 1 分，扣完为止		
1.2	工作许可	工作负责人按配电带电作业工作票内容与值班调控人员联系，申请停用线路重合闸	1	未申请停用线路重合闸扣 1 分		
1.3	召开现场站班会	（1）工作负责人宣读工作票。 （2）工作负责人检查工作班组成员精神状态。 （3）工作负责人交代工作任务进行人员分工，交代安全措施、技术措施、危险点及控制措施。 （4）工作负责人检查工作班成员对工作内容、工作流程、安全措施以及工作中的危险点是否明确。 （5）工作班成员在工作票上履行交底签名确认手续	4	错、漏一项扣 1 分，扣完为止		
1.4	布置工作现场	工作现场设置安全护栏、作业标志和相关警示标志	1	不满足作业要求扣 1 分		
1.5	工器具、材料检测	（1）工器具、材料齐备，规格型号正确。 （2）绝缘工器具应放置在防潮苫布上，绝缘工器具应与金属工器具、材料分区放置。 （3）工器具在试验周期内。 （4）外观检查方法正确，绝缘工器具应无机械、绝缘缺陷，应戴干净清洁手套，用干燥、清洁毛巾清洁绝缘工器具。 （5）对绝缘工具使用绝缘测试仪进行分段绝缘检测，绝缘电阻值不低于 700MΩ。 （6）检查新安装的避雷器试验报告合格，并使用绝缘测试仪确认其绝缘性能完好。 （7）检查旁路设备	5	错、漏一项扣 1 分，扣完为止		

序号	项目名称	质量要求	满分	扣分标准	扣分原因	得分
2	作业过程					
2.1	进入作业现场	（1）选择合适位置停放绝缘斗臂车，支撑稳固，并可靠接地。 （2）查看绝缘臂、绝缘斗良好，进行空斗试操作，确认液压传动、升降、伸缩、回转系统工作正常及操作灵活，制动装置可靠。 （3）斗内电工穿戴好绝缘防护用具，进入绝缘斗，挂好安全带保险钩	5	错、漏一项扣2分，扣完为止		
2.2	验电	2号斗内电工将绝缘斗调整至带电导线横担下侧适当位置，使用验电器对绝缘子、横担进行验电，确认无漏电现象	5	错、漏一处扣2分，扣完为止		
2.3	检测电流	1号电工用电流检测仪测量三相导线电流，确认每相负荷电流不超过200A	5	不符合要求扣5分		
2.4	安装绝缘遮蔽用具	斗内电工按照"从近到远、从下到上、先带电体后接地体"的遮蔽原则对作业范围内的所有带电体和接地体进行绝缘遮蔽	10	错、漏一处扣5分，扣完为止；遮蔽顺序错误终止工作		
2.5	敷设旁路设备	（1）电源侧和负荷侧电杆上安装旁路负荷开关和余缆支架（架空敷设时开关比输送绳高1～1.5m，余缆支架比开关低0.5m左右），并将旁路负荷开关外壳接地。 （2）确定输送绳固定位置：输送绳支持工具安装高度一般为离地面5～6m、在杆上最下层低压线路的下方，距离至少1.0m以上，方向与导线垂直。 （3）安装中间支持工具：根据现场确定的位置，将中间支持工具固定在电杆上，直线杆上安装直线中间支持工具支架，转角杆上安装中间支持工具转角支架，将支架链条围绕电杆后嵌入固定槽口内收紧，并确认安装是否牢固可靠。 （4）安装电缆导入轮支架：在起始电杆位置，一般距离地面5m及以下，将导入轮支架链条围绕电杆后嵌入固定槽口内，使电缆导入轮支架固定在电杆上，方向与架空导线垂直，并确认安装是否牢固可靠。 （5）安装电缆导入轮：将电缆导入轮插入导入轮支架槽口内，直到支架卡簧恢复到原来位置，检查导入轮安装是否可靠牢固。 （6）连接电缆导入轮与（地上用）固定工具：分别用7、2、1.0m的输送绳相连接，输送绳之间用连接器MR-A连接，连接应牢固、可靠（拧紧螺帽）。 （7）固定（地上用）固定工具的另一侧桩头：固定工具与桩头之间用的承力绳连接并用紧线器收紧，绳与地夹角小于45°。 （8）安装输送绳：在架设旁路电缆的尽头杆上，离地1.5m处，安装（柱上用）固定工具，然后将输送绳盘套入固定工具槽内，再把链条嵌入槽口内，关闭固定工具槽保险装置，检查安装是否牢固可靠。 （9）连接输送绳与旁路电缆导入轮：将50m或100m长输送绳放至旁路电缆导入轮处，并与电缆导入轮窄侧相连接，采用连接器MR-B（两侧螺纹）螺旋连接方式，拧紧连接器，直到两端紧密结合平整为止。 （10）安装紧线工具：在架设旁路电缆的尽头杆上，将紧线工具安装在固定线盘边上，并进行收放输送绳紧线的准备工作。	10	错、漏一处扣1分，扣完为止		

续表

序号	项目名称	质量要求	满分	扣分标准	扣分原因	得分
2.5	敷设旁路设备	（11）输送绳紧线：收紧输送绳前，将输送绳放入中间支持工具凹槽内，确认绳在槽内后，然后在紧线工具处收紧输送绳，直至输送绳完全平直为止。 （12）牵引展放旁路电缆。 （13）在电源侧和负荷侧电杆处，将旁路电缆、旁路高压引下电缆和旁路负荷开关可靠接续。 （14）将旁路电缆首、末端高压转接电缆引下线分别置于悬空位置，依次合上电源侧和负荷侧旁路负荷开关，斗内电工配合地面人员检测旁路系统绝缘电阻（应不小于500MΩ）。对旁路系统进行有效放电。 （15）绝缘电阻检测完毕后，斗内电工分别断开电源侧和负荷侧旁路负荷开关，并锁死保险环	10	错、漏一处扣1分，扣完为止		
2.6	连接旁路高压引下电缆	（1）确认旁路负荷开关在断开状态下，1、2号电工各自用绝缘操作杆将中间相旁路高压引下电缆的引流线夹安装到中间相架空导线上，并挂好防坠绳，补充绝缘遮蔽措施。 （2）其他两相的旁路高压引下电缆的引流线夹按照相同的方法挂接。 （3）三相旁路高压引下电缆可按照由远到近或先中间相再两边相的顺序挂接	5	操作不正确一处扣2分，扣完为止		
2.7	旁路投入	倒闸操作，旁路回路投入运行： （1）合上电源侧旁路负荷开关。 （2）在负荷侧旁路负荷开关处核相，确认相位无误，合上负荷侧旁路负荷开关。 （3）用电流检测仪检测高压引下电缆的电流，确认通流正常	5	错、漏一处扣2分，扣完为止		
2.8	待检修线路退出	待检修架空线路退出运行： （1）斗内电工断开负荷侧三相耐张引线，迅速恢复绝缘遮蔽。 （2）斗内电工断开电源侧三相耐张引线，迅速恢复绝缘遮蔽。 （3）用电流检测仪检测旁路高压引下电缆电流，确认通流正常	5	错、漏一处扣2分，扣完为止		
2.9	检修架空线路	检修班检修架空线路	5	不符合要求扣5分		
2.10	恢复检修线路	架空线路检修完毕，依次将电源侧和负荷侧电杆上三相耐张引线可靠连接，使用电流检测仪检测线路电流，确认通流正常	5	不符合要求扣5分		
2.11	拆除旁路作业设备	（1）1号电工调整绝缘斗到旁路负荷开关合适位置，断开旁路负荷开关，锁死闭锁机构。 （2）1、2号电工分别调整绝缘斗位置用绝缘操作杆依次拆除三相旁路高压引下电缆引流线夹。三相的顺序可按由近到远或先两边相再中间相进行。合上旁路负荷开关，对旁路设备充分放电，并拉开旁路负荷开关。 （3）1、2号电工与地面电工相互配合，拆除旁路高压引下电缆、余缆工具和旁路负荷开关，拆除敷设的旁路电缆及旁路电缆输送装置	5	操作不正确一处扣2分，扣完为止		
2.12	拆除绝缘遮蔽用具	杆上电工按照"从远到近、从上到下、先接地体后带电体"的原则拆除绝缘遮蔽	5	拆除绝缘遮蔽用具顺序错误终止工作，扣5分		

续表

序号	项目名称	质量要求	满分	扣分标准	扣分原因	得分
2.13	撤离杆塔	下降绝缘斗返回地面、收回绝缘臂时应注意绝缘斗臂车周围杆塔、线路等情况	5	不符合要求扣5分		
3	工作结束					
3.1	清理现场	工作负责人组织工作班成员整理工具、材料，将工器具分类摆放在苫布上，清理现场，做到工完、料尽、场地清	1	不符合要求扣1分		
3.2	质量验收	工作负责人对完成的工作进行全面检查，符合验收规范要求后，记录在册	2	不符合要求扣2分		
3.3	收工会	召开现场收工会，正确点评工作，补充现场标准化作业指导书验收栏等内容	1	不符合要求扣1分		
3.4	工作终结	汇报值班调控人员工作已经结束，恢复作业线路（双重名称）重合闸装置，在工作票填写终结时间并签字，工作班撤离现场	1	不符合要求扣1分		
3.5	安全文明生产	（1）杆上电工登杆作业应正确使用安全带、脚扣。 （2）上、下传递工具、材料均应使用绝缘绳传递，传递中不能与电杆、构件等碰撞，严禁抛掷。 （3）作业过程中禁止摘下绝缘防护用具，而且绝缘手套仅作辅助绝缘。 （4）转移作业相，关键步骤操作时应获得工作监护人的许可。 （5）作业过程中，不随意踩踏防潮苫布	5	错、漏一项扣1分，扣完为止		
	合计		100			

Jc0004143009　绝缘手套作业法旁路作业检修架空线路（综合不停电作业法、绝缘斗臂车、地面敷设）的操作。（100分）

考核知识点：带电作业方法

难易度：难

技能等级评价专业技能考核操作工作任务书

一、任务名称

绝缘手套作业法旁路作业检修架空线路（综合不停电作业法、绝缘斗臂车、地面敷设）的操作。

二、适用工种

高压线路带电检修工（配电）高级技师。

三、具体任务

绝缘手套作业法旁路作业检修架空线路（综合不停电作业法、绝缘斗臂车、地面敷设）的操作。针对此项工作，考生须在50分钟内完成操作。

四、工作规范及要求

（1）带电作业应在良好天气下进行，作业前须进行风速和湿度测量。风力大于5级或湿度大于80%时，不宜带电作业。若遇雷电、雪、雹、雨、雾等不良天气，禁止带电作业。

（2）绝缘手套作业法。

（3）本作业项目工作人员8人及配合人员10人。其中工作负责人（监护人）1名、专责监护人1名、斗内电工4名、地面电工2名、配合人员10名。

（4）工作负责人（监护人）、专责监护人、斗内电工必须严格遵守《国家电网公司电力安全工作规程（配电部分）（试行）》3.3.12工作票所列人员的安全责任。

（5）要求着装正确（安全帽、全棉长袖工作服、绝缘鞋）。

五、考核及时间要求

考核时间共50分钟，从获得工作许可开始至工作终结完毕，每超过2分钟扣1分，到60分钟终止考核。

技能等级评价专业技能考核操作评分标准

工种	高压线路带电检修工（配电）		评价等级	高级技师	
项目模块	带电作业方法一绝缘手套作业法旁路作业检修架空线路（综合不停电作业法、绝缘斗臂车、地面敷设）的操作		编号	Jc0004143009	
单位		准考证号		姓名	
考试时限	50分钟	题型	单项操作	题分	100分
成绩		考评员		考评组长	|日期|
试题正文	绝缘手套作业法旁路作业检修架空线路（综合不停电作业法、绝缘斗臂车、地面敷设）的操作				
需要说明的问题和要求	（1）带电作业应在良好天气下进行，作业前须进行风速和湿度测量。风力大于5级或湿度大于80%时，不宜带电作业。若遇雷电、雪、雹、雨、雾等不良天气，禁止带电作业。 （2）本作业项目工作人员共计18名，其中工作负责人（监护人）1名、专责监护人1名、斗内电工4名、地面电工2名、配合人员10名。 （3）工作负责人（监护人）：正确组织工作；检查工作票所列安全措施是否正确完备，是否符合现场实际条件，必要时予以补充完善；工作前，对工作班成员进行工作任务、安全措施交底和危险点告知，并确定每个工作班成员都已签名；组织执行工作票所列由其负责的安全措施；监督工作班成员遵守安全工作规程、正确使用劳动防护用品和安全工器具以及执行现场安全措施；关注工作班成员身体状况和精神状态是否出现异常迹象，人员变动是否合适。带电作业应有人监护。监护人不得直接操作，监护的范围不得超过一个作业点。 （4）工作班成员：熟悉工作内容、工作流程，掌握安全措施，明确工作中的危险点，并在工作票上履行交底签名确认手续；服从工作负责人（监护人）、专责监护人的指挥，严格遵守《国家电网公司电力安全工作规程（配电部分）（试行）》和劳动纪律，在指定的作业范围内工作，对自己在工作中的行为负责，互相关心工作安全；正确使用施工机具、安全工器具和劳动防护用品				

序号	项目名称	质量要求	满分	扣分标准	扣分原因	得分
1	开工准备					
1.1	现场复勘	（1）核对工作线路与设备双重名称。 （2）检查环境是否符合作业要求，电杆根部、基础和拉线是否牢固。 （3）确认避雷器接地装置应完整可靠，避雷器无明显损坏现象，检查作业装置、现场环境是否符合带电作业条件。 （4）检查气象条件（天气良好，无雷电、雪、雹、雨、雾等不良天气，风力不大于5级，湿度不大于80%）。 （5）检查工作票所列安全措施，必要时予以补充和完善	4	错、漏一项扣1分，扣完为止		
1.2	工作许可	工作负责人按配电带电作业工作票内容与值班调控人员联系，申请停用线路重合闸	1	未申请停用线路重合闸扣1分		
1.3	召开现场站班会	（1）工作负责人宣读工作票。 （2）工作负责人检查工作班组成员精神状态。 （3）工作负责人交代工作任务进行人员分工，交代安全措施、技术措施、危险点及控制措施。 （4）工作负责人检查工作班成员对工作内容、工作流程、安全措施以及工作中的危险点是否明确。 （5）工作班成员在工作票上履行交底签名确认手续	4	错、漏一项扣1分，扣完为止		

序号	项目名称	质量要求	满分	扣分标准	扣分原因	得分
1.4	布置工作现场	工作现场设置安全护栏、作业标志和相关警示标志	1	不满足作业要求扣1分		
1.5	工器具、材料检测	（1）工器具、材料齐备，规格型号正确。 （2）绝缘工器具应放置在防潮苫布上，绝缘工器具应与金属工器具、材料分区放置。 （3）工器具在试验周期内。 （4）外观检查方法正确，绝缘工器具应无机械、绝缘缺陷，应戴干净清洁手套，用干燥、清洁毛巾清洁绝缘工器具。 （5）对绝缘工具使用绝缘测试仪进行分段绝缘检测，绝缘电阻值不低于700MΩ。 （6）检查新安装的避雷器试验报告合格，并使用绝缘测试仪确认其绝缘性能完好。 （7）检查旁路设备	5	错、漏一项扣1分，扣完为止		
2	作业过程					
2.1	进入作业现场	（1）选择合适位置停放绝缘斗臂车，支撑稳固，并可靠接地。 （2）查看绝缘臂、绝缘斗良好，进行空斗试操作，确认液压传动、升降、伸缩、回转系统工作正常及操作灵活，制动装置可靠。 （3）斗内电工穿戴好绝缘防护用具，进入绝缘斗，挂好安全带保险钩	5	错、漏一项扣2分，扣完为止		
2.2	验电	2号斗内电工将绝缘斗调整至带电导线横担下侧适当位置，使用验电器对绝缘子、横担进行验电，确认无漏电现象	5	错、漏一处扣3分，扣完为止		
2.3	检测电流	1号电工用电流检测仪测量三相导线电流，确认每相负荷电流不超过200A	5	不符合要求扣5分		
2.4	安装绝缘遮蔽用具	斗内电工按照"从近到远、从下到上、先带电体后接地体"的遮蔽原则对作业范围内的所有带电体和接地体进行绝缘遮蔽	10	错、漏一处扣5分，扣完为止；遮蔽顺序错误终止工作		
2.5	敷设旁路设备	（1）作业人员根据施工方案，按照电缆进出线保护箱→电缆绝缘护线管及护线管接口绝缘护罩→电缆对接头保护箱（在T接点敷设电缆分接头保护箱）→电缆绝缘护线管及护线管接口绝缘护罩→电缆进出线保护箱的顺序敷设旁路设备地面防护装置。 （2）作业人员在敷设好的旁路设备地面防护装置内敷设旁路电缆。 （3）在工作负责人指挥下，作业人员根据施工方案，使用电缆直线对接头、电缆T接头将敷设好的旁路电缆按相位色连接好；检查无误后，作业人员盖好旁路设备地面防护装置保护盖。 （4）旁路电缆地面敷设中如需跨越道路时，应使用电缆架空跨越支架将旁路电缆架空敷设并可靠固定。 在电源侧和负荷侧电杆处，将旁路电缆、旁路高压引下电缆和旁路负荷开关可靠接续。 （5）将旁路电缆首、末端高压转接电缆引下线分别置于悬空位置，依次合上电源侧和负荷侧旁路负荷开关，斗内电工配合地面人员检测旁路系统绝缘电阻（应不小于500MΩ）。对旁路系统进行有效放电。 （6）绝缘电阻检测完毕后，斗内电工分别断开电源侧和负荷侧旁路负荷开关，并锁死保险环	10	错、漏一处扣2分，扣完为止		

序号	项目名称	质量要求	满分	扣分标准	扣分原因	得分
2.6	旁路高压引下电缆与主导线连接	（1）确认旁路负荷开关在断开状态下，1、2号电工各自使用绝缘杆式导线剥皮器剥除三相主导线绝缘皮，用绝缘操作杆将中间相旁路高压引下电缆的引流线夹安装到中间相架空导线上，并挂好防坠绳，补充绝缘遮蔽措施。 （2）其他两相的旁路高压引下电缆的引流线夹按照相同的方法挂接好。 （3）三相旁路高压引下电缆可按照由远到近或先中间相再两边相的顺序挂接	5	操作不正确一处扣2分，扣完为止		
2.7	旁路投入	倒闸操作，旁路回路投入运行： （1）合上电源侧旁路负荷开关。 （2）在负荷侧旁路负荷开关处核相，确认相位无误，合上负荷侧旁路负荷开关。 （3）用电流检测仪检测高压引下电缆的电流，确认通流正常	5	错、漏一处扣2分，扣完为止		
2.8	待检修线路退出	待检修架空线路退出运行： （1）斗内电工断开负荷侧三相耐张引线，迅速恢复绝缘遮蔽。 （2）斗内电工断开电源侧三相耐张引线，迅速恢复绝缘遮蔽。 （3）用电流检测仪检测旁路高压引下电缆电流，确认通流正常	5	错、漏一处扣2分，扣完为止		
2.9	检修架空线路	检修班检修架空线路	5	不符合要求扣5分		
2.10	恢复检修线路	架空线路检修完毕，依次将电源侧和负荷侧电杆上三相耐张引线可靠连接，使用电流检测仪检测线路电流，确认通流正常	5	错、漏一处扣3分，扣完为止		
2.11	拆除旁路作业设备	（1）1号电工调整绝缘斗到旁路负荷开关合适位置，断开旁路负荷开关，锁死闭锁机构。 （2）1、2号电工分别调整绝缘斗位置用绝缘操作杆依次拆除三相旁路高压引下电缆引流线夹。三相的顺序可按由近到远或先两边相再中间相进行。合上旁路负荷开关，对旁路设备充分放电，并拉开旁路负荷开关。 （3）1、2号电工与地面电工相互配合，拆除旁路高压引下电缆、余缆工具和旁路负荷开关，拆除敷设的旁路电缆及旁路电缆输送装置	5	操作不正确一处扣2分，扣完为止		
2.12	拆除绝缘遮蔽用具	杆上电工按照"从远到近、从上到下、先接地体后带电体"的原则拆除绝缘遮蔽	5	拆除绝缘遮蔽用具顺序错误终止工作，扣5分		
2.13	撤离杆塔	下降绝缘斗返回地面、收回绝缘臂时应注意绝缘斗臂车周围杆塔、线路等情况	5	不符合要求扣5分		
3	工作结束					
3.1	清理现场	工作负责人组织工作班成员整理工具、材料，将工器具分类摆放在苫布上，清理现场，做到工完、料尽、场地清	1	不符合要求扣1分		
3.2	质量验收	工作负责人对完成的工作进行全面检查，符合验收规范要求后，记录在册	2	不符合要求扣2分		
3.3	收工会	召开现场收工会，正确点评工作，补充现场标准化作业指导书验收栏等内容	1	不符合要求扣1分		

续表

序号	项目名称	质量要求	满分	扣分标准	扣分原因	得分
3.4	工作终结	汇报值班调控人员工作已经结束，恢复作业线路（双重名称）重合闸装置，在工作票填写终结时间并签字，工作班撤离现场	1	不符合要求扣1分		
3.5	安全文明生产	（1）杆上电工登杆作业应正确使用安全带、脚扣。 （2）上、下传递工具、材料均应使用绝缘绳传递，传递中不能与电杆、构件等碰撞，严禁抛掷。 （3）作业过程中禁止摘下绝缘防护用具，而且绝缘手套仅作辅助绝缘。 （4）转移作业相，关键步骤操作时应获得工作监护人的许可。 （5）作业过程中，不随意踩踏防潮苫布	5	错、漏一项扣1分，扣完为止		
	合计		100			

Jc0004143010　绝缘手套作业法 10kV 架空线路从环网箱临时取电给环网箱供电（综合不停电作业法、绝缘斗臂车）的操作。（100 分）

考核知识点：带电作业方法

难易度：难

技能等级评价专业技能考核操作工作任务书

一、任务名称

绝缘手套作业法 10kV 架空线路从环网箱临时取电给环网箱供电（综合不停电作业法、绝缘斗臂车）的操作。

二、适用工种

高压线路带电检修工（配电）高级技师。

三、具体任务

绝缘手套作业法 10kV 架空线路从环网箱临时取电给环网箱供电（综合不停电作业法、绝缘斗臂车）的操作。针对此项工作，考生须在 50 分钟内完成操作。

四、工作规范及要求

（1）带电作业应在良好天气下进行，作业前须进行风速和湿度测量。风力大于 5 级或湿度大于 80% 时，不宜带电作业。若遇雷电、雪、雹、雨、雾等不良天气，禁止带电作业。

（2）绝缘手套作业法。

（3）作业项目工作人员共计 24 名，其中带电作业工作负责人（监护人）1 名、斗内电工 1 名、杆上电工 1 名、地面电工 1 名、电缆工作负责人（监护人）专责监护人 1 名、专责监护人 1 名、环网箱操作人员 1 名、电缆检修人员 17 名。

（4）工作负责人（监护人）、专责监护人、环网箱操作人员、电缆检修人员必须严格遵守《国家电网公司电力安全工作规程（配电部分）（试行）》3.3.12 工作票所列人员的安全责任。

（5）要求着装正确（安全帽、全棉长袖工作服、绝缘鞋）。

五、考核及时间要求

考核时间共 50 分钟，从获得工作许可开始至工作终结完毕，每超过 2 分钟扣 1 分，到 60 分钟终止考核。

技能等级评价专业技能考核操作评分标准

工种	高压线路带电检修工（配电）			评价等级	高级技师
项目模块	带电作业方法—绝缘手套作业法10kV架空线路从环网箱临时取电给环网箱供电（综合不停电作业法、绝缘斗臂车）的操作		编号		Jc0004143010
单位		准考证号		姓名	
考试时限	50分钟	题型	单项操作	题分	100分
成绩		考评员	考评组长		日期
试题正文	绝缘手套作业法10kV架空线路从环网箱临时取电给环网箱供电（综合不停电作业法、绝缘斗臂车）的操作				
需要说明的问题和要求	（1）带电作业应在良好天气下进行，作业前须进行风速和湿度测量。风力大于5级或湿度大于80%时，不宜带电作业。若遇雷电、雪、雹、雨、雾等不良天气，禁止带电作业。 （2）本作业项目工作人员共计24名，其中带电作业工作负责人（监护人）1名、斗内电工1名、杆上电工1名、地面电工1名、电缆工作负责人（监护人）专责监护人1名、专责监护人1名、环网箱操作人员1名、电缆检修人员17名。 （3）工作负责人（监护人）：正确组织工作；检查工作票所列安全措施是否正确完备，是否符合现场实际条件，必要时予以补充完善；工作前，对工作班成员进行工作任务、安全措施交底和危险点告知，并确定每个工作班成员都已签名；组织执行工作票所列由其负责的安全措施；监督工作班成员遵守安全工作规程、正确使用劳动防护用品和安全工器具以及执行现场安全措施；关注工作班成员身体状况和精神状态是否出现异常迹象，人员变动是否合适。带电作业应有人监护。监护人不得直接操作，监护的范围不得超过一个作业点。 （4）工作班成员：熟悉工作内容、工作流程，掌握安全措施，明确工作中的危险点，并在工作票上履行交底签名确认手续；服从工作负责人（监护人）、专责监护人的指挥，严格遵守《国家电网公司电力安全工作规程（配电部分）（试行）》和劳动纪律，在指定的作业范围内工作，对自己在工作中的行为负责，互相关心工作安全；正确使用施工机具、安全工器具和劳动防护用品				

序号	项目名称	质量要求	满分	扣分标准	扣分原因	得分
1	开工准备					
1.1	现场复勘	（1）核对工作线路与设备双重名称。 （2）检查环境是否符合作业要求，电杆根部、基础和拉线是否牢固。 （3）确认避雷器接地装置应完整可靠，避雷器无明显损坏现象，检查作业装置、现场环境是否符合带电作业条件。 （4）检查气象条件（天气良好，无雷电、雪、雹、雨、雾等不良天气，风力不大于5级，湿度不大于80%）。 （5）检查工作票所列安全措施，必要时予以补充和完善	4	错、漏一项扣1分，扣完为止		
1.2	工作许可	工作负责人按配电带电作业工作票内容与值班调控人员联系，申请停用线路重合闸	1	未申请停用线路重合闸扣1分		
1.3	召开现场站班会	（1）工作负责人宣读工作票。 （2）工作负责人检查工作班组成员精神状态。 （3）工作负责人交代工作任务进行人员分工，交代安全措施、技术措施、危险点及控制措施。 （4）工作负责人检查工作班成员对工作内容、工作流程、安全措施以及工作中的危险点是否明确。 （5）工作班成员在工作票上履行交底签名确认手续	4	错、漏一项扣1分，扣完为止		
1.4	布置工作现场	工作现场设置安全护栏、作业标志和相关警示标志	1	不满足作业要求扣1分		
1.5	工器具、材料检测	（1）工器具、材料齐备，规格型号正确。 （2）绝缘工器具应放置在防潮苫布上，绝缘工器具应与金属工器具、材料分区放置。 （3）工器具在试验周期内。 （4）外观检查方法正确，绝缘工器具应无机械、绝缘缺陷，应戴干净清洁手套，用干燥、清洁毛巾清洁绝缘工器具。	10	错、漏一项扣2分，扣完为止		

续表

序号	项目名称	质量要求	满分	扣分标准	扣分原因	得分
1.5	工器具、材料检测	（5）对绝缘工具使用绝缘测试仪进行分段绝缘检测，绝缘电阻值不低于 700MΩ。 （6）检查新安装的避雷器试验报告合格，并使用绝缘测试仪确认其绝缘性能完好。 （7）检查旁路设备	10	错、漏一项扣 2 分，扣完为止		
2	作业过程					
2.1	进入作业现场	（1）选择合适位置停放旁路作业车，支撑稳固，并可靠接地。 （2）查看旁路作业车良好	5	错、漏一项扣 3 分，扣完为止		
2.2	验电	斗内电工将绝缘斗调整至带电导线下侧适当位置，使用验电器对绝缘子、横担进行验电，确认无漏电现象	5	未按要求验电扣 1～5 分，扣完为止		
2.3	绝缘遮蔽	带电作业过程中人体与带电体应保持足够的安全距离（不小于 0.4m），如不满足安全距离要求，应进行绝缘遮蔽： （1）按照"从近到远、从下到上、先带电体后接地体"的遮蔽原则对不满足安全距离的带电体进行绝缘遮蔽，遮蔽的部位和顺序：导线、绝缘子、横担。 （2）在对带电体设置绝缘遮蔽隔离措施时，动作应轻缓，人体与带电体应保持足够的安全距离。 （3）绝缘遮蔽隔离措施应严密、牢固，绝缘遮蔽用具之间搭接不得小于 150mm	10	错、漏一项扣 4 分，扣完为止		
2.4	安装旁路设备	（1）斗内电工在地面电工配合下，在合适位置安装旁路负荷开关和余缆工具，并将旁路负荷开关可靠接地。 （2）作业人员根据施工方案，按电缆进出线保护箱→电缆绝缘护线管及护线管接口绝缘护罩→电缆对接头保护箱（在 T 接点敷设电缆分接头保护箱）→电缆绝缘护线管及护线管接口绝缘护罩→电缆进出线保护箱的顺序敷设旁路设备地面防护装置。 （3）作业人员在旁路电缆地面防护装置内敷设旁路电缆。 （4）使用电缆中间连接器按相位色连接旁路柔性电缆，盖好旁路设备地面防护装置保护盖。 （5）斗内电工、杆上电工相互配合将与架空线连接的旁路高压引下电缆一端与旁路负荷开关电源侧按相位色连接好，将剩余电缆可靠固定在余缆工具上。 （6）斗内电工、杆上电工相互配合将与环网箱连接的旁路高压引下电缆一端与旁路负荷开关负荷侧按相位色连接好，将剩余电缆可靠固定在余缆工具上。 （7）斗内电工合上旁路负荷开关，使用绝缘测试仪对组建好的旁路回路进行绝缘性能检测，绝缘电阻应不小于 500MΩ。 （8）绝缘性能检测完毕后，斗内电工使用绝缘放电杆对旁路设备进行充分的放电后，用操作杆将旁路负荷开关拉开，并锁死保险环。 （9）电缆班组工作负责人，确认待取电的环网箱备用间隔开关在断开位置，将旁路高压转接电缆终端按照核准的相位安装到环网箱备用间隔开关对应的电缆插座上。	20	错、漏一处扣 2 分，扣完为止		

续表

序号	项目名称	质量要求	满分	扣分标准	扣分原因	得分
2.4	安装旁路设备	（10）斗内电工使用绝缘操作杆按相位依次将旁路负荷开关电源侧旁路高压引下电缆与带电主导线连接好后返回地面。 （11）如导线为绝缘导线应使用绝缘导线剥皮器剥除主导线绝缘皮，再行连接旁路高压引下电缆	20	错、漏一处扣2分，扣完为止		
2.5	倒闸操作	倒闸操作，环网箱由进线电缆供电改临时取电回路供电： （1）将环网箱备用间隔开关由检修改热备用。 （2）合上旁路负荷开关，并锁死保险环。 （3）依次将环网箱的两路进线间隔开关由运行改热备用（进线电缆对侧有电，不能直接改检修状态，以防发生三相接地短路）。 （4）将环网箱备用间隔开关由热备用改运行。 （5）如相位不正确，应先依次拉开环网箱间隔开关、旁路负荷开关，并对旁路柔性电缆充分放电后调整旁路高压引下电缆接头	10	错、漏一处扣2分，扣完为止		
2.6	检测电流	电缆工作负责人检查临时取电回路负荷情况	5	不符合要求扣5分		
2.7	恢复原运行方式	临时取电工作结束，倒闸操作，环网箱由临时取电回路恢复至由进线电缆供电： （1）将环网箱备用间隔开关由运行改热备用。 （2）依次将环网箱的两路进线间隔开关由热备用改运行。 （3）拉开旁路负荷开关	5	未检测该项扣5分，错、漏一处扣2分，扣完为止		
2.8	拆除旁路设备	（1）斗内电工拆除旁路负荷开关电源侧高压引下线与带电主导线连接，恢复主导线绝缘及密封，返回地面。 （2）倒闸操作，合上旁路负荷开关，将环网箱备用间隔开关由热备用改检修（可同时起到临时取电回路放电的作用）。斗内电工拆除旁路开关、余缆工具，作业人员返回地面。 （3）从环网箱备用间隔开关出线端拆除高压柔性电缆终端，恢复设备状态。 （4）拆除旁路柔性电缆终端、旁路电缆、旁路并关及地面防护设施	5	错、漏一处扣2分，扣完为止		
2.9	拆除绝缘遮蔽	经工作负责人的许可后，2号斗内电工调整绝缘斗至外边相合适工作位置，按照"从远到近"的原则拆除绝缘遮蔽。 （1）拆除部位和顺序：横担、绝缘子、导线。 （2）斗内电工在对带电体拆除绝缘遮蔽隔离措施时，动作应轻缓，人体与带电体应保持足够的安全距离。 （3）恢复主导线三处裸露点的绝缘和密封	5	错、漏一处扣2分，扣完为止		
3	工作结束					
3.1	清理现场	工作负责人组织工作班成员整理工具、材料，将工器具分类摆放在苫布上，清理现场，做到工完、料尽、场地清	1	不符合要求扣1分		
3.2	质量验收	工作负责人对完成的工作进行全面检查，符合验收规范要求后，记录在册	2	不符合要求扣2分		

续表

序号	项目名称	质量要求	满分	扣分标准	扣分原因	得分
3.3	收工会	召开现场收工会，正确点评工作，补充现场标准化作业指导书验收栏等内容	1	不符合要求扣1分		
3.4	工作终结	汇报值班调控人员工作已经结束，恢复作业线路（双重名称）重合闸装置，在工作票填写终结时间并签字，工作班撤离现场	1	不符合要求扣1分		
3.5	安全文明生产	（1）杆上电工登杆作业应正确使用安全带、脚扣。 （2）上、下传递工具、材料均应使用绝缘绳传递，传递中不能与电杆、构件等碰撞，严禁抛掷。 （3）作业过程中禁止摘下绝缘防护用具，而且绝缘手套仅作辅助绝缘。 （4）转移作业相，关键步骤操作时应获得工作监护人的许可。 （5）作业过程中，不随意踩踏防潮苫布	5	错、漏一项扣1分，扣完为止		
	合计		100			

Jc0004143011 绝缘手套作业法10kV架空线路从环网箱临时取电给环网箱供电（综合不停电作业法、地面敷设）的操作。（100分）

考核知识点：带电作业方法

难易度：难

技能等级评价专业技能考核操作工作任务书

一、任务名称

绝缘手套作业法10kV架空线路从环网箱临时取电给环网箱供电（综合不停电作业法、地面敷设）的操作。

二、适用工种

高压线路带电检修工（配电）高级技师。

三、具体任务

完成绝缘手套作业法10kV架空线路从环网箱临时取电给环网箱供电（综合不停电作业法、地面敷设）的操作。

四、工作规范及要求

（1）带电作业应在良好天气下进行，作业前须进行风速和湿度测量。风力大于5级或湿度大于80%时，不宜带电作业。若遇雷电、雪、雹、雨、雾等不良天气，禁止带电作业。

（2）绝缘手套作业法。

（3）本作业项目工作人员共计21名，其中带电作业工作负责人（监护人）1名、电缆工作负责人（监护人）专责监护人1名、专责监护人1名、环网箱操作人员1名、电缆检修人员17名。

（4）工作负责人（监护人）、专责监护人、环网箱操作人员、电缆检修人员必须严格遵守《国家电网公司电力安全工作规程（配电部分）（试行）》3.3.12工作票所列人员的安全责任。

（5）要求着装正确（安全帽、全棉长袖工作服、绝缘鞋）。

五、考核及时间要求

考核时间共50分钟，从获得工作许可开始至工作终结完毕，每超过2分钟扣1分，到60分钟终止考核。

技能等级评价专业技能考核操作评分标准

工种	高压线路带电检修工（配电）			评价等级	高级技师
项目模块	带电作业方法一绝缘手套作业法 10kV 架空线路从环网箱临时取电给环网箱供电（综合不停电作业法、地面敷设）的操作		编号	Jc0004143011	
单位		准考证号		姓名	
考试时限	50 分钟	题型	单项操作	题分	100 分
成绩		考评员		考评组长	日期

试题正文	绝缘手套作业法 10kV 架空线路从环网箱临时取电给环网箱供电（综合不停电作业法、地面敷设）的操作
需要说明的问题和要求	（1）带电作业应在良好天气下进行，作业前须进行风速和湿度测量。风力大于 5 级或湿度大于 80% 时，不宜带电作业。若遇雷电、雪、雹、雨、雾等不良天气，禁止带电作业。 （2）本作业项目工作人员共计 21 名，其中带电作业工作负责人（监护人）1 名、电缆工作负责人（监护人）专责监护人 1 名、专责监护人 1 名、环网箱操作人员 1 名、电缆检修人员 17 名。 （3）工作负责人（监护人）：正确组织工作；检查工作票所列安全措施是否正确完备，是否符合现场实际条件，必要时予以补充完善；工作前，对工作班成员进行工作任务、安全措施交底和危险点告知，并确定每个工作班成员都已签名；组织执行工作票所列由其负责的安全措施；监督工作班成员遵守安全工作规程、正确使用劳动防护用品和安全工器具以及执行现场安全措施；关注工作班成员身体状况和精神状态是否出现异常迹象，人员变动是否合适。带电作业应有人监护。监护人不得直接操作，监护的范围不得超过一个作业点。 （4）工作班成员：熟悉工作内容、工作流程，掌握安全措施，明确工作中的危险点，并在工作票上履行交底签名确认手续；服从工作负责人（监护人）、专责监护人的指挥，严格遵守《国家电网公司电力安全工作规程（配电部分）（试行）》和劳动纪律，在指定的作业范围内工作，对自己在工作中的行为负责，互相关心工作安全；正确使用施工机具、安全工器具和劳动防护用品

序号	项目名称	质量要求	满分	扣分标准	扣分原因	得分
1	开工准备					
1.1	现场复勘	（1）核对工作线路与设备双重名称。 （2）检查环境是否符合作业要求，电杆根部、基础和拉线是否牢固。 （3）确认避雷器接地装置应完整可靠，避雷器无明显损坏现象，检查作业装置、现场环境是否符合带电作业条件。 （4）检查气象条件（天气良好，无雷电、雪、雹、雨、雾等不良天气，风力不大于 5 级，湿度不大于 80%）。 （5）检查工作票所列安全措施，必要时予以补充和完善	4	错、漏一项扣 1 分，扣完为止		
1.2	工作许可	工作负责人按配电带电作业工作票内容与值班调控人员联系，申请停用线路重合闸	1	未申请停用线路重合闸扣 1 分		
1.3	召开现场站班会	（1）工作负责人宣读工作票。 （2）工作负责人检查工作班组成员精神状态。 （3）工作负责人交代工作任务进行人员分工，交代安全措施、技术措施、危险点及控制措施。 （4）工作负责人检查工作班成员对工作内容、工作流程、安全措施以及工作中的危险点是否明确。 （5）工作班成员在工作票上履行交底签名确认手续	4	错、漏一项扣 1 分，扣完为止		
1.4	布置工作现场	工作现场设置安全护栏、作业标志和相关警示标志	1	不满足作业要求扣 1 分		

序号	项目名称	质量要求	满分	扣分标准	扣分原因	得分
1.5	工器具、材料检测	（1）工器具、材料齐备，规格型号正确。 （2）绝缘工器具应放置在防潮苫布上，绝缘工器具应与金属工器具、材料分区放置。 （3）工器具在试验周期内。 （4）外观检查方法正确，绝缘工器具应无机械、绝缘缺陷，应戴干净清洁手套，用干燥、清洁毛巾清洁绝缘工器具。 （5）对绝缘工具使用绝缘测试仪进行分段绝缘检测，绝缘电阻值不低于700MΩ。 （6）检查新安装的避雷器试验报告合格，并使用绝缘测试仪确认其绝缘性能完好。 （7）检查旁路设备	10	错、漏一项扣2分，扣完为止		
2	作业过程					
2.1	进入作业现场	（1）选择合适位置停放旁路作业车，支撑稳固，并可靠接地。 （2）查看旁路作业车良好	5	错、漏一项扣3分，扣完为止		
2.2	敷设旁路电缆	（1）作业人员根据施工方案，按照电缆进出线保护箱→电缆绝缘护线管及护线管接口绝缘护罩→电缆对接头保护箱（在T接点敷设电缆分接头保护箱）→电缆绝缘护线管及护线管接口绝缘护罩→电缆进出线保护箱的顺序敷设旁路设备地面防护装置。 （2）作业人员在旁路电缆地面防护装置内敷设旁路电缆。 （3）使用电缆中间连接器按相位色连接旁路柔性电缆，盖好旁路设备地面防护装置保护盖。 （4）使用绝缘测试仪对组建好的旁路回路进行绝缘性能检测，绝缘电阻应不小于500MΩ。 （5）绝缘性能检测完毕后使用绝缘放电杆对旁路设备进行充分的放电。 敷设旁路电缆应注意： （1）旁路作业设备检测完毕，向带电工作负责人汇报检查结果。 （2）敷设旁路设备柔性电力，旁路电缆地面敷设中如需跨越道路时，应使用电力架空跨越支架将旁路电缆架空敷设并可靠固定。 敷设旁路电缆时，须由多名作业人员配合使旁路电缆离开地面整体敷设，防止旁路电缆与地面摩擦，且不得受力。 （3）绝缘电阻检测完毕后，应进行充分放电，用绝缘放电杆放电时，绝缘放电杆的接地应良好。 （4）连接旁路作业设备前，应对各接口进行清洁和润滑：用不起毛的清洁纸或清洁布、无水酒精或其他电缆清洁剂清洁；确认绝缘表面无污物、灰尘、水分、损伤。在插拔界面均匀涂润滑硅脂。 （5）旁路柔性电缆采用地面敷设时，应对地面的旁路作业设备采取可靠的绝缘防护措施后方可投入运行，确保绝缘防护有效。 （6）旁路电缆运行期间，应派专人看守、巡视，防止外人碰触。 （7）组装完毕并投入运行的旁路作业装备可以在雨、雪天气运行，但应做好防护。禁止在雨、雪天气进行旁路作业装备敷设、组装、回收等工作。 （8）检测旁路回路整体绝缘电阻、放电时应戴绝缘手套	25	错、漏一处扣5分，扣完为止		

续表

序号	项目名称	质量要求	满分	扣分标准	扣分原因	得分
2.3	接入旁路电缆	（1）工作负责人确认电源侧环网箱备用间隔和待取电环网箱备用间隔处于断开位置。 （2）作业人员将高压转接电缆终端按照核准的相位安装到待取电环网箱备用间隔对应电缆插座上。 （3）作业人员将高压转接电缆终端按照核准的相位安装到电源侧环网箱备用间隔对应电缆插座上	10	错、漏一处扣4分，扣完为止		
2.4	倒闸操作	倒闸操作，环网箱由进线电缆供电改临时取电回路供电： （1）将待取电环网箱备用间隔开关由检修改热备用。 （2）将电源侧环网箱备用间隔开关由检修改运行。 （3）依次将环网箱的两路进线间隔开关由运行改热备用（进线电缆对侧有电，不能直接改检修状态，以防发生三相接地短路）。 （4）将待取电环网箱的备用间隔开关由热备用改运行。 （5）如相位不正确，应将电源侧环网箱间隔开关改检修状态后调整相别	5	错、漏一处扣1分，扣完为止		
2.5	检测电流	电缆工作负责人检查旁路回路的分流状况	5	未检测该项扣5分； 错、漏一处扣2分，扣完为止		
2.6	倒闸操作	临时取电工作结束，倒闸操作，环网箱由临时取电回路恢复至由进线电缆供电： （1）将待取电环网箱的备用间隔开关由运行改热备用。 （2）依次将待取电环网箱的两路进线间隔开关由热备用改运行。 （3）将电源侧环网箱备用间隔开关由运行改检修。 （4）将待取电环网箱的备用间隔开关由热备用改检修。（可同时起到临时取电回路放电的作用）	5	错、漏一处扣2分，扣完为止		
2.7	恢复原运行方式	倒闸操作： （1）合上旁路负荷开关，将环网箱备用间隔开关由热备用改检修。 （2）从电源侧、待取电侧环网箱备用间隔开关出线端拆除高压柔性电缆终端，恢复设备状态。 （3）拆除旁路柔性电缆终端、旁路电缆、旁路开关及地面防护设施	5	错、漏一处扣2分，扣完为止		
2.8	核相	环网箱操作人员倒闸操作，电缆线路由检修改运行。合负荷侧环网箱进线间隔开关前，应对检修的电缆线路进行核相	5	不符合要求扣5分		
2.9	拆除旁路设备	拆除旁路柔性电缆终端、旁路电缆、旁路开关及地面防护设施	5	不符合要求扣5分		
3	工作结束					
3.1	清理现场	工作负责人组织工作班成员整理工具、材料，将工器具分类摆放在苫布上，清理现场，做到工完、料尽、场地清	1	不符合要求扣1分		
3.2	质量验收	工作负责人对完成的工作进行全面检查，符合验收规范要求后，记录在册	2	不符合要求扣2分		
3.3	收工会	召开现场收工会，正确点评工作，补充现场标准化作业指导书验收栏等内容	1	不符合要求扣1分		

续表

序号	项目名称	质量要求	满分	扣分标准	扣分原因	得分
3.4	工作终结	汇报值班调控人员工作已经结束，恢复作业线路（双重名称）重合闸装置，在工作票填写终结时间并签字，工作班撤离现场	1	不符合要求扣1分		
3.5	安全文明生产	（1）杆上电工登杆作业应正确使用安全带、脚扣。 （2）上、下传递工具、材料均应使用绝缘绳传递，传递中不能与电杆、构件等碰撞，严禁抛掷。 （3）作业过程中禁止摘下绝缘防护用具，而且绝缘手套仅作辅助绝缘。 （4）转移作业相，关键步骤操作时应获得工作监护人的许可。 （5）作业过程中，不随意踩踏防潮苫布	5	错、漏一项扣1分，扣完为止		
	合计		100			

Jc0004143012　绝缘手套作业法从环网箱临时取电给移动箱式变压器供电（综合不停电作业法、地面敷设）的操作。（100分）

考核知识点：带电作业方法

难易度：难

技能等级评价专业技能考核操作工作任务书

一、任务名称

绝缘手套作业法从环网箱临时取电给移动箱式变压器供电（综合不停电作业法、地面敷设）的操作。

二、适用工种

高压线路带电检修工（配电）高级技师。

三、具体任务

绝缘手套作业法从环网箱临时取电给移动箱式变压器供电（综合不停电作业法、地面敷设）的操作。针对此项工作，考生须在50分钟内完成操作。

四、工作规范及要求

（1）带电作业应在良好天气下进行，作业前须进行风速和湿度测量。风力大于5级或湿度大于80%时，不宜带电作业。若遇雷电、雪、雹、雨、雾等不良天气，禁止带电作业。

（2）绝缘手套作业法。

（3）本作业项目工作人员共计21名，其中带电作业工作负责人（监护人）1名、电缆工作负责人（监护人）专责监护人1名、专责监护人1名、环网箱操作人员1名、电缆检修人员17名。

（4）工作负责人（监护人）、专责监护人、环网箱操作人员、电缆检修人员必须严格遵守《国家电网公司电力安全工作规程（配电部分）（试行）》3.3.12工作票所列人员的安全责任。

（5）要求着装正确（安全帽、全棉长袖工作服、绝缘鞋）。

五、考核及时间要求

考核时间共50分钟，从获得工作许可开始至工作终结完毕，每超过2分钟扣1分，到60分钟终止考核。

技能等级评价专业技能考核操作评分标准

工种	高压线路带电检修工（配电）			评价等级	高级技师
项目模块	带电作业方法一绝缘手套作业法从环网箱临时取电给移动箱式变压器供电（综合不停电作业法、地面敷设）的操作		编号		Jc0004143012
单位		准考证号		姓名	
考试时限	50分钟	题型	单项操作	题分	100分
成绩		考评员	考评组长	日期	

试题正文	绝缘手套作业法从环网箱临时取电给移动箱式变压器供电（综合不停电作业法、地面敷设）的操作
需要说明的问题和要求	（1）带电作业应在良好天气下进行，作业前须进行风速和湿度测量。风力大于5级或湿度大于80%时，不宜带电作业。若遇雷电、雪、雹、雨、雾等不良天气，禁止带电作业。 （2）本作业项目工作人员共计21名，其中带电作业工作负责人（监护人）1名、电缆工作负责人（监护人）专责监护人1名、专责监护人1名、环网箱操作人员1名、电缆检修人员17名。 （3）工作负责人（监护人）：正确组织工作；检查工作票所列安全措施是否正确完备，是否符合现场实际条件，必要时予以补充完善；工作前，对工作班成员进行工作任务、安全措施交底和危险点告知，并确定每个工作班成员都已签名；组织执行工作票所列由其负责的安全措施；监督工作班成员遵守安全工作规程、正确使用劳动防护用品和安全工器具以及执行现场安全措施；关注工作班成员身体状况和精神状态是否出现异常迹象，人员变动是否合适。带电作业应有人监护。监护人不得直接操作，监护的范围不得超过一个作业点。 （4）工作班成员：熟悉工作内容、工作流程，掌握安全措施，明确工作中的危险点，并在工作票上履行交底签名确认手续；服从工作负责人（监护人）、专责监护人的指挥，严格遵守《国家电网公司电力安全工作规程（配电部分）（试行）》和劳动纪律，在指定的作业范围内工作，对自己在工作中的行为负责，互相关心工作安全；正确使用施工机具、安全工器具和劳动防护用品

序号	项目名称	质量要求	满分	扣分标准	扣分原因	得分
1	开工准备					
1.1	现场复勘	（1）核对工作线路与设备双重名称。 （2）检查环境是否符合作业要求，电杆根部、基础和拉线是否牢固。 （3）确认避雷器接地装置应完整可靠，避雷器无明显损坏现象，检查作业装置、现场环境是否符合带电作业条件。 （4）检查气象条件（天气良好，无雷电、雪、雹、雨、雾等不良天气，风力不大于5级，湿度不大于80%）。 （5）检查工作票所列安全措施，必要时予以补充和完善	4	错、漏一项扣1分，扣完为止		
1.2	工作许可	工作负责人按配电带电作业工作票内容与值班调控人员联系，申请停用线路重合闸	1	未申请停用线路重合闸扣1分		
1.3	召开现场站班会	（1）工作负责人宣读工作票。 （2）工作负责人检查工作班组成员精神状态。 （3）工作负责人交代工作任务进行人员分工，交代安全措施、技术措施、危险点及控制措施。 （4）工作负责人检查工作班成员对工作内容、工作流程、安全措施以及工作中的危险点是否明确。 （5）工作班成员在工作票上履行交底签名确认手续	4	错、漏一项扣1分，扣完为止		
1.4	布置工作现场	工作现场设置安全护栏、作业标志和相关警示标志	1	不满足作业要求扣1分		

续表

序号	项目名称	质量要求	满分	扣分标准	扣分原因	得分
1.5	工器具、材料检测	（1）工器具、材料齐备，规格型号正确。 （2）绝缘工器具应放置在防潮苫布上，绝缘工器具应与金属工器具、材料分区放置。 （3）工器具在试验周期内。 （4）外观检查方法正确，绝缘工器具应无机械、绝缘缺陷，应戴干净清洁手套，用干燥、清洁毛巾清洁绝缘工器具。 （5）对绝缘工具使用绝缘测试仪进行分段绝缘检测，绝缘电阻值不低于700MΩ。 （6）检查新安装的避雷器试验报告合格，并使用绝缘测试仪确认其绝缘性能完好。 （7）检查旁路设备。 （8）检查移动箱式变压器	5	错、漏一项扣1分，扣完为止		
2	作业过程					
2.1	进入作业现场	（1）选择合适位置停放旁路作业车，支撑稳固，并可靠接地。 （2）查看旁路作业车良好	5	错、漏一项扣3分，扣完为止		
2.2	停放移动箱式变压器	（1）移动箱式变压器定位于适合作业位置，将移动箱式变压器的工作接地（N线）与柱上变压器的接地极可靠连接。 （2）移动箱式变压器外壳应可靠接地，并应与柱上变压器的工作接地保持5m以上距离	10	错、漏一项扣5分，扣完为止		
2.3	敷设旁路电缆	（1）作业人员根据施工方案，按照电缆进出线保护箱→电缆绝缘护线管及护线管接口绝缘护罩→电缆对接头保护箱（在T接点敷设电缆分接头保护箱）→电缆绝缘护线管及护线管接口绝缘护罩→电缆进出线保护箱的顺序敷设旁路设备地面防护装置。 （2）作业人员在旁路电缆地面防护装置内敷设旁路电缆。 （3）使用电缆中间连接器按相位色连接旁路柔性电缆，盖好旁路设备地面防护装置保护盖。 （4）使用绝缘测试仪对组建好的旁路回路进行绝缘性能检测，绝缘电阻应不小于500MΩ。 （5）绝缘性能检测完毕后使用绝缘放电杆对旁路设备进行充分的放电。 敷设旁路电缆应注意： （1）旁路作业设备检测完毕，向带电工作负责人汇报检查结果。 （2）敷设旁路设备柔性电力，旁路电缆地面敷设中如需跨越道路时，应使用电力架空跨越支架将旁路电缆架空敷设并可靠固定。 敷设旁路电缆时，须由多名作业人员配合使旁路电缆离开地面整体敷设，防止旁路电缆与地面摩擦，且不得受力。 （3）绝缘电阻检测完毕后，应进行充分放电，用绝缘放电杆放电时，绝缘放电杆的接地应良好。 （4）连接旁路作业设备前，应对各接口进行清洁和润滑：用不起毛的清洁纸或清洁布、无水酒精或其他电缆清洁剂清洁；确认绝缘表面无污物、灰尘、水分、损伤。在插拔界面均匀涂润滑硅脂。 （5）旁路柔性电缆采用地面敷设时，应对地面的旁路作业设备采取可靠的绝缘防护措施后方可投入运行，确保绝缘防护有效。	15	错、漏一处扣2分，扣完为止		

续表

序号	项目名称	质量要求	满分	扣分标准	扣分原因	得分
2.3	敷设旁路电缆	（6）旁路电缆运行期间，应派专人看守、巡视，防止外人碰触。 （7）组装完毕并投入运行的旁路作业装备可以在雨、雪天气运行，但应做好防护。禁止在雨、雪天气进行旁路作业装备敷设、组装、回收等工作。 （8）检测旁路回路整体绝缘电阻、放电时应戴绝缘手套	15	错、漏一处扣2分，扣完为止		
2.4	接入旁路电缆	（1）将临时取电回路高压柔性电缆终端分别接入环网箱备用间隔开关的出线端和移动箱式变压器车高压开关柜进线端。 （2）将低压电缆分别连接到移动箱式变压器低压空气开关进线端和低压架空线路（已停电）。 （3）检查确认低压架空线路无接地现象	10	错、漏一处扣5分，扣完为止		
2.5	倒闸操作	倒闸操作： （1）将移动箱式变压器高压负荷开关由检修改热备用（部分移动箱式变压器无检修位置可忽略）。 （2）将环网箱备用间隔开关由检修改运行。 （3）将移动箱式变压器高压负荷开关由热备用改运行。 （4）如相位不正确，应依次拉环网箱备用间隔开关和移动箱式变压器高压开关，并对旁路柔性电缆充分放电后调整相别。 （5）合上移动箱式变压器低压空气开关	10	错、漏一处扣2分，扣完为止		
2.6	检测电流	工作负责人检查移动箱式变压器负荷情况	5	未检测该项扣5分； 错、漏一处扣2分，扣完为止		
2.7	倒闸操作	临时取电工作结束，倒闸操作，移动箱式变压器退出运行： （1）拉开移动箱式变压器低压侧开关。 （2）将移动箱式变压器高压侧负荷开关由运行改热备用。 （3）将环网箱备用间隔开关由运行改检修（可同时起到对高压旁路柔性电缆的放电作业）。 （4）合上移动箱式变压器接地开关（部分移动箱式变压器无检修位置可忽略）	10	错、漏一处扣3分，扣完为止		
2.8	恢复原运行方式	从环网箱备用间隔开关出线端、低压架空线路拆除高、低压柔性电缆终端，恢复设备状态	5	不符合要求扣5分		
2.9	拆除旁路设备	拆除旁路柔性电缆终端、旁路电缆、旁路开关及地面防护设施	5	不符合要求扣5分		
3	工作结束					
3.1	清理现场	工作负责人组织工作班成员整理工具、材料，将工器具分类摆放在苫布上，清理现场，做到工完、料尽、场地清	1	不符合要求扣1分		
3.2	质量验收	工作负责人对完成的工作进行全面检查，符合验收规范要求后，记录在册	2	不符合要求扣2分		
3.3	收工会	召开现场收工会，正确点评工作，补充现场标准化作业指导书验收栏等内容	1	不符合要求扣1分		

续表

序号	项目名称	质量要求	满分	扣分标准	扣分原因	得分
3.4	工作终结	汇报值班调控人员工作已经结束，恢复作业线路（双重名称）重合闸装置，在工作票填写终结时间并签字，工作班撤离现场	1	不符合要求扣1分		
3.5	安全文明生产	（1）杆上电工登杆作业应正确使用安全带、脚扣。 （2）上、下传递工具、材料均应使用绝缘绳传递，传递中不能与电杆、构件等碰撞，严禁抛掷。 （3）作业过程中禁止摘下绝缘防护用具，而且绝缘手套仅作辅助绝缘。 （4）转移作业相，关键步骤操作时应获得工作监护人的许可。 （5）作业过程中，不随意踩踏防潮苫布	5	错、漏一项扣1分，扣完为止		
	合计		100			

Jc0004143013　绝缘手套作业法从环网箱临时取电给移动箱式变压器供电（综合不停电作业法、绝缘斗臂车、移动箱式变压器）的操作。（100分）

考核知识点：带电作业方法

难易度：难

技能等级评价专业技能考核操作工作任务书

一、任务名称

绝缘手套作业法从环网箱临时取电给移动箱式变压器供电（综合不停电作业法、绝缘斗臂车、移动箱式变压器）的操作。

二、适用工种

高压线路带电检修工（配电）高级技师。

三、具体任务

完成绝缘手套作业法从环网箱临时取电给移动箱式变压器供电（综合不停电作业法、绝缘斗臂车、移动箱式变压器）的操作。

四、工作规范及要求

（1）带电作业应在良好天气下进行，作业前须进行风速和湿度测量。风力大于5级或湿度大于80%时，不宜带电作业。若遇雷电、雪、雹、雨、雾等不良天气，禁止带电作业。

（2）绝缘手套作业法。

（3）本作业项目工作人员共计24名，其中带电作业工作负责人（监护人）1名、斗内电工1名、杆上电工1名、地面电工1名、倒闸操作人员1名、专责监护人1名、敷设配合人员18名。

（4）工作负责人（监护人）、专责监护人、环网箱操作人员、电缆检修人员必须严格遵守《国家电网公司电力安全工作规程（配电部分）（试行）》3.3.12工作票所列人员的安全责任。

（5）要求着装正确（安全帽、全棉长袖工作服、绝缘鞋）。

五、考核及时间要求

考核时间共50分钟，从获得工作许可开始至工作终结完毕，每超过2分钟扣1分，到60分钟终止考核。

技能等级评价专业技能考核操作评分标准

工种	高压线路带电检修工（配电）			评价等级	高级技师
项目模块	带电作业方法—绝缘手套作业法从环网箱临时取电给移动箱式变压器供电（综合不停电作业法、绝缘斗臂车、移动箱式变压器）的操作			编号	Jc0004143013
单位		准考证号		姓名	
考试时限	50分钟	题型	单项操作	题分	100分
成绩		考评员	考评组长	日期	
试题正文	绝缘手套作业法从环网箱临时取电给移动箱式变压器供电（综合不停电作业法、绝缘斗臂车、移动箱式变压器）的操作				
需要说明的问题和要求	（1）带电作业应在良好天气下进行，作业前须进行风速和湿度测量。风力大于5级或湿度大于80%时，不宜带电作业。若遇雷电、雪、雹、雨、雾等不良天气，禁止带电作业。 （2）本作业项目工作人员共计24名，其中带电作业工作负责人（监护人）1名、斗内电工1名、杆上电工1名、地面电工1名、倒闸操作人员1名、专责监护人1名、敷设配合人员18名。 （3）工作负责人（监护人）：正确组织工作；检查工作票所列安全措施是否正确完备，是否符合现场实际条件，必要时予以补充完善；工作前，对工作班成员进行工作任务、安全措施交底和危险点告知，并确定每个工作班成员都已签名；组织执行工作票所列由其负责的安全措施；监督工作班成员遵守安全工作规程、正确使用劳动防护用品和安全工器具以及执行现场安全措施；关注工作班成员身体状况和精神状态是否出现异常迹象，人员变动是否合适。带电作业应有人监护。监护人不得直接操作，监护的范围不得超过一个作业点。 （4）工作班成员：熟悉工作内容、工作流程，掌握安全措施，明确工作中的危险点，并在工作票上履行交底签名确认手续；服从工作负责人（监护人）、专责监护人的指挥，严格遵守《国家电网公司电力安全工作规程（配电部分）（试行）》和劳动纪律，在指定的作业范围内工作，对自己在工作中的行为负责，互相关心工作安全；正确使用施工机具、安全工器具和劳动防护用品				

序号	项目名称	质量要求	满分	扣分标准	扣分原因	得分
1	开工准备					
1.1	现场复勘	（1）核对工作线路与设备双重名称。 （2）检查环境是否符合作业要求，电杆根部、基础和拉线是否牢固。 （3）确认避雷器接地装置应完整可靠，避雷器无明显损坏现象，检查作业装置、现场环境是否符合带电作业条件。 （4）检查气象条件（天气良好，无雷电、雪、雹、雨、雾等不良天气，风力不大于5级，湿度不大于80%）。 （5）检查工作票所列安全措施，必要时予以补充和完善	4	错、漏一项扣1分，扣完为止		
1.2	工作许可	工作负责人按配电带电作业工作票内容与值班调控人员联系，申请停用线路重合闸	1	未申请停用线路重合闸扣1分		
1.3	召开现场站班会	（1）工作负责人宣读工作票。 （2）工作负责人检查工作班组成员精神状态。 （3）工作负责人交代工作任务进行人员分工，交代安全措施、技术措施、危险点及控制措施。 （4）工作负责人检查工作班成员对工作内容、工作流程、安全措施以及工作中的危险点是否明确。 （5）工作班成员在工作票上履行交底签名确认手续	4	错、漏一项扣1分，扣完为止		
1.4	布置工作现场	工作现场设置安全护栏、作业标志和相关警示标志	1	不满足作业要求扣1分		

序号	项目名称	质量要求	满分	扣分标准	扣分原因	得分
1.5	工器具、材料检测	（1）工器具、材料齐备，规格型号正确。 （2）绝缘工器具应放置在防潮苫布上，绝缘工器具应与金属工器具、材料分区放置。 （3）工器具在试验周期内。 （4）外观检查方法正确，绝缘工器具应无机械、绝缘缺陷，应戴干净清洁手套，用干燥、清洁毛巾清洁绝缘工器具。 （5）对绝缘工具使用绝缘测试仪进行分段绝缘检测，绝缘电阻值不低于700MΩ。 （6）检查新安装的避雷器试验报告合格，并使用绝缘测试仪确认其绝缘性能完好。 （7）检查旁路设备。 （8）检查移动箱式变压器	10	错、漏一项扣2分，扣完为止		
2	作业过程					
2.1	进入带电作业区域	经工作负责人许可后，2号斗内电工操作绝缘斗臂车，进入带电作业区域，绝缘斗移动应平稳匀速，在进入带电作业区域时： （1）应无大幅晃动现象。 （2）绝缘斗下降、上升的速度不应超过0.5m/s。 （3）绝缘斗边沿的最大线速度不应超过0.5m/s	5	错、漏一项扣2分，扣完为止		
2.2	验电	斗内电工将绝缘斗调整至带电导线下侧适当位置，使用验电器对绝缘子、横担进行验电，确认无漏电现象	5	未按要求验电扣1~5分，扣完为止		
2.3	绝缘遮蔽	带电作业过程中人体与带电体应保持足够的安全距离（不小于0.4m），如不满足安全距离要求，应进行绝缘遮蔽： （1）按照"从近到远、从下到上、先带电体后接地体"的遮蔽原则对不满足安全距离的带电体进行绝缘遮蔽，遮蔽的部位和顺序：导线、绝缘子、横担。 （2）在对带电体设置绝缘遮蔽隔离措施时，动作应轻缓，人体与带电体应保持足够的安全距离。 （3）绝缘遮蔽隔离措施应严密、牢固，绝缘遮蔽用具之间搭接不得小于150mm	10	错、漏一处扣4分，扣完为止		
2.4	安装旁路设备	（1）1、2号电工在地面电工配合下，在合适位置安装旁路负荷开关和余缆工具，并将旁路负荷开关可靠接地。 （2）作业人员根据施工方案，按照电缆进出线保护箱→电缆绝缘护线管及护线管接口绝缘护罩→电缆对接头保护箱（在T接点敷设电缆分接头保护箱）→电缆绝缘护线管及护线管接口绝缘护罩→电缆进出线保护箱的顺序敷设旁路设备地面防护装置。 （3）作业人员在旁路电缆地面防护装置内敷设旁路电缆。 （4）使用电缆中间连接器按相位色连接旁路柔性电缆，盖好旁路设备地面防护装置保护盖。 （5）斗内电工、杆上电工相互配合将与架空线连接的旁路高压引下电缆一端与旁路负荷开关电源侧按相位色连接好，将剩余电缆可靠固定在余缆工具上。 （6）斗内电工、杆上电工相互配合将与移动箱变连接的旁路高压引下电缆一端与旁路负荷开关负荷侧按相位色连接好，将剩余电缆可靠固定在余缆工具上。	10	错、漏一处扣1分，扣完为止		

续表

序号	项目名称	质量要求	满分	扣分标准	扣分原因	得分
2.4	安装旁路设备	（7）斗内电工合上旁路负荷开关，使用绝缘测试仪对组建好的旁路回路进行绝缘性能检测，绝缘电阻应不小于 500MΩ。 （8）绝缘性能检测完毕后使用绝缘放电杆对旁路设备进行充分的放电后，将旁路负荷开关拉开。 （9）作业人员将旁路高压电缆终端按照核准的相位安装到移动箱式变压器主进开关对应的电缆插座上。 （10）斗内电工使用绝缘操作杆按相位依次将旁路负荷开关电源侧旁路高压引下电缆与带电主导线连接好后返回地面	10	错、漏一处扣 1 分，扣完为止		
2.5	倒闸操作	负荷由移动箱式变压器输出： （1）将移动箱式变压器高压负荷开关由检修改热备用（部分移动箱式变压器无检修位置可忽略）。 （2）合上旁路负荷开关，并锁死保险环。 （3）将移动箱式变压器高压负荷开关由热备用改运行，完成取电工作。 （4）如相位不正确，应依次拉开旁路负荷开关和移动箱式变压器高压开关，并对高压旁路设备进行充分放电后调整相别。 （5）合上移动箱式变压器低压空气开关。 （6）检查移动箱式变压器负荷情况	10	错、漏一处扣 2 分，扣完为止		
2.6	恢复原运行方式	临时取电工作结束，倒闸操作，移动箱式变压器退出运行： （1）拉开移动箱式变压器低压侧空气开关。 （2）将移动箱式变压器高压侧负荷开关由运行改热备用。 （3）拉开旁路负荷开关。 （4）合上移动箱式变压器接地开关（部分移动箱式变压器无检修位置可忽略）	10	未检测该项扣 5 分； 错、漏一处扣 2 分，扣完为止		
2.7	拆除旁路设备	（1）斗内电工拆除旁路负荷开关电源侧高压引下线与带电主导线连接，恢复主导线绝缘及密封。合上旁路负荷开关对旁路系统充分放电后，返回地面。 （2）回收移动箱式变压器，拆除旁路柔性电缆终端、旁路电缆、旁路开关及地面防护设施	10	错、漏一处扣 5 分，扣完为止		
2.8	拆除绝缘遮蔽	经工作负责人的许可后，2 号斗内电工调整绝缘斗至外边相合适工作位置，按照"从远到近"的原则拆除绝缘遮蔽： （1）拆除部位和顺序：横担、绝缘子、导线。 （2）斗内电工在对带电体拆除绝缘遮蔽隔离措施时，动作应轻缓，人体与带电体应保持足够的安全距离	10	错、漏一处扣 5 分，扣完为止		
3	工作结束					
3.1	清理现场	工作负责人组织工作班成员整理工具、材料，将工器具分类摆放在苫布上，清理现场，做到工完、料尽、场地清	1	不符合要求扣 1 分		
3.2	质量验收	工作负责人对完成的工作进行全面检查，符合验收规范要求后，记录在册	2	不符合要求扣 2 分		
3.3	收工会	召开现场收工会，正确点评工作，补充现场标准化作业指导书验收栏等内容	1	不符合要求扣 1 分		

续表

序号	项目名称	质量要求	满分	扣分标准	扣分原因	得分
3.4	工作终结	汇报值班调控人员工作已经结束,恢复作业线路（双重名称）重合闸装置,在工作票填写终结时间并签字,工作班撤离现场	1	不符合要求扣1分		
3.5	安全文明生产	（1）杆上电工登杆作业应正确使用安全带、脚扣。 （2）上、下传递工具、材料均应使用绝缘绳传递,传递中不能与电杆、构件等碰撞,严禁抛掷。 （3）作业过程中禁止摘下绝缘防护用具,而且绝缘手套仅作辅助绝缘。 （4）转移作业相,关键步骤操作时应获得工作监护人的许可。 （5）作业过程中,不随意踩踏防潮苫布	5	错、漏一项扣1分,扣完为止		
	合计		100			

Jc0004143014 绝缘手套作业法旁路作业检修环网箱（综合不停电作业法、不停电方式、地面敷设）的操作。（100分）

考核知识点：带电作业方法

难易度：难

技能等级评价专业技能考核操作工作任务书

一、任务名称

绝缘手套作业法旁路作业检修环网箱（综合不停电作业法、不停电方式、地面敷设）的操作。

二、适用工种

高压线路带电检修工（配电）高级技师。

三、具体任务

完成绝缘手套作业法旁路作业检修环网箱（综合不停电作业法、不停电方式、地面敷设）的操作。

四、工作规范及要求

（1）带电作业应在良好天气下进行,作业前须进行风速和湿度测量。风力大于5级或湿度大于80%时,不宜带电作业。若遇雷电、雪、雹、雨、雾等不良天气,禁止带电作业。

（2）绝缘手套作业法。

（3）本作业项目工作人员共计20名,其中带电作业工作负责人（监护人）1名、电缆工作负责人（监护人）专责监护人1名、专责监护人1名、环网箱操作人员1名、电缆检修人员16名。

（4）工作负责人（监护人）、专责监护人、环网箱操作人员、电缆检修人员必须严格遵守《国家电网公司电力安全工作规程（配电部分）（试行）》3.3.12工作票所列人员的安全责任。

（5）要求着装正确（安全帽、全棉长袖工作服、绝缘鞋）。

五、考核及时间要求

考核时间共50分钟,从获得工作许可开始至工作终结完毕,每超过2分钟扣1分,到60分钟终止考核。

技能等级评价专业技能考核操作评分标准

工种	高压线路带电检修工（配电）			评价等级	高级技师
项目模块	带电作业方法—绝缘手套作业法旁路作业检修环网箱（综合不停电作业法、不停电方式、地面敷设）的操作		编号	Jc0004143014	
单位		准考证号		姓名	
考试时限	50分钟	题型	单项操作	题分	100分
成绩		考评员		考评组长		日期	

试题正文	绝缘手套作业法旁路作业检修环网箱（综合不停电作业法、不停电方式、地面敷设）的操作
需要说明的问题和要求	（1）带电作业应在良好天气下进行，作业前须进行风速和湿度测量。风力大于5级或湿度大于80%时，不宜带电作业。若遇雷电、雪、雹、雨、雾等不良天气，禁止带电作业。 （2）本作业项目工作人员共计20名，其中带电作业工作负责人（监护人）1名、电缆工作负责人（监护人）专责监护人1名、专责监护人1名、环网箱操作人员1名、电缆检修人员16名。 （3）工作负责人（监护人）：正确组织工作；检查工作票所列安全措施是否正确完备，是否符合现场实际条件，必要时予以补充完善；工作前，对工作班成员进行工作任务、安全措施交底和危险点告知，并确定每个工作班成员都已签名；组织执行工作票所列由其负责的安全措施；监督工作班成员遵守安全工作规程、正确使用劳动防护用品和安全工器具以及执行现场安全措施；关注工作班成员身体状况和精神状态是否出现异常迹象，人员变动是否合适。带电作业应有人监护。监护人不得直接操作，监护的范围不得超过一个作业点。 （4）工作班成员：熟悉工作内容、工作流程，掌握安全措施，明确工作中的危险点，并在工作票上履行交底签名确认手续；服从工作负责人（监护人）、专责监护人的指挥，严格遵守《国家电网公司电力安全工作规程（配电部分）（试行）》和劳动纪律，在指定的作业范围内工作，对自己在工作中的行为负责，互相关心工作安全；正确使用施工机具、安全工器具和劳动防护用品

序号	项目名称	质量要求	满分	扣分标准	扣分原因	得分
1	开工准备					
1.1	现场复勘	（1）核对工作线路与设备双重名称。 （2）检查环境是否符合作业要求，电杆根部、基础和拉线是否牢固。 （3）确认避雷器接地装置应完整可靠，避雷器无明显损坏现象，检查作业装置、现场环境是否符合带电作业条件。 （4）检查气象条件（天气良好，无雷电、雪、雹、雨、雾等不良天气，风力不大于5级，湿度不大于80%）。 （5）检查工作票所列安全措施，必要时予以补充和完善	4	错、漏一项扣1分，扣完为止		
1.2	工作许可	工作负责人按配电带电作业工作票内容与值班调控人员联系，申请停用线路重合闸	1	未申请停用线路重合闸扣1分		
1.3	召开现场站班会	（1）工作负责人宣读工作票。 （2）工作负责人检查工作班组员精神状态。 （3）工作负责人交代工作任务进行人员分工，交代安全措施、技术措施、危险点及控制措施。 （4）工作负责人检查工作班成员对工作内容、工作流程、安全措施以及工作中的危险点是否明确。 （5）工作班成员在工作票上履行交底签名确认手续	4	错、漏一项扣1分，扣完为止		
1.4	布置工作现场	工作现场设置安全护栏、作业标志和相关警示标志	1	不满足作业要求扣1分		
1.5	工器具、材料检测	（1）工器具、材料齐备，规格型号正确。 （2）绝缘工器具应放置在防潮苫布上，绝缘工器具应与金属工器具、材料分区放置。 （3）工器具在试验周期内。 （4）外观检查方法正确，绝缘工器具应无机械、绝缘缺陷，应戴干净清洁手套，用干燥、清洁毛巾清洁绝缘工器具。	5	错、漏一项扣1分，扣完为止		

续表

序号	项目名称	质量要求	满分	扣分标准	扣分原因	得分
1.5	工器具、材料检测	（5）对绝缘工具使用绝缘测试仪进行分段绝缘检测，绝缘电阻值不低于700MΩ。 （6）检查新安装的避雷器试验报告合格，并使用绝缘测试仪确认其绝缘性能完好。 （7）检查旁路设备	5	错、漏一项扣1分，扣完为止		
2	作业过程					
2.1	进入作业现场	（1）选择合适位置停放旁路作业车，支撑稳固，并可靠接地。 （2）查看旁路作业车良好	5	错、漏一项扣3分，扣完为止		
2.2	敷设旁路电缆	（1）作业人员根据施工方案，按照电缆进出线保护箱→电缆绝缘护线管及护线管接口绝缘护罩→电缆对接头保护箱（在T接点敷设电缆分接头保护箱）→电缆绝缘护线管及护线管接口绝缘护罩→电缆进出线保护箱的顺序敷设旁路设备地面防护装置。 （2）作业人员在旁路电缆地面防护装置内敷设旁路电缆。 （3）使用电缆中间连接器按相位色连接旁路柔性电缆，盖好旁路设备地面防护装置保护盖。 （4）使用绝缘测试仪对组建好的旁路回路进行绝缘性能检测，绝缘电阻应不小于500MΩ。 （5）绝缘性能检测完毕后使用绝缘放电杆对旁路设备进行充分的放电。 敷设旁路电缆应注意： （1）旁路作业设备检测完毕，向带电工作负责人汇报检查结果。 （2）敷设旁路设备柔性电力，旁路电缆地面敷设中如需跨越道路时，应使用电力架空跨越支架将旁路电缆架空敷设并可靠固定。 敷设旁路电缆时，须由多名作业人员配合使旁路电缆离开地面整体敷设，防止旁路电缆与地面摩擦，且不得受力。 （3）绝缘电阻检测完毕后，应进行充分放电，用绝缘放电杆放电时，绝缘放电杆的接地应良好。 （4）连接旁路作业设备前，应对各接口进行清洁和润滑：用不起毛的清洁纸或清洁布、无水酒精或其他电缆清洁剂清洁；确认绝缘表面无污物、灰尘、水分、损伤。在插拔界面均匀涂润滑硅脂。 （5）旁路柔性电缆采用地面敷设时，应对地面的旁路作业设备采取可靠的绝缘防护措施后方可投入运行，确保绝缘防护有效。 （6）旁路电缆运行期间，应派专人看守、巡视，防止外人碰触。 （7）组装完毕并投入运行的旁路作业装备可以在雨、雪天气运行，但应做好防护。禁止在雨、雪天气进行旁路作业装备敷设、组装、回收等工作。 （8）检测旁路回路整体绝缘电阻、放电时应戴绝缘手套	15	错、漏一处扣3分，扣完为止		
2.3	倒闸操作	环网箱操作人员进行倒闸操作，将待检修环网箱馈线间隔开关由运行改检修	5	不符合要求扣5分		

续表

序号	项目名称	质量要求	满分	扣分标准	扣分原因	得分
2.4	接入旁路电缆	电缆检修人员依次将旁路回路两端及其分支回路的三个旁路柔性电缆终端接入两侧环网箱备用间隔开关的出线端和待检修环网箱馈线的环网箱	5	不符合要求扣5分		
2.5	倒闸操作	环网箱操作人员进行倒闸操作，将旁路回路及其分支回路由检修改运行： （1）将待检修环网箱的负荷侧环网箱备用间隔开关由检修改热备用。 （2）将待检修环网箱的电源侧环网箱备用间隔开关由检修改运行。 （3）在待检修环网箱的负荷侧环网箱备用间隔开关处进行核相。 （4）将待检修环网箱的负荷侧环网箱备用间隔开关由热备用改运行	5	错、漏一处扣2分，扣完为止		
2.6	检测电流	电缆工作负责人检查旁路回路的分流状况	5	未检测该项扣5分； 错、漏一处扣2分，扣完为止		
2.7	倒闸操作	环网箱操作人员进行倒闸操作，待检修环网箱两进线电缆运行改检修： （1）将待检修环网箱进线间隔开关由运行改热备用。 （2）将待检修环网箱进线电缆对侧环网箱相应间隔开关由运行改检修。 （3）将待检修环网箱进线间隔开关由热备用改检修前应进行验电。 （4）将待检修环网箱进线间隔开关由热备用改检修	5	错、漏一处扣2分，扣完为止		
2.8	检测电流	电缆工作负责人检查旁路回路的分流状况	5	不符合要求扣5分		
2.9	检修环网箱	（1）电缆检修人员检修环网箱。 （2）环网箱检修完毕，依次在各间隔开关出线端接好各条进线电缆与馈线电缆终端	5	错、漏一处扣3分，扣完为止		
2.10	倒闸操作	环网箱操作人员进行倒闸操作，环网箱两进线电缆由检修改运行： （1）将环网箱进线间隔开关由检修改热备用。 （2）将该进线电缆对侧环网箱相应间隔开关由检修改运行。 （3）在环网箱进线间隔开关处进行核相。 （4）将环网箱进线间隔开关由热备用改运行	5	错、漏一处扣2分，扣完为止		
2.11	检测电流	电缆工作负责人检查旁路回路的分流状况	5	不符合要求扣5分		
2.12	倒闸操作	环网箱操作人员进行倒闸操作，将旁路回路及其分支回路由运行改检修： （1）将新环网箱的负荷侧环网箱备用间隔开关由运行改热备用。 （2）将新环网箱的电源侧环网箱备用间隔开关由运行改检修。 （3）将新环网箱的负荷侧环网箱备用间隔开关由热备用改检修	5	错、漏一处扣2分，扣完为止		
2.13	恢复原运行方式	（1）电缆检修人员依次从两侧环网箱备用间隔开关的出线端拆除旁路回路两端及其分支回路的三个旁路柔性电缆终端，恢复环网箱进线电缆接线；拆除旁路柔性电缆终端、旁路电缆、旁路开关及地面防护设施。 （2）环网箱操作人员进行倒闸操作，将新环网箱馈线间隔开关由检修改运行	5	错、漏一处扣3分，扣完为止		

续表

序号	项目名称	质量要求	满分	扣分标准	扣分原因	得分
3	工作结束					
3.1	清理现场	工作负责人组织工作班成员整理工具、材料，将工器具分类摆放在苫布上，清理现场，做到工完、料尽、场地清	1	不符合要求扣1分		
3.2	质量验收	工作负责人对完成的工作进行全面检查，符合验收规范要求后，记录在册	2	不符合要求扣2分		
3.3	收工会	召开现场收工会，正确点评工作，补充现场标准化作业指导书验收栏等内容	1	不符合要求扣1分		
3.4	工作终结	汇报值班调控人员工作已经结束，恢复作业线路（双重名称）重合闸装置，在工作票填写终结时间并签字，工作班撤离现场	1	不符合要求扣1分		
3.5	安全文明生产	（1）.杆上电工登杆作业应正确使用安全带、脚扣。 （2）上、下传递工具、材料均应使用绝缘绳传递，传递中不能与电杆、构件等碰撞，严禁抛掷。 （3）作业过程中禁止摘下绝缘防护用具，而且绝缘手套仅作辅助绝缘。 （4）转移作业相，关键步骤操作时应获得工作监护人的许可。 （5）作业过程中，不随意踩踏防潮苫布	5	错、漏一项扣1分，扣完为止		
	合计		100